N. BOURBAKI

ÉLÉMENTS DE MATHÉMATIQUE

N. BOURBAKI

ÉLÉMENTS DE MATHÉMATIQUE

ALGÈBRE

Chapitre 8

Modules et anneaux semi-simples

Springer

MSC 16-01, 16D60, 16D70, 16Kxx, 16L30, 16N20
Modules et anneaux semi-simples

ISBN 978-3-540-35315-7 Springer Berlin Heidelberg New York
e-ISBN 978-3-540-35316-4 Springer Berlin Heidelberg New York

Springer est membre du Springer Science+Business Media
springer.com
Maquette de couverture: WMX Design, Heidelberg

Imprimé sur papier non acide

Mode d'emploi de ce traité

NOUVELLE ÉDITION

1. Le traité prend les mathématiques à leur début et donne des démonstrations complètes. Sa lecture ne suppose donc, en principe, aucune connaissance mathématique particulière, mais seulement une certaine habitude du raisonnement mathématique et un certain pouvoir d'abstraction. Néanmoins, le traité est destiné plus particulièrement à des lecteurs possédant au moins une bonne connaissance des matières enseignées dans la première ou les deux premières années de l'université.

2. Le mode d'exposition suivi est axiomatique et procède le plus souvent du général au particulier. Les nécessités de la démonstration exigent que les chapitres se suivent, en principe, dans un ordre logique rigoureusement fixé. L'utilité de certaines considérations n'apparaîtra donc au lecteur qu'à la lecture de chapitres ultérieurs, à moins qu'il ne possède déjà des connaissances assez étendues.

3. Le traité est divisé en Livres et chaque Livre en chapitres. Les Livres actuellement publiés, en totalité ou en partie, sont les suivants :

Théorie des ensembles	désigné par	E
Algèbre	—	A
Topologie générale	—	TG
Fonctions d'une variable réelle	—	FVR
Espaces vectoriels topologiques	—	EVT
Intégration	—	INT
Algèbre commutative	—	AC
Variétés différentiables et analytiques	—	VAR
Groupes et algèbres de Lie	—	LIE
Théories spectrales	—	TS

Dans les *six premiers* Livres (pour l'ordre indiqué ci-dessus), chaque énoncé ne fait appel qu'aux définitions et résultats exposés précédemment dans le chapitre en cours ou dans les chapitres *antérieurs dans l'ordre suivant* : E ; A, chapitres I à III ; TG, chapitres I à III ; A, chapitres IV et suivants ; TG, chapitres IV et suivants ; FVR ; EVT ; INT. À partir du septième Livre, le lecteur trouvera éventuellement, au début de chaque Livre ou chapitre, l'indication précise des autres Livres ou chapitres utilisés (les six premiers Livres étant toujours supposés connus).

4. Cependant, quelques passages font exception aux règles précédentes. Ils sont placés entre deux astérisques : $^{*}\ldots{}_{*}$. Dans certains cas, il s'agit seulement de faciliter la compréhension du texte par des exemples qui se réfèrent à des faits que le lecteur peut déjà connaître par ailleurs. Parfois aussi, on utilise, non seulement les résultats supposés connus dans tout le chapitre en cours, mais des résultats démontrés ailleurs dans le traité. Ces passages seront employés librement dans les parties qui supposent connus les chapitres où ces passages sont insérés et les chapitres auxquels ces passages font appel. Le lecteur pourra, nous l'espérons, vérifier l'absence de tout cercle vicieux.

5. À certains Livres (soit publiés, soit en préparation) sont annexés des *fascicules de résultats.* Ces fascicules contiennent l'essentiel des définitions et des résultats du Livre, mais aucune démonstration.

6. L'armature logique de chaque chapitre est constituée par les *définitions*, les *axiomes* et les *théorèmes* de ce chapitre ; c'est là ce qu'il est principalement nécessaire de retenir en vue de ce qui doit suivre. Les résultats moins importants, ou qui peuvent être facilement retrouvés à partir des théorèmes, figurent sous le nom de « propositions », « lemmes », « corollaires », « remarques » ; etc. ; ceux qui peuvent être omis en première lecture sont imprimés en petits caractères. Sous le nom de « scholie », on trouvera quelquefois un commentaire d'un théorème particulièrement important.

Pour éviter des répétitions fastidieuses, on convient parfois d'introduire certaines notations ou certaines abréviations qui ne sont valables qu'à l'intérieur d'un seul chapitre ou d'un seul paragraphe (par exemple, dans un chapitre où tous les anneaux sont commutatifs, on peut convenir que le mot « anneau » signifie toujours « anneau commutatif »). De telles conventions sont explicitement mentionnées à la tête du chapitre ou du paragraphe dans lequel elles s'appliquent.

7. Certains passages sont destinés à prémunir le lecteur contre des erreurs graves, où il risquerait de tomber ; ces passages sont signalés en marge par le signe ☡ (« tournant dangereux »).

8. Les exercices sont destinés, d'une part, à permettre au lecteur de vérifier qu'il a bien assimilé le texte ; d'autre part à lui faire connaître des résultats qui n'avaient pas leur place dans le texte ; les plus difficiles sont marqués du signe ¶.

9. La terminologie suivie dans ce traité a fait l'objet d'une attention particulière. *On s'est efforcé de ne jamais s'écarter de la terminologie reçue sans de très sérieuses raisons.*

10. On a cherché à utiliser, sans sacrifier la simplicité de l'exposé, un langage rigoureusement correct. Autant qu'il a été possible, les *abus de langage ou de notation*, sans lesquels tout texte mathématique risque de devenir pédantesque et même illisible, ont été signalés au passage.

11. Le texte étant consacré à l'exposé dogmatique d'une théorie, on n'y trouvera qu'exceptionnellement des références bibliographiques ; celles-ci sont parfois groupées dans des *Notes historiques*. La bibliographie qui suit chacune de ces Notes ne comporte le plus souvent que les livres et mémoires originaux qui ont eu le plus d'importance dans l'évolution de la théorie considérée ; elle ne vise nullement à être complète.

Quant aux exercices, il n'a pas été jugé utile en général d'indiquer leur provenance, qui est très diverse (mémoires originaux, ouvrages didactiques, recueils d'exercices).

12. Dans la nouvelle édition, les renvois à des théorèmes, axiomes, définitions, remarques, etc. sont donnés en principe en indiquant successivement le Livre (par l'abbréviation qui lui correspond dans la liste donnée au n° 3), le chapitre et la page où ils se trouvent. À l'intérieur d'un même Livre, la mention de ce Livre est supprimée ; par exemple, dans le Livre d'Algèbre,

E, III, p. 32, cor. 3

renvoie au corollaire 3 se trouvant au Livre de Théorie des Ensembles, chapitre III, page 32 de ce chapitre ;

II, p. 24, prop. 17

renvoie à la proposition 17 du Livre d'Algèbre, chapitre II, page 24 de ce chapitre.

Les fascicules de résultats sont désignés par la lettre R ; par exemple : EVT, R signifie « fascicule de résultats du Livre sur les Espaces Vectoriels Topologiques ».

Comme certains Livres doivent être publiés plus tard dans la nouvelle édition, les renvois à ces Livres se font en indiquant successivement le Livre, le chapitre, le paragraphe et le numéro où devrait se trouver le résultat en question ; par exemple :

AC, III, § 4, n° 5, cor. de la prop. 6.

INTRODUCTION

Ce chapitre est consacré à l'étude de certaines classes d'anneaux et des modules sur ces anneaux. Plusieurs thèmes sous-tendent cette étude, comme les questions de classification et de décomposition ou la description des sous-objets et des ensembles de morphismes.

Pour l'essentiel, nous n'abordons ces questions que sous des hypothèses de finitude raisonnables et c'est la raison pour laquelle le chapitre s'ouvre sur les notions de module ou d'anneau noethérien et artinien.

En ce qui concerne l'étude des anneaux, nous présentons différents résultats permettant la compréhension des anneaux artiniens :

a) Le radical de Jacobson d'un anneau artinien est son radical nilpotent (§10) et le quotient correspondant est un anneau semi-simple (§8) ;

b) Un anneau semi-simple est isomorphe au produit d'une famille finie d'anneaux simples (§7) ;

c) Par le théorème de Wedderburn (VIII, p. 116, th. 1), un anneau simple est isomorphe à une algèbre de matrices sur un corps.
À équivalence de Morita près (§6), une algèbre de degré fini qui est un anneau simple est déterminée par sa classe dans un groupe abélien appelé groupe de Brauer. Nous donnons plusieurs descriptions de ce groupe (§15 et §16) ainsi que quelques exemples (§18 et §19).

Pour les modules, deux décompositions naturelles peuvent être considérées : la première, en termes de suite de composition (I, p. 39, définition 9), est fournie par le théorème de Jordan-Hölder (I, p. 41, th. 6) ; la seconde, correspondant aux sommes directes, est donnée dans le cas des modules de longueur finie par le théorème de Krull-Remak-Schmidt (VIII, p. 34, th. 2) qui est déduit ici d'un résultat d'Azumaya sur les modules semi-primordiaux (VIII, p. 29, th. 1). On est également amené à considérer les invariants associés aux modules qui se comportent additivement pour les décompositions ci-dessus ; les groupes de Grothendieck décrits au §11 sont solutions de problèmes universels pour ces invariants. Dans l'étude de la structure des modules sur un anneau, la notion d'isomorphisme d'anneaux est avantageusement remplacée par l'équivalence de Morita.

Pour les modules semi-simples, c'est-à-dire sommes directes de modules simples, la notion de description d'un module (VIII, p. 65, définition 5) permet de décrire les homomorphismes issus du module ainsi que ses sous-modules.

À titre d'illustration, nous considérons au §21 le cas de l'algèbre d'un groupe fini, dont les modules correspondent aux représentations linéaires du groupe.

Une note historique en fin de volume, reprise de l'édition précédente, retrace l'émergence d'une grande partie des notions développées ici.

CHAPITRE VIII

Modules et anneaux semi-simples

Dans ce chapitre, lorsque nous parlons d'un module (sans préciser), il s'agit d'un module à gauche. Soient A *un anneau et* M *un* A*-module. Pour tout* $a \in \mathrm{A}$, *on note* a_{M} *l'homothétie* $x \mapsto ax$ *de* M. *L'application* $a \mapsto a_{\mathrm{M}}$ *est un homomorphisme de l'anneau* A *sur un sous-anneau* A_{M} *de* $\mathrm{End}_{\mathbf{Z}}(\mathrm{M})$, *qu'on appelle* l'anneau des homothéties *de* M.

Sauf mention du contraire, les algèbres considérées sont associatives et unifères; par sous-algèbre d'une algèbre E, *nous entendons une sous-algèbre contenant l'élément unité de* E ; *les homomorphismes d'algèbres sont supposés unifères.*

Soient K *un anneau commutatif et* L *une* K*-algèbre commutative. Si* E *est un* K*-module, on note* $\mathrm{E}_{(\mathrm{L})}$ *le* L*-module* $\mathrm{L} \otimes_{\mathrm{K}} \mathrm{E}$ *qui s'en déduit par extension des scalaires* (II, p. 81). *Si* A *est une* K*-algèbre et* M *un* A*-module à gauche,* $\mathrm{A}_{(\mathrm{L})}$ *est muni d'une structure naturelle de* L*-algèbre* (III, p. 7) *et* $\mathrm{M}_{(\mathrm{L})}$ *de la structure de* $\mathrm{A}_{(\mathrm{L})}$*-module à gauche dont la loi d'action est donnée par la formule* $(\lambda \otimes a)(\mu \otimes m) = \lambda\mu \otimes am$.

Pour tout anneau commutatif K *et tout groupe* G, *on note* K[G] *l'algèbre* $\mathrm{K}^{(\mathrm{G})}$ *du groupe* G *sur l'anneau* K (III, p. 19).

§ 1. MODULES ARTINIENS ET MODULES NOETHÉRIENS

1. Modules artiniens et modules noethériens

DÉFINITION 1. — *Soit* A *un anneau. On dit qu'un* A*-module* M *est* artinien (resp. noethérien) *s'il vérifie les conditions équivalentes suivantes :*

(i) *Tout ensemble non vide de sous-modules de* M, *ordonné par la relation d'inclusion, possède un élément minimal* (resp. *maximal*) ;

(ii) *Toute suite décroissante* (resp. *croissante*) *de sous-modules de* M *est stationnaire.*

L'équivalence des conditions (i) et (ii) résulte de E, III, p. 51, prop. 6.

Pour qu'un A-module M soit artinien (resp. noethérien), il faut et il suffit que M, considéré comme module sur l'anneau A_M des homothéties, le soit.

Soit M un A-module artinien (resp. noethérien). Tout ensemble non vide de sous-modules de M, ordonné par inclusion, qui est filtrant décroissant (resp. filtrant croissant) possède un plus petit élément (resp. un plus grand élément) (E, III, p. 13, prop. 10).

Soient M un A-module artinien (resp. noethérien) et $(M_i)_{i\in I}$ une famille de sous-modules de M. Les intersections (resp. sommes) des sous-familles finies de la famille $(M_i)_{i\in I}$ forment un ensemble non vide filtrant décroissant (resp. filtrant croissant) de sous-modules de M. Il existe donc une partie finie J de I tel que $\bigcap_{i\in I} M_i = \bigcap_{i\in J} M_i$ (resp. $\sum_{i\in I} M_i = \sum_{i\in J} M_i$).

Exemples. — 1) Un espace vectoriel de dimension finie sur un corps est artinien et noethérien.

2) Soit M un A-module. S'il existe une famille *infinie* $(M_i)_{i\in I}$ de sous-modules non nuls de M dont la somme est directe, M n'est ni artinien, ni noethérien : en effet, pour toute suite infinie (J_n) strictement décroissante (resp. strictement croissante) de parties de I, la suite infinie $(\sum_{i\in J_n} M_i)$ de sous-modules de M est strictement décroissante (resp. strictement croissante). En particulier, un espace vectoriel de dimension infinie sur un corps n'est ni artinien ni noethérien.

*3) On verra plus loin que le **Z**-module **Z** est noethérien, mais non artinien (VIII, p. 5, exemple 3).$_*$

4) Soient p un nombre premier et M_p le composant p-primaire du **Z**-module de torsion **Q**/**Z** (VII, p. 8). Tout sous-module de M_p est égal soit à M_p, soit à $p^{-n}\mathbf{Z}/\mathbf{Z}$ pour un entier $n \in \mathbf{N}$ (VII, p. 53, exerc. 3). Par suite, M_p est un **Z**-module artinien, mais non noethérien.

PROPOSITION 1. — *Pour qu'un* A*-module* M *soit de longueur finie* (II, p. 21), *il faut et il suffit qu'il soit à la fois artinien et noethérien.*

Supposons que M soit de longueur finie d. Alors toute suite strictement croissante ou strictement décroissante de sous-modules de M comporte au plus $d+1$ termes (I, p. 42). Par suite M est artinien et noethérien.

Réciproquement, supposons que M soit artinien et noethérien. Soit $\mathscr{S}$ l'ensemble des sous-modules de longueur finie de M. Le sous-module nul appartient à $\mathscr{S}$, et comme M est noethérien, $\mathscr{S}$ possède un élément maximal N. Raisonnons par l'absurde en supposant que $M \neq N$. L'ensemble des sous-modules de M distincts de N et contenant N possède alors un élément minimal P, puisque M est artinien.

Le module P/N est de longueur 1 et, comme N est un module de longueur finie, il en est de même de P (II, p. 21, prop. 16). Ceci contredit la définition de N.

PROPOSITION 2. — *Pour qu'un* A*-module* M *soit noethérien, il faut et il suffit que tout sous-module de* M *soit de type fini.*

Supposons d'abord que tout sous-module de M soit de type fini. Soit $(P_n)_{n\in\mathbf{N}}$ une suite croissante de sous-modules de M et soit P sa réunion. C'est un sous-module de M. Il existe par hypothèse une partie finie F de M engendrant le module P ; soit alors $n \in \mathbf{N}$ un entier tel que $F \subset P_n$. On a donc $P_n = P$ et la suite $(P_n)_{n\in\mathbf{N}}$ est stationnaire. Cela prouve que le module M est noethérien.

La réciproque résulte de l'énoncé plus précis suivant :

Lemme 1. — *Soient* M *un* A*-module noethérien et* E *une partie de* M. *Il existe une partie finie* F *de* E *engendrant le même sous-module que* E.

En effet, d'après VIII, p. 2, il existe une partie finie F de E telle que $\sum_{x\in E} Ax = \sum_{x\in F} Ax$.

PROPOSITION 3. — *Soient* M *un* A*-module et* N *un sous-module de* M. *Pour que* M *soit artinien* (resp. *noethérien*), *il faut et il suffit que* N *et* M/N *le soient.*

Nous donnerons la démonstration dans le cas des modules artiniens, le cas des modules noethériens étant analogue.

Supposons M artinien. Tout sous-module de N étant un sous-module de M, le module N est artinien. Soit $(P_n)_{n\in\mathbf{N}}$ une suite décroissante de sous-modules de M/N. Il existe une suite décroissante $(Q_n)_{n\in\mathbf{N}}$ de sous-modules de M contenant N, telle que $P_n = Q_n/N$ pour tout $n \in \mathbf{N}$ (I, p. 39, th. 4). Comme M est artinien, la suite (Q_n) est stationnaire, donc aussi la suite (P_n). Par suite, le module M/N est artinien.

Réciproquement, supposons les modules N et M/N artiniens et considérons une suite décroissante (P_n) de sous-modules de M. La suite des sous-modules $P'_n = N \cap P_n$ de N est stationnaire. De même, la suite des sous-modules $P''_n = (N + P_n)/N$ de M/N est stationnaire. Il existe donc un entier $m \in \mathbf{N}$ tel que l'on ait $P'_n = P'_m$ et $P''_n = P''_m$ pour tout entier $n \geqslant m$. La suite (P_n) est alors stationnaire en vertu du lemme suivant :

Lemme 2. — *Soient* M *un* A*-module,* N, P *et* Q *des sous-modules de* M. *On suppose que l'on a* $P \subset Q$, $N \cap P = N \cap Q$ *et* $N + P = N + Q$. *On a alors* $P = Q$.

Soit x un élément de Q. Il appartient à $N + P$; il existe donc un élément y de P tel que $x - y \in N$. Comme Q contient P, $x - y$ appartient à $N \cap Q$, donc à P. Par suite, x appartient à P.

COROLLAIRE. — *Soient* M *un* A*-module et* $(M_i)_{i \in I}$ *une famille finie de sous-modules de* M.

a) *Si les modules* M_i *sont artiniens* (resp. *noethériens*), *il en est de même de leur somme* $\sum_{i \in I} M_i$.

b) *Si les modules* M/M_i *sont artiniens* (resp. *noethériens*), *il en est de même du module* $M/\bigcap_{i \in I} M_i$.

Par récurrence, il suffit de traiter le cas où $I = \{1, 2\}$. Le module $M_2/(M_1 \cap M_2)$, quotient de M_2, est isomorphe au sous-module $(M_1 + M_2)/M_1$ de M/M_1 (I, p. 39, th. 4).

Sous l'hypothèse a), M_1 et $(M_1 + M_2)/M_1$ sont artiniens (resp. noethériens) ; il en est donc de même de $M_1 + M_2$ (prop. 3).

Sous l'hypothèse b), M/M_2 et $M_2/(M_1 \cap M_2)$ sont artiniens (resp. noethériens) ; il en est donc de même de $M/(M_1 \cap M_2)$ (*loc. cit.*).

Exemple 5. — Soit $(M_i)_{i \in I}$ une famille finie de A-modules. Si les modules M_i sont artiniens (resp. noethériens), il en est de même de leur somme directe $\bigoplus_{i \in I} M_i$.

Remarque. — Les définitions et résultats de ce numéro s'étendent aux groupes commutatifs à opérateurs quelconques en remplaçant dans les énoncés sous-modules par sous-groupes stables.

2. Anneaux artiniens et anneaux noethériens

DÉFINITION 2. — *On dit qu'un anneau* A *est* artinien (resp. noethérien) à gauche *si le* A*-module à gauche* A_s *est artinien* (resp. *noethérien*). *De même, on dit qu'un anneau* A *est* artinien (resp. noethérien) à droite *si le* A*-module à droite* A_d *est artinien* (resp. *noethérien*).

Un anneau A est artinien (resp. noethérien) à droite si et seulement si l'anneau opposé A^o est artinien (resp. noethérien) à gauche. Pour un anneau A commutatif, les propriétés d'être artinien à gauche et artinien à droite coïncident, et lorsqu'elles sont satisfaites, on dit que l'anneau A est artinien ; on adopte une convention analogue pour « noethérien ». Il existe des anneaux non commutatifs artiniens à gauche mais non à droite, et des anneaux non commutatifs noethériens à gauche mais non à droite (VIII, p. 13, exerc. 3).

Soit A un anneau. Par définition, les conditions suivantes sont équivalentes :

(i) L'anneau A est artinien à gauche ;

(ii) Tout ensemble non vide d'idéaux à gauche de A, ordonné par inclusion, possède un élément minimal ;

(iii) Toute suite décroissante d'idéaux à gauche de A est stationnaire.

Compte tenu de la prop. 2 de VIII, p. 3 les conditions suivantes sont équivalentes :

(i) L'anneau A est noethérien à gauche ;

(ii) Tout ensemble non vide d'idéaux à gauche de A, ordonné par inclusion, possède un élément maximal ;

(iii) Toute suite croissante d'idéaux à gauche de A est stationnaire ;

(iv) Tout idéal à gauche de A est engendré par une partie finie de A.

Exemples. — 1) Un corps est un anneau artinien et noethérien, à gauche et à droite.

2) Soient A un anneau et D un sous-anneau de A. On suppose que D est un corps et que A est un espace vectoriel à gauche de dimension finie sur D. Comme tout idéal à gauche de A est un sous-D-espace vectoriel de A, l'anneau A est artinien et noethérien à gauche. En particulier, une algèbre de dimension finie sur un corps commutatif est un anneau artinien et noethérien, à gauche et à droite.

3) Un anneau principal (VII, p. 1, déf. 1) est noethérien. Un anneau intègre A qui n'est pas un corps n'est pas un anneau artinien : pour tout élément a de A, non nul et non inversible, la suite des idéaux a^nA (pour $n \in \mathbf{N}$) est strictement décroissante. En particulier, l'anneau $\mathbf{Z}$ des entiers rationnels est noethérien, mais n'est pas artinien.

4) Soit M un A-module, somme directe d'une famille infinie $(\mathrm{M}_i)_{i\in\mathrm{I}}$ de sous-modules non nuls. Soit E l'anneau des endomorphismes de M. Pour tout $i \in \mathrm{I}$, soit $\mathfrak{a}_i$ (resp. $\mathfrak{b}_i$) l'ensemble des éléments de E dont le noyau contient $\sum_{j\neq i} \mathrm{M}_j$ (resp. dont l'image est contenue dans M_i). Alors $(\mathfrak{a}_i)$ est une famille infinie d'idéaux à gauche non nuls de E dont la somme est directe, et $(\mathfrak{b}_i)$ est une famille infinie d'idéaux à droite non nuls de E dont la somme est directe. Par suite l'anneau E n'est artinien (resp. noethérien) ni à gauche, ni à droite (VIII, p. 2, exemple 2). En particulier, l'anneau des endomorphismes d'un espace vectoriel de dimension infinie n'est artinien (resp. noethérien) ni à gauche, ni à droite.

THÉORÈME 1. — *Soit* A *un anneau artinien à gauche. Le* A*-module* A_s *est de longueur finie.*

Nous utiliserons dans la démonstration le lemme suivant :

Lemme 3. — Soient A *un anneau et* n *un entier naturel. Un* A*-module artinien* M *qui est somme d'une famille de sous-modules de longueur* $\leqslant n$ *est de longueur finie.*

Raisonnons par récurrence sur n. Supposons d'abord $n = 1$. Si M n'était pas de longueur finie, nous pourrions construire une suite $(\mathrm{M}_m)_{m\in\mathbf{N}}$ de sous-modules de longueur 1 de M, avec $\mathrm{M}_m \not\subset \left(\sum_{i<m} \mathrm{M}_i\right)$ pour tout $m \in \mathbf{N}$. Nous aurions alors $\mathrm{M}_m \cap \sum_{i<m} \mathrm{M}_i = 0$ pour tout m, et la somme de la famille $(\mathrm{M}_m)_{m\in\mathbf{N}}$ serait directe. Mais ceci contredirait le fait que le A-module M est artinien (VIII, p. 2, exemple 2).

Supposons maintenant $n \geqslant 2$. Soit $(\mathrm{M}_i)_{i\in\mathrm{I}}$ une famille de sous-modules de longueur $\leqslant n$ de M, de somme M. Choisissons pour tout $i \in \mathrm{I}$ un sous-module M'_i de M_i de longueur $\leqslant n-1$, tel que $\mathrm{M}_i/\mathrm{M}'_i$ soit de longueur $\leqslant 1$. Posons $\mathrm{M}' = \sum \mathrm{M}'_i$, et notons M''_i l'image de M_i dans $\mathrm{M}'' = \mathrm{M}/\mathrm{M}'$. Les modules M''_i sont de longueur $\leqslant 1$ et leur somme est M''. Les modules M' et M'' sont artiniens (VIII, p. 3, prop. 3) ; d'après l'hypothèse de récurrence, ils sont de longueur finie. Donc M est de longueur finie (II, p. 21, prop. 16).

Démontrons maintenant le th. 1. Notons $\mathscr{S}$ l'ensemble des idéaux à gauche $\mathfrak{a}$ de A, tels que le module $\mathrm{A}_s/\mathfrak{a}$ soit de longueur finie. Soit $(\mathfrak{a}_i)_{i\in\mathrm{I}}$ une famille finie d'éléments de $\mathscr{S}$. D'après la prop. 1 de VIII, p. 2, le A-module $\mathrm{A}_s/\mathfrak{a}_i$ est artinien et noethérien pour tout $i \in \mathrm{I}$. Par suite, $\mathrm{A}_s/\bigcap_{i\in\mathrm{I}} \mathfrak{a}_i$ est artinien et noethérien (VIII, p. 4, cor. de la prop. 3), donc de longueur finie (VIII, p. 2, prop. 1). Cela démontre que $\mathscr{S}$ est filtrant décroissant pour la relation d'inclusion. Comme l'anneau A est artinien à gauche, l'ensemble $\mathscr{S}$ possède un plus petit élément $\mathfrak{b}$. Notons n la longueur du A-module $\mathrm{A}_s/\mathfrak{b}$.

Soient x un élément de A_s et $\mathfrak{a}$ son annulateur (II, p. 28). Le A-module Ax est isomorphe à $\mathrm{A}_s/\mathfrak{a}$. Si A$x$ est de longueur finie, $\mathfrak{a}$ appartient à $\mathscr{S}$, donc $\mathfrak{a}$ contient $\mathfrak{b}$ et Ax est de longueur $\leqslant n$. Ainsi, tout idéal à gauche monogène de A qui est de longueur finie est de longueur $\leqslant n$. Soit $\mathfrak{c}$ la somme de ces idéaux ; c'est un idéal à gauche de A, de longueur finie d'après le lemme 3. Tout idéal à gauche de longueur finie de A est somme d'idéaux à gauche monogènes de longueur finie, donc est contenu dans $\mathfrak{c}$. Ainsi $\mathfrak{c}$ est le plus grand idéal à gauche de longueur finie de A.

Si $\mathfrak{c}$ était distinct de A, l'ensemble des idéaux à gauche de A contenant $\mathfrak{c}$ et distincts de $\mathfrak{c}$ posséderait un élément minimal $\mathfrak{c}'$. Le A-module $\mathfrak{c}'/\mathfrak{c}$ serait de longueur 1 et $\mathfrak{c}'$ serait de longueur finie, ce qui contredirait la maximalité de $\mathfrak{c}$. On a donc $\mathfrak{c} = \mathrm{A}$, le A-module A_s est de longueur finie.

COROLLAIRE. — *Tout anneau artinien à gauche est noethérien à gauche.*

Soit A un anneau artinien à gauche. Par le théorème 1, le A-module A_s est de longueur finie. On applique alors la prop. 1 de VIII, p. 2.

Soit A un anneau artinien à gauche (resp. à droite) ; la longueur du A-module A_s (resp. A_d) (I, p. 42) est appelée la *longueur à gauche* (resp. *à droite*) de l'anneau A. Lorsque A est un anneau commutatif et artinien, ces deux longueurs coïncident et sont appelées simplement la *longueur* de A. Lorsque A est artinien à droite et à gauche mais n'est pas commutatif, les longueurs à gauche et à droite de A ne sont pas nécessairement égales (VIII, p. 13, exerc. 3).

Exemple 5. — Les longueurs à gauche et à droite d'un corps sont égales à 1.

PROPOSITION 4. — a) *Soient* A *un anneau noethérien à gauche et* M *un* A*-module à gauche de type fini. Le module* M *est noethérien et tout sous-module de* M *est de type fini.*

b) *Soient* A *un anneau artinien à gauche et* M *un* A*-module à gauche. Les conditions suivantes sont équivalentes : le module* M *est de type fini ; le module* M *est artinien ; le module* M *est de longueur finie ; le module* M *est noethérien.*

Démontrons a). Tout sous-module monogène de M est isomorphe à un quotient de A_s, donc est noethérien par la prop. 3 de VIII, p. 3. Le module M est une somme finie de tels sous-modules, il est donc noethérien par le cor. (VIII, p. 4) de la prop. 3. Tout sous-module de M est alors de type fini (VIII, p. 3, prop. 2).

Supposons maintenant l'anneau A artinien à gauche. On démontre comme dans l'alinéa précédent que si le A-module M est de type fini, il est artinien. S'il est artinien, il est de longueur finie : en effet ses sous-modules monogènes sont isomorphes à des quotients de A_s, donc sont de longueur finie inférieure à celle de A_s et l'assertion résulte du lemme 3. Tout module de longueur finie est noethérien et tout module noethérien est de type fini. Cela démontre b).

PROPOSITION 5. — a) *Soit* A *un anneau artinien* (resp. *noethérien*) *à gauche et soit* $\varphi : A \to B$ *un homomorphisme d'anneaux qui fasse de* B *un* A*-module à gauche de type fini. L'anneau* B *est artinien* (resp. *noethérien*) *à gauche.*

b) *Soit* A *un anneau artinien* (resp. *noethérien*) *à gauche et soit* $\mathfrak{a}$ *un idéal bilatère de* A ; *l'anneau* $A/\mathfrak{a}$ *est artinien* (resp. *noethérien*) *à gauche.*

c) *Soit* $(A_i)_{i \in I}$ *une famille finie d'anneaux artiniens* (resp. *noethériens*) *à gauche. L'anneau* $\prod_{i \in I} A_i$ *est artinien* (resp. *noethérien*) *à gauche.*

Nous traiterons le cas des anneaux artiniens, le cas des anneaux noethériens étant analogue.

Démontrons a). D'après la prop. 4, B_s est un A-module à gauche artinien, et *a fortiori* un B-module à gauche artinien.

L'assertion b) résulte de l'assertion a) appliquée à l'homomorphisme canonique de A sur $A/\mathfrak{a}$.

Prouvons c). Posons $A = \prod_{i\in I} A_i$. Par hypothèse, $(A_i)_s$ est un A_i-module à gauche artinien, et *a fortiori* un A-module à gauche artinien. D'après l'exemple 5 de VIII, p. 4, le A-module A_s est artinien.

COROLLAIRE. — *Les idéaux premiers d'un anneau commutatif artinien sont ses idéaux maximaux.*

Dans tout anneau commutatif, un idéal maximal est premier. Soit A un anneau commutatif artinien. Soit $\mathfrak{p}$ un idéal premier de A. L'anneau $A/\mathfrak{p}$ est intègre et artinien (prop. 5), donc est un corps (VIII, p. 5, exemple 3). Par conséquent, l'idéal $\mathfrak{p}$ est maximal.

☡ L'anneau de polynômes $\mathbf{Q}[(X_n)_{n\in\mathbf{N}}]$ est intègre ; il n'est pas noethérien (ni artinien) (VIII, p. 14, exerc. 9). C'est un sous-anneau de son corps des fractions, qui est, lui, un anneau artinien (et noethérien).

3. Contremodule

DÉFINITION 3. — *Soient* A *un anneau,* M *un* A*-module et* E *l'anneau des endomorphismes de* M. *On appelle* contremodule *de* M *le* E*-module à gauche ayant même groupe additif sous-jacent que* M *et pour loi d'action* $(c, x) \mapsto c(x)$.

Soit Z le centre de l'anneau A. Pour tout $a \in Z$, l'homothétie a_M appartient à E. Par suite, E est canoniquement muni d'une structure d'algèbre sur Z. En particulier, si M est un Z-module de type fini, le contremodule de M est de type fini.

Lemme 4. — *Soient* M *un* A*-module à gauche dont le contremodule est de type fini. Il existe un entier naturel* m *et une application* A_M*-linéaire injective de* $(A_M)_s$ *dans* M^m.

Posons $E = \mathrm{End}_A(M)$. Soit $(x_1, \ldots, x_m)$ une famille génératrice finie du E-module M. L'application $\varphi : a \mapsto (ax_1, \ldots, ax_m)$ de $(A_M)_s$ dans M^m est A_M-linéaire. Soit a un élément de A_M tel que $\varphi(a) = 0$. L'ensemble des éléments x de M tels que $ax = 0$ est un sous-E-module de M contenant $x_1, \ldots, x_m$, donc égal à M, ce qui entraîne $a = 0$.

PROPOSITION 6. — *Soit* M *un* A*-module à gauche artinien* (resp. *noethérien*) *dont le contremodule est de type fini. L'anneau* A_M *des homothéties de* M *est artinien* (resp. *noethérien*) *à gauche.*

Cela résulte du lemme 4 et de la prop. 3 de VIII, p. 3.

COROLLAIRE. — *Soit* A *un anneau commutatif.*

a) *Soit* M *un* A*-module noethérien. L'anneau* A_M *est noethérien.*

b) *Soit* M *un* A*-module de longueur finie. L'anneau* A_M *est artinien.*

Soit M un A-module. Sous les hypothèses de a) ou de b), le A-module M est de type fini. Comme A est commutatif, A_M est contenu dans l'anneau $\mathrm{End}_A(M)$, de sorte que le contremodule de M est de type fini. Il suffit alors d'appliquer la prop. 6.

Remarque. — Soit A un anneau. Un A-module à gauche artinien M dont le contremodule est de type fini est de longueur finie : en effet, l'anneau A_M des homothéties de M est artinien à gauche (prop. 6) et M est un module artinien sur A_M ; d'après VIII, p. 7, prop. 4, M est un module de longueur finie sur A_M, et donc aussi sur A.

En particulier, tout module artinien de type fini sur un anneau commutatif est de longueur finie. Par contre, un module artinien de type fini sur un anneau non commutatif n'est pas nécessairement de longueur finie (VIII, p. 15, exerc. 12).

4. Polynômes à coefficients dans un anneau noethérien

Soient A un anneau, σ un endomorphisme de l'anneau A et d un endomorphisme du groupe additif de A, satisfaisant la relation

$$d(ab) = \sigma(a)d(b) + d(a)b \qquad (1)$$

pour tous $a, b \in A$. Autrement dit, d est une dérivation de l'anneau A dans le (A, A)-bimodule obtenu en munissant le groupe additif de A de la loi d'action à gauche $(a, x) \mapsto \sigma(a)x$, et de la loi d'action à droite $(a, x) \mapsto xa$. On a $d(1) = 0$ (III, p. 122, prop. 3).

Rappelons (IV, p. 2) que A[X] désigne le **Z**-module $A \otimes_{\mathbf{Z}} \mathbf{Z}[X]$ des polynômes en une indéterminée à coefficients dans A. On le munit de sa structure naturelle de A-module à gauche. La famille $(X^n)_{n \in \mathbf{N}}$ en est une base. On identifie A à son image par l'application $a \mapsto a \otimes 1$.

PROPOSITION 7. — *Soient* A, σ, d *comme ci-dessus. Il existe sur le groupe* A[X] *une unique structure d'anneau possédant les propriétés suivantes :*

a) *L'addition de cet anneau est l'addition usuelle de* A[X] ;

b) *La multiplication de cet anneau prolonge celle de* A ;

c) *Le produit dans cet anneau d'une suite* $(a, \mathrm{X}, \ldots, \mathrm{X})$, *formée d'un élément* a *de* A *suivi de* n *termes égaux à* X, *est le polynôme* $a\mathrm{X}^n$;

d) *On a dans cet anneau* $\mathrm{X}a = \sigma(a)\mathrm{X} + d(a)$ *pour tout* $a \in \mathrm{A}$.

Notons E l'anneau des endomorphismes du groupe additif A[X]. L'application qui à $a \in \mathrm{A}$ associe l'homothétie a_M du A-module à gauche $\mathrm{M} = \mathrm{A}[\mathrm{X}]$ est un homomorphisme d'anneaux de A dans E. Considérons les éléments u, σ_M et d_M de E définis par $u(\sum b_n\mathrm{X}^n) = \sum b_n\mathrm{X}^{n+1}$, $\sigma_\mathrm{M}(\sum b_n\mathrm{X}^n) = \sum \sigma(b_n)\mathrm{X}^n$, $d_\mathrm{M}(\sum b_n\mathrm{X}^n) = \sum d(b_n)\mathrm{X}^n$. On a, pour tout $a \in \mathrm{A}$

(2) $$u\, a_\mathrm{M} = a_\mathrm{M}\, u\,, \qquad \sigma_\mathrm{M}\, a_\mathrm{M} = \sigma(a)_\mathrm{M}\, \sigma_\mathrm{M}\,, \qquad d_\mathrm{M}\, a_\mathrm{M} = \sigma(a)_\mathrm{M}\, d_\mathrm{M} + d(a)_\mathrm{M}\,.$$

Posons

(3) $$\mathrm{X}_\mathrm{M} = \sigma_\mathrm{M}\, u + d_\mathrm{M}\,.$$

Il résulte de (2) que l'on a, pour tout $a \in \mathrm{A}$,

(4) $$\mathrm{X}_\mathrm{M}\, a_\mathrm{M} = \sigma(a)_\mathrm{M}\, \mathrm{X}_\mathrm{M} + d(a)_\mathrm{M}\,.$$

Considérons l'application $\varphi : \mathrm{A}[\mathrm{X}] \to \mathrm{E}$ définie par

(5) $$\varphi\Big(\sum a_n\mathrm{X}^n\Big) = \sum (a_n)_\mathrm{M}\, (\mathrm{X}_\mathrm{M})^n\,.$$

C'est un homomorphisme de groupes. On démontre par récurrence que l'on a $(\mathrm{X}_\mathrm{M})^n(1) = \mathrm{X}^n$ pour tout $n \in \mathbf{N}$. On a donc $\varphi(\mathrm{P})(1) = \mathrm{P}$ pour tout $\mathrm{P} \in \mathrm{A}[\mathrm{X}]$, ce qui prouve que l'homomorphisme φ est injectif. Notons B son image. L'ensemble B est un sous-groupe de E ; il contient 1, est stable par multiplication à gauche par a_M pour $a \in \mathrm{A}$, et par X_M d'après (4). C'est donc un sous-anneau de E. L'unique structure d'anneau sur A[X] déduite de celle de B par transport de structure par φ possède les propriétés de la prop. 7, la propriété d) résultant de la formule (4).

Si A[X] est muni d'une structure d'anneau possédant les propriétés de la prop. 7, l'homothétie à gauche γ_X de cet anneau (I, p. 92) applique nécessairement $b\mathrm{X}^n$ sur $\sigma(b)\mathrm{X}^{n+1} + d(b)\mathrm{X}^n$ pour $b \in \mathrm{A}$ et $n \in \mathbf{N}$, donc est égale à X_M. L'homothétie γ_a est nécessairement égale à a_M pour tout $a \in \mathrm{A}$. Il s'ensuit que l'on a $\gamma_\mathrm{P} = \varphi(\mathrm{P})$ pour tout $\mathrm{P} \in \mathrm{A}[\mathrm{X}]$, d'où l'assertion d'unicité de la prop. 7.

L'ensemble A[X], muni de l'unique structure d'anneau satisfaisant aux conditions de la prop. 7, est noté $\mathrm{A}[\mathrm{X}]_{\sigma,d}$ et appelé *l'anneau de polynômes en* X *à coefficients dans* A, *relatif à* σ *et* d. On le note simplement $\mathrm{A}[\mathrm{X}]_\sigma$ lorsque d est l'application nulle, et A[X] lorsque de plus σ est l'application identique de A. Cette notation est compatible avec celle introduite en IV, p. 1 pour un anneau A commutatif.

Remarque. — L'anneau $A[X]_{\sigma,d}$ possède la propriété universelle suivante : *étant donnés un anneau* A′, *un homomorphisme d'anneaux* $f : A \to A'$ *et un élément* x *de* A′ *tels que* $xf(a) = f(\sigma(a))x + f(d(a))$ *pour tout* $a \in A$, *il existe un unique homomorphisme d'anneaux* $g : A[X]_{\sigma,d} \to A'$ *qui prolonge* f *et applique* X *sur* x.

L'assertion d'unicité est claire. Montrons que l'application $g : A[X]_{\sigma,d} \to A'$ définie par $g(\sum a_n X^n) = \sum f(a_n)x^n$ possède les propriétés requises. Elle prolonge f, applique X sur x et est un homomorphisme de groupes. On a $g(1) = 1$. Pour $a \in A$ et $Q = \sum a_n X^n$ dans $A[X]_{\sigma,d}$, on a

$$g(aQ) = g\Big(\sum aa_n X^n\Big) = \sum f(aa_n)x^n = f(a)\sum f(a_n)x_n = g(a)g(Q)$$

ainsi que

$$\begin{aligned} g(XQ) &= g\Big(\sum\big(\sigma(a_n)X^{n+1} + d(a_n)X^n\big)\Big) \\ &= \sum(f(\sigma(a_n))x^{n+1} + f(d(a_n))x^n) = x\sum f(a_n)x^n = g(X)g(Q). \end{aligned}$$

On en déduit que l'on a $g(P)g(Q) = g(PQ)$ pour P, Q dans $A[X]_{\sigma,d}$ et donc que g est un homomorphisme d'anneaux.

THÉORÈME 2. — *Soit* A *un anneau noethérien à gauche et soient* σ *un automorphisme de* A *et* d *un endomorphisme du groupe additif de* A *satisfaisant la relation* (1). *L'anneau* $A[X]_{\sigma,d}$ *est noethérien à gauche.*

Posons $B = A[X]_{\sigma,d}$. Pour tout entier $n \geqslant 0$, notons B_n l'ensemble des éléments de B de la forme $a_0 + a_1X + \cdots + a_nX^n$. C'est un sous-A-module à gauche de B. L'application $\varphi_n : B_n \to A_s$ définie par $\varphi_n(a_0+a_1X+\cdots+a_nX^n) = a_n$ est A-linéaire.

Soit $\mathfrak{b}$ un idéal à gauche de B. Pour tout entier $n \geqslant 0$, l'ensemble $\mathfrak{a}_n = \varphi_n(\mathfrak{b}\cap B_n)$ est un idéal à gauche de A. Comme on a $Xa = \sigma(a)X + d(a)$ pour tout $a \in A$, on a

$$\varphi_{n+1}(XQ) = \sigma(\varphi_n(Q)) \tag{6}$$

pour tout $Q \in B_n$, d'où $\sigma(\mathfrak{a}_n) \subset \mathfrak{a}_{n+1}$. Par conséquent, la suite des idéaux $\mathfrak{a}'_n = \sigma^{-n}(\mathfrak{a}_n)$ de A est croissante. Comme l'anneau A est noethérien à gauche, il existe un entier $m \geqslant 0$ tel que l'on ait $\mathfrak{a}'_n = \mathfrak{a}'_{n+1}$ pour $n \geqslant m$. Comme σ est surjectif, on a la relation

$$\sigma(\mathfrak{a}_n) = \mathfrak{a}_{n+1} \tag{7}$$

pour tout entier $n \geqslant m$.

Soit $\mathfrak{c}$ l'idéal à gauche de B engendré par $\mathfrak{b} \cap B_m$; comme le A-module à gauche B_m est de type fini et que l'anneau A est noethérien à gauche, le A-module à gauche $\mathfrak{b} \cap B_m$ est de type fini (VIII, p. 7, prop. 4 a)). L'idéal à gauche $\mathfrak{c}$ est donc engendré par une partie finie de B. Il est clair qu'il est contenu dans $\mathfrak{b}$. Démontrons qu'il est égal à $\mathfrak{b}$ en démontrant par récurrence que l'on a, pour tout entier $n \geqslant 0$,

$$\mathfrak{b} \cap \mathrm{B}_n \subset \mathfrak{c}. \tag{8}$$

La relation (8) est vraie par construction pour $n \leqslant m$. Supposons désormais que n soit un entier $\geqslant m$ tel que $\mathfrak{b} \cap \mathrm{B}_n \subset \mathfrak{c}$. Soit P un élément de $\mathfrak{b} \cap \mathrm{B}_{n+1}$. Alors $\varphi_{n+1}(\mathrm{P})$ appartient à $\mathfrak{a}_{n+1} = \sigma(\mathfrak{a}_n)$ et il existe donc un élément Q de $\mathfrak{b} \cap \mathrm{B}_n$ tel que $\varphi_{n+1}(\mathrm{P}) = \sigma(\varphi_n(\mathrm{Q}))$. Posons $\mathrm{R} = \mathrm{P} - \mathrm{XQ}$. Compte tenu de la relation (6), on a $\varphi_{n+1}(\mathrm{R}) = 0$, c'est-à-dire $\mathrm{R} \in \mathrm{B}_n$. Comme P et Q appartiennent à l'idéal à gauche $\mathfrak{b}$ de B, il en est de même de R ; ainsi, R et Q appartiennent à $\mathfrak{b} \cap \mathrm{B}_n$, qui est contenu dans l'idéal $\mathfrak{c}$ d'après l'hypothèse de récurrence. Par suite, P appartient à $\mathfrak{c}$. Cela prouve que l'on a $\mathfrak{b} \cap \mathrm{B}_{n+1} \subset \mathfrak{c}$.

Ainsi, $\mathfrak{b}$ est égal à $\mathfrak{c}$; c'est donc un idéal de type fini de B. Cela démontre que l'anneau B est noethérien à gauche.

Si l'endomorphisme σ de l'anneau A n'est pas un automorphisme, l'anneau $\mathrm{A}[\mathrm{X}]_{\sigma,d}$ n'est pas nécessairement noethérien à gauche, même lorsque A est un anneau commutatif noethérien (VIII, p. 21, exerc. 26).

COROLLAIRE 1 (Hilbert). — *Soit* A *un anneau commutatif et noethérien. Pour tout entier* $n \geqslant 0$, *l'algèbre de polynômes* $\mathrm{A}[\mathrm{X}_1, \ldots, \mathrm{X}_n]$ *est un anneau noethérien.*

Cela résulte par récurrence du théorème 2, compte tenu de la prop. 8 de III, p. 26.

COROLLAIRE 2. — *Soit* A *un anneau commutatif et noethérien. Une* A*-algèbre commutative engendrée par un nombre fini d'éléments est un anneau noethérien.*

Une telle algèbre est isomorphe à une algèbre de la forme $\mathrm{A}[\mathrm{X}_1, \ldots, \mathrm{X}_n]/\mathfrak{a}$ où $n \geqslant 0$ et $\mathfrak{a}$ un idéal de $\mathrm{A}[\mathrm{X}_1, \ldots, \mathrm{X}_n]$. On applique alors le corollaire 1 et la prop. 5 de VIII, p. 7

COROLLAIRE 3. — *Tout anneau commutatif est réunion d'une famille filtrante croissante de sous-anneaux noethériens.*

Soit en effet A un anneau commutatif. Les sous-anneaux de A qui sont engendrés (en tant que **Z**-algèbres) par un nombre fini d'éléments sont noethériens d'après le cor. 2. Ils forment une famille filtrante croissante de sous-anneaux de A, dont la réunion est A.

EXERCICES

1) Soient A un anneau principal qui n'est pas un corps et P un système représentatif d'éléments extrémaux de A. Pour qu'un A-module M soit artinien, il faut et il suffit qu'il soit de torsion et qu'il existe une partie finie S de P telle que les deux conditions suivantes soient satisfaites :

(i) Pour tout $\pi \in \mathrm{P} - \mathrm{S}$, le composant π-primaire M_π de M (VII, p. 8) est réduit à 0 ;

(ii) Pour tout $\pi \in \mathrm{S}$, l'ensemble des éléments de M annulés par π, considéré comme espace vectoriel sur le corps $\mathrm{A}/\pi\mathrm{A}$, est de dimension finie.

¶ 2) Soient A un anneau, M un A-module de longueur finie n et R un ensemble d'endomorphismes nilpotents de M, stable par composition.

a) Si $n = 1$, tout élément de R est nul. Si $n > 1$, démontrer qu'il existe un sous-module N de M, distinct de 0 et de M, stable par tous les éléments de R. (On peut supposer que R possède un élément $s \neq 0$; en choisir un pour lequel $s(\mathrm{M})$ ait la plus petite longueur possible, et démontrer que l'on a $srs = 0$ pour tout $r \in \mathrm{R}$. En déduire que l'on peut prendre $\mathrm{N} = s(\mathrm{M})$ si $\mathrm{R}s = \{0\}$, et $\mathrm{N} = \sum_{r\in\mathrm{R}} r(s(\mathrm{M}))$ si $\mathrm{R}s \neq \{0\}$.)[1]

b) Déduire de *a*) qu'il existe une suite de Jordan-Hölder $(\mathrm{M}_i)_{0\leqslant i\leqslant n}$ de M telle que l'on ait $r(\mathrm{M}_i) \subset \mathrm{M}_{i+1}$ pour tout $r \in \mathrm{R}$ et $0 \leqslant i \leqslant n-1$. En déduire que l'on a $r_1 \ldots r_n = 0$ pour toute suite $(r_i)_{1\leqslant i\leqslant n}$ de n éléments de R.

3) *a*) Donner un exemple de corps commutatif K et d'isomorphisme φ de K sur l'un de ses sous-corps K′, tel que K soit de dimension infinie sur K′. On définit sur le groupe additif $\mathrm{A} = \mathrm{K} \times \mathrm{K}$ une structure d'anneau en posant $(x, y)(x', y') = (xx', xy' + y\varphi(x'))$ (II, p. 179, exerc. 7). Les seuls idéaux à gauche de A sont $\{(0,0)\}$, $\{0\} \times \mathrm{K}$ et A, mais, pour tout sous-K′-espace vectoriel E de K, $\{0\} \times \mathrm{E}$ est un idéal à droite de A. En déduire que A est artinien et noethérien à gauche, mais ni artinien ni noethérien à droite.

b) Donner un exemple de module de longueur finie dont l'anneau d'endomorphismes n'est ni artinien ni noethérien à gauche.

c) A l'aide de la même méthode qu'en *a*), donner un exemple d'anneau artinien à gauche et à droite, dont la longueur à gauche est distincte de la longueur à droite.

4) Soit $\rho : \mathrm{A} \to \mathrm{B}$ un homomorphisme d'anneaux.

a) Si, en tant que A-module à droite, B est libre et non nul, et si l'anneau B est artinien (resp. noethérien) à gauche, l'anneau A est artinien (resp. noethérien) à gauche.

b) Donner un exemple où A est un corps commutatif, où B, considéré comme espace vectoriel à droite sur A est de dimension finie, et où B n'est ni artinien ni noethérien à gauche (utiliser l'exerc. 3).

[1] Cette démonstration nous a été communiquée par A. Rosenberg.

5) Soit n un entier $\geqslant 1$. Pour qu'un anneau A soit artinien (resp. noethérien) à gauche, il faut et il suffit que l'anneau de matrices $\mathbf{M}_n(\mathrm{A})$ le soit. Si A est artinien à gauche, la longueur à gauche de $\mathbf{M}_n(\mathrm{A})$ est égale à n fois celle de A.

6) Soient A un anneau et e un élément idempotent de A.

a) Soient $\mathfrak{a}_1$ un idéal à gauche de l'anneau $e\mathrm{A}e$ et $\mathfrak{a}$ l'idéal à gauche de A engendré par $\mathfrak{a}_1$. On a $\mathfrak{a}_1 = e\mathfrak{a}e = \mathfrak{a} \cap e\mathrm{A}e$.

b) Pour tout idéal à gauche $\mathfrak{a}$ de A, on a $\mathfrak{a} \cap e\mathrm{A}e \subset e\mathfrak{a}e$; donner un exemple où cette inclusion est stricte (prendre pour A un anneau de matrices).

c) On a $\mathfrak{a} \cap e\mathrm{A}e = e\mathfrak{a}e$ pour tout idéal bilatère $\mathfrak{a}$ de A.

d) Si l'anneau A est artinien (resp. noethérien) à gauche, il en est de même des anneaux $e\mathrm{A}e$ et $(1-e)\mathrm{A}(1-e)$.

e) Donner un exemple où $e\mathrm{A}e$ et $(1-e)\mathrm{A}(1-e)$ sont des corps commutatifs et où il existe dans A des suites infinies strictement croissantes et des suites infinies strictement décroissantes d'idéaux bilatères. (On pourra choisir un espace vectoriel V de dimension infinie sur un corps commutatif K, munir le groupe additif $\mathrm{A} = \mathrm{K} \times \mathrm{V} \times \mathrm{K}$ de la structure d'anneau définie par $(\lambda, x, \mu)(\lambda', x', \mu') = (\lambda\lambda', \lambda x' + \mu' x, \mu\mu')$ et poser $e = (1, 0, 0)$.)

7) *a*) Soient A un anneau et $\mathscr{I}$ l'ensemble des idéaux à gauche de A de la forme Ae, où e est un élément idempotent de A. Prouver que les conditions suivantes sont équivalentes :

(i) Toute partie non vide de $\mathscr{I}$ possède un élément minimal ;

(ii) Toute partie non vide de $\mathscr{I}$ possède un élément maximal ;

(iii) Il n'existe pas de famille infinie d'idéaux non nuls appartenant à $\mathscr{I}$ dont la somme soit directe ;

(iv) Il n'existe pas de famille infinie (e_i) d'éléments idempotents non nuls de A telle que $e_i e_j = 0$ pour $i \neq j$.

b) Donner un exemple d'anneau A dans lequel tout ensemble non vide d'idéaux à gauche *monogènes* possède un élément maximal et un élément minimal (de sorte que les conditions de *a*) sont satisfaites), bien que A ne soit ni artinien ni noethérien à gauche (utiliser l'exerc. 3).

c) Soit M un module. Si tout ensemble non vide de sous-modules *de type fini* de M possède un élément maximal, M est noethérien.

d) Donner un exemple de module non artinien dans lequel tout ensemble non vide de sous-modules de type fini possède un élément minimal.

8) Soient A un anneau, B et D deux sous-anneaux de A. Démontrer que si D est un corps et que l'anneau B est artinien à gauche, $\mathrm{B} \cap \mathrm{D}$ est un corps.

9) Soit A un anneau commutatif non nul et soit I un ensemble infini. Les anneaux $\mathrm{A}[(\mathrm{X}_i)_{i\in\mathrm{I}}]$ et $\mathrm{A}[[(\mathrm{X}_i)_{i\in\mathrm{I}}]]$ ne sont ni artiniens ni noethériens.

10) Soient A un anneau, $\mathfrak{a}$ et $\mathfrak{b}$ deux idéaux bilatères de A. Si les anneaux $A/\mathfrak{a}$ et $A/\mathfrak{b}$ sont artiniens (resp. noethériens) à gauche, il en est de même de l'anneau $A/\mathfrak{a} \cap \mathfrak{b}$; par contre, l'anneau $A/\mathfrak{a}\mathfrak{b}$ n'est pas nécessairement artinien (resp. noethérien) à gauche.

11) Soient A, B des anneaux, M un A-module à gauche de type fini, P un A-module à droite de type fini et N un (A, B)-bimodule. Si le B-module à droite N est artinien (resp. noethérien), il en est de même des B-modules à droite $\mathrm{Hom}_A(M, N)$ et $P \otimes_A N$.

12) Soit K un corps commutatif. Notons $(e_n)_{n\in\mathbf{N}}$ la base canonique de l'espace vectoriel $V = K^{(\mathbf{N})}$. On définit une suite $(u_n)_{n\in\mathbf{N}}$ d'endomorphismes de V en posant :

$$u_0(e_0) = 0 \qquad u_0(e_1) = 0 \qquad u_0(e_{n+1}) = e_n \text{ pour } n \geqslant 1$$
$$u_m(e_0) = e_m \qquad u_m(e_n) = 0 \text{ pour } m \geqslant 1 \text{ et } n \geqslant 1.$$

Soit A la sous-K-algèbre unifère de $\mathrm{End}_K(V)$ engendrée par la suite $(u_n)_{n\in\mathbf{N}}$. Démontrer que le A-module à gauche V est artinien, de type fini (et même monogène), mais n'est pas noethérien.

13) *a*) Soit $\rho : A \to B$ un homomorphisme d'anneaux. Supposons que A soit noethérien à gauche et qu'il existe une partie finie S de B, dont les éléments commutent entre eux et à ceux de $\rho(A)$, telle que l'anneau B soit engendré par $\rho(A)$ et S. Alors B est noethérien à gauche.

b) Soit A un anneau commutatif non nul. Donner un exemple de A-algèbre associative et unifère, engendrée par un nombre fini d'éléments, qui n'est un anneau noethérien ni à gauche, ni à droite (on pourra considérer l'algèbre associative libre $\mathrm{Libas}_A(I)$ (III, p. 21, déf. 2), où I est un ensemble de cardinal $\geqslant 2$).

14) Soit V un espace vectoriel de dimension *infinie dénombrable* sur un corps K. L'ensemble $\mathscr{I}$ des endomorphismes de rang fini de V est un idéal bilatère de l'anneau $B = \mathrm{End}_K(V)$. Démontrer que les seuls idéaux bilatères de l'anneau $A = B/\mathscr{I}$ sont $\{0\}$ et A, mais que A n'est noethérien ni à gauche ni à droite.

¶ 15) Soient A un anneau commutatif et M un A-module de type fini.

a) On suppose que pour toute suite croissante $(\mathfrak{a}_n)_{n\in\mathbf{N}}$ d'idéaux de A la suite $(\mathfrak{a}_n M)_{n\in\mathbf{N}}$ est stationnaire. Démontrer que le A-module M est noethérien. (Se ramener au cas où le A-module M est fidèle et où, pour tout idéal $\mathfrak{a} \neq 0$ de A, le A-module $M/\mathfrak{a}M$ est noethérien ; il existe alors un sous-module N_0 de M maximal parmi les sous-modules $N \subset M$ tels que M/N soit fidèle ; prouver que le A-module M/N est noethérien, puis que l'anneau A est noethérien et conclure.)

b) *On suppose que pour toute suite décroissante $(\mathfrak{a}_n)_{n\in\mathbf{N}}$ d'idéaux de A la suite $(\mathfrak{a}_n M)_{n\in\mathbf{N}}$ est stationnaire. Démontrer que le A-module M est artinien. (Se ramener au cas où le A-module M est fidèle ; démontrer qu'alors A n'a qu'un nombre fini d'idéaux maximaux, puis, en s'inspirant de la preuve de la prop. 1 de VIII, p. 169, que le radical de A est nilpotent ; en déduire qu'il existe une suite finie $(\mathfrak{m}_1, \mathfrak{m}_2, \ldots, \mathfrak{m}_n)$ d'idéaux maximaux de A dont le produit annule M ; conclure en raisonnant par récurrence sur n.)$_*$

16) *a*) Soient A un anneau commutatif et $\rho : \mathrm{A} \to \mathrm{B}$ un homomorphisme injectif d'anneaux qui fait de B un A-module à gauche de type fini. Supposons que pour toute suite croissante (resp. décroissante) $(\mathfrak{a}_n)_{n\in\mathbf{N}}$ d'idéaux de A, la suite $(\mathfrak{a}_n\mathrm{B})_{n\in\mathbf{N}}$ soit stationnaire (ce qui est le cas si l'anneau B est noethérien (resp. artinien) à droite). Démontrer que l'anneau A est noethérien (resp. artinien) (utiliser l'exerc. 15).

b) Donner un exemple d'anneau B, artinien et noethérien à droite et à gauche, et de sous-anneau A de B tel que B soit de type fini en tant que A-module à droite et à gauche, et que l'anneau A ne soit ni noethérien ni artinien à droite ou à gauche (on pourra choisir un anneau intègre convenable C, de corps des fractions K, prendre pour B l'anneau des matrices $\mathbf{M}_3(\mathrm{K})$ et pour A le sous-anneau de B formé des matrices $(a_{ij})_{1\leqslant i,j\leqslant 3}$ telles que $a_{ij} = 0$ pour $1 \leqslant i < j \leqslant 3$ et $a_{22} \in \mathrm{C}$.)

17) Soient E un monoïde, e son élément neutre, S une partie de E et S′ le sous-monoïde de E engendré par S. On dit que S *permet un calcul des fractions à gauche sur* E si les deux conditions suivantes (tautologiques lorsque E est commutatif) sont satisfaites :

(i) Pour tout $a \in \mathrm{E}$ et tout $s \in \mathrm{S}$, il existe $b \in \mathrm{E}$ et $t \in \mathrm{S}'$ tels que $ta = bs$.

(ii) Quels que soient $a \in \mathrm{E}$, $b \in \mathrm{E}$ et $s \in \mathrm{S}$ tels que $as = bs$, il existe $t \in \mathrm{S}'$ tel que $ta = tb$.

a) Supposons qu'il existe un homomorphisme u de E dans un monoïde E′ tel que tout élément de $u(\mathrm{S})$ soit inversible dans E′ et que, quels que soient a, b dans E tels que $u(a) = u(b)$, il existe $s \in \mathrm{S}'$ tel que $sa = sb$. Alors S permet un calcul des fractions à gauche sur E.

b) Supposons que S permette un calcul des fractions à gauche sur E. Dans $\mathrm{E} \times \mathrm{S}'$, on note $(a, s) \sim (b, t)$ la relation : « il existe c et d dans E tels que l'on ait $ca = db$ et $cs = dt \in \mathrm{S}'$ ». C'est une relation d'équivalence. On pose $\mathrm{S}^{-1}\mathrm{E} = (\mathrm{E} \times \mathrm{S}')/\sim$ et l'on note $\varepsilon : \mathrm{E} \to \mathrm{S}^{-1}\mathrm{E}$ l'application qui à $a \in \mathrm{E}$ associe la classe de (a, e). Il existe sur $\mathrm{S}^{-1}\mathrm{E}$ une unique structure de monoïde telle que ε soit un homomorphisme unifère, que $\varepsilon(s)$ soit inversible pour tout $s \in \mathrm{S}$ et que, pour $(a, s) \in \mathrm{E} \times \mathrm{S}'$, la classe dans $\mathrm{S}^{-1}\mathrm{E}$ de (a, s) soit égale à $\varepsilon(s)^{-1}\varepsilon(a)$. On dit que $\mathrm{S}^{-1}\mathrm{E}$ est *le monoïde des fractions à gauche de* E *associé à* S. Il coïncide avec celui défini en I, p. 17 lorsque le monoïde E est commutatif.

c) Soient a, b dans E. Pour que l'on ait $\varepsilon(a) = \varepsilon(b)$, il faut et il suffit qu'il existe $s \in \mathrm{S}'$ tel que $sa = sb$. Pour que ε soit injectif (resp. bijectif), il faut et il suffit que tout élément de S soit simplifiable à droite (resp. inversible).

d) Soit f un homomorphisme unifère de E dans un monoïde F tel que tout élément de $f(\mathrm{S})$ soit inversible dans F. Il existe un homomorphisme $\overline{f} : \mathrm{S}^{-1}\mathrm{E} \to \mathrm{F}$ et un seul tel que $f = \overline{f} \circ s$. Si f est injectif, $\overline{f}$ est injectif.

e) On dit que S *permet un calcul des fractions à droite sur* E s'il permet un calcul des fractions à gauche sur le monoïde E^o opposé de E. Définir dans ce cas *le monoïde des fractions à droite* ES^{-1} *de* E *associé à* S, observer que l'on a $(ES^{-1})^o = S^{-1}(E^o)$, et réécrire *b*) pour les monoïdes de fractions à droite. Si S permet un calcul des fractions à gauche et à droite sur E, les monoïdes $S^{-1}E$ et ES^{-1} sont canoniquement isomorphes.

18) *a*) Soient A un anneau, S une partie de A et S′ la plus petite partie de A, contenant 1 et S, stable par multiplication. On dit que S *permet un calcul des fractions à gauche sur* A si les deux conditions suivantes (tautologiques lorsque A est commutatif) sont satisfaites :

(i) Pour tout $a \in A$ et tout $s \in S$, il existe $b \in A$ et $t \in S'$ tels que $ta = bs$.

(ii) Quels que soient $a \in A$ et $s \in S$ tels que $as = 0$, il existe $t \in S'$ tel que $ta = 0$.

Il revient au même de dire que S permet un calcul des fractions à gauche sur le monoïde obtenu en munissant l'ensemble A de la seule multiplication (exerc. 17). Démontrer qu'il existe alors sur le monoïde multiplicatif $S^{-1}A$ une unique addition telle que $S^{-1}A$, muni de cette addition et de sa multiplication, soit un anneau et que l'application canonique $\varepsilon : A \to S^{-1}A$ (*loc. cit.*) soit un homomorphisme d'anneaux. On dit que $S^{-1}A$ est *l'anneau des fractions à gauche de* A *associé à* S. Lorsque A est commutatif, il coïncide avec celui défini en I, p. 108.

b) Pour que S permette un calcul des fractions à gauche sur A, il faut et il suffit qu'il existe un anneau B et un homomorphisme d'anneaux $u : A \to B$ tel que tout élément de $u(S)$ soit inversible dans B et que, quel que soit $a \in u^{-1}(0)$, il existe $s \in S$ tel que $sa = 0$.

c) Supposons que S permette un calcul des fractions à gauche sur A. Le noyau de l'homomorphisme canonique $\varepsilon : A \to S^{-1}A$ est l'ensemble des $a \in A$ tels qu'il existe $s \in S$, avec $sa = 0$.

Soit f un homomorphisme de A dans un anneau B tel que tout élément de $f(S)$ soit inversible dans B. Il existe un homomorphisme $\overline{f} : S^{-1}A \to F$ et un seul tel que $f = \overline{f} \circ s$. Si f est injectif, $\overline{f}$ est injectif.

d) Formuler les énoncés analogues à *a*), *b*), *c*), relatifs au calcul des fractions à droite ; si S permet un calcul des fractions à droite sur A, on note AS^{-1} l'anneau des fractions à droite de A. On a dans ce cas $(AS^{-1})^o = S^{-1}(A^o)$. Si S permet un calcul des fractions à gauche et à droite sur A, les anneaux $S^{-1}A$ et AS^{-1} sont canoniquement isomorphes.

e) Soit A un anneau non nul sans diviseur de zéro. Pour que A admette un corps des fractions à gauche (I, p. 155, exerc. 15), il faut et il suffit que l'ensemble S des éléments non nuls de A permette un calcul des fractions à gauche sur A, et dans ce cas $S^{-1}A$ est le corps des fractions à gauche de A.

19) Soient A un anneau, S une partie de A qui permet un calcul des fractions à gauche sur A (exerc. 18) et S′ la plus petite partie de A contenant 1 et S, stable par multiplication. On note $S^{-1}A$ l'anneau des fractions à gauche de A associé à S et $\varepsilon : A \to S^{-1}A$ l'homomorphisme canonique.

a) Soit M un A-module. On note $S^{-1}M$ le $S^{-1}A$-module $S^{-1}A \otimes_A M$, et on l'appelle le *module des fractions à gauche* de M associé à S. Démontrer que tout élément de $S^{-1}M$ peut s'écrire $\varepsilon(s)^{-1} \otimes x$ avec $x \in M$ et $s \in S'$, et que, pour x, y dans M et s, t dans S', la relation $\varepsilon(s)^{-1} \otimes x = \varepsilon(t)^{-1} \otimes y$ équivaut à l'existence d'un couple (c, d) d'éléments de A tels que l'on ait $cx = dy$ et $cs = dt \in S'$.

b) On note ε_M l'application A-linéaire canonique $x \mapsto 1 \otimes x$ de M dans $S^{-1}M$. Son image engendre le $S^{-1}A$-module $S^{-1}M$; son noyau est formé des éléments $x \in M$ tels qu'il existe $s \in S'$ vérifiant $sx = 0$. Pour que l'application ε_M soit injective (resp. bijective), il faut et il suffit que, pour tout $s \in S$, l'homothétie $x \mapsto sx$ de M soit injective (resp. bijective).

c) Pour que l'on ait $S^{-1}M = 0$, il faut et il suffit que, pour tout $x \in M$, il existe $s \in S$ tel que $sx = 0$.

d) Soit N un sous-module de M. L'application $S^{-1}A$-linéaire canonique de $S^{-1}N$ dans $S^{-1}M$ est injective. (*Autrement dit, le A module à droite $S^{-1}A$ est plat.$_*$) On identifiera $S^{-1}N$ à son image dans $S^{-1}M$ par cette application. Le sous-module $\overset{-1}{\varepsilon_M}(S^{-1}N)$ de M se compose des éléments $x \in M$ tels qu'il existe $s \in S'$, avec $sx \in N$. On dit que c'est *le saturé à gauche de* N *pour* S.

e) L'application $N' \mapsto \overset{-1}{\varepsilon_M}(N')$ est un isomorphisme de l'ensemble ordonné des sous-$S^{-1}A$-modules de $S^{-1}M$ sur l'ensemble ordonné des sous-A-modules de M qui sont *saturés* (*i.e.* égaux à leur saturé) à gauche pour S. L'isomorphisme réciproque est $N \mapsto S^{-1}N$.

f) Si le A-module M est noethérien, le $S^{-1}A$-module $S^{-1}M$ est noethérien. Si le A-module M est artinien, le $S^{-1}A$-module $S^{-1}M$ est artinien et l'application $\varepsilon_M : M \to S^{-1}M$ est surjective.

g) Si l'anneau A est noethérien (resp. artinien) à gauche, il en est de même de l'anneau $S^{-1}A$.

h) Formuler les énoncés analogues à ceux de cet exercice pour les modules de fractions à droite des modules à droite.

20) Prouver qu'un anneau noethérien à gauche A sans diviseur de zéro admet un corps des fractions à gauche (exerc. 18) (si a et s sont des éléments non nuls de A, utiliser le fait que la suite des idéaux $(As + Asa + \cdots + Asa^n)_{n \in \mathbf{N}}$ est stationnaire pour prouver que $Aa \cap As$ n'est pas réduit à 0).

21) Soient A un anneau, σ un endomorphisme de l'anneau A et d un endomorphisme *nilpotent* du groupe additif de A satisfaisant la relation $d(ab) = \sigma(a)d(b) + d(a)b$.

a) Montrer que l'ensemble $S = \{X\}$ permet un calcul des fractions à gauche (exerc. 18) sur l'anneau $B = A[X]_{\sigma,d}$ (VIII, p. 10). Si σ est injectif, l'homomorphisme canonique de B dans $S^{-1}B$ est injectif et on identifie B à un sous-anneau de $S^{-1}B$. Si σ est bijectif, S permet aussi un calcul des fractions à droite sur B, et tout élément de $S^{-1}B$ s'écrit de façon unique sous la forme $\sum_{n\in\mathbf{Z}} a_n \mathrm{X}^n$, où $(a_n)_{n\in\mathbf{Z}}$ est une famille à support fini d'éléments de A. Écrire, pour $a \in \mathrm{A}$, l'élément $\mathrm{X}^{-1}a$ de $\mathrm{S}^{-1}\mathrm{B}$ sous cette forme.

b) Démontrer que la multiplication de l'anneau $\mathrm{A}[\mathrm{X}]_{\sigma,d}$ se prolonge par continuité en une multiplication sur l'ensemble A[[X]] des séries formelles en X à coefficients dans A. Le groupe additif A[[X]], muni de cette multiplication, est un anneau que l'on note $\mathrm{A}[[\mathrm{X}]]_{\sigma,d}$ (ou simplement $\mathrm{A}[[\mathrm{X}]]_{\sigma}$ si $d = 0$). Donner un exemple où une série formelle $u \in \mathrm{A}[[\mathrm{X}]]$ de terme constant égal à 1 ne possède dans l'anneau $\mathrm{A}[[\mathrm{X}]]_{\sigma,d}$ d'inverse ni à droite ni à gauche.

c) Montrer que les éléments inversibles de $\mathrm{A}[[\mathrm{X}]]_{\sigma}$ sont ceux dont le terme constant est inversible dans A.

d) Formuler et démontrer l'analogue de *a*) en remplaçant l'anneau $\mathrm{A}[\mathrm{X}]_{\sigma,d}$ par l'anneau $\mathrm{A}[[\mathrm{X}]]_{\sigma,d}$.

e) On suppose que A est un corps et σ un automorphisme de A. Alors $\mathrm{S}^{-1}\mathrm{A}[[\mathrm{X}]]_{\sigma}$ (où $\mathrm{S} = \{\mathrm{X}\}$) est un corps, dont tout élément s'écrit de façon unique $\sum_{n\in\mathbf{Z}} a_n \mathrm{X}^n$, où $(a_n)_{n\in\mathbf{Z}}$ est une famille d'éléments de A n'ayant qu'un nombre fini de termes d'indice < 0 non nuls. On note ce corps $\mathrm{A}((\mathrm{X}))_{\sigma}$.

f) On suppose que A est un corps commutatif. Décrire le centre du corps $\mathrm{A}((\mathrm{X}))_{\sigma}$. En déduire un exemple de corps de degré infini sur son centre.

22) Soient G un groupe et H un sous-groupe distingué de G tel que le groupe quotient G/H soit isomorphe à **Z**. Soit g un élément de G dont l'image canonique dans G/H engendre G/H. Soient C un anneau commutatif, A l'algèbre C[H] de H sur C (III, p. 19), $(e_h)_{h\in\mathrm{H}}$ sa base canonique et σ l'automorphisme de A qui applique e_h sur $e_{ghg^{-1}}$.

a) Démontrer qu'il existe un homomorphisme u et un seul de l'anneau $\mathrm{B} = \mathrm{A}[\mathrm{X}]_{\sigma}$ dans l'anneau C[G] qui prolonge l'injection canonique de A = C[H] dans C[G] et applique X sur l'élément e_g de la base canonique de C[G].

b) Posons $\mathrm{S} = \{\mathrm{X}\}$. Démontrer que u se prolonge en un *isomorphisme* de l'anneau $\mathrm{S}^{-1}\mathrm{B}$ (*cf.* exerc. 21) sur C[G]. En déduire que si l'anneau C[H] est noethérien à gauche, l'anneau C[G] est noethérien à gauche.

23) Soient A un anneau, I un ensemble, $\boldsymbol{\sigma} = (\sigma_i)_{i\in\mathrm{I}}$ une famille d'endomorphismes de l'anneau A et $\boldsymbol{d} = (d_i)_{i\in\mathrm{I}}$ une famille d'endomorphismes du groupe additif de A, satisfaisant les relations

$$\sigma_i \circ \sigma_j = \sigma_j \circ \sigma_i \qquad \sigma_i \circ d_j = d_j \circ \sigma_i \qquad d_i \circ d_j = d_j \circ d_i$$

pour $i \in \mathrm{I}$, $j \in \mathrm{I}$, $i \neq j$ et

$$d_i(ab) = \sigma_i(a)d_i(b) + d_i(a)b$$

pour $i \in \mathrm{I}$, $a \in \mathrm{A}$, $b \in \mathrm{A}$.

a) Prouver qu'il existe un unique anneau B dont le groupe additif est le groupe additif $A[\mathbf{X}]$ des polynômes à coefficients dans A en la famille d'indéterminées $\mathbf{X} = (X_i)_{i \in I}$, et dont le produit satisfait aux conditions suivantes :

(i) Les éléments X_i $(i \in I)$ de B sont deux à deux permutables ;

(ii) Pour tout $a \in A$ et tout multiindice $\boldsymbol{\nu} = (\nu_i)_{i \in I} \in \mathbf{N}^{(I)}$, le produit dans B, dans cet ordre, de a par une suite finie formée de ν_i éléments égaux à X_i pour tout $i \in I$, est le polynôme $a\mathbf{X}^{\boldsymbol{\nu}}$;

(iii) Pour tout $a \in A$ et tout $i \in I$, on a dans l'anneau B la relation $X_i a = \sigma_i(a) X_i + d_i(a)$.

b) L'anneau B est noté $A[\mathbf{X}]_{\sigma,\mathbf{d}}$. Il possède la propriété universelle suivante : étant donnés un anneau C, un homomorphisme d'anneaux $f : A \to C$ et une famille $(x_i)_{i \in I}$ d'éléments de C deux à deux permutables tels que $x_i f(a) = f(\sigma_i(a)) x_i + f(d_i(a))$ pour tout $a \in A$ et tout $i \in I$, il existe un unique homomorphisme d'anneaux $g : B \to C$ prolongeant f tel que $g(X_i) = x_i$ pour $i \in I$.

c) Soit J une partie de I. Notons B' l'anneau $A[(X_i)_{i \in J}]_{(\sigma_i)_{i \in J},(d_i)_{i \in J}}$. Pour tout $i \in I - J$, il existe un unique endomorphisme σ'_i de l'anneau B' et un unique endomorphisme d'_i du groupe additif de B' tel que :

$$
\begin{array}{lll}
\sigma'_i(a) = \sigma_i(a) & d'_i(a) = d_i(a) & \text{pour } a \in A, \\
\sigma'_i(X_j) = X_j & d'_i(X_j) = 0 & \text{pour } j \in J, \\
d'_i(PQ) = \sigma'_i(P) d'_i(Q) + d'_i(P) Q & & \text{pour } P \in B\ ,\ Q \in B.
\end{array}
$$

Posons $\boldsymbol{\sigma}' = (\sigma'_i)_{i \in I-J}$ et $\boldsymbol{d}' = (d'_i)_{i \in I-J}$. La bijection canonique de $A[(X_i)_{i \in I}]$ sur $A[(X_j)_{j \in J}][(X_i)_{i \in I-J}]$ est un isomorphisme de l'anneau $B = A[(X_i)_{i \in I}]_{\sigma,d}$ sur l'anneau $B'[(X_i)_{i \in I-J}]_{\sigma',d'}$.

d) Si l'anneau A est noethérien à gauche, que l'ensemble I est fini et que, pour tout $i \in I$, l'endomorphisme σ_i de A est bijectif, l'anneau $B = A[\mathbf{X}]_{\sigma,d}$ est noethérien à gauche.

e) Supposons que, pour tout $i \in I$, σ_i soit l'application identique de A. Notons E l'anneau des endomorphismes du groupe additif de A. Montrer qu'il existe un unique homomorphisme d'anneaux ψ de $B = A[\mathbf{X}]_{\sigma,d}$ dans E tel que $\psi(X_i) = d_i$ pour $i \in I$ et que, pour tout $a \in A$, $\psi(a)$ soit l'homothétie à gauche $b \mapsto ab$ de A.

f) Conservons les hypothèses de *e*). Supposons de plus que A soit un anneau de polynômes $C[(T_i)_{i \in I}]$ à coefficients dans un anneau C (non nécessairement commutatif), et que, pour tout $i \in I$, d_i soit la dérivation $P \mapsto \frac{\partial P}{\partial T_i}$ de A. Démontrer que, si C est non nul et sans torsion sur $\mathbf{Z}$, l'homomorphisme $\psi : B \to E$ est injectif. Démontrer que, si C est un anneau de caractéristique $p > 0$ (V, p. 2), le noyau de ψ est l'idéal à gauche de B engendré par les éléments X_i^p $(i \in I)$.

¶ 24) Soient G un groupe, e son élément neutre et A un anneau commutatif non nul. Notons A[G] l'algèbre du groupe G sur A (III, p. 19).

a) Soient I un ensemble *fini*, $(G_i)_{i\in I}$ une famille de sous-groupes de G et $(g_i)_{i\in I}$ une famille d'éléments de G. Démontrer que si G est réunion de la famille $(g_iG_i)_{i\in I}$, l'un des sous-groupes G_i est d'indice fini dans G.

b) Supposons que toute classe de conjugaison dans G distincte de $\{e\}$ soit infinie et que l'anneau A soit intègre. Démontrer que si $\mathfrak{a}$ et $\mathfrak{b}$ sont deux idéaux bilatères non nuls de l'anneau A[G], on a $\mathfrak{ab} \neq 0$. (Choisir des éléments $a = \sum a_g g$ et $b = \sum b_g g$ de $\mathfrak{a}$ et $\mathfrak{b}$ avec $a_e \neq 0$ et $b_e \neq 0$. En utilisant a), démontrer que, quitte à remplacer a par hah^{-1} avec $h \in G$ convenable, on peut supposer que $a_g b_{g^{-1}} = 0$ pour tout $g \neq e$ dans G.)

$^*c$) Démontrer que, pour que l'anneau A[G] soit artinien à gauche (resp. à droite), il faut et il suffit que l'anneau A soit artinien et que le groupe G soit fini. (Si A[G] est artinien à gauche, déduire du th. 1 de VIII, p. 5 que le groupe G est de longueur finie; pour prouver qu'il est fini, se ramener au cas où A est un corps et G un groupe simple, puis utiliser b) et la prop. 1 de VIII, p. 169) $_*$

25) On conserve les notations de l'exerc. 24.

a) Pour tout sous-groupe H de G, soit I_H le noyau de la surjection canonique $\mathbf{Z}[G] \to \mathbf{Z}^{(G/H)}$. Alors l'application $H \mapsto I_H$ est une injection croissante de l'ensemble des sous-groupes de G dans celui des idéaux à gauche de $\mathbf{Z}$[G] ; si H est un sous-groupe distingué de G, l'idéal I_H est bilatère.

b) Supposons que l'anneau A[G] soit noethérien à gauche. Il est alors aussi noethérien à droite. Pour tout sous-groupe H de G, l'anneau A[H] est noethérien à gauche; en particulier l'anneau A est noethérien. Si H est distingué dans G, l'anneau A[G/H] est noethérien à gauche. Tout sous-groupe de G admet un système générateur fini.

c) Prouver que les conditions suivantes sont équivalentes :

(i) Le groupe G possède une suite de composition dont les quotients sont finis ou isomorphes à $\mathbf{Z}$;

(ii) Le groupe G possède une suite de composition $(G_i)_{0\leqslant i\leqslant n}$ telle que G_1 soit d'indice fini dans G et que G_i/G_{i+1} soit isomorphe à $\mathbf{Z}$ pour $0 \leqslant i \leqslant n-1$.

Lorsqu'elles sont satisfaites et que l'anneau A est noethérien, l'anneau A[G] est noethérien à gauche (utiliser l'exerc. 22).

26) Soient K un corps commutatif, A l'anneau des polynômes K[T] et σ l'endomorphisme $P(T) \mapsto P(T^2)$ de l'anneau A. L'anneau $A[X]_\sigma$ n'est pas noethérien à gauche, bien que l'anneau A soit noethérien.

27) Soient D un corps, σ un automorphisme de D, d un endomorphisme du groupe additif de D satisfaisant à la relation (1) de VIII, p. 9, A l'anneau $D[X]_{\sigma,d}$ (VIII, p. 10). Étant donné un élément non nul $P = \sum_n a_n X^n$ de A, le plus grand entier n tel que $a_n \neq 0$ est appelé le *degré* de P et noté deg(P). On pose $\deg(0) = -\infty$.

a) Soient F, G des éléments de A, avec $G \neq 0$; montrer qu'il existe des éléments bien déterminés Q, R (resp. Q', R') de A tel que $F = QG + R$ et $\deg(R) < \deg(G)$ (resp. $F = GQ' + R'$ et $\deg(R') < \deg(G)$).

b) En déduire que tout idéal à gauche (resp. à droite) de A est monogène. Si F, G, H, K sont des éléments de A satisfaisant à $AF + AG = AH$ et $AF \cap AG = AK$, on a $\deg(F) + \deg(G) = \deg(H) + \deg(K)$ (observer que le D-espace vectoriel A/AF est de dimension $\deg(F)$).

c) Pour que l'idéal AF de A soit maximal, il faut et il suffit que F soit *irréductible*, c'est-à-dire ne soit pas le produit de deux polynômes non constants.

28) Soient B un anneau, A un sous-anneau de B, x un élément de B tel qu'on ait $A + Ax = A + xA$, et que l'anneau B soit engendré par $A \cup \{x\}$.

a) Soit M un A-module à gauche noethérien ; prouver que le B-module $M_{(B)} = B \otimes_A M$ est noethérien. En particulier, si l'anneau A est noethérien à gauche, il en est de même de B.

b) On suppose que le A-module M est de longueur finie n ; prouver que tout sous-B-module de $M_{(B)}$ possède une partie génératrice de cardinal $\leqslant n$ (adapter la démonstration du th. 1).

§ 2. STRUCTURE DES MODULES DE LONGUEUR FINIE

1. Anneaux locaux

PROPOSITION 1. — *Soit* A *un anneau non nul et soit* $\mathfrak{r}$ *l'ensemble des éléments non inversibles de* A. *Les propriétés suivantes sont équivalentes* :

(i) *L'ensemble* $\mathfrak{r}$ *est un idéal bilatère de* A ;

(ii) *L'ensemble* $\mathfrak{r}$ *est stable par addition* ;

(iii) *L'anneau* A *possède un unique idéal à gauche maximal* ;

(iv) *Quel que soit* $a \in A$, *l'un des éléments* a *ou* $1 - a$ *est inversible* ;

(v) *Quel que soit* $a \in A$, *l'un des éléments* a *ou* $1 - a$ *est inversible à gauche.*

L'implication (i) $\Longrightarrow$ (ii) résulte de la définition d'un idéal. Comme 1 n'appartient pas à $\mathfrak{r}$, on a (ii) $\Longrightarrow$ (iv).

On a $\mathfrak{r} \neq A$, et l'ensemble $\mathfrak{r}$ contient tout idéal à gauche de A distinct de A. Si $\mathfrak{r}$ est un idéal à gauche de A, c'est donc l'unique idéal à gauche maximal de A. Cela prouve que (i) entraîne (iii).

Supposons que A possède un unique idéal à gauche maximal $\mathfrak{m}$. Soit $b \in A - \mathfrak{m}$. L'idéal à gauche Ab n'est contenu dans aucun idéal à gauche maximal de A, donc est égal à A (I, p. 99, th. 1) et b est inversible à gauche. Quel que soit $a \in A$, l'un des éléments a ou $1 - a$ appartient à $A - \mathfrak{m}$, car $\mathfrak{m}$ est un idéal qui ne contient pas 1. Ainsi (iii) implique (v).

Supposons la propriété (v) satisfaite. Soit b un élément de A inversible à gauche. Soit $c \in A$ tel que $cb = 1$. On a $(1 - bc)b = 0$ et $b \neq 0$, donc $1 - bc$ n'est pas inversible à gauche. D'après la propriété (v), bc est inversible à gauche et, *a fortiori*, c est inversible à gauche. Mais alors c est inversible, b est son inverse, de sorte que b est inversible. Il en résulte que (v) entraîne (iv).

Il reste à prouver que (iv) implique (i). Supposons (iv) satisfaite. Alors $\mathfrak{r}$ est un idéal bilatère de A d'après les assertions a) à d) suivantes :

a) On a $0 \in \mathfrak{r}$ puisque l'anneau A n'est pas nul.

b) Le produit de deux éléments de A dont l'un appartient à $\mathfrak{r}$ et l'autre à $A - \mathfrak{r}$ appartient à $\mathfrak{r}$.

c) L'ensemble $\mathfrak{r}$ est stable par addition.

Soient en effet a et b des éléments de $\mathfrak{r}$ tels que $s = a + b$ soit inversible. D'après b), les éléments $s^{-1}a$ et $s^{-1}b$ de A appartiennent à $\mathfrak{r}$; comme $s^{-1}b = 1 - s^{-1}a$, cela contredit l'hypothèse (iv).

d) L'ensemble $\mathfrak{r}$ est stable par multiplication.

Soient en effet a et b deux éléments de $\mathfrak{r}$. L'élément $a' = -a(1-b)$ appartient à $\mathfrak{r}$ d'après b) de sorte que l'élément ab, qui est égal à $a + a'$, appartient à $\mathfrak{r}$ d'après c), d'où d).

DÉFINITION 1. — *On appelle* anneau local *un anneau non nul satisfaisant aux conditions équivalentes de la proposition 1.*

Un anneau A est local si et seulement si l'anneau opposé A^o est local.

Si A est un anneau local, l'ensemble $\mathfrak{r}$ des éléments de A non inversibles est un idéal bilatère de A ; il contient tout idéal à gauche ou à droite de A distinct de A. L'anneau $A/\mathfrak{r}$ est donc un corps qu'on appelle *corps résiduel de* A. L'ensemble $\mathfrak{r}$ est l'unique idéal à gauche (resp. à droite, resp. bilatère) maximal de A ; on dit simplement que $\mathfrak{r}$ est *l'idéal maximal* de A.

Exemples. — 1) Tout corps est un anneau local.

2) Soit A un anneau non nul dans lequel tout élément est inversible ou nilpotent. Alors A est un anneau local. En effet, si $a \in A$ n'est pas inversible, il existe par hypothèse un entier $n \geqslant 0$ tel que $a^{n+1} = 0$, et $1-a$ admet pour inverse $1+a+\cdots+a^n$.

$_*$3) Soient X une variété de classe C^r (VAR, R, 5.1.5) et x un point de X. Soit $\mathcal{O}_x$ l'anneau des germes en x de fonctions de classe C^r à valeurs dans le corps des scalaires K. Alors $\mathcal{O}_x$ est un anneau local commutatif et son idéal maximal se compose des germes des fonctions s'annulant en x. $_*$

4) Soient A un anneau local commutatif et $B = A[[X_i]]_{i \in I}$ une algèbre de séries formelles à coefficients dans A (III, p. 28). D'après la prop. 6 de IV, p. 28, l'anneau B est local et son idéal maximal se compose des séries formelles dont le terme constant appartient à l'idéal maximal de A. En particulier, si A est un corps, l'idéal maximal de $A[[X_i]]_{i \in I}$ se compose des séries formelles de terme constant nul.

5) Soit p un nombre premier. Notons $\mathbf{Z}_{(p)}$ le sous-anneau du corps $\mathbf{Q}$ des nombres rationnels constitué par les fractions a/b avec $a \in \mathbf{Z}$, $b \in \mathbf{Z}$ et b non divisible par

p *(*cf.* AC, II, p. 79)*. Alors $\mathbf{Z}_{(p)}$ est un anneau local commutatif, d'idéal maximal $p\mathbf{Z}_{(p)}$. L'anneau $\mathbf{Z}_p$ des entiers p-adiques (V, p. 92) est un anneau local commutatif, d'idéal maximal $p\mathbf{Z}_p$ (VIII, p. 37, exerc. 9).

6) Soient K un corps commutatif de caractéristique $p > 0$ et G un p-groupe (I, p. 72, déf. 9). L'algèbre K[G] du groupe G sur K (III, p. 19) est un anneau local ; son idéal maximal est l'ensemble des éléments $(a_g)_{g\in G}$ de K[G] tels que $\sum_{g\in G} a_g = 0$ (VIII, p. 38, exerc. 10).

2. Décomposition de Weyr-Fitting

Soient A un anneau, M un A-module et u un endomorphisme de M. Pour tout entier $p \geqslant 0$, on note N_p le noyau de u^p. La suite des sous-modules N_p est *croissante* et sa réunion est un sous-module N_∞ de M stable par u. Pour tout entier $p \geqslant 0$, on a $N_{p+1} = \overset{-1}{u}(N_p)$ et la relation $N_p = N_{p+1}$ entraîne donc $N_{p+1} = N_{p+2}$. Par suite, ou bien la suite (N_p) est strictement croissante, ou bien il existe un entier $p \geqslant 0$ tel que $N_0, \ldots, N_p$ soient distincts et $N_p = N_\infty$.

Pour tout entier $q \geqslant 0$, notons I_q l'image de u^q. La suite des sous-modules I_q est *décroissante* et son intersection est un sous-module I_∞ de M stable par u. Pour tout entier $q \geqslant 0$, on a $u(I_q) = I_{q+1}$ et la relation $I_q = I_{q+1}$ entraîne donc $I_{q+1} = I_{q+2}$. Par suite, ou bien la suite (I_q) est strictement décroissante, ou bien il existe un entier $q \geqslant 0$ tel que $I_0, \ldots, I_q$ soient distincts et $I_q = I_\infty$.

PROPOSITION 2. — a) *Supposons que la suite* (N_p) *est stationnaire. Alors on a* $N_\infty \cap I_\infty = 0$, *la restriction de* u *à* I_∞ *est injective et* u *induit un endomorphisme nilpotent de* N_∞.

b) *Supposons la suite* (I_p) *stationnaire. Alors on a* $M = N_\infty + I_\infty$ *et* $u(I_\infty) = I_\infty$.

c) (« Décomposition de Weyr-Fitting ») *Supposons que les suites* (N_p) *et* (I_p) *soient stationnaires. Alors* M *est somme directe des sous-modules* N_∞ *et* I_∞ *qui sont stables par* u *et* u *induit un endomorphisme nilpotent de* N_∞ *et un automorphisme de* I_∞.

Soit p un entier positif tel que $N_p = N_\infty$ et soit $v = u^p$. Par construction, v et v^2 ont le même noyau N_∞ et I_p est l'image de v. Pour x dans $N_\infty \cap I_p$, il existe $y \in M$ tel que $x = v(y)$, d'où $v^2(y) = v(x) = 0$; on a donc $y \in N_\infty$, d'où $x = 0$. On a en particulier $N_\infty \cap I_\infty = 0$. Comme le noyau N_1 de u est contenu dans N_∞, la restriction de u à I_∞ est injective ; d'autre part, on a $u^p(N_\infty) = 0$. Ceci prouve a).

Soit q un entier positif tel que $\mathrm{I}_q = \mathrm{I}_\infty$ et soit $w = u^q$. Alors w et w^2 ont la même image I_∞, et N_q est le noyau de w. Soit $x \in \mathrm{M}$. On a $w(x) \in \mathrm{I}_\infty$, donc il existe $y \in \mathrm{M}$ tel que $w(x) = w^2(y)$; on a alors $x - w(y) \in \mathrm{N}_q$, d'où $\mathrm{M} = \mathrm{N}_q + \mathrm{I}_\infty$, et *a fortiori* $\mathrm{M} = \mathrm{N}_\infty + \mathrm{I}_\infty$. On a $u(\mathrm{I}_\infty) = u(\mathrm{I}_q) = \mathrm{I}_{q+1} = \mathrm{I}_\infty$. Ceci prouve b).

L'assertion c) est conséquence immédiate de a) et b).

Remarques. — 1) Soit p un entier tel que $\mathrm{N}_p = \mathrm{N}_{p+1}$; la démonstration ci-dessus montre que $\mathrm{N}_\infty \cap \mathrm{I}_p = 0$, et la restriction de u à I_p est injective. De même, soit q un entier tel que $\mathrm{I}_q = \mathrm{I}_{q+1}$; alors on a $\mathrm{N}_q + \mathrm{I}_\infty = \mathrm{M}$ et l'endomorphisme de M/N_q déduit de u par passage aux quotients est surjectif.

2) Supposons que M soit somme directe de deux sous-modules N et I, stables par u, et que u induise un endomorphisme nilpotent u_N de N et un automorphisme de I. On a alors $\mathrm{N}_\infty = \mathrm{N}$ et $\mathrm{I}_\infty = \mathrm{I}$ et les suites (N_p) et (I_p) sont stationnaires. De plus, les entiers suivants sont égaux :

α) le plus petit entier $p \geqslant 0$ tel que $\mathrm{N}_p = \mathrm{N}_\infty$;

β) le plus petit entier $q \geqslant 0$ tel que $\mathrm{I}_q = \mathrm{I}_\infty$;

γ) le plus petit entier $r \geqslant 0$ tel que $(u_\mathrm{N})^r = 0$.

3) L'hypothèse de l'assertion a) est vérifiée si le A-module M est noethérien, l'hypothèse de l'assertion b) est vérifiée si M est artinien ; d'après la prop. 1 de VIII, p. 2, l'hypothèse de l'assertion c) est vérifiée si M est de longueur finie.

COROLLAIRE 1. — *Soit* A *un anneau et soit* M *un* A*-module.*

a) *Si le module* M *est noethérien, tout endomorphisme surjectif de* M *est bijectif.*

b) *Si le module* M *est artinien, tout endomorphisme injectif de* M *est bijectif.*

c) *Si le module* M *est de longueur finie, tout endomorphisme injectif ou surjectif de* M *est bijectif.*

d) *Si l'anneau* A *est commutatif et le* A*-module* M *de type fini, tout endomorphisme surjectif de* M *est bijectif.*

Soit u un endomorphisme du A-module M. Adoptons les notations introduites au début de ce numéro. Si l'endomorphisme u est surjectif, on a $\mathrm{I}_\infty = \mathrm{M}$. L'assertion a) résulte alors de la prop. 2, a) et de la remarque 3. De même si l'endomorphisme u est injectif, on a $\mathrm{N}_\infty = 0$. L'assertion b) résulte donc de la prop. 2, b) et de la remarque 3. L'assertion c) découle aussitôt de a) et b).

Supposons maintenant l'anneau A commutatif, le A-module M de type fini et l'endomorphisme u surjectif. Démontrons que u est injectif. Soit x un élément de M tel que $u(x) = 0$. Choisissons une famille génératrice finie $(x_i)_{i\in\mathrm{I}}$ du A-module M et, pour tout $i \in \mathrm{I}$, un élément y_i de M tel que $u(y_i) = x_i$. Il existe des familles $(a_i)_{i\in\mathrm{I}}$,

$(b_{ij})_{(i,j)\in \mathrm{I}\times\mathrm{I}}$ et $(c_{ij})_{(i,j)\in \mathrm{I}\times\mathrm{I}}$ d'éléments de A telles que l'on ait

$$x = \sum_{i\in\mathrm{I}} a_i x_i, \qquad y_j = \sum_{i\in\mathrm{I}} b_{ij} x_i, \qquad u(x_j) = \sum_{i\in\mathrm{I}} c_{ij} x_i$$

pour tout $j \in \mathrm{I}$. Soit A′ un sous-anneau noethérien de A contenant les éléments a_i, b_{ij} et c_{ij} (VIII, p. 12, cor. 3). Soit M′ le sous-A′-module de M engendré par la famille $(x_i)_{i\in\mathrm{I}}$. On a $u(x_j) \in \mathrm{M}'$, $y_j \in \mathrm{M}'$, et $u(y_j) = x_j$ pour tout $j \in \mathrm{I}$, donc u définit par restriction un endomorphisme surjectif u' du A′-module M′. Comme l'anneau A′ est noethérien, le A′-module de type fini M′ est noethérien (VIII, p. 7, prop. 4 a)). D'après a), l'endomorphisme u' de M′ est bijectif. Par construction, x appartient à M′, et l'on a $u'(x) = u(x) = 0$. On a donc $x = 0$, ce qui prouve d).

COROLLAIRE 2. — *Dans un anneau noethérien à gauche, tout élément inversible à droite ou à gauche est inversible.*

Considérons en effet des éléments x, y d'un anneau noethérien à gauche A tels que $xy = 1$. Notons $\boldsymbol{\delta}(x)$ et $\boldsymbol{\delta}(y)$ les endomorphismes $a \mapsto ax$ et $a \mapsto ay$ du A-module A_s. On a $\boldsymbol{\delta}(y) \circ \boldsymbol{\delta}(x) = 1_{\mathrm{A}_s}$, donc $\boldsymbol{\delta}(y)$ est surjectif. D'après le cor. 1, a), $\boldsymbol{\delta}(y)$ est bijectif. L'endomorphisme $\boldsymbol{\delta}(x)$ est alors la bijection réciproque de $\boldsymbol{\delta}(y)$, et l'on a $yx = (\boldsymbol{\delta}(x) \circ \boldsymbol{\delta}(y))(1) = 1$, d'où le corollaire.

3. Modules indécomposables et modules primordiaux

Soit A un anneau. Rappelons la définition suivante (VII, p. 23, déf. 3) :

DÉFINITION 2. — *On dit qu'un* A-*module* M *est* indécomposable *s'il n'est pas somme directe d'une famille de sous-modules distincts de* 0 *et de* M.

Compte tenu du corollaire de II, p. 19, les conditions suivantes sont équivalentes :

a) Le A-module M est indécomposable ;

b) Le A-module M n'est pas nul et tout sous-module facteur direct de M est égal à 0 ou M ;

c) Le A-module M n'est pas nul et l'anneau $\mathrm{End}_{\mathrm{A}}(\mathrm{M})$ ne contient pas d'élément idempotent distinct de 0 et 1_{M} ;

En particulier, comme l'anneau des endomorphismes du A-module A_s est isomorphe à l'anneau opposé de A, on voit que le A-module A_s est indécomposable si et seulement si l'anneau A n'est pas nul, et que ses seuls éléments idempotents sont 0 et 1.

Exemple. — Supposons l'anneau A principal. Les A-modules de type fini indécomposables sont les A-modules isomorphes soit à A, soit à A/p^nA, où p est un élément extrémal de A et n un entier > 0 (VII, p. 23, prop. 8).

PROPOSITION 3. — *Un* A-*module* M *noethérien ou artinien est somme directe d'une famille finie de sous-modules indécomposables.*

Démontrons d'abord que *tout sous-module non nul* P *de* M *possède un facteur direct indécomposable.* Dans le cas contraire, tout sous-module facteur direct de P serait décomposable ; procédant par récurrence, on construirait pour tout $n \in \mathbf{N}$ des sous-modules non nuls N'_n et N''_n de P tels que $P = N'_0 \oplus N''_0$ et $N'_{n-1} = N'_n \oplus N''_n$ pour $n \geqslant 1$. Mais alors la suite des sous-modules $N''_0 + \cdots + N''_n$ serait strictement croissante, et celle des sous-modules N'_n serait strictement décroissante. Le module M ne serait ni noethérien, ni artinien, contrairement à l'hypothèse faite.

Supposons maintenant que M ne soit pas somme directe d'une famille finie de sous-modules indécomposables. On peut construire par récurrence des sous-modules indécomposables P''_n de M et des sous-modules non nuls P'_n de M pour tout $n \in \mathbf{N}$ tels que $M = P'_0 \oplus P''_0$ et $P'_{n-1} = P'_n \oplus P''_n$ pour $n \geqslant 1$. En effet, M n'est pas nul et la première partie de la démonstration fournit P'_0 et P''_0. Les modules P'_k et P''_k étant définis pour $k < n$, il existe d'après la première partie de la démonstration des sous-modules P'_n et P''_n tels que $P'_{n-1} = P'_n \oplus P''_n$ avec P''_n indécomposable. La relation $M = P'_n \oplus P''_0 \oplus \cdots \oplus P''_n$ entraîne alors que $P'_n \neq 0$, car M n'est pas somme directe d'une famille finie de modules indécomposables.

La suite de sous-modules $P''_0 + \ldots P''_n$ est strictement croissante et la suite de sous-modules P'_n strictement décroissante. Ceci contredit l'hypothèse que M est noethérien ou artinien.

La question de l'*unicité* de la décomposition d'un module en somme directe de sous-modules indécomposables sera étudiée au numéro suivant.

DÉFINITION 3. — *On dit qu'un module est* primordial *si l'anneau de ses endomorphismes est local.*

Par définition, un anneau local n'est pas réduit à 0 ; par suite, un module primordial n'est pas nul. De plus, le A-module A_s est primordial si et seulement si l'anneau A est local.

PROPOSITION 4. — a) *Un module primordial est indécomposable.*

b) *Un module indécomposable de longueur finie est primordial.*

Soit M un A-module. Supposons M primordial ; soit e un idempotent de l'anneau local $\mathrm{End}_{\mathrm{A}}(\mathrm{M})$. Comme $e^2 = e$, ou bien e est inversible et l'on a $e = 1$, ou bien $1 - e$ est inversible et l'on a $e = 0$. Ceci prouve que M est indécomposable (VIII, p. 27).

Supposons maintenant que M soit indécomposable et de longueur finie. D'après la prop. 2, c) de VIII, p. 25, tout endomorphisme de M est inversible ou nilpotent ; l'anneau $\mathrm{End}_{\mathrm{A}}(\mathrm{M})$ est donc local d'après l'exemple 2 de VIII, p. 24.

Le **Z**-module **Z** est indécomposable, noethérien, mais non artinien. L'anneau de ses endomorphismes est isomorphe à **Z**, donc n'est pas local. Par suite, **Z** n'est pas un **Z**-module primordial.

* Soit p un nombre premier. L'anneau des endomorphismes du **Z**-module $\mathbf{Q}_p/\mathbf{Z}_p$ est isomorphe à l'anneau local $\mathbf{Z}_p$ (cf. VII, p. 62, exercice 13) ; c'est donc un **Z**-module primordial.

Un module injectif est indécomposable si et seulement s'il est primordial (X, p. 21, prop. 14).*

4. Modules semi-primordiaux

DÉFINITION 4. — *On dit qu'un module est* semi-primordial *s'il est somme directe d'une famille de sous-modules primordiaux.*

**Exemples.* — 1) Tout module simple est primordial (VIII, p. 41) ; tout module semi-simple est donc semi-primordial (VIII, p. 51, déf 1).

2) Si A est un anneau noethérien à gauche, tout A-module injectif est semi-primordial (X, p. 21, prop. 14 et p. 22, th. 3, b)). *

THÉORÈME 1 (Azumaya). — *Soient* A *un anneau,* L *un* A*-module primordial et* M *un* A*-module semi-primordial. Il existe un unique cardinal, noté* [M : L], *possédant la propriété suivante :*

Pour toute décomposition $\mathrm{M} = \bigoplus_{i\in \mathrm{I}} \mathrm{M}_i$ *de* M *en somme directe de modules primordiaux, l'ensemble des indices* $i \in \mathrm{I}$ *tels que* M_i *soit isomorphe à* L *a pour cardinal* [M : L].

La démonstration repose sur les quatre lemmes suivants.

Lemme 1. — *Soient* M *un* A*-module,* M′ *un sous-module primordial de* M *et* M″ *un sous-module de* M *supplémentaire de* M′. *Soit* u *un endomorphisme de* M. *Alors* u *ou* $1_{\mathrm{M}} - u$ *induit un isomorphisme de* M′ *sur un sous-module de* M *supplémentaire de* M″.

Soit p la projection de M sur M′ de noyau M″ et soit v la restriction de $p \circ u$ à M′. Supposons d'abord que v soit un automorphisme de M′. Comme v est injectif, la restriction de u à M′ est injective et l'on a $u(\mathrm{M}') \cap \mathrm{M}'' = 0$. Comme v est surjectif, on a $u(\mathrm{M}') \oplus \mathrm{M}'' = \mathrm{M}$. Par suite, u induit un isomorphisme de M′ sur un sous-module supplémentaire de M″ dans M. Supposons maintenant que v ne soit pas un automorphisme de M′. Alors $1_{\mathrm{M}'} - v$ est un automorphisme de M′, puisque M′ est primordial. Or $1_{\mathrm{M}'} - v$ est la restriction à M′ de $p \circ (1_\mathrm{M} - u)$. Le raisonnement précédent démontre que $1_\mathrm{M} - u$ induit un isomorphisme de M′ sur un sous-module de M supplémentaire de M″.

Lemme 2. — *Soit* M *un* A-*module, somme directe d'une famille* $(\mathrm{M}_i)_{i \in \mathrm{I}}$ *de sous-modules primordiaux, et soit u un endomorphisme de* M. *Posons* $v = 1_\mathrm{M} - u$ *et* $\mathrm{M}_\mathrm{J} = \bigoplus_{i \in \mathrm{J}} \mathrm{M}_i$ *pour toute partie* J *de* I. *Alors l'une des deux propriétés suivantes est satisfaite* :

a) *Il existe un indice* $i \in \mathrm{I}$ *tel que u induise un isomorphisme de* M_i *sur un sous-module facteur direct de* M.

b) *Pour toute partie finie* J *de* I, *v induit un isomorphisme de* M_J *sur un sous-module supplémentaire de* $\mathrm{M}_{\mathrm{I}-\mathrm{J}}$.

Si la propriété b) *est satisfaite, v est injectif.*

Supposons que la propriété a) soit fausse et établissons la propriété b) par récurrence sur le cardinal de J. Il n'y a rien à prouver si $\mathrm{J} = \varnothing$. Supposons donc J non vide, choisissons un élément i de J et posons $\mathrm{J}' = \mathrm{J} - \{i\}$. Par l'hypothèse de récurrence, v induit un isomorphisme de $\mathrm{M}_{\mathrm{J}'}$ sur un sous-module de M supplémentaire de $\mathrm{M}_{\mathrm{I}-\mathrm{J}'} = \mathrm{M}_{\mathrm{I}-\mathrm{J}} \oplus \mathrm{M}_i$; par suite, le sous-module $\mathrm{M}'' = v(\mathrm{M}_{\mathrm{J}'}) \oplus \mathrm{M}_{\mathrm{I}-\mathrm{J}}$ est supplémentaire de M_i. D'après le lemme 1 et l'hypothèse faite sur u, l'endomorphisme v induit un isomorphisme de M_i sur un sous-module de M supplémentaire de M″ ; par suite, v induit un isomorphisme de $\mathrm{M}_\mathrm{J} = \mathrm{M}_i \oplus \mathrm{M}_{\mathrm{J}'}$ sur un sous-module supplémentaire de $\mathrm{M}_{\mathrm{I}-\mathrm{J}}$.

La dernière assertion résulte de ce que M est réunion des sous-modules M_J, où J parcourt l'ensemble des parties finies de I.

Lemme 3. — *Soient* M *un* A-*module, somme directe d'une famille* $(\mathrm{M}_i)_{i \in \mathrm{I}}$ *de sous-modules primordiaux, et p un projecteur non nul de* M. *Il existe un indice* $i \in \mathrm{I}$ *tel que p induise un isomorphisme de* M_i *sur un sous-module facteur direct de* $p(\mathrm{M})$.

Comme p n'est pas nul, $1_\mathrm{M} - p$ n'est pas injectif. D'après le lemme 2, il existe un indice $i \in \mathrm{I}$ tel que p induise un isomorphisme de M_i sur un sous-module facteur direct de M. Tout projecteur de M d'image $p(\mathrm{M}_i)$ définit par restriction un projecteur de $p(\mathrm{M})$ d'image $p(\mathrm{M}_i)$, donc $p(\mathrm{M}_i)$ est un sous-module facteur direct de $p(\mathrm{M})$.

Lemme 4. — Soient M *un* A*-module, somme directe d'une famille* $(\mathrm{M}_i)_{i\in\mathrm{I}}$ *de sous-modules primordiaux,* L *un* A*-module primordial et* N *un sous-module facteur direct de* M*. On suppose que* N *est somme directe d'une famille* $(\mathrm{N}_j)_{j\in\mathrm{J}}$ *de sous-modules isomorphes à* L *et l'on note* $\mathrm{I_L}$ *l'ensemble des indices* $i \in \mathrm{I}$ *tels que* M_i *soit isomorphe à* L*. On a alors*

$$(1) \qquad \mathrm{Card}(\mathrm{J}) \leqslant \mathrm{Card}(\mathrm{I_L}).$$

Soit N_0 un sous-module de M supplémentaire de N. Le module M est somme directe de N_0 et de la famille $(\mathrm{N}_j)_{j\in\mathrm{J}}$. Pour tout $j \in \mathrm{J}$, notons p_j le projecteur de M d'image N_j associé à cette décomposition (II, p. 18, prop. 12). Pour tout $i \in \mathrm{I}$, notons $\mathrm{J}(i)$ l'ensemble des indices $j \in \mathrm{J}$ tels que p_j induise un isomorphisme de M_i sur N_j. Cet ensemble est fini : en effet, si x est un élément non nul de M_i et K une partie finie de J telle que x appartienne à $\mathrm{N}_0 + \sum_{k\in\mathrm{K}} \mathrm{N}_k$, on a $p_j(x) = 0$ pour $j \in \mathrm{J} - \mathrm{K}$, de sorte que $\mathrm{J}(i)$ est contenu dans K.

Soit $j \in \mathrm{J}$. D'après le lemme 3, il existe un indice $i \in \mathrm{I}$ tel que p_j induise un isomorphisme de M_i sur un sous-module facteur direct de N_j. Comme M_i n'est pas nul et que N_j est primordial, donc indécomposable (VIII, p. 28, prop. 4), on a $p_j(\mathrm{M}_i) = \mathrm{N}_j$, et j appartient à $\mathrm{J}(i)$. Comme le module M_i est isomorphe à N_j, donc à L, l'indice i appartient à $\mathrm{I_L}$. Cela démontre que J est réunion de la famille d'ensembles finis $(\mathrm{J}(i))_{i\in\mathrm{I_L}}$. Si l'ensemble J est *infini*, l'ensemble $\mathrm{I_L}$ est infini, et l'on a (E, III, p. 49, cor. 3)

$$\mathrm{Card}(\mathrm{J}) \leqslant \sum_{i\in\mathrm{I_L}} \mathrm{Card}(\mathrm{J}(i)) \leqslant \mathrm{Card}(\mathrm{I_L}).$$

Supposons maintenant l'ensemble J *fini*, et démontrons le lemme par récurrence sur le cardinal de J. Si J est vide, il n'y a rien à prouver. Supposons donc J non vide et choisissons un élément j de J. D'après ce qui précède, il existe un indice $i \in \mathrm{I_L}$ tel que p_j induise un isomorphisme de M_i sur N_j. Posons $\mathrm{I}' = \mathrm{I} - \{i\}$ et $\mathrm{J}' = \mathrm{J} - \{j\}$. Le module M est somme directe de M_i et du noyau de p_j. Il est aussi somme directe de M_i et du sous-module $\mathrm{M}' = \oplus_{i'\in\mathrm{I}'} \mathrm{M}_{i'}$. Il existe donc (II, p. 20, cor. de la prop. 13) un isomorphisme φ de $\mathrm{Ker}\, p_j = \mathrm{N}_0 \oplus_{j'\in\mathrm{J}'} \mathrm{N}_{j'}$ sur M′. Posons $\mathrm{N}' = \varphi\big(\sum_{j'\in\mathrm{J}'} \mathrm{N}_{j'}\big)$. Le sous-module N′ est facteur direct de M′ et est somme directe de la famille $(\varphi(\mathrm{N}_{j'}))_{j'\in\mathrm{J}'}$ de sous-modules primordiaux isomorphes à L. Appliquons l'hypothèse de récurrence à M′ et N′ : on a $\mathrm{Card}(\mathrm{J}') \leqslant \mathrm{Card}(\mathrm{I_L} - \{i\})$, d'où l'inégalité (1).

Prouvons le théorème 1. Soient $(\mathrm{M}_i)_{i\in\mathrm{I}}$ et $(\mathrm{N}_j)_{j\in\mathrm{J}}$ deux familles de sous-modules primordiaux dont M soit la somme directe. Soit $\mathrm{I_L}$ (resp. $\mathrm{J_L}$) l'ensemble des $i \in \mathrm{I}$ (resp. $j \in \mathrm{J}$) tels que M_i (resp. N_j) soit isomorphe à L. On a $\mathrm{Card}(\mathrm{J_L}) \leqslant \mathrm{Card}(\mathrm{I_L})$

d'après le lemme 4. En échangeant les rôles de I et J on obtient l'inégalité opposée, d'où le théorème.

Le cardinal [M : L] défini dans la théorème 1 est appelé *multiplicité primordiale* de L dans M.

COROLLAIRE 1. — *Soient* M *et* N *des modules semi-primordiaux. Pour que* M *et* N *soient isomorphes, il faut et il suffit que l'on ait* [M : L] = [N : L] *pour tout module primordial* L.

COROLLAIRE 2. — *Soit* M *un module semi-primordial. Soient* $(\mathrm{M}_i)_{i\in\mathrm{I}}$ *et* $(\mathrm{M}'_j)_{j\in\mathrm{J}}$ *des familles de sous-modules primordiaux de* M *telles que*

$$\mathrm{M} = \bigoplus_{i\in\mathrm{I}} \mathrm{M}_i = \bigoplus_{j\in\mathrm{J}} \mathrm{M}'_j.$$

Il existe alors un automorphisme u *de* M *et une bijection* φ *de* I *sur* J *tels que l'on ait* $u(\mathrm{M}_i) = \mathrm{M}'_{\varphi(i)}$ *pour tout* $i \in \mathrm{I}$.

Pour tout module primordial L, soit $\mathrm{I_L}$ (resp. $\mathrm{J_L}$) l'ensemble des indices $i \in \mathrm{I}$ (resp. $j \in \mathrm{J}$) tels que M_i (resp. M'_j) soit isomorphe à L. Les ensembles non vides de la forme $\mathrm{I_L}$ (resp. $\mathrm{J_L}$) forment une partition de I (resp. J) et l'on a, pour tout L

$$\mathrm{Card}(\mathrm{I_L}) = \mathrm{Card}(\mathrm{J_L}) = [\mathrm{M} : \mathrm{L}],$$

d'où le cor. 2.

COROLLAIRE 3. — *Soient* M, N *et* P *des modules semi-primordiaux. On suppose que* M⊕P *est isomorphe à* N⊕P, *et que* [P : L] *est fini pour tout module primordial* L. *Alors* M *et* N *sont isomorphes.*

On a par hypothèse

$$[\mathrm{M} : \mathrm{L}] + [\mathrm{P} : \mathrm{L}] = [\mathrm{N} : \mathrm{L}] + [\mathrm{P} : \mathrm{L}]$$

pour tout module primordial L. Comme [P : L] est fini, il résulte par récurrence de (E, III, p. 28, prop. 8) qu'on a [M : L] = [N : L] pour tout module primordial L. Les modules M et N sont donc isomorphes d'après le corollaire 1.

COROLLAIRE 4. — *Soient* M *et* N *des modules semi-primordiaux. On suppose qu'il existe un entier* $d > 0$ *tel que* M^d *soit isomorphe à* N^d. *Alors les modules* M *et* N *sont isomorphes.*

Soit L un module primordial. Par hypothèse, on a

$$d[\mathrm{M} : \mathrm{L}] = d[\mathrm{N} : \mathrm{L}].$$

On en déduit l'égalité $[M : L] = [N : L]$: en effet, on a $d\mathfrak{a} = \mathfrak{a}$ pour tout cardinal infini $\mathfrak{a}$ (E, III, p. 49, cor. 4). Les modules M et N sont alors isomorphes d'après le cor. 1.

Corollaire 5. — *Soit* M *un module semi-primordial, somme directe d'une famille finie* $(M_i)_{i \in I}$ *de sous-modules primordiaux. Pour toute partie* J *de* I, *notons* $M_J = \bigoplus_{i \in J} M_i$. *Soit* N *un sous-module facteur direct de* M.

a) *Il existe une partie* J *de* I *telle que* M_J *soit un sous-module supplémentaire de* N.

b) *Soit* J *une partie de* I. *Si* M_J *est un supplémentaire de* N, *alors le module* N *est isomorphe à* M_{I-J} *et est semi-primordial.*

Notons K l'ensemble des indices $i \in I$ tels que $N \cap M_i = 0$ et raisonnons par récurrence sur le cardinal de K. Le corollaire est clair si $M = N$. Supposons $M \neq N$. Soit p un projecteur de M de noyau N. Notons P son image. Elle n'est pas nulle, et d'après le lemme 3, il existe $j \in I$ tel que p induise un isomorphisme de M_j sur un sous-module facteur direct de P. On a $N \cap M_j = 0$. Posons $N' = N \oplus M_j$. On a $N' = N \oplus p(M_j)$. Un sous-module supplémentaire de $p(M_j)$ dans P est aussi supplémentaire de N' dans M, de sorte que N' est un sous-module facteur direct de M. L'ensemble des indices $i \in I$ tels que $N' \cap M_i = 0$ est contenu dans $K - \{j\}$. D'après l'hypothèse de récurrence, il existe une partie J' de I telle que $M_{J'}$ soit un sous-module supplémentaire de N' dans M. Posons $J = J' \cup \{j\}$. Alors M_J est un sous-module supplémentaire de N dans M.

Soit J une partie de I telle que M_J soit un sous-module supplémentaire de M dans N. Comme M_J est également supplémentaire de M_{I-J}, les modules N et M_{I-J} sont isomorphes et N est semi-primordial.

Corollaire 6. — *Tout module projectif de type fini sur un anneau local est libre*[1].

Soit A un anneau local. Le A-module A_s est primordial (VIII, p. 28). Si M est un A-module projectif de type fini, il existe un A-module N et un entier positif n tel que $M \oplus N$ soit isomorphe à A_s^n (II, p. 40, cor. 1). Il résulte du corollaire 5 que le module M est lui-même isomorphe à A_s^m pour un entier m tel que $0 \leqslant m \leqslant n$, donc est libre.

Remarque. — Soient M et M′ des A-modules semi-primordiaux. Il résulte aussitôt du lemme 4 de VIII, p. 31 que M′ est isomorphe à un sous-module facteur direct de M si et seulement si l'on a $[M' : L] \leqslant [M : L]$ pour tout A-module primordial L. En

(1) On peut démontrer que tout module projectif sur un anneau local est libre (VIII, p. 39, exerc. 18).

particulier, si L est un A-module primordial, [M : L] est le plus grand des cardinaux $\mathfrak{a}$ pour lesquels il existe un sous-module facteur direct de M isomorphe à $L^{(\mathfrak{a})}$.

La relation [M : L] = 0 signifie donc qu'il n'existe aucun sous-module facteur direct de M isomorphe à L. Ceci n'exclut pas qu'il existe un sous-module de M isomorphe à L ; il suffit de considérer l'exemple où $A = \mathbf{Z}$, $L = \mathbf{Z}/2\mathbf{Z}$ et $M = \mathbf{Z}/4\mathbf{Z}$: les **Z**-modules L et M sont primordiaux, non isomorphes, d'où [M : L] = 0 et L est isomorphe au sous-module $2\mathbf{Z}/4\mathbf{Z}$ de M.

5. Structure des modules de longueur finie

THÉORÈME 2 (Krull-Remak-Schmidt). — *Soient* A *un anneau et* M *un* A-*module de longueur finie.*

a) *Il existe une famille finie* $(M_i)_{i\in I}$ *de sous-modules indécomposables de* M *telle que* $M = \bigoplus_{i\in I} M_i$ *et le module* M *est semi-primordial.*

b) *Soient* $(M_i)_{i\in I}$ *et* $(M'_j)_{j\in J}$ *deux familles finies de sous-modules indécomposables de* M *telles que* $M = \bigoplus_{i\in I} M_i = \bigoplus_{j\in J} M'_j$. *Il existe une bijection* σ *de* I *sur* J *et un automorphisme* u *de* M *tels que l'on ait* $u(M_i) = M'_{\sigma(i)}$ *pour tout* $i \in I$.

c) *Soit* N *un sous-module facteur direct de* M *et soit* $(M_i)_{i\in I}$ *une famille finie de sous-modules indécomposables de* M *dont* M *soit somme directe. Il existe une partie* J *de* I *telle que* $\bigoplus_{i\in I-J} M_i$ *soit un supplémentaire de* N. *Le module* N *est isomorphe à* $\bigoplus_{j\in J} M_j$.

d) *Soit* N *un* A-*module. S'il existe un entier* $d > 0$ *tel que les modules* M^d *et* N^d *soient isomorphes, alors les modules* M *et* N *sont isomorphes.*

e) *Soient* N *et* P *des* A-*modules de longueur finie. Si les modules* $M\oplus P$ *et* $N\oplus P$ *sont isomorphes, alors* M *et* N *sont isomorphes.*

Un module de longueur finie est à la fois artinien et noethérien (VIII, p. 2, prop. 1). De plus, pour un module de longueur finie, il revient au même d'être indécomposable ou primordial (VIII, p. 28, prop. 4). L'assertion a) résulte alors de la prop. 3 de VIII, p. 28. Les assertions b), c) et e) découlent respectivement des corollaires 2, 5 et 3 du th. 1 de VIII, p. 29. Enfin, l'assertion d) résulte du cor. 4 de VIII, p. 32, puisque sous les hypothèses de d) le module N est de longueur finie et donc semi-primordial par a).

THÉORÈME 3. — *Soient* K *un corps commutatif,* A *une* K-*algèbre,* M *et* N *des* A-*modules de longueur finie. Soit* K′ *une* K-*algèbre commutative non nulle telle que les* $A_{(K')}$*-modules* $M_{(K')}$ *et* $N_{(K')}$ *soient isomorphes. Alors les* A*-modules* M *et* N *sont isomorphes.*

a) Supposons d'abord que l'algèbre K′ soit de degré fini d sur K. Alors le A-module $M_{(K')}$ est isomorphe à M^d et le A-module $N_{(K')}$ à N^d, de sorte que les A-modules M^d et N^d sont isomorphes. D'après le th. 2, d), les A-modules M et N sont isomorphes.

b) Supposons maintenant que la K-algèbre K′ soit engendrée par un nombre fini d'éléments. Choisissons un idéal maximal $\mathfrak{m}$ de K′ et posons $K'' = K'/\mathfrak{m}$. En vertu du théorème des zéros de Hilbert (VIII, p. 451, cor. 1 du th. 1), K″ est une extension de degré fini de K. Par extension des scalaires de K′ à K″, on déduit de l'isomorphisme $A_{(K')}$-linéaire $M_{(K')} \to N_{(K')}$ un isomorphisme $A_{(K'')}$-linéaire $M_{(K'')} \to N_{(K'')}$. D'après la partie a) de la démonstration, les A-modules M et N sont isomorphes.

c) Traitons enfin le cas général. Soient $u : M_{(K')} \to N_{(K')}$ un isomorphisme de $A_{(K')}$-modules et $v : N_{(K')} \to M_{(K')}$ l'isomorphisme réciproque. Notons $\mathscr{E}$ l'ensemble des sous-K-algèbres de K′ qui sont engendrées par un nombre fini d'éléments. Si E est une telle sous-algèbre, $A_{(E)}$ s'identifie à un sous-anneau de $A_{(K')}$ et $M_{(E)}$, $N_{(E)}$ à des sous-$A_{(E)}$-modules de $M_{(K')}$ et $N_{(K')}$ (II, p. 108) ; de plus, $M_{(K')}$ et $N_{(K')}$ sont réunions des familles filtrantes croissantes $(M_{(E)})_{E\in\mathscr{E}}$ et $(N_{(E)})_{E\in\mathscr{E}}$ respectivement. Les A-modules M et N sont de longueur finie, donc de type fini ; soient S une partie génératrice finie du A-module M et T une partie génératrice finie du A-module N. Il existe une K-algèbre $E \in \mathscr{E}$ telle que l'on ait $u(1 \otimes s) \in N_{(E)}$ pour tout $s \in S$ et $v(1 \otimes t) \in M_{(E)}$ pour tout $t \in T$. Il en résulte par linéarité que l'on a $u(M_{(E)}) \subset N_{(E)}$ et $v(N_{(E)}) \subset M_{(E)}$. Les applications u et v induisent alors des bijections réciproques l'une de l'autre de $M_{(E)}$ dans $N_{(E)}$, et de $N_{(E)}$ dans $M_{(E)}$. Ces bijections sont clairement $A_{(E)}$-linéaires. Ainsi les $A_{(E)}$-modules $M_{(E)}$ et $N_{(E)}$ sont isomorphes. D'après la partie b) de la démonstration, les A-modules M et N sont isomorphes.

Remarque. — Soient E et F deux espaces vectoriels de dimension finie sur un corps commutatif K et soit K′ une extension de K. Soient u un endomorphisme de E, v un endomorphisme de F, $u_{(K')}$ et $v_{(K')}$ les endomorphismes de $E_{(K')}$ et $F_{(K')}$ qu'on en déduit par extension des scalaires. Il résulte des corollaires 1 et 2 de VII, p. 32 que les endomorphismes u et v sont semblables si et seulement si les endomorphismes $u_{(K')}$ et $v_{(K')}$ le sont. Cela résulte aussi du théorème 3 ci-dessus, appliqué à l'algèbre $A = K[X]$ et aux A-modules $M = E_u$ et $N = F_v$ (VII, p. 28).

EXERCICES

1) *a*) Donner un exemple de module noethérien M tel que tout endomorphisme non nul de M soit injectif et qu'il existe des endomorphismes de M non bijectifs et non nuls.

b) Donner un exemple de module artinien M tel que tout endomorphisme non nul de M soit surjectif et qu'il existe des endomorphismes de M non bijectifs et non nuls.

2) Soit A un anneau dans lequel toute suite croissante $(\mathfrak{a}_n)_{n\in\mathbf{N}}$ d'idéaux bilatères est stationnaire (par exemple un anneau noethérien à gauche ou à droite). Démontrer que tout endomorphisme surjectif de l'anneau A est bijectif.

3) Donner un exemple d'anneau possédant deux éléments u, v tels que $uv = 1$ et $vu \neq 1$. Démontrer qu'un tel anneau n'est pas réunion d'une famille filtrante de sous-anneaux noethériens.

4) Soient M un A-module, p et q deux projecteurs de M.

a) Pour que $p(\mathrm{M}) \subset q(\mathrm{M})$, il faut et il suffit que l'on ait $qp = p$; pour que $\mathrm{Ker}(p)$ soit contenu dans $\mathrm{Ker}(q)$, il faut et il suffit que l'on ait $qp = q$.

b) Pour que $p+q$ soit un projecteur, il faut et il suffit que l'on ait $pq = -qp$. Si $p+q$ est un projecteur et si dans M la relation $2x = 0$ entraîne $x = 0$, on a $pq = 0$ et $qp = 0$.

c) Prouver que les conditions suivantes sont équivalentes :

(i) On a $pq = qp$;

(ii) On a $q(p(\mathrm{M})) \subset p(\mathrm{M})$ et $q(\mathrm{Ker}(p)) \subset \mathrm{Ker}(p)$;

(iii) Il existe une suite (p_1, p_2, p_3, p_4) de projecteurs de M deux à deux orthogonaux telle que $p = p_1 + p_2$, $q = p_1 + p_3$ et $1_\mathrm{M} = p_1 + p_2 + p_3 + p_4$.

Une telle suite, lorsqu'elle existe, est unique : on a $p_1 = pq$.

5) Soit A un anneau.

a) Pour qu'un élément e de A soit idempotent, il faut et il suffit que l'application $x \mapsto xe$ soit un projecteur du A-module à gauche A_s (resp. que l'application $x \mapsto ex$ soit un projecteur du A-module à gauche A_d).

b) Soient e_1, e_2 des éléments idempotents de l'anneau A. Démontrer que le groupe $\mathrm{Hom}_\mathrm{A}(\mathrm{A}e_1, \mathrm{A}e_2)$ est isomorphe à $e_1\mathrm{A} \cap \mathrm{A}e_2 = e_1\mathrm{A}e_2$ et que l'anneau $\mathrm{End}_\mathrm{A}(\mathrm{A}e_1)$ est isomorphe à l'anneau $e_1\mathrm{A}e_1$.

c) Soient e_1, e_2 des éléments idempotents de A. Démontrer que les conditions suivantes sont équivalentes :

(i) $\mathrm{A}e_1 = \mathrm{A}e_2$;

(ii) $e_1e_2 = e_1$ et $e_2e_1 = e_2$;

(iii) $(1 - e_1)\mathrm{A} = (1 - e_2)\mathrm{A}$.

Lorsqu'elles sont satisfaites, il existe un élément inversible $a \in \mathrm{A}$ tel que $e_2 = ae_1a^{-1}$.

d) Soient e_1, e_2 deux éléments idempotents de A. Démontrer que les conditions suivantes sont équivalentes :

(i) Les A-modules à gauche Ae_1 et Ae_2 sont isomorphes ;

(ii) Les A-modules à droite e_1A et e_2A sont isomorphes ;

(iii) Il existe des éléments x, y de A tels que $xy = e_1$ et $yx = e_2$.

Lorsqu'elles sont satisfaites, on dit que e_1 et e_2 sont des éléments idempotents *équivalents*.

e) Si des éléments idempotents de A sont équivalents et appartiennent au centre de A, ils sont égaux.

f) Soient $(e_i)_{i\in I}$ et $(f_i)_{i\in I}$ des familles finies d'éléments idempotents de A, telles que $e_ie_j = 0$ et $f_if_j = 0$ pour $i \in I$, $j \in I$, $i \neq j$, et que e_i soit équivalent à f_i pour tout $i \in I$. Alors $e = \sum_{i\in I} e_i$ et $f = \sum_{i\in I} f_i$ sont des éléments idempotents équivalents de A.

¶ 6) Soient A un anneau, u et v deux éléments de A tels que $uv = 1$ et $vu \neq 1$. Pour $i \geqslant 1$ et $j \geqslant 1$, on pose $e_{ij} = v^{i-1}u^{j-1} - v^iu^j$.

a) Démontrer que l'on a $e_{ij} \neq 0$ et $e_{ij}e_{hk} = \delta_{jh}e_{ik}$ pour i, j, k entiers $\geqslant 1$.

b) Démontrer que les idéaux à gauche Ae_{ii} de A (pour $i \geqslant 1$) sont non nuls, deux à deux isomorphes en tant que A-modules (utiliser l'exerc. 5 *d*)) et que leur somme est directe.

c) Prouver que l'on a $u(v + e_{1i}) = 1$ pour tout $i \geqslant 1$ et $e_{1i} \neq e_{1j}$ pour $i \geqslant 1$, $j \geqslant 1$, $i \neq j$.

d) Soit B un anneau satisfaisant aux conditions de l'exerc. 7 de VIII, p. 14 a). Déduire de ce qui précède que tout élément de B inversible à droite ou à gauche est inversible.

7) Notons A (resp. $\mathfrak{a}$) l'ensemble des fractions rationnelles de la forme $P/(X^2+1)^n$, où n est un entier $\geqslant 0$ et $P \in \mathbf{Q}[X]$ un polynôme de degré $\leqslant 2n$ (resp. $\leqslant 2n-1$).

a) Démontrer que A est un sous-anneau du corps $\mathbf{Q}(X)$ et que $\mathfrak{a}$ est un idéal de l'anneau A.

b) Les A-modules $\mathfrak{a} \oplus \mathfrak{a}$ et $A \oplus A$ sont isomorphes. Le A-module $\mathfrak{a}$ est projectif de type fini, mais n'est pas isomorphe à A.

c) Il existe une extension quadratique K du corps $\mathbf{Q}$ telle que les $A_{(K)}$-modules $\mathfrak{a}_{(K)}$ et $A_{(K)}$ soient isomorphes.

8) Soit A un anneau artinien à gauche, et soient M et N deux sous-modules supplémentaires dans le A-module A_s^n. Si M est un A-module libre, N est un A-module libre.

9) Soient A un anneau topologique complet et $\mathfrak{m}$ un idéal bilatère de A. On suppose que l'anneau $A/\mathfrak{m}$ est un corps, que tout élément de $\mathfrak{m}$ est topologiquement nilpotent (TG III, p. 80, exerc. 9) et qu'il existe un système fondamental de voisinages de 0 dans A formé de sous-groupes du groupe additif de A. Alors l'anneau A est local et $\mathfrak{m}$ est son idéal maximal. En particulier, pour tout nombre premier p, l'anneau $\mathbf{Z}_p$ des entiers p-adiques (V, p. 92) est local et son idéal maximal est $p\mathbf{Z}_p$.

¶ 10) Soient p un nombre premier, q une puissance de p, G un groupe fini d'ordre q et A un anneau commutatif. Soit (e_g) la base canonique de l'algèbre A[G] du groupe G sur A.

a) L'ensemble $\mathfrak{a}$ des éléments $\sum a_g e_g$ de A[G] tels que $\sum a_g = 0$ est un idéal bilatère de A[G]. Si l'anneau A est de caractéristique p (V, p. 2), on a $x^q = 0$ pour tout $x \in \mathfrak{a}$ (raisonner par récurrence sur q ; si $q \neq 1$, choisir un élément h d'ordre p du centre de G (I, p. 73, cor. de la prop. 11) et déduire de l'hypothèse de récurrence qu'il existe $y \in$ A[G] tel que $x^{q/p} = (1 - e_h)y$).

b) Supposons que A soit un anneau local, d'idéal maximal $\mathfrak{m}$, et que le corps $A/\mathfrak{m}$ soit de caractéristique p. Démontrer que l'anneau A[G] est local et que son idéal maximal est l'ensemble des éléments $\sum a_g e_g \in$ A[G] tels que $\sum a_g \in \mathfrak{m}$.

(Soit S un A[G]-module simple ; démontrer que S est annulé par $\mathfrak{m}$, puis, en appliquant la prop. 11 de I, p. 73 au sous-**Z**[G]-module engendré par un élément non nul de S, que S contient un élément invariant par G.)

11) Soient p un nombre premier, G un groupe ne contenant aucun élément d'ordre p, A un anneau commutatif de caractéristique p, ne contenant pas d'élément nilpotent non nul, A[G] l'algèbre de G sur A et (e_g) la base canonique de A[G] sur A. Prouver que l'anneau A[G] ne possède aucun nilidéal non nul (observer que si un élément $\sum a_g e_g \in$ A[G] est nilpotent, on a $a_1 = 0$).

¶ 12) Soient K un corps commutatif, E et F des extensions de K et A l'anneau $\mathrm{E} \otimes_{\mathrm{K}} \mathrm{F}$.

a) Si E et F sont des extensions transcendantes de K, l'anneau A n'est pas un anneau local.

b) Supposons que E soit une extension algébrique de K et notons E_s et F_s les fermetures algébriques séparables de K dans E et F respectivement. Les conditions suivantes sont équivalentes :

(i) L'anneau A est local ;

(ii) L'anneau $\mathrm{E} \otimes_{\mathrm{K}} \mathrm{F}_s$ est intègre ;

(iii) L'anneau $\mathrm{E} \otimes_{\mathrm{K}} \mathrm{F}_s$ est un corps ;

(iv) L'anneau $\mathrm{E}_s \otimes_{\mathrm{K}} \mathrm{F}_s$ est un corps.

Lorsqu'elles sont satisfaites, l'idéal maximal $\mathfrak{m}$ de A est l'ensemble des éléments nilpotents de A, et toute extension composée de E et F est isomorphe à $A/\mathfrak{m}$.

13) Soit A un anneau local intègre qui n'est pas un corps (par exemple $\mathbf{Z}_{(p)}$, *cf.* VIII, p. 24, exemple 5) et soit a un élément non nul et non inversible de A. Notons M le A-module $\mathrm{A}^{(\mathbf{N})}$ et $(e_n)_{n\in\mathbf{N}}$ sa base canonique. Démontrer que la suite $(f_n)_{n\in\mathbf{N}}$, où $f_{2m} = e_{2m}$ et $f_{2m+1} = e_{2m+1} + ae_{2m+2}$ pour tout $m \geqslant 0$, est une base de M sur A. Démontrer que $\mathrm{N} = \sum_{m\geqslant 0} \mathrm{A}(e_{2m} + ae_{2m+1})$ est un sous-module facteur direct de M, mais qu'il n'existe aucune partie J de **N** telle que $\sum_{n\in\mathrm{J}} \mathrm{A}f_j$ soit un supplémentaire de **N**. En déduire que l'on ne peut, dans le cor. 5 de VIII, p. 33, supprimer l'hypothèse que I est fini.

14) Soient A un anneau, M un A-module et N un sous-module facteur direct de M, qui est primordial. Soit $M = \bigoplus_{i\in I} M_i$ une décomposition de M en somme directe et soit $(p_i)_{i\in I}$ la famille de projecteurs associée. Démontrer qu'il existe $i \in I$ tel que p_i induise un isomorphisme de N sur un sous-module facteur direct de M_i.

15) Soient A un anneau et M, N, P des A-modules. Si les modules $M \oplus P$ et $N \oplus P$ sont isomorphes et que le module P est primordial, les modules M et N sont isomorphes.

16) Soient A un anneau, M un A-module de longueur finie et $(M_i)_{i\in I}$ une famille de sous-modules indécomposables de M dont M est somme directe. Soient L un A-module indécomposable de longueur finie et I_L l'ensemble des indices $i \in I$ tels que M_i soit isomorphe à L. Montrer par un exemple que le sous-module $\sum_{i\in I_L} M_i$ de M n'est pas nécessairement stable par les automorphismes de M.

17) Soient A un anneau, n un entier, $X \in \mathbf{GL}_n(A)$.

a) On suppose l'anneau A local. Démontrer qu'il existe des matrices P, Q dans $\mathbf{GL}_n(A)$, produits de matrices de la forme $B_{ij}(\lambda)$ (II, p. 161), et un élément inversible δ de A, telles qu'on ait $PXQ = \mathrm{diag}(1, \ldots, 1, \delta)$ (raisonner comme dans la démonstration de la prop. 14 de *loc. cit.*).

b) On suppose l'anneau A euclidien (VII, p. 49, exerc. 7). Démontrer le même résultat.

c) Si A est un anneau commutatif local ou euclidien, le groupe $\mathbf{SL}_n(A)$ est engendré par les matrices $B_{ij}(\lambda)$.

d) On suppose que A est local et on note $\mathfrak{m}$ son idéal maximal. Prouver que toute matrice de $\mathbf{M}_n(A)$ dont l'image dans $\mathbf{M}_n(A/\mathfrak{m})$ est inversible est elle-même inversible (utiliser le lemme 1 de II, p. 161).

18) Soient A un anneau local, E un A-module libre et x un élément non nul de E. Soit $(e_i)_{i\in I}$ une base de E dans laquelle le nombre de coordonnées non nulles de x est le plus petit possible. Soit $x = \sum a_i e_i$ l'écriture de x dans cette base ; on désigne par J l'ensemble des indices $i \in I$ tels que $a_i \neq 0$.

a) Démontrer qu'aucun des a_i n'appartient à l'idéal à droite de A engendré par les autres.

b) Soient F et G des sous-modules supplémentaires de E tels que $x \in F$; pour $i \in I$, écrivons $e_i = f_i + g_i$, avec $f_i \in F$ et $g_i \in G$. Prouver que la famille formée des f_j pour $j \in J$ et des e_i pour $i \in I - J$ est une base de E (si $g_j = \sum_{k\in I} b_{jk} e_k$, observer que les coordonnées b_{jk} pour j, k dans J appartiennent à l'idéal maximal de A, et appliquer l'exerc. 17 *d*)). En déduire qu'il existe un sous-module libre de F qui contient x et qui est facteur direct de F.

c) Prouver que tout A-module projectif est libre (se ramener à l'aide du th. de Kaplansky (II, p. 183, exerc. 2) au cas d'un module admettant une famille dénombrable de générateurs, et appliquer *b*)).

19) Soient A un anneau commutatif, M un A-module de type fini, u un automorphisme de M et N un sous-module de M, stable par u. Démontrer que l'on a $u(\mathrm{N}) = \mathrm{N}$ (utiliser le cor. 1, d) de VIII, p. 26).

§ 3. MODULES SIMPLES

1. Modules simples

Rappelons la définition suivante (II, p. 21) :

DÉFINITION 1. — *Soit* A *un anneau. Un* A-*module* M *est dit* simple *s'il n'est pas nul et ne contient pas d'autre sous-module que* 0 *et* M.

Pour qu'un A-module M soit simple, il faut et il suffit que M soit un module simple sur l'anneau A_M de ses homothéties. Tout module simple est indécomposable, de longueur 1, donc primordial (VIII, p. 28, prop. 4 b)).

Exemples. — 1) Pour que A_s soit un A-module simple, il faut et il suffit que A soit un corps (I, p. 109, th. 1). Les A-modules simples sont alors les espaces vectoriels de dimension 1 sur le corps A.

2) Soit A un anneau principal (VII, p. 1, déf. 1) qui n'est pas un corps. Pour tout élément extrémal π de A, le A-module $A_s/(\pi)$ est simple, et tout A-module simple est isomorphe à un tel module (VII, p. 25, remarque 4). Pour $n \geqslant 2$, le A-module $A_s/(\pi^n)$ est indécomposable (VII, p. 23, prop. 8), mais n'est pas simple.

3) Soient K un corps, V un espace vectoriel à droite non nul sur le corps K et A un sous-anneau de l'anneau $\mathrm{End}_K(V)$ qui contient les endomorphismes de *rang fini* de V (par exemple $A = \mathrm{End}_K(V)$). Démontrons que V *est un* A-*module simple* : soient W un sous-A-module non nul de V et x un élément non nul de W ; il existe une forme linéaire φ sur V telle que $\varphi(x) \neq 0$ (II, p. 103, th. 6). Pour tout y dans V, l'application $z \mapsto y\varphi(z)$, linéaire de rang $\leqslant 1$, appartient à A ; on a donc $Ax = V$, d'où *a fortiori* $W = V$, ce qui prouve que V est un A-module simple.

PROPOSITION 1. — *Soit* A *un anneau.*

a) *Soit* $\mathfrak{m}$ *un idéal à gauche de* A. *Pour que le* A-*module* $A_s/\mathfrak{m}$ *soit simple, il faut et il suffit que* $\mathfrak{m}$ *soit un idéal à gauche maximal.*

b) *Soit* M *un* A-*module simple et soit* x *un élément non nul de* M. *On a l'égalité* $M = Ax$, *l'annulateur* $\mathfrak{m}$ *de* x *est un idéal à gauche maximal de* A, *et l'application* $a \mapsto ax$ *définit par passage au quotient un isomorphisme de* $A_s/\mathfrak{m}$ *sur* M.

c) *Soit* M *un* A-*module non nul. Si l'on a* $M = Ax$ *pour tout élément non nul* x *de* M, *alors* M *est simple.*

Les sous-modules de $A_s/\mathfrak{m}$ sont de la forme $\mathfrak{n}/\mathfrak{m}$, où $\mathfrak{n}$ est un idéal à gauche de A contenant $\mathfrak{m}$ (I, p. 39, th. 4) ; par suite le A-module $A_s/\mathfrak{m}$ est simple si et seulement si l'on a $\mathfrak{m} \neq A$ et tout idéal à gauche $\mathfrak{n}$ de A contenant $\mathfrak{m}$ satisfait à $\mathfrak{n}/\mathfrak{m} = 0$ ou $\mathfrak{n}/\mathfrak{m} = A_s/\mathfrak{m}$, c'est-à-dire à $\mathfrak{n} = \mathfrak{m}$ ou $\mathfrak{n} = A$. Ceci prouve a).

Sous les hypothèses de b), Ax est un sous-module non nul de M, donc égal à M. Par suite, l'application $a \mapsto ax$ définit par passage au quotient un isomorphisme de $A_s/\mathfrak{m}$ sur M ; le A-module $A_s/\mathfrak{m}$ est donc simple et l'idéal à gauche $\mathfrak{m}$ est maximal d'après a). Ceci prouve b).

Sous les hypothèses de c), soit N un sous-module non nul de M. Si x est un élément non nul de N, on a $Ax \subset N$ et $Ax = M$, d'où $M = N$. Donc M est simple.

COROLLAIRE 1. — *Si l'anneau* A *n'est pas réduit à* 0, *il existe des* A-*modules simples.*

En effet, il existe d'après le théorème de Krull (I, p. 99, th. 1) des idéaux à gauche maximaux de A.

COROLLAIRE 2. — *Soient* A *un anneau local* (VIII, p. 24, déf. 1) *et* $\mathfrak{r}$ *son idéal maximal. Le* A-*module* $A_s/\mathfrak{r}$ *est simple et tout* A-*module simple est isomorphe à* $A_s/\mathfrak{r}$.

Remarques. — 1) Soient A un anneau commutatif, et $\mathfrak{m}$ un idéal de A. Alors $\mathfrak{m}$ est l'annulateur (II, p. 28, déf. 11) du A-module $A_s/\mathfrak{m}$. Ainsi, si $\mathfrak{m}$ et $\mathfrak{m}'$ sont des idéaux de A distincts, les A-modules $A_s/\mathfrak{m}$ et $A_s/\mathfrak{m}'$ ne sont pas isomorphes. Pour qu'il existe un A-module simple et fidèle (II, p. 28), il faut et il suffit que (0) soit un idéal maximal de A, c'est-à-dire que A soit un corps.

2) On peut donner un exemple d'anneau non commutatif A et de deux idéaux à gauche maximaux distincts $\mathfrak{m}$ et $\mathfrak{m}'$ de A tels que les A-modules $A_s/\mathfrak{m}$ et $A_s/\mathfrak{m}'$ soient isomorphes (VIII, p. 48, exerc. 3).

2. Le lemme de Schur

PROPOSITION 2. — *Soient* A *un anneau,* M *et* N *deux* A*-modules et* f *un homomorphisme non nul de* M *dans* N.

a) *Si* M *est simple,* f *est injectif.*

b) *Si* N *est simple,* f *est surjectif.*

c) *Si* M *et* N *sont simples,* f *est un isomorphisme.*

Le noyau de f est un sous-module de M distinct de M, et l'image de f est un sous-module non nul de N.

a) Si M est simple, on a $\mathrm{Ker}(f) = 0$, donc f est injectif.

b) Si N est simple, on a $\mathrm{Im}(f) = \mathrm{N}$, donc f est surjectif.

c) Si M et N sont simples, f est à la fois injectif et surjectif.

COROLLAIRE (Lemme de Schur). — *L'anneau des endomorphismes d'un module simple est un corps.*

Si M est un A-module simple, tout élément non nul de l'anneau non nul $\mathrm{End}_{\mathrm{A}}(\mathrm{M})$ est inversible (prop. 2, c)), donc $\mathrm{End}_{\mathrm{A}}(\mathrm{M})$ est un corps.

THÉORÈME 1. — *Soient* K *un corps commutatif algébriquement clos,* A *une* K*-algèbre et* M *un* A*-module simple. On suppose que la dimension de* M *comme espace vectoriel sur* K *est finie, ou plus généralement strictement inférieure au cardinal de* K. *Alors l'anneau des endomorphismes du* A*-module* M *se compose des homothéties* α_{M} *avec* $\alpha \in \mathrm{K}$.

Soit E l'anneau des endomorphismes du A-module M ; c'est un corps d'après le cor. de la prop. 2, et une algèbre sur le corps K. Si l'on considère M comme un espace vectoriel à gauche sur le corps E, on a $\dim_{\mathrm{K}} \mathrm{M} = (\dim_{\mathrm{E}} \mathrm{M})[\mathrm{E} : \mathrm{K}]$ d'après la prop. 25 de II, p. 31, donc $\dim_{\mathrm{K}} \mathrm{M} \geqslant [\mathrm{E} : \mathrm{K}]$. Comme $\dim_{\mathrm{K}} \mathrm{M} < \mathrm{Card}(\mathrm{K})$ par hypothèse, l'égalité $\mathrm{E} = \mathrm{K} \cdot 1_{\mathrm{M}}$ résulte alors du lemme suivant :

Lemme 1. — *Soient* E *un corps et* K *un sous-corps du centre de* E*, distinct de* E. *Si le corps* K *est algébriquement clos, on a* $[\mathrm{E} : \mathrm{K}] \geqslant \mathrm{Card}(\mathrm{K})$.

Soient x un élément de $\mathrm{E} - \mathrm{K}$ et L le sous-corps (commutatif) de E engendré par $\mathrm{K} \cup \{x\}$. Comme K est algébriquement clos, x est transcendant sur K. D'après VII, p. 10, th. 2 et p. 11, les éléments $(x - \alpha)^{-1}$ de L, où α parcourt K, sont linéairement indépendants sur K. On a donc $[\mathrm{E} : \mathrm{K}] \geqslant [\mathrm{L} : \mathrm{K}] \geqslant \mathrm{Card}(\mathrm{K})$.

Exemple. — *Soit A une **C**-algèbre engendrée par une famille dénombrable d'éléments ; elle est de dimension dénombrable sur **C**. Soit M un A-module simple ; il est monogène, donc admet une base dénombrable sur **C**. Puisque le corps **C** n'est pas dénombrable (TG, IV, p. 44), on a $[\mathrm{M} : \mathbf{C}] < \mathrm{Card}(\mathbf{C})$. Donc les endomorphismes du A-module M sont les homothéties α_{M}, avec $\alpha \in \mathbf{C}$. Ceci s'applique en particulier lorsque A est l'algèbre enveloppante d'une algèbre de Lie de dimension finie sur **C** (LIE, I, corollaire 3, p. 33).$_*$

COROLLAIRE 1. — *Conservons les hypothèses du théorème* 1, *et supposons de plus l'algèbre* A *commutative. Alors* M *est de dimension* 1 *sur* K.

Comme l'anneau A est commutatif, a_{M} est un endomorphisme du A-module M pour tout $a \in \mathrm{A}$. D'après le th. 1, on a donc $\mathrm{A}_{\mathrm{M}} = \mathrm{K} \cdot 1_{\mathrm{M}}$ et M est un K-module simple, c'est-à-dire un espace vectoriel de dimension 1 sur le corps K.

COROLLAIRE 2. — *Soient* K *un corps commutatif,* A *une* K*-algèbre et* M *un* A*-module. On suppose que pour toute extension* L *de* K, *le* $\mathrm{A}_{(\mathrm{L})}$*-module* $\mathrm{M}_{(\mathrm{L})}$ *est simple. Alors l'anneau des endomorphismes de* M *se compose des homothéties* α_{M} *avec* $\alpha \in \mathrm{K}$.

Soit I un ensemble de cardinal strictement supérieur à la dimension de M sur K (par exemple l'ensemble des parties de M). Soit L une clôture algébrique du corps $\mathrm{K}((\mathrm{X}_i)_{i\in\mathrm{I}})$ (V, p. 22, th. 2). Choisissons une forme K-linéaire φ sur L telle que $\varphi(1) = 1$ et notons $v : \mathrm{M}_{(\mathrm{L})} \to \mathrm{M}$ l'application K-linéaire caractérisée par $v(\alpha \otimes m) = \varphi(\alpha)m$. Soit u un endomorphisme de M. La dimension de $\mathrm{M}_{(\mathrm{L})}$ sur L est égale à celle de M sur K et est strictement inférieure au cardinal de L. D'après le th. 1, l'endomorphisme $1_{\mathrm{L}} \otimes u$ du $\mathrm{A}_{(\mathrm{L})}$-module $\mathrm{M}_{(\mathrm{L})}$ est de la forme $\lambda \otimes 1_{\mathrm{M}}$, avec $\lambda \in \mathrm{L}$. Pour tout $x \in \mathrm{M}$, on a

$$\begin{aligned} u(x) &= v\big(1 \otimes u(x)\big) = v\big((1_{\mathrm{L}} \otimes u)(1 \otimes x)\big) \\ &= v\big((\lambda \otimes 1_{\mathrm{M}})(1 \otimes x)\big) = v(\lambda \otimes x) = \varphi(\lambda)x, \end{aligned}$$

de sorte que u est l'homothétie $\varphi(\lambda)_{\mathrm{M}}$.

3. Sous-modules maximaux

DÉFINITION 2. — *Soient* A *un anneau et* M *un* A*-module. On appelle* sous-module maximal *de* M *un élément maximal, pour la relation d'inclusion, de l'ensemble des sous-modules de* M *distincts de* M.

Un sous-module maximal de A_s n'est autre qu'un idéal maximal à gauche de A.

Soit N un sous-module de M. Les sous-modules de M/N sont de la forme P/N où P est un sous-module de M contenant N (I, p. 39, th. 4). Par suite, N est un sous-module maximal de M si et seulement si le module M/N est simple.

PROPOSITION 3. — *Soit* M *un* A-*module de type fini. Tout sous-module de* M *distinct de* M *est contenu dans un sous-module maximal.*

Soit N un sous-module de M, distinct de M. Notons $\mathscr{S}$ l'ensemble des sous-modules de M distincts de M et contenant N ordonné par la relation d'inclusion ; démontrons que $\mathscr{S}$ est inductif. Soit $\mathscr{F}$ une partie totalement ordonnée de $\mathscr{S}$. Si $\mathscr{F}$ est vide, N est un majorant de $\mathscr{F}$ dans $\mathscr{S}$. Dans le cas contraire, notons Q la réunion des éléments de $\mathscr{F}$. Alors Q est un sous-module de M. Soit F une partie génératrice finie de M. Si Q était égal à M, F serait contenue dans un sous-module $P \in \mathscr{F}$, ce qui entraînerait $P = M$, contrairement à la définition de $\mathscr{F}$. On a donc $Q \in \mathscr{S}$, ce qui prouve que $\mathscr{S}$ est inductif. La prop. 3 résulte alors du cor. 1 de E, III, p. 21.

COROLLAIRE 1. — *Soit* M *un* A-*module de type fini non nul. Il existe un idéal bilatère* $\mathfrak{a}$ *de* A, *annulateur d'un* A-*module simple, tel que* $\mathfrak{a}$M *soit distinct de* M.

Soit N un sous-module maximal de M (prop. 3) et soit $\mathfrak{a}$ l'annulateur du A-module simple M/N ; c'est un idéal bilatère de A et l'on a $\mathfrak{a}(M/N) = 0$, d'où $\mathfrak{a}M \subset N$ et par suite $\mathfrak{a}M \neq M$.

COROLLAIRE 2. — *Soient* A *un anneau commutatif et* B *une* A-*algèbre. Soit* M *un* B-*module simple qui est un* A-*module de type fini et soit* $\mathfrak{m}$ *l'annulateur du* A-*module* M. *Alors* $\mathfrak{m}$ *est un idéal maximal de* A *et* M *est un espace vectoriel de dimension finie sur le corps* $A/\mathfrak{m}$.

Comme l'anneau A est commutatif, l'annulateur d'un A-module simple est un idéal maximal de A (VIII, p. 42, prop. 1). D'après le corollaire 1 appliqué au A-module M, il existe un idéal maximal $\mathfrak{a}$ de A tel que $\mathfrak{a}M \neq M$. Mais $\mathfrak{a}M$ est un sous-module du B-module simple M ; on a donc $\mathfrak{a}M = 0$, d'où $\mathfrak{a} \subset \mathfrak{m}$. Comme l'idéal $\mathfrak{m}$ est distinct de A, il est égal à $\mathfrak{a}$, de sorte que $\mathfrak{m}$ est maximal. Le module M est un module de type fini sur le corps $A/\mathfrak{m}$, d'où la dernière assertion.

4. Modules simples sur un anneau artinien

Soit A un anneau. On dit par abus de langage qu'un idéal à gauche $\mathfrak{a}$ est un *idéal à gauche minimal* de A si c'est un élément minimal de l'ensemble des idéaux à gauche non nuls de A, ordonné par la relation d'inclusion. On définit de manière analogue les idéaux à droite minimaux et les idéaux bilatères minimaux.

Soit $\mathfrak{a}$ un idéal à gauche de A. Pour que $\mathfrak{a}$ soit un A-module simple, il faut et il suffit que ce soit un idéal à gauche minimal de A.

Tout idéal à gauche non nul d'un anneau artinien à gauche (VIII, p. 1, déf. 1) contient un idéal à gauche minimal.

PROPOSITION 4. — *Soit* A *un anneau possédant un idéal à gauche minimal* $\mathfrak{a}$. *Tout* A-*module simple et fidèle est isomorphe au* A-*module* $\mathfrak{a}$.

Soit M un A-module simple et fidèle. Soit α un élément non nul de $\mathfrak{a}$. Comme le A-module M est fidèle, il existe un élément x de M tel que $\alpha x \neq 0$. L'homomorphisme $a \mapsto ax$ de $\mathfrak{a}$ dans M est alors non nul ; c'est donc un isomorphisme d'après la prop. 2 de VIII, p. 43.

PROPOSITION 5. — *Soient* A *un anneau artinien à gauche et* M *un* A-*module fidèle.*

a) *Il existe un entier naturel* m *et un isomorphisme de* A_s *sur un sous-module de* M^m.

b) *Si* M *possède une suite de Jordan-Hölder* $(\mathrm{M}_i)_{0\leqslant i\leqslant n}$, *tout* A-*module simple est isomorphe à l'un des quotients* $\mathrm{M}_i/\mathrm{M}_{i+1}$.

D'après VIII, p. 2 appliqué au A-module A_s et aux annulateurs des éléments de M, il existe des éléments $x_1, \ldots, x_m$ de M tels que l'annulateur de M soit l'intersection des annulateurs des x_i. Comme le A-module M est fidèle, l'application A-linéaire $a \mapsto (ax_1, \ldots, ax_m)$ de A_s dans M^m est injective, d'où a).

Sous les hypothèses de b), tout quotient simple de A_s est isomorphe à un quotient d'une suite de Jordan-Hölder de M^m (I, p. 41, cor.), donc à l'un des modules $\mathrm{M}_i/\mathrm{M}_{i+1}$ (I, p. 41, th. 6). Enfin, tout A-module simple est isomorphe à un quotient de A_s.

Remarque. — La proposition 5 s'applique en particulier dans les deux cas suivants :

a) Soit A une algèbre sur un corps commutatif K et soit M un module fidèle de dimension finie sur K. Alors M est un A-module de longueur finie et le contremodule de M est de type fini. L'anneau A est artinien à gauche (VIII, p. 8, prop. 6). Il existe une suite de Jordan-Hölder $(\mathrm{M}_i)_{0\leqslant i\leqslant n}$ du A-module M, et tout A-module simple est isomorphe à l'un des modules $\mathrm{M}_i/\mathrm{M}_{i+1}$ pour $0 \leqslant i \leqslant n-1$.

b) Soit A un anneau artinien à gauche. Le module A_s est de longueur finie (VIII, p. 5, th. 1). Comme le A-module A_s est de longueur finie, il existe une suite décroissante $(\mathfrak{a}_i)_{0 \leqslant i \leqslant n}$ d'idéaux à gauche de A, telle que $\mathfrak{a}_0 = A$, $\mathfrak{a}_n = 0$ et que les A-modules $S_i = \mathfrak{a}_{i-1}/\mathfrak{a}_i$ soient simples pour $1 \leqslant i \leqslant n$. Alors tout A-module simple est isomorphe à l'un des modules $S_1, \ldots, S_n$.

5. Classes de modules simples

Notons $\mathrm{Is}_A\{X, Y\}$ la relation

« A est un anneau et X, Y sont des A-modules isomorphes ».

C'est une relation d'équivalence par rapport à X et Y. Si X est un A-module, on note cl(X), et on appelle *classe* du A-module X, la classe d'objets équivalents à X pour Is_A (E, II, p. 47). Par définition, cl(X) est un A-module isomorphe à X ; de plus, deux A-modules X et Y sont isomorphes si et seulement si l'on a cl(X) = cl(Y).

Soit A un anneau. La relation

« λ est une classe de A-modules de type fini »

est collectivisante en λ (E, II, p. 3). En effet, tout A-module de type fini est isomorphe à un A-module de la forme A_s^n/R, où n est un entier naturel et R un sous-module de A_s^n, de sorte que notre assertion résulte de E, II, p. 47.

On notera $\mathscr{F}(A)$ l'ensemble des classes de A-modules de type fini. Tout A-module simple est monogène (VIII, p. 42, prop. 1), et par suite les classes des A-modules simples forment un sous-ensemble de $\mathscr{F}(A)$, noté dans la suite $\mathscr{S}(A)$ (ou simplement $\mathscr{S}$). Lorsque l'anneau A est commutatif, l'application $\mathfrak{m} \mapsto \mathrm{cl}(A/\mathfrak{m})$ est une bijection de l'ensemble des idéaux maximaux de A sur l'ensemble $\mathscr{S}(A)$ (*loc. cit.* et VIII, p. 42, remarque 1). Lorsque A est artinien à gauche, l'ensemble $\mathscr{S}(A)$ est fini (VIII, p. 47, remarque b)).

EXERCICES

1) Soient A un anneau, $\mathfrak{m}$ un idéal à gauche maximal de A. Soit B l'ensemble des éléments b de A tels que $\mathfrak{m}b \subset \mathfrak{m}$. Prouver que B est le plus grand sous-anneau de A contenant $\mathfrak{m}$ et dans lequel $\mathfrak{m}$ soit un idéal bilatère. Soient S le A-module $A_s/\mathfrak{m}$, D son commutant, π l'application canonique de A_s sur S ; prouver que, étant donné $b \in B$, il existe un unique élément u_b de $\mathrm{End}_A(S)$ tel que $u_b(\pi(a)) = \pi(ab)$ pour tout $a \in A$. L'application $b \mapsto u_b$ induit un isomorphisme de $B/\mathfrak{m}$ sur $\mathrm{End}_A(S)$.

2) Soient D un corps, V un D-espace vectoriel à droite, A un sous-anneau de $\mathrm{End}_D(V)$ qui contient les endomorphismes de rang fini (par exemple $A = \mathrm{End}_D(V)$). Démontrer que le dual $V^* = \mathrm{Hom}_D(V, D)$ est simple en tant que A-module à droite.

3) Soient D un corps, V un D-espace vectoriel à droite, A l'anneau des endomorphismes de V. Pour toute droite L de V, on note $\mathfrak{m}_L$ l'ensemble des éléments u de A tels que $u(L) = 0$. Prouver que $\mathfrak{m}_L$ est un idéal maximal de A, qu'on a $\mathfrak{m}_L \neq \mathfrak{m}_{L'}$ pour $L \neq L'$, mais que les A-modules simples $A/\mathfrak{m}_L$ sont tous isomorphes au A-module V.

4) Prouver que le **Z**-module **Q** n'admet ni sous-module simple, ni module quotient simple.

5) Soit A un anneau.

a) Soient M, N des A-modules monogènes. Prouver que les conditions suivantes sont équivalentes :

(i) Les A-modules M et N sont isomorphes ;

(ii) Pour tout générateur m de M, il existe un générateur n de N ayant le même annulateur que m ;

(iii) Il existe un générateur de M et un générateur de N ayant le même annulateur.

b) Soient $\mathfrak{a}, \mathfrak{b}$ des idéaux (à gauche) de A. Pour que les A-modules $A/\mathfrak{a}$ et $A/\mathfrak{b}$ soient isomorphes, il faut et il suffit qu'il existe un élément a de A tel que $Aa + \mathfrak{b} = A$ et que $\mathfrak{a}$ soit l'ensemble des éléments x de A tels que $xa \in \mathfrak{b}$ (utiliser *a*)).

c) Soient $\mathfrak{m}$ et $\mathfrak{n}$ des idéaux à gauche maximaux de A. Pour que les A-modules simples $A/\mathfrak{m}$ et $A/\mathfrak{n}$ soient isomorphes, il faut et il suffit qu'il existe un élément a de $A - \mathfrak{n}$ tel que $\mathfrak{m}a \subset \mathfrak{n}$.

d) Déduire de *b*) que l'ensemble des A-modules quotients du A-module A_s isomorphes à un module donné a un cardinal inférieur à Card(A).

6) Soit M un A-module, tel que pour tout $x \neq 0$ dans M le module Ax soit simple. Démontrer que, ou bien M est simple, ou bien l'anneau des homothéties A_M est un corps (si M n'est pas simple, considérer deux éléments non nuls x, y de M tels que $y \notin Ax$, et l'annulateur de $x + y$).

7) Soit S un A-module simple, dont le dual S^* et le bidual S^{**} sont simples. Prouver que l'application $u \mapsto {}^t u$ est un isomorphisme de $\mathrm{End}_A(S)$ sur le corps opposé de $\mathrm{End}_A(S^*)$.

¶ 8) Soit A un anneau tel que les A-modules A_s et A_d soient de longueur finie. On identifie A_d au dual de A_s. Pour tout idéal à gauche $\mathfrak{s}$ de A, l'orthogonal $\mathfrak{s}^0$ de $\mathfrak{s}$ est l'annulateur à droite de $\mathfrak{s}$ dans A ; de même, pour tout idéal à droite $\mathfrak{d}$, l'orthogonal $\mathfrak{d}^0$ est l'annulateur à gauche de $\mathfrak{d}$. Prouver que les conditions suivantes sont équivalentes :

(i) Tout A-module simple (à gauche ou à droite) est réflexif ;

(ii) Le dual de tout A-module simple (à gauche ou à droite) est simple ;

(iii) Pour tout idéal à gauche minimal $\mathfrak{s}$ et tout idéal à droite minimal $\mathfrak{d}$, on a $\mathfrak{s}^{00} = \mathfrak{s}$ et $\mathfrak{d}^{00} = \mathfrak{d}$;

(iv) L'application $\mathfrak{s} \mapsto \mathfrak{s}^0$ est une bijection de l'ensemble des idéaux à gauche de A sur l'ensemble des idéaux à droite.

Lorsque ces propriétés sont satisfaites, on dit que l'anneau A est *auto-injectif* (*cf.* X, p. 171, exerc. 26).

b) On suppose que A est auto-injectif ; soit M un A-module (à gauche ou à droite) de type fini. Démontrer les propriétés suivantes :

(i') Le A-module M est réflexif ;

(ii') La longueur de M^* est égale à celle de M ;

(iii') Pour tout sous-module N de M, on a $N^{00} = N$;

(iv') L'application $N \mapsto N^0$ est une bijection de l'ensemble des sous-modules de M sur l'ensemble des sous-modules de M^*.

9) On appelle *colongueur* d'un A-module simple S la dimension du contremodule de S (sur le corps $\mathrm{End}_A(S)$). On dit qu'un A-module M de longueur finie est de *colongueur finie* s'il admet une suite de Jordan-Hölder dont les quotients successifs sont de colongueur finie ; la somme de ces colongueurs est appelée la *colongueur* de M, et notée $\lambda(M)$. Si N est un sous-module de M, on a $\lambda(M) = \lambda(N) + \lambda(M/N)$.

Soit A un anneau auto-injectif (exerc. 8), tel que les modules A_s et A_d soient de colongueur finie. On dit que A est un anneau *frobeniusien* si pour tout A-module simple S on a $\lambda(S) = \lambda(S^*)$.

a) Soit M un A-module de longueur finie. Si A est un anneau frobeniusien, on a $\lambda(M) = \lambda(M^*)$. Si en outre A est une algèbre de rang fini sur un corps commutatif K, on a $\dim_K(M) = \dim_K(M^*)$ (utiliser l'exerc. 7).

b) Soit K un corps commutatif et soit A la sous-algèbre de $\mathbf{M}_6(K)$ ayant pour base les éléments $E_{11} + E_{55}$, $E_{12} + E_{56}$, $E_{21} + E_{65}$, $E_{22} + E_{66}$, $E_{33} + E_{44}$, E_{13}, E_{23}, E_{45} et E_{46} (E_{ij} désignant les unités matricielles de $\mathbf{M}_6(K)$). Démontrer que A est une algèbre auto-injective mais non frobeniusienne (remarquer que les idéaux à gauche minimaux de A sont $KE_{13}+KE_{23}$, KE_{45} et KE_{46}, et les idéaux à droite minimaux KE_{13}, KE_{23} et $KE_{45}+KE_{46}$).

10) Soient $\rho : A \to B$ un homomorphisme d'anneaux, à l'aide duquel on considère B comme un A-module à droite. On suppose que le B-module à gauche $\mathrm{Hom}_A(B, A)$ est isomorphe à B_s.

a) Soit M un B-module ; soit $\varphi : B_s \rightarrow \mathrm{Hom}_A(B, A)$ un isomorphisme. Prouver que l'application $u \mapsto \varphi(1) \circ u$ de $\mathrm{Hom}_B(M, B)$ dans $\mathrm{Hom}_A(M, A)$ est bijective.

b) On suppose en outre que le A-module B est de type fini. Pour que l'anneau B soit auto-injectif (exerc. 8), il faut et il suffit qu'il en soit ainsi de A.

c) Soit G un groupe fini ; montrer que les conditions précédentes sont satisfaites lorsqu'on prend pour B le A-module A[G] muni de la structure d'anneau telle que $(ae_g)(a'e_{g'}) = aa'e_{gg'}$ pour a, a' dans A et g, g' dans G. En particulier, si K est un corps commutatif, l'algèbre K[G] est auto-injective.

§ 4. MODULES SEMI-SIMPLES

1. Modules semi-simples

DÉFINITION 1. — *On dit qu'un module est* semi-simple *s'il est somme directe d'une famille de modules simples*[1].

On dit qu'un multimodule est *semi-simple* s'il est somme directe d'une famille de multimodules simples (*cf.* I, p. 36, déf. 7).

Un A-module M est semi-simple si et seulement s'il est semi-simple lorsqu'on le considère comme module sur l'anneau A_M de ses homothéties.

Exemples. — 1) Un module réduit à 0, un module simple, sont des modules semi-simples.

2) Si A est un corps, tout A-module est semi-simple d'après le th. 1 de II, p. 95. Cela montre qu'en général un module semi-simple se décompose de plusieurs manières comme somme directe de sous-modules simples (voir cependant le cor. 2 de VIII, p. 63).

3) Soit A un anneau principal et soit P un système représentatif d'éléments extrémaux de A (VII, p. 3). Soit M un A-module et, pour tout $\pi \in P$, soit $M(\pi)$ l'ensemble des $x \in M$ tels que $\pi x = 0$. D'après VII, p. 9, le A-module M est semi-simple si et seulement s'il est somme des sous-modules $M(\pi)$; il est alors somme directe de ces sous-modules. Cet exemple sera généralisé plus loin (VIII, p. 61).

Soient A_1 et A_2 des algèbres sur un anneau commutatif K. On a défini en III, p. 38, la notion de bimodule à gauche sur les algèbres A_1 et A_2, et montré que cette notion équivaut à celle de module à gauche sur l'anneau $A_1 \otimes_K A_2$. On dira que M

[1] D'après le cor. 2 de VIII, p. 52, cette définition coïncide avec celle donnée en VII, p. 9.

est un bimodule simple (resp. semi-simple, de type fini) si c'est un module simple (resp. semi-simple, de type fini) sur l'anneau $A_1 \otimes_K A_2$.

THÉORÈME 1. — *Soit* M *un module somme* (*non nécessairement directe*) *d'une famille* $(S_i)_{i \in I}$ *de sous-modules simples et soit* N *un sous-module de* M. *Il existe une partie* J *de* I *telle que* M *soit somme directe de la famille formée de* N *et des modules* S_j *pour* j *parcourant* J.

Soit $\mathscr{S}$ l'ensemble des parties I′ de I telles que la somme de la famille formée des modules N et S_i, pour i dans I′, soit directe. L'ensemble $\mathscr{S}$ est de caractère fini : pour qu'une partie J de I appartienne à $\mathscr{S}$, il faut et il suffit qu'il en soit de même de toute partie finie de J. Donc l'ensemble $\mathscr{S}$ possède un élément maximal J (E, III, p. 35). Posons $N' = N + \sum_{j \in J} S_j$. Soit i dans $I - J$; comme J est maximal dans $\mathscr{S}$, l'ensemble $J \cup \{i\}$ n'appartient pas à $\mathscr{S}$, de sorte que $S_i \cap N' \neq 0$; comme S_i est un module simple, on a $S_i \cap N' = S_i$. On a donc $S_i \subset N'$ pour tout $i \in I$, d'où $N' = M$. Cela achève la démonstration.

COROLLAIRE 1. — *Tout module somme d'une famille de modules simples est semi-simple.*

Il suffit d'appliquer le th. 1 au cas où N est nul.

COROLLAIRE 2. — *Pour qu'un module* M *soit semi-simple, il faut et il suffit que tout sous-module de* M *soit facteur direct.*

La condition est nécessaire d'après le th. 1.

Réciproquement, supposons que tout sous-module de M admette un supplémentaire. Soit M′ la somme des sous-modules simples de M et soit M″ un supplémentaire de M′ dans M. Supposons qu'on ait $M' \neq M$, d'où $M'' \neq 0$. Soit N un sous-module monogène non nul de M″. D'après la prop. 3 de VIII, p. 45, il existe un sous-module maximal P de N. Soit Q un sous-module supplémentaire de P dans M. Alors $N \cap Q$ est un sous-module de N, supplémentaire de P dans N, donc isomorphe à N/P (II, p. 20, prop. 13). Par suite $N \cap Q$ est un sous-module simple de M″, contrairement à la définition de M′.

On a donc $M' = M$ et le module M est semi-simple d'après le cor. 1.

COROLLAIRE 3. — *Soient* M *un module semi-simple et* N *un sous-module de* M. *Les modules* N *et* M/N *sont semi-simples. Plus précisément, si* M *est somme directe d'une famille* $(S_i)_{i \in I}$ *de modules simples, il existe une partie* J *de* I *telle que* M/N *soit isomorphe à* $\bigoplus_{j \in J} S_j$ *et* N *à* $\bigoplus_{i \in I - J} S_i$.

Choisissons J comme dans le th. 1. Le module $N' = \bigoplus_{j\in J} S_j$ est un supplémentaire de N dans M, il est donc isomorphe à M/N. De plus, les sous-modules N et $\bigoplus_{i\in I-J} S_i$ de M sont tous deux supplémentaires de N' et donc isomorphes à M/N'.

COROLLAIRE 4. — *Soit* M *un module semi-simple. Pour que* M *soit simple, il faut et il suffit que l'anneau* E *des endomorphismes de* M *soit un corps.*

Si M est simple, E est un corps d'après le cor. de la prop. 2 de VIII, p. 43.

Si E est un corps, le module M est indécomposable (VIII, p. 28, prop. 4, a)). Comme il est en outre semi-simple, il est simple.

Remarque. — Soient K un corps commutatif algébriquement clos et A une K-algèbre. Soit M un A-module semi-simple qui est un espace vectoriel de dimension finie sur le corps K. Pour que M soit simple, il faut et il suffit que tout endomorphisme du A-module M soit de la forme $x \mapsto \alpha x$ avec α dans K : c'est nécessaire d'après le th. 1 de VIII, p. 43, et suffisant d'après le cor. 4 ci-dessus.

2. L'homomorphisme $\bigoplus_i \mathrm{Hom}_A(M, N_i) \longrightarrow \mathrm{Hom}_A(M, \bigoplus_i N_i)$

Soient A un anneau, M un A-module et $(N_i)_{i\in I}$ une famille de A-modules. À tout élément (u_i) de $\bigoplus_i \mathrm{Hom}_A(M, N_i)$, associons l'élément $m \mapsto (u_i(m))$ de $\mathrm{Hom}_A(M, \bigoplus_i N_i)$. On définit ainsi un homomorphisme canonique

$$\varphi : \bigoplus_i \mathrm{Hom}_A(M, N_i) \longrightarrow \mathrm{Hom}_A\Big(M, \bigoplus_i N_i\Big).$$

Il est clair que φ est injectif. Soit u un élément de $\mathrm{Hom}_A(M, \bigoplus_i N_i)$. Pour que u appartienne à l'image de φ, il faut et il suffit que l'ensemble des indices i tels que $\mathrm{pr}_i \circ u \neq 0$ soit fini. Cette condition est automatiquement satisfaite lorsque le module M est de type fini.

Par conséquent, si le module M est de type fini, l'homomorphisme φ est bijectif.

3. Quelques opérations sur les modules

Soient A et B des anneaux et soit P un (A, B)-bimodule (II, p. 33). On va définir deux procédés dont l'un fait passer d'un B-module à gauche à un A-module à gauche et l'autre d'un A-module à gauche à un B-module à gauche.

3.1. L'opération $\mathscr{T}$. — Soit V un B-module à gauche. Notons $\mathscr{T}(\mathrm{V})$ le A-module à gauche $\mathrm{P} \otimes_{\mathrm{B}} \mathrm{V}$ (II, p. 54). Sa loi d'action est donnée par la formule

$$a(p \otimes v) = (ap) \otimes v \tag{1}$$

pour $a \in \mathrm{A}$, $p \in \mathrm{P}$ et $v \in \mathrm{V}$.

Soit V′ un B-module à gauche. Pour toute application B-linéaire g de V dans V′, l'application $1_{\mathrm{P}} \otimes g$ de $\mathscr{T}(\mathrm{V})$ dans $\mathscr{T}(\mathrm{V}')$ est A-linéaire ; on la notera $\mathscr{T}(g)$. L'application $g \mapsto \mathscr{T}(g)$ de $\mathrm{Hom}_{\mathrm{B}}(\mathrm{V}, \mathrm{V}')$ dans $\mathrm{Hom}_{\mathrm{A}}(\mathscr{T}(\mathrm{V}), \mathscr{T}(\mathrm{V}'))$ est **Z**-linéaire et l'on a

$$\mathscr{T}(1_{\mathrm{V}}) = 1_{\mathscr{T}(\mathrm{V})}, \qquad \mathscr{T}(g' \circ g) = \mathscr{T}(g') \circ \mathscr{T}(g), \tag{2}$$

si V, V′, V″ sont des B-modules à gauche et $g : \mathrm{V} \to \mathrm{V}'$, $g' : \mathrm{V}' \to \mathrm{V}''$ des applications B-linéaires. Le produit tensoriel commutant aux sommes directes, si V est la somme directe d'une famille de sous-modules $(\mathrm{V}_i)_{i \in \mathrm{I}}$, on peut identifier le A-module $\mathscr{T}(\mathrm{V})$ avec $\bigoplus_i \mathscr{T}(\mathrm{V}_i)$.

3.2. L'opération $\mathscr{H}$. — Soit M un A-module à gauche. Notons $\mathscr{H}(\mathrm{M})$ le B-module à gauche $\mathrm{Hom}_{\mathrm{A}}(\mathrm{P}, \mathrm{M})$ (II, p. 34). Sa loi d'action est donnée par la formule

$$(bf)(p) = f(pb) \tag{3}$$

pour $b \in \mathrm{B}$, $f \in \mathrm{Hom}_{\mathrm{A}}(\mathrm{P}, \mathrm{M})$ et $p \in \mathrm{P}$.

Soit M′ un A-module à gauche. Pour toute application A-linéaire g de M dans M′, l'application $\mathrm{Hom}_{\mathrm{A}}(1_{\mathrm{P}}, g)$ de $\mathscr{H}(\mathrm{M})$ dans $\mathscr{H}(\mathrm{M}')$ est B-linéaire ; on la notera $\mathscr{H}(g)$. L'application $g \mapsto \mathscr{H}(g)$ de $\mathrm{Hom}_{\mathrm{A}}(\mathrm{M}, \mathrm{M}')$ dans $\mathrm{Hom}_{\mathrm{B}}(\mathscr{H}(\mathrm{M}), \mathscr{H}(\mathrm{M}'))$ est **Z**-linéaire et l'on a

$$\mathscr{H}(1_{\mathrm{M}}) = 1_{\mathscr{H}(\mathrm{M})}, \qquad \mathscr{H}(g' \circ g) = \mathscr{H}(g') \circ \mathscr{H}(g), \tag{4}$$

si M, M′, M″ sont des A-modules à gauche et $g : \mathrm{M} \to \mathrm{M}'$, $g' : \mathrm{M}' \to \mathrm{M}''$ des applications A-linéaires. Supposons en outre que P soit un A-module de type fini ; si M est la somme directe d'une famille de sous-modules $(\mathrm{M}_i)_i$ alors on peut identifier $\mathscr{H}(\mathrm{M})$ à $\bigoplus_i \mathscr{H}(\mathrm{M}_i)$ d'après VIII, p. 53.

3.3. Relations entre $\mathscr{T}$ et $\mathscr{H}$. — D'après la prop. 1 de II, p. 74, pour tout A-module à gauche M et tout B-module à gauche V, il existe un unique isomorphisme de groupes

$$\gamma : \mathrm{Hom}_{\mathrm{A}}(\mathscr{T}(\mathrm{V}), \mathrm{M}) \longrightarrow \mathrm{Hom}_{\mathrm{B}}(\mathrm{V}, \mathscr{H}(\mathrm{M})) \tag{5}$$

caractérisé par la relation

$$(\gamma(h)(v))(p) = h(p \otimes v) \tag{6}$$

pour $h \in \mathrm{Hom}_{\mathrm{A}}(\mathscr{T}(\mathrm{V}), \mathrm{M})$, $v \in \mathrm{V}$ et $p \in \mathrm{P}$. L'isomorphisme γ est appelé *isomorphime d'adjonction.*

Soit M un A-module à gauche. Le A-module $\mathscr{T}(\mathscr{H}(\mathrm{M}))$ n'est autre que le A-module $\mathrm{P} \otimes_{\mathrm{B}} \mathrm{Hom}_{\mathrm{A}}(\mathrm{P}, \mathrm{M})$. En appliquant ce qui précède au B-module $\mathscr{H}(\mathrm{M})$, l'application

$$\alpha_{\mathrm{M}} = \gamma^{-1}(\mathrm{Id}_{\mathscr{H}(\mathrm{M})}) : \mathscr{T}(\mathscr{H}(\mathrm{M})) \longrightarrow \mathrm{M}$$

est l'unique application satisfaisant à

$$\alpha_{\mathrm{M}}(p \otimes f) = f(p) \tag{7}$$

pour $p \in \mathrm{P}$ et $f \in \mathrm{Hom}_{\mathrm{A}}(\mathrm{P}, \mathrm{M})$. Nous dirons que α_{M} est l'application A-linéaire canonique de $\mathscr{T}(\mathscr{H}(\mathrm{M}))$ dans M. Pour toute application A-linéaire $g : \mathrm{M} \to \mathrm{M}'$, on a un diagramme commutatif

$$\begin{array}{ccc} \mathscr{T}(\mathscr{H}(\mathrm{M})) & \xrightarrow{\alpha_{\mathrm{M}}} & \mathrm{M} \\ \downarrow{\scriptstyle \mathscr{T}(\mathscr{H}(g))} & & \downarrow{\scriptstyle g} \\ \mathscr{T}(\mathscr{H}(\mathrm{M}')) & \xrightarrow{\alpha_{\mathrm{M}'}} & \mathrm{M}'. \end{array} \tag{I}$$

L'inverse

$$\gamma^{-1} : \mathrm{Hom}_{\mathrm{B}}(\mathrm{V}, \mathscr{H}(\mathrm{M})) \longrightarrow \mathrm{Hom}_{\mathrm{A}}(\mathscr{T}(\mathrm{V}), \mathrm{M})$$

de l'isomorphisme d'adjonction coïncide avec l'application $f \mapsto \alpha_{\mathrm{M}} \circ \mathscr{T}(f)$. En effet, d'après (6) et (7) on a les relations

$$\gamma^{-1}(f)(p \otimes v) = (f(v))(p) = \alpha_{\mathrm{M}'}(p \otimes f(v)) = \alpha_{\mathrm{M}'} \circ \mathscr{T}(f)(p \otimes v)$$

pour tous $f \in \mathrm{Hom}_{\mathrm{B}}(\mathrm{V}, \mathscr{H}(\mathrm{M}))$, $v \in \mathrm{V}$ et $p \in \mathrm{P}$.

Soit V un B-module. Le B-module $\mathscr{H}(\mathscr{T}(\mathrm{V}))$ n'est autre que le B-module $\mathrm{Hom}_{\mathrm{A}}(\mathrm{P}, \mathrm{P} \otimes_{\mathrm{B}} \mathrm{V})$. En appliquant (5) au A-module $\mathscr{T}(\mathrm{V})$, l'application B-linéaire $\beta_{\mathrm{V}} = \gamma(\mathrm{Id}_{\mathscr{T}(\mathrm{V})})$ de V dans $\mathscr{H}(\mathscr{T}(\mathrm{V}))$ est caractérisée par la relation

$$\beta_{\mathrm{V}}(v)(p) = p \otimes v \tag{8}$$

pour $p \in \mathrm{P}$ et $v \in \mathrm{V}$. Nous dirons que β_{V} est l'application B-linéaire canonique de V dans $\mathscr{H}(\mathscr{T}(\mathrm{V}))$. Pour tout B-module V′ et toute application B-linéaire $g : \mathrm{V} \to \mathrm{V}'$, on a un diagramme commutatif

$$\text{(II)}\qquad \begin{array}{ccc} \mathrm{V} & \xrightarrow{\beta_{\mathrm{V}}} & \mathscr{H}(\mathscr{T}(\mathrm{V})) \\ \downarrow{\scriptstyle g} & & \downarrow{\scriptstyle \mathscr{H}(\mathscr{T}(g))} \\ \mathrm{V}' & \xrightarrow{\beta_{\mathrm{V}'}} & \mathscr{H}(\mathscr{T}(\mathrm{V}')). \end{array}$$

Notons que le morphisme d'adjonction (5) coïncide avec l'application qui envoie u sur $\mathscr{H}(u)\circ\beta_{\mathrm{V}}$. En effet, des relations (6) et (8), on déduit les égalités

$$(\gamma(u)(v))(p) = u(p\otimes v) = u\circ(\beta_{\mathrm{V}}(v))(p)$$

pour tous $u\in\mathrm{Hom}_{\mathrm{A}}(\mathscr{T}(\mathrm{V}),\mathrm{M})$, $v\in\mathrm{V}$ et $p\in\mathrm{P}$.

Remarques. — 1) Soient V et V′ des B-modules. L'isomorphisme d'adjonction

$$\gamma : \mathrm{Hom}_{\mathrm{A}}(\mathscr{T}(\mathrm{V}),\mathscr{T}(\mathrm{V}')) \longrightarrow \mathrm{Hom}_{\mathrm{B}}(\mathrm{V},\mathscr{H}(\mathscr{T}(\mathrm{V})))$$

vérifie la relation $\gamma(\mathscr{T}(f)) = \beta_{\mathrm{V}'}\circ f$ pour tout $f\in\mathrm{Hom}_{\mathrm{B}}(\mathrm{V},\mathrm{V}')$, puisque

$$(\gamma(\mathscr{T}(f))(v))(p) = \mathscr{T}(f)(p\otimes v) = p\otimes f(v) = (\beta_{\mathrm{V}'}\circ f)(v)(p).$$

Soient M et M′ des A-modules ; l'inverse de l'isomorphisme d'adjonction

$$\gamma^{-1} : \mathrm{Hom}_{\mathrm{B}}(\mathscr{H}(\mathrm{M}),\mathscr{H}(\mathrm{M}')) \longrightarrow \mathrm{Hom}_{\mathrm{A}}(\mathscr{T}(\mathscr{H}(\mathrm{M})),\mathrm{M}')$$

vérifie la relation $\gamma^{-1}(\mathscr{H}(u)) = u\circ\alpha_{\mathrm{M}}$, pour tout $u\in\mathrm{Hom}_{\mathrm{B}}(\mathrm{M},\mathrm{M}')$. En effet, on a les relations

$$\gamma^{-1}(\mathscr{H}(u))(p\otimes v) = (\mathscr{H}(u)(v))(p) = u(v(p)) = u\circ\alpha_{\mathrm{M}}(p\otimes v)$$

pour tous $u\in\mathrm{Hom}_{\mathrm{B}}(\mathrm{M},\mathrm{M}')$, $v\in\mathscr{H}(\mathrm{M})$ et $p\in\mathrm{P}$.

2) Soit M un A-module à gauche. Les applications B-linéaires

$$\beta_{\mathscr{H}(\mathrm{M})} : \mathscr{H}(\mathrm{M})\to\mathscr{H}(\mathscr{T}(\mathscr{H}(\mathrm{M}))) \quad\text{et}\quad \mathscr{H}(\alpha_{\mathrm{M}}) : \mathscr{H}(\mathscr{T}(\mathscr{H}(\mathrm{M})))\to\mathscr{H}(\mathrm{M})$$

satisfont la relation $\mathscr{H}(\alpha_{\mathrm{M}})\circ\beta_{\mathscr{H}(\mathrm{M})} = 1_{\mathscr{H}(\mathrm{M})}$. Elles ne sont pas bijectives en général.

Soit V un B-module à gauche. Les applications A-linéaires

$$\mathscr{T}(\beta_{\mathrm{V}}) : \mathscr{T}(\mathrm{V})\to\mathscr{T}(\mathscr{H}(\mathscr{T}(\mathrm{V}))) \quad\text{et}\quad \alpha_{\mathscr{T}(\mathrm{V})} : \mathscr{T}(\mathscr{H}(\mathscr{T}(\mathrm{V})))\to\mathscr{T}(\mathrm{V})$$

satisfont la relation $\alpha_{\mathscr{T}(\mathrm{V})}\circ\mathscr{T}(\beta_{\mathrm{V}}) = 1_{\mathscr{T}(\mathrm{V})}$. Elles ne sont pas bijectives en général.

3) Supposons que P soit de type fini en tant que A-module. Soit M la somme directe d'une famille $(\mathrm{M}_i)_{i\in\mathrm{I}}$ de A-modules. Les A-modules $\mathscr{T}(\mathscr{H}(\mathrm{M}))$ et $\bigoplus_i\mathscr{T}(\mathscr{H}(\mathrm{M}_i))$ sont canoniquement isomorphes. Lorsqu'on les identifie, α_{M} s'identifie à $\bigoplus_i\alpha_{\mathrm{M}_i}$. De même, soit V la somme directe d'une famille $(\mathrm{V}_j)_{j\in\mathrm{J}}$ de B-modules.

Le B-module $\mathscr{H}(\mathscr{T}(\mathrm{V}))$ s'identifie à $\bigoplus_j \mathscr{H}(\mathscr{T}(\mathrm{V}_j))$ et l'application linéaire β_{V} à $\bigoplus_j \beta_{\mathrm{V}_j}$.

4. Modules isotypiques

Soient A un anneau et S un A-module à gauche simple. Notons D l'anneau opposé de l'anneau des endomorphismes de S ; c'est un corps. Muni des actions de A et de D, S est un (A, D)-bimodule.

PROPOSITION 1. — *Soit* M *un* A-*module. Les conditions suivantes sont équivalentes* :

(i) *Il existe un ensemble* I *tel que* M *soit isomorphe à* $\mathrm{S}^{(\mathrm{I})}$;

(ii) *Le module* M *est somme directe d'une famille de sous-modules isomorphes à* S ;

(iii) *Le module* M *est somme d'une famille de sous-modules isomorphes à* S ;

(iv) *Il existe un espace vectoriel à gauche* V *sur le corps* D *tel que le* A-*module* M *soit isomorphe à* $\mathrm{S} \otimes_{\mathrm{D}} \mathrm{V}$.

L'équivalence de (i) et (ii) est immédiate et celle de (ii) et (iii) résulte du th. 1 de VIII, p. 52 appliqué au cas où $\mathrm{N} = 0$. Tout espace vectoriel à gauche sur D est isomorphe à un espace vectoriel de la forme $\mathrm{D}_s^{(\mathrm{I})}$, où I est un ensemble (II, p. 95, th. 1). Comme le produit tensoriel commute aux sommes directes, (i) équivaut à (iv).

DÉFINITION 2. — *On dit qu'un* A-*module* M *est* isotypique de type S *s'il satisfait aux conditions équivalentes de la prop. 1. On dit que* M *est isotypique s'il existe un* A-*module simple* T *tel que* M *soit isotypique de type* T.

Tout module isotypique est semi-simple.

PROPOSITION 2. — *Si un module est somme de sous-modules isotypiques de type* S, *il est isotypique de type* S. *Les sous-modules et les modules quotients d'un module isotypique de type* S *sont isotypiques de type* S.

La première assertion résulte des définitions, la seconde du cor. 3 de VIII, p. 52.

Remarque. — Tout module isotypique non nul de type S possède un module quotient et un sous-module isomorphes à S ; par conséquent, si M et M′ sont des A-modules isotypiques non nuls de type S, le groupe $\mathrm{Hom}_{\mathrm{A}}(\mathrm{M}, \mathrm{M}')$ n'est pas réduit à 0.

Proposition 3. — a) *Soit* M *un* A-*module isotypique de type* S. *L'application* A-*linéaire* $\alpha_{\mathrm{M}} : \mathrm{S} \otimes_{\mathrm{D}} \mathrm{Hom}_{\mathrm{A}}(\mathrm{S}, \mathrm{M}) \to \mathrm{M}$ *caractérisée par* $\alpha_{\mathrm{M}}(s \otimes f) = f(s)$ (VIII, p. 55) *est bijective.*

b) *Soit* V *un espace vectoriel à gauche sur le corps* D. *L'application* D-*linéaire* $\beta_{\mathrm{V}} : \mathrm{V} \to \mathrm{Hom}_{\mathrm{A}}(\mathrm{S}, \mathrm{S} \otimes_{\mathrm{D}} \mathrm{V})$ *définie par* $\beta_{\mathrm{V}}(v)(s) = s \otimes v$ (VIII, p. 55) *est bijective.*

Notons $\mathscr{H}(\mathrm{M})$ le D-espace vectoriel à gauche $\mathrm{Hom}_{\mathrm{A}}(\mathrm{S}, \mathrm{M})$. Le A-module M est par hypothèse somme directe d'une famille de sous-modules isomorphes à S. Le A-module S est monogène ; pour démontrer que l'application α_{M} est bijective, il suffit donc de considérer le cas où M = S (VIII, p. 56, remarque 3). Or $\mathscr{H}(\mathrm{S})$ n'est autre que le D-espace vectoriel D_s et α_{S} n'est autre que l'isomorphisme $\iota : \mathrm{S} \otimes_{\mathrm{D}} \mathrm{D}_s \to \mathrm{S}$ défini par $\iota(s \otimes d) = sd$.

Il suffit de même, pour démontrer b), de considérer le cas où $\mathrm{V} = \mathrm{D}_s$. Or, comme l'application α_{S} est bijective, l'application $\beta_{\mathrm{D}_s} = \beta_{\mathscr{H}(\mathrm{S})}$ l'est aussi (VIII, p. 56, remarque 2).

5. Description d'un module isotypique

Comme dans le numéro précédent, A désigne un anneau, S un A-module à gauche simple et D le corps $\mathrm{End}_{\mathrm{A}}(\mathrm{S})^{\circ}$. On considère S comme un (A, D)-bimodule.

Définition 3. — *Soit* M *un* A-*module isotypique de type* S. *Une* description de M relative à S *est un couple* (V, α)*, où* V *est un espace vectoriel à gauche sur le corps* D *et* $\alpha : \mathrm{S} \otimes_{\mathrm{D}} \mathrm{V} \to \mathrm{M}$ *un isomorphisme de* A-*modules.*

Tout A-module M isotypique de type S possède une *description canonique* : c'est le couple $(\mathrm{Hom}_{\mathrm{A}}(\mathrm{S}, \mathrm{M}), \alpha_{\mathrm{M}})$ où $\alpha_{\mathrm{M}} : \mathrm{S} \otimes_{\mathrm{D}} \mathrm{Hom}_{\mathrm{A}}(\mathrm{S}, \mathrm{M}) \to \mathrm{M}$ est l'isomorphisme de A-modules caractérisée par $\alpha_{\mathrm{M}}(s \otimes f) = f(s)$ (VIII, p. 58, prop. 3 a)).

Théorème 2. — *Soient* M *un* A-*module isotypique de type* S *et* (V, α) *une description de* M. *Notons* $\mathscr{D}_{\mathrm{D}}(\mathrm{V})$ *l'ensemble, ordonné par inclusion, des sous-*D*-espaces vectoriels de* V *et* $\mathscr{D}_{\mathrm{A}}(\mathrm{M})$ *celui des sous-*A*-modules de* M. *Identifions pour tout* $\mathrm{W} \in \mathscr{D}_{\mathrm{D}}(\mathrm{V})$ *le* A-*module* $\mathrm{S} \otimes_{\mathrm{D}} \mathrm{W}$ *à son image canonique dans* $\mathrm{S} \otimes_{\mathrm{D}} \mathrm{V}$.

a) *L'application* $\mathrm{W} \mapsto \alpha(\mathrm{S} \otimes_{\mathrm{D}} \mathrm{W})$ *est un isomorphisme d'ensembles ordonnés de* $\mathscr{D}_{\mathrm{D}}(\mathrm{V})$ *sur* $\mathscr{D}_{\mathrm{A}}(\mathrm{M})$.

b) *L'isomorphisme réciproque fait correspondre à un sous-module* N *de* M *le sous-espace vectoriel de* V *formé des éléments* v *tels que* $\alpha(s \otimes v)$ *appartienne à* N *pour tout* $s \in \mathrm{S}$.

Pour tout $W \in \mathscr{D}_D(V)$, posons $\varphi(W) = \alpha(S \otimes_D W)$. Pour tout $N \in \mathscr{D}_A(M)$, notons $\psi(N)$ l'ensemble des éléments $v \in V$ tels que $\alpha(s \otimes v) \in N$ pour tout $s \in S$. On définit ainsi deux applications $\varphi : \mathscr{D}_D(V) \to \mathscr{D}_A(M)$ et $\psi : \mathscr{D}_A(M) \to \mathscr{D}_D(V)$. Elles sont clairement croissantes.

Soit N un sous-module de M. Il est isotypique de type S (VIII, p. 57, prop. 2). Posons $W = \psi(N)$. D'après la prop. 3, b) de VIII, p. 58, les applications A-linéaires $h : S \to M$ ne sont autres que les applications $s \mapsto \alpha(s \otimes v)$, où v parcourt V. Celles dont l'image est contenue dans N sont les applications $s \mapsto \alpha(s \otimes w)$, où w parcourt W ; leurs images engendrent N, puisque N est isotypique de type S. On a donc $\alpha(S \otimes_D W) = N$, c'est-à-dire $\varphi(\psi(N)) = N$. Cela prouve que $\varphi \circ \psi$ est l'application identique de $\mathscr{D}_A(M)$. En particulier φ est surjective et ψ injective.

Pour terminer la démonstration, il suffit de prouver que l'application φ est injective. Soient W et W′ des sous-espaces vectoriels de V tels que $\varphi(W) = \varphi(W')$. Les espaces vectoriels $S \otimes_D W$ et $S \otimes_D W'$ vus comme sous-espaces vectoriels de $S \otimes_D V$ coïncident. Choisissons une forme linéaire non nulle f sur le D-espace vectoriel S et notons $g : S \otimes_D V \to V$ l'homomorphisme de groupes défini par $g(s \otimes v) = f(s)v$. On a $W = g(S \otimes_D W) = g(S \otimes_D W') = W'$, d'où l'injectivité de φ.

Remarque 1. — Soit M un A-module isotypique de type S et (V, α) une description de M. Alors M est de longueur finie si et seulement si V est de dimension finie et on a dans ce cas la relation

$$\mathrm{long}_A(M) = \dim_D(V).$$

COROLLAIRE 1. — *Soit* M *un* A-*module isotypique de type* S. *Pour tout sous*-A-*module* N *de* M, *identifions* $\mathrm{Hom}_A(S, N)$ *au sous*-D-*espace vectoriel de* $\mathrm{Hom}_A(S, M)$ *formé des applications dont l'image est contenue dans* N.

a) *L'application* $N \mapsto \mathrm{Hom}_A(S, N)$ *est un isomorphisme d'ensembles ordonnés de* $\mathscr{D}_A(M)$ *sur* $\mathscr{D}_D(\mathrm{Hom}_A(S, M))$.

b) *La bijection réciproque associe à tout sous-espace vectoriel* W *de* $\mathrm{Hom}_A(S, M)$ *le sous-module* $\sum_{h \in W} h(S)$ *de* M.

C'est une traduction du th. 2, lorsqu'on prend pour (V, α) la description canonique de M.

COROLLAIRE 2. — *Soient* V *un espace vectoriel à gauche sur* D *et* $\mathscr{F}$ *un ensemble d'endomorphismes de* V. *Pour qu'un sous*-A-*module de* $S \otimes_D V$ *soit stable par tous les endomorphismes* $1_S \otimes u$, *où* u *parcourt* $\mathscr{F}$, *il faut et il suffit qu'il soit de la forme* $S \otimes_D W$, *où* W *est un sous-espace vectoriel de* V *stable par tous les endomorphismes appartenant à* $\mathscr{F}$.

En effet, d'après le th. 2, tout sous-A-module N de $S \otimes_D V$ est égal à $S \otimes_D W$, où W est le sous-espace vectoriel de V formé des éléments v tels que $s \otimes v$ appartienne à N pour tout $s \in S$.

THÉORÈME 3. — *Soient* M *et* M′ *des* A*-modules isotypiques de type* S. *Soient* (V, α) *et* (V', α') *des descriptions de* M *et* M′ *respectivement. Pour toute application* D*-linéaire* $f : V \to V'$, *Notons* $\widetilde{f} : M \to M'$ *l'unique application* A*-linéaire rendant commutatif le diagramme*

$$\text{(9)} \qquad \begin{array}{ccc} S \otimes_D V & \xrightarrow{\alpha} & M \\ \Big\downarrow{\scriptstyle 1_S \otimes f} & & \Big\downarrow{\scriptstyle \widetilde{f}} \\ S \otimes_D V' & \xrightarrow{\alpha'} & M'. \end{array}$$

L'application $f \mapsto \widetilde{f}$ *de* $\mathrm{Hom}_D(V, V')$ *dans* $\mathrm{Hom}_A(M, M')$ *est un isomorphisme de groupes.*

Il nous suffit de démontrer que l'application **Z**-linéaire $u \mapsto 1_S \otimes u$ de $\mathrm{Hom}_D(V, V')$ dans $\mathrm{Hom}_A(S \otimes_D V, S \otimes_D V')$ est bijective. En reprenant les notations du n° 3 appliqué au (A, D)-bimodule S, cela revient à montrer que l'application

$$\mathscr{T} : \mathrm{Hom}_D(V, V') \longrightarrow \mathrm{Hom}_A(\mathscr{T}(V), \mathscr{T}(V'))$$

est bijective. Mais d'après la remarque 1 de VIII, p. 56, comme l'isomorphisme d'adjonction (VIII, p. 54) est bijectif, cela revient à montrer que l'application qui envoie u sur $\beta_{V'} \circ u$ est bijective, ce qui résulte du fait que l'application D-linéaire $\beta_{V'}$ est bijective (VIII, p. 58, prop. 3 b)).

Conservons les notations du th. 3. Soit M″ un A-module isotypique de type S et soit (V'', α'') une description de M″. Pour tout $f \in \mathrm{Hom}_D(V, V')$ et tout g appartenant à $\mathrm{Hom}_D(V', V'')$, on a $\widetilde{g \circ f} = \widetilde{g} \circ \widetilde{f}$. En particulier, pour $M = M'$, $V = V'$ et $\alpha = \alpha'$, l'application $f \mapsto \widetilde{f}$ de $\mathrm{End}_D(V)$ dans $\mathrm{End}_A(M)$ est un isomorphisme d'anneaux.

Remarque 2. — Soit M un A-module isotypique de type S et soit (V, α) une description de M. Soit B un sous-anneau de l'anneau $\mathrm{End}_A(M)^o$. L'isomorphisme d'anneaux de $\mathrm{End}_D(V)^o$ sur $\mathrm{End}_A(M)^o$ munit V d'une structure de (D, B)-bimodule de sorte que α est un isomorphisme de (A, B)-bimodules. Il existe un isomorphisme de l'ensemble des sous-(D, B)-bimodules de V, ordonnés par l'inclusion sur celui des sous-(A, B)-bimodules de M (VIII, p. 58, th. 2 et VIII, p. 59, cor. 2).

COROLLAIRE. — *Soient* M, M′ *des* A*-modules isotypiques de type* S. *L'application* $u \mapsto \mathrm{Hom}(1_S, u)$ *de* $\mathrm{Hom}_A(M, M')$ *dans* $\mathrm{Hom}_D(\mathrm{Hom}_A(S, M), \mathrm{Hom}_A(S, M'))$ *est un* *isomorphisme de groupes. Lorsque* M *est égal à* M′*, c'est un isomorphisme d'anneaux de* $\mathrm{End}_A(M)$ *sur* $\mathrm{End}_D(\mathrm{Hom}_A(S, M))$.

Compte tenu de la commutativité du diagramme (I) de VIII, p. 55 ce corollaire résulte du th. 3, appliqué aux descriptions canoniques de M et M′.

6. Composants isotypiques d'un module

DÉFINITION 4. — *Soient* A *un anneau,* M *un* A*-module et* S *un* A*-module simple. On appelle* composant isotypique de type S *de* M*, et l'on note* M_S*, la somme des sous-modules de* M *isomorphes à* S.

Il est clair que M_S est le plus grand sous-module de M qui soit isotypique de type S. Comme tout sous-module de M_S est isotypique de type S (VIII, p. 57, prop. 2), on a $N_S = M_S \cap N$ pour tout sous-module N de M.

Si S′ est un A-module simple isomorphe à S, on a évidemment $M_S = M_{S'}$, donc M_S ne dépend que de la classe de S (VIII, p. 47).

Soit M un A-module. Il existe un plus grand sous-module semi-simple de M, qu'on appelle le *socle* de M ; c'est la somme des sous-modules simples de M, et aussi la somme des composants isotypiques de M. En particulier, M est semi-simple si et seulement s'il est égal à son socle.

PROPOSITION 4. — *Soit* A *un anneau. Désignons par* $\mathscr{S}$ *l'ensemble des classes de* A*-modules simples. Soit* M *un* A*-module semi-simple.*

a) *Le module* M *est somme directe de la famille* $(M_\lambda)_{\lambda\in\mathscr{S}}$ *de ses composants isotypiques.*

b) *Supposons que* M *soit somme directe d'une famille* $(N_i)_{i\in I}$ *de sous-modules simples. Pour tout* $\lambda \in \mathscr{S}$*, soit* $I(\lambda)$ *l'ensemble des indices* $i \in I$ *tels que* N_i *soit de classe* λ*. On a* $M_\lambda = \bigoplus_{i\in I(\lambda)} N_i$.

c) *Si* M *est de type fini, l'ensemble des* $\lambda \in \mathscr{S}$ *tels que* $M_\lambda \neq 0$ *est fini.*

d) *Pour tout sous-module* N *de* M*, et tout* $\lambda \in \mathscr{S}$*, on a* $N_\lambda = N \cap M_\lambda$ *et* $(M/N)_\lambda = (M_\lambda + N)/N$.

Comme M est semi-simple, il est somme de la famille $(M_\lambda)_{\lambda\in\mathscr{S}}$, prouvons que cette somme est directe. Soit $\lambda \in \mathscr{S}$. Notons M'_λ la somme de la famille $(M_\mu)_{\mu\in\mathscr{S}-\{\lambda\}}$. Le module M'_λ est somme directe d'une famille de modules simples non isomorphes à λ (VIII, p. 52, th. 1). D'après le cor. 3 du th. 1 de VIII, p. 52, M'_λ ne contient aucun sous-module simple de classe λ. On a donc $M_\lambda \cap M'_\lambda = 0$. L'assertion a) est donc démontrée. Par construction, on a $\mathrm{M}_\lambda \supset \bigoplus_{i\in \mathrm{I}(\lambda)} \mathrm{N}_i$, l'assertion b) résulte alors de II, p. 18, remarque 1.

L'assertion c) résulte de a) et de (II, p. 29, prop. 23).

Soit N un sous-module de M et $\lambda \in \mathscr{S}$. Le composant isotypique N_λ de N est contenu dans M_λ et $\mathrm{M}_\lambda \cap \mathrm{N} \subset \mathrm{N}_\lambda$. L'intersection $\mathrm{N} \cap \mathrm{M}_\lambda$ est donc le composant isotypique de type λ de N.

Pour tout $\lambda \in \mathrm{S}$, le module $\mathrm{M}_\lambda + \mathrm{N}/\mathrm{N}$ est isomorphe à $\mathrm{M}_\lambda/(\mathrm{M}_\lambda \cap \mathrm{N})$. Il est donc isotypique de type λ et contenu dans $(\mathrm{M}/\mathrm{N})_\lambda$. La dernière assertion résulte alors de a) et de II, p. 18, remarque 1.

COROLLAIRE. — *Soit* A *un anneau et* $\mathscr{S}$ *l'ensemble des classes de* A*-modules simples. Soit* M *un* A*-module semi-simple et* N *un sous-module de* M. *Alors on a* $\mathrm{N} = \bigoplus_{\lambda\in\mathscr{S}} \mathrm{N} \cap \mathrm{M}_\lambda$ *et* $\mathrm{M}/\mathrm{N} = \bigoplus_{\lambda\in\mathscr{S}} (\mathrm{M}_\lambda + \mathrm{N})/\mathrm{N}$.

Comme N et M/N sont semi-simple (VIII, p. 52, cor. 3), le corollaire résulte de la prop. 4 d).

On appelle *support* d'un A-module semi-simple M l'ensemble des classes λ de A-modules simples telles que le composant isotypique de M de type λ soit non nul. Le support d'un A-module semi-simple de type fini est fini.

PROPOSITION 5. — *Soit* A *un anneau et soit* $\mathscr{S}$ *l'ensemble des classes de* A*-modules simples. Soient* M *et* N *des* A*-modules.*

a) *Soit* $f : \mathrm{M} \to \mathrm{N}$ *un homomorphisme. Pour tout* $\lambda \in \mathscr{S}$, f *induit un homomorphisme* f_λ *de* M_λ *dans* N_λ ; *si* M *est semi-simple et* f *surjectif, chacun des homomorphismes* f_λ *est surjectif.*

b) *Supposons* M *semi-simple. L'application* $f \mapsto (f_\lambda)_{\lambda\in\mathscr{S}}$ *est un isomorphisme de groupes de* $\mathrm{Hom}_\mathrm{A}(\mathrm{M},\mathrm{N})$ *sur* $\prod_{\lambda\in\mathscr{S}} \mathrm{Hom}_\mathrm{A}(\mathrm{M}_\lambda,\mathrm{N}_\lambda)$. *Lorsque* M *est égal à* N, *c'est un isomorphisme d'anneaux de* $\mathrm{End}_\mathrm{A}(\mathrm{M})$ *sur* $\prod_{\lambda\in\mathscr{S}} \mathrm{End}_\mathrm{A}(\mathrm{M}_\lambda)$.

Pour tout $\lambda \in \mathscr{S}$, le sous-module $f(\mathrm{M}_\lambda)$ de N est isomorphe à un quotient d'un module isotypique de type λ ; il est donc isotypique de type λ, et par suite, contenu dans N_λ.

Supposons que M soit semi-simple et f surjectif. Alors f induit un isomorphisme de $\mathrm{M}/\mathrm{Ker}(f)$ sur N qui envoie $(\mathrm{M}_\lambda + \mathrm{Ker}(f))/\mathrm{Ker}(f)$ sur $f(\mathrm{M}_\lambda)$. D'apres la prop. 4 de VIII, p. 61, $\mathrm{N}_\lambda = f(\mathrm{M}_\lambda)$ ce qui termine la démonstration de a).

L'application considérée dans b) est clairement un homomorphisme de groupes et c'est un homomorphisme d'anneaux lorsque M est égal à N. Soit $(f_\lambda)_{\lambda\in\mathscr{S}}$ un élément de $\prod_{\lambda\in\mathscr{S}} \mathrm{Hom}(\mathrm{M}_\lambda,\mathrm{N}_\lambda)$. Son unique antécédent par l'application de b) est l'homomorphisme $f : \mathrm{M} \to \mathrm{N}$ défini par

$$f\Big(\sum_{\lambda\in\mathscr{S}} x_\lambda\Big) = \sum_{\lambda\in\mathscr{S}} f_\lambda(x_\lambda)$$

pour tout $(x_\lambda)_{\lambda\in\mathscr{S}} \in \bigoplus_\lambda \mathrm{M}_\lambda$.

Remarque. — Soient A et B des anneaux. Soit M un (A, B)-bimodule. Il résulte de la prop. 5 que les composants isotypiques du A-module M sont des sous-bimodules de M. Cela s'applique en particulier lorsque M est un A-module et B l'anneau opposé de $\mathrm{End}_\mathrm{A}(\mathrm{M})$.

Exemple. — Examinons le cas où l'anneau A est commutatif. L'application qui envoie un idéal maximal $\mathfrak{m}$ sur $\mathrm{cl}(\mathrm{A}/\mathfrak{m})$ est une bijection de l'ensemble des idéaux maximaux de A sur l'ensemble $\mathscr{S}$ des classes de A-modules simples (VIII, p. 47). La bijection réciproque associe à λ son annulateur $\mathfrak{m}_\lambda$.

Soit N un A-module. Pour tout $\lambda \in \mathscr{S}$, le composant isotypique M_λ de M est formé des éléments annulés par $\mathfrak{m}_\lambda$ et l'on peut considérer M_λ comme un espace vectoriel sur le corps $\mathrm{A}/\mathfrak{m}_\lambda$. Si M est semi-simple et si N est un autre A-module, on déduit de la prop. 5 un isomorphisme de groupes de $\mathrm{Hom}_\mathrm{A}(\mathrm{M}, \mathrm{N})$ sur $\prod_{\lambda\in\mathscr{S}} \mathrm{Hom}_{\mathrm{A}/\mathfrak{m}_\lambda}(\mathrm{M}_\lambda, \mathrm{N}_\lambda)$.

COROLLAIRE 1. — *Soient* M *un* A*-module semi-simple et* N *un sous-module de* M. *Les conditions suivantes sont équivalentes* :

(i) *Il existe un unique sous-module supplémentaire de* N *dans* M ;

(ii) *On a* $\mathrm{Hom}_\mathrm{A}(\mathrm{M}/\mathrm{N}, \mathrm{N}) = 0$;

(iii) *Il existe une partie* Λ *de* $\mathscr{S}$ *telle que* $\mathrm{N} = \bigoplus_{\lambda\in\Lambda} \mathrm{M}_\lambda$.

Choisissons un sous-module N′ supplémentaire de N dans M (VIII, p. 52, cor. 2) ; si l'on identifie M à $\mathrm{N}' \times \mathrm{N}$, les sous-modules de M supplémentaires de N sont les graphes des applications A-linéaires de N′ dans N ; comme N′ est isomorphe à M/N, on a prouvé l'équivalence des propriétés (i) et (ii). D'après la prop. 5, b), le groupe $\mathrm{Hom}_\mathrm{A}(\mathrm{N}', \mathrm{N})$ est isomorphe au groupe $\prod_{\lambda\in\mathscr{S}} \mathrm{Hom}_\mathrm{A}(\mathrm{N}'_\lambda, \mathrm{N}_\lambda)$. Il est nul si et seulement si, pour tout $\lambda \in \mathscr{S}$, on a $\mathrm{N}_\lambda = 0$ ou $\mathrm{N}'_\lambda = 0$ (VIII, p. 57, remarque), c'est-à-dire $\mathrm{N}_\lambda = 0$ ou $\mathrm{N}_\lambda = \mathrm{M}_\lambda$. Cela prouve l'équivalence des conditions (ii) et (iii).

COROLLAIRE 2. — *Soit* M *un* A*-module. Les deux conditions suivantes sont équivalentes* :

(i) *Tout sous-module de* M *admet un unique sous-module supplémentaire.*

(ii) M *est somme directe d'une famille* $(\mathrm{S}_i)_{i\in\mathrm{I}}$ *de modules simples, deux à deux non isomorphes.*

Supposons que M *vérifie ces conditions. Alors, pour tout sous-module* N *de* M, *il existe une unique partie* J *de* I *telle qu'on ait* $\mathrm{N} = \bigoplus_{j \in \mathrm{J}} \mathrm{S}_j$ *et tout sous-module simple de* M *est égal à l'un des* S_i.

Chacune des propriétés (i) et (ii) entraîne que M est semi-simple.

Supposons la condition (i) satisfaite. Soit $\lambda \in \mathscr{S}$. D'après l'équivalence de (i) et (iii) dans le cor. 1, tout sous-module de M_λ est nul ou égal à M_λ. Par suite, M_λ est nul ou simple et (ii) résulte de ce que M est somme directe de la famille $(\mathrm{M}_\lambda)_{\lambda \in \mathscr{S}}$.

Inversement, si la condition (ii) est satisfaite, M_λ est nul ou simple pour tout $\lambda \in \mathscr{S}$; si N est un sous-module de M, alors $\mathrm{N} \cap \mathrm{M}_\lambda$ est égal à 0 ou M_λ pour tout $\lambda \in \mathscr{S}$; comme on a $\mathrm{N} = \bigoplus_{\lambda \in \mathscr{S}} (\mathrm{N} \cap \mathrm{M}_\lambda)$ (VIII, p. 62, cor.), le sous-module N satisfait à la condition (iii) du cor. 1, donc admet un unique sous-module supplémentaire dans M. Cela prouve que (ii) implique (i), ainsi que les dernières assertions du corollaire.

Soient M un A-module et S un A-module simple. Notons D l'anneau opposé du corps $\mathrm{End}_{\mathrm{A}}(\mathrm{S})$ et considérons S comme un (A, D)-bimodule. Alors $\mathrm{Hom}_{\mathrm{A}}(\mathrm{S}, \mathrm{M})$ est un espace vectoriel à gauche sur D et $\mathrm{Hom}_{\mathrm{A}}(\mathrm{M}, \mathrm{S})$ un espace vectoriel à droite sur D. Le dual du D-espace vectoriel à gauche $\mathrm{Hom}_{\mathrm{A}}(\mathrm{S}, \mathrm{M})$ est un espace vectoriel à droite sur D (II, p. 40, déf. 2). Pour tout $u \in \mathrm{Hom}_{\mathrm{A}}(\mathrm{M}, \mathrm{S})$, l'application $h(u) : v \mapsto u \circ v$ de $\mathrm{Hom}_{\mathrm{A}}(\mathrm{S}, \mathrm{M})$ dans $\mathrm{Hom}_{\mathrm{A}}(\mathrm{S}, \mathrm{S}) = \mathrm{D}$ est une forme linéaire sur le D-espace vectoriel à gauche $\mathrm{Hom}_{\mathrm{A}}(\mathrm{S}, \mathrm{M})$.

PROPOSITION 6. — *Conservons les notations ci-dessus et supposons le* A*-module* M *semi-simple. L'application* $u \mapsto h(u)$ *du* D*-espace vectoriel à droite* $\mathrm{Hom}_{\mathrm{A}}(\mathrm{M}, \mathrm{S})$ *dans le dual du* D*-espace vectoriel à gauche* $\mathrm{Hom}_{\mathrm{A}}(\mathrm{S}, \mathrm{M})$ *est* D*-linéaire et bijective.*

Soient $u \in \mathrm{Hom}_{\mathrm{A}}(\mathrm{M}, \mathrm{S})$, $v \in \mathrm{Hom}_{\mathrm{A}}(\mathrm{S}, \mathrm{M})$ et $d \in \mathrm{D}$. On a

$$h(ud)(v) = h(d \circ u)(v) = d \circ u \circ v = d \circ (h(u)(v)) = h(u)(v)d.$$

Cela prouve que l'application h est D-linéaire. Elle n'est autre que l'application donnée par $u \mapsto \mathrm{Hom}(1_{\mathrm{S}}, u)$ de $\mathrm{Hom}_{\mathrm{A}}(\mathrm{M}, \mathrm{S})$ dans $\mathrm{Hom}_{\mathrm{D}}(\mathrm{Hom}_{\mathrm{A}}(\mathrm{S}, \mathrm{M}), \mathrm{Hom}_{\mathrm{A}}(\mathrm{S}, \mathrm{S}))$. Pour démontrer qu'elle est bijective, il suffit d'après la prop. 5, b) de VIII, p. 62, de traiter le cas où le A-module M est isotypique de type S et on peut alors appliquer le cor. de VIII, p. 60.

7. Description d'un module semi-simple

Jusqu'à la fin de ce paragraphe, on note A un anneau et $\mathscr{S}$ l'ensemble des classes de A-modules simples. Pour tout $\lambda \in \mathscr{S}$, on choisit un module simple S_λ de classe λ (par exemple $S_\lambda = \lambda$) et l'on note D_λ l'anneau opposé du corps des endomorphismes de S_λ ; on considère S_λ comme un (A, D_λ)-bimodule.

Soit M un A-module. Pour tout $\lambda \in \mathscr{S}$, $\mathrm{Hom}_A(S_\lambda, M)$ est un espace vectoriel à gauche sur le corps D_λ. D'après VIII, p. 55 et II, p. 12, prop. 6, il existe une unique application A-linéaire, dite canonique,

$$\alpha_M : \bigoplus_{\lambda\in\mathscr{S}} \Big(S_\lambda \otimes_{D_\lambda} \mathrm{Hom}_A(S_\lambda, M)\Big) \to M$$

satisfaisant à la relation

$$\alpha_M(s \otimes f) = f(s), \tag{10}$$

pour $\lambda \in \mathscr{S}$, $s \in S_\lambda$, et $f \in \mathrm{Hom}_A(S_\lambda, M)$. Si l'on munit $\bigoplus_{\lambda\in\mathscr{S}}(S_\lambda \otimes_{D_\lambda} \mathrm{Hom}_A(S_\lambda, M))$ et M de leur structure de $\mathrm{End}_A(M)$-module naturelle, l'application α_M est $\mathrm{End}_A(M)$-linéaire.

PROPOSITION 7. — *Soit* M *un* A-*module. L'application canonique* α_M *est injective. Pour tout* $\lambda \in \mathscr{S}$, *l'image par* α_M *de* $S_\lambda \otimes_{D_\lambda} \mathrm{Hom}_A(S_\lambda, M)$ *est le composant isotypique de* M *de type* λ. *L'image de* α_M *est le socle de* M. *Le* A-*module* M *est semi-simple si et seulement si l'application* α_M *est bijective.*

Soit $\lambda \in \mathscr{S}$. Notons M_λ le composant isotypique de M de type λ. Toute application A-linéaire de S_λ dans M prend ses valeurs dans M_λ (VIII, p. 62, prop. 5). Par suite, d'après la prop. 3, a) de VIII, p. 58, l'application α_M induit une bijection de $S_\lambda \otimes_{D_\lambda} \mathrm{Hom}_A(S_\lambda, M)$ sur M_λ. La proposition en résulte, puisque le socle de M est somme directe de la famille $(M_\lambda)_{\lambda\in\mathscr{S}}$, et que le module M est semi-simple si et seulement s'il est égal à son socle.

DÉFINITION 5. — *Soit* M *un* A-*module semi-simple. Une* description de M *(relative à la famille* $(S_\lambda)_{\lambda\in\mathscr{S}}$*) est un couple* $((V_\lambda)_{\lambda\in\mathscr{S}}, \alpha)$, *où* V_λ *est un espace vectoriel à gauche sur le corps* D_λ *pour chaque* $\lambda \in \mathscr{S}$ *et où* $\alpha : \bigoplus_{\lambda\in\mathscr{S}}(S_\lambda \otimes_{D_\lambda} V_\lambda) \to M$ *est un isomorphisme de* A-*modules.*

Tout A-module semi-simple M possède d'après la prop. 7 une *description canonique* : c'est le couple $((\mathrm{Hom}_A(S_\lambda, M))_{\lambda\in\mathscr{S}}, \alpha_M)$ où α_M est l'application A-linéaire définie par la formule (10).

PROPOSITION 8. — *Soient* M *un* A*-module semi-simple et* $((V_\lambda)_{\lambda\in\mathscr{S}},\alpha)$ *une description de* M.

a) *Pour tout* $\lambda \in \mathscr{S}$, α *induit un isomorphisme du* A*-module* $S_\lambda \otimes_{D_\lambda} V_\lambda$ *sur le composant isotypique de* M *de type* λ.

b) *Pour tout* $\lambda \in \mathscr{S}$, *l'application* $\beta_\lambda : V_\lambda \to \mathrm{Hom}_A(S_\lambda, M)$ *définie par* $\beta_\lambda(v)(s) = \alpha(s\otimes v)$ *est* D_λ*-linéaire et bijective.*

c) *Soit* N *un sous-module de* M. *Il existe une unique famille* $(W_\lambda)_{\lambda\in\mathscr{S}}$ *vérifiant :* W_λ *est un sous-*D_λ*-espace vectoriel de* V_λ *pour tout* $\lambda\in\mathscr{S}$ *et* N *est l'image par* α *du module* $\bigoplus_{\lambda\in\mathscr{S}}(S_\lambda\otimes_{D_\lambda} W_\lambda)$ *identifié à son image canonique dans le module* $\bigoplus_{\lambda\in\mathscr{S}}(S_\lambda\otimes_{D_\lambda} V_\lambda)$. *Pour tout* $\lambda\in\mathscr{S}$, W_λ *est l'ensemble des éléments* $v\in V_\lambda$ *tels que* $\alpha(s\otimes v)$ *appartienne à* N *pour tout* $s\in S_\lambda$.

Le A-module $S_\lambda\otimes_{D_\lambda} V_\lambda$ est isotypique de type λ pour tout $\lambda\in\mathscr{S}$. L'assertion a) résulte alors du fait que α est un isomorphisme et du fait que M est la somme directe de la famille $(M_\lambda)_{\lambda\in\mathscr{S}}$ (VIII, p. 61, prop. 4 a)).

Soit $\lambda\in\mathscr{S}$. Notons $\alpha_\lambda : S_\lambda\otimes_{D_\lambda} V_\lambda \to M$ la restriction de α à $S_\lambda\otimes_{D_\lambda} V_\lambda$. Avec les notations du n° 3 appliquées au (A, D_λ)-bimodule S_λ,

$$\beta_\lambda = \gamma(\alpha_\lambda) = \mathscr{H}(\alpha_\lambda)\circ\beta_{V_\lambda}$$

où la dernière égalité résulte de VIII, p. 56. Donc β_λ est la composée de l'homomorphisme D_λ-linéaire $\mathscr{H}(\alpha_\lambda)$ et de β_{V_λ}. L'assertion b) résulte alors de la prop. 3, b) de VIII, p. 58.

Soit N un sous-module de M. On a $N = \bigoplus_{\lambda\in\mathscr{S}}(N\cap M_\lambda)$ (VIII, p. 62, cor.), donc c) résulte du th. 2 de VIII, p. 58.

COROLLAIRE. — *Soit* M *un* A*-module semi-simple. Pour tout sous-module* N *de* M *et tout élément* λ *de* $\mathscr{S}$, *identifions* $\mathrm{Hom}_A(S_\lambda, N)$ *au sous-*D_λ*-espace vectoriel de* $\mathrm{Hom}_A(S_\lambda, M)$ *formé des applications dont l'image est contenue dans* N.

a) *L'application* $N \mapsto (\mathrm{Hom}_A(S_\lambda, N))_{\lambda\in\mathscr{S}}$ *est une bijection de l'ensemble des sous-*A*-modules de* M *sur l'ensemble des familles* $(W_\lambda)_{\lambda\in\mathscr{S}}$ *telles que, pour tout* $\lambda\in\mathscr{S}$, W_λ *soit un sous-*D_λ*-espace vectoriel de* $\mathrm{Hom}_A(S_\lambda, M)$.

b) *La bijection réciproque associe à une famille* $(W_\lambda)_{\lambda\in\mathscr{S}}$ *le sous-*A*-module* $\sum_{\lambda\in\mathscr{S}}\sum_{w\in W_\lambda} w(S_\lambda)$ *de* M.

C'est une traduction de la prop. 8 c) appliquée à la description canonique de M.

PROPOSITION 9. — *Soient* M *et* M′ *des* A*-modules semi-simples et soient* $((V_\lambda)_{\lambda\in\mathscr{S}},\alpha)$ *et* $((V'_\lambda)_{\lambda\in\mathscr{S}},\alpha')$ *des descriptions de* M *et* M′ *respectivement. Pour toute famille* $\boldsymbol{f} = (f_\lambda)_{\lambda\in\mathscr{S}}$ *de* $\prod_{\lambda\in\mathscr{S}}\mathrm{Hom}_{D_\lambda}(V_\lambda, V'_\lambda)$, *il existe une unique application*

A-*linéaire* $\varphi(\boldsymbol{f}) \in \mathrm{Hom}_A(M, M')$ *rendant commutatif le diagramme*

$$\begin{array}{ccc} \bigoplus_{\lambda \in \mathscr{S}} (S_\lambda \otimes_{D_\lambda} V_\lambda) & \xrightarrow{\alpha} & M \\ \Big\downarrow {\scriptstyle \bigoplus_{\lambda \in \mathscr{S}} (1_{S_\lambda} \otimes f_\lambda)} & & \Big\downarrow {\scriptstyle \varphi(\boldsymbol{f})} \\ \bigoplus_{\lambda \in \mathscr{S}} (S_\lambda \otimes_{D_\lambda} V'_\lambda) & \xrightarrow{\alpha'} & M'. \end{array}$$

L'application $\varphi : \prod_{\lambda \in \mathscr{S}} \mathrm{Hom}_{D_\lambda}(V_\lambda, V'_\lambda) \to \mathrm{Hom}_A(M, M')$ *ainsi définie est un isomorphisme de groupes. Lorsque l'on a* $M = M'$, $V_\lambda = V'_\lambda$ *pour tout* $\lambda \in \mathscr{S}$ *et* $\alpha = \alpha'$, *l'application* φ *est un isomorphisme d'anneaux de* $\prod_{\lambda \in \mathscr{S}} \mathrm{End}_{D_\lambda}(V_\lambda)$ *sur* $\mathrm{End}_A(M)$.

Compte tenu de la description des composants isotypiques de M et M′ donnée dans la prop. 8 a), cela résulte du th. 3 de VIII, p. 60 et de la prop. 5, b) de VIII, p. 62.

COROLLAIRE. — *Soient* M *un* A-*module semi-simple et* M′ *un* A-*module. L'application* $u \mapsto (\mathrm{Hom}(1_{S_\lambda}, u))_{\lambda \in \mathscr{S}}$ *de* $\mathrm{Hom}_A(M, M')$ *dans*

$$\prod_{\lambda \in \mathscr{S}} \mathrm{Hom}_{D_\lambda}(\mathrm{Hom}_A(S_\lambda, M), \mathrm{Hom}_A(S_\lambda, M'))$$

est un isomorphisme de groupes. Lorsque M′ *est égal à* M, *c'est un isomorphisme de l'anneau* $\mathrm{End}_A(M)$ *sur l'anneau* $\prod_{\lambda \in \mathscr{S}} \mathrm{End}_{D_\lambda}(\mathrm{Hom}_A(S_\lambda, M))$.

C'est une traduction de la proposition 9 appliquée aux descriptions canoniques de M et du socle de M′.

8. Multiplicités et longueurs dans les modules semi-simples

PROPOSITION 10. — *Soit* M *un* A-*module semi-simple. Soit* $(M_i)_{i \in I}$ *une famille de sous-modules simples dont* M *est somme directe. Les propriétés suivantes sont équivalentes* :

(i) M *est de longueur finie*;

(ii) M *est artinien*;

(iii) M *est noethérien*;

(iv) M *est de type fini*;

(v) I *est fini.*

Si M *satisfait à ces propriétés, la longueur de* M *est égale au cardinal de* I.

Si l'ensemble I est fini, M possède les propriétés (i) , (ii) , (iii) et (iv). Supposons l'ensemble I infini. D'après l'exemple 2 de VIII, p. 2, le module M n'est ni artinien, ni noethérien ; comme tout module de longueur finie est artinien et noethérien (VIII, p. 2, prop. 1), M n'est pas davantage de longueur finie. Enfin, tout élément de M appartient à la somme d'un nombre fini de sous-modules M_i, donc M n'est pas de type fini. Cela prouve l'équivalence des conditions (i) à (v). Si celles-ci sont satisfaites, on a $\mathrm{long}(M) = \sum_{i\in I} \mathrm{long}(M_i) = \mathrm{Card}(I)$ (II, p.23, cor. 5).

PROPOSITION 11. — *Soit* M *un* A*-module semi-simple, somme directe d'une famille* $(M_i)_{i\in I}$ *de sous-modules simples. Pour tout* $\lambda \in \mathscr{S}$, *on note* $I(\lambda)$ *l'ensemble des indices* $i \in I$ *tels que* M_i *soit de classe* λ. *Le cardinal de* $I(\lambda)$ *est égal à la dimension du* D_λ*-espace vectoriel à gauche* $\mathrm{Hom}_A(S_\lambda, M)$.

Le composant isotypique de type λ de A est isomorphe à $S_\lambda^{(I(\lambda))}$ (VIII, p. 61, prop. 4 b)). Le D_λ-espace vectoriel $\mathrm{Hom}_A(S_\lambda, M)$ s'identifie à $\mathrm{Hom}_A(S_\lambda, M_\lambda)$, donc est isomorphe à $D_\lambda^{(I(\lambda))}$ (VIII, p. 53). Cela prouve la proposition.

Tout module simple est primordial (VIII, p. 41), donc tout module semi-simple est semi-primordial. Soit M un A-module semi-simple et soit $\lambda \in \mathscr{S}$. On appelle *multiplicité* de λ dans M la multiplicité primordiale $[M : \lambda]$ de λ dans M définie en VIII, p. 32. La prop. 11 se traduit par l'égalité

$$[M : \lambda] = \dim_{D_\lambda}(\mathrm{Hom}_A(S_\lambda, M)). \qquad (11)$$

Plus généralement, si $((V_\lambda)_{\lambda\in\mathscr{S}}, \alpha)$ est une description de M, alors $[M : \lambda]$ est égal à $\dim_{D_\lambda}(V_\lambda)$. D'après la prop. 6 de VIII, p. 64, on a aussi

$$[M : \lambda] = \dim_{D_\lambda}(\mathrm{Hom}_A(M, S_\lambda)) \qquad (12)$$

lorsque la multiplicité $[M : \lambda]$ est finie. Pour que des A-modules semi-simples M et M′ soient isomorphes, il faut et il suffit qu'on ait $[M : \lambda] = [M' : \lambda]$ pour tout $\lambda \in \mathscr{S}$.

Soit M un A-module semi-simple. Il existe un cardinal **I** possédant la propriété suivante : pour toute décomposition $M = \bigoplus_{i\in I} M_i$ de M en somme directe de modules simples, le cardinal de I est égal à **I** (VIII, p. 32, cor. 2). Ce cardinal est appelé la *longueur du* A*-module semi-simple* M, et noté $\mathrm{long}_A(M)$ ou $\mathrm{long}(M)$. Lorsque M est de longueur finie cette définition est compatible avec celle de II, p. 21, d'après la prop. 10.

Les A-modules simples sont les A-modules semi-simples de longueur 1, et l'on a la formule

$$\mathrm{long}_A\Big(\bigoplus_{j\in J} M_j\Big) = \sum_{j\in J} \mathrm{long}_A(M_j) \qquad (13)$$

pour toute famille $(M_j)_{j \in J}$ de A-modules semi-simples. D'après la prop. 11, on a

$$\text{(14)} \qquad \operatorname{long}_A(M) = \sum_{\lambda \in \mathscr{S}} \dim_{D_\lambda} \operatorname{Hom}_A(S_\lambda, M).$$

En appliquant cette formule à M_λ, on obtient $[M : \lambda] = \operatorname{long}_A(M_\lambda)$ pour tout $\lambda \in \mathscr{S}$.

Lorsque A est un corps, les A-modules simples sont les espaces vectoriels de dimension 1 ; tout A-module est alors semi-simple (II, p. 95, th. 1) et sa longueur n'est autre que sa dimension en tant qu'espace vectoriel sur A (II, p. 97) .

EXERCICES

1) *a*) Soient M un A-module, x un élément de M dont l'annulateur est intersection d'une famille finie d'idéaux maximaux. Prouver que le module Ax est semi-simple (le plonger dans un produit fini de modules simples).

b) En déduire que pour qu'un module M soit semi-simple, il faut et il suffit que l'annulateur de tout élément non nul soit intersection d'une famille finie d'idéaux maximaux.

2) Soit M un module. Démontrer que les conditions suivantes sont équivalentes :

α) M est semi-simple de longueur finie ;

β) M est noethérien et tout sous-module maximal de M admet un supplémentaire ;

γ) M est artinien et tout sous-module simple de M admet un supplémentaire.

3) Soient K un corps, I un ensemble infini, A l'anneau K^{I}. Prouver que le A-module A_s n'est pas semi-simple, bien que tout idéal monogène admette un supplémentaire (déterminer tous les sous-modules simples de A_s).

4) Soit M un module, somme directe d'une famille $(\mathrm{M}_\alpha)_{\alpha\in\mathrm{I}}$ de sous-modules. Prouver que pour que les sous-modules M_α soient stables par tous les automorphismes de M, il faut et il suffit que tout homomorphisme $\mathrm{M}_\alpha \to \mathrm{M}_\beta$ avec $\alpha \neq \beta$ soit nul.

5) Soit M un module de longueur finie, et soit $\mathrm{M} = \oplus_{i\in\mathrm{I}}\mathrm{M}_i$ une décomposition de M en somme directe de sous-modules indécomposables. Soit $\mathrm{J} \subset \mathrm{I}$ une classe d'équivalence pour la relation « les modules M_i et M_j sont isomorphes » entre i et j ; on pose $\mathrm{M}_\mathrm{J} = \oplus_{i\in\mathrm{J}}\mathrm{M}_i$. Montrer par un exemple que M_J n'est pas nécessairement stable par tout automorphisme de M (utiliser l'exerc. 4, en prenant pour M un **Z**-module de longueur finie).

6) On dit qu'un module M est *semi-artinien* si tout quotient non nul de M contient un sous-module simple. Tout module artinien, tout espace vectoriel sur un corps sont semi-artiniens.

a) Soit $0 \to \mathrm{M}' \to \mathrm{M} \to \mathrm{M}'' \to 0$ une suite exacte. Pour que M soit semi-artinien, il faut et il suffit qu'il en soit ainsi de M′ et M″ (si M est semi-artinien, considérer un élément maximal dans l'ensemble des sous-modules N de M tels que $\mathrm{N} \cap \mathrm{M}' = 0$).

b) La somme directe d'une famille de modules semi-artiniens est un module semi-artinien.

c) Soit K un corps, A l'anneau produit $\mathrm{K}^{\mathbf{N}}$. Prouver que le A-module A_s n'est pas semi-artinien, bien qu'il soit produit de A-modules simples (si $\mathfrak{s}$ est le socle de A_s, prouver que le A-module $\mathrm{A}_s/\mathfrak{s}$ ne contient pas de module simple).

d) Soient A un anneau noethérien à gauche, M un A-module semi-artinien ; prouver que M est somme de ses sous-modules artiniens (soit S la somme des sous-modules artiniens de M ; si N est un sous-module de type fini de M dont l'image dans M/S est simple, observer que $\mathrm{N} \cap \mathrm{S}$ est artinien). En particulier, si M est de type fini, il est artinien.

e) Soient D un corps, V un D-espace vectoriel de dimension infinie, A le sous-anneau de $\mathrm{End}_{\mathrm{D}}(\mathrm{V})$ engendré par le centre de D et les endomorphismes de rang fini. Prouver que A_s est semi-artinien (utiliser *a*) et *b*)), mais n'est pas somme de ses sous-modules artiniens.

7) Soient A un anneau, M un A-module. On dit qu'un sous-module N de M est *essentiel* si pour tout sous-module non nul P de M, on a $\mathrm{N} \cap \mathrm{P} \neq 0$.

a) Démontrer que tout sous-module N de M est facteur direct d'un sous-module essentiel (considérer un sous-module P maximal parmi les sous-modules de A dont l'intersection avec N est nulle).

b) Prouver que le socle de M est l'intersection des sous-modules essentiels de M (déduire de *a*) que cette intersection est semi-simple). En particulier, pour que M soit semi-simple, il faut et il suffit qu'il ne contienne pas de sous-module essentiel autre que lui-même.

¶ 8) Soit A un anneau noethérien à gauche.

a) Soit x un élément non nul de A. Prouver que l'annulateur à gauche $\mathrm{Ann}\, x$ de x n'est pas essentiel (considérer parmi les éléments ne possédant pas cette propriété un élément x tel que $\mathrm{Ann}\, x$ soit maximal, et considérer $\mathrm{A}x \cap \mathrm{Ann}\, x$).

b) Soit x un élément de A simplifiable à droite. Prouver que l'idéal $\mathrm{A}x$ est essentiel (si $\mathfrak{a}$ est un idéal de A tel que $\mathfrak{a} \cap \mathrm{A}x = 0$, considérer l'idéal $\mathfrak{a} + \mathfrak{a}x + \mathfrak{a}x^2 + \dots$).

c) Déduire de *a*) et *b*) que tout élément de A simplifiable à droite est simplifiable.

d) Soit $\mathfrak{a}$ un idéal à gauche essentiel de A, contenant un élément non nilpotent. Démontrer que $\mathfrak{a}$ contient un élément simplifiable (soit $(x_1, \dots, x_n)$ une suite d'éléments non nuls de $\mathfrak{a}$ satisfaisant à $\mathrm{Ann}\, x_i^2 = \mathrm{Ann}\, x_i$ et $x_{i+1} \in \mathrm{Ann}\, x_i \cap \dots \cap \mathrm{Ann}\, x_1$ pour tout $i \geqslant 1$; observer que $\mathfrak{a}$ contient la somme directe des $\mathrm{A}x_i$. En déduire qu'on peut trouver une telle suite avec $\bigcap_i \mathrm{Ann}\, x_i = 0$; prouver que l'élément $\sum x_i^2$ est alors simplifiable à droite, et utiliser *c*)).

§ 5. COMMUTATION

1. Commutant et bicommutant d'un module

Soient E un anneau et B une partie de E. On appelle *commutant* de B dans E le sous-anneau B′ de E formé des éléments qui commutent à tout élément de B. Le commutant B″ de B′ est appelé le *bicommutant* de B. On a $B \subset B''$ et B′ coïncide avec son bicommutant (III, p. 3). Le centre d'un sous-anneau B de E est $B \cap B'$, le centre commun de B′ et B″ est $B' \cap B''$. Si B est un sous-anneau commutatif de E, on a $B \subset B'$ et B″ est le centre de B′ (III, p. 4).

Soient A un anneau et M un A-module à gauche (resp. à droite). Appliquons ces définitions au cas où E est l'anneau des endomorphismes du groupe additif de M et B l'anneau A_M des homothéties de M. Le commutant A'_M de A_M dans E s'appelle le *commutant de* M ; c'est l'anneau des endomorphismes du A-module M. Le bicommutant A''_M de A_M dans E s'appelle le *bicommutant de* M ; c'est l'anneau des endomorphismes du contremodule de M (VIII, p. 8, déf. 3). On a $A_M \subset A''_M$, l'anneau $A_M \cap A'_M$ est le centre de A_M et $A'_M \cap A''_M$ est le centre commun de A'_M et A''_M.

DÉFINITION 1. — *On dit que le* A-*module* M *est* équilibré *si l'on a* $A_M = A''_M$.

Si le A-module M est équilibré, les anneaux A_M et A'_M ont le même centre $A_M \cap A'_M$. Pour que M soit un A-module équilibré, il faut et il suffit qu'il soit un A_M-module équilibré. Pour tout A-module M, le contremodule de M est fidèle et équilibré.

Lorsque l'anneau A est commutatif, le bicommutant A''_M de M est le centre de $A'_M = \mathrm{End}_A(M)$; dire que M est équilibré signifie que le centre de $\mathrm{End}_A(M)$ est réduit aux homothéties.

Pour tout élément a de A, notons $\boldsymbol{\delta}_a$ l'homothétie à droite $x \mapsto xa$ de A dans A et $\boldsymbol{\gamma}_a$ l'homothétie à gauche $x \mapsto ax$ (I, p. 92). L'application $a \mapsto \boldsymbol{\delta}_a$ est un isomorphisme d'anneaux de A° sur le commutant du A-module A_s (II, p. 150). L'application $a \mapsto \boldsymbol{\gamma}_a$ est un isomorphisme d'anneaux de A sur le commutant du A-module à droite A_d (*loc. cit.*). Si l'on identifie A au commutant de A_d par cette application, le contremodule de A_d s'identifie à A_s et par suite le A-module A_d est équilibré. De même le A-module A_s est équilibré.

Soit n un entier $\geqslant 1$. Considérons A^n comme un $\mathbf{M}_n(A)$-module à gauche (*loc. cit.*). L'application qui à $m \in \mathbf{M}_n(A)$ associe l'endomorphisme $x \mapsto mx$ du A-module A_d^n est un isomorphisme d'anneaux de $\mathbf{M}_n(A)$ sur le commutant du A-module à droite A_d^n (*loc. cit.*).

PROPOSITION 1. — *Soit* $(A_i)_{i\in I}$ *une famille d'anneaux et, pour tout* $i \in I$, *soit* M_i *un* A_i*-module. Posons* $A = \prod A_i$, $M = \prod M_i$ *et* $N = \bigoplus M_i$. *Munissons* M *de la structure de* A*-module dont la loi d'action est* $((a_i),(x_i)) \mapsto (a_i x_i)$. *L'ensemble* N *est un sous-*A*-module de* M.

a) *L'application* $(u_i) \mapsto \prod u_i$ *de* $\prod \mathrm{End}_{\mathbf{Z}}(M_i)$ *dans* $\mathrm{End}_{\mathbf{Z}}(M)$ (II, p. 10) *définit par passage aux sous-ensembles des isomorphismes d'anneaux de* $\prod (A_i)_{M_i}$, $\prod (A_i)'_{M_i}$ *et* $\prod (A_i)''_{M_i}$ *sur* A_M, A'_M *et* A''_M *respectivement.*

b) *L'application* $(u_i) \mapsto \bigoplus u_i$ *de* $\prod \mathrm{End}_{\mathbf{Z}}(M_i)$ *dans* $\mathrm{End}_{\mathbf{Z}}(N)$ (II, p. 13) *définit par passage aux sous-ensembles des isomorphismes d'anneaux de* $\prod (A_i)_{M_i}$, $\prod (A_i)'_{M_i}$ *et* $\prod (A_i)''_{M_i}$ *sur* A_N, A'_N *et* A''_N *respectivement.*

L'application $\varphi : (u_i) \mapsto \prod u_i$ de $\prod \mathrm{End}_{\mathbf{Z}}(M_i)$ dans $\mathrm{End}_{\mathbf{Z}}(M)$ est un homomorphisme injectif d'anneaux. Par définition de la structure de A-module de M, on a $\varphi(\prod (A_i)_{M_i}) = A_M$. Soit $u \in A'_M$. Pour tout $i \in I$, notons h_i l'élément de A dont toutes les composantes sont égales à 1 sauf celle d'indice i qui est égale à 0 . Si x est un élément de M dont la composante d'indice i est nulle, on a $x = h_i x$, d'où $\mathrm{pr}_i(u(x)) = \mathrm{pr}_i(u(h_i x)) = \mathrm{pr}_i(h_i u(x)) = 0$. Il existe par suite un unique homomorphisme de groupes $u_i : M_i \mapsto M_i$ telle que $\mathrm{pr}_i(u(y)) = u_i(\mathrm{pr}_i(y))$ pour tout $y \in M$. On a $u = \prod u_i$. Comme l'application u est A-linéaire, l'application u_i est A_i-linéaire pour tout $i \in I$. Cela prouve que A'_M est contenu dans l'image de $\prod (A_i)'_{M_i}$ par φ ; l'inclusion opposée est évidente. En appliquant cela au contremodule de M, on en déduit que φ induit un isomorphisme de A''_M sur $\prod_i (A_i)''_{M_i}$. Cela prouve l'assertion a).

La démonstration de b) est la même que celle de a) *mutatis mutandis.*

Les isomorphismes d'anneaux définis dans la prop. 1 sont dits canoniques. On identifie souvent $\prod (A_i)_{M_i}$ à A_M, $\prod (A_i)'_{M_i}$ à A'_M, etc. au moyen de ces isomorphismes.

PROPOSITION 2. — *Soit* A *un anneau et soit* M *un* A*-module. Soit* I *un ensemble. Alors le bicommutant du* A*-module* $M^{(I)}$ *coïncide avec l'anneau des homothéties du* A''_M*-module* $M^{(I)}$.

Pour tout $i \in I$, on note $\pi_i : (x_j)_{j\in I} \mapsto x_i$ l'homomorphisme de projection de $M^{(I)}$ dans M et $\iota_i : M \to M^{(I)}$ l'injection canonique correspondante (A, I, p. 45).

Soit u un élément de $\mathrm{End}_A(M^{(I)})$. Pour tous $i, j \in I$, l'application composée $u_{i,j} = \pi_j \circ u \circ \iota_i$ appartient au commutant A'_M de M. Pour tout élément b de A''_M et tout $(x_i) \in M^{(I)}$ on a les relations

$$bu\left((x_i)_{i\in I}\right) = b\Big(\sum_{i\in I} u_{i,j}(x_i)\Big)_{j\in I} = \Big(\sum_{i\in I} u_{i,j}(bx_i)\Big)_{j\in I} = u\left(b(x_i)_{i\in I}\right).$$

L'homothétie $b_{M^{(I)}}$ appartient donc au bicommutant du A-module $M^{(I)}$.

Inversement soit b un élément du bicommutant de $M^{(I)}$. Pour tous $i, j \in I$, notons $b_{i,j} = \pi_j \circ b \circ \iota_i$. Soient $i, j \in I$ avec $i \neq j$. Comme $\iota_j \circ \pi_j$ appartient au commutant du A-module $M^{(I)}$, on a

$$b_{i,j} = \pi_j \circ \iota_j \circ \pi_j \circ b \circ \iota_i = \pi_j \circ b \circ \iota_j \circ \pi_j \circ \iota_i = 0.$$

De même, on a

$$b_{j,j} = \pi_j \circ b \circ \iota_j = \pi_i \circ \iota_i \circ \pi_j \circ b \circ \iota_j = \pi_i \circ b \circ \iota_i \circ \pi_j \circ \iota_j = b_{i,i}.$$

En outre, $b_{i,i}$ appartient à A''_M. Il en résulte que b coïncide avec une homothétie du A''_M-module $M^{(I)}$.

2. Modules générateurs

Soit A un anneau.

DÉFINITION 2. — *On dit qu'un* A*-module* M *est* générateur *si tout* A*-module* N *est engendré par les images des applications* A*-linéaires de* M *dans* N.

Soit M un A-module à gauche. On note M^* le dual de M et

$$(x, x^*) \mapsto \langle x, x^* \rangle = x^*(x)$$

la forme bilinéaire canonique sur $M \times M^*$ (II. p. 41). On note $\tau(M)$ l'ensemble des éléments de A de la forme $\sum_{i=1}^n \langle x_i, x_i^* \rangle$, où $x_1, \ldots, x_n$ sont des éléments de M, et $x_1^*, \ldots, x_n^*$ des éléments de M^*. C'est un idéal bilatère de A, qu'on appelle l'*idéal trace* de M. L'idéal trace du A-module A_s est A. L'idéal trace du module somme directe d'une famille $(M_i)_{i\in I}$ de A-modules est l'idéal $\sum_{i\in I} \tau(M_i)$. Si M est un A-module projectif, il résulte de la prop. 12 de II, p. 46 que l'on a $M = \tau(M)M$.

THÉORÈME 1. — *Soit* M *un* A-*module à gauche. Les conditions suivantes sont équivalentes :*

(i) *Le* A-*module* M *est générateur ;*

(ii) *Pour tout* A-*module* N*, il existe un ensemble* I *et une application* A-*linéaire surjective de* $M^{(I)}$ *dans* N ;

(iii) *Il existe un entier* $n \geqslant 0$ *et une application* A-*linéaire surjective de* M^n *dans* A_s ;

(iv) *Il existe un entier* $n \geqslant 0$ *tel que* A_s *soit isomorphe à un sous-module facteur direct de* M^n ;

(v) *L'idéal trace* $\tau(M)$ *est égal à* A ;

(vi) *Il existe un entier* $n \geqslant 0$*, des éléments* $x_1, \ldots, x_n$ *de* M *et des éléments* $x_1^*, \ldots, x_n^*$ *de* M^* *satisfaisant à* $\sum_{i=1}^n \langle x_i, x_i^* \rangle = 1$.

(i) $\Longrightarrow$ (ii) : Supposons que M soit générateur et soit N un A-module à gauche. Il existe une famille $(u_i)_{i\in I}$ d'applications A-linéaires de M dans N telle que l'on ait $N = \sum_{i\in I} u_i(M)$. L'application $(x_i) \mapsto \sum_{i\in I} u_i(x_i)$ de $M^{(I)}$ dans N est A-linéaire et surjective.

(ii) $\Longrightarrow$ (iii) : Appliquons l'hypothèse (ii) au module $N = A_s$. Soit I un ensemble et soit $u : M^{(I)} \to A_s$ une application linéaire surjective. Comme A_s est engendré par l'élément 1, il existe une partie *finie* J de I telle que $u(M^{(J)}) = A_s$, d'où (iii).

(iii) $\Longrightarrow$ (iv) : Cela résulte de la prop. 21 de II, p. 27.

(iv) $\Longrightarrow$ (v) : Soit $n \geqslant 1$ un entier tel que A_s soit isomorphe à un sous-module facteur direct de M. On a $A = \tau(A_s) \subset \tau(M^n) = \tau(M)$, d'où $\tau(M) = A$.

(v) $\Longrightarrow$ (vi) : C'est clair.

(vi) $\Longrightarrow$ (i) : Soient n un entier $\geqslant 0$, $x_1, \ldots, x_n$ des éléments de M et $x_1^*, \ldots, x_n^*$ des éléments de M^* satisfaisant à $\sum_{i=1}^n \langle x_i, x_i^* \rangle = 1$. Soit N un A-module à gauche et y un élément de N. Les applications $u_i : x \mapsto \langle x, x_i^* \rangle y$ de M dans N sont A-linéaires, et l'on a $y = \sum_{i=1}^n u_i(x_i)$. Cela démontre que M est un A-module générateur.

COROLLAIRE. — *Un* A-*module générateur est fidèle.*

Soit $a \in A$ tel que $aM = 0$. En utilisant l'implication (i) $\Longrightarrow$ (iv) du th. 1, on obtient $aA_s = 0$, d'où $a = 0$. Le corollaire en résulte (II, p. 28).

Exemples. — 1) Le A-module A_s est générateur.

2) Tout A-module libre non nul est générateur. Plus généralement, tout module dont un quotient est générateur est lui-même générateur.

3) Soit M un A-module semi-simple, dont le contremodule est de type fini. Alors M est un A_M-module générateur. En effet, d'après le lemme 4 de VIII, p. 8, il existe un entier naturel m tel que $(A_M)_s$ soit isomorphe à un sous-module de M^m. Comme M^m est un A_M-module semi-simple, $(A_M)_s$ est isomorphe à un sous-module facteur direct de M^m et M est un A_M-module générateur (VIII, p. 76, th. 1).

4) Soit A un anneau principal et soit P un A-module de type fini. Il existe un entier $n \geqslant 1$ et une suite croissante d'idéaux $(\mathfrak{a}_i)_{1 \leqslant i \leqslant n}$ de A telle que P soit isomorphe à la somme directe des $A/\mathfrak{a}_i$ (VII, p. 19, th. 2) ; l'annulateur $\mathfrak{a}$ de P est égal à $\mathfrak{a}_1$. Alors P est un module générateur sur l'anneau $A/\mathfrak{a}$. Si P n'est pas un module de torsion, on a $\mathfrak{a} = 0$ et P est un A-module générateur.

Lemme 1. — *Soient* A *un anneau commutatif,* M *un* A*-module de type fini et* Ann(M) *son annulateur. Soit* $\mathfrak{a}$ *un idéal de* A. *Les conditions suivantes sont équivalentes :*

(i) $\mathfrak{a}M = M$;

(ii) $\mathrm{Ann}(M) + \mathfrak{a} = A$;

(iii) *Il existe un élément* a *de* $\mathfrak{a}$ *tel que* $am = m$ *pour tout* $m \in M$.

(i) $\Longrightarrow$ (ii) : Soit $(x_1, \ldots, x_n)$ une famille génératrice du A-module M. Si $\mathfrak{a}M = M$, chacun des x_i peut s'écrire sous la forme $\sum_{j=1}^{n} c_{ij} x_j$, où les c_{ij} appartiennent à $\mathfrak{a}$. Notons C la matrice (c_{ij}) et X la matrice colonne de composantes $x_1, \ldots, x_n$. On a $(I_n - C)X = 0$. Soient d le déterminant et V la matrice des cofacteurs de la matrice $I_n - C$. D'après la formule (26) de III, p. 99, on a $dX = {}^tV(I_n - C)X = 0$, d'où $d \in \mathrm{Ann}(M)$. D'autre part comme les c_{ij} appartiennent à $\mathfrak{a}$ on a $d \equiv 1 (\mathrm{mod}\ \mathfrak{a})$ (III, p. 96, (18)), d'où $1 \in \mathrm{Ann}(M) + \mathfrak{a}$.

(ii) $\Longrightarrow$ (iii) : Sous l'hypothèse (ii), il existe $a \in \mathfrak{a}$ et $b \in \mathrm{Ann}(M)$ tels que $a + b = 1$. On a alors $am = m$ pour tout $m \in M$.

(iii) $\Longrightarrow$ (i) : C'est clair.

PROPOSITION 3. — *Soit* A *un anneau commutatif. Tout* A*-module projectif de type fini et fidèle est générateur. Plus généralement, un* A*-module projectif* P *de type fini est un* A_P*-module générateur.*

Soit P un A-module projectif de type fini. On a $\tau(P)P = P$ (VIII, p. 75). Si le A-module P est fidèle, l'idéal $\tau(P)$ est égal à A (lemme 1) et le A-module P est générateur (th. 1), d'où la première assertion. La seconde s'en déduit par le lemme suivant :

Lemme 2. — *Soient* A *un anneau et* M *un* A*-module projectif. Le* A_M*-module* M *est projectif.*

Soit $(x_i)_{i\in I}$ une famille génératrice du A-module M. Il existe une famille $(x_i^*)_{i\in I}$ de formes linéaires sur le A-module M telles que, pour tout $x \in M$, la famille $(\langle x, x_i^*\rangle)_{i\in I}$ ait un support fini et que l'on ait $x = \sum_{i\in I}\langle x, x_i^*\rangle x_i$ (II, p. 46, prop. 12). Pour tout $i \in I$, l'application $x \mapsto \langle x, x_i^*\rangle_M$ est une forme linéaire sur le A_M-module M, et l'on a $x = \sum_{i\in I}\langle x, x_i^*\rangle_M x_i$ pour tout $x \in M$. D'après *loc. cit.*, M est un A_M-module projectif.

3. Bicommutant d'un module générateur

THÉORÈME 2. — *Un module générateur est équilibré.*

Soit A un anneau et soit M un A-module générateur ; par définition, il existe un entier $n \geqslant 0$, des éléments $x_1, \ldots, x_n$ de M et des éléments $x_1^*, \ldots, x_n^*$ du dual M^* de M satisfaisant à $\sum_{i=1}^n \langle x_i, x_i^*\rangle = 1$. Rappelons (II, p. 77) que l'on définit un homomorphisme de groupes $\theta : M^* \otimes_A M \mapsto \mathrm{End}_A(M)$ par la formule $\theta(x^* \otimes y)(x) = \langle x, x^*\rangle y$. Si u est un élément du bicommutant de M, il commute avec $\mathrm{End}_A(M)$; on a donc pour tout $y \in M$

$$\begin{aligned} u(y) = u\Big(\sum_{i=1}^n \langle x_i, x_i^*\rangle y\Big) &= \sum_{i=1}^n u(\theta(x_i^* \otimes y)(x_i)) \\ &= \sum_{i=1}^n \theta(x_i^* \otimes y)(u(x_i)) = \Big(\sum_{i=1}^n \langle u(x_i), x_i^*\rangle\Big) y. \end{aligned}$$

Par suite u appartient à A_M, et M est équilibré.

COROLLAIRE 1. — *Un module libre est équilibré.*

C'est clair si le module est nul, et un module libre non nul est générateur (VIII, p. 76, exemple 2).

COROLLAIRE 2. — *Soit* A *un anneau et soit n un entier* $\geqslant 0$. *Le centre de* $\mathbf{M}_n(A)$ *est formé des matrices scalaires à éléments dans le centre de* A. *Considérons* A^n *comme un* $\mathbf{M}_n(A)$*-module à gauche* (II, p. 150). *Les endomorphismes de ce module sont les applications $x \mapsto xa$, où a parcourt* A.

Soit M le A-module à droite A_d^n. Il est équilibré par le corollaire 1. Par suite, les centres de A_M, A'_M et A''_M coïncident. Le corollaire 2 résulte alors de ce que A_M s'identifie à A et A'_M à $\mathbf{M}_n(A)$.

Remarque. — Soit M un A-module. Si le A_M-module M est générateur, on a $A_M = A''_M$ d'après le th. 2 appliqué au A_M-module M, de sorte que M est un A-module équilibré.

COROLLAIRE 3. — *Tout module projectif de type fini sur un anneau commutatif est équilibré.*

En effet, un module projectif de type fini M est un A_M-module générateur par la prop. 3 de VIII, p. 77. Le corollaire résulte donc de la remarque ci-dessus.

COROLLAIRE 4. — *Tout module de type fini sur un anneau principal est équilibré.*

En effet, un module de type fini M sur un anneau principal A est un A_M-module générateur (VIII, p. 77, exemple 4).

COROLLAIRE 5. — *Soient* K *un corps commutatif,* V *un espace vectoriel de dimension finie sur* K, u *et* v *des endomorphismes de* V. *Les conditions suivantes sont équivalentes :*

(i) *Il existe un polynôme* P *dans* K[X] *tel que* $v = P(u)$;

(ii) *L'endomorphisme* v *commute à tout endomorphisme de* V *qui commute à* u.

Prenons pour A l'anneau K[X] et pour M le K[X]-module déduit de V et de u (VII, p. 28). L'assertion (i) signifie que $v \in K[X]_M$ et (ii) que $v \in K[X]''_M$. Le corollaire 5 est donc un cas particulier du corollaire 4.

PROPOSITION 4. — *Un module semi-simple dont le contremodule est de type fini est équilibré.*

Cela résulte de l'exemple 3 de VIII, p. 77 et de la remarque.

COROLLAIRE 1. — *Soit* $(S_i)_{i \in I}$ *une famille finie de* A*-modules simples deux à deux non isomorphes. Pour* $i \in I$, *notons* D_i *l'anneau opposé du corps des endomorphismes de* S_i. *Supposons que, pour tout* $i \in I$, *le* D_i*-espace vectoriel* S_i *soit de dimension finie. Alors l'application* $a \mapsto (a_{S_i})_{i \in I}$ *de* A *dans* $\prod_{i \in I} \mathrm{End}_{D_i}(S_i)$ *est surjective.*

Considérons le A-module $M = \prod_{i \in I} S_i$. Comme I est fini, on a aussi $M = \bigoplus_{i \in I} S_i$ et l'image de S_i dans M est le composant isotypique de type S_i de M. Par suite, les endomorphismes du A-module M sont les applications $(s_i) \mapsto (s_i d_i)$, où $(d_i)_{i \in I}$ parcourt $\prod_{i \in I} D_i$ (VIII, p. 62, prop. 5). Comme I est fini et que, pour tout $i \in I$, le D_i-espace vectoriel à droite S_i est de dimension finie, le contremodule de M est de type fini. D'après la prop. 4, le A-module M est équilibré. Or le bicommutant du A-module M se compose des éléments de $\mathrm{End}_{\mathbf{Z}}(M)$ de la forme $\prod_{i \in I} u_i$, où $(u_i) \in \prod_{i \in I} \mathrm{End}_{D_i}(S_i)$ (VIII, p. 74, prop. 1) puisque $\mathrm{End}_{D_i}(S_i)$ est le bicommutant de S_i. Le corollaire résulte de là.

Ce corollaire s'applique en particulier lorsque A est une algèbre sur un corps commutatif K et que chacun des S_i est un A-module simple, de dimension finie comme K-espace vectoriel : en effet, D_i contient alors les homothéties α_{S_i}, où α parcourt K, et S_i est de dimension finie sur D_i puisqu'il l'est sur K.

COROLLAIRE 2 (Théorème de Burnside). — *Soit* A *une algèbre sur un corps commutatif algébriquement clos* K, *et soit* S *un* A-*module simple, de dimension finie comme espace vectoriel sur* K. *Alors l'application* $a \mapsto a_S$ *de* A *dans* $\mathrm{End}_K(S)$ *est surjective.*

En effet, le corps des endomorphismes du A-module S se compose des homothéties α_S, avec $\alpha \in K$ (VIII, p. 43, th. 1). On applique alors le corollaire 1 au A-module simple S.

4. Contremodule d'un module semi-simple

Soit A un anneau. On note $\mathscr{S}$ l'ensemble des classes de A-modules simples. Pour tout $\lambda \in \mathscr{S}$, on choisit un A-module simple S_λ de classe λ et on note D_λ l'anneau opposé du corps des endomorphismes de S_λ. On considère S_λ comme un (A, D_λ)-bimodule.

Soit M un A-module semi-simple et soit B l'anneau des endomorphismes de M. On note C le bicommutant de M. Pour tout $\lambda \in \mathscr{S}$, on note V_λ le (D_λ, B)-bimodule à gauche $\mathrm{Hom}_A(S_\lambda, M)$. Enfin, on note $\mathscr{S}_M$ le support du A-module M (VIII, p. 62) ; c'est aussi l'ensemble des éléments λ de $\mathscr{S}$ tels que V_λ soit non nul.

Remarque 1. — La description canonique α_M du A-module M est un isomorphisme de (A, B)-bimodules à gauche. D'après VIII, p. 67, cor. de la prop. 9, l'application $f \mapsto \big(\mathrm{Hom}(1_{S_\lambda}, f)\big)_{\lambda \in \mathscr{S}_M}$ de B dans $\prod_{\lambda \in \mathscr{S}_M} \mathrm{End}_{D_\lambda}(V_\lambda)$ est un isomorphisme d'anneaux.

PROPOSITION 5. — a) *Le contre-module de* M *est semi-simple.*

b) *Pour tout* $\lambda \in \mathscr{S}_M$, *le* B-*module* V_λ *est simple et son commutant est égal à* $(D_\lambda)_{V_\lambda}$.

c) *L'application* $\lambda \mapsto \mathrm{cl}(V_\lambda)$ *est une bijection du support du* A-*module* M *sur le support de son contremodule.*

d) *Pour tout* $\lambda \in \mathscr{S}_M$, *le sous-*B-*module* M_λ *est le composant isotypique de type* V_λ *du* B-*module* M *et la multiplicité de* V_λ *dans* M *est égale à* $\dim_{D_\lambda}(S_\lambda)$.

e) *Pour* $s \in S$, *notons* $\widetilde{s}$ *l'application* $\varphi \mapsto \varphi(s)$ *de* $V_\lambda = \mathrm{Hom}_A(S_\lambda, M)$ *dans* M. *Elle est* B-*linéaire. L'application* $s \mapsto \widetilde{s}$ *de* S_λ *dans* $\mathrm{Hom}_B(V_\lambda, M)$ *ainsi définie est un isomorphisme de* (A, D_λ)-*bimodules.*

Soit $\lambda \in \mathscr{S}_{\mathrm{M}}$. Notons E_λ l'anneau $\mathrm{End}_{\mathrm{D}_\lambda}(\mathrm{V}_\lambda)$; comme V_λ est un D_λ-espace vectoriel non nul, c'est un E_λ-module simple (VIII, p. 41, exemple 3) et son commutant est égal à $(\mathrm{D}_\lambda)_{\mathrm{V}_\lambda}$ (VIII, p. 78, cor. 1 du th. 2). Comme E_λ est l'anneau des homothéties du B-module V_λ (VIII, p. 67, cor. de la prop. 9), cela prouve b).

La description canonique α_{M} de M définit un isomorphisme α_λ de $\mathrm{V}_\lambda \otimes_{\mathrm{D}_\lambda^\circ} \mathrm{S}_\lambda$ sur M_λ. Comme V_λ est un B-module simple, le B-module $\mathrm{V}_\lambda \otimes_{\mathrm{D}_\lambda^\circ} \mathrm{S}_\lambda$ est isotypique de type V_λ (VIII, p. 57, prop. 1) ; il en est donc de même du B-module M_λ, ce qui prouve a).

D'après la remarque 1 ci-dessus, il existe des éléments e_λ de B, pour λ parcourant $\mathscr{S}_{\mathrm{M}}$, tels que $(e_\lambda)_{\mathrm{V}_\lambda} = 1_{\mathrm{V}_\lambda}$ et $(e_\lambda)_{\mathrm{V}_\mu} = 0$ pour $\mu \in \mathscr{S}_{\mathrm{M}}$, $\mu \neq \lambda$. Les B-modules simples V_λ sont donc deux à deux non isomorphes, ce qui prouve c) et la première assertion de d). Le B-module M_λ est isomorphe à $\mathrm{V}_\lambda \otimes_{\mathrm{D}_\lambda^\circ} \mathrm{S}_\lambda$, donc $\dim_{\mathrm{D}_\lambda}(\mathrm{S}_\lambda)$ est la multiplicité de V_λ dans M (II, p. 62, cor. 1).

L'application $\sum_{\lambda \in \mathscr{S}_{\mathrm{M}}} \alpha_\lambda$ de $\bigoplus_{\lambda \in \mathscr{S}_{\mathrm{M}}} \mathrm{V}_\lambda \otimes_{\mathrm{D}_\lambda^\circ} \mathrm{S}_\lambda$ dans M fournit une description (VIII, p. 65, définition 5) du B-module semi-simple M. D'après VIII, p. 66, prop. 8 b), pour tout $\lambda \in \mathscr{S}_{\mathrm{M}}$, l'application de S_λ dans $\mathrm{Hom}_{\mathrm{B}}(\mathrm{V}_\lambda, \mathrm{M})$ décrite en e) est bijective et D_λ-linéaire. Comme elle est manifestement A-linéaire, cela prouve e).

Remarque 2. — Il résulte de la démonstration que l'application induite

$$\sum_{\lambda \in \mathscr{S}_{\mathrm{M}}} \mathrm{V}_\lambda \otimes_{\mathrm{D}_\lambda^\circ} \mathrm{S}_\lambda \to \mathrm{M}$$

par la description canonique de M est une description du contre-module de M.

PROPOSITION 6. — a) *Considéré comme* $(\mathrm{A}, \mathrm{B}^\circ)$*-bimodule,* M *est semi-simple.*

b) *Pour tout* $\lambda \in \mathscr{S}_{\mathrm{M}}$, M_λ *est un sous-*$(\mathrm{A}, \mathrm{B}^\circ)$*-bimodule simple de* M.

c) *Pour tout sous-*$(\mathrm{A}, \mathrm{B}^\circ)$*-bimodule* N *de* M, *il existe une unique partie* Λ *de* $\mathscr{S}_{\mathrm{M}}$ *tel que* N *soit égal à* $\oplus_{\lambda \in \Lambda} \mathrm{M}_\lambda$.

Soit λ dans $\mathscr{S}_{\mathrm{M}}$. Le A-module à gauche S_λ et le B-module à droite V_λ sont simples et D_λ est l'anneau opposé du corps des endomorphismes de S_λ. D'après le cor. 2 de VIII, p. 59, le $(\mathrm{A}, \mathrm{B}^\circ)$-bimodule $\mathrm{S}_\lambda \otimes_{\mathrm{D}_\lambda} \mathrm{V}_\lambda$ est simple et il en est de même de M_λ, qui lui est isomorphe. Cela démontre b) et a) en résulte.

Si λ et μ sont distincts dans $\mathscr{S}_{\mathrm{M}}$, M_λ et M_μ ne sont pas isomorphes en tant que A-modules, ni *a fortiori* en tant que $(\mathrm{A}, \mathrm{B}^\circ)$-bimodules. L'assertion c) en résulte d'après le cor. 2 de VIII, p. 63.

PROPOSITION 7. — a) *Pour tout élément c du bicommutant* C *de* M *et pour tout* $\lambda \in \mathscr{S}_{\mathrm{M}}$, *il existe un unique élément* c_λ *de* $\mathrm{End}_{\mathrm{D}_\lambda}(\mathrm{S}_\lambda)$ *tel que, pour tout* $\varphi \in \mathrm{Hom}_{\mathrm{A}}(\mathrm{S}_\lambda, \mathrm{M})$ *et tout* $s \in \mathrm{S}_\lambda$, *on ait* $c\varphi(s) = \varphi(c_\lambda s)$.

b) *Munissons les* S_λ, *pour* λ *parcourant* $\mathscr{S}_M$, *de la structure de* C*-module définie par* a). *Alors l'application canonique* α_M *de* $\bigoplus_{\lambda\in\mathscr{S}_M} S_\lambda \otimes_{D_\lambda} V_\lambda$ *dans* M *est un isomorphisme de* (C, B^o)*-bimodules.*

c) *L'application* $c \mapsto (c_\lambda)_{\lambda\in\mathscr{S}_M}$ *est un isomorphisme de* C *sur* $\prod_{\lambda\in\mathscr{S}_M} \mathrm{End}_{D_\lambda}(S_\lambda)$.

Les assertions a) et c) résultent de VIII, p. 66, prop. 9, puisque l'application canonique α_M de $\oplus_{\lambda\in\mathscr{S}_M}(S_\lambda \otimes_{D_\lambda} V_\lambda)$ dans M fournit une description du B-module M (remarque 2). En outre α_M est (C, B^o)-linéaire, ce qui prouve b).

Remarque 3. — Munissons S_λ, pour $\lambda \in \mathscr{S}_M$, de la structure de C-module donnée par la proposition 7, a). Si l'on remplace A par B et B par C dans la proposition 5 (VIII, p. 80), on voit que, pour tout $\lambda \in \mathscr{S}_M$, le C-module à gauche S_λ est simple, de commutant D_λ, que le composant isotypique de type S_λ du C-module M est égal à M_λ et que l'application $\lambda \mapsto \mathrm{cl}_C(S_\lambda)$ est une bijection du support du A-module M sur le support du C-module M. Notons enfin qu'il y a identité entre applications A-linéaires et applications C-linéaires de S_λ dans M, entre sous-A-modules et sous-C-modules de M, et que les anneaux $\mathrm{End}_A(M)$ et $\mathrm{End}_C(M)$ sont égaux.

Soit M un module semi-simple. Notons Z le centre du bicommutant C du A-module M ; c'est aussi le centre du commutant B de M. On munit M et les S_λ pour $\lambda \in \mathscr{S}_M$ des structures de Z-modules déduites par restriction des scalaires de celles de C-modules. Pour tout $\lambda \in \mathscr{S}_M$, on note Z_λ le centre du corps D_λ.

PROPOSITION 8. — a) *L'application* $z \mapsto (z_{S_\lambda})_{\lambda\in\mathscr{S}_M}$ *est un isomorphisme de* Z *sur le produit des corps* Z_λ.

b) *Pour que le* A*-module* M *soit isotypique et non nul, il faut et il suffit que* Z *soit un corps.*

c) *Soit* Λ *une partie de* $\mathscr{S}_M$. *Notons* e_Λ *l'unique élément de* Z *tel que* $(e_\Lambda)_{S_\lambda} = 1_{S_\lambda}$ *pour* $\lambda \in \Lambda$ *et* $(e_\Lambda)_{S_\lambda} = 0$ *pour* $\lambda \in \mathscr{S}_M - \Lambda$. *On a* $(e_\Lambda)_{M_\lambda} = 1_{M_\lambda}$ *pour* $\lambda \in \Lambda$ *et* $(e_\Lambda)_{M_\lambda} = 0$ *pour* $\lambda \in \mathscr{S}_M - \Lambda$.

d) *Si le support* $\mathscr{S}_M$ de M *est fini, l'application* $\Lambda \mapsto e_\Lambda Z$ *est une bijection de l'ensemble des parties de* $\mathscr{S}_M$ *sur l'ensemble des idéaux de* Z *et l'application* $\mathfrak{a} \mapsto \mathfrak{a}M$ *est une bijection de l'ensemble des idéaux de* Z *sur l'ensemble des sous-*(A, B^o)*-bimodules de* M. *Ces bijections sont des isomorphismes d'ensembles ordonnés. La bijection réciproque associe à un sous* (A, B^o)*-bimodule* N *de* M *l'idéal formé des éléments z de* Z *qui appliquent* N *dans* M.

Pour $\lambda \in \mathscr{S}_M$, Z_λ est le centre commun du commutant D_λ et du bicommutant C_λ du A-module S_λ. D'après la prop. 7 c) ci-dessus, l'application $c \mapsto (c_\lambda)_{\lambda\in\mathscr{S}_M}$

est un isomorphisme de C sur $\prod_{\lambda \in \mathscr{S}_M} C_\lambda$. Par restriction aux centres, on obtient l'isomorphisme $z \mapsto (z_{S_\lambda})_{\lambda \in \mathscr{S}_M}$ de Z sur $\prod_{\lambda \in \mathscr{S}_M} Z_\lambda$, d'où a).

Pour que l'anneau $\prod_{\lambda \in \mathscr{S}_M} Z_\lambda$ soit un corps, il faut et il suffit que l'ensemble $\mathscr{S}_M$ ait un seul élément, d'où b).

L'assertion c) résulte de la prop. 7 a). Supposons $\mathscr{S}_M$ fini. On déduit de a) et de la prop. 8 de I, p. 104, que l'application $\Lambda \mapsto e_\Lambda Z$ est un isomorphisme d'ensembles ordonnés de $\mathfrak{P}(\mathscr{S}_M)$ sur l'ensemble des idéaux de Z. Soit Λ une partie de $\mathscr{S}_M$. D'après c), on a la relation $e_\Lambda ZM = e_\Lambda M = \bigoplus_{\lambda \in \Lambda} M_\lambda$; Compte tenu de la prop. 6, c) de VIII, p. 81, il ne reste plus qu'à décrire la bijection réciproque. Mais pour que $z \in Z$ applique M dans $\bigoplus_{\lambda \in \Lambda} M_\lambda$, il faut et il suffit que l'on ait $z = e_\Lambda z$, c'est-à-dire $z \in c_\Lambda Z$.

COROLLAIRE. — *Supposons que* A *soit une algèbre sur un corps commutatif algébriquement clos* K *et que* M *soit un* A*-module semi-simple de dimension finie comme espace vectoriel sur* K. *Pour tout* λ *dans* $\mathscr{S}_M$, *notons* e_λ *le projecteur dans* M *d'image* M_λ *et de noyau* $\bigoplus_{\lambda \neq \mu} M_\mu$. *Alors* $(c_\lambda)_{\lambda \in \mathscr{S}_M}$ *est une base de l'espace vectoriel* Z *sur* K.

Comme M est un espace vectoriel de dimension finie sur K, somme directe de la famille de sous-modules non nuls $(M_\lambda)_{\lambda \in \mathscr{S}_M}$, l'ensemble $\mathscr{S}_M$ est fini et chacun des espaces S_λ pour $\lambda \in \mathscr{S}_M$ est de dimension finie sur K. Le corps K étant algébriquement clos, on a $D_\lambda = Z_\lambda = K$ (VIII, p. 43, th. 1) et l'application $z \mapsto (z_{S_\lambda})_{\lambda \in \mathscr{S}_M}$ est un isomorphisme de Z sur $K^{\mathscr{S}_M}$ (prop. 8, a)). Le corollaire résulte alors de la partie c) de la prop. 8.

5. Théorème de densité

THÉORÈME 3 (Jacobson). — *Soit* M *un* A*-module semi-simple et soit* c *un endomorphisme du groupe additif de* M. *Pour que* c *appartienne au bicommutant* A''_M *de* M, *il faut et il suffit qu'il satisfasse à la condition suivante* :

(D) *Pour toute partie finie* F *de* M, *il existe un élément* a *de* A *tel que* c *coïncide avec* a_M *sur* F.

Supposons d'abord que c satisfasse à la condition (D). Soit u un élément de A'_M. Soit x un élément de M et appliquons la condition (D) à la partie $F = \{x, u(x)\}$. Il existe un élément a de A tel que $c(x) = ax$ et $c(u(x)) = au(x)$, d'où $u(c(x)) = u(ax) = au(x) = c(u(x))$. Comme x est arbitraire, on a $cu = uc$; ceci valant pour tout u, on a $c \in A''_M$.

Pour la réciproque, nous allons utiliser le lemme suivant.

Lemme 3. — *Soit* M *un* A*-module semi-simple. Soit* B *le bicommutant du* A*-module* M. *Alors tout sous-*A*-module de* M *est un sous-*B*-module de* M.

Soit N un sous-A-module de M. Par le cor. 2 de VIII, p. 52 il existe un projecteur p du A-module M d'image N. Comme on a la relation $pb = bp$ pour tout $b \in \mathrm{B}$, on obtient que N est un sous-B-module de M.

Terminons la preuve du théorème 3. Supposons que c appartienne à $\mathrm{A}''_{\mathrm{M}}$ et soit $\mathrm{F} = \{x_1, \ldots, x_n\}$ une partie finie de M. Notons x l'élément $(x_1, \ldots, x_n)$ de M^n. Le A-module M^n est semi-simple et, par la prop. 2 de VIII, p. 75, son bicommutant coïncide avec les homothéties du $\mathrm{A}''_{\mathrm{M}}$-module M^n. Par le lemme 3, le sous-A-module Ax de M^n est un sous-$\mathrm{A}''_{\mathrm{M}}$-module de M^n. Soit $a \in \mathrm{A}$ tel que $(cx_1, \ldots, cx_n)$ soit égal à ax. Alors c coïncide avec a_{M} sur $\{x_1, \ldots, x_n\}$, ce qui entraîne la condition (D).

Remarque. — Notons E l'anneau des endomorphismes du groupe additif de M. Munissons M de la topologie discrète ; l'anneau E se compose d'applications de M dans M et on peut le munir de la topologie induite par la topologie produit de M^{M} (« topologie de la convergence simple dans M », TG, I, p. 14). La topologie de E est séparée et compatible avec la structure de groupe additif de E. Pour tout f dans E, les applications $g \mapsto f \circ g$ et $g \mapsto g \circ f$ de E dans E sont continues. Par suite, le commutant de toute partie de E est fermé dans E. Le théorème 3 entraîne donc que $\mathrm{A}''_{\mathrm{M}}$ est l'adhérence de A_{M} dans E.

6. Application à la théorie des corps

PROPOSITION 9. — *Soient* L *un corps et* E *un sous-anneau de* $\mathrm{End}_{\mathbf{Z}}(\mathrm{L})$ *qui contient l'application* $\gamma_a : x \mapsto ax$ *pour tout* $a \in \mathrm{L}$. *Notons* K *l'ensemble des éléments* a *de* L *tels que* $u(xa) = u(x)a$ *pour tout* x *dans* L *et tout* u *dans* E ; *c'est un sous-corps de* L.

Soit V *un sous-espace vectoriel de dimension finie du* K*-espace vectoriel à droite* L, *et soit* h *une application* K*-linéaire de* V *dans* L. *Il existe un élément de* E *qui coïncide avec* h *sur* V.

Considérons L comme un E-module à gauche. Comme E contient les multiplications à gauche γ_a, tout sous-E-module de L est un idéal à gauche du corps L ; le E-module L est donc simple. Tout endomorphisme du groupe additif de L qui commute aux γ_a est de la forme $\delta_b : x \mapsto xb$ avec b dans L. Par suite, $b \mapsto \delta_b$ est un isomorphisme de K sur l'anneau opposé de $\mathrm{End_E(L)}$, qui est un corps.

Le bicommutant E″ du E-module L se compose donc des endomorphismes du K-espace vectoriel à droite L. Soit v un endomorphisme du K-espace vectoriel L dont la restriction à V coïncide avec h ; c'est un élément de E″. Soit $(x_i)_{i \in \mathrm{I}}$ une base de V sur K ; d'après le th. 3 (VIII, p. 83), il existe un élément u de E tel que $u(x_i) = v(x_i) = h(x_i)$ pour $i \in \mathrm{I}$. Par linéarité, on en déduit $u(x) = h(x)$ pour tout x dans V.

COROLLAIRE. — *Soit* L *un corps. Soit* Γ *un sous-groupe du groupe des automorphismes du corps* L *et soit* K *le corps des invariants de* Γ. *Soit* V *un sous-*K*-espace vectoriel à droite de* L*, de dimension finie* n *sur* K. *Il existe alors des éléments* $\sigma_1, \ldots, \sigma_n$ *de* Γ *possédant la propriété suivante : pour toute application* K*-linéaire* u *de* V *dans* L*, il existe des éléments* $a_1, \ldots, a_n$ *de* L *tels qu'on ait* $u(x) = \sum_{i=1}^{n} a_i \sigma_i(x)$ *pour tout* x *dans* V.

Notons E l'ensemble des applications de L dans L de la forme $x \mapsto \sum_{\sigma \in \Gamma} a_\sigma \sigma(x)$, où $(a_\sigma)_{\sigma \in \Gamma}$ est une famille à support fini d'éléments de L. On a $\gamma_a \in \mathrm{E}$ pour tout a dans L et E est un sous-anneau de l'anneau des endomorphismes du groupe additif de L. De plus, le corps K se compose des éléments a de L tels que $u(xa) = u(x)a$ pour tout x dans L et tout u dans E.

Soit H le L-espace vectoriel à gauche $\mathrm{Hom_K(V, L)}$; il est de dimension n. D'après la prop. 9, il est engendré par les restrictions à V des éléments de Γ. Il existe n éléments $\sigma_1, \ldots, \sigma_n$ de Γ dont les restrictions à V forment une base de H sur L. Le corollaire résulte de là.

Remarque. — Lorsque le corps L est commutatif, ce corollaire se réduit au théorème d'Artin (V, p. 63).

EXERCICES

1) Soient M un A-module, N un sous-module facteur direct de M.

a) Prouver que N est stable par le bicommutant A''_M de M.

b) Démontrer que toute application A-linéaire de N dans M est A''_M-linéaire.

c) Prouver que la restriction à N définit un homomorphisme d'anneaux $A''_M \to A''_N$.

d) On suppose que M/N est somme de sous-modules isomorphes à des quotients de N. Prouver que l'homomorphisme canonique $A''_M \to A''_N$ est injectif. Si N est équilibré, il en est de même de M.

2) Soient K un corps commutatif, et A le sous-anneau de $\mathbf{M}_3(K)$ formé des matrices de la forme

$$\begin{pmatrix} a & 0 & 0 \\ b & c & 0 \\ 0 & 0 & a \end{pmatrix}$$

pour a, b, c dans K. Soit M le A-module K^3 ; il est somme directe des sous-modules $N = Ke_1 + Ke_2$ et $P = Ke_3$.

a) Prouver que M est équilibré, que l'application canonique $A''_M \to A''_N$ (exerc. 1) est injective mais non surjective, et que l'application canonique $A''_M \to A''_P$ est surjective mais non injective.

b) En déduire un exemple d'un module Q sur un anneau B et d'un sous-module facteur direct R tel que l'application canonique $B''_Q \to B''_R$ ne soit ni injective ni surjective (prendre $B = A \times A$ et $Q = M \times M$).

3) Soient B un anneau, I un idéal bilatère de B ; soit A le sous-anneau de $B \times B$ formé des couples (x, y) tels que $x - y \in I$. Soit B_1 (resp. B_2) le groupe additif B muni de la structure de A-module déduite de la première (resp. seconde) projection. Démontrer que les A-modules B_1 et B_2 sont équilibrés. A quelle condition sur I le A-module $B_1 \oplus B_2$ est-il équilibré ?

4) Soient A, B des anneaux, P un (A, B)-bimodule.

a) On suppose que le B-module P est générateur et que le A-module P est équilibré. Montrer que pour tout B-module équilibré M, le A-module $P \otimes_B M$ est équilibré.

b) On suppose que le A-module P est générateur et que l'application $b \mapsto b_P$ de B sur $\mathrm{End}_A(P)$ est bijective. Démontrer que pour tout B-module générateur M, le A-module $P \otimes_B M$ est générateur.

5) Soient A un anneau, M un A-module et N un sous-module de M. Démontrer que si le A-module M/N est générateur, il en va de même pour le A-module M. Démontrer par un exemple que N peut être générateur sans que M le soit.

6) Soit $(A_i)_{i \in I}$ une famille d'anneaux, et A son produit. Démontrer que le A-module $\bigoplus A_i$ est projectif et fidèle. Est-il toujours générateur ?

7) Soient A un anneau et M un A-module. Démontrer que si M est générateur, le A-module à droite $M^* = \mathrm{Hom}_A(M, A_s)$ est générateur. Démontrer par un exemple que M^* peut être générateur sans que M le soit (*cf.* exerc. 6).

8) Soient A un anneau principal et M un A-module. Démontrer que les conditions suivantes sont équivalentes :

(i) Le A-module M est générateur ;

(ii) Le dual de M n'est pas nul ;

(iii) M contient un sous-module facteur direct isomorphe à A_s.

9) Soient D un corps et V un espace vectoriel à droite sur D. On considère V comme un module à gauche sur l'anneau $A = \mathrm{End}_D(V)$.

a) Démontrer que le A-module V est projectif, de type fini, fidèle et équilibré. Démontrer que les (D, A)-bimodules $\mathrm{Hom}_A(V, A_s)$ et $V^* = \mathrm{Hom}_D(V, D_d)$ sont canoniquement isomorphes.

b) Prouver que le A-module V est générateur si et seulement si la dimension du D-espace vectoriel V est finie.

c) Quel est l'idéal trace du A-module V ?

10) Soit M un A-module. Démontrer que les propriétés suivantes sont équivalentes :

(i) Le A-module M est de type fini ;

(ii) Pour tout A-module générateur P, il existe un nombre entier positif n et un homomorphisme surjectif f de P^n dans M.

11) Soit P un A-module projectif de type fini ; notons $\tau(P)$ son idéal trace.

a) Démontrer qu'on a $\tau(P)^2 = \tau(P)$ et $\tau(P)P = P$.

b) Démontrer que l'application canonique $\tau(P) \otimes_A P \to P$ est un isomorphisme.

¶ 12) Soient A un anneau et P un A-module de type fini. Démontrer que les propriétés suivantes sont équivalentes :

(i) Le A-module P est projectif et générateur ;

(ii) Les A-modules $P^{(\mathbf{N})}$ et $A_s^{(\mathbf{N})}$ sont isomorphes.

(Pour établir l'implication (i)⇒(ii) on pourra construire par récurrence des suites strictement croissantes (n_k) et (m_k) d'entiers et des homomorphismes de A-modules surjectifs $f_k : A_s^{n_k} \to P^{m_k}$, $g_k : P^{m_{k+1}} \to A_s^{n_k}$ tels que $g_{k-1} \circ f_k$ et $f_k \circ g_k$ soient les projections canoniques).

13) Soient k un anneau et n un nombre entier $\geqslant 2$; notons A le sous-anneau de $M_n(k)$ formé des matrices triangulaires supérieures et M le A-module à droite k^n. Prouver que

M est projectif de type fini, mais que l'anneau des homothéties de M n'est pas dense dans son bicommutant (*cf.* VIII, p. 83, th. 3 et VIII, p. 84, remarque). En particulier M n'est pas équilibré.

14) Quel est le bicommutant du **Z**-module **Q** ? Démontrer que **Q** est un module simple sur son bicommutant, mais que l'anneau des homothéties du **Z**-module **Q** n'est pas dense dans son bicommutant.

¶ 15) Soit M un module de torsion sur un anneau principal. Prouver que l'anneau des homothéties de M est dense dans son bicommutant.

(Se ramener au cas où M est π-primaire pour un élément extrémal π de A. Prouver ensuite que toute partie finie S de M est contenue dans un sous-module facteur direct qui est somme directe d'un module de type fini et d'un nombre fini de modules divisibles indécomposables, en raisonnant par récurrence sur le cardinal de S à l'aide des exerc. 3 de VII, p. 53 et 8 de VII, p. 55.)

16) Soient D un corps, V un espace vectoriel de dimension $\geqslant 2$ sur D, A un sous-anneau de $\mathrm{End}_{\mathrm{D}}(\mathrm{V})$.

a) On suppose que pour tout système de 4 éléments (x, x', y, y'), où x et x' sont linéairement indépendants, il existe un élément u de A tel que $u(x) = y$, $u(x') = y'$. Démontrer que le commutant du A-module V est D (identifié à l'anneau des homothéties de V), et que l'anneau des homothéties de ce module est dense dans son bicommutant.

b) Donner un exemple d'anneau $\mathrm{A} \subset \mathrm{End}_{\mathrm{D}}(\mathrm{V})$ tel que V soit un A-module simple, mais que son commutant soit distinct de D (considérer un corps E contenant D, un espace vectoriel V sur E et l'anneau $\mathrm{A} = \mathrm{End}_{\mathrm{E}}(\mathrm{V})$).

17) Soient K un corps commutatif algébriquement clos, V un espace vectoriel de dimension finie sur K, G un sous-monoïde de Aut(V) tel que le K[G]-module V soit simple. Si l'ensemble des scalaires $\mathrm{Tr}(g)$, pour $g \in \mathrm{G}$, est fini, prouver que G est fini (déduire du théorème de Burnside que G contient une base $(g_i)_{i\in\mathrm{I}}$ de End(V) et considérer l'application $g \mapsto (\mathrm{Tr}(gg_i))$ de G dans K^{I}).

¶ 18) On dit qu'un groupe G est *localement fini* si tout sous-groupe de G admettant une famille génératrice finie est fini.

a) Soient G un groupe, H un sous-groupe distingué de G. Si H et G/H sont localement finis, prouver qu'il en est de même de G.

b) Déduire de *a*) qu'un groupe résoluble dont tout élément est d'ordre fini est localement fini.

c) Soient K un corps commutatif, V un espace vectoriel de dimension finie sur K, G un sous-groupe de Aut(V) admettant une famille génératrice finie et formé d'éléments d'ordre fini. Prouver que l'ordre des éléments de G est borné.

(Se ramener au cas où K est une extension transcendante pure d'un corps premier P, en considérant le sous-corps de K engendré par les coefficients d'une famille génératrice finie de G. Prouver alors que pour tout élément d'ordre s fini de $\mathbf{GL}_n(\mathrm{K})$, on a $\varphi(s) \leqslant n$ si $\mathrm{P} = \mathbf{Q}$, et $s \leqslant p^n - 1$ si $\mathrm{P} = \mathbf{F}_p$.)

d) Prouver que tout sous-groupe H de Aut(V) dont tout élément est d'ordre fini est localement fini[1].

(Se ramener au cas où K est algébriquement clos et raisonner par récurrence sur dim(V). Soit G un sous-groupe de H admettant une famille génératrice finie. Si V est un K[G]-module simple, appliquer l'exerc. 17 ; si V contient un sous-espace W non trivial stable par G, considérer l'image de G dans Aut(V) × Aut(V/W), et appliquer *a*) et *b*)).

¶ 19) Soit A un anneau, tel que le A-module A_s soit somme directe d'une famille finie d'idéaux à gauche $(\mathfrak{I}_i)_{1\leqslant i\leqslant n}$ isomorphes en tant que A-modules.

a) Démontrer qu'il existe dans A une famille d'éléments $e_{i,j}$ $(1 \leqslant i \leqslant n,\ 1 \leqslant j \leqslant n)$ tels que $e_{i,j}e_{h,k} = \delta_{j,h}e_{i,k}$, où $\delta_{j,h}$ désigne l'indice de Kronecker, et $\mathfrak{I}_i = \mathrm{A}e_{i,i}$ (*cf.* VIII, p. 36, exerc. 5 et I, p. 152, exerc. 12). Réciproquement, s'il existe dans A une famille de n^2 éléments $e_{i,j}$ tels que $e_{i,j}e_{h,k} = \delta_{j,h}e_{i,k}$ et $1 = \sum_{i=1}^{n} e_{i,i}$, les idéaux à gauche $\mathrm{A}e_{i,i}$ sont isomorphes en tant que A-modules (*cf.* VIII, p. 36, exerc. 5). En outre, si B est le sous-anneau de A formé des éléments qui commutent avec tous les $e_{i,j}$, A est isomorphe à l'anneau de matrices $\mathbf{M}_n(\mathrm{B})$ et B est isomorphe à l'opposé du commutant de chacun des A-modules $\mathrm{A}e_{i,i}$ (utiliser VIII, p. 74 et VIII, p. 60, cor.).

b) Soit M un A-module. Démontrer que les $\mathrm{N}_i = e_{i,i}\mathrm{M}$ sont des B-modules et que M, considéré comme B-module, est somme directe des N_i ; en outre, les B-modules N_i sont deux à deux isomorphes (considérer les applications $x \mapsto e_{i,1}x$ et $y \mapsto e_{1,i}y$) et l'annulateur des N_i est l'intersection de B et de l'annulateur de M dans A. Réciproquement, pour tout B-module N, définir une structure de A-module sur la somme directe M de n B-modules isomorphes à N, de sorte que $e_{1,1}\mathrm{M}$ soit isomorphe à N.

c) À tout sous-B-module P de N_1, on fait correspondre le sous-A-module $\sum_{i=1}^{n} e_{i,1}\mathrm{P}$ de M. Démontrer qu'on définit ainsi une application bijective de l'ensemble des sous-B-modules de N_1 sur l'ensemble des sous-A-modules de M, strictement croissante pour la relation d'inclusion.

---

[1] Pour tout entier n impair $\geqslant 665$, il existe un groupe dans lequel l'ordre de tout élément divise n, mais qui n'est pas localement fini ; *cf.* S. I. Adian, *The Burnside problem and identities in groups*, Ergebnisse der Math. **95**, Springer-Verlag (1979). Un résultat analogue vaut lorsque $n \geqslant 2^{48}$ et 2^9 divise n (*cf.* S. V. Ivanov, *On the Burnside problem for groups of even exponent*, Proceedings of the International Congress of Mathematicians, Vol. II (Berlin, 1998). Doc. Math. 1998, Extra Vol. II, 67–75).

§ 6. ÉQUIVALENCE DE MORITA DES MODULES ET DES ALGÈBRES

Dans ce paragraphe, k désigne un anneau commutatif.

1. Commutant et dualité

Soient A et B des k-algèbres. Rappelons (III, p. 38) qu'on appelle bimodule sur les algèbres A et B un (A, B)-bimodule P pour lequel les deux structures de k-module déduites des structures de module sur A et sur B coïncident. Pour éviter toute ambiguïté, nous dirons alors que P est un $(\mathrm{A}, \mathrm{B})_k$-bimodule. Soit P un $(\mathrm{A}, \mathrm{B})_k$-bimodule. On note P^* le dual $\mathrm{Hom}_{\mathrm{A}}(\mathrm{P}, \mathrm{A})$ du A-module à gauche sous-jacent à P. C'est un $(\mathrm{B}, \mathrm{A})_k$-bimodule (II, p. 35) ; pour $a \in \mathrm{A}$, $b \in \mathrm{B}$, $x \in \mathrm{P}$, $x^* \in \mathrm{P}^*$, on a

$$\langle x, bx^*a\rangle = \langle xb, x^*\rangle a. \tag{1}$$

On note également ${}_s\mathrm{A}_d$ l'algèbre A considérée comme $(\mathrm{A}, \mathrm{A})_k$-bimodule (*loc. cit.*) et $\Lambda : \mathrm{P} \otimes_{\mathrm{B}} \mathrm{P}^* \to {}_s\mathrm{A}_d$ l'homomorphisme de $(\mathrm{A}, \mathrm{A})_k$-bimodules caractérisé par

$$\Lambda(x \otimes x^*) = \langle x, x^*\rangle \tag{2}$$

pour $x \in \mathrm{P}$ et $x^* \in \mathrm{P}^*$. On note $\widetilde{\mathrm{P}}$ le dual $\mathrm{Hom}_{\mathrm{B}}(\mathrm{P}, \mathrm{B})$ du B-module à droite sous-jacent à P ; c'est un $(\mathrm{B}, \mathrm{A})_k$-bimodule. On note $\widetilde{\Lambda} : \widetilde{\mathrm{P}} \otimes_{\mathrm{B}} \mathrm{P} \to {}_s\mathrm{B}_d$ l'homomorphisme de $(\mathrm{B}, \mathrm{B})_k$-bimodules caractérisé par

$$\widetilde{\Lambda}(\widetilde{x} \otimes x) = \langle \widetilde{x}, x\rangle \tag{3}$$

pour $x \in \mathrm{P}$ et $\widetilde{x} \in \widetilde{\mathrm{P}}$.

Supposons maintenant que *l'application $b \mapsto b_{\mathrm{P}}$ soit une bijection de* B *sur* $\mathrm{End}_{\mathrm{A}}(\mathrm{P})$; c'est alors un isomorphisme de B sur l'algèbre opposée de $\mathrm{End}_{\mathrm{A}}(\mathrm{P})$. L'homomorphisme canonique de **Z**-modules de $\mathrm{P}^* \otimes_{\mathrm{A}} \mathrm{P}$ dans $\mathrm{End}_{\mathrm{A}}(\mathrm{P})$ (II, p. 77) définit alors un homomorphisme de **Z**-modules $\Theta : \mathrm{P}^* \otimes_{\mathrm{A}} \mathrm{P} \to \mathrm{B}$ caractérisé par

$$x\Theta(x^* \otimes y) = \langle x, x^* \rangle y \tag{4}$$

pour $x, y \in \mathrm{P}$ et $x^* \in \mathrm{P}^*$. Compte tenu de (1), cet homomorphisme est (B, B)-linéaire et l'on a

$$\Theta(x^* \otimes y)y^* = x^* \langle y, y^* \rangle \tag{5}$$

pour $y \in \mathrm{P}$ et $x^*, y^* \in \mathrm{P}^*$. On déduit de (4) et (5) les égalités dans le $(\mathrm{B}, \mathrm{B})_k$-bimodule $\mathrm{P}^* \otimes_{\mathrm{A}} \mathrm{P}$

$$(y^* \otimes x)\Theta(x^* \otimes y) = y^* \otimes \langle x, x^* \rangle y = y^* \langle x, x^* \rangle \otimes y = \Theta(y^* \otimes x)(x^* \otimes y)$$

pour $x, y \in \mathrm{P}$, $x^*, y^* \in \mathrm{P}^*$, d'où

$$s\Theta(t) = \Theta(s)t \tag{6}$$

pour $s, t \in \mathrm{P}^* \otimes_{\mathrm{A}} \mathrm{P}$. De même, pour x, y dans P et x^*, y^* dans P^*, on déduit de (4) et (5) les égalités suivantes dans le $(\mathrm{A}, \mathrm{A})_k$-bimodule $\mathrm{P} \otimes_{\mathrm{B}} \mathrm{P}^*$

$$(x \otimes x^*)\langle y, y^* \rangle = x \otimes \Theta(x^* \otimes y)y^* = x\Theta(x^* \otimes y) \otimes y^* = \langle x, x^* \rangle (y \otimes y^*),$$

d'où

$$u\Lambda(v) = \Lambda(u)v \tag{7}$$

pour $u, v \in \mathrm{P} \otimes_{\mathrm{B}} \mathrm{P}^*$.

Pour tout élément x^* de P^*, notons $\sigma(x^*)$ l'application B-linéaire $x \mapsto \Theta(x^* \otimes x)$ de P dans B. On définit ainsi une application σ de P^* dans $\widetilde{\mathrm{P}}$ qui est (B, A)-linéaire et satisfait par définition à

$$\Theta(x^* \otimes y) = \langle \sigma(x^*), y \rangle \tag{8}$$

pour $x^* \in \mathrm{P}^*$ et $y \in \mathrm{P}$. Par définition de $\widetilde{\Lambda}$, on a donc

$$\Theta = \widetilde{\Lambda} \circ (\sigma \otimes 1_{\mathrm{P}}). \tag{9}$$

Supposons que l'application $a \mapsto a_{\mathrm{P}}$ *de* A *dans* $\mathrm{End}_{\mathrm{B}}(\mathrm{P})$ *soit bijective,* c'est alors un isomorphisme d'algèbres. De manière analogue, on définit un homomorphisme de $(\mathrm{A}, \mathrm{A})_k$-bimodules $\widetilde{\Theta} : \mathrm{P} \otimes_{\mathrm{B}} \widetilde{\mathrm{P}} \to {}_s\mathrm{A}_d$ caractérisé par la relation

$$\widetilde{\Theta}(x \otimes \widetilde{y})y = x\langle \widetilde{y}, y \rangle \tag{10}$$

pour $x, y \in \mathrm{P}$ et $\widetilde{y} \in \widetilde{\mathrm{P}}$. On définit aussi un homomorphisme de $(\mathrm{B}, \mathrm{A})_k$-bimodules $\widetilde{\sigma} : \widetilde{\mathrm{P}} \to \mathrm{P}^*$ caractérisé par la formule

$$\widetilde{\Theta}(x \otimes \widetilde{y}) = \langle x, \widetilde{\sigma}(\widetilde{y}) \rangle \tag{11}$$

pour $x \in \mathrm{P}$, $\widetilde{y} \in \widetilde{\mathrm{P}}$. On a

$$\widetilde{\Theta} = \Lambda \circ (1_{\mathrm{P}} \otimes \widetilde{\sigma}). \tag{12}$$

PROPOSITION 1. — *Supposons que les applications $b \mapsto b_{\mathrm{P}}$ de* B *dans* $\mathrm{End}_{\mathrm{A}}(\mathrm{P})$ *et $a \mapsto a_{\mathrm{P}}$ de* A *dans* $\mathrm{End}_{\mathrm{B}}(\mathrm{P})$ *soient bijectives. Alors σ et $\widetilde{\sigma}$ sont des isomorphismes réciproques l'un de l'autre et l'on a les formules*

$$\Lambda = \widetilde{\Theta} \circ (1_{\mathrm{P}} \otimes \sigma) \tag{13}$$

$$\widetilde{\Lambda} = \Theta \circ (\widetilde{\sigma} \otimes 1_{\mathrm{P}}). \tag{14}$$

Pour $x \in \mathrm{P}$, $x^* \in \mathrm{P}^*$ et $y \in \mathrm{P}$, on a, d'après les formules (4), (8), (10) et (11),

$$\langle x, x^*\rangle y = x\,\Theta(x^* \otimes y) = x\langle \sigma(x^*), y\rangle = \widetilde{\Theta}(x \otimes \sigma(x^*))y = \langle x, \widetilde{\sigma}(\sigma(x^*))\rangle y. \tag{15}$$

De même, pour $x \in \mathrm{P}$, $\widetilde{y} \in \widetilde{\mathrm{P}}$ et $y \in \mathrm{P}$, on a

$$x\langle \widetilde{y}, y\rangle = \widetilde{\Theta}(x \otimes \widetilde{y})y = \langle x, \widetilde{\sigma}(\widetilde{y})\rangle y = x\Theta\left(\widetilde{\sigma}(\widetilde{y}) \otimes y\right) = x\langle \sigma(\widetilde{\sigma}(\widetilde{y})), y\rangle. \tag{16}$$

Vu les hypothèses faites, P est fidèle en tant que A-module et en tant que B-module. Des formules (15) et (16) respectivement, on déduit $\widetilde{\sigma} \circ \sigma = 1_{\mathrm{P}^*}$ et $\sigma \circ \widetilde{\sigma} = 1_{\widetilde{\mathrm{P}}}$. Les formules (13) et (14) découlent alors de (12) et (9) respectivement.

Remarques. — 1) Supposons que l'application $b \mapsto b_{\mathrm{P}}$ de B dans $\mathrm{End}_{\mathrm{A}}(\mathrm{P})$ soit bijective. Alors

a) Le B-module P s'identifie au contremodule de P ; il est donc fidèle et équilibré ;

b) Pour que l'application $a \mapsto a_{\mathrm{P}}$ de A dans $\mathrm{End}_{\mathrm{B}}(\mathrm{P})$ soit bijective, il faut et il suffit que le A-module P soit fidèle et équilibré.

2) Sous les hypothèses de la prop. 1, le A-module P est équilibré ; comme les anneaux A_{P} et A'_{P} ont même centre (VIII, p. 73), il existe un isomorphisme φ du centre Z(A) de l'anneau A sur le centre Z(B) de l'anneau B caractérisé par la relation $\varphi(z)_{\mathrm{P}} = z_{\mathrm{P}}$ pour $z \in \mathrm{Z}(\mathrm{A})$. De plus, les endomorphismes du $(\mathrm{A}, \mathrm{B})_k$-bimodule P sont les homothéties z_{P} où z parcourt Z(A) ; les automorphismes du $(\mathrm{A}, \mathrm{B})_k$-bimodule P sont les homothéties z_{P} où z est inversible dans Z(A).

2. Modules générateurs et modules projectifs de type fini

PROPOSITION 2. — *Soient* A *et* B *des algèbres sur* k *et soit* P *un* $(\mathrm{A}, \mathrm{B})_k$*-bimodule. On suppose que l'application* $b \mapsto b_{\mathrm{P}}$ *de* B *dans* $\mathrm{End}_{\mathrm{A}}(\mathrm{P})$ *est bijective. Les assertions suivantes sont équivalentes :*

(i) *Le* A*-module* P *est projectif de type fini ;*

(ii) *L'application* Θ (VIII, p. 92) *est un isomorphisme de* $(\mathrm{B}, \mathrm{B})_k$*-bimodules de* $\mathrm{P}^* \otimes_{\mathrm{A}} \mathrm{P}$ *sur* ${}_s\mathrm{B}_d$;

(iii) *L'image de* Θ *contient l'élément unité de* B.

Si de plus l'application $a \mapsto a_{\mathrm{P}}$ *de* A *dans* $\mathrm{End}_{\mathrm{B}}(\mathrm{P})$ *est bijective, les assertions précédentes équivalent à la condition suivante :*

(iv) *Il existe un* $(\mathrm{B}, \mathrm{A})_k$*-bimodule* Q *et un homomorphisme surjectif de* $(\mathrm{B}, \mathrm{B})_k$*-bimodules de* $\mathrm{Q} \otimes_{\mathrm{A}} \mathrm{P}$ *sur* ${}_s\mathrm{B}_d$.

Par le corollaire de II, p. 77, l'assertion (i) implique (ii). De plus, (iii) résulte de (ii). Soit $t \in \mathrm{E}^* \otimes \mathrm{E}$ tel que $\Theta(t) = 1$. Soit n un entier et soient $(x_1, \ldots, x_n) \in \mathrm{P}^n$ et $(x_1^*, \ldots, x_n^*) \in \mathrm{P}^{*n}$ tels que $t = \sum_{i=1}^n x_i^* \otimes x_i$. Pour tout x appartenant à P, la relation $x\Theta(t) = x$ s'écrit

$$\sum_{i=1}^{n} < x, x_i^* > x_i = x.$$

Il en résulte que le A-module P est de type fini engendré par la famille $(x_i)_{1 \leqslant i \leqslant n}$ et on conclut la preuve de l'implication (iii) $\Longrightarrow$ (i) par la prop. 12 de II, p. 46.

De plus, on a évidemment (ii) $\Longrightarrow$ (iv). Soient Q un $(\mathrm{B}, \mathrm{A})_k$-bimodule et θ un homomorphisme surjectif de $(\mathrm{B}, \mathrm{B})_k$-bimodules de $\mathrm{Q} \otimes_{\mathrm{A}} \mathrm{P}$ sur ${}_s\mathrm{B}_d$. Avec les notations du numéro précédent, il existe un homomorphisme de $(\mathrm{B}, \mathrm{A})_k$-bimodules $\zeta : \mathrm{Q} \to \widetilde{\mathrm{P}}$ tel que $\theta(y \otimes x) = \langle \zeta(y), x \rangle$ pour $x \in \mathrm{P}$, $y \in \mathrm{Q}$, et l'on a $\theta = \widetilde{\Lambda} \circ (\zeta \otimes 1_{\mathrm{P}})$. Comme θ est surjectif, il en est de même de $\widetilde{\Lambda}$. Si l'application $a \mapsto a_{\mathrm{P}}$ de A dans $\mathrm{End}_{\mathrm{B}}(\mathrm{P})$ est bijective, Θ est surjective d'après la relation (14) de la prop. 1 de VIII, p. 93, d'où l'implication (iv) $\Longrightarrow$ (iii).

PROPOSITION 3. — *Soient* A *et* B *des algèbres sur* k *et* P *un* $(\mathrm{A}, \mathrm{B})_k$*-bimodule. Les propriétés suivantes sont équivalentes :*

(i) *Le* A*-module* P *est générateur ;*

(ii) *L'image de l'application* Λ *de* $\mathrm{P} \otimes_{\mathrm{B}} \mathrm{P}^*$ *dans* ${}_s\mathrm{A}_d$ (VIII, p. 91) *contient l'élément unité ;*

(iii) *Il existe un* $(\mathrm{B}, \mathrm{A})_k$*-bimodule* Q *et un homomorphisme surjectif de* $(\mathrm{A}, \mathrm{A})_k$*-bimodules de* $\mathrm{P} \otimes_{\mathrm{B}} \mathrm{Q}$ *dans* ${}_s\mathrm{A}_d$.

Si de plus l'application $b \mapsto b_{\rm P}$ *de* B *dans* $\mathrm{End}_{\rm A}(\mathrm{P})$ *est bijective, elles sont équivalentes à la condition suivante :*

(iv) *L'application* Λ *est un isomorphisme de* $\mathrm{P} \otimes_{\mathrm{B}} \mathrm{P}^*$ *sur* ${}_s\mathrm{A}_d$.

(i) $\Longleftrightarrow$ (ii) : l'image de Λ est l'idéal trace $\tau(\mathrm{P})$ (VIII, p. 75). L'équivalence de (i) et (ii) résulte donc du théorème 1 de VIII, p. 76.

(ii) $\Longrightarrow$ (iii) : il suffit de poser $\mathrm{Q} = \mathrm{P}^*$.

(iii) $\Longrightarrow$ (ii) : soient Q un $(\mathrm{B}, \mathrm{A})_k$-bimodule et ψ un homomorphisme de $(\mathrm{A}, \mathrm{A})_k$-bimodules de $\mathrm{P} \otimes_{\mathrm{B}} \mathrm{Q}$ dans ${}_s\mathrm{A}_d$. Il existe un homomorphisme de $(\mathrm{B}, \mathrm{A})_k$-bimodules Ψ de Q dans P^* tel que $\psi(x \otimes y) = \langle x, \Psi(y) \rangle$ pour $x \in \mathrm{P}$ et $y \in \mathrm{Q}$, et l'on a l'égalité $\psi = \Lambda \circ (1_{\mathrm{P}} \otimes \Psi)$. Si ψ est surjectif, il en est de même de Λ.

Il est clair que (iv) implique (ii). Inversement, supposons que la condition (ii) soit satisfaite et que l'application $b \mapsto b_{\rm P}$ de B dans $\mathrm{End}_{\rm A}(\mathrm{P})$ soit bijective. Soit e un élément de $\mathrm{P} \otimes_{\mathrm{B}} \mathrm{P}^*$ tel que $\Lambda(e) = 1$. D'après la formule (7) de VIII, p. 92, on a $u = \Lambda(u)e$ pour tout u dans $\mathrm{P} \otimes_{\mathrm{B}} \mathrm{P}^*$, d'où l'injectivité de Λ.

Proposition 4. — *Soient* A *et* B *des algèbres sur* k *et* P *un* $(\mathrm{A}, \mathrm{B})_k$*-bimodule. On suppose que l'application* $b \mapsto b_{\rm P}$ *de* B *dans* $\mathrm{End}_{\rm A}(\mathrm{P})$ *est bijective.*

a) *Si le* A*-module* P *est générateur, le* B*-module à droite* P *est projectif de type fini.*

b) *Si le* A*-module* P *est projectif de type fini, le* B*-module à droite* P *est générateur.*

Supposons le A-module P générateur. Il est alors fidèle et équilibré (VIII, p. 78, th. 2) et par suite l'application $a \mapsto a_{\rm P}$ de A dans $\mathrm{End}_{\rm B}(\mathrm{P})$ est bijective (VIII, p. 93, remarque 1). De plus, l'application $\Lambda : \mathrm{P} \otimes_{\mathrm{B}} \mathrm{P}^* \to {}_s\mathrm{A}_d$ est bijective (VIII, p. 94, prop. 3). Considérons P comme un $(\mathrm{B}^{\rm o}, \mathrm{A}^{\rm o})_k$-bimodule. L'application Λ induit une application bijective $\mathrm{P}^* \otimes_{\mathrm{B}^{\rm o}} \mathrm{P} \to \mathrm{A}^{\rm o}$; par la prop. 2 de VIII, p. 94, (iv) $\Longrightarrow$ (i), le B-module à droite P est projectif de type fini.

Supposons maintenant le A-module P projectif et de type fini. Alors l'application $\Theta : \mathrm{P}^* \otimes_{\mathrm{A}} \mathrm{P} \to {}_s\mathrm{B}_d$ est bijective (*loc. cit.* (i) $\Longrightarrow$ (ii)). D'après l'implication (iii) $\Longrightarrow$ (i) de la prop. 3 ci-dessus appliquée au $(\mathrm{B}^{\rm o}, \mathrm{A}^{\rm o})_k$-bimodule P, le B-module à droite P est générateur.

Corollaire 1. — *Le contremodule d'un module générateur est projectif de type fini. Le contremodule d'un module projectif de type fini est générateur.*

Soit A une k-algèbre et soit M un A-module. On note B la k-algèbre opposée de l'algèbre $\mathrm{End}_{\rm A}(\mathrm{M})$. Le corollaire résulte de la proposition 4 appliquée au $(\mathrm{A}, \mathrm{B})_k$-bimodule M.

COROLLAIRE 2. — *Soient* A *et* B *des* k*-algèbres et* P *un* $(\mathrm{A}, \mathrm{B})_k$*-bimodule. Les propriétés suivantes sont équivalentes* :

(i) *Le* A*-module* P *est générateur et l'application* $b \mapsto b_{\mathrm{P}}$ *de* B *dans* $\mathrm{End}_{\mathrm{A}}(\mathrm{P})$ *est bijective.*

(ii) *Le* B*-module à droite* P *est projectif de type fini, fidèle et équilibré et l'application* $a \mapsto a_{\mathrm{P}}$ *de* A *dans* $\mathrm{End}_{\mathrm{B}}(\mathrm{P})$ *est bijective.*

L'implication (i) $\Longrightarrow$ (ii) résulte de la proposition 4 a) et de la remarque 1 (VIII, p. 93). Sous les hypothèses de (ii), le A-module P est générateur (prop. 4, b) appliquée au $(\mathrm{B}^{\mathrm{o}}, \mathrm{A}^{\mathrm{o}})_k$-bimodule P). Comme le B-module P est fidèle et équilibré, la seconde assertion de (i) est aussi vérifiée (VIII, p. 93, remarque 1).

3. Bimodules inversibles et équivalence de Morita

DÉFINITION 1. — *Soient* A *et* B *des* k*-algèbres et* P *un* $(\mathrm{A}, \mathrm{B})_k$*-bimodule. On dit que* P *est* inversible *s'il existe un* $(\mathrm{B}, \mathrm{A})_k$*-bimodule* Q *tel que* $\mathrm{P} \otimes_{\mathrm{B}} \mathrm{Q}$ *soit isomorphe à* ${}_s\mathrm{A}_d$ *et* $\mathrm{Q} \otimes_{\mathrm{A}} \mathrm{P}$ *à* ${}_s\mathrm{B}_d$*. Un tel bimodule* Q *s'appelle un* inverse *de* P.

Soient A et B des k-algèbres. Soit P un $(\mathrm{A}, \mathrm{B})_k$-bimodule inversible. Soit C une k-algèbre et P′ un $(\mathrm{B}, \mathrm{C})_k$-bimodule inversible. Soient Q et Q′ des bimodules inverses de P et P′ respectivement. D'après l'associativité du produit tensoriel (II, p. 64, prop. 8) et la prop. 4 de II, p. 55, le $(\mathrm{C}, \mathrm{A})_k$-bimodule $\mathrm{Q}' \otimes_{\mathrm{B}} \mathrm{Q}$ est un inverse du $(\mathrm{A}, \mathrm{C})_k$-bimodule $\mathrm{P} \otimes_{\mathrm{B}} \mathrm{P}'$, de sorte que $\mathrm{P} \otimes_{\mathrm{B}} \mathrm{P}'$ est un $(\mathrm{A}, \mathrm{C})_k$-bimodule inversible.

Ainsi la relation

« A et B sont des k-algèbres et il existe un $(\mathrm{A}, \mathrm{B})_k$-bimodule inversible »

est une relation d'équivalence.

DÉFINITION 2. — *On dit que des* k*-algèbres* A *et* B *sont* équivalentes au sens de Morita *s'il existe un* $(\mathrm{A}, \mathrm{B})_k$*-bimodule inversible. On dit que des anneaux* A *et* B *sont équivalents au sens de Morita si les* **Z***-algèbres* A *et* B *sont équivalentes au sens de Morita.*

Deux k-algèbres isomorphes sont équivalentes au sens de Morita. Si deux k-algèbres sont équivalentes au sens de Morita, leurs algèbres opposées sont équivalentes au sens de Morita.

Soient P un $(\mathrm{A}, \mathrm{B})_k$-bimodule inversible et Q un inverse de P. Alors Q est un $(\mathrm{B}, \mathrm{A})_k$-bimodule inversible et admet P comme inverse. De plus, vu comme $(\mathrm{B}^{\mathrm{o}}, \mathrm{A}^{\mathrm{o}})_k$-bimodule, P est inversible et admet pour inverse le $(\mathrm{A}^{\mathrm{o}}, \mathrm{B}^{\mathrm{o}})_k$-bimodule Q.

Lemme 1. — *Soient* A *et* B *des k-algèbres,* P *un* $(A, B)_k$*-bimodule inversible,* M *et* N *des* B*-modules et* $u : M \to N$ *une application* B*-linéaire. Si l'application* $1_P \otimes u : P \otimes_B M \to P \otimes_B N$ *est nulle* (resp. *bijective*), *il en est de même de* u.

Soient Q un bimodule inverse de P et $\theta : Q \otimes_A P \to {}_sB_d$ un isomorphisme de $(B, B)_k$-bimodules. Le lemme résulte de la commutativité du diagramme

$$\begin{array}{ccc} Q \otimes_A P \otimes_B M & \xrightarrow{1_Q \otimes 1_P \otimes u} & Q \otimes_A P \otimes_B N \\ \downarrow{\scriptstyle \theta \otimes 1_M} & & \downarrow{\scriptstyle \theta \otimes 1_M} \\ M & \xrightarrow{\quad u \quad} & N. \end{array}$$

THÉORÈME 1. — *Soient* A *et* B *des k-algèbres et* P *un* $(A, B)_k$*-bimodule. Notons* P^* *le* $(B, A)_k$*-bimodule* $\mathrm{Hom}_A(P, A_s)$. *Les assertions suivantes sont équivalentes :*

(i) *Le* $(A, B)_k$*-bimodule* P *est inversible ;*

(ii) *Le* A*-module* P *est projectif, de type fini et générateur, et l'application* $b \mapsto b_P$ *de* B *dans* $\mathrm{End}_A(P)^o$ *est un isomorphisme de k-algèbres ;*

(iii) *Le* B*-module à droite* P *est projectif, de type fini et générateur et l'application* $a \mapsto a_P$ *de* A *dans* $\mathrm{End}_B(P)$ *est un isomorphisme de k-algèbres.*

Si ces conditions sont vérifiées, les homomorphismes

$$\Theta : P^* \otimes P \to {}_sB_d \qquad et \qquad \Lambda : P \otimes P^* \to {}_sA_d$$

sont des isomorphismes de sorte que le $(B, A)_k$*-bimodule* P^* *est un inverse de* P.

Si la condition (ii) est vérifiée, P est un $(A, B)_k$-bimodule inversible d'inverse P^* (VIII, p. 94, prop. 2 et p. 94, prop. 3). Cela démontre que (ii) implique (i) et la dernière assertion.

Supposons le $(A, B)_k$-bimodule P inversible. Alors le A-module P est générateur (VIII, p. 94, prop. 3, (iii) $\Longrightarrow$ (i)). Il est donc fidèle et équilibré (VIII, p. 78, th. 2) et, par suite, l'application $a \mapsto a_p$ de A dans $\mathrm{End}_B(P)$ est bijective.

Prouvons ensuite que l'application $b \mapsto b_P$ de B dans $\mathrm{End}_A(P)$ est bijective. Soit Q un $(B, A)_k$-bimodule inverse de P. Soit $u \in \mathrm{End}_A(P)$; alors $1_Q \otimes u$ est un endomorphisme du B-module à gauche $Q \otimes_A P$. Comme le $(B, B)_k$-bimodule $Q \otimes_A P$ est isomorphe à ${}_sB_d$, il existe un unique élément b de B tel que $1_Q \otimes u$ soit l'homothétie de rapport b du B-module à droite $Q \otimes_A P$. Par suite, on a $1_Q \otimes (u - b_P) = 0$. D'où $u = b_P$ d'après le lemme 1 ; cela prouve que l'application $b \mapsto b_P$ de B dans $\mathrm{End}_A(P)$ est bijective.

D'après la prop. 2 de VIII, p. 94, le A-module P est alors projectif de type fini. On a donc prouvé l'équivalence de (i) et (ii).

En échangeant les rôles de A et B, on obtient l'équivalence de (i) et (iii), ce qui achève la preuve de la proposition.

COROLLAIRE 1. — *Soient* A *et* B *des k-algèbres équivalentes au sens de Morita et soit* P *un* $(\mathrm{A}, \mathrm{B})_k$*-bimodule inversible. Il existe un isomorphisme* φ *du centre* Z(A) *de* A *sur le centre de* B *caractérisé par la relation* $\varphi(z)_{\mathrm{P}} = z_{\mathrm{P}}$ *pour tout* $z \in \mathrm{Z}(\mathrm{A})$. *Les automorphismes du* $(\mathrm{A}, \mathrm{B})_k$*-bimodule* P *sont les homothéties* z_{P} *où* z *est un élément inversible de* Z(A).

Compte tenu du th. 1, cela résulte de la remarque 2 de VIII, p. 93.

COROLLAIRE 2. — *Soient* A *et* B *des k-algèbres équivalentes au sens de Morita et soit* P *un* $(\mathrm{A}, \mathrm{B})_k$*-bimodule inversible. Tout* $(\mathrm{B}, \mathrm{A})_k$*-bimodule inverse de* P *est isomorphe au dual* $\mathrm{P}^* = \mathrm{Hom}_{\mathrm{A}}(\mathrm{P}, \mathrm{A})$ *de* P. *Plus précisément, soit* Q *un* $(\mathrm{B}, \mathrm{A})_k$*-bimodule inverse de* P *et soit* $\lambda : \mathrm{P} \otimes_{\mathrm{B}} \mathrm{Q} \to {}_s\mathrm{A}_d$ *un isomorphisme de* $(\mathrm{A}, \mathrm{A})_k$*-bimodules, il existe une unique application* $\tau : \mathrm{Q} \to \mathrm{P}^*$ *caractérisée par la relation* $\langle p, \tau(q) \rangle = \lambda(p \otimes q)$ *pour* $p \in \mathrm{P}$ *et* $q \in \mathrm{Q}$, *et* τ *est un isomorphisme de* $(\mathrm{B}, \mathrm{A})_k$*-bimodules.*

L'existence et l'unicité de l'application τ sont claires. C'est un homomorphisme de $(\mathrm{B}, \mathrm{A})_k$-bimodules et l'on a $\lambda = \Lambda \circ (1_{\mathrm{P}} \otimes \tau)$. Comme λ et Λ sont des isomorphismes de $(\mathrm{A}, \mathrm{A})_k$-bimodules (VIII, p. 97, th. 1), il en est de même de $1_{\mathrm{P}} \otimes \tau$. D'après le lemme 1 (VIII, p. 97), l'application τ est bijective.

Remarque. — Sous les hypothèses du corollaire, soit q un élément de Q tel qu'on ait $\lambda(p \otimes q) = 0$ pour tout $p \in \mathrm{P}$. On a alors $\tau(q) = 0$, c'est-à-dire $q = 0$. De même, si p est un élément de P tel qu'on ait $\lambda(p \otimes q) = 0$ pour tout $q \in \mathrm{Q}$, alors $p = 0$.

Exemples. — 1) Soient B une k-algèbre, n un entier $\geqslant 1$ et A la k-algèbre $\mathbf{M}_n(\mathrm{B})$. Le B-module à droite $\mathrm{P} = \mathrm{B}_d^n$ est projectif, de type fini et générateur, et A s'identifie à l'algèbre des endomorphismes de P (II, p. 150). D'après le théorème 1, le $(\mathrm{A}, \mathrm{B})_k$-bimodule P est inversible. Les algèbres B et $\mathbf{M}_n(\mathrm{B})$ sont donc équivalentes au sens de Morita.

2) *Soient A une k-algèbre commutative et P un A-module. Considérons P comme un $(\mathrm{A}, \mathrm{A})_k$-bimodule dont les deux lois d'action sont égales. Si le $(\mathrm{A}, \mathrm{A})_k$-bimodule P est inversible, le A-module P est de type fini (th. 1). Compte tenu du th. 3 de AC, II, p. 143, les propriétés suivantes sont équivalentes :

(i) Le $(\mathrm{A}, \mathrm{A})_k$-bimodule P est inversible ;

(ii) Il existe un A-module Q tel que $\mathrm{P} \otimes_{\mathrm{A}} \mathrm{Q}$ soit isomorphe à A ;

(iii) Le A-module P est projectif, de type fini et de rang 1. *

4. Correspondance de Morita des modules

Dans ce numéro, les lettres A et B désignent des k-algèbres équivalentes au sens de Morita et P un $(\mathrm{A}, \mathrm{B})_k$-bimodule inversible. Choisissons un $(\mathrm{B}, \mathrm{A})_k$-bimodule Q inverse de P et des isomorphismes

$$\lambda : \mathrm{P} \otimes_{\mathrm{B}} \mathrm{Q} \rightarrow {}_s\mathrm{A}_d \qquad \text{et} \qquad \theta : \mathrm{Q} \otimes_{\mathrm{A}} \mathrm{P} \rightarrow {}_s\mathrm{B}_d.$$

Pour tout B-module à gauche V, nous noterons θ_{V} l'isomorphisme de B-modules $\theta \otimes 1_{\mathrm{V}} : \mathrm{Q} \otimes_{\mathrm{A}} \mathrm{P} \otimes_{\mathrm{B}} \mathrm{V} \rightarrow \mathrm{V}$. De même, pour tout A-module à gauche M, nous noterons λ_{M} l'isomorphisme de A-modules $\lambda \otimes 1_{\mathrm{M}} : \mathrm{P} \otimes_{\mathrm{B}} \mathrm{Q} \otimes_{\mathrm{A}} \mathrm{M} \rightarrow \mathrm{M}$.

THÉORÈME 2 (Morita). — a) *Soient* V *et* W *des* B*-modules à gauche. L'application* $g \mapsto 1_{\mathrm{P}} \otimes g$ *est une bijection de* $\mathrm{Hom}_{\mathrm{B}}(\mathrm{V}, \mathrm{W})$ *sur* $\mathrm{Hom}_{\mathrm{A}}(\mathrm{P} \otimes_{\mathrm{B}} \mathrm{V}, \mathrm{P} \otimes_{\mathrm{B}} \mathrm{W})$. *La bijection réciproque associe à tout élément* h *de* $\mathrm{Hom}_{\mathrm{A}}(\mathrm{P} \otimes_{\mathrm{B}} \mathrm{V}, \mathrm{P} \otimes_{\mathrm{B}} \mathrm{W})$ *l'élément* $\theta_{\mathrm{W}} \circ (1_{\mathrm{Q}} \otimes h) \circ \theta_{\mathrm{V}}^{-1}$ *de* $\mathrm{Hom}_{\mathrm{B}}(\mathrm{V}, \mathrm{W})$.

b) *Pour tout* A*-module à gauche* M *l'application* $\lambda_{\mathrm{M}} : \mathrm{P} \otimes_{\mathrm{B}} \mathrm{Q} \otimes_{\mathrm{A}} \mathrm{M} \rightarrow \mathrm{M}$ *est un isomorphisme. En particulier, tout* A*-module à gauche est isomorphe à un module de la forme* $\mathrm{P} \otimes_{\mathrm{B}} \mathrm{V}$, *où* V *est un* B*-module à gauche.*

Soient V et W des B-modules à gauche. D'après le lemme 1 de VIII, p. 97, l'application $\varphi : g \mapsto 1_{\mathrm{P}} \otimes g$ de $\mathrm{Hom}_{\mathrm{B}}(\mathrm{V}, \mathrm{W})$ dans $\mathrm{Hom}_{\mathrm{A}}(\mathrm{P} \otimes_{\mathrm{B}} \mathrm{V}, \mathrm{P} \otimes_{\mathrm{B}} \mathrm{W})$ est injective. En échangeant les rôles de P et Q (et de A et B), on voit que l'application $\psi : h \mapsto 1_{\mathrm{Q}} \otimes h$ de $\mathrm{Hom}_{\mathrm{A}}(\mathrm{P} \otimes_{\mathrm{B}} \mathrm{V}, \mathrm{P} \otimes_{\mathrm{B}} \mathrm{W})$ dans $\mathrm{Hom}_{\mathrm{A}}(\mathrm{Q} \otimes_{\mathrm{A}} \mathrm{P} \otimes_{\mathrm{B}} \mathrm{V}, \mathrm{Q} \otimes_{\mathrm{A}} \mathrm{P} \otimes_{\mathrm{B}} \mathrm{W})$ est aussi injective. Or le composé $\psi \circ \varphi$ est l'application $g \mapsto \theta_{\mathrm{W}}^{-1} \circ g \circ \theta_{\mathrm{V}}$. Elle est bijective, donc il en de même de ψ. Par suite, φ est bijective et son application réciproque est l'application $h \mapsto \theta_{\mathrm{W}} \circ (1_{\mathrm{Q}} \otimes h) \circ \theta_{\mathrm{V}}^{-1}$.

L'assertion b) a déjà été vue.

Soient V un B-module à gauche et W un sous-module de V. Puisque le B-module P est projectif (VIII, p. 97, th. 1), l'application canonique de $\mathrm{P} \otimes_{\mathrm{B}} \mathrm{W}$ dans $\mathrm{P} \otimes_{\mathrm{B}} \mathrm{V}$ est injective. Nous identifierons $\mathrm{P} \otimes_{\mathrm{B}} \mathrm{W}$ à son image dans $\mathrm{P} \otimes_{\mathrm{B}} \mathrm{V}$ par cette application. On adopte des conventions analogues lorsque P et B sont remplacés par Q et A.

PROPOSITION 5. — *Soit* V *un* B*-module à gauche. L'application* $\mathrm{W} \mapsto \mathrm{P} \otimes_{\mathrm{B}} \mathrm{W}$ *est un isomorphisme de l'ensemble, ordonné par inclusion, des sous-*B*-modules de* V *sur l'ensemble, ordonné par inclusion, des sous-*A*-modules de* $\mathrm{P} \otimes_{\mathrm{B}} \mathrm{V}$. *L'isomorphisme réciproque associe à un sous-*A*-module* N *de* $\mathrm{P} \otimes_{\mathrm{B}} \mathrm{V}$ *l'image par* θ_{V} *du sous-*B*-module* $\mathrm{Q} \otimes_{\mathrm{A}} \mathrm{N}$ *de* $\mathrm{Q} \otimes_{\mathrm{A}} \mathrm{P} \otimes_{\mathrm{B}} \mathrm{V}$.

Désignons par $D_B(V)$ l'ensemble des sous-B-modules de V, ordonné par inclusion, et définissons de même les ensembles $D_A(P \otimes_B V)$ et $D_B(Q \otimes_A P \otimes_B V)$. Notons $\varphi : D_B(V) \to D_A(P \otimes_B V)$ l'application $W \mapsto P \otimes_B W$ et ψ l'application de $D_A(P \otimes_B V)$ dans $D_B(Q \otimes_A P \otimes_B V)$ donnée par $N \mapsto Q \otimes_A N$. Ces applications sont croissantes, et l'application composée $\psi \circ \varphi$ est l'application $W \mapsto \theta_V^{-1}(W)$, qui est bijective. Par suite φ est injective et ψ surjective. En remplaçant B par A et V par $P \otimes_B V$, on voit que ψ est aussi injective. Donc φ et ψ sont bijectives et l'application réciproque de φ est bien celle décrite dans l'énoncé.

Exemples. — 1) Appliquons la proposition 5 de VIII, p. 99 au cas particulier $V = B_s$.

a) L'application $J \mapsto PJ$ est un isomorphisme de l'ensemble ordonné $D(B_s)$ des idéaux à gauche de B sur l'ensemble ordonné D(P) des sous-A-modules de P. L'application réciproque associe à un sous-A-module M de P l'idéal à gauche J(M) de B formé des éléments b de B tels que M contienne Pb.

b) L'application $K \mapsto KP$ est un isomorphisme de l'ensemble ordonné $D(A_d)$ des idéaux à droite de A sur l'ensemble ordonné D(P) des sous-B-modules de P. L'application réciproque associe à un sous-B-module V de P l'idéal à gauche K(V) de A formé des éléments a de A tels que V contienne aP.

En effet, le A-module $P \otimes_B B_s$ s'identifie canoniquement à P. Si J est un idéal à gauche de B, l'image canonique de $P \otimes_B J$ dans $P \otimes_B B_s$ correspond à PJ par cette identification. Par suite l'application $J \mapsto PJ$ est un isomorphisme d'ensembles ordonnés de $D(B_s)$ sur D(P). Soit $J \in D(B_s)$. Notons J′ l'ensemble des éléments b de B tels que PJ contienne Pb. C'est un idéal à gauche de B qui contient J, et on a $PJ' \subset PJ$. Comme l'application $J \mapsto PJ$ est un isomorphisme d'ensembles ordonnés, on a forcément $PJ' = PJ$ et $J = J'$. Cela prouve a).

L'assertion b) résulte de l'assertion a) appliquée au $(B^o, A^o)_k$-bimodule inversible P.

Notons que l'anneau A est un corps si et seulement si le B-module P est simple.

2) Notons $\mathscr{B}_A$, $\mathscr{B}_B$ et $\mathscr{B}_P$ les ensembles ordonnés formés des idéaux bilatères de A, des idéaux bilatères de B, et des sous-$(A, B)_k$-bimodules de P respectivement.

a) L'application $\mathfrak{b} \mapsto P\mathfrak{b}$ est un isomorphisme d'ensembles ordonnés de $\mathscr{B}_B$ sur $\mathscr{B}_P$; l'isomorphisme réciproque associe à un sous-$(A, B)_k$-bimodule P′ de P l'idéal bilatère de B formé des éléments b tels que $Pb \subset P'$.

b) L'application $\mathfrak{a} \mapsto \mathfrak{a}P$ est un isomorphisme d'ensembles ordonnés de $\mathscr{B}_A$ sur $\mathscr{B}_P$; l'isomorphisme réciproque associe à un sous-$(A, B)_k$-bimodule P′ de P l'idéal bilatère de A formé des éléments a tels que $aP \subset P'$.

En effet, soient J un idéal à gauche de B et $P' = PJ$. Alors P' est un sous-A-module de P et, par l'exemple 1, J se compose des éléments b de B tels que $Pb \subset P'$ De plus P' est un sous-$(A, B)_k$-bimodule de P si et seulement si J est un idéal bilatère de B. Ainsi a) résulte de *loc. cit.*

L'assertion b) résulte de a) appliquée au $(B^o, A^o)_k$-bimodule inversible P.

PROPOSITION 6. — *Notons $\mathscr{B}_A$, $\mathscr{B}_B$ les ensembles ordonnés formés des idéaux bilatères de* A *et des idéaux bilatères de* B.

a) *Il existe un isomorphisme d'ensembles ordonnés f de $\mathscr{B}_A$ sur $\mathscr{B}_B$ caractérisé par la propriété suivante : si $\mathfrak{a}$ est un idéal bilatère de* A *et $\mathfrak{b}$ un idéal bilatère de* B, *la relation $f(\mathfrak{a}) = \mathfrak{b}$ équivaut à $\mathfrak{a}P = P\mathfrak{b}$.*

b) *Supposons l'anneau* A commutatif, *de sorte que* A *s'identifie au centre de* B (VIII, p. 98, cor. 1). *L'isomorphisme $f : \mathscr{B}_A \to \mathscr{B}_B$ associe à un idéal $\mathfrak{a}$ de* A *l'idéal bilatère* $B\mathfrak{a}$ *de* B, *et l'on a $\mathfrak{a} = A \cap B\mathfrak{a}$.*

L'assertion a) résulte de l'exemple 2.

Supposons enfin A commutatif, et identifions A au centre de B. Soit $\mathfrak{a}$ un idéal de A. Alors $B\mathfrak{a}$ est un idéal bilatère de B ; on a $PB\mathfrak{a} = \mathfrak{a}P$, d'où $f(\mathfrak{a}) = B\mathfrak{a}$. Soit $\mathfrak{a}'$ l'idéal $A \cap B\mathfrak{a}$ de A ; il est contenu dans $B\mathfrak{a}$ et contient $\mathfrak{a}$, donc $B\mathfrak{a}'$ est égal à $B\mathfrak{a}$. Comme f est bijectif, on en déduit $\mathfrak{a}' = \mathfrak{a}$.

Exemples. — 3) Soit V un B-module à gauche. Alors la correspondance précédente envoie l'annulateur du B-module V sur l'annulateur du A-module $P \otimes_B V$. En effet, notons $\mathfrak{a}$ l'annulateur du A-module $P \otimes_B V$ et $\mathfrak{b}$ celui du B-module V. Soit W le $(A, B)_k$-sous-bimodule de P formé des éléments tels que $p \otimes v = 0$ pour tout v de V. On a l'inclusion $P\mathfrak{b} \subset W$; inversement, pour tout $p \in W$ et $q \in Q$, on a que $\theta(q \otimes p)$ appartient à $\mathfrak{b}$. Donc l'élément $\mathfrak{b}$ de $D(B_s)$ correspond à l'élément W de D(P). De même, $\mathfrak{a} \in D(A_d)$ correspond à W.

4) Pour tout idéal bilatère $\mathfrak{a}$ de A, notons $\mathbf{M}_n(\mathfrak{a})$ le sous-ensemble de $\mathbf{M}_n(A)$ formé des matrices à éléments dans $\mathfrak{a}$. C'est un idéal bilatère de $\mathbf{M}_n(A)$. On a $\mathbf{M}_n(\mathfrak{a})A^n = \mathfrak{a}^n = A^n\mathfrak{a}$. Il résulte de la prop. 6 que tout idéal bilatère de $\mathbf{M}_n(A)$ est de la forme $\mathbf{M}_n(\mathfrak{a})$, où $\mathfrak{a}$ est un idéal bilatère de A.

Remarque. — Conservons les hypothèses et notations précédentes et supposons que le $(B, A)_k$-bimodule Q soit le dual P^* du A-module P et que les isomorphismes λ et θ soient les applications canoniques $\Lambda : P \otimes_B P^* \to {}_sA_d$ et $\Theta : P^* \otimes_A P \to {}_sB_d$ (VIII, p. 97, th. 1). Comme le A-module P est projectif de type fini, on dispose, pour tout A-module M, d'un isomorphisme canonique $\vartheta_M : P^* \otimes_A M \to \mathrm{Hom}_A(P, M)$ (II, p. 77, cor.). Nous laissons au lecteur le soin de traduire les résultats du présent numéro en remplaçant la construction $M \mapsto Q \otimes_A M$ par la construction $M \mapsto \mathrm{Hom}_A(P, M)$.

5. Ensembles ordonnés de sous-modules

Dans ce numéro, on note A et B des k-algèbres, M un A-module à gauche, V un B-module à gauche. On note D(M) (resp. D(V)) l'ensemble ordonné par inclusion des sous-modules de M (resp. de V). On suppose donné un isomorphisme d'ensembles ordonnés $\varphi : D(V) \to D(M)$.

D'après le théorème de Morita (VIII, p. 99, th. 2), on obtient un tel isomorphisme dans la situation suivante : P est un $(A, B)_k$-bimodule inversible, M est le A-module $P \otimes_B V$ et pour tout sous-module W de V, $\varphi(W)$ est l'image canonique de $P \otimes_B W$ dans M.

Un certain nombre de propriétés du module M, ou de ses sous-modules, s'expriment en termes de l'ensemble ordonné D(M) : elles sont présentées dans les tables I et II.

TABLE I

Sous-modules de M	Ensemble ordonné D(M)
Sous-module nul	Plus petit élément de D(M)
Sous-module M	Plus grand élément de D(M)
$\bigcap_{i\in I} M_i$	Borne inférieure $\inf_{i\in I} M_i$
$\sum_{i\in I} M_i$	Borne supérieure $\sup_{i\in I} M_i$
Sous-modules supplémentaires	$\inf(M', M'') = 0$, $\sup(M', M'') = M$
Sous-module simple de M	Élément minimal de $D(M) - \{0\}$
Sous-module maximal de M	Élément maximal de $D(M) - \{M\}$
Socle $\mathscr{S}(M)$ de M	Borne supérieure dans D(M) de l'ensemble des éléments minimaux de $D(M) - \{0\}$
* Radical $\mathfrak{R}(M)$ de M (VIII, p. 147) *	Borne inférieure dans D(M) de l'ensemble des éléments maximaux de $D(M) - \{M\}$

TABLE II

Propriétés du module M	Propriétés de $D_A(M)$
M est noethérien	L'ensemble ordonné D(M) est noethérien (E, III, p. 51)
M est artinien	L'ensemble D(M), ordonné par $\supset$, est noethérien
M est indécomposable	On a $M \neq 0$ et il n'existe pas deux éléments M′ et M″ de D(M), distincts de 0, vérifiant $\inf(M', M'') = 0, \quad \sup(M', M'') = M.$
M est de type fini	Pour toute famille $(M_i)_{i \in I}$ dans D(M) de borne supérieure M, il existe une partie finie J de I telle que $M = \sup_{j \in I} M_j$
M est simple	$\mathrm{Card}(D(M)) = 2$
M est semi-simple	M est la borne supérieure, dans D(M), de l'ensemble des éléments minimaux de $D(M) - \{0\}$

Le module M est somme directe d'une famille $(M_i)_{i \in I}$ de sous-modules si et seulement si l'on a $M = \sum_{i \in I} M_i$ et $M_i \cap \sum_{j \neq i} M_j = 0$ pour tout $i \in I$. Cette remarque et l'examen de la table I donnent le résultat suivant.

Proposition 7. — a) *On a* $\varphi(0) = 0$ *et* $\varphi(V) = M$.

b) *Soit* $(V_i)_{i \in I}$ *une famille de sous-modules de* V. *On a*

$$\varphi\Big(\sum_{i \in I} V_i\Big) = \sum_{i \in I} \varphi(V_i), \qquad \varphi\Big(\bigcap_{i \in I} V_i\Big) = \bigcap_{i \in I} \varphi(V_i).$$

c) *Le* B*-module* V *est somme directe de la famille* $(V_i)_{i \in I}$ *de sous-modules si et seulement si* M *est somme directe de la famille* $(\varphi(V_i))_{i \in I}$.

Soient V′ et V″ des sous-modules de V tels que V′ soit contenu dans V″ ; posons $M' = \varphi(V')$ et $M'' = \varphi(V'')$, de sorte que M″ contient M′. Notons $[V', V'']$ l'intervalle de D(V) formé des sous-modules W de V tels que l'on ait $V' \subset W \subset V''$, et définissons de même l'intervalle $[M', M'']$ de D(M). L'application $W \mapsto W/V'$ est un isomorphisme d'ensembles ordonnés de $[V', V'']$ sur $D(V''/V')$; on définit de même un isomorphisme d'ensembles ordonnés de $[M', M'']$ sur $D(M''/M')$. Comme φ applique l'intervalle $[V', V'']$ sur $[M', M'']$, il définit un isomorphisme φ d'ensembles ordonnés de $D(V''/V')$ sur $D(M''/M')$. On déduit de cela et des tables I et II la proposition suivante :

PROPOSITION 8. — a) *Soient* V′ *et* V″ *des sous-modules de* V *tels que* V″ *contienne* V′. *Le* B-*module* V″/V′ *est simple si et seulement si le* A-*module* $\varphi(V'')/\varphi(V')$ *est simple.*

b) *Si* V′ *est un sous-module simple* (resp. *maximal*, resp. *facteur direct*) *de* V, *alors* $\varphi(V')$ *est un sous-module simple* (resp. *maximal*, resp. *facteur direct*) *de* M.

c) φ *transforme le socle* $\mathscr{S}(V)$ *de* V *en le socle* $\mathscr{S}(M)$ *de* M **et le radical* (VIII, p. 147, définition 1) $\mathfrak{R}(V)$ *de* V *en le radical* $\mathfrak{R}(M)$ *de* M.*

d) *Soit* $(V_i)_{0 \leqslant i \leqslant n}$ *une suite finie de sous-modules de* V. *C'est une suite de Jordan-Hölder de* V *si et seulement si* $(\varphi(V_i)_{0 \leqslant i \leqslant n})$ *est une suite de Jordan-Hölder de* M.

Lemme 2. — *Soient* H *et* H′ *des sous-modules de* V *tels que* $H \cap H' = 0$. *Pour que les* B-*modules* H *et* H′ *soient isomorphes, il faut et il suffit que les* A-*modules* $\varphi(H)$ *et* $\varphi(H')$ *soient isomorphes.*

Identifions H + H′ au produit H × H′. Le graphe d'un isomorphisme de H sur H′ est un sous-module H″ de V satisfaisant à

$$(17) \qquad H \cap H'' = H' \cap H'' = 0 \qquad H + H' = H + H'' = H' + H'' ;$$

inversement, tout sous-module possédant ces propriétés est le graphe d'un isomorphisme de H sur H′. D'après la proposition 7, la relation $H \cap H' = 0$ équivaut à $\varphi(H) \cap \varphi(H') = 0$ et les relations (17) aux relations

$$\varphi(H) \cap \varphi(H'') = \varphi(H') \cap \varphi(H'') = 0 \,, \ \varphi(H) + \varphi(H') = \varphi(H) + \varphi(H'') = \varphi(H') + \varphi(H'') ;$$

le lemme en résulte.

PROPOSITION 9. — *Soient* S *un sous-module simple de* V *et* T *le sous-module simple* $\varphi(S)$ *de* M. *Si* V_S *désigne le composant isotypique de type* S *dans* V *et* M_T *le composant isotypique de type* T *dans* M, *on a* $\varphi(V_S) = M_T$.

Tout sous-module simple S′ de V, distinct de S, satisfait à $S' \cap S = 0$. Il est donc isomorphe à S si et seulement si $\varphi(S')$ est isomorphe à T (lemme 2). Or V_S est somme des sous-modules simples de V isomorphes à S et M_T est somme des sous-modules simples de M isomorphes à T. La prop. 9 résulte aussitôt des prop. 7 et 8.

PROPOSITION 10. — a) *Pour que le* B-*module* V *soit artinien, ou noethérien, ou indécomposable, ou simple, ou de type fini, il faut et il suffit qu'il en soit ainsi de* M.

b) *Pour que le* B-*module* V *soit de longueur finie, il faut et il suffit que le* A-*module* M *soit de longueur finie, et l'on a alors* $\mathrm{long}_B(V) = \mathrm{long}_A(M)$.

c) *Pour que le* B-*module* V *soit semi-simple* (resp. *isotypique*), *il faut et il suffit que le* A-*module* M *soit semi-simple* (resp. *isotypique*). *S'il en est ainsi, on a* $\mathrm{long}_{\mathrm{B}}(\mathrm{V}) = \mathrm{long}_{\mathrm{A}}(\mathrm{M})$.

L'assertion a) résulte de l'inspection de la table II.

L'assertion b) résulte de la prop. 8, d) (VIII, p. 104).

Le module V est semi-simple si et seulement s'il est égal à son socle $\mathscr{S}(\mathrm{V})$; il est isotypique si et seulement s'il existe un sous-module simple S de V tel que $\mathrm{V} = \mathrm{V}_{\mathrm{S}}$. L'assertion c) résulte donc des prop. 7 c), 8 c) et 9 (VIII, p. 103 et 104).

6. Autres propriétés préservées par la correspondance de Morita

Soient A et B des k-algèbres équivalentes au sens de Morita et P un $(\mathrm{A}, \mathrm{B})_k$-bimodule inversible.

PROPOSITION 11. — *Soit*

$$(\mathscr{E}) \qquad \mathrm{V}' \xrightarrow{f} \mathrm{V} \xrightarrow{g} \mathrm{V}''$$

un diagramme de B-*modules et d'applications* B-*linéaires, et soit*

$$(\mathrm{P} \otimes \mathscr{E}) \qquad \mathrm{P} \otimes_{\mathrm{B}} \mathrm{V}' \xrightarrow{1_{\mathrm{P}} \otimes f} \mathrm{P} \otimes_{\mathrm{B}} \mathrm{V} \xrightarrow{1_{\mathrm{P}} \otimes g} \mathrm{P} \otimes_{\mathrm{B}} \mathrm{V}''$$

le diagramme correspondant de A-*modules. Pour que* $(\mathscr{E})$ *soit une suite exacte, il faut et il suffit que* $(\mathrm{P} \otimes \mathscr{E})$ *le soit.*

Supposons la suite $(\mathscr{E})$ exacte. Comme le B-module à droite P est projectif, la suite $(\mathrm{P} \otimes \mathscr{E})$ est exacte (II, p. 58, prop. 5 et p. 63, cor. 6).

Réciproquement, supposons la suite $(\mathrm{P} \otimes \mathscr{E})$ exacte. Soient Q un $(\mathrm{B}, \mathrm{A})_k$-bimodule inverse de P, et $\theta : \mathrm{Q} \otimes_{\mathrm{A}} \mathrm{P} \to {}_s\mathrm{B}_d$ un isomorphisme. Considérons le diagramme commutatif

$$\begin{array}{ccccc} \mathrm{Q} \otimes_{\mathrm{A}} \mathrm{P} \otimes_{\mathrm{B}} \mathrm{V}' & \xrightarrow{1_{\mathrm{Q}} \otimes 1_{\mathrm{P}} \otimes f} & \mathrm{Q} \otimes_{\mathrm{A}} \mathrm{P} \otimes_{\mathrm{B}} \mathrm{V} & \xrightarrow{1_{\mathrm{Q}} \otimes 1_{\mathrm{P}} \otimes g} & \mathrm{Q} \otimes_{\mathrm{A}} \mathrm{P} \otimes_{\mathrm{B}} \mathrm{V}'' \\ {\scriptstyle \theta \otimes 1_{\mathrm{V}'}} \downarrow & & \downarrow {\scriptstyle \theta \otimes 1_{\mathrm{V}}} & & \downarrow {\scriptstyle \theta \otimes 1_{\mathrm{V}''}} \\ \mathrm{V}' & \xrightarrow{\quad f \quad} & \mathrm{V} & \xrightarrow{\quad g \quad} & \mathrm{V}'' \end{array}$$

Puisque Q est un A-module projectif et que la suite $(\mathrm{P} \otimes \mathscr{E})$ est exacte, la première ligne de ce diagramme est une suite exacte ; comme les flèches verticales sont des isomorphismes, la seconde ligne est également exacte.

COROLLAIRE. — *Soit* $f : \mathrm{V} \to \mathrm{W}$ *une application* B-*linéaire. Pour que* f *soit injective* (resp. *surjective*), *il faut et il suffit que* $1_{\mathrm{P}} \otimes f$ *le soit.*

PROPOSITION 12. — *Soit* V *un* B*-module à gauche. Pour que le* B*-module* V *soit projectif* (resp. *générateur,* resp. *fidèle,* *resp. *injectif,* resp. *de présentation finie*$_*$), *il faut et il suffit que le* A*-module* $P \otimes_B V$ *le soit.*

a) Supposons V projectif. Il existe un ensemble I tel que V soit isomorphe à un sous-module facteur direct de $B_s^{(I)}$. Le A-module $P \otimes_B V$ est alors isomorphe à un sous-module facteur direct de $P^{(I)}$; comme P est un A-module projectif, il en est de même de $P \otimes_B V$.

b) Supposons que le B-module V soit générateur. Soit M un A-module. Il existe un B-module W tel que M soit isomorphe à $P \otimes_B W$. Par le th. 1 de VIII, p. 76, il existe un ensemble I et une surjection $\varphi : V^{(I)} \to W$. Par le corollaire, l'application $1_P \otimes \varphi$ de $P \otimes (V^{(I)})$ dans $P \otimes_A W$ est surjective, ce qui fournit une surjection de $(P \otimes V)^{(I)} \to M$. Par le th. 1 de VIII, p. 76, $P \otimes V$ est un A-module générateur.

c) Le B-module V est fidèle si et seulement si son annulateur est réduit à 0. L'assertion c) résulte donc de l'exemple 3 de VIII, p. 101.

*d) Supposons V injectif. D'après la remarque de VIII, p. 101 le A-module $P \otimes_B V$ est isomorphe à $\mathrm{Hom}_B(Q, V)$, où Q est un $(B, A)_k$-bimodule inverse de A. Comme le A-module Q est projectif, donc plat (X, p. 9, exemple 1), le A-module $\mathrm{Hom}_B(Q, V)$ est injectif en vertu de X, p. 18, prop. 11.

e) Supposons que V admette une présentation finie $L_1 \to L_0 \to V \to 0$ (X, p. 10). Par produit tensoriel avec P on en déduit une suite exacte de A-modules $N'_1 \xrightarrow{u} N'_0 \to P \otimes_B V \to 0$, où N'_1 et N'_0 sont projectifs de type fini (prop. 11 et a)). Soit N''_0 un A-module de type fini tel que le module $N_0 = N'_0 \oplus N''_0$ soit libre de type fini, et soit $u' : N'_1 \oplus N''_0 \to N_0$ l'homomorphisme $(u, 1_{N''_0})$; alors $P \otimes_B V$ s'identifie au conoyau de u'. Soit N_1 un A-module libre de type fini et $p : N_1 \to N'_1 \oplus N''_0$ un homomorphisme surjectif ; la suite $N_1 \xrightarrow{u' \circ p} N_0 \to P \otimes_B V \to 0$ est une présentation finie du A-module $P \otimes_B V$.$_*$

f) Supposons le A-module $P \otimes_B V$ projectif (resp. générateur, resp. fidèle, *resp. injectif, resp. de présentation finie$_*$). En appliquant ce qui précède (en échangeant les rôles de A et B, P et Q), on voit que le B-module $Q \otimes_A P \otimes_B V$ possède aussi cette propriété. Il en est donc de même du B-module V, qui lui est isomorphe.

COROLLAIRE. — *Pour que l'anneau* A *soit artinien à gauche* (resp. *noethérien à gauche*) *il faut et il suffit que l'anneau* B *le soit.*

Compte tenu de l'isomorphisme entre l'ensemble ordonné des idéaux à gauche de B et l'ensemble des sous-A-modules de P, pour que l'anneau B soit artinien à gauche (*resp.* noethérien à gauche), il faut et il suffit que le A-module P soit artinien (*resp.* noethérien). Mais par le th. 1 de VIII, p. 97, le A-module P est générateur et de type fini ; en particulier, A_s est isomorphe à un facteur direct de P^n, pour un entier $n \geqslant 1$. Par suite P est artinien (resp. noethérien) si et seulement si A est artinien à gauche (*resp.* noethérien à gauche).

7. Équivalence de Morita des algèbres

PROPOSITION 13. — a) *Si deux k-algèbres sont équivalentes au sens de Morita, leurs centres sont des k-algèbres isomorphes.*

b) *Pour que deux k-algèbres commutatives soient équivalentes au sens de Morita, il faut et il suffit qu'elles soient isomorphes.*

c) *Pour que deux k-algèbres qui sont des corps soient équivalentes au sens de Morita, il faut et il suffit qu'elles soient isomorphes.*

d) *Pour $i = 1, 2$, soient A_i et B_i des k-algèbres équivalentes au sens de Morita, et P_i un $(A_i, B_i)_k$-bimodule inversible. Posons $A = A_1 \otimes_k A_2$, $B = B_1 \otimes_k B_2$ et $P = P_1 \otimes_k P_2$. Les k-algèbres A et B sont équivalentes au sens de Morita et P est un $(A, B)_k$-bimodule inversible.*

e) *Si A et B sont des k-algèbres équivalentes au sens de Morita et si k' est une k-algèbre commutative, alors les k'-algèbres $A_{(k')}$ et $B_{(k')}$ sont équivalentes au sens de Morita.*

L'assertion a) résulte du cor. 1 de VIII, p. 98 et b) en découle.

Soient K et L des k-algèbres qui sont des corps et soit P un $(K, L)_k$-bimodule inversible. Le L-espace vectoriel à droite P est un module simple (VIII, p. 100), donc de dimension 1, de sorte que les k-algèbres $\mathrm{End}_L(P)$ et L sont isomorphes. D'après VIII, p. 97, th. 1, l'application $a \mapsto a_P$ de K dans $\mathrm{End}_L(P)$ est un isomorphisme. Donc les corps K et L sont isomorphes au-dessus de k, d'où c).

Sous les hypothèses de d), soient Q_i $(i = 1, 2)$ un $(B_i, A_i)_k$-bimodule inverse de P_i ; notons Q le $(B, A)_k$-bimodule $Q_1 \otimes_k Q_2$. Considérons l'isomorphisme k-linéaire canonique $(P_1 \otimes_k P_2) \otimes_k (Q_1 \otimes_k Q_2) \longrightarrow (P_1 \otimes_k Q_1) \otimes_k (P_2 \otimes_k Q_2)$; il définit par passage aux quotients un isomorphisme

$$(P_1 \otimes_k P_2) \otimes_B (Q_1 \otimes_k Q_2) \longrightarrow (P_1 \otimes_{B_1} Q_1) \otimes_k (P_2 \otimes_{B_2} Q_2)$$

qui est (A, A)-linéaire. Comme le (A_i, A_i)-bimodule $P_i \otimes_{B_i} Q_i$ est isomorphe à A_i, on obtient un isomorphisme (A, A)-linéaire $P \otimes_B Q \to A$. On obtient de même un isomorphisme (B, B)-linéaire $Q \otimes_A P \to B$, ce qui achève de prouver d).

Sous les hypothèses de e), soit P un $(A, B)_k$-bimodule inversible, alors $P_{(k')}$ est un $(A_{(k')}, B_{(k')})_{k'}$-bimodule inversible.

Soit A une k-algèbre et soit e un idempotent de A. L'ensemble $e\mathrm{A}e$, muni de l'addition, de la multiplication et de l'action de k induites par celles de A, est une k-algèbre, d'élément unité e.

PROPOSITION 14. — *Soient* A *et* B *des k-algèbres. Pour que* A *et* B *soient équivalentes au sens de Morita, il faut et il suffit qu'il existe un entier $n \geqslant 1$ et une matrice carrée $e = (e_{ij})$ dans $\mathbf{M}_n(\mathrm{B})$ satisfaisant aux conditions suivantes :*

(i) *On a $e^2 = e$;*

(ii) *L'idéal bilatère de* B *engendré par les éléments e_{ij} est égal à* B ;

(iii) *La k-algèbre* A *est isomorphe à $e\mathbf{M}_n(\mathrm{B})e$.*

Si les conditions (i) *et* (ii) *sont satisfaites, le $(e\mathbf{M}_n(\mathrm{B})e, \mathrm{B})_k$-bimodule $e\mathrm{B}_d^n$ est inversible.*

Compte tenu du th. 1 (VIII, p. 97), la k-algèbre A est équivalente à B au sens de Morita si et seulement si elle est isomorphe à l'algèbre des endomorphismes d'un B-module à droite projectif, de type fini et générateur. La proposition résulte donc des deux lemmes suivants.

Lemme 3. — *Pour qu'un* B-*module à droite* P *soit projectif, de type fini et générateur, il faut et il suffit qu'il existe un entier $n \geqslant 0$ et un idempotent $e = (e_{ij})$ dans $\mathbf{M}_n(\mathrm{B})$ satisfaisant aux propriétés suivantes :*

(i) *Le* B-*module* P *est isomorphe à $e\mathrm{B}_d^n$;*

(ii) *L'idéal bilatère de* B *engendré par les éléments e_{ij} est égal à* B.

Soit P un B-module à droite. Pour que P soit projectif et de type fini, il faut et il suffit qu'il soit isomorphe à un sous-module facteur direct d'un B-module de la forme B_d^n où n est un entier $\geqslant 0$ (II, p. 40, cor. 1). Si l'on identifie les k-algèbres $\mathbf{M}_n(\mathrm{B})$ et $\mathrm{End}(\mathrm{B}_d^n)$, cela signifie qu'il existe un idempotent e de $\mathbf{M}_n(\mathrm{B})$ tel que P soit isomorphe à $e\mathrm{B}_d^n$.

Le B-module P est générateur si et seulement si son idéal trace $\tau(\mathrm{P})$ est égal à B, c'est-à-dire $\tau(e\mathrm{B}_d^n) = \mathrm{B}$ (VIII, p. 76, th. 1). Soient $x_1, \ldots, x_n$ les éléments de B_d^n correspondant aux colonnes de la matrice e, et soit x_i^* (pour $1 \leqslant i \leqslant n$) la forme linéaire $(b_1, \ldots, b_n) \mapsto b_i$ sur $e\mathrm{B}_d^n$. La famille $(x_1, \ldots, x_n)$ engendre le B-module $e\mathrm{B}_d^n$ et la famille $(x_1^*, \ldots, x_n^*)$ engendre son dual. Or on a $\langle x_i^*, x_j\rangle = e_{ij}$, donc $\tau(e\mathrm{B}_d^n)$ est l'idéal bilatère de B engendré par les e_{ij}. Cela prouve le lemme 3.

Lemme 4. — *Soient* V *un* B-*module et* E *la k-algèbre des endomorphismes de* V. *Soit e un projecteur de* V *et* P *l'image de e. L'application qui à $v \in e\mathrm{E}e$ associe l'endomorphisme $x \mapsto v(x)$ du* B-*module* P *est un isomorphisme de k-algèbres de* $e\mathrm{E}e$ *sur* $\mathrm{End}_{\mathrm{B}}(\mathrm{P})$.

Notons $\varphi : eEe \to \mathrm{End}_B(P)$ l'application décrite dans l'énoncé ; c'est un homomorphisme de k-algèbres. Soit $u \in \mathrm{End}_B(P)$. Notons v l'endomorphisme de V défini par $v(x) = u(e(x))$ pour $x \in V$. On a $(eve)(x) = u(x)$ pour $x \in P$, c'est-à-dire $\varphi(eve) = u$. Par suite, φ est surjective. Soit w un élément du noyau de φ ; les restrictions de w au noyau et à l'image de e sont nulles, donc w est nul, ce qui prouve que φ est injective.

Exemples. — 1) Soient A une k-algèbre et e un idempotent de A tel que $AeA = A$. La k-algèbre eAe s'identifie à la k-algèbre des endomorphismes du sous-module eA_d de A_d (lemme 4). Comme $AeA = A$, il résulte de la prop. 14 que eA_d est un $(eAe, A)_k$-bimodule inversible, donc que les k-algèbres eAe et A sont équivalentes au sens de Morita. De plus, le théorème de Morita (VIII, p. 99) entraîne les résultats suivants :

a) Soient M et N des A-modules à gauche. Toute application eAe-linéaire de eM dans eN se prolonge de manière unique en une application A-linéaire de M dans N.

b) Tout module à gauche sur la k-algèbre eAe est isomorphe à un module de la forme eM, où M est un A-module à gauche.

2) Soit A une k-algèbre et $n \geqslant 1$ un entier. Identifions l'algèbre de matrices $\mathbf{M}_n(A)$ à l'algèbre des endomorphismes du A-module à droite A_d^n. On a vu que A et $\mathbf{M}_n(A)$ sont équivalentes au sens de Morita. Pour tout A-module à gauche M, identifions $A_d^n \otimes_A M$ à M^n. L'algèbre $\mathbf{M}_n(A)$ opère alors à gauche sur M^n, et l'on a

$$(a \cdot m)_i = \sum_{j=1}^{n} a_{ij}\, m_j$$

pour $a = (a_{ij})$ dans $\mathbf{M}_n(A)$ et $m = (m_i)$ dans M^n. Le théorème de Morita entraîne les résultats suivants :

a) Tout module à gauche sur l'algèbre $\mathbf{M}_n(A)$ est isomorphe à un module de la forme M^n, où M est un A-module à gauche.

b) Soit M un A-module à gauche. L'application $N \mapsto N^n$ est une bijection de l'ensemble des sous-A-modules de M sur l'ensemble des sous-$\mathbf{M}_n(A)$-modules de M^n.

c) Soient M et N des A-modules à gauche. Pour toute application A-linéaire $g : M \to N$, soit g_n l'application $(m_i) \mapsto (g(m_i))$ de M^n dans N^n. Alors l'application $g \mapsto g_n$ est une bijection de $\mathrm{Hom}_A(M, N)$ sur $\mathrm{Hom}_{\mathbf{M}_n(A)}(M^n, N^n)$.

d) Soit M un A-module à gauche. Pour que le module M^n sur l'anneau $\mathbf{M}_n(A)$ soit indécomposable, ou semi-simple, ou simple, ou artinien, ou noethérien, ou de type fini, il faut et il suffit qu'il en soit ainsi du A-module M.

3) Soient A un anneau principal et L un A-module libre de type fini non nul. Soit B l'anneau des endomorphismes de L ; alors L est un $(A, B)_{\mathbf{Z}}$-bimodule inversible et les anneaux A et B sont équivalents au sens de Morita. D'après le théorème de Morita, la prop. 10, a) (VIII, p. 104) et le théorème de structure des A-modules de type fini (VII, p. 19, th. 2), tout B-module de type fini est isomorphe à $\oplus_{i=1}^{m}(L/\mathfrak{a}_i L)$, où m est un entier positif et les $\mathfrak{a}_i$ des idéaux de A vérifiant $\mathfrak{a}_1 \subset \mathfrak{a}_2 \subset \cdots \subset \mathfrak{a}_m$ et $\mathfrak{a}_n \neq A$; l'entier m et les idéaux $\mathfrak{a}_i$ sont déterminés de façon unique. D'après la proposition 6 de VIII, p. 101, tout idéal bilatère de B est de la forme dB où d est un élément de A.

EXERCICES

1) Soient A et B des anneaux, P un (A, B)-bimodule et Q un (B, A)-bimodule. Soient $\varphi : \mathrm{P} \otimes_{\mathrm{B}} \mathrm{Q} \to \mathrm{A}$ un homomorphisme de (A, A)-bimodules et $\psi : \mathrm{Q} \otimes_{\mathrm{A}} \mathrm{P} \to \mathrm{B}$ un homomorphisme de (B, B)-bimodules, satisfaisant à $\varphi(x \otimes u)y = x\psi(u \otimes y)$ et $u\varphi(x \otimes v) = \psi(u \otimes x)v$ pour x, y dans P et u, v dans Q. On suppose que φ est surjectif.

a) Démontrer que le A-module P est générateur.

b) Prouver que φ est un isomorphisme.

c) Construire un isomorphisme de (B, A)-bimodules entre Q et $\mathrm{Hom}_{\mathrm{B}}(\mathrm{P}, \mathrm{B})$.

2) Soient M, N des A-modules, m, n des nombres entiers $\geqslant 1$. On suppose que M est facteur direct dans N^n et que N est facteur direct dans M^m ; prouver que les anneaux $\mathrm{End}_{\mathrm{A}}(\mathrm{M})$ et $\mathrm{End}_{\mathrm{A}}(\mathrm{N})$ sont équivalents au sens de Morita.

3) Soient A un anneau, G un groupe abélien, qu'on note additivement. On dit qu'une application $\mathrm{T} : \mathrm{A} \to \mathrm{G}$ est *traciale* si c'est un homomorphisme de groupes additifs et que l'on a $\mathrm{T}(ab) = \mathrm{T}(ba)$ quels que soient a, b dans A.

a) Soit $\mathrm{T} : \mathrm{A} \to \mathrm{G}$ une application traciale et soit P un A-module à droite, projectif de type fini. Démontrer qu'il existe une unique application traciale $\mathrm{T}_{\mathrm{P}} : \mathrm{End}_{\mathrm{A}}(\mathrm{P} \oplus \mathrm{A}_d) \to \mathrm{G}$ dont la restriction à $\mathrm{A} = \mathrm{End}_{\mathrm{A}}(\mathrm{A}_d)$ est T.

b) Soient A et B des anneaux équivalents au sens de Morita et G un groupe abélien. Construire une correspondance bijective entre applications traciales de A dans G et applications traciales de B dans G.

4) Soient A et B des anneaux, P un (A, B)-bimodule inversible. On note $\mathscr{B}_{\mathrm{A}}$ (resp. $\mathscr{B}_{\mathrm{B}}$) l'ensemble des idéaux bilatères de A (resp. B), et $f : \mathscr{B}_{\mathrm{A}} \to \mathscr{B}_{\mathrm{B}}$ l'isomorphisme d'ensembles ordonnés défini dans la prop. 6 (VIII, p. 101).

a) Soit $\mathfrak{a}$ un idéal de A. Montrer que les anneaux $\mathrm{A}/\mathfrak{a}$ et $\mathrm{B}/f(\mathfrak{a})$ sont équivalents au sens de Morita.

b) Soient $\mathfrak{a}$ et $\mathfrak{a}'$ des idéaux de A. Montrer que $f(\mathfrak{a}\mathfrak{a}') = f(\mathfrak{a})f(\mathfrak{a}')$.

c) Montrer que l'idéal $\mathfrak{a}$ de A est nilpotent si et seulement si l'idéal $f(\mathfrak{a})$ de B est nilpotent.

d) Soit M un B-module. Prouver que l'idéal trace de M (VIII, p. 75) est l'image par f de celui de $\mathrm{P} \otimes_{\mathrm{B}} \mathrm{M}$.

¶ 5) Pour tout anneau R, on note $\mathbf{M}_\infty(\mathrm{R})$ le pseudo-anneau des matrices de type $\mathbf{N} \times \mathbf{N}$ à éléments dans R n'ayant qu'un nombre fini d'éléments non nuls. Prouver que pour que les anneaux A et B soient équivalents au sens de Morita, il faut et il suffit que les pseudo-anneaux $\mathbf{M}_\infty(\mathrm{A})$ et $\mathbf{M}_\infty(\mathrm{B})$ soient isomorphes (si P est un (A, B)-module inversible, considérer l'image de $\mathbf{M}_\infty(\mathrm{A})$ par l'isomorphisme $\mathrm{End}_{\mathrm{A}}(\mathrm{A}_s^{(\mathbf{N})}) \to \mathrm{End}_{\mathrm{A}}(\mathrm{P}^{(\mathbf{N})})$ construit dans l'exercice 12 de VIII, p. 87. Étant donné un isomorphisme de $\mathbf{M}_\infty(\mathrm{A})$ sur $\mathbf{M}_\infty(\mathrm{B})$, considérer l'image dans $\mathbf{M}_\infty(\mathrm{B})$ de l'idempotent E_{11} de $\mathbf{M}_\infty(\mathrm{A})$).

6) Soient A et B des anneaux. On suppose donnés :

– pour tout A-module M, un B-module F(M) ;

– pour tout homomorphisme de A-modules $u : \mathrm{M} \to \mathrm{N}$, un homomorphisme B-linéaire $\mathrm{F}(u) : \mathrm{F}(\mathrm{M}) \to \mathrm{F}(\mathrm{N})$,

de façon à ce que les propriétés suivantes soient satisfaites :

(i) On a $\mathrm{F}(1_\mathrm{M}) = 1_{\mathrm{F}(\mathrm{M})}$ pour tout A-module M ;

(ii) Si $u \in \mathrm{Hom}_\mathrm{A}(\mathrm{M},\mathrm{N})$ et $v \in \mathrm{Hom}_\mathrm{A}(\mathrm{N},\mathrm{P})$, on a $\mathrm{F}(v \circ u) = \mathrm{F}(v) \circ \mathrm{F}(u)$;

(iii) Si u, v appartiennent à $\mathrm{Hom}_\mathrm{A}(\mathrm{M},\mathrm{N})$, on a $\mathrm{F}(u+v) = \mathrm{F}(u) + \mathrm{F}(v)$.

a) Démontrer que pour tout A-module M, l'application $u \mapsto \mathrm{F}(u)$ de $\mathrm{End}_\mathrm{A}(\mathrm{M})$ dans $\mathrm{End}_\mathrm{B}(\mathrm{F}(\mathrm{M}))$ est un homomorphisme d'anneaux. En déduire une structure de (B, A)-bimodule sur $\mathrm{F}(\mathrm{A}_s)$.

b) Soit M un A-module ; pour $m \in \mathrm{M}$, on note $h_m : \mathrm{A}_s \to \mathrm{M}$ l'homomorphisme $a \mapsto am$. Prouver qu'il existe un unique homomorphisme B-linéaire θ_M de $\mathrm{F}(\mathrm{A}_s) \otimes_\mathrm{A} \mathrm{M}$ dans F(M) tel que $\theta_\mathrm{M}(x \otimes m) = \mathrm{F}(h_m)(x)$ quels que soient $x \in \mathrm{F}(\mathrm{A}_s)$, $m \in \mathrm{M}$. Pour tout homomorphisme de A-modules $u : \mathrm{M} \to \mathrm{N}$, on a $\mathrm{F}(u) \circ \theta_\mathrm{M} = \theta_\mathrm{N} \circ (1_{\mathrm{F}(\mathrm{A}_s)} \otimes u)$.

7) On conserve les hypothèses précédentes. On suppose en outre donnés :

– pour tout B-module N, un A-module G(N) ;

– pour tout homomorphisme de B-modules $v : \mathrm{N} \to \mathrm{N}'$, un homomorphisme A-linéaire $\mathrm{G}(v) : \mathrm{G}(\mathrm{N}) \to \mathrm{G}(\mathrm{N}')$;

– pour tout A-module M, un isomorphisme $\alpha_\mathrm{M} : \mathrm{M} \to \mathrm{G}(\mathrm{F}(\mathrm{M}))$;

– pour tout B-module N, un isomorphisme $\beta_\mathrm{N} : \mathrm{N} \to \mathrm{F}(\mathrm{G}(\mathrm{N}))$.

On suppose que la construction G vérifie l'analogue des propriétés (i) à (iii) ci-dessus, que pour tout homomorphisme de A-modules $u : \mathrm{M} \to \mathrm{M}'$ on a $\mathrm{G}(\mathrm{F}(u)) \circ \alpha_\mathrm{M} = \alpha_{\mathrm{M}'} \circ u$, et que pour tout homomorphisme de B-modules $v : \mathrm{N} \to \mathrm{N}'$ on a $\mathrm{F}(\mathrm{G}(v)) \circ \beta_\mathrm{N} = \beta_{\mathrm{N}'} \circ v$.

a) Soient M, M′ des A-modules ; prouver que l'homomorphisme $u \mapsto \mathrm{F}(u)$ est un isomorphisme de $\mathrm{Hom}_\mathrm{A}(\mathrm{M},\mathrm{M}')$ sur $\mathrm{Hom}_\mathrm{B}(\mathrm{F}(\mathrm{M}),\mathrm{F}(\mathrm{M}'))$.

b) Soit $f \in \mathrm{Hom}_\mathrm{A}(\mathrm{M},\mathrm{M}')$; pour que $\mathrm{F}(f)$ soit injectif (resp. surjectif), il faut et il suffit qu'il en soit ainsi de f (observer que f est injectif si et seulement si pour tout A-module E et tout homomorphisme non nul $g : \mathrm{E} \to \mathrm{M}$, on a $f \circ g \neq 0$).

c) Soit $0 \to \mathrm{M}' \xrightarrow{i} \mathrm{M} \xrightarrow{p} \mathrm{M}'' \to 0$ une suite exacte de A-modules ; prouver que la suite $0 \to \mathrm{F}(\mathrm{M}') \xrightarrow{\mathrm{F}(i)} \mathrm{F}(\mathrm{M}) \xrightarrow{\mathrm{F}(p)} \mathrm{F}(\mathrm{M}'') \to 0$ est exacte.

d) Soit $(\mathrm{M}_\alpha)_{\alpha \in \mathrm{I}}$ une famille de A-modules, et soit M sa somme directe. Construire un isomorphisme canonique de $\oplus \mathrm{F}(\mathrm{M}_\alpha)$ sur F(M).

e) Soit M un A-module. Montrer que F(M) est projectif (resp. générateur, resp. de type fini) si et seulement si M l'est (utiliser l'exercice 9 de VIII, p. 87).

f) Démontrer que le (B, A)-bimodule $\mathrm{F}(\mathrm{A}_s)$ est inversible, et que le (A, B)-bimodule $\mathrm{G}(\mathrm{B}_s)$ en est un inverse.

g) Prouver que pour tout A-module M l'homomorphisme $\theta_{\mathrm{M}} : \mathrm{F}(\mathrm{A}_s) \otimes_{\mathrm{A}} \mathrm{M} \to \mathrm{F}(\mathrm{M})$ défini dans l'exerc. 5 *b*) est bijectif (utiliser *c*) et *d*), en considérant une suite exacte $\mathrm{A}^{(\mathrm{J})} \to \mathrm{A}^{(\mathrm{I})} \to \mathrm{M} \to 0$).

8) Soient k un anneau commutatif, A une k-algèbre.

a) Prouver que l'ensemble des classes d'isomorphisme de $(\mathrm{A}, \mathrm{A})_k$-bimodules inversibles (n° 8), muni de la loi de multiplication $[\mathrm{P}][\mathrm{Q}] = [\mathrm{P} \otimes_{\mathrm{A}} \mathrm{Q}]$, est un groupe ; on le note $\mathscr{P}_k(\mathrm{A})$.

b) Soit G le groupe des automorphismes de la k-algèbre A ; pour $g \in \mathrm{G}$, on note A_g le A-module à gauche A_s muni de la structure de A-module à droite définie par $x.a = x\,g(a)$. Montrer que l'application $g \mapsto [\mathrm{A}_g]$ est un homomorphisme de groupes de G dans $\mathscr{P}_k(\mathrm{A})$, dont le noyau est le sous-groupe des automorphismes intérieurs.

c) Soit Z le centre de A ; définir une suite exacte

$$1 \to \mathscr{P}_{\mathrm{Z}}(\mathrm{A}) \to \mathscr{P}_k(\mathrm{A}) \to \mathrm{G}.$$

Si l'algèbre A est commutative, le groupe $\mathscr{P}_k(\mathrm{A})$ est produit semi-direct de G par $\mathscr{P}_{\mathrm{A}}(\mathrm{A})$.

§ 7. ANNEAUX SIMPLES

1. Anneaux simples

PROPOSITION 1. — *Soit* A *un anneau non nul. Les conditions suivantes sont équivalentes :*

(i) *Le* A*-module* A_s *est isotypique ;*

(ii) *L'anneau* A *est artinien à gauche et tout idéal bilatère de* A *est égal à* 0 *ou à* A ;

(iii) *L'anneau* A *est artinien à gauche et il existe un* A*-module à gauche* S *qui est simple et fidèle.*

Si ces conditions sont satisfaites, le A*-module* A_s *est de longueur finie et isotypique de type* S, *et tout* A*-module simple est isomorphe à* S.

Démontrons que (i) entraîne (ii). Sous les hypothèses de (i), le A-module de type fini A_s est semi-simple, donc de longueur finie et artinien (VIII, p. 67, prop. 10) ; par suite, l'anneau A est artinien à gauche. Les endomorphismes du A-module à gauche A_s sont les multiplications à droite par les éléments de A. Comme le A-module à gauche A_s est isotypique, il résulte de la prop. 6, b) de VIII, p. 81, que le (A, A)-bimodule ${}_sA_d$ est simple. Les sous-bimodules de ${}_sA_d$ sont les idéaux bilatères de A, donc (i) implique (ii).

Démontrons que (ii) entraîne (iii). L'anneau A n'est pas réduit à 0 ; par suite, il existe un A-module simple S. L'annulateur de S est un idéal bilatère de A, distinct de A. Sous les hypothèses de (ii), il est égal à 0. Le A-module S est alors fidèle et (ii) entraîne (iii).

Démontrons que (iii) entraîne (i). Sous les hypothèses de (iii), il existe un entier $m \geqslant 1$ tel que A_s soit isomorphe à un sous-module de S^m (VIII, p. 46, prop. 5, a)). Puisque S^m est un A-module isotypique de type S, il en est de même de A_s (VIII, p. 57, prop. 2) ; donc (iii) implique (i).

Supposons les conditions (i) à (iii) satisfaites. Nous avons vu au cours de la démonstration que le A-module A_s est de longueur finie et isotypique de type S. Tout A-module à gauche simple est isomorphe à un quotient de A_s, donc à S.

DÉFINITION 1. — *On dit que l'anneau* A *est* simple *s'il satisfait aux conditions équivalentes* (i), (ii) *et* (iii) *de la proposition* 1. *Soit* K *un corps commutatif; une* K-*algèbre est dite* simple *si son anneau sous-jacent est simple.*

Remarques. — 1) Rappelons que d'après le th. 1 de I, p. 109, les conditions suivantes sont équivalentes :

(i) Le A-module A_s est simple;

(ii) L'anneau A n'est pas réduit à 0, et il n'existe aucun idéal à gauche de A distinct de 0 et de A ;

(iii) L'anneau A est un corps.

Par conséquent, compte tenu de la condition (ii) de la prop. 1, les anneaux simples commutatifs ne sont autres que les corps commutatifs.

2) On dit parfois qu'un anneau A est *quasi-simple* s'il n'est pas réduit à 0 et si ses seuls idéaux bilatères sont 0 et A. On dit que A est *primitif* s'il possède un module simple et fidèle. D'après la prop. 1, tout anneau simple est quasi-simple. Comme tout anneau non réduit à 0 possède un module simple et que l'annulateur d'un module simple est un idéal bilatère, on voit que tout anneau quasi-simple est primitif. Cependant, il existe des anneaux quasi-simples qui ne sont pas simples, et des anneaux primitifs qui ne sont pas quasi-simples (VIII, p. 124, exerc. 2) ; de tels anneaux ne sont pas artiniens à gauche.

THÉORÈME 1 (Wedderburn). — *Pour qu'un anneau soit simple, il faut et il suffit qu'il soit isomorphe à un anneau de matrices* $\mathbf{M}_r(\mathrm{D})$, *où* $r \geqslant 1$ *est un entier et* D *un corps.*

Lemme 1. — *Soient* A *un anneau simple,* S *un* A-*module à gauche simple et* D *l'anneau opposé du corps* $\mathrm{End}_{\mathrm{A}}(\mathrm{S})$. *Alors* S *est un* (A, D)-*bimodule inversible. C'est aussi un espace vectoriel à droite de dimension finie sur* D *et l'application* $a \mapsto a_{\mathrm{S}}$ *est un isomorphisme d'anneaux de* A *sur* $\mathrm{End}_{\mathrm{D}}(\mathrm{S})$.

D'après la prop. 1 de VIII, p. 115, le A-module A_s est de longueur finie, et isotypique de type S. Il existe donc un entier $m \geqslant 1$ tel que les A-modules A_s et S^m soient isomorphes. Alors le A-module S est projectif et de type fini. Il est générateur (VIII, p. 76, th. 1) et le lemme 1 résulte du th. 1 de VIII, p. 97, (ii)⇒(i) et (ii)⇒(iii) appliqué au $(\mathrm{A}, \mathrm{D})_{\mathbf{Z}}$-bimodule S.

Lemme 2. — Soient D *un corps et* V *un espace vectoriel à droite de dimension finie* $r \geqslant 1$ *sur le corps* D. *Alors* V *est un module simple sur l'anneau* $E = End_D(V)$ *et son commutant est égal à* D_V. *L'anneau* E *est simple et sa longueur à gauche est égale à* r.

On sait que V est un E-module simple (VIII, p. 41, exemple 3) et que son commutant est égal à D_V (VIII, p. 78, cor. 1). Soit $(x_i)_{1 \leqslant i \leqslant r}$ une base de V sur le corps D. L'application $u \mapsto (u(x_i))_{1 \leqslant i \leqslant r}$ est un isomorphisme du E-module E_s sur le E-module V^r ; par suite, le E-module E_s est isotypique de longueur r, donc l'anneau E est simple.

Démontrons maintenant le théorème 1. Rappelons (II, p. 150) que l'anneau $\mathbf{M}_r(D)$ s'identifie à l'anneau des endomorphismes du D-espace vectoriel à droite D_d^r ; de plus, tout espace vectoriel à droite de dimension finie r sur un corps D est isomorphe à D_d^r (II, p. 97). Le théorème 1 résulte donc des lemmes 1 et 2.

Remarque 3. — Soit A un anneau simple, soient S un A-module simple et D l'anneau opposé du corps $End_A(S)$. Alors le A-module A_s est de longueur finie et $\dim_D(S)$ est égal à long(A). En effet, par le lemme 1, l'anneau A est isomorphe à $End_D(S)$ et on applique le lemme 2.

COROLLAIRE 1. — a) *Le centre d'un anneau simple est un corps.*

b) *L'anneau opposé d'un anneau simple est simple.*

c) *La longueur à gauche d'un anneau simple est égale à sa longueur à droite.*

Soient D un corps, Z son centre et V un espace vectoriel à droite sur le corps D, de dimension finie $r \geqslant 1$. On note E l'anneau des endomorphismes de V.

L'application $z \mapsto z_V$ est un isomorphisme de Z sur le centre de E d'après le corollaire 2 de VIII, p. 78. L'assertion a) résulte de là. Le dual V^* de V est un espace vectoriel à droite sur le corps D^o opposé de D et sa dimension est égale à r. L'application $u \mapsto {}^t u$ est un isomorphisme de l'anneau E^o opposé de E sur l'anneau $End_{D^o}(V^*)$. Par suite, l'anneau E^o est simple et les anneaux E et E^o ont la même longueur à gauche, égale à r (lemme 2).

COROLLAIRE 2. — *Soient* r *et* r' *des entiers strictement positifs et soient* D *et* D′ *des corps. Pour que les anneaux* $\mathbf{M}_r(D)$ *et* $\mathbf{M}_{r'}(D')$ *soient isomorphes, il faut et il suffit que l'on ait* $r = r'$ *et que les corps* D *et* D′ *soient isomorphes.*

La condition est évidemment suffisante.

Réciproquement, supposons que les anneaux $B = \mathbf{M}_r(D)$ et $B' = \mathbf{M}_{r'}(D')$ soient isomorphes. Comme r est la longueur de B_s et r' celle de B'_s (lemme 2), on a $r = r'$. De plus, B est équivalent à D au sens de Morita et B′ à D′ (VIII, p. 98, exemple 1).

Par suite, les corps D et D′ sont équivalents au sens de Morita, donc isomorphes (VIII, p. 107, prop. 13, c)).

COROLLAIRE 3. — *Soit* K *un corps commutatif et soit* A *une* K*-algèbre de degré fini dont l'anneau sous-jacent est simple. Il existe un entier* r *et une* K*-algèbre* D *de degré fini sur* K *qui est un corps tels que* A *soit isomorphe à* $\mathrm{M}_r(\mathrm{D})$*. En particulier, si* K *est algébriquement clos,* A *est isomorphe à une algèbre de matrices sur* K.

Soit S un A-module à gauche simple ; c'est un K-espace vectoriel de dimension finie sur K. Son commutant est donc une algèbre de degré fini sur K. La première assertion résulte alors du lemme 1. Si K est algébriquement clos, alors D = K par le th. 1 de VIII, p. 43.

Remarque 4. — Soit K un corps commutatif algébriquement clos et soit A une algèbre de degré fini sur K. L'algèbre A est simple si et seulement s'il existe un entier $n \geqslant 1$ tel que A soit isomorphe à $\mathrm{M}_n(\mathrm{K})$. Son centre est alors isomorphe à K.

2. Modules sur un anneau simple

Lemme 3. — *Soit* A *un anneau simple et soit* S *un* A*-module simple. Notons* D *le corps opposé du commutant de* S*. Tout* A*-module est isomorphe à un* A*-module de la forme* $\mathrm{S} \otimes_{\mathrm{D}} \mathrm{V}$*, où* V *est un espace vectoriel à gauche sur le corps* D.

Cela résulte du lemme 1 de VIII, p. 116 et du théorème de Morita (VIII, p. 99).

PROPOSITION 2. — *Soient* A *un anneau simple et* S *un* A*-module simple.*

a) *Tout* A*-module est projectif et isotypique de type* S*, donc semi-simple. Si* $\mathfrak{a}$ *est sa longueur, il est isomorphe à* $\mathrm{S}^{(\mathfrak{a})}$.

b) *Tout* A*-module non nul est générateur.*

c) *Deux* A*-modules sont isomorphes si et seulement s'ils ont même longueur.*

Notons D le corps opposé du commutant de S. D'après le lemme 1 de VIII, p. 116, S est un (A, D)-bimodule inversible. Soit M un A-module ; d'après le lemme 3, il est isomorphe à un module de la forme $\mathrm{S} \otimes_{\mathrm{D}} \mathrm{V}$, où V est un espace vectoriel à gauche sur le corps D.

Le D-module V est projectif et isotypique de type D_s ; il est générateur si et seulement s'il n'est pas réduit à 0. Enfin, la longueur de $\mathrm{S} \otimes_{\mathrm{D}} \mathrm{V}$ est égale à la dimension du D-espace vectoriel V, et deux espaces vectoriels sont isomorphes si et seulement s'ils ont même dimension. La prop. 2 résulte de là, compte tenu de la prop. 10 de VIII, p. 104 et de la prop. 12 de VIII, p. 106.

Soit $r \geqslant 1$ un entier. Nous dirons qu'*un cardinal* $\mathfrak{a}$ *est divisible par* r s'il existe un cardinal $\mathfrak{b}$ tel que $\mathfrak{a} = r\mathfrak{b}$. Il en est ainsi si $\mathfrak{a}$ est infini, puisqu'on a $r\mathfrak{a} = \mathfrak{a}$ (E, III, p. 49, cor. 3) ; il résulte de cette remarque que si le cardinal $\mathfrak{a}$ est divisible par r, il existe un unique cardinal $\mathfrak{b}$ tel que $\mathfrak{a} = r\mathfrak{b}$.

COROLLAIRE. — *Soit k un corps commutatif et soit A une k-algèbre simple de degré fini sur k. Tout A-module simple est de dimension finie sur k ; pour que deux A-modules soient isomorphes, il faut et il suffit que leur dimension sur k soient égales.*

Tout A-module simple sur A est isomorphe à un quotient de A_s, donc de dimension finie sur k. Le corollaire résulte alors de la prop. 2, c) de VIII, p. 118.

PROPOSITION 3. — *Soit A un anneau simple. Pour qu'un A-module M soit libre, il faut et il suffit que sa longueur soit divisible par la longueur de A. S'il en est ainsi, toutes les bases de M ont le même cardinal, noté* $\dim_A(M)$ (II, p. 98, remarque 2), *et caractérisé par la relation*

$$\text{(1)} \qquad \text{long}_A(M) = \text{long}(A) \cdot \dim_A(M).$$

Supposons que M soit libre et soit $(e_i)_{i \in I}$ une base de M. Le A-module M est somme directe des A-modules Ae_i, eux-mêmes isomorphes à A_s. Posons $r = \text{long}_A(A_s)$; c'est un entier supérieur ou égal à 1 (VIII, p. 115, prop. 1). On a $\text{long}_A(M) = r\,\text{Card}(I)$ d'après la formule (13) de VIII, p. 68.

Réciproquement, supposons que le cardinal $\text{long}_A(M)$ soit divisible par r. Soit $\mathfrak{a}$ le cardinal tel que $\text{long}_A(M) = r\mathfrak{a}$. Alors le A-module M a même longueur que $A_s^{(\mathfrak{a})}$, donc lui est isomorphe d'après la prop. 2. Ceci prouve que M est libre.

PROPOSITION 4. — *Soient A un anneau simple et M un A-module non nul. Notons B l'anneau des endomorphismes du A-module M, et considérons M comme un B-module à gauche.*

a) *L'application $a \mapsto a_M$ est un isomorphisme de A sur l'anneau des endomorphismes du B-module M.*

b) *Supposons que M soit de longueur finie comme A-module. Alors l'anneau B est simple et l'on a*

$$\text{(2)} \qquad \text{long}_A(M) = \text{long}(B) \quad \textit{et} \quad \text{long}_B(M) = \text{long}(A).$$

Le A-module M est générateur d'après la prop. 2 de VIII, p. 118 ; on a par définition $B = A'_M$ et l'assertion a) résulte donc du th. 2 de VIII, p. 78.

Supposons que M soit un A-module de longueur finie. Choisissons un A-module simple S et notons D le corps opposé de l'anneau des endomorphismes de S. D'après le lemme 3 le A-module M est isomorphe à un module de la forme $S \otimes_D V$ où V est un espace vectoriel à gauche sur le corps D. L'espace vectoriel V est de dimension finie. D'après le th. 3 de VIII, p. 60, l'anneau B est isomorphe à $\mathrm{End}_{\mathrm{D}}(\mathrm{V})$; d'après le lemme 2 (VIII, p. 117) l'anneau B est donc simple et, compte tenu de la remarque 1 de VIII, p. 59, on obtient les égalités

$$\mathrm{long}(\mathrm{B}) = \dim_{\mathrm{D}}(\mathrm{V}) = \mathrm{long}_{\mathrm{A}}(\mathrm{M}).$$

Par la remarque 1 de VIII, p. 59 et la remarque 3 de VIII, p. 117, on a les relations

$$\mathrm{long}_{\mathrm{B}}(\mathrm{M}) = \mathrm{long}_{\mathrm{End}_{\mathrm{D}}(\mathrm{V})}(\mathrm{S} \otimes_{\mathrm{D}} \mathrm{V}) = \dim_{\mathrm{D}}(\mathrm{S}) = \mathrm{long}(\mathrm{A})$$

ce qui démontre la dernière formule.

3. Degrés

Considérons un anneau B et un sous-anneau A de B. On munit B de la structure de (A, A)-bimodule déduite par restriction des scalaires de la structure de (B, B)-bimodule de ${}_s\mathrm{B}_d$.

PROPOSITION 5. — *Soit* B *un anneau, soit* A *un sous-anneau* simple *de* B *et soit* S *un* A*-module à gauche simple. Alors* B *est un* A*-module à gauche libre de dimension* $\mathrm{long}_{\mathrm{A}}(\mathrm{B} \otimes_{\mathrm{A}} \mathrm{S})$.

Soit r la longueur de A ; le A-module A_s est isomorphe à S^r. Or le A-module à gauche B est isomorphe à $\mathrm{B} \otimes_{\mathrm{A}} \mathrm{A}_s$ (II, p. 56), donc à $(\mathrm{B} \otimes_{\mathrm{A}} \mathrm{S})^r$ (II, p. 61, prop. 7). On a donc $\mathrm{long}_{\mathrm{A}}(\mathrm{B}) = r\, \mathrm{long}_{\mathrm{A}}(\mathrm{B} \otimes_{\mathrm{A}} \mathrm{S})$, et la prop. 5 résulte de la prop. 3 de VIII, p. 119.

DÉFINITION 2. — *Soient* B *un anneau,* A *un sous-anneau simple de* B*. On appelle degré* (à gauche) *de* B *sur* A*, et l'on note* (1) $[\mathrm{B} : \mathrm{A}]_s$*, la dimension du* A*-module à gauche libre* B.

En remplaçant A et B par les anneaux opposés, on déduit de ce qui précède que B est un A-module à droite libre ; on notera $[\mathrm{B} : \mathrm{A}]_d$ sa dimension, et on l'appellera le *degré à droite* de B sur A.

On peut donner un exemple d'un corps B et d'un sous-corps A tels que les degrés $[\mathrm{B} : \mathrm{A}]_s$ et $[\mathrm{B} : \mathrm{A}]_d$ soient distincts(2).

(1) Si A et B sont des corps commutatifs, on prendra soin de ne pas confondre le degré qui est égal à $[\mathrm{B} : \mathrm{A}]$ avec le degré séparable de l'extension B de A, défini en V, p. 30, et noté aussi $[\mathrm{B} : \mathrm{A}]_s$.
(2) *cf.* A. H. Schofield, *Artin's problem for skew field extensions*, Math. Proc. Cambridge Philos. Soc. **97** (1985), p. 1–6.

Soit B un anneau, soit A un sous-anneau simple de B et soit S un A-module à gauche simple. Soient M un A-module à gauche et $\mathfrak{a}$ sa longueur. Les A-modules M et $S^{(\mathfrak{a})}$ sont isomorphes (VIII, p. 118, prop. 2), donc les B-modules $B\otimes_A M$ et $(B\otimes_A S)^{(\mathfrak{a})}$ sont isomorphes. De la prop. 5 et de la définition 2, on déduit la relation

$$\text{(3)} \qquad \log_A(B \otimes_A M) = [B : A]_s \log_A(M).$$

Proposition 6. — *Soient* C *un anneau,* B *un sous-anneau simple de* C, *et* A *un sous-anneau simple de* B. *On a alors* $[C : A]_s = [C : B]_s [B : A]_s$.

Introduisons une base $(e_i)_{i\in I}$ de C considéré comme B-module à gauche, et une base $(f_j)_{j\in J}$ de B considéré comme A-module à gauche. Alors la famille $(f_j e_i)_{j\in J, i\in I}$ est une base de C considéré comme A-module à gauche (II, p. 31, prop. 25), d'où la prop. 6.

Remarques. — 1) Supposons que A soit un sous-anneau simple d'un anneau simple B et que le degré à droite $[B : A]_d$ soit fini. Soit C l'anneau des endomorphismes de B considéré comme A-module à droite ; c'est un anneau simple d'après la prop. 4, b) de VIII, p. 119. Pour tout b dans B, soit $\gamma(b)$ l'application $x \mapsto bx$ de B dans B ; alors $\gamma : b \mapsto \gamma(b)$ est un isomorphisme de B sur un sous-anneau de C. De plus, si $(x_1, \ldots, x_m)$ est une base du A-module à droite B, le morphisme qui applique c sur $(c(x_1), \ldots, c(x_m))$ est un isomorphisme de B-modules à gauche de C sur B_s^m, d'où la relation

$$\text{(4)} \qquad [C : \gamma(B)]_s = [B : A]_d.$$

Compte tenu de la formule (2) de VIII, p. 119 appliquée au A-module à droite B, on a

$$\text{(5)} \qquad \log(C) = [B : A]_d \log(A).$$

2) Soit K un corps commutatif. Si A est une sous-algèbre simple d'une algèbre B, de degré fini sur K, le degré à gauche de B sur A satisfait à la relation $[B : A]_s[A : K] = [B : K]$ d'après la prop. 6 de VIII, p. 121. On a de même $[B : A]_d[A : K] = [B : K]$, d'où l'égalité $[B : A]_s = [B : A]_d$.

4. Idéaux des anneaux simples

Soient D un corps et V un espace vectoriel à droite sur le corps D, de dimension finie $n \geqslant 1$. On considère l'anneau simple $A = \mathrm{End}_D(V)$. Pour tout sous-espace vectoriel W de V, on note $\mathfrak{a}(W)$ (resp. $\mathfrak{b}(W)$) l'ensemble des éléments a de A satisfaisant $aW = 0$ (resp. $aV \subset W$).

PROPOSITION 7. — a) *L'application* $W \mapsto \mathfrak{a}(W)$ *est une bijection de l'ensemble des sous-espaces vectoriels de* V *sur l'ensemble des idéaux à gauche de* A.

b) *L'application* $W \mapsto \mathfrak{b}(W)$ *est une bijection de l'ensemble des sous-espaces vectoriels de* V *sur l'ensemble des idéaux à droite de* A.

c) *Soient* W_1 *et* W_2 *des sous-espaces vectoriels de* V. *Les relations* $W_1 \subset W_2$, $\mathfrak{a}(W_1) \supset \mathfrak{a}(W_2)$ *et* $\mathfrak{b}(W_1) \subset \mathfrak{b}(W_2)$ *sont équivalentes.*

L'assertion b) résulte de l'exemple 1, b) de VIII, p. 100 appliquée au (D^o, A^o)-bimodule inversible V, de même que l'équivalence des relations $W_1 \subset W_2$ et $\mathfrak{b}(W_1) \subset \mathfrak{b}(W_2)$.

Soit V^* le dual de V, considéré comme espace vectoriel à droite sur le corps D^o opposé de D. Pour tout sous-espace W de V, notons W' l'orthogonal de W dans V^*. L'application $W \mapsto W'$ est une bijection de l'ensemble des sous-espaces de V sur l'ensemble des sous-espaces de V^*. Si W_1 et W_2 sont deux sous-espaces de V, les relations $W_1 \subset W_2$ et $W'_1 \supset W'_2$ sont équivalentes. Or, l'application $u \mapsto {}^t u$ est un isomorphisme de A sur l'anneau opposé de $\mathrm{End}_{D^o}(V^*)$; elle transforme idéaux à gauche de A en idéaux à droite de $\mathrm{End}_{D^o}(V^*)$, et $\mathfrak{a}(W)$ en l'ensemble $\mathfrak{b}(W')$ des endomorphismes h de V^* tels que $h(V^*) \subset W'$. L'assertion a), ainsi que l'équivalence des relations $W_1 \subset W_2$ et $\mathfrak{a}(W_1) \supset \mathfrak{a}(W_2)$, résultent alors de l'assertion analogue à b) pour le dual V^* de V.

COROLLAIRE. — a) *Les idéaux à gauche minimaux de* A *sont les idéaux* $\mathfrak{a}(H)$, *où* H *est un hyperplan de* V ; *les idéaux à gauche maximaux de* A *sont les idéaux* $\mathfrak{a}(L)$, *où* L *est une droite de* V ;

b) *Les idéaux à droite minimaux de* A *sont les idéaux* $\mathfrak{b}(L)$, *où* L *est une droite de* V ; *les idéaux à droite maximaux de* A *sont les idéaux* $\mathfrak{b}(H)$, *où* H *est un hyperplan de* V.

Soit $(L_i)_{i \in I}$ une famille de droites dont V soit somme directe. Soit $(\varepsilon_i)_{i \in I}$ la famille de projecteurs associée à la décomposition $V = \oplus_{i \in I} L_i$. Les ε_i sont des idempotents dans A, on a $\varepsilon_i \varepsilon_j = 0$ pour $i \neq j$ et $\sum_{i \in I} \varepsilon_i = 1$. Notons H_i l'hyperplan

$\sum_{j \neq i} \mathrm{L}_j$; c'est le noyau de ε_i. On a alors

$$\mathfrak{a}(\mathrm{H}_i) = \mathrm{A}\,\varepsilon_i, \qquad \mathfrak{b}(\mathrm{L}_i) = \varepsilon_i\,\mathrm{A}.$$

Le A-module A_s est somme directe de la famille $(\mathfrak{a}(\mathrm{H}_i))_{i\in\mathrm{I}}$ d'idéaux à gauche minimaux, et A_d est somme directe de la famille $(\mathfrak{b}(\mathrm{L}_i))_{i\in\mathrm{I}}$ d'idéaux à droite minimaux.

Considérons le cas particulier $\mathrm{V} = (\mathrm{D}_d)^n$ et identifions A à l'anneau de matrices $\mathbf{M}_n(\mathrm{D})$. Notons I l'intervalle $[1, n]$ de $\mathbf{N}$ et $(v_i)_{i\in\mathrm{I}}$ la base canonique de V ; posons $\mathrm{L}_i = v_i\mathrm{D}$, et notons E_{ij} les unités matricielles (II, p. 142). On a alors $\varepsilon_i = \mathrm{E}_{ii}$. L'idéal à gauche AE_{ii} est égal à $\mathrm{DE}_{1i} + \cdots + \mathrm{DE}_{ni}$ et se compose des matrices dont toutes les colonnes à l'exception de la i-ème sont nulles. L'idéal à droite $\mathrm{E}_{ii}\mathrm{A}$ est égal à $\mathrm{DE}_{i1} + \cdots + \mathrm{DE}_{in}$ et se compose des matrices dont toutes les lignes à l'exception de la i-ème sont nulles. On a aussi la relation

$$\mathrm{E}_{ii}\,\mathrm{A}\,\mathrm{E}_{jj} = \mathrm{E}_{ii}\,\mathrm{A} \cap \mathrm{A}\,\mathrm{E}_{jj} = \mathrm{D}\,\mathrm{E}_{ij},$$

pour i et j compris entre 1 et n.

EXERCICES

1) Soient D un corps, V un espace vectoriel à droite sur D et A l'anneau $\mathrm{End}_D(V)$. Pour tout sous-espace vectoriel W de V, on note $\mathfrak{a}(W)$ (resp. $\mathfrak{b}(W)$) l'ensemble des éléments a de A satisfaisant à $aW = 0$ (resp. $aV \subset W$).

a) Prouver que l'application $W \mapsto \mathfrak{a}(W)$ (resp. $W \mapsto \mathfrak{b}(W)$) est une bijection décroissante (resp. croissante) de l'ensemble des sous-espaces vectoriels de V sur l'ensemble des idéaux à gauche (resp. à droite) de A engendrés par un élément idempotent.

b) Les idéaux à gauche minimaux de A sont les idéaux $\mathfrak{a}(H)$, où H est un hyperplan de V ; les idéaux à droite minimaux sont les idéaux $\mathfrak{b}(D)$, où D est une droite de V. En déduire la forme des idéaux à gauche (resp. à droite) de longueur finie de A.

c) Soient W, W′ deux sous-espaces de V tels que $W \neq 0$ et $W' \neq V$. Démontrer que l'intersection $\mathfrak{a}(W) \cap \mathfrak{b}(W')$ n'est pas réduite à 0.

d) L'application $u \mapsto {}^t u$ définit un isomorphisme de l'anneau A sur un sous-anneau B de $\mathrm{End}_{D^\circ}(V^*)$. Montrer que l'image de $\mathfrak{a}(W)$ (resp. $\mathfrak{b}(W)$) par cet isomorphisme est la trace sur B de l'idéal $\mathfrak{b}(W^\circ)$ (resp. $\mathfrak{a}(W^\circ)$), où W° désigne l'orthogonal de W dans V^*.

e) Soit $\mathfrak{F}$ l'ensemble des sous-espaces vectoriels de V. Pour tout idéal à gauche $\mathfrak{a}$ de A, on note $\mathfrak{F}(\mathfrak{a})$ le sous-ensemble de $\mathfrak{F}$ formé des sous-espaces $\mathrm{Ker}\, u$ où u parcourt $\mathfrak{a}$. L'ensemble $\mathfrak{F}(\mathfrak{a})$ est stable par intersection, et tout sous-espace vectoriel de V contenant un élément de $\mathfrak{F}(\mathfrak{a})$ appartient à $\mathfrak{F}(\mathfrak{a})$; prouver que l'application $\mathfrak{a} \mapsto \mathfrak{F}(\mathfrak{a})$ est une bijection de l'ensemble des idéaux à gauche de A sur l'ensemble des parties de $\mathfrak{F}$ satisfaisant à ces deux propriétés.

f) On suppose que la dimension de V est infinie, et on la note $\mathfrak{c}$. Soit $\mathfrak{m}$ un idéal à gauche maximal de A qui n'est pas de la forme $\mathfrak{a}(D)$. Prouver que l'intersection des sous-espaces $W \in \mathfrak{F}(\mathfrak{m})$ est réduite à 0, que chacun de ces sous-espaces est de dimension infinie, et qu'il en existe de codimension $\mathfrak{c}$.

¶ 2) Soient D un corps, V un espace vectoriel à droite de dimension infinie $\mathfrak{c}$ sur D, et A l'anneau $\mathrm{End}_D(V)$.

a) Soient u, v des endomorphismes de V tels que $\mathrm{rg}(u) \leqslant \mathrm{rg}(v)$. Démontrer qu'il existe des éléments a, b de A tels que $u = avb$.

b) Pour tout cardinal infini $\mathfrak{n} \leqslant \mathfrak{c}$, on désigne par $\mathfrak{A}_\mathfrak{n}$ l'ensemble des endomorphismes de V de rang $< \mathfrak{n}$. Prouver que $\mathfrak{A}_\mathfrak{n}$ est un idéal bilatère de A, et que tout idéal bilatère de A, distinct de $\{0\}$ et de A, est l'un des $\mathfrak{A}_\mathfrak{n}$ (utiliser *a*)). En particulier, l'idéal des endomorphismes de rang fini est le plus petit idéal bilatère non nul de A, et l'idéal $\mathfrak{A}_\mathfrak{c} = \mathfrak{T}$ des endomorphismes de rang $< \mathfrak{c}$ est le plus grand idéal bilatère de A distinct de A.

c) Soient B une base de V, $\mathfrak{U}$ un ultrafiltre sur B, plus fin que le filtre $\mathfrak{G}$ des complémentaires des parties de B de cardinal $< \mathfrak{c}$. Pour tout ensemble U de $\mathfrak{U}$, notons e_U le projecteur de V dont le noyau est engendré par les vecteurs de U et l'image par les vecteurs de $B - U$. Soit $\mathfrak{a}_\mathfrak{U}$ l'idéal à gauche de A engendré par les e_U, où U parcourt $\mathfrak{U}$;

démontrer que l'idéal $\mathfrak{T} + \mathfrak{a}_{\mathfrak{U}}$ est distinct de A. Soit $\mathfrak{V}$ un autre ultrafiltre sur B contenant $\mathfrak{G}$ et distinct de $\mathfrak{U}$; prouver qu'on a $\mathfrak{a}_{\mathfrak{U}} + \mathfrak{a}_{\mathfrak{V}} = A$.

d) Démontrer que le cardinal de l'ensemble des ultrafiltres sur B contenant $\mathfrak{G}$ est $2^{2^{\mathfrak{c}}}$ (utiliser les arguments des exerc. 6 de TG, I, p. 101 et 5 de TG, I, p. 95 ; dans ce dernier exercice, on observera que la trace sur F de tout ouvert non vide de X est équipotente à F).

e) On suppose $\mathrm{Card}(D) \leqslant 2^{\mathfrak{c}}$. Déduire de *d*) que l'ensemble des classes de $(A/\mathfrak{T})$-modules simples est de cardinal $2^{2^{\mathfrak{c}}}$ (*cf.* VIII, p. 48, exerc 5 *d*)).

f) Déduire de ce qui précède que l'anneau A est primitif mais pas quasi-simple, et que l'anneau $A/\mathfrak{T}$ est quasi-simple mais pas simple (VIII, p. 116, remarque 2).

3) Soient D un corps, V un espace vectoriel à droite sur D et A un sous-anneau de l'anneau $\mathrm{End}_D(V)$.

a) Démontrer que les conditions suivantes sont équivalentes :

(i) Pour tout endomorphisme u de V et toute suite finie $x_1, \ldots, x_n$ de vecteurs de V, il existe un élément a de A satisfaisant à $u(x_i) = a(x_i)$ pour $1 \leqslant i \leqslant n$;

(ii) Pour tout couple d'éléments x, y de V avec $x \neq 0$, il existe $a \in A$ tel que $a(x) = y$.

Lorsque ces conditions sont satisfaites, on dit que le sous-anneau A de $\mathrm{End}_D(V)$ est *dense*. On suppose désormais que A est dense.

b) Démontrer que A est *primitif* (VIII, p. 116, remarque 2). Inversement, tout anneau primitif est isomorphe à un sous-anneau dense de l'anneau des endomorphismes d'un espace vectoriel.

c) Prouver que les éléments non nuls du centre de A sont des endomorphismes injectifs. En particulier, le centre d'un anneau primitif est un anneau intègre.

d) On suppose que V est de dimension infinie. Pour tout entier $n > 0$, prouver qu'il existe un sous-anneau A_n de A et un homomorphisme surjectif $A_n \to M_n(D)$.

4) Soit A un anneau primitif.

a) Si l'anneau A est commutatif (resp. artinien à gauche), c'est un corps (resp. un anneau simple).

b) Soient $\mathfrak{a}$, $\mathfrak{b}$ des idéaux à gauche non nuls de A ; démontrer que l'idéal $\mathfrak{ab}$ n'est pas nul[(3)]. En déduire que l'intersection d'un nombre fini d'idéaux bilatères non nuls de A n'est pas réduite à 0.

c) Démontrer que si l'élément $1 + a^2$ est inversible dans A pour tout $a \in A$, A est un corps (utiliser l'exerc. 3 *b*)).

[(3)] Dans cet exercice et les suivants, si $\mathfrak{a}$ et $\mathfrak{b}$ sont des idéaux à gauche de A, on note $\mathfrak{ab}$ l'idéal à gauche engendré par les produits ab pour $a \in \mathfrak{a}$, $b \in \mathfrak{b}$.

5) Soit A un anneau.

a) Soit e un élément idempotent de A. Démontrer que si A est primitif (resp. quasi-simple), il en est de même de l'anneau eAe (utiliser l'exerc. 3 *b*) ci-dessus, le lemme 4 de VIII, p. 108, et l'exerc. 6, *a*) de VIII, p. 14).

b) Soit n un entier $\geqslant 1$. Démontrer que pour que l'anneau de matrices $\mathbf{M}_n(\mathrm{A})$ soit primitif (resp. quasi-simple), il faut et il suffit que A soit primitif (resp. quasi-simple) (*cf.* VIII, p. 109, exemple 2).

c) Soit B un anneau équivalent à A au sens de Morita ; pour que B soit primitif (resp. quasi-simple), il faut et il suffit qu'il en soit ainsi de A.

6) Soit A un anneau quasi-simple.

a) Pour qu'un A-module soit générateur, il faut et il suffit que son dual ne soit pas nul.

b) Soit $\mathfrak{a}$ un idéal à gauche de A et soit D l'anneau $\mathrm{End}_{\mathrm{A}}(\mathfrak{a})$. Prouver que $\mathfrak{a}$ est un D-module à droite projectif de type fini et que l'application $a \mapsto a_{\mathfrak{a}}$ de A dans $\mathrm{End}_{\mathrm{D}}(\mathfrak{a})$ est bijective. Pour que l'anneau D soit quasi-simple, il faut et il suffit que le A-module $\mathfrak{a}$ soit projectif de type fini.

c) Démontrer qu'un anneau quasi-simple qui contient un idéal à gauche minimal est simple.

7) Soit A un anneau.

a) Soit $\mathfrak{a}$ un idéal à gauche minimal de A. Démontrer que l'on a $\mathfrak{a}^2 = 0$ ou $\mathfrak{a}^2 = \mathfrak{a}$. Dans le second cas, montrer qu'il existe un élément idempotent e de $\mathfrak{a}$ tel que $\mathfrak{a} = \mathrm{A}e$ (si $a \in \mathrm{A}$ est tel que $\mathfrak{a}a = \mathfrak{a}$, considérer l'automorphisme $x \mapsto xa$ de $\mathfrak{a}$).

b) Soit e un élément idempotent de A. Pour que l'idéal Ae soit minimal, il faut et il suffit que l'anneau eAe soit un corps.

c) Soient $\mathfrak{a}$, $\mathfrak{b}$ deux idéaux à gauche isomorphes de A. Démontrer qu'on a $\mathfrak{a}\mathfrak{b} = \mathfrak{b}$ si $\mathfrak{a}^2 = \mathfrak{a}$, et $\mathfrak{a}\mathfrak{b} = 0$ si $\mathfrak{a}^2 = 0$.

¶ 8) Soit A un anneau. On appelle *socle gauche* (ou simplement socle) $\mathfrak{s}$ de A le socle du A-module A_s, c'est-à-dire (VIII, p. 61) la somme des idéaux à gauche minimaux de A. C'est un A-module semi-simple, dont les composants isotypiques sont appelés les *pieds*. Soit $\mathfrak{a}$ un pied de $\mathfrak{s}$.

a) Démontrer que $\mathfrak{a}$ est un idéal bilatère et que la somme des idéaux minimaux de carré nul (exerc. 7) contenus dans $\mathfrak{a}$ est un idéal bilatère, intersection de $\mathfrak{a}$ et de son annulateur.

b) On suppose que $\mathfrak{a}$ contient un idéal minimal de carré $\neq 0$. Prouver qu'il n'existe pas d'élément non nul x de $\mathfrak{a}$ tel que $\mathfrak{a}x = 0$ (utiliser l'exerc. 7 *c*)).

c) Sous l'hypothèse de *b*), démontrer que tout idéal à gauche du pseudo-anneau $\mathfrak{a}$ est un idéal de A (remarquer que les idéaux minimaux de $\mathfrak{a}$ sont les idéaux minimaux de A contenus dans $\mathfrak{a}$).

d) On suppose que le socle $\mathfrak{s}$ de A ne contient pas d'idéal à gauche minimal de carré nul. Démontrer que tout idéal à gauche $\mathfrak{b}$ de A qui est de longueur finie en tant que A-module est contenu dans $\mathfrak{s}$ (raisonner par récurrence sur la longueur de $\mathfrak{b}$, en remarquant que si e est un élément idempotent de $\mathfrak{b}$, $\mathfrak{b}e$ est facteur direct dans $\mathfrak{b}$).

¶ 9) Soient D un corps, V un espace vectoriel à droite sur D, A un sous-anneau dense de l'anneau $\mathrm{End}_{\mathrm{D}}(\mathrm{V})$ (exerc. 3).

a) Pour que A contienne un endomorphisme non nul de rang fini, il faut et il suffit que le socle $\mathfrak{s}$ de A ne soit pas nul (démontrer à l'aide des exerc. 4 *a*) et 7 *b*) qu'un idéal minimal de A est engendré par un élément idempotent, puis que celui-ci est de rang un). Le socle de A a alors un seul pied (exerc. 4 *a*)).

b) On suppose désormais $\mathfrak{s} \neq 0$. Soit $\mathfrak{a}$ un idéal à gauche minimal de A. Démontrer qu'il existe un élément ℓ du dual V^* de V tel que $\mathfrak{a}$ soit formé des endomorphismes $z \mapsto v\,\ell(z)$ pour $v \in \mathrm{V}$. Soit V' l'ensemble des formes linéaires $\ell \in \mathrm{V}^*$ telles que l'endomorphisme $z \mapsto v\,\ell(z)$ appartienne à A pour tout $v \in \mathrm{V}$; prouver que V' est un sous-(D, A)-bimodule de V^* et que $\mathfrak{s}$ est l'ensemble des endomorphismes de rang fini de V dont le noyau peut s'écrire $\mathrm{Ker}\,\ell_1 \cap \cdots \cap \mathrm{Ker}\,\ell_n$, avec $\ell_1, \ldots, \ell_n$ dans V'. On ne peut avoir $\mathfrak{s} = \mathrm{A}$ que si l'espace vectoriel V est de dimension finie et $\mathrm{A} = \mathrm{End}_{\mathrm{D}}(\mathrm{V})$.

c) Soit $\mathfrak{b}$ un idéal à droite minimal de A ; démontrer qu'il existe un vecteur $v \in \mathrm{V}$ tel que $\mathfrak{b}$ soit formé des endomorphismes $z \mapsto v\,\ell(z)$ pour $\ell \in \mathrm{V}'$. En déduire que le socle droit de A est égal à son socle gauche $\mathfrak{s}$.

d) Démontrer que $\mathfrak{s}$ est le plus petit idéal bilatère non nul de A.

e) Déduire de *b*) qu'un anneau primitif noethérien (à gauche ou à droite) dont le socle n'est pas nul est simple (démontrer que V est nécessairement de dimension finie, en considérant les idéaux contenus dans $\mathfrak{s}$).

f) Soit M un sous-espace de dimension finie de V. Démontrer que $\mathfrak{s}$ contient un projecteur e_{M} de V d'image M (soit $\mathrm{N}' \subset \mathrm{V}'$ un supplémentaire de l'orthogonal de M; démontrer qu'il existe des bases $(v_j)_{1 \leqslant j \leqslant k}$ de M et $(\ell_i)_{1 \leqslant i \leqslant k}$ de N' telles que $\ell_i(v_j) = \delta_{ij}$, et considérer l'endomorphisme $x \mapsto \sum_i v_i \ell_i(x)$). Soit N le noyau de e_{M} ; démontrer que tout endomorphisme u de V tel que $u(\mathrm{M}) \subset \mathrm{M}$ et $u(\mathrm{N}) = 0$ appartient à $\mathfrak{s}$.

g) Soit J une partie finie de A. Démontrer qu'il existe une décomposition $\mathrm{V} = \mathrm{M} \oplus \mathrm{N}$, où M est un sous-espace de dimension finie et N est l'orthogonal d'une partie finie de V', telle que l'anneau des endomorphismes u de V tels que $u(\mathrm{M}) \subset \mathrm{M}$ et $u(\mathrm{N}) = 0$ soit contenu dans A et contienne J (soient $\mathrm{M}_1 = \sum_{u \in \mathrm{J}} \mathrm{Im}\,u$, $\mathrm{N}_1 = \bigcap_{u \in \mathrm{J}} \mathrm{Ker}\,u$; appliquer *f*) à un sous-espace M contenant M_1 et tel que $\mathrm{M} + \mathrm{N}_1 = \mathrm{V}$, puis prendre N contenu dans N_1).

10) Soient A un anneau primitif dont le socle $\mathfrak{s}$ n'est pas réduit à 0 et M un A-module. Pour que M soit fidèle et isotypique, il faut et il suffit qu'on ait $\mathfrak{s}\mathrm{M} = \mathrm{M}$ (utiliser la prop. 4 de VIII, p. 46). En déduire que si $0 \to \mathrm{M}' \to \mathrm{M} \to \mathrm{M}'' \to 0$ est une suite exacte de A-modules et que M' et M'' sont fidèles et isotypiques, il en est de même de M.

11) Soient K un corps commutatif, V un espace vectoriel sur K admettant une base $(e_n)_{n\geqslant 1}$. Soient u, v les endomorphismes de V définis par $u(e_1) = 0$, $u(e_p) = e_{p-1}$ pour $p > 1$, $v(e_p) = e_{p+1}$ pour $p \geqslant 1$, et soit A la sous-K-algèbre de $\mathrm{End}_{\mathrm{K}}(\mathrm{V})$ engendrée par $1, u$ et v. On a $uv = 1_{\mathrm{V}}$ et $vu \neq 1_{\mathrm{V}}$.

a) Prouver que les éléments $v^i u^j$ $(i \geqslant 0,\ j \geqslant 0)$ forment une base de A sur K.

b) Démontrer que l'anneau A est primitif et que son socle $\mathfrak{s}$ est l'ensemble des endomorphismes w de V tels que la suite $(w(e_p))_{p\geqslant 1}$ soit à support fini (on pourra observer que $\mathfrak{s}$ est le plus petit idéal bilatère de A contenant $1_{\mathrm{V}} - vu$). Démontrer que la K-algèbre $\mathrm{A}/\mathfrak{s}$ est isomorphe à $\mathrm{K}[\mathrm{X}, \mathrm{X}^{-1}]$.

¶ 12) Soient A un anneau et d une dérivation de A. On notera simplement A[D] l'anneau $\mathrm{A}[\mathrm{D}]_{1,d}$ (VIII, p. 10). Tout élément $\mathrm{P} \neq 0$ de A[D] s'écrit d'une seule manière $\sum_{k=0}^{m} a_k \mathrm{D}^k$, avec $a_k \in \mathrm{A}$ et $a_m \neq 0$; on dit que m est le degré de P et a_m son coefficient dominant.

a) Soit $\mathfrak{b}$ un idéal bilatère de A[D] et soit n le minimum des degrés des éléments non nuls de $\mathfrak{b}$. Démontrer que l'ensemble formé de 0 et des coefficients dominants des éléments de $\mathfrak{b}$ de degré n est un idéal bilatère de A.

b) On suppose que l'anneau A est quasi-simple, que A est une **Q**-algèbre, et que la dérivation d n'est pas intérieure (III, p. 125). Prouver que l'anneau A[D] est quasi-simple.

c) On suppose que A est un corps commutatif de caractéristique nulle et que $d \neq 0$. Démontrer que tout idéal (à gauche ou à droite) de A[D] est monogène (considérer dans un tel idéal un élément de degré minimum). En déduire que A[D] est noethérien à gauche et à droite, quasi-simple, sans diviseur de 0, mais ne contient pas d'idéaux minimaux à gauche ou à droite.

13) Soient K un corps commutatif de caractéristique nulle, A l'anneau K[T] ; on prend pour d la dérivation $\frac{d}{d\mathrm{T}}$. Démontrer que l'anneau A[D] (exerc. 12) est quasi-simple (calculer les dérivations ad(D) et ad(T), et en déduire que tout idéal bilatère non nul contient un élément inversible).

¶ 14) Soit K un corps commutatif. Soit M le monoïde libre engendré par deux éléments x, y et soit A l'algèbre du monoïde M sur K. Soit V un espace vectoriel sur K, admettant une base $(e_n)_{n\geqslant 1}$.

a) On définit une structure de A-module sur V en posant $xe_1 = 0$, $xe_p = e_{p-1}$ pour $p > 1$, $ye_p = e_{2^p}$ pour $p \geqslant 1$. Démontrer que V est un A-module simple.

b) Prouver que le A-module V est fidèle (soit $z \in \mathrm{M}$; pour $n \in \mathbf{N}$, notons $\mathrm{P}_z(n)$ l'entier s tel que $e_s = ze_n$. Observer qu'on a $\mathrm{P}_{zt} = \mathrm{P}_z \circ \mathrm{P}_t$ pour z, t dans M ; en déduire par récurrence sur la longueur de z et t que si $z \neq t$, l'ensemble des entiers n tels que $\mathrm{P}_z(n) = \mathrm{P}_t(n)$ est fini).

c) Pour tout entier $r > 2$, démontrer de même qu'on définit une structure de A-module simple et fidèle sur V en posant $xe_1 = 0$, $xe_p = e_{p-1}$ pour $p > 1$, $ye_p = e_{r^p}$ pour $p \geqslant 1$. Démontrer que ces structures sont deux à deux non isomorphes.

15) Soit A un anneau. On dit qu'un idéal bilatère $\mathfrak{p}$ de A est *premier* si, quels que soient les idéaux bilatères $\mathfrak{a}$ et $\mathfrak{b}$ de A, la relation $\mathfrak{ab} \subset \mathfrak{p}$ implique $\mathfrak{a} \subset \mathfrak{p}$ ou $\mathfrak{b} \subset \mathfrak{p}$.

a) Démontrer que lorsque A est commutatif, cette définition coïncide avec celle donnée en I, p. 111.

b) Pour qu'un idéal bilatère $\mathfrak{p}$ de A soit premier, il faut et il suffit que, quels que soient les éléments a et b de $A - \mathfrak{p}$, il existe $x \in A$ tel que $axb \notin \mathfrak{p}$.

16) Soit A un anneau. On dit qu'un idéal bilatère $\mathfrak{p}$ de A est *primitif* si l'anneau quotient $A/\mathfrak{p}$ est primitif.

a) Démontrer que les idéaux primitifs sont les annulateurs des A-modules simples. En particulier, les idéaux primitifs d'un anneau commutatif sont ses idéaux maximaux.

b) Un idéal bilatère maximal est primitif ; un idéal primitif est premier (exerc. 15).

c) Pour qu'un élément x de A soit inversible, il faut et il suffit que son image dans tout quotient de A par un idéal primitif soit inversible (démontrer que s'il en est ainsi, x n'est contenu dans aucun idéal à gauche maximal).

d) Soit $\mathfrak{a}$ un idéal à gauche de A. Si $\mathfrak{a} + \mathfrak{p} = A$ pour tout idéal primitif $\mathfrak{p}$ de A, démontrer qu'on a $\mathfrak{a} = A$.

e) Soit M un A-module de type fini tel que $\mathfrak{p}M = M$ pour tout idéal primitif $\mathfrak{p}$ de A. Prouver que M est nul (raisonner par récurrence sur le plus petit nombre de générateurs de M, en utilisant *d*)).

f) Soit M un A-module noethérien. Prouver que l'intersection des sous-modules $\mathfrak{a}M$, où $\mathfrak{a}$ parcourt l'ensemble des produits finis d'idéaux primitifs, est réduite à 0 (utiliser *e*)).

§ 8. ANNEAUX SEMI-SIMPLES

1. Anneaux semi-simples

THÉORÈME 1 (Wedderburn). — *Soit* A *un anneau. Les conditions suivantes sont équivalentes :*

(i) *Le* A*-module* A_s *est semi-simple ;*

(ii) *Pour tout idéal à gauche* $\mathfrak{a}$ *de* A*, il existe un idéal à gauche* $\mathfrak{b}$ *de* A *tel que* A_s *soit somme directe de* $\mathfrak{a}$ *et* $\mathfrak{b}$;

(iii) *L'anneau* A *est artinien à gauche et le* (A, A)*-bimodule* ${}_sA_d$ *est semi-simple ;*

(iv) *L'anneau* A *est isomorphe au produit d'une famille finie d'anneaux simples ;*

(v) *Il existe un entier* $s \geqslant 0$*, des corps* $D_1, \ldots, D_s$ *et des entiers* $r_1 \geqslant 1, \ldots, r_s \geqslant 1$ *tels que l'anneau* A *soit isomorphe au produit des anneaux de matrices* $M_{r_i}(D_i)$;

(vi) *L'anneau* A *est artinien à gauche et il existe un* A*-module à gauche semi-simple et fidèle.*

L'équivalence de (i) et (ii) résulte du cor. 2 de VIII, p. 52, et celle de (iv) et (v) résulte du th. 1 de VIII, p. 116.

Le A-module A_s est de type fini. S'il est semi-simple, il est artinien à gauche (VIII, p. 67, prop. 10). Comme le A-module A_s est fidèle, cela prouve que (i) entraîne (vi). Réciproquement, supposons la condition (vi) satisfaite ; soit M un A-module semi-simple fidèle. Il existe un entier $m \geqslant 1$ tel que A_s soit isomorphe à un sous-module de M^m (VIII, p. 46, prop. 5 a)) ; comme M est semi-simple, il en est de même de A_s. On a donc prouvé l'équivalence de (i) et (vi).

Démontrons que (i) entraîne (iii). Supposons que l'anneau A satisfasse à la propriété (i) ; on a déjà remarqué que A est alors artinien à gauche. Or les endomorphismes du A-module à gauche A_s sont les multiplications à droite par les éléments de A. Que le (A, A)-bimodule ${}_s\mathrm{A}_d$ soit semi-simple résulte alors de la prop. 6 de VIII, p. 81.

Montrons que (iii) entraîne (iv). Supposons que le (A, A)-bimodule ${}_s\mathrm{A}_d$ soit semi-simple. Il est de type fini, donc il existe une famille finie $(\mathfrak{a}_i)_{i\in\mathrm{I}}$ de sous-(A, A)-bimodules simples, dont ${}_s\mathrm{A}_d$ soit la somme directe. Autrement dit, les $\mathfrak{a}_i$ sont des idéaux bilatères non nuls de A, le groupe additif de A est la somme directe des $\mathfrak{a}_i$ et, pour tout $i \in \mathrm{I}$, tout idéal bilatère de A contenu dans $\mathfrak{a}_i$ est égal à 0 ou $\mathfrak{a}_i$. Posons $\mathfrak{b}_i = \sum_{j\neq i} \mathfrak{a}_j$ pour tout $i \in \mathrm{I}$; c'est un idéal bilatère de A. L'application $a \mapsto (a + \mathfrak{b}_i)_{i\in\mathrm{I}}$ est un isomorphisme de l'anneau A sur le produit des anneaux $\mathrm{A}/\mathfrak{b}_i$. Les (A, A)-bimodules $\mathfrak{a}_i$ et $\mathrm{A}/\mathfrak{b}_i$ sont isomorphes, donc tout idéal bilatère de $\mathrm{A}/\mathfrak{b}_i$ est égal à 0 ou $\mathrm{A}/\mathfrak{b}_i$. Si l'anneau A est artinien à gauche, il en est de même des anneaux $\mathrm{A}/\mathfrak{b}_i$, qui sont donc simples (VIII, p. 116, déf. 1).

Démontrons enfin que (iv) entraîne (i). Supposons que A soit le produit d'une famille finie $(\mathrm{A}_i)_{i\in\mathrm{I}}$ d'anneaux simples ; notons π_i la projection d'indice i de A dans A_i, et M_i le A-module ayant A_i pour groupe additif sous-jacent et la loi d'action $(a, x) \mapsto \pi_i(a)x$. Comme l'anneau A_i est simple, le A_i-module $(\mathrm{A}_i)_s$ est semi-simple, donc le A-module M_i est semi-simple. Comme le A-module A_s n'est autre que le produit $\prod_{i\in\mathrm{I}} \mathrm{M}_i$, il est semi-simple.

DÉFINITION 1. — *On dit que l'anneau* A *est* semi-simple *s'il satisfait aux conditions équivalentes* (i) *à* (vi) *du théorème* 1. *Une algèbre* A *sur un anneau commutatif* k *est une* algèbre semi-simple *si l'anneau sous-jacent à* A *est semi-simple.*

PROPOSITION 1. — *Soit* A *un anneau semi-simple. Il existe une famille finie* $(\mathfrak{m}_i)_{i\in\mathrm{I}}$ *d'idéaux à gauche minimaux de* A *telle que* $\mathrm{A}_s = \oplus_{i\in\mathrm{I}}\mathfrak{m}_i$. *Si* $(\mathfrak{m}_i)_{i\in\mathrm{I}}$ *est une telle famille, tout* A*-module simple est isomorphe à l'un des* $\mathfrak{m}_i$. *L'ensemble des classes de* A*-modules simples est fini.*

La première assertion résulte du fait que le A-module A_s est semi-simple et de type fini. Tout module simple est isomorphe à un quotient de A_s (VIII, p. 42, prop. 1) ; la deuxième assertion résulte alors du cor. 3 de VIII, p. 52, et la troisième s'en déduit aussitôt.

Exemple. — Soient G un groupe fini et K un corps commutatif. *Nous verrons plus loin (VIII, p. 391, cor. 1) que l'algèbre K[G] du groupe G sur le corps K est un anneau semi-simple si et seulement si l'exposant caractéristique de K est étranger à l'ordre de G. *

Remarques. — 1) Soit K un corps commutatif et soit A une algèbre semi-simple sur K. Alors il existe des K-algèbres $D_1, \ldots, D_s$ qui sont des corps et des entiers $r_1 \geqslant 1, \ldots, r_s \geqslant 1$ tels que la K-algèbre A soit isomorphe au produit $\prod_{i=1}^{s} \mathbf{M}_{r_i}(D_i)$.

2) Soit K un corps algébriquement clos et soit A une algèbre de degré fini sur K. Compte tenu de la remarque 4 de VIII, p. 118, pour que l'algèbre A soit semi-simple, il faut et il suffit qu'il existe des entiers $n_1 \geqslant 1, \ldots, n_r \geqslant 1$ tels que A soit isomorphe à l'algèbre $B = \mathbf{M}_{n_1}(K) \times \cdots \times \mathbf{M}_{n_r}(K)$.

PROPOSITION 2. — a) *Le centre d'un anneau semi-simple est semi-simple.*

b) *L'anneau opposé d'un anneau semi-simple est semi-simple.*

c) *Le quotient d'un anneau semi-simple par un idéal bilatère est un anneau semi-simple.*

d) *Le produit d'une famille finie d'anneaux semi-simples est un anneau semi-simple.*

Soit A un anneau semi-simple. Il est isomorphe au produit d'une famille finie $(A_i)_{i \in I}$ d'anneaux simples. Le centre de A est isomorphe au produit des centres des A_i, et A° est isomorphe à l'anneau produit des A_i°. Les assertions a) et b) résultent donc du cor. 1 de VIII, p. 117.

Soit $\mathfrak{a}$ un idéal bilatère de A. Le A-module $A_s/\mathfrak{a}$, quotient du A-module semi-simple A_s, est semi-simple. Le $(A/\mathfrak{a})$-module $A_s/\mathfrak{a}$ est donc semi-simple, d'où c).

Pour qu'un anneau soit semi-simple, il faut et il suffit qu'il soit isomorphe au produit d'une famille finie d'anneaux simples ; l'assertion d) en résulte.

PROPOSITION 3. — *Soit* A *un anneau commutatif. Les propriétés suivantes sont équivalentes* :

(i) *L'anneau* A *est semi-simple* ;

(ii) *L'anneau* A *est artinien et réduit* (V, p. 33) ;

(iii) *L'anneau* A *est isomorphe au produit d'une famille finie de corps commutatifs.*

Les anneaux simples commutatifs sont les corps commutatifs (VIII, p. 116, remarque 1). Donc (i) équivaut à (iii).

Il est clair que (iii) entraîne (ii). Réciproquement, supposons l'anneau A artinien et réduit. L'intersection de l'ensemble des idéaux premiers de A se compose des éléments nilpotents de A (V, p. 113, prop. 2), donc est réduite à zéro puisque A est réduit ; compte tenu de VIII, p. 2, il existe alors des idéaux premiers distincts $\mathfrak{p}_1, \ldots, \mathfrak{p}_r$ de A, tels que l'on ait $\mathfrak{p}_1 \cap \cdots \cap \mathfrak{p}_r = 0$. D'après le cor. de VIII, p. 8, chacun des idéaux premiers $\mathfrak{p}_i$ de l'anneau artinien A est maximal ; on a donc $\mathfrak{p}_i + \mathfrak{p}_j = A$

lorsque i et j sont distincts. D'après la prop. 9 de I, p. 104, l'homomorphisme canonique de A dans l'anneau $\prod_{i=1}^{r}(A/\mathfrak{p}_i)$ est un isomorphisme. Pour chaque i, l'anneau $A/\mathfrak{p}_i$ est un corps et (ii) entraîne donc (iii).

Une algèbre commutative de degré fini sur un corps est un anneau commutatif artinien. La proposition 3 généralise donc la prop. 5 de V, p. 33.

2. Modules sur un anneau semi-simple

PROPOSITION 4. — *Soit* A *un anneau. Les propriétés suivantes sont équivalentes* :

(i) *L'anneau* A *est semi-simple*;

(ii) *Tout* A*-module est semi-simple*;

(iii) *Il existe un* A*-module semi-simple et générateur*;

(iv) *Il existe un* A*-module semi-simple et fidèle dont le contremodule est de type fini*;

(v) *Tout* A*-module est projectif*;

(vi) *Tout* A*-module monogène est projectif.*

$_*$Pour d'autres caractérisations des anneaux semi-simples, voir la prop. 6 de X, p. 140.$_*$

Démontrons d'abord que (i) entraîne (ii) et (v). Supposons l'anneau A semi-simple et considérons un A-module à gauche M. Par hypothèse, le A-module A_s est semi-simple, donc tout A-module libre est semi-simple. D'après la prop. 20 de II, p. 27, il existe un A-module libre L et une application A-linéaire surjective u de L sur M. Soit N le noyau de u ; comme le A-module L est semi-simple, il existe un sous-module N′ semi-simple supplémentaire de N dans L (VIII, p. 52, th. 1) ; le A-module N′ est projectif et u induit un isomorphisme de N′ sur M. Par suite, M est semi-simple et projectif.

(ii) $\Longrightarrow$ (iii) : si tout A-module est semi-simple, le A-module A_s est semi-simple ; d'autre part il est générateur.

(iii) $\Longrightarrow$ (iv) : en effet, si M est un A-module générateur, il est fidèle (VIII, p. 76, cor. du th. 1) et son contremodule est de type fini (VIII, p. 95, cor. 1).

(iv) $\Longrightarrow$ (i) : soit M un A-module semi-simple et fidèle dont le contremodule soit de type fini. D'après le lemme 4 de VIII, p. 8 il existe un entier positif m tel que A_s soit isomorphe à un sous-module de M^m ; le A-module M^m est semi-simple, et il en est donc de même de A_s.

L'implication (v) $\Longrightarrow$ (vi) est immédiate.

(vi) $\Longrightarrow$ (i) : supposons que tout A-module monogène soit projectif. Soit $\mathfrak{a}$ un idéal à gauche de A ; comme le A-module $A_s/\mathfrak{a}$ est projectif, il existe un idéal à gauche $\mathfrak{b}$ de A tel que A_s soit somme directe de $\mathfrak{a}$ et $\mathfrak{b}$ (II, p. 39, prop. 4). Par suite l'anneau A est semi-simple (VIII, p. 131, th. 1).

Lemme 1. — *Soit* A *un anneau artinien à gauche et soit* M *un* A-*module simple, alors l'anneau* A_M *est simple.*

Comme l'anneau A est artinien à gauche, il en est de même de l'anneau A_M, d'après la prop. 5 de VIII, p. 7. Or M est un A_M-module simple et fidèle, donc l'anneau A_M est simple (VIII, p. 115, prop. 1).

PROPOSITION 5. — *Supposons l'anneau* A *semi-simple. Soit* M *un* A-*module à gauche. Le contremodule de* M *est de type fini et l'on a* $A_M = A''_M$.

Considérons d'abord le cas où M est un A-module *simple*. Par le lemme 1, l'anneau A_M est simple. La prop. 5 résulte alors du lemme 1 de VIII, p. 116.

Passons au cas général. L'ensemble $\mathscr{S}$ des classes de A-modules simples est fini (VIII, p. 132, prop. 1). Choisissons pour tout $\lambda \in \mathscr{S}$ un A-module S_λ de classe λ, et notons D_λ le corps opposé du commutant de S_λ. D'après le lemme 1 appliqué à l'anneau simple A_{S_λ}, S_λ est un espace vectoriel de dimension finie sur le corps D_λ ; notons $m(\lambda)$ cette dimension. Soit B l'anneau opposé de l'anneau des endomorphismes de M. On a vu en VIII, p. 80 qu'il existe des (D_λ, B)-bimodules V_λ, simples comme B-modules, et un isomorphisme de (A, B)-bimodules de M sur $\oplus_{\lambda\in\mathscr{S}} S_\lambda \otimes_{D_\lambda} V_\lambda$. En tant que B-module, M est isomorphe à $\oplus_{\lambda\in\mathscr{S}} V_\lambda^{m(\lambda)}$. Comme $\mathscr{S}$ et les $m(\lambda)$ sont finis, M est un B-module de type fini.

Le A-module M est semi-simple et son contremodule est de type fini. On a donc $A_M = A''_M$ d'après la prop. 4 de VIII, p. 79.

PROPOSITION 6. — *Soit* M *un* A-*module semi-simple de type fini. On note* $\mathscr{S}_M$ *son support* (VIII, p. 62) *et* B *l'anneau de ses endomorphismes. Pour tout* $\lambda \in \mathscr{S}_M$, *on choisit un* A-*module simple* S_λ *de classe* λ, *et l'on note* V_λ *le* B-*module à gauche* $\mathrm{Hom}_A(S_\lambda, M)$.

a) *L'anneau* B *est semi-simple.*

b) *L'application* $\lambda \mapsto \mathrm{cl}(V_\lambda)$ *est une bijection du support* $\mathscr{S}_M$ *de* M *sur l'ensemble des classes de* B-*modules simples.*

c) *Pour tout* $\lambda \in \mathscr{S}_M$, *le composant isotypique de type* λ *du* A-*module* M *est égal au composant isotypique de type* V_λ *du* B-*module* M.

Considéré comme B-module, M est semi-simple (VIII, p. 80, prop. 5) et fidèle ; son contremodule est de type fini puisque l'on a $A_M \subset \mathrm{End}_B(M)$. Donc l'anneau B est semi-simple (VIII, p. 134, prop. 4). Si $(x_1, \ldots, x_r)$ est une suite génératrice du A-module M, l'application $b \mapsto (bx_1, \ldots, bx_r)$ de B_s dans M^r est B-linéaire et injective. Tout B-module simple est isomorphe à un sous-module de B_s (VIII, p. 132, prop. 1), donc à un sous-B-module de M. La proposition résulte alors aussitôt de la prop. 5 de VIII, p. 80.

PROPOSITION 7. — *Soit* A *un anneau semi-simple.*

a) *Tout* A-*module de type fini est réflexif* (II, p. 47).

b) *Pour tout* A-*module à gauche simple* S, *le* A-*module à droite* S^* *dual de* S *est simple, et l'application* $\lambda \mapsto \mathrm{cl}(\lambda^*)$ *définit une bijection de l'ensemble des classes de* A-*modules simples sur celui des classes de* A-*modules à droite simples.*

c) *Soit* M *un* A-*module à gauche de type fini, le* A-*module à droite* M^* *dual de* M *est de type fini et a même longueur que* M. *En outre, on a* $[M : S] = [M^* : S^*]$ *pour tout* A-*module simple* S.

Soit M un A-module de type fini.

D'après la prop. 4 de VIII, p. 134, le A-module M est projectif de type fini ; il est donc réflexif d'après le cor. 4 de II, p. 47. En particulier, tout A-module simple est réflexif. Il en résulte également que deux modules à gauche de type fini sont isomorphes si et seulement si leurs duaux le sont.

Soit S un A-module à gauche simple. Soit $(T_i)_{i \in I}$ une famille de A-modules à droite simples, dont le dual S^* de S soit somme directe. Comme S est réflexif, il est isomorphe à $(S^*)^*$ donc à $\prod_{i \in I} T_i^*$. Chacun des modules T_i est réflexif ; en particulier, on a $T_i^* \neq 0$ pour tout $i \in I$. Comme le module simple S est isomorphe à $\prod_{i \in I} T_i^*$, l'ensemble I a un seul élément, donc S^* est simple.

Comme M est semi-simple et de type fini, il est somme directe de sous-modules simples $S_1, \ldots, S_r$. Alors M^* est isomorphe à la somme directe de la famille $S_1^*, \ldots, S_r^*$, et l'on vient de voir que les modules S_i^* sont simples. L'assertion c) en résulte aussitôt.

3. Facteurs d'un anneau semi-simple

Dans ce numéro, on considère un anneau semi-simple A.

On note $\mathscr{S}$ l'ensemble des classes de A-modules à gauche simples (VIII, p. 47) ; il est fini (VIII, p. 132, prop. 1). Pour tout $\lambda \in \mathscr{S}$, on choisit un A-module simple S_λ de classe λ ; on note $\mathfrak{b}_\lambda$ son annulateur et D_λ le corps opposé de son commutant $\mathrm{End}_A(S_\lambda)$.

PROPOSITION 8. — a) *Pour tout* $\lambda \in \mathscr{S}$, S_λ *est un espace vectoriel à droite de dimension finie sur le corps* D_λ. *L'application* $a \mapsto a_{S_\lambda}$ *définit par passage au quotient un isomorphisme d'anneaux de* $A/\mathfrak{b}_\lambda$ *sur* $\mathrm{End}_{D_\lambda}(S_\lambda)$.

b) *Pour tout* $\lambda \in \mathscr{S}$, *l'anneau* $A/\mathfrak{b}_\lambda$ *est simple et l'homomorphisme canonique* ψ *de* A *sur* $\prod_{\lambda\in\mathscr{S}} A/\mathfrak{b}_\lambda$ *est un isomorphisme d'anneaux.*

L'anneau $A/\mathfrak{b}_\lambda$ est isomorphe à A_{S_λ}. Par le lemme 1 de VIII, p. 135, cet anneau est simple. L'application considérée de $A/\mathfrak{b}_\lambda$ dans $\mathrm{End}_{D_\lambda}(S_\lambda)$ s'identifie à l'application de A_{S_λ} dans A''_{S_λ}. Par la prop. 5 de VIII, p. 135, c'est un isomorphisme.

Le A-module A_s est semi-simple, fidèle et équilibré. L'homomorphisme ψ s'identifie au morphisme du bicommutant de A_s sur $\prod_{\lambda\in\mathscr{S}} \mathrm{End}_{D_\lambda}(S_\lambda)$ qui est un isomorphisme (VIII, p. 81, prop. 7, c)).

L'anneau simple $A/\mathfrak{b}_\lambda$ est appelé *le facteur simple de type* λ *de* A.

Exemple. — Soit K un corps commutatif algébriquement clos et soit A une algèbre semi-simple de degré fini sur K. Soit $(V_i)_{i\in I}$ une famille de A-modules simples telle que tout A-module simple soit isomorphe à l'un des V_i et un seul. Alors I est un ensemble fini (VIII, p. 132, prop. 1), les espaces vectoriels V_i sont de dimension finie sur le corps K, le commutant de V_i est égal à $K \cdot 1_{V_i}$ (VIII, p. 43, th. 1), et l'application $a \mapsto (a_{V_i})_{i\in I}$ est un isomorphisme d'algèbres de A sur $\prod_{i\in I} \mathrm{End}_K(V_i)$ (prop. 8).

On a défini (VIII, p. 46) un *idéal bilatère minimal* comme un élément minimal de l'ensemble des idéaux bilatères *non nuls,* ordonné par inclusion. Autrement dit, un idéal bilatère minimal $\mathfrak{a}$ de A est un sous-(A, A)-bimodule simple de ${}_sA_d$. De manière analogue, on définit un *idéal bilatère maximal* de A comme un élément maximal de l'ensemble des idéaux bilatères *distincts de* A ; un idéal bilatère maximal $\mathfrak{a}$ de A n'est autre qu'un sous-(A, A)-bimodule maximal de ${}_sA_d$ (VIII, p. 44, définition 2). Si l'anneau A est simple, l'idéal 0 en est un idéal bilatère maximal et A un idéal bilatère minimal.

Pour tout $\lambda \in \mathscr{S}$, on note $\mathfrak{a}_\lambda$ le composant isotypique de type λ du A-module A_s. Pour toute partie Λ de $\mathscr{S}$, posons $\mathfrak{a}_\Lambda = \sum_{\lambda\in\Lambda} \mathfrak{a}_\lambda$.

PROPOSITION 9. — a) *Ordonnons par inclusion l'ensemble* $\mathfrak{P}(\mathscr{S})$ *des parties de* $\mathscr{S}$ *et l'ensemble* $\mathscr{B}_A$ *des idéaux bilatères de* A. *L'application* $\Lambda \mapsto \mathfrak{a}_\Lambda$ *est un isomorphisme d'ensembles ordonnés de* $\mathfrak{P}(\mathscr{S})$ *sur* $\mathscr{B}_A$.

b) *Les idéaux bilatères minimaux de* A *sont les idéaux* $\mathfrak{a}_\lambda$.

c) *Pour tout* $\lambda \in \mathscr{S}$, *on a* $\mathfrak{b}_\lambda = \mathfrak{a}_{\mathscr{S}-\{\lambda\}}$, *et les idéaux* $\mathfrak{b}_\lambda$ *sont les idéaux bilatères maximaux de* A.

d) *Pour tout* $\lambda \in \mathscr{S}$, *l'application canonique de* A *sur* $A/\mathfrak{b}_\lambda$ *induit un isomorphisme de* A*-modules de* $\mathfrak{a}_\lambda$ *sur* $A/\mathfrak{b}_\lambda$.

L'assertion a) résulte de la prop. 8, d) de VIII, p. 82 appliquée au A-module A_s. Il en résulte que les idéaux bilatères minimaux de A sont les $\mathfrak{a}_\lambda$ et que les idéaux bilatères maximaux sont les idéaux $\mathfrak{c}_\lambda = a_{\mathscr{S}-\lambda}$ (pour $\lambda \in \mathscr{S}$).

Il reste à établir, pour tout $\lambda \in \mathscr{S}$, l'égalité de $\mathfrak{b}_\lambda$ et $\mathfrak{c}_\lambda$. Soient λ et μ distincts dans $\mathscr{S}$. Le sous-A-module $\mathfrak{a}_\mu S_\lambda$ de S_λ est réunion des images des applications linéaires $a \mapsto ax$ de $\mathfrak{a}_\mu$ dans S_λ, pour $x \in S_\lambda$. Par suite il est nul et l'on a $\mathfrak{a}_\mu \subset \mathfrak{b}_\lambda$. On en déduit $\mathfrak{c}_\lambda \subset \mathfrak{b}_\lambda$ et finalement $\mathfrak{c}_\lambda = \mathfrak{b}_\lambda$ puisque $\mathfrak{c}_\lambda$ est un idéal bilatère maximal de A et que $\mathfrak{b}_\lambda$ est distinct de A.

COROLLAIRE. — *Soient* $(A_i)_{i\in I}$ *une famille finie d'anneaux simples et* f *un isomorphisme de* A *sur* $\prod_{i\in I} A_i$. *Pour tout* $i \in I$, *il existe un unique élément* $\varphi(i)$ *de* $\mathscr{S}$ *tel que le noyau de* $\mathrm{pr}_i \circ f$ *soit* $\mathfrak{b}_{\varphi(i)}$. *L'application* φ *est une bijection de* I *sur* $\mathscr{S}$; *pour tout* $i \in I$, *l'application* $\mathrm{pr}_i \circ f$ *induit un isomorphisme* f_i *de* $A/\mathfrak{b}_{\varphi(i)}$ *sur* A_i.

Ainsi f est composé de l'isomorphisme canonique de A sur $\prod_{\lambda\in\mathscr{S}} A/\mathfrak{b}_\lambda$ et de l'isomorphisme de $\prod_{\lambda\in\mathscr{S}} A/\mathfrak{b}_\lambda$ sur $\prod_{i\in I} A_i$ déduit des f_i (*« unicité de la décomposition d'un anneau semi-simple en produit d'anneaux simples »*).

Démontrons le corollaire. Soit $i \in I$; notons $\mathfrak{b}'_i$ le noyau de $\mathrm{pr}_i \circ f$. Comme l'anneau simple A_i est isomorphe à $A/\mathfrak{b}'_i$, l'idéal bilatère $\mathfrak{b}'_i$ de A est maximal. D'après la prop. 8, c), il existe donc un unique élément $\varphi(i)$ de $\mathscr{S}$ tel que l'on ait $\mathfrak{b}'_i = \mathfrak{b}_{\varphi(i)}$. Alors $\mathrm{pr}_i \circ f$ définit par passage au quotient un isomorphisme f_i de $A/\mathfrak{b}_{\varphi(i)}$ sur A_i. Par ailleurs, on a $\mathfrak{b}'_i + \mathfrak{b}'_j = A$ si $i \neq j$ et $\bigcap_{i\in I} \mathfrak{b}'_i = 0$ (*cf.* I, p. 105, prop. 10). Il résulte de là et de la prop. 8, que φ est une bijection de I sur $\mathscr{S}$.

PROPOSITION 10. — *Notons* Z *le centre de* A ; *pour tout* $\lambda \in \mathscr{S}$, *soit* Z_λ *le centre du corps* D_λ.

a) *L'application* $z \mapsto (z_{S_\lambda})_{\lambda\in\mathscr{S}}$ *est un isomorphisme de l'anneau* Z *sur le produit* $\prod_{\lambda\in\mathscr{S}} Z_\lambda$.

b) *Ordonnons par inclusion l'ensemble* $\mathscr{I}_Z$ *des idéaux de* Z *et l'ensemble* $\mathscr{B}_A$ *des idéaux bilatères de* A. *L'application* $\mathfrak{a} \mapsto \mathfrak{a}A$ *est un isomorphisme d'ensembles ordonnés de* $\mathscr{I}_Z$ *sur* $\mathscr{B}_A$. *L'isomorphisme réciproque associe à un idéal bilatère* $\mathfrak{b}$ *de* A *l'idéal* $\mathfrak{b} \cap Z$ *de* Z.

Cette proposition résulte de la prop. 8 de VIII, p. 82 appliquée au A-module A_s, dont le bicommutant est A.

COROLLAIRE. — *Soit* B *un anneau. Les conditions suivantes sont équivalentes* :

(i) *L'anneau* B *est simple* ;

(ii) *L'anneau* B *est semi-simple et son centre est un corps*;

(iii) *L'anneau* B *est semi-simple et il existe une seule classe de* B*-modules simples.*

PROPOSITION 11. — *Soit* $\lambda \in \mathscr{S}$. *Le composant isotypique* $\mathfrak{a}_\lambda$ *de* A *est à la fois le composant isotypique de type* S_λ *de* A_s *et le composant isotypique de type* S_λ^* *de* A_d. *De plus, on a*

(1) $$[A_s : S_\lambda] = [A_d : S_\lambda^*] = \dim_{D_\lambda} S_\lambda$$

et

(2) $$\operatorname{long}(A) = \operatorname{long}(A^o) = \sum_{\lambda \in \mathscr{S}} \dim_{D_\lambda} S_\lambda.$$

La première assertion est le cas particulier $M = A_s$ de la prop. 6, c) de VIII, p. 135. L'égalité $[A_s : S_\lambda] = [A_d : S_\lambda^*]$ résulte de la prop. 7 de VIII, p. 136, puisque le dual du A-module à gauche A_s est isomorphe au A-module à droite A_d. D'après les prop. 8, a) de VIII, p. 137 et 9, c) de VIII, p. 137, l'application $u \mapsto a_{S_\lambda}$ définit un isomorphisme de A-modules à gauche de $\mathfrak{a}_\lambda$ sur $\operatorname{End}_{D_\lambda}(S_\lambda)$. Comme $[A_s : S_\lambda]$ est, par définition, la longueur du A-module à gauche $\mathfrak{a}_\lambda$, la relation $[A_s : S_\lambda] = \dim_{D_\lambda} S_\lambda$ résulte du lemme 2 de VIII, p. 117. Enfin, la formule (2) s'obtient à partir de (1) par sommation sur λ.

Scholie. — Soient A *un anneau semi-simple et* Z *son centre. Il existe des bijections canoniques entre les ensembles suivants* :

a) *l'ensemble* $\mathscr{S}(A)$ *des classes de* A*-modules à gauche simples*;

b) *l'ensemble* $\mathscr{S}(A^o)$ *des classes de* A*-modules à droite simples*;

c) *l'ensemble des idéaux bilatères minimaux de* A ;

d) *l'ensemble des idéaux bilatères maximaux de* A ;

e) *l'ensemble* $\mathscr{S}(Z)$ *des classes de* Z*-modules simples*;

f) *l'ensemble des idéaux minimaux de* Z ;

g) *l'ensemble des idéaux maximaux de* Z.

À tout élément λ de $\mathscr{S}(A)$ correspondent ainsi la classe λ^* du A-module à droite simple S_λ^* dual de S_λ, l'idéal bilatère minimal $\mathfrak{a}_\lambda$ (composant isotypique de type λ de A_s), l'idéal bilatère maximal $\mathfrak{b}_\lambda$ de A (annulateur du module simple S_λ), la classe du Z-module simple $Z \cap \mathfrak{a}_\lambda$, l'idéal minimal $Z \cap \mathfrak{a}_\lambda$ de Z et l'idéal maximal $Z \cap \mathfrak{b}_\lambda$ de Z.

PROPOSITION 12. — *Soient* M *un module sur l'anneau semi-simple* A *et* $\mathscr{S}_M \subset \mathscr{S}$ *le support de* M. *Alors l'annulateur* Ann(M) *de* M *est l'idéal bilatère* $\sum_{\lambda \in \mathscr{S} - \mathscr{S}_M} \mathfrak{a}_\lambda$ *et l'idéal trace* $\tau(\mathrm{M})$ *de* M *est l'idéal bilatère* $\sum_{\lambda\in\mathscr{S}_{\mathrm{M}}} \mathfrak{a}_\lambda$. *En particulier,* A *est somme directe de* Ann(M) *et* $\tau(\mathrm{M})$.

Par définition (VIII, p. 80), $\mathscr{S}_{\mathrm{M}}$ se compose des classes des sous-modules simples de M. Comme le module M est semi-simple, l'annulateur de M est l'intersection des annulateurs $\mathfrak{b}_\lambda$ des modules de classe λ, pour λ parcourant $\mathscr{S}_{\mathrm{M}}$. Or on a $\mathfrak{b}_\lambda = \sum_{\mu\neq\lambda} \mathfrak{a}_\mu$ pour tout $\lambda \in \mathscr{S}$ (VIII, p. 137, prop. 9). Comme A est somme directe de la famille $(\mathfrak{a}_\lambda)_{\lambda\in\mathscr{S}}$, l'annulateur de M est bien égal à $\sum_{\lambda\in\mathscr{S}-\mathscr{S}_{\mathrm{M}}} \mathfrak{a}_\lambda$.

Par définition (VIII, p. 75), l'idéal trace $\tau(\mathrm{M})$ est le sous-A-module de A_s engendré par les images des applications A-linéaires de M dans A_s. Il revient au même, puisque M est semi-simple, de dire que $\tau(\mathrm{M})$ est engendré par les sous-modules simples de A_s dont la classe appartient à $\mathscr{S}_{\mathrm{M}}$. On a donc $\tau(\mathrm{M}) = \sum_{\lambda\in\mathscr{S}_{\mathrm{M}}} \mathfrak{a}_\lambda$.

COROLLAIRE. — *Soit* M *un module sur l'anneau semi-simple* A. *Les propriétés suivantes sont équivalentes* :

(i) *Le* A*-module* M *est fidèle* ;

(ii) *Le support de* M *est égal à* $\mathscr{S}$;

(iii) *Le* A*-module* M *est générateur.*

En effet, dire que M est fidèle signifie que son annulateur est réduit à 0, et M est générateur si et seulement si sa trace est égale à A (VIII, p. 76, th. 1).

4. Idempotents et anneaux semi-simples

Soit A un anneau. Rappelons qu'un élément e de A est dit *idempotent* (I, p. 7) si l'on a $e^2 = e$; c'est alors également un élément idempotent de l'anneau A^{o} opposé de A.

PROPOSITION 13. — a) *Pour qu'un idéal à gauche* $\mathfrak{a}$ *de* A *admette un supplémentaire dans* A_s, *il faut et il suffit qu'il existe un élément idempotent* e *de* A *tel que* $\mathfrak{a} = \mathrm{A}e$. *L'idéal* $\mathfrak{a}$ *se compose alors des éléments* x *de* A *tels que* $x = xe$.

b) *Soient* e *et* f *des éléments idempotents de* A. *On a* $\mathrm{A}e \subset \mathrm{A}f$ *si et seulement si l'on a la relation* $ef = e$.

c) *Soit* M *un* A*-module. Pour que* M *soit projectif et monogène, il faut et il suffit qu'il existe un élément idempotent* e *de* A *tel que* M *soit isomorphe à* Ae.

Les endomorphismes du A-module A_s sont les multiplications à droite par les éléments de A ; les projecteurs dans le A-module A_s sont donc les applications $x \mapsto xe$ où e est idempotent dans A. De plus, les sous-modules de A_s sont les idéaux à gauche, et un tel sous-module admet un supplémentaire si et seulement s'il est l'image d'un projecteur (II, p. 20, prop. 14). L'assertion a) résulte de là.

La relation $Ae \subset Af$ équivaut à $e \in Af$; d'après a), elle équivaut donc à $e = ef$, d'où b).

Si le A-module M est monogène, il existe une application A-linéaire surjective $u : A_s \to M$; si de plus M est projectif, il existe un sous-module $\mathfrak{a}$ de A_s, supplémentaire du noyau de u. Alors u induit un isomorphisme de $\mathfrak{a}$ sur M. Inversement, si M est isomorphe à un sous-module facteur direct de A_s, il est monogène et projectif. L'assertion c) résulte donc de a).

Remarques. — 1) Soit $\mathfrak{a}$ un idéal à gauche de A. D'après la démonstration ci-dessus et le corollaire de II, p. 19, l'application $e \mapsto A(1 - e)$ définit une bijection de l'ensemble des éléments idempotents e de A tels que $\mathfrak{a} = Ae$ sur l'ensemble des idéaux à gauche $\mathfrak{b}$ de A tels que $A_s = \mathfrak{a} \oplus \mathfrak{b}$.

2) Soient e et f des éléments idempotents de A. D'après la prop. 13 b), on a $Ae = Af$ si et seulement si l'on a $ef = e$ et $fe = f$. Par conséquent, si l'anneau A est commutatif, la relation $Ae = Af$ équivaut à $e = f$. Il n'en est pas de même en général, comme le montre l'exemple $A = \mathbf{M}_2(\mathbf{Z})$, $e = \left(\begin{smallmatrix} 1 & 0 \\ 0 & 0 \end{smallmatrix}\right)$ et $f = \left(\begin{smallmatrix} 1 & 0 \\ 1 & 0 \end{smallmatrix}\right)$.

On dit que des éléments idempotents e et e' de l'anneau A sont *orthogonaux* si l'on a $ee' = e'e = 0$. Soit $(e_i)_{i \in I}$ une famille finie d'éléments idempotents de A, deux à deux orthogonaux. Comme on a

$$\left(\sum_i e_i\right)^2 = \sum_i e_i^2 + \sum_{i \neq j} e_i e_j = \sum_i e_i,$$

l'élément $\sum_{i \in I} e_i$ de A est idempotent.

On appelle *partition d'un élément idempotent* e de A toute famille finie $(e_i)_{i \in I}$ d'éléments idempotents de A, deux à deux orthogonaux, telle que $e = \sum_{i \in I} e_i$. On dit qu'un élément idempotent e de A est *décomposable* s'il existe une partition de e formée d'éléments idempotents distincts de 0 et de lui-même, deux à deux orthogonaux ; dans le cas contraire, on dit qu'il est *indécomposable.* On observera que 0 est un élément idempotent décomposable.

PROPOSITION 14. — *Soit e un élément idempotent de* A.

a) *Si $(e_i)_{i \in I}$ est une partition de e, le* A*-module* Ae *est somme directe de la famille* $(Ae_i)_{i \in I}$.

b) *Soit* $(\mathfrak{a}_i)_{i\in I}$ *une famille finie d'idéaux à gauche de* A, *dont* Ae *soit somme directe ; pour* $i \in I$, *notons* e_i *le composant de* e *dans* $\mathfrak{a}_i$. *Alors* $(e_i)_{i\in I}$ *est une partition de* e *et l'on a* $\mathfrak{a}_i = Ae_i$ *pour tout* $i \in I$.

c) *Le* A-*module* Ae *est indécomposable si et seulement si l'élément idempotent* e *est indécomposable.*

Soit $(e_i)_{i\in I}$ une partition de e. Pour tout $i \in I$, on a

$$e_i e = \sum_j e_i e_j = e_i^2 + \sum_{j\neq i} e_i e_j = e_i$$

d'où $Ae_i \subset Ae$. Pour tout $i \in I$, on définit un projecteur A-linéaire p_i dans Ae en posant $p_i(x) = xe_i$. On a $p_i p_j = 0$ si $i \neq j$, et pour tout x dans Ae

$$x = xe = \sum_i xe_i = \sum_i p_i(x).$$

Par suite (II, p. 18, prop. 12), Ae est somme directe des images des p_i. Or on a $ee_i = e_i e = e_i$, donc l'image de p_i est Ae_i. Cela prouve a).

Prenons les notations et hypothèses de b). Soit $i \in I$; comme e_i appartient à Ae, on a $e_i = e_i e = \sum_j e_i e_j$; comme Ae est somme directe des $\mathfrak{a}_j$ et que $e_i e_j$ appartient à $\mathfrak{a}_j$ pour tout j, on a $e_i = e_i e_i$ et $e_i e_j = 0$ pour $i \neq j$. Autrement dit, $(e_i)_{i\in I}$ est une partition de l'élément idempotent e. D'après a), Ae est somme directe des Ae_i ; par hypothèse, on a $Ae_i \subset \mathfrak{a}_i$ et Ae est somme directe des $\mathfrak{a}_i$. On a donc $Ae_i = \mathfrak{a}_i$ pour tout $i \in I$, d'où b).

Enfin, c) résulte aussitôt de a) et b).

Remarque 3. — En appliquant les résultats précédents à l'anneau opposé de A, on voit en particulier qu'un A-module à droite monogène M est projectif si et seulement s'il existe un élément idempotent e dans A tel que M soit isomorphe à eA ; de plus, eA est un module à droite indécomposable si et seulement si e est indécomposable.

Supposons maintenant l'anneau A semi-simple et notons $\mathscr{S}$ l'ensemble des classes de A-modules à gauche simples. Le A-module A_s est semi-simple et tout sous-module de A_s est facteur direct. Soit $\mathfrak{a}$ un idéal à gauche de A ; d'après ce qui précède, il existe un élément idempotent e de A tel que $\mathfrak{a} = Ae$, et le A-module $\mathfrak{a}$ est simple si et seulement s'il est indécomposable, c'est-à-dire si et seulement si e est indécomposable.

Soit $(\mathfrak{m}_i)_{i\in I}$ une famille d'idéaux à gauche minimaux de A, telle que l'on ait $A_s = \oplus_{i\in I}\mathfrak{m}_i$. D'après la prop. 14 (VIII, p. 141), il existe une partition $(\varepsilon_i)_{i\in I}$ de 1, formée d'éléments idempotents indécomposables et telle que $\mathfrak{m}_i = A\varepsilon_i$ pour tout $i \in I$.

Pour tout $\lambda \in \mathscr{S}$, notons S_λ un A-module de classe λ et $\mathfrak{a}_\lambda$ le composant isotypique de type λ du A-module A_s. Comme A est somme directe de la famille $(\mathfrak{a}_\lambda)_{\lambda\in\mathscr{S}}$, il existe une partition $(e_\lambda)_{\lambda\in\mathscr{S}}$ de 1 telle que $\mathfrak{a}_\lambda = Ae_\lambda$ pour tout $\lambda \in \mathscr{S}$. Pour $\lambda \in \mathscr{S}$, notons $I(\lambda)$ l'ensemble des indices $i \in I$ tels que le A-module simple $\mathfrak{m}_i$ soit de type λ ; d'après la prop. 4, b) de VIII, p. 61, on a

$$\mathfrak{a}_\lambda = \bigoplus_{i\in I(\lambda)} \mathfrak{m}_i. \tag{3}$$

L'élément idempotent e_λ est la composante de 1 dans $\mathfrak{a}_\lambda$, donc $e_\lambda = \sum_{i\in I(\lambda)} \varepsilon_i$.

PROPOSITION 15. — *Supposons l'anneau* A *semi-simple.*

a) *Pour tout* $\lambda \in \mathscr{S}$, e_λ *est l'unique élément du centre* Z *de* A *satisfaisant à la relation* $(e_\lambda)_{S_\lambda} = 1_{S_\lambda}$ *et* $(e_\lambda)_{S_\mu} = 0$ *pour* $\mu \neq \lambda$.

b) *Les idempotents indécomposables de l'anneau* Z *sont les* e_λ, *et les idéaux minimaux de* Z *sont les* Ze_λ *pour* $\lambda \in \mathscr{S}$.

c) *Soient* M *un* A*-module et* $(M_\lambda)_{\lambda\in\mathscr{S}}$ *la famille de ses composants isotypiques. La famille de projecteurs associée à la décomposition de* M *en somme directe des* M_λ (VIII, p. 61) *est* $((e_\lambda)_M)_{\lambda\in\mathscr{S}}$ *et l'on a* $M_\lambda = \mathfrak{a}_\lambda M$ *pour tout* $\lambda \in \mathscr{S}$.

Soient λ et μ distincts dans $\mathscr{S}$. On a $e_\lambda \in \mathfrak{a}_\lambda$ et $\mathfrak{a}_\lambda$ est contenu dans l'annulateur $\mathfrak{b}_\mu$ du A-module S_μ (VIII, p. 137, prop. 9) ; on a donc $(e_\lambda)_{S_\mu} = 0$. La relation $(e_\lambda)_{S_\lambda} = 1_{S_\lambda}$ résulte de là puisqu'on a $1 = \sum_{\nu\in\mathscr{S}} e_\nu$. L'assertion a) découle alors de la prop. 8 de VIII, p. 137.

Soit λ dans $\mathscr{S}$. L'idéal bilatère $\mathfrak{a}_\lambda$ de A se compose des éléments x tels que $x = xe_\lambda$; on a donc $Z \cap \mathfrak{a}_\lambda = Ze_\lambda$, d'où b) d'après la prop. 10, b) de VIII, p. 138.

Prouvons c). Soit x un élément de M. Pour tout $\lambda \in \mathscr{S}$, on a $e_\lambda \in \mathfrak{a}_\lambda$; comme l'application $a \mapsto ax$ de A_s dans M est A-linéaire, on a $\mathfrak{a}_\lambda x \subset M_\lambda$ (VIII, p. 62, prop. 5) et en particulier $e_\lambda x \in M_\lambda$. On a $1 = \sum_{\lambda\in\mathscr{S}} e_\lambda$, d'où $x = \sum_{\lambda\in\mathscr{S}} e_\lambda x$; par suite, $e_\lambda x$ est la composante de x dans M_λ.

Remarque 4. — Supposons l'anneau A semi-simple. Soit $(e_i)_{i\in I}$ une partition de 1, formée d'éléments idempotents non nuls du centre Z de A ; si $\mathrm{Card}(I) = \mathrm{Card}(\mathscr{S})$, les e_i sont les idempotents indécomposables de Z.

EXERCICES

1) Soient A un anneau semi-simple, M un A-module de type fini. Pour tout sous-module N de M, on note N′ l'orthogonal de N dans M^*. Démontrer que l'orthogonal de N′ dans M est égal à N, et qu'on a $\mathrm{long}_A(N) + \mathrm{long}_A(N') = \mathrm{long}_A(M)$. L'application $N \mapsto N'$ est une bijection de l'ensemble des sous-modules de M sur ceux de M^*. Si L est un autre sous-module de M, l'orthogonal de $L \cap N$ est $L' + N'$.

2) Soit A un anneau. Démontrer que pour que le (A,A)-bimodule ${}_sA_d$ soit semi-simple, il faut et il suffit que A soit isomorphe à un produit fini d'anneaux quasi-simples.

3) On dit qu'un idéal (à gauche ou à droite) $\mathfrak{a}$ d'un anneau est *nilpotent* s'il existe un entier n tel que tout produit de n éléments de $\mathfrak{a}$ soit nul.

a) Soit $\mathfrak{a}$ un idéal à gauche nilpotent de A. Démontrer que l'idéal bilatère $\mathfrak{a}A$ engendré par $\mathfrak{a}$ est nilpotent.

b) On dit qu'un anneau A est *semi-premier* s'il ne contient pas d'idéal bilatère nilpotent non nul; on dit qu'un idéal bilatère $\mathfrak{a}$ de A est *semi-premier* si l'anneau quotient $A/\mathfrak{a}$ est semi-premier. Démontrer que l'intersection d'une famille d'idéaux (bilatères) semi-premiers est un idéal semi-premier et qu'un idéal semi-premier contient tout idéal nilpotent de A.

c) Un idéal (bilatère) premier (VIII, p. 129, exerc. 15) est semi-premier ; pour qu'un idéal bilatère $\mathfrak{a}$ soit semi-premier, il faut et il suffit qu'il soit l'intersection des idéaux premiers qui le contiennent (si $a \notin \mathfrak{a}$, considérer un idéal maximal parmi les idéaux bilatères contenant $\mathfrak{a}$ et ne contenant aucune puissance de a).

¶ 4) Soit A un anneau noethérien à gauche semi-premier (exerc. 3), S l'ensemble de ses éléments simplifiables (*cf.* VIII, p. 71, exerc. 8).

a) Démontrer que tout idéal non nul (à gauche ou à droite) de A contient un élément non nilpotent (soit $\mathfrak{a}$ un idéal à droite de A formé d'éléments nilpotents ; soit x un élément non nul de $\mathfrak{a}$ dont l'annulateur à gauche est maximal. Pour tout élément a de A et tout entier $n \geqslant 1$ tel que $(xa)^n \neq 0$, observer que l'annulateur à gauche de $(xa)^n$ est égal à celui de x, et en déduire qu'on a $xax = 0$).

b) Démontrer que S permet un calcul des fractions à gauche sur A (VIII, p. 17, exerc. 18) : si $a \in A$, $s \in S$, prouver que l'ensemble des éléments x de A tels que $xa \in As$ est un idéal à gauche essentiel de A (VIII, p. 71, exerc. 7), et conclure à l'aide de *a*) et de l'exerc. 8, *d*) de VIII, p. 71.

c) Démontrer que l'anneau $S^{-1}A$ est semi-simple (*« théorème de Goldie »*[1]) : soit $\mathfrak{b}$ un idéal à gauche essentiel de $S^{-1}A$; montrer que $A \cap \mathfrak{b}$ est un idéal à gauche essentiel

[1] Pour d'autres approches de ce résultat, voir X, p. 171, exerc. 25 et AC, II, p. 165, exerc. 26.

de A, puis à l'aide de l'exerc. 8, d) de VIII, p. 71, que $\mathfrak{b} = S^{-1}A$, et conclure à l'aide de l'exerc. 7, b) *de* VIII, *p.* 71).

5) a) Soit A un anneau semi-premier tel que tout ensemble d'idéaux à gauche monogènes admette un élément minimal. Démontrer que A est semi-simple (à l'aide de l'exerc. 7 de VIII, p. 126, construire des suites (e_n) et (f_n) d'idempotents de A telles que les idéaux Ae_n soient minimaux et qu'on ait $Af_{n-1} = Ae_n \oplus Af_n$, et montrer que f_n est nul pour n assez grand).

b) Soient K un corps commutatif, V un espace vectoriel à droite de dimension infinie sur K et A la sous-K-algèbre de $\mathrm{End}_K(V)$ engendrée par 1_V et les endomorphismes de rang fini. Démontrer que tout idéal à gauche de A contient un idéal minimal.

6) Soit A une algèbre commutative semi-simple de rang fini sur un corps commutatif K, et soient K_i ($i \in I$) ses facteurs simples, qui sont des extensions finies de K. Soient B une sous-algèbre de A et E_j ($j \in J$) ses facteurs simples. Démontrer qu'il existe des parties non vides $(\Lambda_j)_{j\in J}$ de I, deux à deux sans élément commun, telles que E_j s'injecte dans $\prod_{i\in\Lambda_j} K_i$ pour $j \in J$; pour tout $i \in \Lambda_j$, pr_i induit un isomorphisme de E_j sur un sous-corps E_{ij} de K_i. Étudier la réciproque. En déduire que si chacun des K_i est séparable sur K, A ne contient qu'un nombre fini de sous-algèbres (*cf.* V, p. 29, prop. 3).

§ 9. RADICAL

1. Radical d'un module

DÉFINITION 1. — *Soit* A *un anneau. On appelle* radical *d'un* A*-module* M *le sous-module intersection des sous-modules maximaux de* M (VIII, p. 44, déf. 2) *ou, ce qui revient au même, l'ensemble des éléments de* M *annulés par tout homomorphisme de* M *dans un* A*-module simple.*

Dans la suite de ce chapitre, on notera $\mathfrak{R}_A(M)$, ou simplement $\mathfrak{R}(M)$, le radical d'un A-module M.

Soit A un anneau. Pour que le radical d'un A-module M soit réduit à 0 (auquel cas on dit, par abus de langage, que M est *sans radical*), il faut et il suffit qu'il existe une famille $(S_i)_{i\in I}$ de A-modules simples et une famille $(f_i)_{i\in I}$ d'applications A-linéaires $f_i : M \to S_i$, telles que l'on ait $\bigcap_{i\in I} \mathrm{Ker}(f_i) = 0$. Il revient au même de dire que M est isomorphe à un sous-module d'un produit de A-modules simples.

Exemples. — 1) Soit $\mathfrak{a}$ un idéal à gauche de A. Le radical du A-module $A_s/\mathfrak{a}$ est égal à $\mathfrak{a}'/\mathfrak{a}$ où $\mathfrak{a}'$ est l'intersection des idéaux à gauche maximaux de A contenant $\mathfrak{a}$. En particulier, le radical du $\mathbf{Z}$-module $\mathbf{Z}$ est réduit à 0, et celui du $\mathbf{Z}$-module $\mathbf{Z}/p^n\mathbf{Z}$ est égal à $p\mathbf{Z}/p^n\mathbf{Z}$ pour tout nombre premier p et tout nombre entier $n \geqslant 1$.

2) Soit A un anneau principal qui n'est pas un corps et soit K son corps des fractions. Comme K-module, K est sans radical. Démontrons que le radical de K, considéré comme A-module, est égal à K, ou, ce qui revient au même, que toute application A-linéaire f de K dans un A-module simple S est nulle. D'après VII, p. 25, on peut supposer S égal à $A/(\pi)$, où π est un élément extrémal de A ; pour tout $x \in K$, on a $f(x) = f\left(\pi\frac{x}{\pi}\right) = \pi f\left(\frac{x}{\pi}\right) = 0$ puisque $\pi S = 0$, d'où le résultat.

PROPOSITION 1. — *Soient* M *et* N *des* A*-modules et* f *un homomorphisme de* M *dans* N. *On a* $f(\mathfrak{R}(\mathrm{M})) \subset \mathfrak{R}(\mathrm{N})$, *et l'on a même égalité si* f *est surjectif et que le noyau de* f *est contenu dans le radical de* M.

Soit g un homomorphisme de N dans un A-module simple ; alors $\mathfrak{R}(\mathrm{M})$ est contenu dans le noyau de $g \circ f$, de sorte que $f(\mathfrak{R}(\mathrm{M}))$ est contenu dans le noyau de g. On a donc $f(\mathfrak{R}(\mathrm{M})) \subset \mathfrak{R}(\mathrm{N})$. Supposons maintenant que f soit surjectif, et que son noyau soit contenu dans $\mathfrak{R}(\mathrm{M})$. Soit y un élément de $\mathfrak{R}(\mathrm{N})$ et soit x un antécédent de y. Si g est un homomorphisme de M dans un A-module simple S, son noyau contient le radical de M, donc le noyau de f ; l'homomorphisme f étant surjectif, il existe un homomorphisme h de N dans S tel que $g = h \circ f$. Comme $y = f(x)$ appartient à $\mathfrak{R}(\mathrm{N})$, on a $h(f(x)) = 0$, c'est-à-dire $g(x) = 0$; ainsi x appartient à $\mathfrak{R}(\mathrm{M})$, ce qui prouve l'inclusion $\mathfrak{R}(\mathrm{N}) \subset f(\mathfrak{R}(\mathrm{M}))$.

COROLLAIRE 1. — *Soient* M *un* A*-module et* N *un sous-module de* M.

a) *On a* $\mathfrak{R}(\mathrm{N}) \subset \mathfrak{R}(\mathrm{M}) \cap \mathrm{N}$.

b) *On a* $(\mathfrak{R}(\mathrm{M})+\mathrm{N})/\mathrm{N} \subset \mathfrak{R}(\mathrm{M}/\mathrm{N})$. *Si* N *est contenu dans* $\mathfrak{R}(\mathrm{M})$, *on a l'égalité* $\mathfrak{R}(\mathrm{M}/\mathrm{N}) = \mathfrak{R}(\mathrm{M})/\mathrm{N}$.

c) *Le module* $\mathrm{M}/\mathfrak{R}(\mathrm{M})$ *est sans radical. Si le module* M/N *est sans radical, on a* $\mathfrak{R}(\mathrm{M}) \subset \mathrm{N}$.

L'assertion a) résulte de la prop. 1 appliquée à l'injection canonique de N dans M, et l'assertion b) de la prop. 1 appliquée à l'application canonique de M sur M/N. De b), on déduit que M/N est sans radical si $\mathrm{N} = \mathfrak{R}(\mathrm{M})$ et que l'on a $\mathfrak{R}(\mathrm{M}) \subset \mathrm{N}$ si M/N est sans radical.

Il résulte de l'exemple 1 de VIII, p. 147 qu'il peut exister des sous-modules N contenant $\mathfrak{R}(\mathrm{M})$ et tels que le radical de M/N ne soit pas nul.

COROLLAIRE 2. — *Soient* $(\mathrm{M}_i)_{i\in\mathrm{I}}$ *une famille de* A*-modules,* P *son produit et* S *sa somme directe. On a* $\mathfrak{R}(\mathrm{P}) \subset \prod_{i\in\mathrm{I}} \mathfrak{R}(\mathrm{M}_i)$ *et* $\mathfrak{R}(\mathrm{S}) = \bigoplus_{i\in\mathrm{I}} \mathfrak{R}(\mathrm{M}_i)$.

Pour tout $i \in \mathrm{I}$, soit π_i la projection d'indice i de P dans M_i ; d'après la prop. 1, on a $\pi_i(\mathfrak{R}(\mathrm{P})) \subset \mathfrak{R}(\mathrm{M}_i)$ pour tout $i \in \mathrm{I}$, d'où la première assertion. On a $\mathrm{S} \subset \mathrm{P}$, d'où

$$\mathfrak{R}(\mathrm{S}) \subset \mathrm{S} \cap \mathfrak{R}(\mathrm{P}) \subset \mathrm{S} \cap \prod_{i\in\mathrm{I}} \mathfrak{R}(\mathrm{M}_i) = \bigoplus_{i\in\mathrm{I}} \mathfrak{R}(\mathrm{M}_i)\,;$$

par ailleurs, pour tout $i \in \mathrm{I}$, on a $\mathrm{M}_i \subset \mathrm{S}$, d'où $\mathfrak{R}(\mathrm{M}_i) \subset \mathfrak{R}(\mathrm{S})$, et finalement $\oplus_{i\in\mathrm{I}} \mathfrak{R}(\mathrm{M}_i) \subset \mathfrak{R}(\mathrm{S})$.

Il existe des familles de modules dont le radical du produit n'est pas isomorphe au produit des radicaux (exerc. 3 de VIII, p. 161).

PROPOSITION 2. — *Soit* M *un* A-*module de type fini.*

a) *Si* M *n'est pas réduit à* 0, *on a* $\mathfrak{R}(\mathrm{M}) \neq \mathrm{M}$.

b) *Si* N *est un sous-module de* M *tel que* $\mathrm{N} + \mathfrak{R}(\mathrm{M}) = \mathrm{M}$, *on a* $\mathrm{N} = \mathrm{M}$.

Soit N un sous-module de M, distinct de M. D'après la prop. 3 de VIII, p. 45, il existe un sous-module maximal L de M contenant N. On a $\mathrm{N} + \mathfrak{R}(\mathrm{M}) \subset \mathrm{L}$, et *a fortiori* $\mathrm{N}+\mathfrak{R}(\mathrm{M}) \neq \mathrm{M}$. Cela prouve b) ; le cas particulier $\mathrm{N} = 0$ établit l'assertion a).

COROLLAIRE. — *Soient* M *un* A-*module,* $(x_i)_{i\in\mathrm{I}}$ *une famille génératrice de* M *et* x *un élément de* M. *Les conditions suivantes sont équivalentes :*

(i) *On a* $x \in \mathfrak{R}(\mathrm{M})$;

(ii) *Tout sous-module* N *de* M *tel que* $\mathrm{N} + \mathrm{A}x = \mathrm{M}$ *est égal à* M ;

(iii) *Pour toute famille* $(a_i)_{i\in\mathrm{I}}$ *d'éléments de* A, *la famille* $(x_i + a_i x)_{i\in\mathrm{I}}$ *engendre le* A-*module* M.

(i) $\Longrightarrow$ (ii) : Supposons que x appartienne à $\mathfrak{R}(\mathrm{M})$. Soit N un sous-module de M tel que $\mathrm{N}+\mathrm{A}x = \mathrm{M}$. On a $\mathrm{N}+\mathfrak{R}(\mathrm{M}) = \mathrm{M}$, de sorte que le A-module M/N est égal à son radical (cor. 1, b) de la prop. 1). Comme il est monogène, il est nul (prop. 2) et l'on a $\mathrm{M} = \mathrm{N}$.

(ii) $\Longrightarrow$ (iii) : Soit $(a_i)_{i\in\mathrm{I}}$ une famille d'éléments de A. Notons N le sous-module de M engendré par la famille $(x_i + a_i x)_{i\in\mathrm{I}}$. On a $x_i \in \mathrm{N} + \mathrm{A}x$ pour tout $i \in \mathrm{I}$, d'où $\mathrm{N} + \mathrm{A}x = \mathrm{M}$. Si la condition (ii) est satisfaite, N est égal à M.

(iii) $\Longrightarrow$ (i) : Supposons que x n'appartienne pas à $\mathfrak{R}(\mathrm{M})$. Il existe alors un sous-module maximal N de M qui ne contient pas x. Comme N est maximal, on a $\mathrm{N} + \mathrm{A}x = \mathrm{M}$; chacun des éléments x_i peut donc s'écrire sous la forme $y_i - a_i x$, avec $y_i \in \mathrm{N}$ et $a_i \in \mathrm{A}$. La famille $(x_i + a_i x)_{i\in\mathrm{I}}$ est contenue dans N, donc n'engendre pas M.

PROPOSITION 3. — a) *Un module semi-simple est sans radical.*

b) *Pour qu'un module soit semi-simple et de type fini, il faut et il suffit qu'il soit sans radical et artinien.*

Par définition, le radical d'un module simple est réduit à 0. Si le module M est semi-simple, il est somme directe d'une famille $(\mathrm{S}_i)_{i\in\mathrm{I}}$ de sous-modules simples, et l'on a $\mathfrak{R}(\mathrm{M}) = \bigoplus_{i\in\mathrm{I}} \mathfrak{R}(\mathrm{S}_i)$ d'après le cor. 2 ci-dessus, d'où $\mathfrak{R}(\mathrm{M}) = 0$.

Si de plus M est de type fini, il est artinien d'après la prop. 10 de VIII, p. 67.

Réciproquement, supposons que M soit sans radical et artinien. D'après VIII, p. 2, appliqué à l'ensemble des sous-modules maximaux de M, il existe une famille finie $(\mathrm{N}_i)_{i\in\mathrm{I}}$ de sous-modules maximaux de M dont l'intersection est réduite à 0. Alors M est isomorphe à un sous-module de $\bigoplus_{i\in\mathrm{I}}(\mathrm{M}/\mathrm{N}_i)$; il est donc semi-simple et de longueur finie, et *a fortiori* de type fini.

2. Radical d'un anneau

DÉFINITION 2. — *On appelle* radical de Jacobson (*ou simplement* radical) *d'un anneau* A, *et l'on note* $\mathfrak{R}(\mathrm{A})$, *le radical du* A*-module* A_s, *c'est-à-dire l'intersection des idéaux à gauche maximaux de* A.

On dit, par abus de langage, que l'anneau A est *sans radical* si l'on a $\mathfrak{R}(\mathrm{A}) = 0$.

PROPOSITION 4. — *Pour qu'un anneau* A *soit semi-simple, il faut et il suffit qu'il soit artinien à gauche et sans radical.*

Cela résulte de la prop. 3, b) appliquée au A-module A_s.

Exemples. — 1) Si A est un anneau local, il possède un unique idéal à gauche maximal $\mathfrak{r}$, formé des éléments non inversibles de A (VIII, p. 23, prop. 1) ; donc $\mathfrak{r}$ est le radical de A. En particulier, un corps est sans radical.

2) Soient K un corps commutatif et E l'algèbre $\mathrm{K}[[\mathrm{X}_i]]_{i \in \mathrm{I}}$ des séries formelles par rapport aux indéterminées X_i à coefficients dans K. D'après l'exemple précédent et l'exemple 4 de VIII, p. 24, le radical de E se compose des séries formelles de terme constant nul. On notera que *l'anneau* E *est intègre et que son radical n'est pas réduit à* 0, *bien que* E *soit un sous-anneau de son corps des fractions qui est sans radical.*

3) Supposons que A soit un anneau principal et soit P un système représentatif d'éléments extrémaux (VII, p. 3). Si A est un corps, il est sans radical d'après l'exemple 1 ; si l'ensemble P est infini, l'intersection des idéaux maximaux $\mathrm{A}p$ de A est réduite à 0, donc A est sans radical ; mais si P est fini et non vide, et si l'on pose $x = \prod_{p \in \mathrm{P}} p$, le radical de A est égal à $\bigcap_{p \in \mathrm{P}} \mathrm{A}p = \mathrm{A}x$ (VII, p. 3, prop. 4), donc n'est pas réduit à zéro.

Soit y un élément non nul de A ; écrivons-le sous la forme $y = up_1^{i_1} \ldots p_r^{i_r}$, où u est inversible dans A, $p_1, \ldots, p_r$ sont des éléments de P deux à deux distincts et $i_1, \ldots, i_r$ des entiers strictement positifs. Les idéaux maximaux de l'anneau $\mathrm{A}/\mathrm{A}y$ sont les idéaux $\mathrm{A}p_1/\mathrm{A}y, \ldots, \mathrm{A}p_r/\mathrm{A}y$; le radical de l'anneau $\mathrm{A}/\mathrm{A}y$ est donc l'idéal $\mathrm{A}p_1 \ldots p_r/\mathrm{A}y$. En particulier, l'anneau $\mathrm{A}/\mathrm{A}y$ est sans radical si et seulement si l'on a $i_1 = \cdots = i_r = 1$; on dit dans ce cas que y est *sans facteur multiple.*

PROPOSITION 5. — a) *Le radical d'un anneau* A *est l'intersection des annulateurs des* A*-modules simples, et aussi le plus petit des annulateurs des* A*-modules semi-simples. C'est en particulier un idéal bilatère de* A. *Si* A *n'est pas réduit à* 0, *le radical de* A *est distinct de* A.

b) *Soit* $\mathfrak{a}$ *un idéal bilatère de* A. *On a* $(\mathfrak{R}(\mathrm{A})+\mathfrak{a})/\mathfrak{a} \subset \mathfrak{R}(\mathrm{A}/\mathfrak{a})$. *Si* $\mathfrak{a}$ *est contenu dans* $\mathfrak{R}(\mathrm{A})$, *on a* $\mathfrak{R}(\mathrm{A}/\mathfrak{a}) = \mathfrak{R}(\mathrm{A})/\mathfrak{a}$.

c) *L'anneau* $\mathrm{A}/\mathfrak{R}(\mathrm{A})$ *est sans radical; réciproquement, tout idéal bilatère* $\mathfrak{a}$ *de* A *tel que* $\mathrm{A}/\mathfrak{a}$ *soit sans radical contient* $\mathfrak{R}(\mathrm{A})$.

d) *Le radical de* A *est contenu dans l'intersection des idéaux bilatères maximaux de* A.

Soit $x \in \mathrm{A}$. Dire que x appartient à l'annulateur de tout A-module simple revient à dire que x appartient à l'annulateur de tout élément de tout A-module simple, autrement dit (VIII, p. 42, prop. 1) à tout idéal à gauche maximal de A.

Soit M un A-module semi-simple. Son annulateur est l'intersection des annulateurs des sous-modules simples de M, donc il contient $\mathfrak{R}(\mathrm{A})$. Par ailleurs, si $\mathscr{S}$ est l'ensemble des classes de A-modules simples (VIII, p. 47), la somme directe $\oplus_{\lambda\in\mathscr{S}}\lambda$ est un A-module semi-simple, dont l'annulateur est $\mathfrak{R}(\mathrm{A})$. Supposons A non réduit à 0 ; la relation $\mathfrak{R}(\mathrm{A}) \neq \mathrm{A}$ résulte de la prop. 2, a) de VIII, p. 149, appliquée au A-module A_s. On a prouvé a).

Soit $\mathfrak{a}$ un idéal bilatère de A. Les idéaux à gauche maximaux de $\mathrm{A}/\mathfrak{a}$ sont les idéaux de la forme $\mathfrak{m}/\mathfrak{a}$, où $\mathfrak{m}$ est un idéal à gauche maximal de A contenant $\mathfrak{a}$. Par suite, le radical de l'anneau $\mathrm{A}/\mathfrak{a}$ est égal au radical du A-module $\mathrm{A}_s/\mathfrak{a}$. Les assertions b) et c) résultent donc du cor. 1 de VIII, p. 148.

Soit $\mathfrak{a}$ un idéal bilatère maximal de A. Dans l'anneau $\mathrm{A}/\mathfrak{a}$, les seuls idéaux bilatères sont 0 et $\mathrm{A}/\mathfrak{a}$. Comme l'anneau $\mathrm{A}/\mathfrak{a}$ n'est pas réduit à 0, son radical n'est pas égal à $\mathrm{A}/\mathfrak{a}$. L'anneau $\mathrm{A}/\mathfrak{a}$ est donc sans radical, et l'on a $\mathfrak{R}(\mathrm{A}) \subset \mathfrak{a}$ d'après c). Cela prouve d).

On dit qu'un idéal à gauche (ou à droite) de A est un *nilidéal* s'il se compose d'éléments nilpotents. On dit qu'un idéal bilatère $\mathfrak{a}$ de A est *nilpotent* s'il existe un entier $n \geqslant 1$ tel que $\mathfrak{a}^n = 0$, c'est-à-dire (I, p. 102) tel que l'on ait $x_1 \dots x_n = 0$ pour toute suite $(x_1, \dots, x_n)$ d'éléments de $\mathfrak{a}$. Tout idéal bilatère nilpotent est un nilidéal, mais il peut exister des nilidéaux qui ne sont pas contenus dans un idéal bilatère nilpotent (VIII, p. 162, exerc. 9).

THÉORÈME 1 (Jacobson). — *Le radical d'un anneau* A *se compose des éléments* $x \in \mathrm{A}$ *tels que* $1 + ax$ *soit inversible à gauche* (I, p. 15) *pour tout* $a \in \mathrm{A}$. *C'est aussi le plus grand des idéaux bilatères* $\mathfrak{a}$ *tels que* $1 + x$ *soit inversible pour tout* $x \in \mathfrak{a}$. *Le radical de* A *contient tout nilidéal à gauche de* A.

L'élément 1 engendre le A-module A_s, et $1 + ax$ est inversible à gauche si et seulement s'il engendre le A-module A_s. La première assertion du théorème 1 est donc un cas particulier du corollaire de la prop. 2 (VIII, p. 149).

Soit $x \in \mathfrak{R}(A)$. D'après ce qui précède, $1 + x$ est inversible à gauche ; soit y un élément de A tel que $y(1 + x) = 1$. On a alors $1 - y = yx$, donc $1 - y$ appartient à $\mathfrak{R}(A)$; par suite y est inversible à gauche. Comme y est aussi inversible à droite, il est inversible (I, p. 16, prop. 3) et il en est de même de son inverse à droite $1 + x$.

Soit $\mathfrak{a}$ un idéal à gauche de A tel que $1 + x$ soit inversible pour tout $x \in \mathfrak{a}$; ceci a lieu par exemple si $\mathfrak{a}$ est un nilidéal, puisque la relation $x^n = 0$ entraîne que $1 - x + \cdots + (-x)^{n-1}$ est l'inverse de $1 + x$. Soit $x \in \mathfrak{a}$; pour tout $a \in A$, on a $ax \in \mathfrak{a}$, donc $1 + ax$ est inversible, de sorte qu'on a $x \in \mathfrak{R}(A)$. On en déduit que $\mathfrak{a}$ est contenu dans $\mathfrak{R}(A)$, d'où le théorème 1.

COROLLAIRE 1. — *Le radical de* A *est égal au radical de l'anneau opposé* A^o, *c'est-à-dire à l'intersection des idéaux à droite maximaux de* A.

Pour tout $x \in \mathfrak{R}(A)$, $1 + x$ est inversible dans l'anneau A, donc dans l'anneau A^o ; comme $\mathfrak{R}(A)$ est un idéal bilatère de A^o, on a $\mathfrak{R}(A) \subset \mathfrak{R}(A^o)$, d'où l'égalité en échangeant les rôles de A et A^o.

COROLLAIRE 2. — *Pour qu'un élément de* A *soit inversible, il faut et il suffit que son image canonique dans l'anneau* $A/\mathfrak{R}(A)$ *soit inversible.*

La condition est évidemment nécessaire. Démontrons qu'elle est suffisante. Soit x un élément de A dont l'image canonique dans l'anneau $A/\mathfrak{R}(A)$ soit inversible. Il existe alors un élément y de A tel que xy appartienne à $1 + \mathfrak{R}(A)$. D'après le th. 1, xy est inversible, de sorte que x est inversible à droite. On démontre de même que x est inversible à gauche.

COROLLAIRE 3. — *Le radical du produit d'une famille* $(A_i)_{i \in I}$ *d'anneaux est le produit des* $\mathfrak{R}(A_i)$.

Soit $x = (x_i)_{i \in I}$ un élément de $\prod_{i \in I} A_i$. Pour tout élément $a = (a_i)_{i \in I}$ de $\prod_{i \in I} A_i$, l'élément $1 + ax$ est inversible à gauche si et seulement si $1 + a_i x_i$ est inversible à gauche dans A_i pour tout $i \in I$, d'où le corollaire 3.

COROLLAIRE 4. — *Pour que l'anneau* A *soit local, il faut et il suffit que l'anneau* $A/\mathfrak{R}(A)$ *soit un corps. Dans ce cas,* $\mathfrak{R}(A)$ *est l'ensemble des éléments non inversibles de* A.

Notons $\mathfrak{r}$ l'ensemble des éléments non inversibles de A. Si l'anneau A est local, son radical est égal à $\mathfrak{r}$ (VIII, p. 150, exemple 1) et l'anneau $A/\mathfrak{r}$ est un corps (VIII, p. 24). Inversement, supposons que l'anneau $A/\mathfrak{R}(A)$ soit un corps. D'après le corollaire 2, on a $\mathfrak{r} = \mathfrak{R}(A)$, donc $\mathfrak{r}$ est un idéal bilatère de A. Il en résulte que l'anneau A est local (VIII, p. 24, déf. 1).

Exemples. — 4) Soient K un anneau intègre, I un ensemble non vide et A l'anneau de polynômes $K[X_i]_{i \in I}$. Démontrons que l'*anneau* A *est sans radical.* Les seuls éléments inversibles de A sont ceux de K (IV, p. 9, cor. 2). Soit $f \in \mathfrak{R}(A)$. Choisissons un élément $i \in I$. Alors $1 + fX_i$ est inversible (th. 1), ce qui implique $f = 0$.

Remarquons que lorsque K est un corps commutatif, l'anneau $A = K[X_i]_{i \in I}$ est un sous-anneau de $B = K[[X_i]]_{i \in I}$, et qu'on a $\mathfrak{R}(A) = 0$ et $A \cap \mathfrak{R}(B) \neq 0$ (*cf.* VIII, p. 150, exemple 2).

5) Soit $\mathfrak{a}$ un idéal bilatère de A. La topologie sur A, compatible avec la structure d'anneau de A, pour laquelle les idéaux $\mathfrak{a}^n$ (pour $n \geqslant 1$) forment un système fondamental de voisinages de 0 (TG, III, p. 49, exemple 3) s'appelle la *topologie* $\mathfrak{a}$-*adique*. Supposons que l'anneau A soit séparé et complet (TG, III, p. 50) pour cette topologie : c'est le cas par exemple lorsque l'idéal $\mathfrak{a}$ est nilpotent. Pour tout $x \in \mathfrak{a}$, la série $\sum_{n=0}^{\infty}(-x)^n$ est alors convergente (TG, III, p. 44, remarque). Soit y sa somme. On a $y - 1 = \sum_{n=1}^{\infty}(-x)^n = -xy$, d'où $(1+x)y = 1$ et on a de même $y(1+x) = 1$, de sorte que $1+x$ est inversible. Il en résulte d'après le th. 1 que l'idéal $\mathfrak{a}$ est contenu dans le radical de A.

Remarques. — 1) D'après le théorème 1, tout nilidéal à gauche d'un anneau A est contenu dans son radical. Soit x un élément nilpotent et central de A ; alors Ax est un nilidéal de A, donc x appartient au radical de A. Il se peut cependant qu'*il existe dans* A *des éléments nilpotents non nuls, mais que* A *soit sans radical* : par exemple, pour tout entier $n \geqslant 2$, l'anneau de matrices $M_n(K)$ sur un corps K est simple, donc sans radical (VIII, p. 150, prop. 4) et il contient des éléments nilpotents, par exemple les unités matricielles E_{ij} avec $i \neq j$.

2) Soit A un anneau commutatif. L'ensemble des éléments nilpotents de A est un idéal $\mathfrak{N}(A)$ de A, qu'on appelle le *nilradical* de A ; c'est l'intersection des idéaux premiers de A (V, p. 113, prop. 2). On a $\mathfrak{N}(A) \subset \mathfrak{R}(A)$; *il y a égalité si A est un anneau artinien (VIII, p. 169, cor. 2), ou bien une algèbre commutative de type fini sur un corps commutatif (AC, V, § 3, n°4, th. 3)$_*$. On peut fort bien avoir $\mathfrak{N}(A) \neq \mathfrak{R}(A)$: c'est le cas lorsque A est l'anneau K[[X]], où K est un corps commutatif : on a $\mathfrak{N}(A) = 0$ et $\mathfrak{R}(A) = AX$ (VIII, p. 150, exemple 2).

3. Lemme de Nakayama

PROPOSITION 6. — *Pour tout* A*-module* M, *on a* $\mathfrak{R}(A)M \subset \mathfrak{R}(M)$ *et on a égalité si le* A*-module* M *est projectif.*

Soit P un sous-module maximal de M ; le A-module M/P est simple, donc il est annulé par $\mathfrak{R}(A)$ d'après la prop. 5 de VIII, p. 150. On a donc $\mathfrak{R}(A)M \subset P$ pour tout sous-module maximal P de M, d'où $\mathfrak{R}(A)M \subset \mathfrak{R}(M)$.

On a évidemment $\mathfrak{R}(A_s) = \mathfrak{R}(A)A_s$. Si le A-module M est projectif, il existe un A-module N tel que $M \oplus N$ soit libre, c'est-à-dire somme directe d'une famille $(L_i)_{i \in I}$ de modules isomorphes à A_s. D'après le cor. 2 de VIII, p. 148, on a $\mathfrak{R}(M \oplus N) = \mathfrak{R}(M) \oplus \mathfrak{R}(N)$ et $\mathfrak{R}\big(\bigoplus_{i \in I} L_i\big) = \bigoplus_{i \in I} \mathfrak{R}(L_i)$; de l'égalité $\mathfrak{R}(L_i) = \mathfrak{R}(A)L_i$, on déduit alors l'égalité $\mathfrak{R}(M) = \mathfrak{R}(A)M$.

THÉORÈME 2 (« lemme de Nakayama »). — *Soient* M *un* A*-module et* $\mathfrak{a}$ *un idéal bilatère de* A*. Supposons satisfaite l'une des deux hypothèses suivantes :*

(i) *Le* A*-module* M *est de type fini et* $\mathfrak{a}$ *est contenu dans le radical de* A ;

(ii) *L'idéal* $\mathfrak{a}$ *est nilpotent.*

Si N *est un sous-module de* M *tel que* $M = N + \mathfrak{a}M$, *on a* $N = M$. *En particulier, si le module* M *n'est pas nul, on a* $M \neq \mathfrak{a}M$.

Supposons que M soit de type fini et qu'on ait $\mathfrak{a} \subset \mathfrak{R}(A)$. Soit N un sous-module de M tel que $M = N + \mathfrak{a}M$. D'après la prop. 6, on a $M = N + \mathfrak{R}(M)$, d'où $M = N$ d'après la prop. 2, b) de VIII, p. 149.

Supposons maintenant que $\mathfrak{a}$ soit nilpotent, et soit N un sous-module de M tel que $M = N + \mathfrak{a}M$. Par récurrence sur l'entier $n \geqslant 0$, on établit la relation $M = N + \mathfrak{a}^n M$; par hypothèse, il existe un entier $n \geqslant 0$ tel que $\mathfrak{a}^n = 0$, d'où $M = N$.

La dernière assertion du théorème se déduit de ce qui précède en prenant N égal à 0.

COROLLAIRE 1. — *Conservons les hypothèses du théorème 2. Soit* $(x_i)_{i \in I}$ *une famille d'éléments de* M, *et soit* $\overline{x}_i$ *l'image canonique de* x_i *dans* $M/\mathfrak{a}M$. *Si la famille* $(\overline{x}_i)_{i \in I}$ *engendre le* $(A/\mathfrak{a})$*-module* $M/\mathfrak{a}M$, *la famille* $(x_i)_{i \in I}$ *engendre le* A*-module* M.

Cela résulte du th. 2 appliqué au sous-module N de M engendré par la famille $(x_i)_{i \in I}$.

COROLLAIRE 2. — *Conservons les hypothèses du théorème 2. Soient par ailleurs* M′ *un* A*-module et* $u : M' \to M$ *un homomorphisme. Si l'homomorphisme* $\overline{u}$ *de* $M'/\mathfrak{a}M'$ *dans* $M/\mathfrak{a}M$ *déduit de* u *par passage aux quotients est surjectif, l'homomorphisme* u *est surjectif.*

Il suffit d'appliquer le th. 2 à l'image N de u : en effet, l'image de $\overline{u}$ est $(\mathrm{N}+\mathfrak{a}\mathrm{M})/\mathfrak{a}\mathrm{M}$, donc $\overline{u}$ est surjectif si et seulement si on a $\mathrm{N}+\mathfrak{a}\mathrm{M}=\mathrm{M}$.

4. Relèvements d'idempotents

Lemme 1. — *Soit a un élément d'un anneau* A *tel que $a-a^2$ soit nilpotent. Il existe un polynôme* P *appartenant à* $\mathrm{X}+(\mathrm{X}-\mathrm{X}^2)\mathbf{Z}[\mathrm{X}]$ *tel que* $\mathrm{P}(a)$ *soit idempotent dans* A.

Soit n un entier strictement positif tel que $(a-a^2)^n=0$. Posons $\mathrm{P}(\mathrm{X})=1-(1-\mathrm{X}^n)^n$. Le polynôme $\mathrm{P}(\mathrm{X})$ est multiple de X^n et le polynôme $1-\mathrm{P}(\mathrm{X})$ est multiple de $(1-\mathrm{X})^n$, donc $\mathrm{P}(\mathrm{X})-\mathrm{P}(\mathrm{X})^2$ est multiple de $(\mathrm{X}-\mathrm{X}^2)^n$ et l'on a $\mathrm{P}(a)=\mathrm{P}(a)^2$. Par ailleurs $\mathrm{X}-\mathrm{P}(\mathrm{X})$ est multiple de X et de $1-\mathrm{X}$, donc de $\mathrm{X}-\mathrm{X}^2$.

PROPOSITION 7. — *Soit $\mathfrak{a}$ un nilidéal bilatère de* A *et soit $\overline{e}$ un élément idempotent de l'anneau* $\mathrm{A}/\mathfrak{a}$. *Il existe un élément idempotent e de* A *dont l'image canonique dans* $\mathrm{A}/\mathfrak{a}$ *est égale à $\overline{e}$.*

Soit a un représentant quelconque de $\overline{e}$ dans A. L'élément $a-a^2$ de A est nilpotent puisqu'il appartient à $\mathfrak{a}$. Choisissons un polynôme $\mathrm{P}\in\mathbf{Z}[\mathrm{X}]$ satisfaisant aux conditions du lemme 1. On a que $a-\mathrm{P}(a)\in\mathrm{A}(a-a^2)$ et l'élément $e=\mathrm{P}(a)$ de A convient.

Supposons que $\overline{e}$ appartienne au centre de l'anneau $\mathrm{A}/\mathfrak{a}$. Il n'existe pas nécessairement d'idempotent e dans le centre Z de A, relevant $\overline{e}$ (VIII, p. 167, exerc. 31) ; cependant, si $\overline{e}$ appartient à l'image de Z dans $\mathrm{A}/\mathfrak{a}$, il se relève en un idempotent de Z puisque $\mathrm{Z}\cap\mathfrak{a}$ est un nilidéal de Z.

COROLLAIRE 1. — *Soient* M *et* P *des* A*-modules et u une application* A*-linéaire surjective de* P *dans* M. *On suppose que* P *est projectif et qu'il existe un idéal bilatère nilpotent $\mathfrak{a}$ de* A *tel que le noyau* N *de u soit contenu dans* $\mathfrak{a}\mathrm{P}$. *Soient* M' *et* M'' *des sous-modules de* M, *tels que* M *soit somme directe de* M' *et* M''. *Alors* P *est somme directe de sous-modules* P' *et* P'' *tels que* $u(\mathrm{P}')=\mathrm{M}'$ *et* $u(\mathrm{P}'')=\mathrm{M}''$.

Notons B le sous-anneau de $\mathrm{End}_{\mathrm{A}}(\mathrm{P})$ formé des endomorphismes f de P tels que $f(\mathrm{N})\subset\mathrm{N}$. Soit $\overline{\mathrm{B}}$ l'anneau des endomorphismes de M. Pour tout $f\in\mathrm{B}$, notons $\overline{f}$ l'unique endomorphisme de M tel que $\overline{f}\circ u=u\circ f$. L'application $f\mapsto\overline{f}$ est un homomorphisme d'anneaux de B dans $\overline{\mathrm{B}}$. Comme le module P est projectif, cet homomorphisme est surjectif ; son noyau $\mathfrak{b}$ se compose des endomorphismes $f\in\mathrm{B}$

tels que $f(\mathrm{P}) \subset \mathrm{N}$. Soit n un entier positif tel que $\mathfrak{a}^n = 0$. On a

$$\mathrm{P} = \mathfrak{a}^0\mathrm{P} \supset \mathfrak{a}^1\mathrm{P} \supset \cdots \supset \mathfrak{a}^{n-1}\mathrm{P} \supset \mathfrak{a}^n\mathrm{P} = 0,$$

et, pour tout $f \in \mathfrak{b}$ et tout entier $j \geqslant 0$,

$$f(\mathfrak{a}^j\mathrm{P}) = \mathfrak{a}^j f(\mathrm{P}) \subset \mathfrak{a}^j\mathrm{N} \subset \mathfrak{a}^{j+1}\mathrm{P},$$

puisque $\mathrm{N} \subset \mathfrak{a}\mathrm{P}$ par hypothèse. Pour tout entier naturel j et tout $f \in \mathfrak{b}^j$, on a donc $f(\mathrm{P}) \subset \mathfrak{a}^j\mathrm{P}$. En particulier, on a $\mathfrak{b}^n = 0$.

Soit ε' le projecteur de M d'image M′ et de noyau M″. D'après la prop. 7 appliquée à l'anneau B et à l'idéal bilatère nilpotent $\mathfrak{b}$, il existe un élément idempotent e' de B tel que $\overline{e'} = \varepsilon'$, c'est-à-dire $\varepsilon' \circ u = u \circ e'$. Posons $e'' = 1 - e'$, $\varepsilon'' = \overline{e''}$, $\mathrm{P}' = e'(\mathrm{P})$, $\mathrm{P}'' = e''(\mathrm{P})$. Alors P est somme directe des sous-modules de P′ et P″ et l'on a

$$u(\mathrm{P}') = u(e'(\mathrm{P})) = \varepsilon'(u(\mathrm{P})) = \varepsilon'(\mathrm{M}) = \mathrm{M}' ;$$

l'égalité $u(\mathrm{P}'') = \mathrm{M}''$ se démontre de manière analogue.

COROLLAIRE 2. — *Soit* A *un anneau et soit* $\mathfrak{a}$ *un idéal bilatère nilpotent de* A. *Si* P *est un* A*-module projectif, alors* $\mathrm{P}/\mathfrak{a}\mathrm{P}$ *est un module projectif sur* $\mathrm{A}/\mathfrak{a}$ *et pour que le* A*-module* P *soit indécomposable il faut et il suffit que le* $\mathrm{A}/\mathfrak{a}$*-module* $\mathrm{P}/\mathfrak{a}\mathrm{P}$ *le soit.*

Soit P un A-module projectif et soit $\overline{\mathrm{P}}$ le $\mathrm{A}/\mathfrak{a}$-module $\mathrm{P}/\mathfrak{a}\mathrm{P}$. Le A-module P est nul si et seulement si $\overline{\mathrm{P}}$ l'est (th. 2 de VIII, p. 154). On suppose maintenant $\mathrm{P} \neq 0$. Comme le $\mathrm{A}/\mathfrak{a}$-module $\overline{\mathrm{P}}$ est isomorphe à $\overline{\mathrm{A}} \otimes_{\mathrm{A}} \mathrm{P}$, il est projectif (II, p. 84, cor.). Si P est indécomposable, il en est de même de $\overline{\mathrm{P}}$ d'après le cor. 1. Inversement, supposons que P soit décomposable et non nul, et soient P′ et P″ deux sous-modules non nuls de P tels que $\mathrm{P} = \mathrm{P}' \oplus \mathrm{P}''$. D'après le lemme de Nakayama (VIII, p. 154, th. 2), on a $\mathrm{P}' + \mathfrak{a}\mathrm{P} \neq \mathrm{P}$ et $\mathrm{P}'' + \mathfrak{a}\mathrm{P} \neq \mathrm{P}$; si $\overline{\mathrm{P}}'$ et $\overline{\mathrm{P}}''$ sont les images canoniques de P′ et P″ dans $\overline{\mathrm{P}}$, on a $\overline{\mathrm{P}}' \neq \overline{\mathrm{P}}$, $\overline{\mathrm{P}}'' \neq \overline{\mathrm{P}}$ et $\overline{\mathrm{P}} = \overline{\mathrm{P}}' \oplus \overline{\mathrm{P}}''$. Cela prouve que $\overline{\mathrm{P}}$ est décomposable.

5. Couverture projective d'un module

DÉFINITION 3. — *Soit* A *un anneau et soit* M *un* A*-module. On appelle* couverture projective *de* M *un couple* (P, u), *où* P *est un* A*-module projectif et* u *un homomorphisme surjectif de* P *dans* M, *tel que l'on ait* $u(\mathrm{P}') \neq \mathrm{M}$ *pour tout sous-*A*-module* P′ *de* P *distinct de* P.

Remarques. — 1) Pour tout A-module projectif M, le couple $(\mathrm{M}, 1_{\mathrm{M}})$ est une couverture projective de M.

2) Supposons que (P, u) soit une couverture projective du A-module M. Soit $(x_i)_{i\in \mathrm{I}}$ une famille d'éléments de P et soit P′ le sous-module de P qu'elle engendre; alors $u(\mathrm{P}')$ est engendré par la famille $(u(x_i))_{i\in\mathrm{I}}$. Par conséquent, la famille $(x_i)_{i\in\mathrm{I}}$ engendre le A-module P si et seulement si la famille $(u(x_i))_{i\in\mathrm{I}}$ engendre le A-module M. En particulier, P est de type fini si et seulement si M est de type fini.

PROPOSITION 8. — *Soient* M *et* M′ *des* A-*modules,* (P, u) *et* (P', u') *des couvertures projectives de* M *et* M′ *respectivement et* $g : \mathrm{M} \rightarrow \mathrm{M}'$ *une application* A-*linéaire.*

a) *Il existe une application* A-*linéaire* $f : \mathrm{P} \rightarrow \mathrm{P}'$ *telle que* $u' \circ f = g \circ u$.

b) *Soit* f *une telle application. Si* g *est surjective* (resp. *bijective*), *alors* f *est surjective* (resp. *bijective*). *Si* g *est injective et que son image est un facteur direct de* M′, f *est injective et son image est un facteur direct de* P′.

Par hypothèse, le A-module P est projectif et l'application u' est surjective. Par suite, il existe une application A-linéaire $f : \mathrm{P} \rightarrow \mathrm{P}'$ telle que $g\circ u = u' \circ f$ (II, p. 39, prop. 4), d'où a).

Soit f une telle application. Supposons g surjective. Comme u est surjective, on a $\mathrm{M}' = g(u(\mathrm{P})) = u'(f(\mathrm{P}))$. Comme (P', u') est une couverture projective de M′, on a $f(\mathrm{P}) = \mathrm{P}'$, donc f est surjective. D'après *loc. cit.*, le noyau de f admet un sous-module supplémentaire P_1, d'où $f(\mathrm{P}_1) = \mathrm{P}'$. Supposons maintenant g bijective. On a $g(u(\mathrm{P}_1)) = u'(f(\mathrm{P}_1)) = u'(\mathrm{P}') = \mathrm{M}'$, d'où $u(\mathrm{P}_1) = \mathrm{M}$. Comme (P, u) est une couverture projective de M, on a $\mathrm{P}_1 = \mathrm{P}$, d'où $\mathrm{Ker}(f) = 0$. Donc f est injective; comme on sait déjà que f est surjective, f est bijective.

Pour finir, supposons que g soit injective et que son image soit un facteur direct de M′. Il existe alors une application A-linéaire $g' : \mathrm{M}' \rightarrow \mathrm{M}$ telle que $g' \circ g = 1_{\mathrm{M}}$. D'après a), il existe une application A-linéaire $f' : \mathrm{P}' \rightarrow \mathrm{P}$ telle que $u \circ f' = g' \circ u'$. On a $u \circ (f' \circ f) = g' \circ u' \circ f = (g' \circ g) \circ u$; d'après l'alinéa précédent, l'application $f' \circ f$ est bijective. Notons h la bijection réciproque; on a $(h \circ f') \circ f = 1_{\mathrm{P}}$, donc f est injective et son image est un facteur direct de P′ (II, p. 21, cor. 2).

COROLLAIRE 1. — *Soit* M *un* A-*module. Soient* (P, u) *et* (P', u') *des couvertures projectives de* M. *Il existe un isomorphisme* f *de* P *sur* P′ *tel que* $u = u' \circ f$.

On notera que f n'est pas nécessairement déterminé de manière unique par la relation $u = u' \circ f$ (VIII, p. 165, exerc. 21).

COROLLAIRE 2. — *Soit* (P, u) *une couverture projective du* A*-module* M. *Si* Q *est un* A*-module projectif et* $g : \mathrm{Q} \rightarrow \mathrm{M}$ *une application linéaire surjective, il existe une application linéaire surjective* $f : \mathrm{Q} \rightarrow \mathrm{P}$ *telle que* $g = u \circ f$.

PROPOSITION 9. — *Soient* M *un* A*-module et* (P, u) *une couverture projective de* M. *Notons* $\mathfrak{r}$ *le radical de l'anneau* A. *L'homomorphisme* $\overline{u} : \mathrm{P}/\mathfrak{r}\mathrm{P} \rightarrow \mathrm{M}/\mathfrak{r}\mathrm{M}$ *déduit de* u *par passage aux quotients est un isomorphisme.*

L'homomorphisme u est surjectif par définition, donc $\overline{u}$ est surjectif. Notons N le noyau de u. On a $u^{-1}(\mathfrak{r}\mathrm{M}) = \mathrm{N}+\mathfrak{r}\mathrm{P}$. Démontrons que l'on a $\mathrm{N} \subset \mathfrak{r}\mathrm{P}$, ce qui entraînera l'injectivité de $\overline{u}$. Pour tout sous-module maximal P′ de P, on a $u(\mathrm{P}') \neq \mathrm{M}$, d'où $\mathrm{P}' + \mathrm{N} \neq \mathrm{P}$; comme P′ est maximal, on a $\mathrm{N} \subset \mathrm{P}'$. Le sous-module N de P est donc contenu dans le radical de P ; or celui-ci est égal à $\mathfrak{r}\mathrm{P}$ d'après la prop. 6 de VIII, p. 154.

COROLLAIRE. — *Pour qu'un* A*-module* M *possède une couverture projective, il faut que le* $\mathrm{A}/\mathfrak{r}$*-module* $\mathrm{M}/\mathfrak{r}\mathrm{M}$ *soit projectif.*

En effet, si (P, u) est une couverture projective de M, le $(\mathrm{A}/\mathfrak{r})$-module $\mathrm{M}/\mathfrak{r}\mathrm{M}$ est isomorphe à $\mathrm{P}/\mathfrak{r}\mathrm{P}$ (prop. 9) ; comme le A-module P est projectif, le $(\mathrm{A}/\mathfrak{r})$-module $\mathrm{P}/\mathfrak{r}\mathrm{P}$ est aussi projectif.

Remarques. — 3) Supposons que l'anneau A soit sans radical. D'après la prop. 9, (P, u) est une couverture projective d'un A-module M si et seulement si u est un isomorphisme. Ainsi seuls les A-modules projectifs ont une couverture projective.

L'anneau **Z** est sans radical (VIII, p. 150, exemple 3). Soit $n \geqslant 2$ un entier. Le **Z**-module $\mathbf{Z}/n\mathbf{Z}$ n'est pas projectif et il n'admet donc pas de couverture projective.

4) Supposons que tout A-module de type fini possède une couverture projective ; alors le quotient A′ de A par son radical est semi-simple. En effet, tout module de type fini sur l'anneau A′ est projectif d'après le corollaire. En particulier, pour tout idéal à gauche $\mathfrak{a}$ de A′, le A′-module $\mathrm{A}'_s/\mathfrak{a}$ est projectif. Notre assertion résulte alors de la prop. 4 de VIII, p. 134.

On peut donner un exemple d'un anneau commutatif A pour lequel $\mathrm{A}/\mathfrak{r}$ est semi-simple et d'un A-module M de type fini qui n'admet pas de couverture projective (VIII, p. 165, exerc. 22).

PROPOSITION 10. — *Soient* M *un* A*-module,* P *un* A*-module projectif et* $u : \mathrm{P} \rightarrow \mathrm{M}$ *une application linéaire. Soit* $\mathfrak{a}$ *un idéal bilatère de* A . *On suppose que l'application linéaire* $\overline{u} : \mathrm{P}/\mathfrak{a}\mathrm{P} \rightarrow \mathrm{M}/\mathfrak{a}\mathrm{M}$ *déduite de* u *par passage aux quotients est bijective et que l'une des deux hypothèses suivantes est satisfaite :*

(i) *Les* A*-modules* M *et* P *sont de type fini et* $\mathfrak{a}$ *est contenu dans le radical de* A ;

(ii) *L'idéal* $\mathfrak{a}$ *est nilpotent.*

Alors (P, u) *est une couverture projective de* M.

Sous les hypothèses faites, l'homomorphisme u est surjectif (VIII, p. 154, cor. 2), et son noyau N est contenu dans $\mathfrak{a}$P. Soit P′ un sous-module de P, distinct de P. D'après le lemme de Nakayama (VIII, p. 154, th. 2), on a $\mathrm{P}' + \mathfrak{a}\mathrm{P} \neq \mathrm{P}$ et donc $u(\mathrm{P}') \neq \mathrm{M}$. Donc (P, u) est une couverture projective de M.

Corollaire 1. — *Soit* P *un* A*-module projectif. On suppose que* P *est de type fini ou que le radical* $\mathfrak{r}$ *de* A *est un idéal bilatère nilpotent. Notons* u *l'application canonique de* P *sur* P/$\mathfrak{r}$P. *Alors* (P, u) *est une couverture projective de* P/$\mathfrak{r}$P.

Corollaire 2. — *Soient* $\mathfrak{a}$ *un idéal bilatère de* A *et* M *un* A*-module tel que le* (A/$\mathfrak{a}$)*-module* M/$\mathfrak{a}$M *soit libre. Supposons satisfaite l'une des deux conditions suivantes :*

(i) *Le module* M *est de type fini et* $\mathfrak{a}$ *est contenu dans le radical de* A ;

(ii) *L'idéal* $\mathfrak{a}$ *est nilpotent.*

Alors M *possède une couverture projective.*

Plus précisément, soient P *un* A*-module libre,* $(e_i)_{i\in \mathrm{I}}$ *une base de* P *et* $u : \mathrm{P} \to \mathrm{M}$ *un homomorphisme tel que les images canoniques des éléments* $u(e_i)$ *dans* M/$\mathfrak{a}$M *forment une base du* (A/$\mathfrak{a}$)*-module* M/$\mathfrak{a}$M. *Alors* (P, u) *est une couverture projective de* M.

En effet, le (A/$\mathfrak{a}$)-module P/$\mathfrak{a}$P est libre et l'homomorphisme $\overline{u}$ de P/$\mathfrak{a}$P dans M/$\mathfrak{a}$M déduit de u par passage aux quotients transforme une base de P/$\mathfrak{a}$P en une base de M/$\mathfrak{a}$M, donc est bijectif.

Si $\mathfrak{a}$ est nilpotent, il suffit alors d'appliquer la prop. 10. Supposons maintenant que l'anneau A est non nul et que le A-module M est de type fini ; il en est alors de même du (A/$\mathfrak{a}$)-module M/$\mathfrak{a}$M, et par conséquent du (A/$\mathfrak{a}$)-module P/$\mathfrak{a}$P. Toute base de P/$\mathfrak{a}$P est alors finie. Il en résulte que l'ensemble I est fini et que le A-module P est de type fini. On applique alors à nouveau la prop. 10.

Corollaire 3. — *Tout module de type fini sur un anneau local possède une couverture projective.*

Soient A un anneau local et $\mathfrak{r}$ son radical. C'est un idéal bilatère de A (VIII, p. 150, prop. 5, a)) et l'anneau A/$\mathfrak{r}$ est un corps (VIII, p. 152, cor. 4). Si M est un A-module, M/$\mathfrak{r}$M est un espace vectoriel sur le corps A/$\mathfrak{r}$, donc un (A/$\mathfrak{r}$)-module libre. Il suffit alors d'appliquer le cor. 2.

Remarque 5. — Soient A un anneau local et $\mathfrak{r}$ son radical. Soient M un A-module de type fini, P un A-module projectif de type fini et $u : \mathrm{P} \to \mathrm{M}$ un homomorphisme.

D'après le cor. 6 de VIII, p. 33, le A-module P est libre. Choisissons-en une base $(e_i)_{i\in I}$. Posons $x_i = u(e_i)$ et notons $\overline{x}_i$ l'image canonique de x_i dans $M/\mathfrak{r}M$. Les conditions suivantes sont équivalentes :

(i) Le couple (P, u) est une couverture projective de M ;

(ii) La famille $(x_i)_{i\in I}$ est une famille génératrice minimale du A-module M ;

(iii) La famille $(\overline{x}_i)_{i\in I}$ est une base de l'espace vectoriel $M/\mathfrak{r}M$ sur le corps $A/\mathfrak{r}$.

On a en effet (i) $\Longrightarrow$ (ii) d'après la remarque 2 de VIII, p. 157 et (iii) $\Longrightarrow$ (i) d'après le cor. 2. Par ailleurs, si la famille (x_i) est une famille génératrice minimale du A-module M, la famille $(\overline{x}_i)$ est une famille génératrice minimale, c'est-à-dire une base, de l'espace vectoriel $M/\mathfrak{r}M$ sur $A/\mathfrak{r}$ (VIII, p. 154, cor. 1).

PROPOSITION 11. — *Soient* A *un anneau et* $\mathfrak{a}$ *un idéal bilatère nilpotent de* A. *Soit* M *un* $A/\mathfrak{a}$-*module projectif. Il existe un* A-*module projectif* P *et une application* A-*linéaire surjective* $u : P \rightarrow M$, *de noyau* $\mathfrak{a}P$.

Un tel couple (P, u) *est une couverture projective de* M *considéré comme* A-*module.*

Il existe un $A/\mathfrak{a}$-module M′ tel que $M\oplus M'$ soit un $A/\mathfrak{a}$-module libre. Choisissons un A-module libre L et une application A-linéaire surjective $v : L \rightarrow M \oplus M'$ de noyau $\mathfrak{a}L$. D'après le cor. 1 de la prop. 7 (VIII, p. 155), il existe une décomposition en somme directe $L = P \oplus P'$ telle que $v(P) = M$ et $v(P') = M'$. Le A-module P est projectif et l'application A-linéaire u de P dans M qui coïncide avec v sur P est surjective, de noyau $\mathfrak{a}P$. La première assertion en résulte.

Soient P un A-module projectif, et u un homomorphisme de P sur M, de noyau $\mathfrak{a}P$. D'après la prop. 10, (P, u) est une couverture projective de M.

COROLLAIRE. — *Soient* P *et* P′ *des* A-*modules projectifs. Si les modules* $P/\mathfrak{a}P$ *et* $P'/\mathfrak{a}P'$ *sont isomorphes, alors* P *et* P′ *sont isomorphes.*

Comme $P/\mathfrak{a}P$ et $P'/\mathfrak{a}P'$ sont projectifs, le corollaire résulte de la prop. 11 et de l'unicité de la couverture projective (VIII, p. 157, cor. 1).

EXERCICES

1) Soient K un corps commutatif de caractéristique p, M un $\mathbf{Z}$-module p-primaire, A l'algèbre du groupe M sur K, $\mathfrak{m}$ l'ensemble des éléments $\sum_m a_m e_m$ de A tels que l'on ait $\sum_m a_m = 0$.

a) Démontrer que A est un anneau local, d'idéal maximal $\mathfrak{m}$, et que $\mathfrak{m}$ est un nilidéal (*cf.* VIII, p. 38, exerc. 10).

b) On suppose de plus que l'homothétie p_{M} est surjective. Démontrer qu'on a $\mathfrak{m} = \mathfrak{m}^2$.

2) Soient A un anneau et M un A-module sans radical. Démontrer que l'anneau des homothéties A_{M} est sans radical (identifier A_s à un sous-module de M^{M}).

3) *a*) Soit A un anneau tel que l'anneau quotient $\mathrm{A}/\mathfrak{R}(\mathrm{A})$ soit semi-simple. Démontrer qu'on a $\mathfrak{R}(\mathrm{M}) = \mathfrak{R}(\mathrm{A})\mathrm{M}$ pour tout A-module M (observer que $\mathrm{M}/\mathfrak{R}(\mathrm{A})\mathrm{M}$ est un $\mathrm{A}/\mathfrak{R}(\mathrm{A})$-module).

b) En déduire un exemple d'un anneau A et d'une famille $(\mathrm{M}_i)_{i\in\mathrm{I}}$ de A-modules tels que $\mathfrak{R}(\prod \mathrm{M}_i) \neq \prod \mathfrak{R}(\mathrm{M}_i)$ (utiliser *a*) pour un anneau dont le radical n'est pas de type fini).

4) Soient A une algèbre sur un corps commutatif K, et $\mathfrak{a}$ un idéal bilatère de A. Soit B la sous-algèbre de A engendrée par 1 et $\mathfrak{a}$. Démontrer que le radical de B est contenu dans celui de A (remarquer que si S est un A-module simple, on a ou bien $\mathfrak{a}x = 0$ pour tout $x \in \mathrm{S}$, ou bien $\mathfrak{a}x = \mathrm{S}$ pour tout $x \neq 0$ dans S).

5) Soit A une algèbre sur un corps commutatif K.

a) Prouver qu'un élément du radical de A qui est algébrique sur K est nilpotent.

b) On suppose que K est un corps infini et que $\mathrm{Card}(\mathrm{K}) > [\mathrm{A} : \mathrm{K}]$. Prouver que le radical de A est un nilidéal (raisonner comme dans le lemme 1 de VIII, p. 43).

6) Soit A un anneau.

a) Soient $\mathfrak{a}$, $\mathfrak{b}$ des idéaux bilatères de A. Si $\mathfrak{a}$ et $\mathfrak{b}$ sont nilpotents (resp. des nilidéaux), il en est de même de $\mathfrak{a} + \mathfrak{b}$.

b) Démontrer que la somme $\mathfrak{S}$ de tous les nilidéaux bilatères est un nilidéal bilatère et que la somme $\mathfrak{N}$ de tous les idéaux bilatères nilpotents est un nilidéal bilatère qui contient tous les idéaux nilpotents (VIII, p. 144, exerc. 3).

c) Prouver que $\mathfrak{S}$ est le plus grand nilidéal semi-premier (*loc. cit.*) de A ; on dit que $\mathfrak{S}$ est le *nilradical* de A. Si A est commutatif, $\mathfrak{S}$ et $\mathfrak{N}$ sont tous deux égaux à l'ensemble des éléments nilpotents de A.

¶ 7) Soit A un anneau, et soit I l'ensemble des ordinaux α tels que $\mathrm{Card}(\alpha) \leqslant \mathrm{Card}(\mathrm{A})$ (E, III, p. 87, exerc. 10). Pour tout $\alpha \in \mathrm{I}$, on définit par récurrence transfinie dans I l'idéal bilatère $\mathfrak{N}_\alpha$ de la façon suivante. On prend $\mathfrak{N}_0 = \mathfrak{N}$ (exerc. 6 *b*)) ; si α admet un prédécesseur $\alpha - 1$, $\mathfrak{N}_\alpha$ est l'idéal bilatère tel que $\mathfrak{N}_\alpha/\mathfrak{N}_{\alpha-1}$ soit la somme des idéaux bilatères nilpotents de $A/\mathfrak{N}_{\alpha-1}$; dans le cas contraire, $\mathfrak{N}_\alpha$ est la réunion des $\mathfrak{N}_\beta$ pour $\beta < \alpha$. Soit τ le plus petit ordinal tel que $\mathfrak{N}_{\tau+1} = \mathfrak{N}_\tau$; l'idéal $\mathfrak{P} = \mathfrak{N}_\tau$ est appelé le *radical premier* de A.

a) Démontrer qu'on a $\mathfrak{N} \subset \mathfrak{P} \subset \mathfrak{S}$, et que $\mathfrak{P}$ est le plus petit nilidéal semi-premier de A.(1)

b) Démontrer que $\mathfrak{P}$ est l'intersection des idéaux bilatères semi-premiers de A (*cf.* VIII, p. 144, exerc. 3).

c) Démontrer que $\mathfrak{P}$ est l'intersection des idéaux bilatères premiers de A (*loc. cit.*, *c*)).

d) Prouver que $\mathfrak{P}$ est l'ensemble des éléments a de A possédant la propriété suivante : toute suite $(a_n)_{n \geqslant 0}$ d'éléments de A telle que $a_0 = a$ et $a_{n+1} \in a_n A a_n$ pour tout n est à support fini (même méthode que dans *loc. cit.*).

8) On conserve les notations de l'exerc. 7. Soit A un anneau noethérien à gauche.

a) Prouver que $\mathfrak{N}$ est le plus grand idéal bilatère nilpotent de A et qu'il est égal au radical premier $\mathfrak{P}$ de A.

b) Démontrer que tout nilidéal à gauche ou à droite de A est nilpotent (appliquer l'exerc. 5, *a*) de VIII, p. 145 à l'anneau $A/\mathfrak{N}$). On a donc $\mathfrak{N} = \mathfrak{P} = \mathfrak{S}$.

9) Soient K un corps commutatif, B l'anneau $K[(X_n)_{n \geqslant 1}]$, $\mathfrak{I}$ l'idéal de B engendré par la suite (X_n^n), A l'anneau $B/\mathfrak{I}$. Démontrer que le radical de A est un nilidéal, mais qu'il n'est pas nilpotent.

10) Soit A un anneau.

a) Soit Z le centre de A. Démontrer qu'on a $Z \cap \mathfrak{R}(A) \subset \mathfrak{R}(Z)$ (*cf.* exerc. 15, *b*) ci-dessous pour un exemple où l'inclusion est stricte).

b) Démontrer que $\mathfrak{R}(A)$ ne contient aucun élément idempotent non nul.

c) Prouver que l'intersection de $\mathfrak{R}(A)$ et du socle gauche $\mathfrak{s}$ de A (VIII, p. 126, exerc. 8) est un idéal bilatère de carré nul, intersection de $\mathfrak{s}$ et de son annulateur à gauche (utiliser les exercices 7 et 8, *a*) de VIII, p. 126).

d) Soit e un élément idempotent de A. Démontrer que le radical de l'anneau eAe est $e\mathfrak{R}(A)e$ (remarquer que pour $a \in eAe$, on a $(1-a)(1-e) = (1-e)(1-a) = 1-e$).

e) Démontrer que le radical de l'anneau $\mathbf{M}_n(A)$ est l'idéal $\mathbf{M}_n(\mathfrak{R}(A))$ (VIII, p. 109, exemple 2).

11) Soient A un anneau commutatif, B l'anneau A[X].

(1) Pour un exemple d'anneau tel que $\mathfrak{P} \neq \mathfrak{S}$, voir R. BAER, Radical ideals, *Amer. J. of Math.* 65 (1943), p. 540.

a) On suppose d'abord que A n'a pas d'élément nilpotent non nul. Soient $f = \sum_i a_i X^i$, $g = \sum_i b_i X^i$ deux éléments de B. Démontrer qu'on a $a_p b_q = 0$ pour $p + q > \deg(fg)$.

b) Soit $\mathfrak{N}$ le nilradical de A (exerc. 6). Prouver que, pour qu'un polynôme $f \in$ B soit inversible dans B, il faut et il suffit que son terme constant soit inversible dans A et que ses autres coefficients appartiennent à $\mathfrak{N}$ (appliquer *a*) à l'image de f dans $(A/\mathfrak{N})[X]$).

c) En déduire que le radical de B est l'idéal $\mathfrak{N}[X]$, et qu'il est égal au nilradical de B.

12) *a*) Pour qu'un anneau A soit sans radical, il faut et il suffit qu'il soit isomorphe à un sous-anneau C d'un produit $\prod_{i \in I} B_i$ d'anneaux primitifs, tel que $\mathrm{pr}_i(C) = B_i$ pour tout $i \in I$ (considérer l'ensemble des classes de A-modules simples).

b) Soient V un espace vectoriel de dimension infinie sur un corps D, B l'anneau $\mathrm{End}_D(V)$, $\mathfrak{s}$ son socle (*cf.* VIII, p. 126, exerc. 8). Soit C le sous-anneau de B × B engendré par $\mathfrak{s} \times s$ et par l'élément unité. Démontrer que C est sans radical, mais n'est pas isomorphe à un produit d'anneaux primitifs.

13) Soient G un groupe commutatif sans torsion et K un corps commutatif. Prouver que l'algèbre K[G] est sans radical (on pourra munir G d'une structure d'ordre total compatible avec sa structure de groupe, *cf.* VI, p. 31, exerc. 20).

14) Soient K un corps commutatif ordonné, G un groupe. Démontrer que l'algèbre du groupe G sur K n'admet pas de nilidéal (à gauche ou à droite) non nul (pour $x = \sum a_g e_g$, on pose $t(x) = a_1$ et $x^* = \sum a_g e_{g^{-1}}$; remarquer que si x est non nul on a $t((xx^*)^{2k}) > 0$ pour tout $k \geqslant 0$). Démontrer la même propriété pour l'algèbre de G sur le corps K(i), avec $i^2 = -1$.

15) Soient V_0 un espace vectoriel de dimension finie n sur un corps D et B un sous-anneau de l'anneau $\mathrm{End}_D(V_0)$. On pose $V_k = V_0$ pour $k \geqslant 1$, et $V = \oplus_{k \geqslant 0} V_k$. On considère l'ensemble A des endomorphismes u de V pour lesquels il existe un entier m (dépendant de u) tel qu'on ait $u(V_k) \subset \oplus_{i \leqslant m} V_i$ pour $k \leqslant m$, $u(V_k) \subset V_k$ pour $k > m$, et que l'endomorphisme de V_k obtenu par restriction pour $k > m$ soit indépendant de k et appartienne à B.

a) Démontrer que A est un anneau primitif, et que son socle est formé des éléments u de A tels que $u(V_k) = 0$ sauf pour un nombre fini d'indices k (VIII, p. 126, exerc. 8).

b) En choisissant convenablement D, n et B, donner un exemple d'anneau primitif dont un anneau quotient ait un radical non nul et nilpotent, et un exemple d'anneau primitif dont le centre ait un radical non nul.

16) Soient A un anneau, $\mathfrak{a}$ un idéal bilatère contenu dans le radical de A, M et N des A-modules, $u : M \to N$ un homomorphisme. On note $\overline{u} : M/\mathfrak{a}M \to N/\mathfrak{a}N$ l'homomorphisme de $A/\mathfrak{a}$-modules déduit de u.

a) On suppose M et N de type fini et N projectif. Si $\overline{u}$ est bijectif, u est bijectif.

b) Donner un exemple avec M et N libres de rang un, $\overline{u}$ injectif mais $\mathrm{Ker}(u) \neq 0$.

c) On suppose M et N projectifs. Si $\overline{u}$ induit un isomorphisme sur un facteur direct, u est injectif (se ramener au cas où M et N sont libres et égaux et où $\overline{u}$ est l'identité, puis utiliser *a*)). Si de plus M est de type fini, l'image de u est un facteur direct de N.

d) On suppose M de type fini et N projectif. Si $\overline{u}$ est bijectif, u est bijectif (appliquer *c*) à un homomorphisme $v : \mathrm{N} \to \mathrm{M}$ tel que $\overline{v} = \overline{u}^{-1}$ pour conclure que N est de type fini).

e) Si M est projectif et $\mathrm{M}/\mathfrak{a}\mathrm{M}$ est nul, M est nul.

17) Soient K un corps commutatif, L un ensemble.

a) Démontrer qu'il existe une K-algèbre A admettant une base formée de l'élément unité, d'une famille $(c_\lambda)_{\lambda\in\mathrm{L}}$ et d'une famille $(r_{\lambda\mu})_{(\lambda,\mu)\in\mathrm{L}\times\mathrm{L}}$, avec la table de multiplication

$$c_\lambda^2 = c_\lambda, \qquad c_\lambda c_\mu = r_{\lambda\mu} \quad \text{si } \lambda \neq \mu, \qquad c_\lambda r_{\mu\nu} = \delta_{\lambda\mu} r_{\mu\nu},$$
$$r_{\lambda\mu} c_\nu = \delta_{\mu\nu} r_{\lambda\mu}, \qquad r_{\lambda\mu} r_{\nu\rho} = 0,$$

où $\delta_{\mu\nu}$ désigne le symbole de Kronecker. Démontrer que $\mathfrak{R}(\mathrm{A})$ est la sous-algèbre de A engendrée par les $r_{\lambda\mu}$; on a $\mathfrak{R}(\mathrm{A})^2 = 0$.

b) On suppose $\mathrm{Card}(\mathrm{L}) \geqslant 2$. Démontrer que le centre Z de A est le K-espace vectoriel engendré par 1, les $r_{\lambda\lambda}$ pour $\lambda \in \mathrm{L}$, et, si L est fini, l'élément $\sum_\lambda c_\lambda - \sum_{\mu\neq\nu} r_{\mu\nu}$. En déduire que pour $\lambda \in \mathrm{L}$, il n'existe pas d'élément idempotent dans Z congru à c_λ (mod $\mathfrak{R}(\mathrm{A})$).

¶ 18) *a*) Soient A un anneau, $\mathfrak{a}$ un nilidéal bilatère de A, $(\overline{e}_n)_{n\geqslant 1}$ une suite orthogonale d'idempotents de $\mathrm{A}/\mathfrak{a}$. Démontrer qu'il existe une suite orthogonale $(e_n)_{n\geqslant 1}$ d'idempotents de A telle que $\overline{e}_n$ soit la classe de e_n dans $\mathrm{A}/\mathfrak{a}$ pour tout n (soient $\overline{e}$, $\overline{e}'$ deux idempotents orthogonaux de $\mathrm{A}/\mathfrak{a}$, e' un idempotent de A relevant $\overline{e}'$, a un représentant de e dans A ; observer qu'on peut modifier a de façon que $ae' = e'a$, puis comme dans la prop. 7 de VIII, p. 155 que $a^2 = a$).

b) Soient K un corps commutatif, L un ensemble non dénombrable, A la K-algèbre définie dans l'exercice précédent. Démontrer qu'il n'existe pas de famille orthogonale $(e_\lambda)_{\lambda\in\mathrm{L}}$ d'idempotents de A satisfaisant à $e_\lambda \equiv c_\lambda$ (mod $\mathfrak{R}(\mathrm{A})$) pour tout $\lambda \in \mathrm{L}$ (considérer l'ensemble H des éléments (λ, μ) de $\mathrm{L}\times\mathrm{L}$ tels que $c_\lambda(e_\mu - c_\mu) = 0$, et observer que les ensembles $\mathrm{H} \cap (\{\lambda\} \times \mathrm{L})$ pour tout $\lambda \in \mathrm{L}$ et $\complement\mathrm{H} \cap (\mathrm{L} \times \{\mu\})$ pour tout $\mu \in \mathrm{L}$ sont finis).

19) Soient A un anneau, $\mathfrak{a}$ un idéal bilatère de A contenu dans $\mathfrak{R}(\mathrm{A})$, e et e' des éléments idempotents de A, $\overline{e}$ et $\overline{e}'$ leurs classes dans l'anneau $\overline{\mathrm{A}} = \mathrm{A}/\mathfrak{a}$. Démontrer que si les idempotents $\overline{e}$ et $\overline{e}'$ sont équivalents (VIII, p. 36, exerc. 5), il en est de même de e et e' (observer que Ae est une couverture projective du A-module $\overline{\mathrm{A}}\overline{e}$).

20) Soit A une algèbre sur un corps commutatif K, telle que $\mathfrak{R}(\mathrm{A})$ soit un nilidéal et que l'algèbre $\mathrm{A}/\mathfrak{R}(\mathrm{A})$ soit isomorphe à un produit fini d'algèbres de matrices sur K. Démontrer qu'il existe une sous-algèbre S de A telle que le K-espace vectoriel A soit somme directe de S et de $\mathfrak{R}(\mathrm{A})$ (utiliser les exerc. 18 et 19 ci-dessus, ainsi que l'exerc. 19 de VIII, p. 89).

21) Soient A un anneau, $u : \mathrm{P} \rightarrow \mathrm{M}$ un homomorphisme surjectif de A-modules, N son noyau. On note $\mathrm{End}_{\mathrm{A}}(\mathrm{P};\mathrm{N})$ (resp. $\mathrm{Aut}_{\mathrm{A}}(\mathrm{P};\mathrm{N})$) l'anneau des endomorphismes (resp. le groupe des automorphismes) u de P tels que $u(\mathrm{N}) \subset \mathrm{N}$.

a) Définir une suite exacte

$$0 \to \mathrm{Hom}_{\mathrm{A}}(\mathrm{P},\mathrm{N}) \xrightarrow{i} \mathrm{End}_{\mathrm{A}}(\mathrm{P};\mathrm{N}) \xrightarrow{p} \mathrm{End}_{\mathrm{A}}(\mathrm{M}) ,$$

où l'image de i est un idéal bilatère $\mathfrak{J}$ de l'anneau $\mathrm{End}_{\mathrm{A}}(\mathrm{P};\mathrm{N})$.

b) On suppose que (P, u) est une couverture projective de M. Alors p est surjectif, et induit un homomorphisme surjectif $p' : \mathrm{Aut}_{\mathrm{A}}(\mathrm{P};\mathrm{N}) \longrightarrow \mathrm{Aut}_{\mathrm{A}}(\mathrm{M})$. On a une suite exacte de groupes

$$0 \to 1_{\mathrm{P}} + \mathfrak{J} \longrightarrow \mathrm{Aut}_{\mathrm{A}}(\mathrm{P};\mathrm{N}) \xrightarrow{p'} \mathrm{Aut}_{\mathrm{A}}(\mathrm{M}) \to 0 ;$$

si P est libre et N non réduit à 0, l'homomorphisme p' n'est pas injectif.

22) Soit A un anneau commutatif intègre, n'admettant qu'un nombre fini $s > 1$ d'idéaux maximaux $\mathfrak{m}_1, \ldots, \mathfrak{m}_s$.

a) Démontrer que l'anneau $\mathrm{A}/\mathfrak{R}(\mathrm{A})$ est isomorphe au produit des corps $\mathrm{A}/\mathfrak{m}_i$.

b) Prouver que les A-modules $\mathrm{A}/\mathfrak{m}_i$ n'admettent pas de couverture projective, bien qu'ils soient projectifs de type fini en tant que $\mathrm{A}/\mathfrak{R}(\mathrm{A})$-module (observer que A est une couverture projective de $\mathrm{A}/\mathfrak{R}(\mathrm{A})$).

c) Soit K un corps commutatif ; démontrer que le sous-anneau A du corps K(T) formé des fractions rationnelles qui peuvent s'écrire P(T)/Q(T) avec $\mathrm{Q}(0) \neq 0$, $\mathrm{Q}(1) \neq 0$ possède les propriétés précédentes.

23) Soient A un anneau, $\mathfrak{a}$ un idéal (à gauche) de A. On suppose que pour toute suite $(a_n)_{n\geqslant 1}$ d'éléments de $\mathfrak{a}$, il existe un entier m tel que $a_1 \ldots a_m = 0$. Démontrer qu'on a $\mathfrak{a}\mathrm{M} \neq \mathrm{M}$ pour tout A-module non nul M (dans le cas contraire, construire par récurrence des suites $(a_n)_{n\geqslant 1}$ dans $\mathfrak{a}$ et $(x_n)_{n\geqslant 1}$ dans M telles qu'on ait $a_1 \ldots a_p x_p \neq 0$ pour tout p).

24) Soient A un anneau, $\mathfrak{r}$ son radical. Démontrer que les conditions suivantes sont équivalentes :

(i) Tout A-module à gauche de type fini admet une couverture projective ;

(i') Tout A-module à droite de type fini admet une couverture projective ;

(ii) L'anneau $\mathrm{A}/\mathfrak{r}$ est semi-simple et tout élément idempotent de $\mathrm{A}/\mathfrak{r}$ est la classe d'un idempotent de A.

(Pour prouver (i)$\Rightarrow$(ii), remarquer que toute décomposition $\mathrm{A}/\mathfrak{r} = \mathfrak{a}_1 \oplus \mathfrak{a}_2$ en somme directe d'idéaux se relève en une décomposition $\mathrm{A} = \mathrm{P}_1 \oplus \mathrm{P}_2$, où P_i est une couverture projective de $\mathfrak{a}_i$. Montrer d'autre part que (ii) entraîne que tout $\mathrm{A}/\mathfrak{r}$-module est de la forme $(\mathrm{A}/\mathfrak{r}) \otimes_{\mathrm{A}} \mathrm{P}$, où P est un A-module projectif.)

¶ 25) Soient A un anneau, $\mathfrak{r}$ son radical. Démontrer que les conditions suivantes sont équivalentes :

(i) Tout A-module à gauche admet une couverture projective ;

(i') Tout A-module à droite admet une couverture projective ;

(ii) L'anneau $A/\mathfrak{r}$ est semi-simple, et pour toute suite $(a_n)_{n\geqslant 1}$ d'éléments de $\mathfrak{r}$, il existe un entier m tel que $a_1 \ldots a_m = 0$.

(Démontrer (ii)⇒(i) comme l'implication correspondante de l'exerc. 24, en utilisant l'exerc. 23. Sous l'hypothèse (i), considérer le sous-module M de $A^{(\mathbf{N})}$ engendré par $e_1 - a_1 e_2$, $e_2 - a_2 e_3, \ldots$; déduire de l'exerc. 16 *e*) appliqué à une couverture projective de $A^{(\mathbf{N})}/M$ qu'on a $M = A^{(\mathbf{N})}$, ce qui entraîne $a_1 \ldots a_n = 0$ pour n assez grand.)

26) On dit qu'un anneau A est un *anneau de Zorn* si tout idéal à gauche de A qui n'est pas un nilidéal contient un élément idempotent non nul.

a) Démontrer que dans un anneau de Zorn, tout idéal à droite qui n'est pas un nilidéal contient un élément idempotent non nul (remarquer que pour tout élément non nilpotent a de A il existe $x \in A$ tel que $xaxa = xa \neq 0$).

b) Démontrer que le radical d'un anneau de Zorn est un nilidéal et qu'un anneau de Zorn sans diviseur de 0 est un corps.

c) Démontrer qu'un anneau primitif dont le socle n'est pas nul est un anneau de Zorn (*cf.* VIII, p. 125, exerc. 4, *b*) et p. 126, exerc. 7 *a*)). Donner un exemple d'anneau primitif qui n'est pas un anneau de Zorn (*cf.* VIII, p. 128, exerc. 13), et un exemple d'anneau primitif dont le socle n'est pas nul, mais dont le centre n'est pas un anneau de Zorn (utiliser la méthode de l'exerc. 12).

d) Soient K un corps commutatif et A le sous-anneau de $K(X)^{\mathbf{N}}$ formé des suites $s = (f_n)$ pour lesquelles il existe un polynôme $\varphi(s) \in K[X]$ tel que f_n soit égal à $\varphi(s)$ pour n asez grand. Démontrer que A est un anneau de Zorn commutatif, sans radical, contenant des éléments non inversibles et non diviseurs de 0, mais que son image $\varphi(A)$ n'est pas un anneau de Zorn.

¶ 27) On dit qu'un anneau A est *absolument plat*, ou *régulier au sens de von Neumann*, si pour tout élément a de A, il existe $x \in A$ tel que $axa = a$.

a) Pour que A soit absolument plat, il faut et il suffit que tout idéal à gauche (resp. à droite) monogène de A admette un supplémentaire dans A_s (c'est-à-dire soit engendré par un idempotent).

b) Montrer que tout idéal de type fini d'un anneau absolument plat est engendré par un idempotent (se ramener au cas d'un idéal $Ae + Af$, où e et f sont des idempotents, puis, en remplaçant Ae par $Ae(1-f)$, au cas où $ef = 0$, et considérer l'élément $e+f-fe$). Un anneau absolument plat noethérien (à gauche ou à droite) est semi-simple.

c) Déduire de *b*) que l'intersection de deux idéaux à gauche (resp. à droite) monogènes d'un anneau absolument plat est monogène (considérer les annulateurs à droite).

d) Tout anneau quotient d'un anneau absolument plat est absolument plat, ainsi que tout produit d'anneaux absolument plats.

e) Démontrer que le radical d'un anneau absolument plat est réduit à 0 ; en déduire que tout idéal bilatère de A est intersection des idéaux à gauche maximaux qui le contiennent.

f) Le centre d'un anneau absolument plat est absolument plat (si $a \in \mathrm{Z}$, $x \in \mathrm{A}$ satisfont à $a^2x = a$, prouver qu'on a $a^2x^n \in \mathrm{Z}$ pour tout $n \geqslant 0$ et $a(a^2x^3)a = a$).

g) Démontrer que l'anneau des endomorphismes d'un espace vectoriel est un anneau absolument plat.

¶ 28) Soient A un anneau absolument plat (exerc. 27), n un entier.

a) Démontrer que tout sous-module de type fini de A^n admet un supplémentaire (raisonner par récurrence sur n, en montrant que $\mathrm{M} \cap \mathrm{A}^{n-1}$ est de type fini et en choisissant des supplémentaires de $\mathrm{M} \cap \mathrm{A}^{n-1}$ dans A^{n-1} et de l'image de M dans $\mathrm{A}e_n$).

b) En déduire que l'anneau $\mathbf{M}_n(\mathrm{A})$ est absolument plat (*cf.* VIII, p. 109, exemple 2).

29) Soit V un espace vectoriel de dimension dénombrable sur un corps commutatif K et soit $\mathrm{A} = \mathrm{End}_\mathrm{K}(\mathrm{V})$. Démontrer qu'il y a un seul idéal bilatère maximal qui est $\mathrm{End}^\mathrm{f}_\mathrm{K}(\mathrm{V})$, l'ensemble des endomorphismes de rang fini (*cf.* exerc. 2 de VIII, p. 124), mais que le radical de A est 0.

30) *a*) Soit A un anneau ne contenant aucun élément nilpotent autre que 0. Prouver que tout élément idempotent e de A appartient au centre de A (considérer les éléments $(1-e)xe$ et $ex(1-e)$).

b) Soit A un anneau absolument plat ne contenant aucun élément nilpotent autre que 0 et soit a un élément non nul de A. Démontrer qu'il existe un élément x de A tel que $e = ax = xa$ soit idempotent et que $ea = ae = a$; en déduire que pour tout $y \in \mathrm{A}$, il existe $z \in \mathrm{A}$ tel que $ya = az$, et par suite que tout idéal à gauche ou à droite de A est bilatère.

c) Démontrer que tout anneau quotient de A ne contient pas d'élément nilpotent non nul (utiliser *b*)). En déduire que A est isomorphe à un sous-anneau C d'un produit $\prod_{\iota \in \mathrm{I}} \mathrm{D}_\iota$ de corps, tel que $\mathrm{pr}_\iota(\mathrm{C}) = \mathrm{D}_\iota$ pour tout $\iota \in \mathrm{I}$ (déduire de *b*) et de l'exerc. 4 de VIII, p. 125 qu'un anneau primitif absolument plat sans élément nilpotent est un corps, et utiliser l'exerc. 12 ci-dessus).

d) Soient $(\mathrm{D}_\iota)_{\iota \in \mathrm{I}}$ une famille infinie de corps, B l'anneau $\prod_{\iota \in \mathrm{I}} \mathrm{D}_\iota$. Pour toute partie H de I, on désigne par B_H l'idéal bilatère de B formé des familles $(b_\iota)_{\iota \in \mathrm{I}}$ telles que $b_\iota = 0$ pour $\iota \notin \mathrm{H}$. Soit $\mathfrak{F}$ un ensemble filtrant croissant de parties de I formant un recouvrement de I et soit A le sous-anneau de B engendré par 1 et par les B_H pour $\mathrm{H} \in \mathfrak{F}$; démontrer que A est absolument plat et ne contient pas d'élément nilpotent non nul.

31) Soit K un corps commutatif et soit A l'ensemble des matrices de la forme $\left(\begin{smallmatrix} a & b \\ 0 & c \end{smallmatrix}\right)$ avec $a, b, c \in \mathrm{K}$. Vérifier que A est un sous-anneau de l'anneau des matrices dont le radical

est donné par $a = c = 0$. Démontrer que l'image de $\left(\begin{smallmatrix}1&0\\0&0\end{smallmatrix}\right)$ dans $A/\mathfrak{R}(A)$ est un élément idempotent du centre de $A/\mathfrak{R}(A)$.

§ 10. MODULES SUR UN ANNEAU ARTINIEN

1. Radical d'un anneau artinien

PROPOSITION 1. — *Soit* A *un anneau artinien à gauche. Le radical* $\mathfrak{r}$ *de* A *est le plus grand idéal bilatère nilpotent de* A *et l'anneau* $A/\mathfrak{r}$ *est semi-simple.*

On sait (VIII, p. 151, th. 1) que tout idéal bilatère nilpotent de A est contenu dans $\mathfrak{r}$. Prouvons que $\mathfrak{r}$ est nilpotent. Comme l'anneau A est artinien à gauche et que la suite des idéaux bilatères $\mathfrak{r}^n$ est décroissante, il existe un entier $p \geqslant 0$ tel qu'on ait $\mathfrak{r}^p = \mathfrak{r}^{p+1}$. Comme A est artinien, le A-module A_s est de longueur finie (VIII, p. 5, th. 1) et donc noethérien. L'idéal à gauche $\mathfrak{r}^p$ est donc de type fini. D'après le lemme de Nakayama (th. 2 de VIII, p. 154), il en résulte que $\mathfrak{r}^p = 0$.

L'anneau $A/\mathfrak{r}$ est sans radical (VIII, p. 150, prop. 5) ; comme il est artinien à gauche, il est semi-simple (VIII, p. 150, prop. 4).

COROLLAIRE 1. — *Pour qu'un anneau soit semi-simple, il faut et il suffit qu'il soit artinien à gauche et ne possède aucun idéal bilatère nilpotent autre que* 0.

Un anneau semi-simple est artinien à gauche et sans radical (VIII, p. 150, prop. 4) ; il ne possède donc aucun idéal bilatère nilpotent autre que 0. La réciproque résulte de la prop. 1.

COROLLAIRE 2. — *Dans un anneau artinien à gauche* A, *le radical se compose des éléments* x *tels que* ax *soit nilpotent pour tout* a *dans* A.

Si A est artinien à gauche, le radical est un idéal bilatère nilpotent (prop. 1) ; tout nilidéal à gauche est contenu dans le radical d'après le théorème de Jacobson (VIII, p. 151, th. 1). Le corollaire 2 en résulte.

2. Modules sur un anneau artinien

PROPOSITION 2. — *Soit* A *un anneau artinien à gauche. Pour tout* A*-module* M, *les propriétés suivantes sont équivalentes :*

(i) M *est semi-simple ;*

(ii) M *est sans radical ;*

(iii) M *est annulé par le radical* $\mathfrak{r}$ *de* A.

On sait que (i) implique (ii) (VIII, p. 149, prop. 3). D'autre part, $\mathfrak{r}$M est contenu dans le radical de M (VIII, p. 154, prop. 6) ; donc (ii) implique (iii).

Supposons que le A-module M soit annulé par $\mathfrak{r}$. On peut le considérer comme un module sur l'anneau A/$\mathfrak{r}$. Or l'anneau A/$\mathfrak{r}$ est semi-simple (VIII, p. 169, prop. 1) et tout module sur un anneau semi-simple est semi-simple (VIII, p. 134, prop. 4). Par suite, M est un module semi-simple sur l'anneau A/$\mathfrak{r}$ et *a fortiori* sur l'anneau A. Donc (iii) implique (i).

COROLLAIRE. — *Soit* A *un anneau artinien à gauche. Pour tout* A*-module* M, *le radical de* M *est égal à* $\mathfrak{r}$M.

Le radical $\mathfrak{R}$(M) de M contient $\mathfrak{r}$M (VIII, p. 154, prop. 6). Par ailleurs, le A-module M/$\mathfrak{r}$M est annulé par $\mathfrak{r}$; d'après la prop. 2, il est donc sans radical, et cela entraîne $\mathfrak{R}(\mathrm{M}) \subset \mathfrak{r}\mathrm{M}$ (VIII, p. 148, cor. 1, c)).

PROPOSITION 3. — *Soient* A *et* B *des anneaux et* f *un homomorphisme de* A *dans* B, *tel que* B *soit engendré par la réunion de* $f(\mathrm{A})$ *et du commutant* $f(\mathrm{A})'$ *de* $f(\mathrm{A})$ *dans* B. *Soit* M *un* B*-module à gauche. On suppose que l'anneau* A *est artinien à gauche, ou que le* A*-module* $f_*(\mathrm{M})$ *déduit de* M *par restriction des scalaires* (II, p. 30) *est de type fini. On a alors* $\mathfrak{R}_{\mathrm{A}}(f_*(\mathrm{M})) \subset \mathfrak{R}_{\mathrm{B}}(\mathrm{M})$.

Soit S un B-module simple. Supposons que A soit artinien à gauche ou que le A-module $f_*(\mathrm{S})$ soit de type fini. Nous allons démontrer que $f_*(\mathrm{S})$ est sans radical. Pour tout $b \in f(\mathrm{A})'$, l'homothétie b_{S} est un endomorphisme du A-module $f_*(\mathrm{S})$, donc laisse stable $\mathfrak{R}_{\mathrm{A}}(f_*(\mathrm{S}))$ (VIII, p. 148, prop. 1). Comme B est engendré par $f(\mathrm{A}) \cup f(\mathrm{A})'$, le radical $\mathfrak{R}_{\mathrm{A}}(f_*(\mathrm{S}))$ est un sous-B-module de S, donc égal à 0 ou S. Si $f_*(\mathrm{S})$ est un A-module de type fini, on a $\mathfrak{R}_{\mathrm{A}}(f_*(\mathrm{S})) \neq f_*(\mathrm{S})$ (VIII, p. 149, prop. 2). Si l'anneau A est artinien à gauche, on a $\mathfrak{R}_{\mathrm{A}}(f_*(\mathrm{S})) = f(\mathfrak{r})\mathrm{S}$, où $\mathfrak{r}$ est le radical de A (VIII, p. 170, cor. de la prop. 2) et comme $\mathfrak{r}$ est un idéal bilatère nilpotent de A (VIII, p. 169, prop. 1), on ne peut avoir $\mathrm{S} = f(\mathfrak{r})\mathrm{S}$. Dans les deux cas, on a donc $\mathfrak{R}_{\mathrm{A}}(f_*(\mathrm{S})) = 0$.

Soit u une application B-linéaire non nulle de M dans un B-module simple S. L'application u est surjective ; par conséquent si $f_*(\mathrm{M})$ est de type fini, il en est de même de $f_*(S)$. Sous les hypothèses de la prop. 3, le A-module $f_*(S)$ est sans radical et u est une application A-linéaire de $f_*(M)$ dans $f_*(S)$. Donc le noyau de u contient $\mathfrak{R}_A(f_*(M))$ d'après la prop. 1 de VIII, p. 148. Comme u est arbitraire, on a $\mathfrak{R}_A(f_*(M)) \subset \mathfrak{R}_B(M)$.

COROLLAIRE. — *Soient* A *un anneau commutatif et* B *une algèbre sur* A. *On suppose que l'anneau* A *est artinien ou que* B *est un* A*-module de type fini. On a alors* $\mathfrak{R}(A)B \subset \mathfrak{R}(B)$.

D'après la prop. 3, le radical $\mathfrak{R}_A(B_s)$ est contenu dans $\mathfrak{R}_B(B_s)$, qui n'est autre que le radical de l'anneau B. Par ailleurs, on a $\mathfrak{R}(A)B \subset \mathfrak{R}_A(B_s)$ d'après la prop. 6 de VIII, p. 154, d'où le corollaire.

3. Modules projectifs sur un anneau artinien

PROPOSITION 4. — *Tout module sur un anneau artinien à gauche possède une couverture projective.*

Soit A un anneau artinien à gauche et soit M un module sur A. Le radical $\mathfrak{r}$ de A est un idéal bilatère nilpotent et l'anneau $A/\mathfrak{r}$ est semi-simple (VIII, p. 169, prop. 1). Il s'ensuit que le $A/\mathfrak{r}$-module $M/\mathfrak{r}M$ est projectif; l'assertion résulte alors de la prop. 11 de VIII, p. 160.

PROPOSITION 5. — *Soient* A *un anneau artinien à gauche et* $\mathfrak{r}$ *son radical.*

a) *Soit* P *un* A*-module projectif. Notons* u *l'application canonique de* P *sur* $P/\mathfrak{r}P$. *Alors* (P, u) *est une couverture projective de* $P/\mathfrak{r}P$. *En particulier, le* A*-module* P *est de type fini si et seulement si* $P/\mathfrak{r}P$ *l'est.*

b) *Soit* M *un module sur l'anneau* $A/\mathfrak{r}$. *Alors* M, *considéré comme* A*-module, possède une couverture projective. Si* (P, u) *est une telle couverture projective,* u *induit par passage au quotient un isomorphisme de* $P/\mathfrak{r}P$ *sur* M. *De plus,* P *est indécomposable si et seulement si* M *est simple.*

c) *Soient* M *et* M′ *des modules sur l'anneau* $A/\mathfrak{r}$. *Soient* (P, u) *et* (P', u') *des couvertures projectives des* A*-modules* M *et* M′. *Alors* M *et* M′ *sont isomorphes si et seulement si* P *et* P′ *le sont.*

Le radical $\mathfrak{r}$ de A est un idéal bilatère nilpotent (VIII, p. 169, prop. 1). L'assertion a) résulte donc du cor. 1 de VIII, p. 159 et de la remarque 2 de VIII, p. 157.

Démontrons l'assertion b). L'existence d'une couverture projective (P, u) de M résulte de la prop. 4 et l'isomorphisme de $P/\mathfrak{r}P$ avec M de la prop. 9 de VIII, p. 158. Comme l'anneau $A/\mathfrak{r}$ est semi-simple, un module sur cet anneau est indécomposable si et seulement s'il est simple. La dernière assertion découle alors du cor. 2 de VIII, p. 156.

Prouvons c). Soit f un isomorphisme de P sur P′ ; il induit un isomorphisme $\overline{f}$ de $\mathrm{P}/\mathfrak{r}\mathrm{P}$ sur $\mathrm{P}'/\mathfrak{r}\mathrm{P}'$, qui sont respectivement isomorphes à M et M′ d'après b). Donc M est isomorphe à M′. Réciproquement, tout isomorphisme f de M sur M′ se relève en un isomorphisme $\widetilde{f}$ de P sur P′ tel que $f \circ u = u' \circ \widetilde{f}$ d'après la prop. 8 de VIII, p. 157.

COROLLAIRE. — *À toute classe* P *de* A*-modules projectifs, associons la classe* $\varphi(\mathrm{P})$ *du module* $\mathrm{P}/\mathfrak{r}\mathrm{P}$ *sur l'anneau* $\mathrm{A}/\mathfrak{r}$. *Toute classe de modules* (resp. *de modules de type fini*) *sur l'anneau* $\mathrm{A}/\mathfrak{r}$ *est de la forme* $\varphi(\mathrm{P})$ *pour une unique classe* P *de* A*-modules projectifs* (resp. *de* A*-modules projectifs de type fini*).

Soient A un anneau artinien à gauche et $\mathfrak{r}$ son radical. Notons $\mathscr{S}$ l'ensemble des classes de A-modules simples ; il est fini (VIII, p. 47). D'après la prop. 2 de VIII, p. 170, il s'identifie canoniquement à l'ensemble des classes de modules simples sur l'anneau semi-simple $\mathrm{A}/\mathfrak{r}$. Pour tout $\lambda \in \mathscr{S}$, notons S_λ un A-module simple de classe λ et choisissons une couverture projective $(\mathrm{P}_\lambda, u_\lambda)$ de S_λ (VIII, p. 171, prop. 4). D'après la prop. 5, le A-module P_λ est projectif et indécomposable et u_λ définit un isomorphisme de $\mathrm{P}_\lambda/\mathfrak{r}\mathrm{P}_\lambda$ sur S_λ. De plus, si P est un A-module projectif et indécomposable, il existe un unique $\lambda \in \mathscr{S}$ tel que P soit isomorphe à P_λ : c'est l'unique $\lambda \in \mathscr{S}$ tel que $\mathrm{P}/\mathfrak{r}\mathrm{P}$ soit isomorphe à S_λ.

PROPOSITION 6. — *Soient* A *un anneau artinien à gauche et* $\mathfrak{r}$ *son radical. Soit* P *un* A*-module projectif.*

a) *Le* A*-module* $\overline{\mathrm{P}} = \mathrm{P}/\mathfrak{r}\mathrm{P}$ *est semi-simple et le* A*-module* P *est isomorphe à* $\bigoplus_{\lambda\in\mathscr{S}} \mathrm{P}_\lambda^{([\overline{\mathrm{P}}:\lambda])}$.

b) *Soit* $(\mathrm{Q}_i)_{i\in\mathrm{I}}$ *une famille de sous-modules projectifs indécomposables de* P *dont* P *est la somme directe. Alors pour tout* $\lambda \in \mathscr{S}$, *le cardinal de l'ensemble* $\mathrm{I}(\lambda)$ *des* $i \in \mathrm{I}$ *tels que* Q_i *soit isomorphe à* P_λ *est égal à* $[\overline{\mathrm{P}} : \lambda]$.

Le fait que $\overline{\mathrm{P}}$ soit semi-simple résulte de la prop. 2 (VIII, p. 170). Le A-module $\mathrm{Q} = \oplus_{\lambda\in\mathscr{S}}\mathrm{P}_\lambda^{([\overline{\mathrm{P}}:\lambda])}$ est projectif, et comme $\mathrm{P}_\lambda/\mathfrak{r}\mathrm{P}_\lambda$ est isomorphe à S_λ, $\mathrm{Q}/\mathfrak{r}\mathrm{Q}$ est isomorphe à $\oplus_{\lambda\in\mathscr{S}}\mathrm{S}_\lambda^{([\overline{\mathrm{P}}:\lambda])}$, c'est-à-dire à $\overline{\mathrm{P}} = \mathrm{P}/\mathfrak{r}\mathrm{P}$. D'après la prop. 5, les A-modules P et Q sont isomorphes.

Supposons donnée une famille $(\mathrm{Q}_i)_{i\in\mathrm{I}}$ de sous-modules projectifs et indécomposables, dont P soit somme directe. Pour tout $i \in \mathrm{I}$, le A-module $\mathrm{Q}_i/\mathfrak{r}\mathrm{Q}_i$ est simple d'après la prop. 5. Pour $\lambda \in \mathscr{S}$, notons $\mathrm{I}(\lambda)$ l'ensemble des $i \in \mathrm{I}$ tels que $\mathrm{Q}_i/\mathfrak{r}\mathrm{Q}_i$ soit isomorphe à S_λ, donc à $\mathrm{P}_\lambda/\mathfrak{r}\mathrm{P}_\lambda$; c'est aussi l'ensemble des $i \in \mathrm{I}$ tels que Q_i soit isomorphe à P_λ. Comme $\overline{\mathrm{P}} = \mathrm{P}/\mathfrak{r}\mathrm{P}$ est somme directe de la famille $(\mathrm{Q}_i/\mathfrak{r}\mathrm{Q}_i)_{i\in\mathrm{I}}$, on a $\mathrm{Card}(\mathrm{I}(\lambda)) = [\overline{\mathrm{P}} : \lambda]$ d'après le th. 1 de VIII, p. 29.

Exemple. — Prenons P égal à A_s. Pour tout $\lambda \in \mathscr{S}$, notons D_λ le corps opposé du commutant du A-module simple S_λ et $m(\lambda)$ la dimension de S_λ considéré comme espace vectoriel à droite sur le corps D_λ. On sait que $m(\lambda)$ est égale à la multiplicité $[\mathrm{A}_s/\mathfrak{r}\mathrm{A}_s : \lambda]$ (VIII, p. 139, prop. 11). Par conséquent, le A-module A_s est isomorphe à $\oplus_{\lambda\in\mathscr{S}}\mathrm{P}_\lambda^{m(\lambda)}$.

EXERCICES

1) Démontrer qu'un anneau A qui est artinien à gauche et noethérien à droite est aussi artinien à droite (considérer les A-modules à droite $\mathfrak{R}(A)^k/\mathfrak{R}(A)^{k+1}$ comme des $(A/\mathfrak{R}(A))$-modules).

2) Soient A un anneau artinien (à gauche), $\mathfrak{r}$ son radical.

a) Démontrer que tout idéal à droite $\mathfrak{b}$ de A contient un idéal à droite minimal (considérer les idéaux $\mathfrak{b} \cap \mathfrak{r}^p$, en observant que si $\mathfrak{b}\mathfrak{r} = 0$, $\mathfrak{b}$ est un $A/\mathfrak{r}$-module à droite).

b) Prouver que le socle gauche (resp. droit) de A est l'annulateur à droite (resp. à gauche) de $\mathfrak{r}$. En déduire que tout idéal bilatère minimal de A est contenu dans l'intersection du socle droit et du socle gauche de A.

3) Soit A un anneau artinien, tel que l'anneau $A/\mathfrak{R}(A)$ soit simple. Démontrer que A est isomorphe à un anneau de matrices $\mathbf{M}_r(B)$ sur un anneau local artinien B (utiliser les exerc. 19 et 20 du §9, ainsi que l'exerc. 19 de VIII, p. 89).

¶ 4) On dit qu'un anneau A est *pseudo-régulier* si pour tout élément a de A il existe un entier n et un élément x de A tel que $a^n x a^n = a^n$. Un anneau absolument plat (VIII, p. 166, exerc. 27) est pseudo-régulier.

a) Démontrer qu'un anneau pseudo-régulier est un anneau de Zorn (VIII, p. 166, exerc. 26), dans lequel tout élément non inversible est diviseur de 0 à gauche et à droite.

b) Prouver que tout anneau quotient d'un anneau pseudo-régulier est pseudo-régulier (*cf.* VIII, p. 166, exerc. 27 *d*)).

c) Démontrer que le centre Z d'un anneau pseudo-régulier A est pseudo-régulier (si $a \in Z$ et $x \in A$ vérifient $a^n x a^n = a^n$, prouver que $a^{2n}x^k$ appartient à Z pour tout $k \geqslant 1$).

d) Soient p un nombre premier, U_p le composant p-primaire du groupe $\mathbf{Q}/\mathbf{Z}$, A l'algèbre (commutative) du groupe U_p sur le corps $\mathbf{F}_p$. Prouver que l'anneau A est pseudo-régulier, mais qu'il n'en est pas de même de $A^{\mathbf{N}}$.

¶ 5) Soit n un entier. On dit qu'un anneau A est *n-régulier* si pour tout élément a de A, il existe $x \in A$ tel que $xa^{n+1} = a^n$.

a) Démontrer qu'on a alors $r^n = 0$ pour tout élément r de $\mathfrak{R}(A)$.

b) Démontrer qu'un anneau primitif n-régulier est isomorphe à un anneau de matrices $\mathbf{M}_r(D)$ sur un corps, avec $r \leqslant n$ (observer que si V est un D-espace vectoriel de dimension $> n$ et e un vecteur non nul de V, tout sous-anneau dense de $\mathrm{End}_D(V)$ contient un élément u tel que $u^n(e) \neq 0$, $u^{n+1}(e) = 0$).

c) Démontrer qu'un anneau n-régulier est un anneau de Zorn (VIII, p. 166, exerc. 26 ; remarquer d'abord que la relation $xa^{n+1} = a^n$ entraîne $x^n a^{2n} = a^n$; à l'aide de *b*), de l'exerc. 12, *a*) de VIII, p. 163, et de la prop. 2 de VIII, p. 25, en déduire $a^n x^n a^n - a^n \in \mathfrak{R}(A)$. Enfin, en utilisant le lemme 1 de VIII, p. 155, démontrer que si deux éléments x, y de A vérifient $y = zy^2$ et $yzy - y \in \mathfrak{R}(\mathrm{A})$, il existe $t \in \mathrm{A}$ tel que $y = ty^2$ et $(ty)^2 = ty$). Si en outre l'anneau A est sans radical, il est pseudo-régulier (exerc. 4).

d) Soit A un anneau sans élément nilpotent autre que 0. Pour que A soit n-régulier, il faut et il suffit qu'il soit absolument plat.

(Si A est absolument plat, utiliser l'exerc. 27, *b*) de VIII, p. 166. Si A est n-régulier, observer d'abord, avec les notations précédentes, que $e = x^n a^n$ est idempotent, donc central (exerc. 30, *a*) de VIII, p. 167), et qu'on a $ea = a$, de sorte que A est 1-régulier. Démontrer ensuite à l'aide de *a*) et *b*) que A est isomorphe à un sous-anneau d'un produit de corps et en déduire que la relation $xa^{n+1} = a^n$ implique $axa = a$).

¶ 6) Soient A un anneau artinien, $n = \operatorname{long}_{\mathrm{A}}(\mathrm{A}_s)$.

a) Démontrer que l'anneau A est n-régulier (exerc. 5).

b) Prouver que l'anneau A est pseudo-régulier. (Soient r un entier tel que $\mathfrak{R}(\mathrm{A})^r = 0$, et m la longueur de l'anneau $\mathrm{B} = \mathrm{A}/\mathfrak{R}(\mathrm{A})$. En se ramenant au cas où l'anneau B est simple, démontrer que pour tout $b \in \mathrm{B}$ il existe un élément y de B commutant avec b tel que $b^{m+1}y = b^m$. En déduire que pour tout $a \in \mathrm{A}$ il existe $x \in \mathrm{A}$ tel que $a^{mr}xa^{mr} = a^{mr}$.)

c) Soit $\mathfrak{J}$ l'ensemble des idéaux à gauche non nilpotents de A. Démontrer que les éléments minimaux de $\mathfrak{J}$ sont les idéaux Ae engendrés par un idempotent indécomposable (utiliser *a*) et l'exerc. 5 *c*)). Démontrer que tout idéal à gauche de A est somme directe d'un nombre fini d'idéaux de ce type et d'un idéal à gauche contenu dans le radical.

d) Pour qu'un idéal à gauche $\mathfrak{a}$ de A soit engendré par un élément idempotent, il faut et il suffit qu'il soit somme directe d'une famille finie d'idéaux à gauche $(\mathrm{A}e_\iota)_{\iota\in\mathrm{I}}$, où les e_ι sont des idempotents orthogonaux indécomposables.

¶ 7) Soient A un anneau artinien, $\mathfrak{r}$ son radical, $\overline{\mathrm{A}}$ l'anneau $\mathrm{A}/\mathfrak{r}$. Soit $\mathfrak{l}$ un idéal à gauche non nilpotent et indécomposable ; on a $\mathfrak{l} = \mathrm{A}e$, où e est un élément idempotent de A.

a) Démontrer que l'idéal $\mathfrak{n} = \mathfrak{l} \cap \mathfrak{r}$ est l'unique sous-module maximal de $\mathfrak{l}$. Le A-module $\mathfrak{l}/\mathfrak{n}$ est simple et isomorphe à $\overline{\mathrm{A}}\overline{e}$, où $\overline{e}$ est l'image de e dans $\overline{\mathrm{A}}$.

b) Soit M un A-module. Alors $(\mathrm{A}e)\mathrm{M}$ est un sous-module de M et $e((\mathrm{A}e)\mathrm{M}) = e\mathrm{M}$ est un $e\mathrm{A}e$-module ; si N est un sous-A-module de M, les $e\mathrm{A}e$-modules $e(\mathrm{M}/\mathrm{N})$ et $e\mathrm{M}/e\mathrm{N}$ sont isomorphes. Si le A-module M est simple, ou bien l'on a $e\mathrm{M} = 0$, ou bien M est isomorphe à $\overline{\mathrm{A}}\overline{e}$ et $e\mathrm{M}$ est un $e\mathrm{A}e$-module simple.

c) Démontrer que la longueur du $e\mathrm{A}e$-module $e\mathrm{M}$ est égale au nombre des quotients d'une suite de Jordan-Hölder du A-module M isomorphes à $\overline{\mathrm{A}}\overline{e}$.

d) On suppose que M est de longueur finie et admet un unique sous-module maximal N, et que M/N est isomorphe à $\mathfrak{l}/\mathfrak{n}$. Démontrer que M est isomorphe à un module quotient de Ae (observer qu'un élément x de $e\mathrm{M}$ qui n'appartient pas à N engendre M).

¶ 8) Soit A un anneau artinien. Le A-module A_s est somme directe d'une famille finie d'idéaux à gauche indécomposables $(Ae_i)_{i\in I}$, où les e_i sont des idempotents orthogonaux (exerc. 6 *d*)).

a) On dit que des A-modules de longueur finie M et N sont *liés* si un module quotient d'une suite de Jordan-Hölder de M est isomorphe à un module quotient d'une suite de Jordan-Hölder de N. Soit R la relation d'équivalence la plus fine dans l'ensemble des idéaux Ae_i pour laquelle deux idéaux liés sont équivalents. Les classes d'équivalence $\mathscr{B}_l$ ($l \in L$) suivant R sont appelées *blocs*; on note $\mathfrak{b}_l$ la somme des idéaux du bloc $\mathscr{B}_l$. Démontrer que les idéaux $\mathfrak{b}_l$ sont les seuls idéaux bilatères indécomposables de A.

(Pour voir que $\mathfrak{b}_l$ est bilatère, remarquer qu'on a $Ae_ixe_j \subset Ae_j$ et que la relation $e_iAe_j \neq 0$ entraîne d'après l'exerc. 7 *c*) $Ae_i \equiv Ae_j$ (mod. R). D'autre part, soit $(\mathfrak{b}'_m)_{m\in M}$ une famille finie d'idéaux bilatères dont A est somme directe; prouver que chacun des $\mathfrak{b}'_m$ est une somme d'idéaux Ae_i, puis que deux idéaux Ae_r et Ae_s liés appartiennent au même idéal $\mathfrak{b}'_m$, en observant que d'après l'exerc. 7 il existe un indice h tel que e_hAe_r et e_hAe_s soient $\neq 0$.)

b) Démontrer que les idéaux à droite e_iA sont indécomposables (considérer leurs images dans $A/\mathfrak{R}(A)$).

c) On suppose que A est une algèbre de degré fini sur un corps commutatif K. On désigne par c_{ij} (resp. d_{ij}) le nombre de quotients d'une suite de Jordan-Hölder de Ae_j (resp. e_jA) isomorphes à $\overline{A}\overline{e}_i$ (resp. à $\overline{e}_i\overline{A}$), et par r_i le degré sur K du corps $e_iAe_i/e_i\mathfrak{R}(A)e_i$. Démontrer l'égalité $c_{ij}r_j = d_{ij}r_i$ (calculer la dimension sur K de e_iAe_j, et utiliser l'exerc. 7 *c*)).

9) Soit A un anneau artinien dont le radical $\mathfrak{r}$ est contenu dans le centre.

a) Prouver que tout idempotent central de $A/\mathfrak{r}$ se relève en un idempotent central de A (si e est un idempotent de A dont la classe dans $A/\mathfrak{r}$ est centrale, exprimer que e commute avec $xe - ex$ pour tout $x \in A$).

b) Si $\mathfrak{r}$ n'est pas nul, prouver que $A/\mathfrak{r}$ est commutatif (remarquer qu'on a la relation $(xy - yx)z = 0$ pour $x \in A$, $y \in A$, $z \in \mathfrak{r}$).

c) Déduire de *a*) et *b*) que A est isomorphe au produit d'un anneau semi-simple et d'une famille finie d'anneaux locaux A_i tels que le corps $A_i/\mathfrak{R}(A_i)$ soit commutatif.

d) Démontrer que tout A-module simple est isomorphe à un idéal à gauche minimal de A.

¶ 10) Pour tout anneau A, on note $\mathscr{N}(A)$ l'ensemble des sous-pseudo-anneaux de A dont tous les éléments sont nilpotents et $\mathscr{N}_{\max}(A)$ l'ensemble des éléments maximaux de $\mathscr{N}(A)$.

a) Soient D un corps et n un entier. Démontrer que $\mathscr{N}_{\max}(\mathbf{M}_n(D))$ est formé des pseudo-anneaux gTg^{-1}, où g est un élément inversible de $\mathbf{M}_n(D)$ et T l'ensemble des matrices $(a_{ij}) \in \mathbf{M}_n(D)$ telles que $a_{ij} = 0$ pour $i \geqslant j$ (utiliser l'exerc. 2 de VIII, p. 13).

b) Soit A un anneau artinien, $\pi : A \to A/\mathfrak{R}(A)$ l'application canonique. Montrer que l'application $P \mapsto \pi(P)$ définit une bijection de $\mathscr{N}_{\max}(A)$ sur $\mathscr{N}_{\max}(A/\mathfrak{R}(A))$. Déduire de *a*) que l'intersection des éléments de $\mathscr{N}_{\max}(A)$ est égale à $\mathfrak{R}(A)$, et que deux éléments quelconques de $\mathscr{N}_{\max}(A)$ sont transformés l'un de l'autre par un automorphisme intérieur de A.

11) Soient A un anneau commutatif, B une A-algèbre, M un B-module artinien ; on suppose que le A-module M est de type fini.

a) Prouver que l'anneau B_M est artinien à gauche (utiliser la prop. 6 de VIII, p. 8), puis que le B-module M est de longueur finie.

b) Si M est un B-module simple, démontrer que le A-module M est isotypique (déduire du lemme 1 de VIII, p. 77 que le noyau de l'homomorphisme $A \to \operatorname{End}_B(M)$ est un idéal maximal).

c) Conclure que M est un A-module de longueur finie.

§ 11. GROUPES DE GROTHENDIECK

1. Fonctions additives de modules

Soit A un anneau et soit $\mathscr{C}$ un ensemble de classes de A-modules (VIII, p. 47) ; on dit qu'un A-module est *de type* $\mathscr{C}$ si sa classe appartient à $\mathscr{C}$.

DÉFINITION 1. — *On dit que l'ensemble* $\mathscr{C}$ *de classes de* A*-modules est* additif *si tout module nul est de type* $\mathscr{C}$ *et que la somme directe de deux modules de type* $\mathscr{C}$ *est de type* $\mathscr{C}$*. On dit que* $\mathscr{C}$ *est* héréditaire *s'il est additif et que les sous-modules et les modules quotients d'un module de type* $\mathscr{C}$ *sont de type* $\mathscr{C}$*.*

Exemples. — 1) L'ensemble des classes des A-modules de longueur finie est héréditaire (II, p. 21, prop. 16).

2) L'ensemble des classes de A-modules de type fini est additif. Si l'anneau A est noethérien, il est héréditaire (VIII, p. 3, prop. 3 et VIII, p. 7, prop. 4).

3) L'ensemble des classes de A-modules projectifs de type fini est additif mais n'est pas héréditaire en général.

DÉFINITION 2. — *Soit* φ *une application de* $\mathscr{C}$ *dans un groupe commutatif* G *(noté additivement) ; posons* $\varphi(\mathrm{E}) = \varphi(\mathrm{cl}(\mathrm{E}))$ *pour tout* A*-module* E *de type* $\mathscr{C}$*. On dit que* φ *est une* fonction additive de modules (resp. *une fonction* faiblement *additive de modules) si l'on a* $\varphi(\mathrm{E}) = \varphi(\mathrm{E}') + \varphi(\mathrm{E}'')$ *pour toute suite exacte* (resp. *pour toute suite exacte scindée)*

$$0 \longrightarrow \mathrm{E}' \longrightarrow \mathrm{E} \longrightarrow \mathrm{E}'' \longrightarrow 0$$

de modules de type $\mathscr{C}$*.*

Exemple 4. — Soit $\mathscr{C}$ l'ensemble des classes des A-modules de longueur finie. L'application $\mathrm{long}_{\mathrm{A}} : \mathscr{C} \to \mathbf{Z}$ qui associe à toute classe de A-modules de longueur finie sa longueur, est une fonction additive de modules (II, p. 22, cor. 3).

Les résultats de ce numéro sont une généralisation des résultats sur les modules de longueur finie établis dans II, p. 21 à 23.

Dans toute la suite de ce numéro, on considère une ensemble additif $\mathscr{C}$ *de* A-*modules et une application additice* φ *de* $\mathscr{C}$ *dans un groupe abélien* G.

Soient E et E′ des modules de type $\mathscr{C}$; alors $\mathrm{E} \oplus \mathrm{E}'$ est de type $\mathscr{C}$, et il existe une suite exacte scindée (II, p. 20)

$$0 \longrightarrow \mathrm{E} \longrightarrow \mathrm{E} \oplus \mathrm{E}' \longrightarrow \mathrm{E}' \longrightarrow 0\,;$$

on en déduit

$$\varphi(\mathrm{E} \oplus \mathrm{E}') = \varphi(\mathrm{E}) + \varphi(\mathrm{E}'). \tag{1}$$

En particulier, on a $\varphi(0) = 0$.

PROPOSITION 1. — *On suppose que* $\mathscr{C}$ *est héréditaire. Soient* E *et* F *des* A-*modules et* $u : \mathrm{E} \to \mathrm{F}$ *une application linéaire.*

a) *Si* E *ou* F *est de type* $\mathscr{C}$, *il en est de même de l'image de* u.

b) *Si* E *est de type* $\mathscr{C}$, *il en est de même du noyau de* u *et l'on a*

$$\varphi(\mathrm{E}) = \varphi(\mathrm{Ker}\ u) + \varphi(\mathrm{Im}\ u). \tag{2}$$

c) *Si* F *est de type* $\mathscr{C}$, *il en est de même du conoyau de* u, *et l'on a*

$$\varphi(\mathrm{F}) = \varphi(\mathrm{Im}\ u) + \varphi(\mathrm{Coker}\ u). \tag{3}$$

La proposition résulte de l'existence de suites exactes

$$0 \longrightarrow \mathrm{Ker}\ u \longrightarrow \mathrm{E} \longrightarrow \mathrm{Im}\ u \longrightarrow 0$$
$$0 \longrightarrow \mathrm{Im}\ u \longrightarrow \mathrm{F} \longrightarrow \mathrm{Coker}\ u \longrightarrow 0.$$

COROLLAIRE. — *Soit* $(\mathrm{E}_i)_{0 \leqslant i \leqslant n}$ *une suite finie de modules de type* $\mathscr{C}$. *S'il existe une suite exacte*

$$0 \longrightarrow \mathrm{E}_0 \xrightarrow{u_0} \mathrm{E}_1 \xrightarrow{u_1} \ldots \longrightarrow \mathrm{E}_{n-1} \xrightarrow{u_{n-1}} \mathrm{E}_n \longrightarrow 0,$$

on a

$$\sum_{i=0}^{n} (-1)^i \varphi(\mathrm{E}_i) = 0. \tag{4}$$

Prouvons le corollaire par récurrence sur n, les cas $n = 0$ et $n = 1$ étant triviaux. Soit donc $n \geqslant 1$ et soit

$$0 \longrightarrow \mathrm{E}_0 \xrightarrow{u_0} \mathrm{E}_1 \xrightarrow{u_1} \ldots \longrightarrow \mathrm{E}_{n-1} \xrightarrow{u_{n-1}} \mathrm{E}_n \xrightarrow{u_n} \mathrm{E}_{n+1} \longrightarrow 0$$

une suite exacte de modules de type $\mathscr{C}$. D'après la prop. 1, le noyau F de u_n est un module de type $\mathscr{C}$ et l'on a

$$(5) \qquad \varphi(\mathrm{F}) = \varphi(\mathrm{E}_n) - \varphi(\mathrm{E}_{n+1}).$$

Par ailleurs, on a une suite exacte

$$0 \longrightarrow \mathrm{E}_0 \longrightarrow \mathrm{E}_1 \longrightarrow \mathrm{E}_2 \longrightarrow \ldots \longrightarrow \mathrm{E}_{n-1} \longrightarrow \mathrm{F} \longrightarrow 0,$$

et l'hypothèse de récurrence fournit la relation

$$(6) \qquad \sum_{i=0}^{n-1} (-1)^i \varphi(\mathrm{E}_i) + (-1)^n \varphi(\mathrm{F}) = 0.$$

De (5) et (6), on tire aussitôt $\sum_{i=0}^{n+1} (-1)^i \varphi(\mathrm{E}_i) = 0$ et le corollaire en résulte.

PROPOSITION 2. — *Supposons que l'ensemble $\mathscr{C}$ soit héréditaire. Soit* E *un* A-*module et soient* M *et* N *des sous-modules de* E.

a) *Si les modules* M *et* N *sont de type $\mathscr{C}$, il en est de même des modules* $\mathrm{M} \cap \mathrm{N}$ *et* $\mathrm{M} + \mathrm{N}$, *et l'on a*

$$\varphi(\mathrm{M} + \mathrm{N}) + \varphi(\mathrm{M} \cap \mathrm{N}) = \varphi(\mathrm{M}) + \varphi(\mathrm{N}).$$

b) *Si les modules* E/M *et* E/N *sont de type $\mathscr{C}$, il en est de même des modules* $\mathrm{E}/(\mathrm{M} \cap \mathrm{N})$ *et* $\mathrm{E}/(\mathrm{M} + \mathrm{N})$ *et l'on a*

$$\varphi(\mathrm{E}/(\mathrm{M} + \mathrm{N})) + \varphi(\mathrm{E}/(\mathrm{M} \cap \mathrm{N})) = \varphi(\mathrm{E}/\mathrm{M}) + \varphi(\mathrm{E}/\mathrm{N}).$$

Les assertions a) et b) résultent de l'existence des suites exactes (II, p. 17, prop. 10)

$$0 \to \mathrm{M} \cap \mathrm{N} \to \mathrm{M} \oplus \mathrm{N} \to \mathrm{M} + \mathrm{N} \to 0,$$

et

$$0 \to \mathrm{E}/(\mathrm{M} \cap \mathrm{N}) \to (\mathrm{E}/\mathrm{M}) \oplus (\mathrm{E}/\mathrm{N}) \to \mathrm{E}/(\mathrm{M} + \mathrm{N}) \to 0.$$

PROPOSITION 3. — *Supposons $\mathscr{C}$ héréditaire. Soient* E *un module de type $\mathscr{C}$ et* $(\mathrm{E}_i)_{0 \leqslant i \leqslant n}$ *une suite de composition de* E (I, p. 39). *Pour* $1 \leqslant i \leqslant n$, *le module* $\mathrm{E}_{i-1}/\mathrm{E}_i$ *est de type $\mathscr{C}$ et l'on a*

$$\varphi(\mathrm{E}) = \sum_{i=1}^{n} \varphi(\mathrm{E}_{i-1}/\mathrm{E}_i).$$

Comme $\mathscr{C}$ est héréditaire, les modules $\mathrm{E}_0/\mathrm{E}_1$ et E_1 sont de type $\mathscr{C}$ et l'on a $\varphi(\mathrm{E}) = \varphi(\mathrm{E}_0/\mathrm{E}_1) + \varphi(\mathrm{E}_1)$. Comme la suite $(\mathrm{E}_{i+1})_{0 \leqslant i \leqslant n-1}$ est une suite de composition de E_1, la prop. 3 se démontre par récurrence sur n.

2. Groupe de Grothendieck d'un ensemble additif de modules

Soit A un anneau. Dans ce numéro, on considère un ensemble *additif* $\mathscr{C}$ de classes de A-modules ; on identifie $\mathscr{C}$ à la base canonique du groupe commutatif libre $\mathbf{Z}^{(\mathscr{C})}$. Pour toute suite exacte

$$(\mathscr{E}) \qquad 0 \longrightarrow \mathrm{E}' \longrightarrow \mathrm{E} \longrightarrow \mathrm{E}'' \longrightarrow 0$$

de modules de type $\mathscr{C}$, on note $r_{\mathscr{E}}$ l'élément $\mathrm{cl(E)} - \mathrm{cl(E')} - \mathrm{cl(E'')}$ de $\mathbf{Z}^{(\mathscr{C})}$. Soit R le sous-groupe de $\mathbf{Z}^{(\mathscr{C})}$ engendré par les éléments de la forme $r_{\mathscr{E}}$; le groupe quotient $\mathbf{Z}^{(\mathscr{C})}/\mathrm{R}$ s'appelle le *groupe de Grothendieck* de $\mathscr{C}$ et se note $\mathrm{K}(\mathscr{C})$. Pour tout module E de type $\mathscr{C}$, on note $[\mathrm{E}]_{\mathscr{C}}$ (ou parfois [E] lorsqu'il n'y a pas d'ambiguïté sur $\mathscr{C}$) l'image de cl(E) dans $\mathrm{K}(\mathscr{C})$. On a alors la propriété universelle suivante :

PROPOSITION 4. — a) *L'application* $\mathrm{E} \mapsto [\mathrm{E}]_{\mathscr{C}}$ *de* $\mathscr{C}$ *dans* $\mathrm{K}(\mathscr{C})$ *est additive.*

b) *Soit* G *un groupe commutatif et soit* $\varphi : \mathscr{C} \to \mathrm{G}$ *une fonction additive de modules. Il existe un homomorphisme* $u : \mathrm{K}(\mathscr{C}) \to \mathrm{G}$ *et un seul, tel que l'on ait* $\varphi(\mathrm{E}) = u([\mathrm{E}]_{\mathscr{C}})$ *pour tout module* E *de type* $\mathscr{C}$.

L'assertion a) est évidente. Prouvons b). Il existe un homomorphisme $u' : \mathbf{Z}^{(\mathscr{C})} \to \mathrm{G}$ qui prolonge φ. Comme φ est additive, on a $u'(r_{\mathscr{E}}) = 0$ pour toute suite exacte $(\mathscr{E})$ de modules de type $\mathscr{C}$, donc R est contenu dans le noyau de u'. Par suite u' définit par passage au quotient un homomorphisme u de $\mathrm{K}(\mathscr{C})$ dans G et il est clair qu'on a $\varphi(\mathrm{E}) = u([\mathrm{E}]_{\mathscr{C}})$ pour tout A-module de type $\mathscr{C}$. Le groupe $\mathrm{K}(\mathscr{C})$ est engendré par l'ensemble des éléments $[\mathrm{E}]_{\mathscr{C}}$ pour E parcourant $\mathscr{C}$, d'où l'unicité de u.

Soient $\mathscr{C}$ et $\mathscr{D}$ des ensembles additifs de classes de A-modules tels que $\mathscr{C} \subset \mathscr{D}$. L'application $\mathrm{E} \mapsto [\mathrm{E}]_{\mathscr{D}}$ de $\mathscr{C}$ dans le groupe de Grothendieck $\mathrm{K}(\mathscr{D})$ étant additive, il existe un homomorphisme $\gamma_{\mathscr{D},\mathscr{C}} : \mathrm{K}(\mathscr{C}) \to \mathrm{K}(\mathscr{D})$, dit *canonique,* caractérisé par la formule $\gamma_{\mathscr{D},\mathscr{C}}([\mathrm{E}]_{\mathscr{C}}) = [\mathrm{E}]_{\mathscr{D}}$ pour tout module E de type $\mathscr{C}$. Il n'est pas toujours injectif (VIII, p. 205, exerc. 13).

Exemple. — *Soient A un anneau commutatif noethérien et Σ son spectre. Pour tout entier $n \geqslant 0$, notons $\mathscr{C}^{\geqslant n}$ l'ensemble des classes de A-modules de type fini dont le support est de codimension $\geqslant n$ dans Σ. Posons $\mathrm{K}(n, \mathrm{A}) = \mathrm{K}(\mathscr{C}^{\geqslant n})$ et $\gamma_n = \gamma_{\mathscr{C}^{\geqslant n}, \mathscr{C}^{\geqslant n+1}}$. On a donc une suite d'homomorphismes

$$\gamma_n : \mathrm{K}(n+1, \mathrm{A}) \longrightarrow \mathrm{K}(n, \mathrm{A}).$$

On peut démontrer (AC, VIII, p. 13, prop. 10) que dans $\mathrm{K}(n, \mathrm{A})$, les éléments $[\mathrm{A}/\mathfrak{p}]_{\mathscr{C}_n}$, où $\mathfrak{p}$ parcourt l'ensemble des éléments de Σ de hauteur n, forment une base d'un **Z**-module supplémentaire de l'image de γ_n. Plus précisément, pour tout module E de type $\mathscr{C}^{\geqslant n}$, on a

$$[\mathrm{E}]_{\mathscr{C}^{\geqslant n}} \equiv \sum_{\{\mathfrak{p}\in\Sigma|\mathrm{ht}(\mathfrak{p})=n\}} \mathrm{long}_{\mathrm{A}_\mathfrak{p}}(\mathrm{E}_\mathfrak{p}) \cdot [\mathrm{A}/\mathfrak{p}]_{\mathscr{C}^{\geqslant n}} \qquad (\mathrm{mod.\,Im}\,\gamma_n).*$$

Le groupe $\mathrm{K}(\mathscr{C})$ est engendré par les éléments de la forme $[\mathrm{E}]_\mathscr{C}$ (avec $\mathrm{E} \in \mathscr{C}$) et l'on a $[\mathrm{E}\oplus\mathrm{E}']_\mathscr{C} = [\mathrm{E}]_\mathscr{C} + [\mathrm{E}']_\mathscr{C}$ d'après la formule (1) (VIII, p. 180) ; tout élément de $\mathrm{K}(\mathscr{C})$ est donc de la forme $[\mathrm{E}]_\mathscr{C} - [\mathrm{F}]_\mathscr{C}$, où E et F appartiennent à $\mathscr{C}$.

Un élément de $\mathrm{K}(\mathscr{C})$ est dit *effectif* s'il est de la forme $[\mathrm{E}]_\mathscr{C}$ pour un A-module E de type $\mathscr{C}$. L'ensemble des éléments effectifs de $\mathrm{K}(\mathscr{C})$ se note $\mathrm{K}(\mathscr{C})^+$; c'est un sous-monoïde de $\mathrm{K}(\mathscr{C})$ et $\mathrm{K}(\mathscr{C})$ s'identifie au groupe des différences de $\mathrm{K}(\mathscr{C})^+$ (I, p. 19).

PROPOSITION 5. — *Soient* E *et* F *des modules de type* $\mathscr{C}$. *Pour que l'on ait l'égalité* $[\mathrm{E}]_\mathscr{C} = [\mathrm{F}]_\mathscr{C}$, *il faut et il suffit qu'il existe des suites exactes de modules de type* $\mathscr{C}$

$$(\mathscr{E}) \qquad 0 \longrightarrow \mathrm{L} \longrightarrow \mathrm{P} \longrightarrow \mathrm{M} \longrightarrow 0$$

$$(\mathscr{F}) \qquad 0 \longrightarrow \mathrm{L} \longrightarrow \mathrm{Q} \longrightarrow \mathrm{M} \longrightarrow 0$$

telles que $\mathrm{E} \oplus \mathrm{Q}$ *soit isomorphe à* $\mathrm{F} \oplus \mathrm{P}$.

La condition énoncée est suffisante, car elle entraîne les relations

$$[\mathrm{P}]_\mathscr{C} = [\mathrm{L}]_\mathscr{C} + [\mathrm{M}]_\mathscr{C}, \qquad [\mathrm{Q}]_\mathscr{C} = [\mathrm{L}]_\mathscr{C} + [\mathrm{M}]_\mathscr{C}, \qquad [\mathrm{E}]_\mathscr{C} + [\mathrm{Q}]_\mathscr{C} = [\mathrm{F}]_\mathscr{C} + [\mathrm{P}]_\mathscr{C},$$

d'où $[\mathrm{E}]_\mathscr{C} = [\mathrm{F}]_\mathscr{C}$.

Supposons maintenant que l'on ait $[\mathrm{E}]_\mathscr{C} = [\mathrm{F}]_\mathscr{C}$. D'après la construction du groupe $\mathrm{K}(\mathscr{C})$, il existe deux familles finies de suites exactes de modules de type $\mathscr{C}$

$$(\mathscr{G}_i) \qquad 0 \longrightarrow \mathrm{G}'_i \longrightarrow \mathrm{G}_i \longrightarrow \mathrm{G}''_i \longrightarrow 0$$

pour $i \in \mathrm{I}$ et

$$(\mathscr{H}_j) \qquad 0 \longrightarrow \mathrm{H}'_j \longrightarrow \mathrm{H}_j \longrightarrow \mathrm{H}''_j \longrightarrow 0$$

pour $j \in \mathrm{J}$, telles que l'on ait dans $\mathbf{Z}^{(\mathscr{C})}$

$$\mathrm{cl}(\mathrm{E}) - \mathrm{cl}(\mathrm{F}) = \sum_{j\in\mathrm{J}} r_{\mathscr{H}_j} - \sum_{i\in\mathrm{I}} r_{\mathscr{G}_i}.$$

Plus explicitement, cette relation s'écrit

$$(7) \quad \mathrm{cl}(\mathrm{E}) + \sum_{i\in\mathrm{I}} \mathrm{cl}(\mathrm{G}_i) + \sum_{j\in\mathrm{J}} \mathrm{cl}(\mathrm{H}'_j) + \sum_{j\in\mathrm{J}} \mathrm{cl}(\mathrm{H}''_j)$$
$$= \mathrm{cl}(\mathrm{F}) + \sum_{i\in\mathrm{I}} \mathrm{cl}(\mathrm{G}'_i) + \sum_{i\in\mathrm{I}} \mathrm{cl}(\mathrm{G}''_i) + \sum_{j\in\mathrm{J}} \mathrm{cl}(\mathrm{H}_j).$$

Posons $G = \bigoplus_{i \in I} G_i$, $G' = \bigoplus_{i \in I} G'_i$, etc. Par passage aux sommes directes, on construit des suites exactes

$$(\mathscr{G}) \qquad 0 \longrightarrow G' \xrightarrow{p} G \xrightarrow{q} G'' \longrightarrow 0$$

$$(\mathscr{H}) \qquad 0 \longrightarrow H' \xrightarrow{r} H \xrightarrow{s} H'' \longrightarrow 0$$

formées de modules de type $\mathscr{C}$.

Par ailleurs, soient $M_1, \ldots, M_m, N_1, \ldots, N_n$ des A-modules de type $\mathscr{C}$. Si l'on a $\sum_{i=1}^m \mathrm{cl}(M_i) = \sum_{j=1}^n \mathrm{cl}(N_j)$ dans le groupe $\mathbf{Z}^{(\mathscr{C})}$, on a $m = n$ et il existe une permutation $\sigma \in \mathfrak{S}_m$ telle que $\mathrm{cl}(M_i) = \mathrm{cl}(N_{\sigma(i)})$ pour tout $1 \leqslant i \leqslant m$ (I, p. 90, prop. 11) ; par suite, les modules $\oplus_{i=1}^m M_i$ et $\oplus_{j=1}^n N_j$ sont isomorphes. En particulier, on déduit de (7) l'existence d'un isomorphisme de $E \oplus Q$ sur $F \oplus P$, où l'on a posé

$$P = G' \oplus G'' \oplus H, \qquad Q = G \oplus H' \oplus H''.$$

On pose aussi

$$L = G' \oplus H', \qquad M = G'' \oplus H''.$$

Les modules L, M, P, Q sont de type $\mathscr{C}$ et la suite

$$(\mathscr{E}) \qquad 0 \longrightarrow L \xrightarrow{\lambda} P \xrightarrow{\mu} M \longrightarrow 0,$$

où l'on définit λ et μ par

$$\lambda(g', h') = (g', 0, r(h')), \qquad \mu(g', g'', h) = (g'', s(h)),$$

est exacte. On construit de manière analogue une suite exacte

$$(\mathscr{F}) \qquad 0 \longrightarrow L \longrightarrow Q \longrightarrow M \longrightarrow 0,$$

ce qui conclut la démonstration.

Pour la loi de composition $(E, E') \mapsto \mathrm{cl}(E \oplus E')$, l'ensemble $\mathscr{C}$ est un monoïde commutatif. On note parfois $K'(\mathscr{C})$ le groupe des différences du monoïde commutatif $\mathscr{C}$ (I, p. 19), et on l'appelle le *groupe de Grothendieck de* $\mathscr{C}$ *pour les sommes directes.* Pour tout module E de type $\mathscr{C}$, on note $[E]'_{\mathscr{C}}$ l'image de cl(E) dans $K'(\mathscr{C})$.

PROPOSITION 6. — a) *L'application* $E \mapsto [E]'_{\mathscr{C}}$ *de* $\mathscr{C}$ *dans* $K'(\mathscr{C})$ *est une fonction faiblement additive de modules.*

b) *Soit* G *un groupe commutatif et soit* $\varphi : \mathscr{C} \to G$ *une fonction faiblement additive de modules. Il existe un homomorphisme de groupes* $u : K'(\mathscr{C}) \to G$, *et un seul, tel que l'on ait* $\varphi(E) = u([E]'_{\mathscr{C}})$ *pour tout module* E *de type* $\mathscr{C}$.

c) *Soient* E *et* F *des modules de type* $\mathscr{C}$. *Pour que l'on ait* $[E]'_{\mathscr{C}} = [F]'_{\mathscr{C}}$ *il faut et il suffit qu'il existe un module* M *de type* $\mathscr{C}$ *tel que* $E \oplus M$ *soit isomorphe à* $F \oplus M$.

L'assertion a) est évidente. L'assertion b) résulte de (I, p. 18, th. 1) et l'assertion c) de (I, p. 18, prop. 6).

Comme l'application $E \mapsto [E]_{\mathscr{C}}$ de $\mathscr{C}$ dans $K(\mathscr{C})$ est une fonction faiblement additive de modules, on en déduit un homomorphisme $u : K'(\mathscr{C}) \to K(\mathscr{C})$. Cet homomorphisme est surjectif mais n'est pas toujours un isomorphisme (VIII, p. 187, remarque 2).

Soit R′ le sous-groupe de $\mathbf{Z}^{(\mathscr{C})}$ engendré par les éléments de la forme $r_{\mathscr{E}}$, où $\mathscr{E}$ est une suite exacte *scindée* de A-modules de type $\mathscr{C}$, c'est-à-dire par les éléments de la forme $\mathrm{cl}(E' \oplus E'') - \mathrm{cl}(E') - \mathrm{cl}(E'')$, où E′ et E″ sont des modules de type $\mathscr{C}$. L'application canonique de $\mathscr{C}$ dans le groupe quotient $\mathbf{Z}^{(\mathscr{C})}/R'$ se prolonge en un homomorphisme de groupes $v : K'(\mathscr{C}) \to \mathbf{Z}^{(\mathscr{C})}/R'$. C'est un isomorphisme. En effet, l'application canonique de $\mathscr{C}$ dans $K'(\mathscr{C})$ se prolonge en un homomorphisme de groupes de $\mathbf{Z}^{(\mathscr{C})}$ dans $K'(\mathscr{C})$ dont le noyau contient R′, d'où par passage au quotient un homomorphisme $v' : \mathbf{Z}^{(\mathscr{C})}/R' \to K'(\mathscr{C})$; il est clair que v et v' sont des bijections réciproques l'une de l'autre.

Un élément de $K'(\mathscr{C})$ est dit *effectif* s'il est de la forme $[E]'_{\mathscr{C}}$ pour un A-module E de type $\mathscr{C}$. L'ensemble des éléments effectifs de $K'(\mathscr{C})$ se note $K'(\mathscr{C})^+$.

3. Utilisation des suites de composition

Soit A un anneau. Soient E un A-module de longueur finie et S un A-module simple. D'après le théorème de Jordan-Hölder (I, p. 41, th. 6), le nombre des quotients d'une suite de Jordan-Hölder de E qui sont isomorphes à S est indépendant de la suite. On le note $\ell_S(E)$ et on l'appelle la *multiplicité de* S *dans* E. On appelle *support* du A-module E l'ensemble des classes de A-modules simples S telles que $\ell_S(E) \neq 0$. Lorsque E est semi-simple de longueur finie, l'entier $\ell_S(E)$ est la longueur [E : S] du composant isotypique de type S de E (VIII, p. 68), et la notion de support coïncide avec celle introduite en VIII, p. 62.

Lemme 1. — *Soient* E, E′ *et* E″ *des* A-*modules de longueur finie et*

$$0 \longrightarrow E' \xrightarrow{\ i\ } E \xrightarrow{\ p\ } E'' \longrightarrow 0$$

une suite exacte. On a $\ell_S(E) = \ell_S(E') + \ell_S(E'')$.

Soient Σ′ et Σ″ des suites de Jordan-Hölder de $i(E')$ et de $E/i(E')$ respectivement ; il existe une suite de Jordan-Hölder Σ de E dont la suite des quotients s'obtient en juxtaposant la suite des quotients de Σ et celle de Σ′ (I, p. 42).

PROPOSITION 7. — *Soit* $\mathscr{C}$ *un ensemble héréditaire de classes de modules tel que tout module de type* $\mathscr{C}$ *soit de longueur finie. Soit* $\mathscr{S}$ *l'ensemble des classes de modules simples appartenant à* $\mathscr{C}$. *Alors la famille* $([\mathrm{S}]_{\mathscr{C}})_{\mathrm{S}\in\mathscr{S}}$ *est une base du* $\mathbf{Z}$-*module* $\mathrm{K}(\mathscr{C})$ *et l'on a*

$$[\mathrm{E}]_{\mathscr{C}} = \sum_{\mathrm{S}\in\mathscr{S}} \ell_{\mathrm{S}}(\mathrm{E})[\mathrm{S}]_{\mathscr{C}} \tag{8}$$

pour tout module E *de type* $\mathscr{C}$.

La formule (8) résulte de la prop. 3 appliquée à une suite de Jordan-Hölder de E. D'après le lemme 1, il existe pour tout élément S de $\mathscr{S}$ une application $\mathbf{Z}$-linéaire φ_{S} de $\mathrm{K}(\mathscr{C})$ dans $\mathbf{Z}$ telle que $\varphi_{\mathrm{S}}([\mathrm{E}]_{\mathscr{C}}) = \ell_{\mathrm{S}}(\mathrm{E})$ pour tout module E de type $\mathscr{C}$. En particulier, on a $\varphi_{\mathrm{S}}([\mathrm{S}]_{\mathscr{C}}) = 1$ et $\varphi_{\mathrm{S}}([\mathrm{S}']_{\mathscr{C}}) = 0$ pour tout $\mathrm{S}' \neq \mathrm{S}$ dans $\mathscr{S}$. Il en résulte que les éléments de la forme $[\mathrm{S}]_{\mathscr{C}}$ (pour $\mathrm{S} \in \mathscr{S}$) sont linéairement indépendants sur $\mathbf{Z}$; ces éléments engendrent $\mathrm{K}(\mathscr{C})$ d'après la formule (8).

COROLLAIRE. — *Soient* E *et* F *des modules semi-simples de type* $\mathscr{C}$. *Pour que* E *soit isomorphe à* F, *il faut et il suffit que l'on ait* $[\mathrm{E}]_{\mathscr{C}} = [\mathrm{F}]_{\mathscr{C}}$ *dans* $\mathrm{K}(\mathscr{C})$.

En effet, on a $[\mathrm{E}]_{\mathscr{C}} = \sum_{\mathrm{S}\in\mathscr{S}} \ell_{\mathrm{S}}(\mathrm{E})[\mathrm{S}]_{\mathscr{C}}$ et une formule analogue pour F, et E est isomorphe à F si et seulement si l'on a $\ell_{\mathrm{S}}(\mathrm{E}) = \ell_{\mathrm{S}}(\mathrm{F})$ pour tout $\mathrm{S} \in \mathscr{S}$ (VIII, p. 68).

Remarque. — L'ensemble $\mathrm{K}(\mathscr{C})^+$ est le sous-monoïde de $\mathrm{K}(\mathscr{C})$ engendré par la famille $([\mathrm{S}]_{\mathscr{C}})_{\mathrm{S}\in\mathscr{S}}$.

4. Le groupe de Grothendieck R(A)

Soit A un anneau. Soit $\mathscr{F}(\mathrm{A})$ l'ensemble des classes de A-modules de type fini (VIII, p. 47) ; les classes des A-modules de longueur finie forment un sous-ensemble $\mathscr{LF}(\mathrm{A})$ de $\mathscr{F}(\mathrm{A})$; on a vu que $\mathscr{LF}(\mathrm{A})$ est un ensemble héréditaire de classes de modules. On note R(A) le groupe de Grothendieck associé à $\mathscr{LF}(\mathrm{A})$, et [E] l'image dans R(A) de la classe d'un A-module E de longueur finie.

Les résultats du numéro 3 entraînent ce qui suit :

a) Soit $\mathscr{S}(\mathrm{A})$ l'ensemble des classes de A-modules simples. La famille $([\mathrm{S}])_{\mathrm{S}\in\mathscr{S}(\mathrm{A})}$ est une base du $\mathbf{Z}$-module R(A).

b) Soient E et F des A-modules semi-simples de longueur finie. Pour que E et F soient isomorphes, il faut et il suffit que l'on ait [E] = [F] dans R(A).

c) Soient E un A-module de longueur finie, et $(\mathrm{E}_i)_{0\leqslant i\leqslant n}$ une suite de Jordan-Hölder de E. Posons $\mathrm{F} = \bigoplus_{i=1}^{n}(\mathrm{E}_{i-1}/\mathrm{E}_i)$. Alors F est un A-module semi-simple de longueur finie, et l'on a [E] = [F] dans R(A).

d) Soit $\ell : R(A) \to \mathbf{Z}$ l'homomorphisme caractérisé par $\ell([S]) = 1$ pour tout A-module simple S. On a alors $\ell([E]) = \sum_{S \in \mathscr{S}(A)} \ell_S(E) = \mathrm{long}_A(E)$ pour tout A-module E de longueur finie.

Si D est un corps, l'homomorphisme $\ell : R(D) \to \mathbf{Z}$ est un isomorphisme.

Remarques. — 1) Soit $\mathscr{SS}(A)$ l'ensemble héréditaire des classes de A-modules semi-simples de longueur finie. D'après la prop. 7 de VIII, p. 186, le groupe de Grothendieck $K(\mathscr{SS}(A))$ est un $\mathbf{Z}$-module libre dont les éléments $[S]_{\mathscr{SS}(A)}$, pour $S \in \mathscr{S}(A)$, forment une base. L'homomorphisme canonique $\gamma_{\mathscr{LF}(A),\mathscr{SS}(A)}$ (VIII, p. 182) est donc un isomorphisme.

2) Soit $K'(\mathscr{LF}(A))$ le groupe de Grothendieck de $\mathscr{LF}(A)$ pour les sommes directes (VIII, p. 184). Le théorème de Krull-Remak-Schmidt (VIII, p. 34) entraîne que $K'(\mathscr{LF}(A))$ est un $\mathbf{Z}$-module libre ayant pour base l'ensemble des classes de A-modules indécomposables de longueur finie, alors que $K(\mathscr{LF}(A))$ admet pour base l'ensemble des classes de A-modules simples.

3) Soit E un A module de longueur finie. Il existe un A-module semi-simple de longueur finie E′ tel que $[E] = [E']$ d'après c) et un tel module est défini à un isomorphisme près d'après b) ; on l'appelle parfois un *semi-simplifié* de E.

PROPOSITION 8. — *Soit* A *un anneau principal qui n'est pas un corps et soit* L *son corps des fractions. Il existe un isomorphisme* $\varphi : R(A) \to L^*/A^*$ *tel que l'on ait*

$$\varphi([A/aA]) = aA^* \tag{9}$$

pour tout $a \neq 0$ *dans* A.

Soit P un système représentatif d'éléments extrémaux de A (VII, p. 3). Les idéaux maximaux de A sont les idéaux pA pour $p \in P$; tout A-module simple est donc isomorphe à un module A/pA et un seul. De plus (VII, p. 3, th. 2), le groupe commutatif L^*/A^* est libre et admet pour base la famille $(pA^*)_{p \in P}$. Il existe donc un isomorphisme φ de R(A) sur L^*/A^* caractérisé par $\varphi([A/pA]) = pA^*$ pour tout $p \in P$.

Soit $a \neq 0$ dans A. Il existe un entier $r \geqslant 0$, des éléments $p_1, \ldots, p_r$ de P et un élément u de A^* tels qu'on ait $a = up_1 \ldots p_r$. Le module A/aA admet la suite de composition définie par

$$E_0 = A/aA, \qquad E_i = (p_1 \ldots p_i A)/aA \qquad (1 \leqslant i \leqslant r)$$

et le module $E_{i-1}/E_i = (p_1 \dots p_{i-1}A)/(p_1 \dots p_i A)$ est isomorphe à A/p_iA ; on a donc (VIII, p. 181, prop. 3)

$$\varphi([A/aA]) = \sum_{i=1}^{r} \varphi([A/p_iA]) = p_1 \dots p_r A^* = aA^*.$$

Remarques. — 4) Conservons les hypothèses et les notations de la prop. 8. Soient E un A-module de longueur finie et $a_1A, \dots, a_nA$ ses facteurs invariants (VII, p.20). Comme E est isomorphe à $\bigoplus_{i=1}^{n} A/a_iA$, on a

$$(10) \qquad \varphi([E]) = \sum_{i=1}^{n} \varphi([A/a_iA]) = a_1 \dots a_n A^*.$$

5) *Soit A un anneau de Dedekind qui n'est pas un corps (AC, VII, § 2, n° 1). En raisonnant comme dans la prop. 8, on prouve l'existence d'un isomorphisme φ de R(A) sur le groupe des idéaux fractionnaires de A, caractérisé par $\varphi([A/\mathfrak{a}]) = \mathfrak{a}$ pour tout idéal non nul $\mathfrak{a}$ de A.$_*$

La prop. 8 sera utilisée par exemple dans les deux cas suivants :

a) Supposons qu'on ait $A = \mathbf{Z}$. Les $\mathbf{Z}$-modules de longueur finie ne sont autres que les groupes commutatifs finis. Comme $\mathbf{Q}^*$ est produit direct de $\mathbf{Z}^* = \{1, -1\}$ et de $\mathbf{Q}^*_+$, on déduit de la prop. 8 un isomorphisme φ' de $R(\mathbf{Z})$ sur $\mathbf{Q}^*_+$ caractérisé par

$$\varphi'([G]) = \mathrm{Card}(G)$$

pour tout groupe commutatif fini G.

b) Supposons que A soit l'anneau K[T] des polynômes en une indéterminée T à coefficients dans un corps commutatif K. Soient E un espace vectoriel de dimension finie sur K, et u un endomorphisme de E. Comme en VII, p. 28, notons E_u le A-module ayant E comme groupe additif sous-jacent, et pour loi d'action $(p, x) \mapsto p(u)x$. Le A-module E_u est de longueur finie. Inversement, tout A-module simple est de dimension finie sur K (VII, p. 25, remarque 4). Par conséquent, tout A-module de longueur finie est de dimension finie sur K, donc de la forme E_u. De plus (VII, p. 33, cor. 1), le produit des facteurs invariants de E_u est égal au polynôme caractéristique χ_u de u. Par suite, la prop. 8 fournit un isomorphisme

$$\varphi : R(K[T]) \to K(T)^*/K^*$$

caractérisé par $\varphi([E_u]) = \chi_u K^*$ (*cf.* formule (10)).

5. Changement d'anneaux

Soient A et B des anneaux et soit $f : A \to B$ un homomorphisme d'anneaux. Soient $\mathscr{C}$ un ensemble additif de A-modules et $\mathscr{D}$ un ensemble additif de B-modules.

Supposons tout d'abord que pour tout B-module M de type $\mathscr{D}$, le A-module $f_*(M)$ obtenu par restriction à A de l'anneau des scalaires soit de type $\mathscr{C}$. Alors l'application de $\mathscr{D}$ dans $K(\mathscr{C})$ qui à M associe $[f_*(M)]_{\mathscr{C}}$ est une fonction additive de modules ; on en déduit un homomorphisme de groupes

$$f_* : K(\mathscr{D}) \longrightarrow K(\mathscr{C}).$$

On définit de même un homomorphisme de groupes $f_* : K'(\mathscr{D}) \to K'(\mathscr{C})$.

On suppose maintenant que, pour tout A-module E de type $\mathscr{C}$, le B-module $f^*(E)$ déduit de E par extension des scalaires au moyen de f (II, p. 82) est de type $\mathscr{D}$. L'application de $\mathscr{C}$ dans $K'(\mathscr{D})$ qui envoie un élément E de $\mathscr{C}$ sur $[f^*(E)]'_{\mathscr{D}}$ est une fonction faiblement additive de modules, elle induit donc un homomorphisme de groupes $f^* : K'(\mathscr{C}) \to K'(\mathscr{D})$.

Supposons en outre que, pour toute suite exacte

$$0 \longrightarrow E' \longrightarrow E \longrightarrow E'' \longrightarrow 0$$

de A-modules de type $\mathscr{C}$, la suite de B-modules de type $\mathscr{D}$

$$0 \longrightarrow B \otimes_A E' \longrightarrow B \otimes_A E \longrightarrow B \otimes_A E'' \longrightarrow 0$$

soit exacte. C'est en particulier vérifié dans les cas suivants :

a) L'homomorphisme f fait de B un A-module projectif (II, p. 58, prop. 5 et II, p. 63, cor. 6) *ou, plus généralement, plat (X, p. 8, définition 1)$_*$;

b) *L'ensemble $\mathscr{C}$ est un ensemble de classes de A-modules projectifs ou, plus généralement, plats (X, p. 72, cor. 2)$_*$.

L'application de $\mathscr{C}$ dans $K(\mathscr{D})$ qui à E associe $[f^*(E)]_{\mathscr{D}}$ est alors additive. On en déduit donc un homomorphisme de groupes $f^* : K(\mathscr{C}) \to K(\mathscr{D})$.

6. Le groupe de Grothendieck $R_K(A)$

Soient K un corps commutatif et A une K-algèbre. L'ensemble des classes des A-modules qui sont des espaces vectoriels de dimension finie sur K est héréditaire. Le groupe de Grothendieck correspondant se note $R_K(A)$. C'est un **Z**-module libre ayant pour base la famille $([\mathrm{S}])_{\mathrm{S}\in\mathscr{S}}$, où $\mathscr{S}$ est l'ensemble des classes des A-modules simples qui sont de dimension finie sur K. Il existe un homomorphisme

$$\dim : \mathrm{R}_{\mathrm{K}}(\mathrm{A}) \longrightarrow \mathbf{Z}$$

caractérisé par $\dim([\mathrm{E}]) = [\mathrm{E} : \mathrm{K}]$ pour tout A-module E de dimension finie sur K. Lorsque A = K, c'est un isomorphisme. Le sous-monoïde des éléments effectifs est noté $\mathrm{R}_{\mathrm{K}}(\mathrm{A})^+$.

Lemme 2. — *Soient* M, M′ *des* A*-modules qui sont des espaces vectoriels de dimension finie sur* K. *Pour que les supports* (VIII, p. 185) *de* M *et* M′ *soient disjoints, il faut et il suffit qu'il existe* $a \in \mathrm{A}$ *tel que* $a_{\mathrm{M}} = 0$ *et* $a_{\mathrm{M}'} = 1$.

Supposons qu'il existe $a \in \mathrm{A}$ tel que $a_{\mathrm{M}} = 0$ et $a_{\mathrm{M}'} = 1$. Soit S un A-module simple. Si cl(S) appartient au support $\mathscr{S}_{\mathrm{M}}$ de M, le A-module S est isomorphe à l'un des quotients d'une suite de Jordan-Hölder de M et l'on a $a_{\mathrm{S}} = 0$. De même, si cl(S) appartient au support $\mathscr{S}_{\mathrm{M}'}$ de M′, on a $a_{\mathrm{S}} = 1$. Il en résulte que $\mathscr{S}_{\mathrm{M}}$ et $\mathscr{S}_{\mathrm{M}'}$ sont disjoints.

Inversement, supposons que les ensembles $\mathscr{S}_{\mathrm{M}}$ et $\mathscr{S}_{\mathrm{M}'}$ soient disjoints. Il sont finis car M et M′ sont de dimension finie sur K. Tout A-module simple S dont la classe appartient à $\mathscr{S}_{\mathrm{M}} \cup \mathscr{S}_{\mathrm{M}'}$ est de dimension finie sur K et *a fortiori* sur le corps $\mathrm{End}_{\mathrm{A}}(\mathrm{S})$. D'après le cor. 1 de la prop. 4 (VIII, p. 79), il existe un élément $b \in \mathrm{A}$ tel que l'on ait $b_{\mathrm{S}} = 0$ pour tout A-module simple S dont la classe appartient à $\mathscr{S}_{\mathrm{M}}$ et $b_{\mathrm{S}} = 1$ pour tout A-module simple S dont la classe appartient à $\mathscr{S}_{\mathrm{M}'}$. Soit $(\mathrm{M}_i)_{0\leqslant i\leqslant n}$ une suite de Jordan-Hölder de M. On a d'après ce qui précède $b\mathrm{M}_i \subset \mathrm{M}_{i+1}$ pour $0 \leqslant i < n$, d'où $(b^n)_{\mathrm{M}} = 0$. On démontre de même l'existence d'un entier naturel m tel que $((1-b)^m)_{\mathrm{M}'} = 0$. Posons $\mathrm{P}(\mathrm{X}) = 1 - (1 - \mathrm{X}^n)^m$ et $a = \mathrm{P}(b)$. Le polynôme P(X) est multiple de X^n, donc on a $a_{\mathrm{M}} = 0$; le polynôme $1 - \mathrm{P}(\mathrm{X})$ est multiple de $(1 - \mathrm{X})^m$, donc on a $a_{\mathrm{M}'} = 1$. Cela termine la démonstration.

Soit L une extension de K. Si M est un A-module qui est de dimension finie sur K, $\mathrm{M}_{(\mathrm{L})}$ est un $\mathrm{A}_{(\mathrm{L})}$-module qui est de dimension finie sur L. De plus pour toute suite exacte

$$0 \longrightarrow \mathrm{M}' \longrightarrow \mathrm{M} \longrightarrow \mathrm{M}'' \longrightarrow 0$$

de A-modules, la suite de $\mathrm{A}_{(\mathrm{L})}$-modules

$$0 \longrightarrow \mathrm{M}'_{(\mathrm{L})} \longrightarrow \mathrm{M}_{(\mathrm{L})} \longrightarrow \mathrm{M}''_{(\mathrm{L})} \longrightarrow 0$$

qui s'en déduit par extension des scalaires est exacte (II, p. 108, prop. 14). Il existe donc un unique homomorphisme $u : \mathrm{R}_{\mathrm{K}}(\mathrm{A}) \to \mathrm{R}_{\mathrm{L}}(\mathrm{A}_{(\mathrm{L})})$ tel que $u([\mathrm{M}]) = [\mathrm{M}_{(\mathrm{L})}]$ pour tout A-module M qui est de dimension finie sur K (VIII, p. 189).

THÉORÈME 1. — *L'homomorphisme* $u : \mathrm{R_K(A)} \to \mathrm{R_L(A_{(L)})}$ *défini ci-dessus est injectif. Soit* ξ *un élément de* $\mathrm{R_K(A)}$. *Pour que* ξ *soit effectif il faut et il suffit que* $u(\xi)$ *le soit.*

Lemme 3. — *Soient* S *et* T *deux* A-*modules simples, de dimension finie sur* K, *non isomorphes. Les supports des* $\mathrm{A_{(L)}}$-*modules* $\mathrm{S_{(L)}}$ *et* $\mathrm{T_{(L)}}$ *sont disjoints.*

D'après le lemme 2, il existe un élément $a \in \mathrm{A}$ tel que $a_{\mathrm{S}} = 0$ et $a_{\mathrm{T}} = 1$. L'élément $1 \otimes a$ de $\mathrm{A_{(L)}}$ opère comme 0 sur $\mathrm{S_{(L)}}$ et comme 1 sur $\mathrm{T_{(L)}}$. D'après le lemme 2, les supports des $\mathrm{A_{(L)}}$-modules $\mathrm{S_{(L)}}$ et $\mathrm{T_{(L)}}$ sont disjoints.

Démontrons le th. 1. Soit $\mathscr{S}$ l'ensemble des classes de A-modules simples qui sont de dimension finie sur K. La famille $([\mathrm{S}])_{\mathrm{S}\in\mathscr{S}}$ est une base du **Z**-module $\mathrm{R_K(A)}$. Soit $\mathrm{S} \in \mathscr{S}$. Le $\mathrm{A_{(L)}}$-module $\mathrm{S_{(L)}}$ n'est pas nul, donc son support n'est pas vide. Soit S′ un élément de ce support. D'après le lemme 1 de VIII, p. 185, il existe un homomorphisme $f_{\mathrm{S'}} : \mathrm{R_L(A_{(L)})} \to \mathbf{Z}$ tel que $f_{\mathrm{S'}}([\mathrm{E}]) = \ell_{\mathrm{S'}}(\mathrm{E})$ pour tout $\mathrm{A_{(L)}}$-module E qui est de dimension finie sur L. On a $f_{\mathrm{S'}}([\mathrm{S_{(L)}}]) \neq 0$ par construction et $f([\mathrm{T_{(L)}}]) = 0$ pour tout $\mathrm{T} \in \mathscr{S} - \{\mathrm{S}\}$ d'après le lemme 3. Nous avons ainsi prouvé que les éléments de $\mathrm{R_L(A_{(L)})}$ de la forme $[\mathrm{S_{(L)}}]$, pour $\mathrm{S} \in \mathscr{S}$, sont linéairement indépendants sur **Z**. Il en résulte que l'homomorphisme u est injectif.

Soit $\mathrm{S} \in \mathscr{S}$ et soit S′ un élément du support de $\mathrm{S_{(L)}}$. Pour tout $\xi \in \mathrm{R_K(A)}$, la coordonnée de ξ d'indice [S] dans la base $([\mathrm{S}])_{\mathrm{S}\in\mathscr{S}}$ est $f_{\mathrm{S'}}(u(\xi))/[\mathrm{S_{(L)}} : \mathrm{S'}]$. Il en résulte que si $u(\xi)$ est effectif, ξ l'est également.

7. Structure multiplicative dans K($\mathscr{C}$)

Soient K un anneau commutatif et A une bigèbre sur l'anneau K (III, p. 148), de coproduit c et de coünité γ. Sauf mention du contraire, les produits tensoriels sont relatifs à K. Soient E et F des A-modules (à gauche). Le produit tensoriel $\mathrm{E}\otimes\mathrm{F}$ est muni d'une structure de $(\mathrm{A}\otimes\mathrm{A})$-module caractérisée par la formule

$$(a \otimes b)(x \otimes y) = ax \otimes by. \tag{11}$$

pour $a, b \in \mathrm{A}$, $x \in \mathrm{E}$ et $y \in \mathrm{F}$. Au moyen de l'homomorphisme $c : \mathrm{A} \to \mathrm{A}\otimes\mathrm{A}$, on déduit de ce $(\mathrm{A}\otimes\mathrm{A})$-module un A-module $c_*(\mathrm{E}\otimes\mathrm{F})$ (II, p. 30). Plus explicitement, soit $a \in \mathrm{A}$; si $c(a) = \sum_i a_i \otimes b_i$, on a

$$a(x \otimes y) = \sum_i a_i x \otimes b_i y \tag{12}$$

pour $x \in \mathrm{E}$ et $y \in \mathrm{F}$. Par abus, on notera encore $\mathrm{E} \otimes \mathrm{F}$ le A-module ainsi obtenu. On déduit aussitôt de la coassociativité de c que l'isomorphisme canonique de K-modules

$$\varphi : (\mathrm{E} \otimes \mathrm{F}) \otimes \mathrm{G} \longrightarrow \mathrm{E} \otimes (\mathrm{F} \otimes \mathrm{G})$$

est A-linéaire, quels que soient les A-modules E, F et G. De même, si la bigèbre A est cocommutative, l'isomorphisme canonique de $\mathrm{E} \otimes \mathrm{F}$ sur $\mathrm{F} \otimes \mathrm{E}$ est A-linéaire. Enfin, soit K_γ le A-module ayant K pour groupe sous-jacent, avec la loi externe $(a, x) \mapsto \gamma(a)x$; l'isomophisme canonique de $\mathrm{K} \otimes \mathrm{E}$ (resp. $\mathrm{E} \otimes \mathrm{K}$) sur E est un isomorphisme de A-modules de $\mathrm{K}_\gamma \otimes \mathrm{E}$ (resp. $\mathrm{E} \otimes \mathrm{K}_\gamma$) sur E.

PROPOSITION 9. — *Soient* K *un anneau commutatif,* A *une bigèbre sur* K *de coünité* γ, *et* $\mathscr{C}$ *un ensemble additif de classes de* A*-modules possédant les propriétés suivantes :*

(i) *Tout* A*-module de type* $\mathscr{C}$ *est un* K*-module projectif* (* *ou plus généralement plat*$_*$) ;

(ii) *Si les* A*-modules* E *et* F *sont de type* $\mathscr{C}$, *il en est de même du* A*-module* $\mathrm{E} \otimes \mathrm{F}$;

(iii) *Le* A*-module* K_γ *défini ci-dessus est de type* $\mathscr{C}$.

Il existe alors sur le groupe additif $\mathrm{K}(\mathscr{C})$ *une unique structure d'anneau dont la multiplication satisfait à*

$$[\mathrm{E}]_{\mathscr{C}}[\mathrm{F}]_{\mathscr{C}} = [\mathrm{E} \otimes \mathrm{F}]_{\mathscr{C}}$$

quels que soient les A*-modules* E *et* F *de type* $\mathscr{C}$. *L'élément unité de* $\mathrm{K}(\mathscr{C})$ *est* $[\mathrm{K}_\gamma]_{\mathscr{C}}$. *Si la bigèbre* A *est cocommutative, l'anneau* $\mathrm{K}(\mathscr{C})$ *est commutatif.*

Muni de la loi de composition définie par $(\mathrm{E}, \mathrm{F}) \mapsto \mathrm{cl}(\mathrm{E} \otimes \mathrm{F})$, l'ensemble $\mathscr{C}$ est un monoïde admettant $\mathrm{cl}(\mathrm{K}_\gamma)$ comme élément unité. Par suite $\mathbf{Z}^{(\mathscr{C})}$ est canoniquement muni d'une structure d'anneau dont la multiplication est caractérisée par la formule

$$\mathrm{cl}(\mathrm{E})\,\mathrm{cl}(\mathrm{F}) = \mathrm{cl}(\mathrm{E} \otimes \mathrm{F}) \tag{13}$$

et dont l'élément unité est $\mathrm{cl}(\mathrm{K}_\gamma)$ (III, p. 19).

Étant donnés un A-module F de type $\mathscr{C}$ et une suite exacte

$$(\mathscr{E}) \qquad 0 \longrightarrow \mathrm{E}' \longrightarrow \mathrm{E} \longrightarrow \mathrm{E}'' \longrightarrow 0$$

de A-modules de type $\mathscr{C}$, la suite

$$(\mathscr{E} \otimes \mathrm{F}) \qquad 0 \longrightarrow \mathrm{E}' \otimes \mathrm{F} \longrightarrow \mathrm{E} \otimes \mathrm{F} \longrightarrow \mathrm{E}'' \otimes \mathrm{F} \longrightarrow 0$$

déduite de $(\mathscr{E})$ est exacte car F est projectif (*ou plus généralement plat$_*$) sur K (II, p. 58, prop. 5 et p. 63, cor. 6). On a alors, avec les notations du n° 2

$$r_{\mathscr{E} \otimes \mathrm{F}} = r_{\mathscr{E}}\,\mathrm{cl}(\mathrm{F}). \tag{14}$$

Il en résulte que le sous-groupe R de $\mathbf{Z}^{(\mathscr{C})}$ engendré par les éléments de la forme $r_{\mathscr{E}}$ est un idéal à droite de l'anneau $\mathbf{Z}^{(\mathscr{C})}$, et on démontre de même que c'est un idéal à gauche de $\mathbf{Z}^{(\mathscr{C})}$. Par définition, K($\mathscr{C}$) est le groupe quotient $\mathbf{Z}^{(\mathscr{C})}/\mathrm{R}$; il existe donc sur K($\mathscr{C}$) une unique structure d'anneau dont la multiplication satisfait à $[\mathrm{E}]_{\mathscr{C}}[\mathrm{F}]_{\mathscr{C}} = [\mathrm{E} \otimes \mathrm{F}]_{\mathscr{C}}$ quels que soient les A-modules E et F de type $\mathscr{C}$. Son élément unité est $[\mathrm{K}_\gamma]$.

Lorsque la bigèbre A est cocommutative, le monoïde $\mathscr{C}$ est commutatif ; il en résulte que l'anneau $\mathbf{Z}^{(\mathscr{C})}$ et l'anneau quotient K($\mathscr{C}$) sont commutatifs.

Remarque. — Sous les seules hypothèses (i) et (ii) de la prop. 9, le groupe de Grothendieck K′($\mathscr{C}$) pour les sommes directes (VIII, p. 184) possède une unique structure d'anneau dont la multiplication satisfait à $[\mathrm{E}]'_{\mathscr{C}}[\mathrm{F}]'_{\mathscr{C}} = [\mathrm{E} \otimes \mathrm{F}]'_{\mathscr{C}}$. Son élément unité est $[\mathrm{K}_\gamma]'_{\mathscr{C}}$. L'anneau K′($\mathscr{C}$) est commutatif si la bigèbre A est cocommutative. La démonstration est analogue à celle de la prop. 9, compte tenu du fait que le groupe K′($\mathscr{C}$) s'identifie à $\mathbf{Z}^{(\mathscr{C})}/\mathrm{R}'$, où R′ est le sous-groupe de $\mathbf{Z}^{(\mathscr{C})}$ engendré par les éléments de la forme $\mathrm{cl}(\mathrm{E}' \oplus \mathrm{E}'') - \mathrm{cl}(\mathrm{E}') - \mathrm{cl}(\mathrm{E}'')$ (*loc. cit.*).

Sous les hypothèses (i), (ii) et (iii) de la prop. 9, l'anneau K($\mathscr{C}$) est appelé *l'anneau de Grothendieck* de $\mathscr{C}$. Ces hypothèses sont vérifiées en particulier lorsque K est un corps et $\mathscr{C}$ l'ensemble des classes des A-modules qui sont de dimension finie sur K. Par conséquent :

COROLLAIRE. — *Soit* A *une bigèbre de coünité* γ *sur un corps commutatif* K. *Il existe alors sur le groupe additif* $\mathrm{R_K(A)}$ *une unique structure d'anneau dont la multiplication satisfait à*

$$[\mathrm{E}]_{\mathscr{C}}[\mathrm{F}]_{\mathscr{C}} = [\mathrm{E} \otimes_{\mathrm{K}} \mathrm{F}]_{\mathscr{C}}$$

quels que soient les A*-modules* E *et* F *de dimension finie sur* K. *L'élément unité de* $\mathrm{R_K(A)}$ *est* $[\mathrm{K}_\gamma]_{\mathscr{C}}$. *Si la bigèbre* A *est cocommutative, l'anneau* $\mathrm{R_K(A)}$ *est commutatif.*

Exemples. — 1) Soit K un corps commutatif. Soit G un groupe et soit K[G] l'algèbre du groupe G. Nous identifierons G à son image canonique dans K[G] (III, p. 19).

On munit K[G] de la structure de bigèbre dont le coproduit c et la coünité γ sont donnés par

$$c(g) = g \otimes g, \qquad \gamma(g) = 1 \qquad (g \in \mathrm{G}). \tag{15}$$

Soient E et F des K[G]-modules ; d'après la formule (12), la structure de K[G]-module sur $\mathrm{E} \otimes \mathrm{F}$ est donc donnée par

$$g(x \otimes y) = gx \otimes gy \qquad (g \in \mathrm{G},\ x \in \mathrm{E},\ y \in \mathrm{F}). \tag{16}$$

Le K[G]-module K_γ est l'espace vectoriel K, muni de l'action de G définie par $g\lambda = \lambda$ pour $g \in G$ et $\lambda \in K$.

L'anneau $R_K(K[G])$ est aussi noté $R_K(G)$. Il est commutatif ; sa multiplication est donnée par $[E]\,[F] = [E \otimes_K F]$ et l'élément unité de $R_K(G)$ est $[K_\gamma]$.

*2) Soient $\mathfrak{g}$ une algèbre de Lie sur un corps commutatif K, et $U(\mathfrak{g})$ son algèbre enveloppante ; on identifie $\mathfrak{g}$ à son image canonique dans $U(\mathfrak{g})$ (LIE, I, p. 33, cor. 2). On munit $U(\mathfrak{g})$ de la structure de bigèbre pour laquelle le coproduit c et la coünité γ sont donnés par

$$c(\xi) = \xi \otimes 1 + 1 \otimes \xi, \qquad \gamma(\xi) = 0 \tag{17}$$

pour $\xi \in \mathfrak{g}$ (LIE, II, p. 11).

Soient E et F des $U(\mathfrak{g})$-modules ; d'après la formule (17), la structure de $U(\mathfrak{g})$-module sur $E \otimes F$ est caractérisée par

$$\xi(x \otimes y) = \xi x \otimes y + x \otimes \xi y \tag{18}$$

pour $\xi \in \mathfrak{g}$, $x \in E$ et $y \in F$.

L'anneau de Grothendieck $R_K(U(\mathfrak{g}))$ est aussi noté $\mathscr{R}(\mathfrak{g})$ dans LIE, VIII, p. 133.$_*$

Soit A un anneau commutatif. On peut considérer A comme une bigèbre cocommutative sur lui-même dont le coproduit est l'isomorphisme naturel de A sur $A \otimes_A A$ et la coünité est Id_A (III, p. 149). D'après la prop. 9, on obtient le résultat suivant :

PROPOSITION 10. — *Soit* A *un anneau commutatif et soit* $\mathscr{C}$ *un ensemble additif de classes de* A*-modules satisfaisant aux trois hypothèses suivantes :*

(i) *Tout* A*-module de type* $\mathscr{C}$ *est projectif* (**ou plus généralement plat*$_*$) ;

(ii) *Si* E *et* F *sont des* A*-modules de type* $\mathscr{C}$, *le* A*-module* $E \otimes_A F$ *est aussi de type* $\mathscr{C}$;

(iii) *Le* A*-module* A *est de type* $\mathscr{C}$.

Il existe alors sur le groupe additif $K(\mathscr{C})$ *une unique structure d'anneau satisfaisant à* $[E]_\mathscr{C}\,[F]_\mathscr{C} = [E \otimes_A F]_\mathscr{C}$ *pour tout couple de* A*-modules* E, F *de type* $\mathscr{C}$. *L'élément unité de* $K(\mathscr{C})$ *est* $[A]_\mathscr{C}$.

8. Le groupe de Grothendieck $K_0(A)$

Soit A un anneau. L'ensemble $\mathscr{P}(A)$ des classes de A-modules projectifs de type fini est additif ; on note $K_0(A)$ le groupe de Grothendieck $K(\mathscr{P}(A))$.

Pour la loi de composition $(E, E') \mapsto cl(E \oplus E')$, l'ensemble $\mathscr{P}(A)$ est un monoïde commutatif. De plus, toute suite exacte de A-modules projectifs

$$0 \longrightarrow E' \longrightarrow E \longrightarrow E'' \longrightarrow 0$$

est scindée (II, p. 39, prop. 4), de sorte que E est isomorphe à $E' \oplus E''$. L'application $E \mapsto [E]$ de $\mathscr{P}(A)$ dans $K_0(A)$ définit donc un isomorphisme du groupe des différences du monoïde $\mathscr{P}(A)$ sur $K_0(A)$ (VIII, p. 184).

Pour tout module P projectif de type fini, il existe un module P′ projectif de type fini tel que $P \oplus P'$ soit libre (II, p. 40, cor.1). Soient E et F des A-modules projectifs de type fini ; d'après I, p. 18, prop. 6 on a $[E] = [F]$ dans $K_0(A)$ si et seulement s'il existe un A-module libre de type fini L tel que les A-modules $E \oplus L$ et $F \oplus L$ soient isomorphes. On dit alors que E et F sont *stablement isomorphes* ; cela n'entraîne pas nécessairement que E et F soient isomorphes (VIII, p. 202, exerc. 2 et VIII, p. 205, exerc. 14).

Lorsque l'anneau A est commutatif, il existe sur le groupe additif $K_0(A)$ une structure d'anneau commutatif, dont la multiplication est caractérisée par la formule $[E]_{\mathscr{P}(A)}[F]_{\mathscr{P}(A)} = [E \otimes_A F]_{\mathscr{P}(A)}$ (VIII, p. 194, prop. 10).

Remarque. — Soit A un anneau *semi-simple.* Tout A-module est alors semi-simple et projectif (VIII, p. 134, prop. 4), d'où l'égalité

$$\mathscr{LF}(A) = \mathscr{SS}(A) = \mathscr{P}(A)$$

(*cf.* le n° 4 pour la définition de $\mathscr{LF}(A)$ et $\mathscr{SS}(A)$). On a donc $K_0(A) = R(A)$ d'après la définition de ces groupes de Grothendieck.

Exemple. — Si tout A-module projectif de type fini est libre, alors le rang définit un isomorphisme de $K_0(A)$ sur **Z**. C'est en particulier le cas si A est un anneau principal (VII, p. 14, cor. 3) ou si A est un anneau local (VIII, p. 33, cor. 6).

9. Le groupe de Grothendieck $\mathrm{K}_0(\mathrm{A})$ d'un anneau artinien

Soit A un anneau artinien à gauche. Soit $\mathfrak{r}$ son radical ; c'est un idéal bilatère nilpotent de A et l'anneau $\mathrm{A}/\mathfrak{r}$ est semi-simple (VIII, p. 169, prop. 1). D'après le corollaire de VIII, p. 172, l'application $\mathrm{P} \mapsto \mathrm{cl}(\mathrm{P}/\mathfrak{r}\mathrm{P})$ est un isomorphisme du monoïde $\mathscr{P}(\mathrm{A})$ sur le monoïde $\mathscr{P}(\mathrm{A}/\mathfrak{r})$; on en déduit un isomorphisme de groupes γ de $\mathrm{K}_0(\mathrm{A})$ sur $\mathrm{K}_0(\mathrm{A}/\mathfrak{r})$, caractérisé par la relation $\gamma([\mathrm{P}]_{\mathscr{P}(\mathrm{A})}) = [\mathrm{P}/\mathfrak{r}\mathrm{P}]_{\mathscr{P}(\mathrm{A}/\mathfrak{r})}$ pour tout A-module projectif de type fini P.

Comme l'anneau $\mathrm{A}/\mathfrak{r}$ est semi-simple, la remarque ci-dessus entraîne l'égalité $\mathrm{R}(\mathrm{A}/\mathfrak{r}) = \mathrm{K}_0(\mathrm{A}/\mathfrak{r})$. Les modules de longueur finie sur l'anneau $\mathrm{A}/\mathfrak{r}$ ne sont autres que les modules semi-simples de longueur finie sur l'anneau A (VIII, p. 170, prop 2) ; par suite, on peut identifier $\mathscr{LF}(\mathrm{A}/\mathfrak{r})$ à $\mathscr{SS}(\mathrm{A})$, et $\mathrm{R}(\mathrm{A}/\mathfrak{r})$ à $\mathrm{K}(\mathscr{SS}(\mathrm{A}))$. On note δ l'homomorphisme $\gamma_{\mathscr{LF}(\mathrm{A}),\mathscr{SS}(\mathrm{A})}$ de $\mathrm{R}(\mathrm{A}/\mathfrak{r}) = \mathrm{K}(\mathscr{SS}(\mathrm{A}))$ sur $\mathrm{R}(\mathrm{A}) = \mathrm{K}(\mathscr{LF}(\mathrm{A}))$ (VIII, p. 187, remarque 1), c'est un isomorphisme. Enfin, on a $\mathscr{P}(\mathrm{A}) \subset \mathscr{LF}(\mathrm{A})$ et l'on pose $\varepsilon = \gamma_{\mathscr{LF}(\mathrm{A}),\mathscr{P}(\mathrm{A})}$. On a donc défini un diagramme

$$\begin{array}{ccccc} \mathrm{K}_0(\mathrm{A}) & \xrightarrow{\gamma} & \mathrm{K}_0(\mathrm{A}/\mathfrak{r}) & = & \mathrm{R}(\mathrm{A}/\mathfrak{r}) \\ & {\scriptstyle\varepsilon}\searrow & & \swarrow{\scriptstyle\delta} & \\ & & \mathrm{R}(\mathrm{A}). & & \end{array}$$

Notons $\mathscr{S}$ l'ensemble (fini) des classes de A-modules simples ; pour tout $\lambda \in \mathscr{S}$, choisissons un module S_λ de classe λ et une couverture projective $(\mathrm{P}_\lambda, u_\lambda)$ de S_λ (VIII, p. 171, prop. 4). Il résulte de la prop. 6 de VIII, p. 172 que $\mathrm{K}_0(\mathrm{A})$ est un $\mathbf{Z}$-module libre ayant pour base la famille $([\mathrm{P}_\lambda]_{\mathscr{P}(\mathrm{A})})_{\lambda\in\mathscr{S}}$. De plus, comme S_λ est isomorphe à $\mathrm{P}_\lambda/\mathfrak{r}\mathrm{P}_\lambda$ (VIII, p. 172), γ transforme la base $([\mathrm{P}_\lambda]_{\mathscr{P}(\mathrm{A})})_{\lambda\in\mathscr{S}}$ de $\mathrm{K}_0(\mathrm{A})$ en la base $([\mathrm{S}_\lambda])_{\lambda\in\mathscr{S}}$ de $\mathrm{R}(\mathrm{A}/\mathfrak{r})$. L'isomorphisme δ transforme la base $([\mathrm{S}_\lambda])_{\lambda\in\mathscr{S}}$ de $\mathrm{R}(\mathrm{A}/\mathfrak{r})$ en la base $([\mathrm{S}_\lambda])_{\lambda\in\mathscr{S}}$ de $\mathrm{R}(\mathrm{A})$.

On appelle *matrice de Cartan* de A la matrice $(a_{\lambda\mu})$ de l'homomorphisme de $\mathbf{Z}$-modules $\varepsilon : \mathrm{K}_0(\mathrm{A}) \to \mathrm{R}(\mathrm{A})$ par rapport aux bases $([\mathrm{P}_\lambda]_{\mathscr{P}(\mathrm{A})})_{\lambda\in\mathscr{S}}$ de $\mathrm{K}_0(\mathrm{A})$ et $([\mathrm{S}_\lambda])_{\lambda\in\mathscr{S}}$ de $\mathrm{R}(\mathrm{A})$. Par définition, on a

$$(19) \qquad [\mathrm{P}_\mu] = \sum_{\lambda\in\mathscr{S}} a_{\lambda\mu}[\mathrm{S}_\lambda] \qquad (\text{pour } \mu \in \mathscr{S})$$

dans le groupe $\mathrm{R}(\mathrm{A})$. Autrement dit, $a_{\lambda\mu}$ est le nombre de quotients isomorphes à S_λ dans une suite de Jordan-Hölder du A-module P_μ.

Posons $\pi = \varepsilon \circ \gamma^{-1} \circ \delta^{-1}$; c'est un endomorphisme du groupe $\mathrm{R}(\mathrm{A})$. Si M est un A-module semi-simple de type fini et (P, u) une couverture projective de M, on a

$\pi([\mathrm{M}]) = [\mathrm{P}]$. D'après la formule (19), la matrice de π par rapport à la base $([\mathrm{S}_\lambda])_{\lambda\in\mathscr{S}}$ de R(A) n'est autre que la matrice de Cartan de A.

10. Changement d'anneau pour $\mathrm{K}_0(\mathrm{A})$

Soient A et B des anneaux. Soit $f : \mathrm{A} \to \mathrm{B}$ un homomorphisme d'anneaux. Si P est un A-module projectif de type fini, le B-module $f^*(\mathrm{P}) = \mathrm{B} \otimes_{\mathrm{A}} \mathrm{P}$ est projectif de type fini (II, p. 84, cor.) ; l'application $\mathrm{P} \mapsto \mathrm{cl}(f^*(\mathrm{P}))$ est un homomorphisme du monoïde $\mathscr{P}(\mathrm{A})$ dans le monoïde $\mathscr{P}(\mathrm{B})$, et définit donc un homomorphisme f^* : $\mathrm{K}_0(\mathrm{A}) \to \mathrm{K}_0(\mathrm{B})$ caractérisé par la relation $f^*([\mathrm{P}]_{\mathscr{P}(\mathrm{A})}) = [f^*(\mathrm{P})]_{\mathscr{P}(\mathrm{B})}$ pour tout A-module projectif de type fini P. Si $g : \mathrm{B} \to \mathrm{C}$ est un second homomorphisme d'anneaux, il résulte de la transitivité de l'extension des scalaires (II, p. 83, prop. 2) que les homomorphismes $(g \circ f)^*$ et $g^* \circ f^*$ de $\mathrm{K}_0(\mathrm{A})$ dans $\mathrm{K}_0(\mathrm{C})$ sont égaux.

Supposons que f fasse de B un A-module à gauche projectif de type fini. Soit Q un B-module à gauche projectif de type fini. Alors Q est facteur direct d'un B-module libre de type fini, qui est lui-même projectif de type fini sur A. Par conséquent, le A-module $f_*(\mathrm{Q})$ déduit de Q par restriction des scalaires est projectif de type fini. On en déduit comme ci-dessus un homomorphisme $f_* : \mathrm{K}_0(\mathrm{B}) \to \mathrm{K}_0(\mathrm{A})$ caractérisé par la relation $f_*([\mathrm{Q}]_{\mathscr{P}(\mathrm{B})}) = [f_*(\mathrm{Q})]_{\mathscr{P}(\mathrm{A})}$ pour tout B-module projectif de type fini Q. Si $g : \mathrm{B} \to \mathrm{C}$ est un homomorphisme d'anneaux qui fait de C un B-module projectif de type fini, les homomorphismes $(g \circ f)_*$ et $f_* \circ g_*$ de $\mathrm{K}_0(\mathrm{C})$ dans $\mathrm{K}_0(\mathrm{A})$ sont égaux.

11. Réciprocité de Frobenius

Soit A un anneau *semi-simple*. Soit f un homomorphisme de A dans un anneau semi-simple B. Soient S un A-module simple, T un B-module simple, D et E les commutants de S et T respectivement. D'après le lemme de Schur (VIII, p. 43, cor.), D et E sont des corps. Soit H l'ensemble des homomorphismes A-linéaires de S dans $f_*(\mathrm{T})$. On munit H de la structure de (E, D)-bimodule dont les lois d'action sont $(e, u) \mapsto e \circ u$ et $(d, u) \mapsto u \circ d$ (pour $e \in \mathrm{E}$, $u \in \mathrm{H}$, $d \in \mathrm{D}$).

PROPOSITION 11. — a) *La multiplicité* $[f_*(\mathrm{T}) : \mathrm{S}]$ *du* A-*module simple* S *dans le* A-*module semi-simple* $f_*(\mathrm{T})$ *est égale à la dimension de* H *considéré comme espace vectoriel à droite sur* D.

b) *La multiplicité* $[f^*(\mathrm{S}) : \mathrm{T}]$ *est finie et est égale à la dimension de* H *considéré comme espace vectoriel à gauche sur* E.

L'assertion a) résulte de la formule (11) de VIII, p. 68.

Le B-module $f^*(\mathrm{S})$ est semi-simple et de type fini, donc de longueur finie. D'après la formule (12) de *loc. cit.*, on a

$$[f^*(\mathrm{S}) : \mathrm{T}] = \dim_{\mathrm{E}} \mathrm{Hom}_{\mathrm{B}}(f^*(\mathrm{S}), \mathrm{T}). \tag{20}$$

Or, on a défini en II, p. 82 (formule 2 et remarque 2) une bijection E-linéaire de $\mathrm{Hom}_{\mathrm{A}}(\mathrm{S}, f_*(\mathrm{T}))$ sur $\mathrm{Hom}_{\mathrm{B}}(f^*(\mathrm{S}), \mathrm{T})$. L'assertion b) résulte alors de la formule (20).

COROLLAIRE (Réciprocité de Frobenius). — *Supposons que* A *et* B *soient des algèbres semi-simples de dimension finie sur un corps commutatif* K *et que* f *soit* K*-linéaire. Alors les* K*-espaces vectoriels* S, T, D, E *et* H *sont de dimension finie, et l'on a les égalités*

$$[f_*(\mathrm{T}) : \mathrm{S}][\mathrm{D} : \mathrm{K}] = [f^*(\mathrm{S}) : \mathrm{T}][\mathrm{E} : \mathrm{K}] = [\mathrm{H} : \mathrm{K}]. \tag{21}$$

En particulier, lorsque K *est algébriquement clos, on a* D = E = K *et*

$$[f_*(\mathrm{T}) : \mathrm{S}] = [f^*(\mathrm{S}) : \mathrm{T}] = [\mathrm{H} : \mathrm{K}] \tag{22}$$

Le A-module S est simple, donc monogène, et D est un sous-espace vectoriel de $\mathrm{Hom}_{\mathrm{K}}(\mathrm{S}, \mathrm{S})$; donc S et D sont de dimension finie sur K. Pour une raison analogue, T et E sont de dimension finie sur K. Enfin, H est un sous-espace vectoriel de $\mathrm{Hom}_{\mathrm{K}}(\mathrm{S}, \mathrm{T})$; il est donc aussi de dimension finie. La formule (21) résulte alors de la prop. 11 puisque la dimension de H sur K est égale à $[\mathrm{H} : \mathrm{D}][\mathrm{D} : \mathrm{K}]$ et à $[\mathrm{H} : \mathrm{E}][\mathrm{E} : \mathrm{K}]$ (II, p. 31, prop. 25). D'après le th. 1 de VIII, p. 43, si K est algébriquement clos, on a D = E = K. La deuxième partie du corollaire résulte alors de la première.

Soient A et B des algèbres semi-simples de dimension finie sur un corps commutatif K et que f soit un *homomorphisme de* K*-algèbres* de A dans B.

Soit $\mathscr{S}(\mathrm{A})$ l'ensemble des classes de A-modules simples ; pour tout $\lambda \in \mathscr{S}(\mathrm{A})$, soit S_λ un module de classe λ, et D_λ son commutant ; alors D_λ est une algèbre de degré fini sur K, et l'on note d_λ ce degré. On définit de manière analogue $\mathscr{S}(\mathrm{B})$, T_μ, E_μ et e_μ pour μ dans $\mathscr{S}(\mathrm{B})$. Le groupe de Grothendieck $\mathrm{K}_0(\mathrm{A})$ a pour base la famille $([\mathrm{S}_\lambda])_{\lambda \in \mathscr{S}(\mathrm{A})}$ et $\mathrm{K}_0(\mathrm{B})$ a pour base $([\mathrm{T}_\mu])_{\mu \in \mathscr{S}(\mathrm{B})}$. Soient $(a_{\mu\lambda})$ la matrice de $f^* : \mathrm{K}_0(\mathrm{A}) \to \mathrm{K}_0(\mathrm{B})$ et $(b_{\lambda\mu})$ la matrice de $f_* : \mathrm{K}_0(\mathrm{B}) \to \mathrm{K}_0(\mathrm{A})$ par rapport à ces bases. On a par définition

$$a_{\mu\lambda} = [f^*(\mathrm{S}_\lambda) : \mathrm{T}_\mu], \qquad b_{\lambda\mu} = [f_*(\mathrm{T}_\mu) : \mathrm{S}_\lambda] \tag{23}$$

pour λ dans $\mathscr{S}(\mathrm{A})$ et μ dans $\mathscr{S}(\mathrm{B})$. Notons $h_{\lambda\mu}$ la dimension sur le corps K de l'espace vectoriel $\mathrm{Hom}_{\mathrm{A}}(\mathrm{S}_\lambda, f_*(\mathrm{T}_\mu))$. D'après le corollaire ci-dessus, on a

$$h_{\lambda\mu} = e_\mu a_{\mu\lambda} = d_\lambda b_{\lambda\mu}. \tag{24}$$

Lorsque le corps K est algébriquement clos, on a $d_\lambda = e_\mu = 1$; par conséquent, on a

$$a_{\mu\lambda} = b_{\lambda\mu} = h_{\lambda\mu}. \tag{25}$$

Autrement dit, les matrices de f_* et f^* par rapport aux bases données de $\mathrm{K}_0(\mathrm{A})$ et $\mathrm{K}_0(\mathrm{B})$ sont transposées l'une de l'autre.

12. Cas des anneaux simples

Soient A et B des anneaux simples et f un homomorphisme de A dans B. Soient S un A-module simple et T un B-module simple. On pose

$$i(f) = [f^*(\mathrm{S}) : \mathrm{T}] = \mathrm{long}_{\mathrm{B}}(f^*(\mathrm{S})) \ ; \tag{26}$$

on dit que le cardinal $i(f)$ est l'*indice de* f. Lorsque A est un sous-anneau de B, et f l'injection canonique de A dans B, on écrit $i(\mathrm{B}, \mathrm{A})$ au lieu de $i(f)$, et l'on dit que ce cardinal est l'*indice de* A *dans* B. On définit de manière analogue la *hauteur* $h(f)$ *de* f :

$$h(f) = [f_*(\mathrm{T}) : \mathrm{S}] = \mathrm{long}_{\mathrm{A}}(f_*(\mathrm{T})) \ ; \tag{27}$$

lorsque A est un sous-anneau de B et f l'injection canonique de A dans B, on écrit $h(\mathrm{B}, \mathrm{A})$ pour $h(f)$ et l'on dit que c'est la *hauteur de* A *dans* B.

Le A-module S est monogène, donc le B-module $f^*(\mathrm{S}) = \mathrm{B} \otimes_{\mathrm{A}} \mathrm{S}$ est monogène ; il en résulte que $i(f)$ est *fini*, donc que c'est un entier. Soit M un A-module. Notons $\mathfrak{a}$ sa longueur, alors M est isomorphe à $\mathrm{S}^{(\mathfrak{a})}$. Donc le B-module $f_*(\mathrm{M})$ est isomorphe à $f_*(\mathrm{S})^{(\mathfrak{a})}$. Par définition de $i(f)$, on a donc

$$\mathrm{long}_{\mathrm{B}}(f^*(\mathrm{M})) = i(f)\,\mathrm{long}_{\mathrm{A}}(\mathrm{M}). \tag{28}$$

Les **Z**-modules $\mathrm{K}_0(\mathrm{A})$ et $\mathrm{K}_0(\mathrm{B})$ sont libres de dimension 1, de bases respectives [S] et [T], et l'on a

$$f^*([\mathrm{S}]) = i(f)[\mathrm{T}]. \tag{29}$$

Prenons en particulier $\mathrm{M} = \mathrm{A}_s$; alors $f^*(\mathrm{A}_s) = \mathrm{B} \otimes_{\mathrm{A}} \mathrm{A}_s$ est isomorphe à B_s (II, p. 56), d'où

$$i(f) = \mathrm{long}(\mathrm{B})/\,\mathrm{long}(\mathrm{A}). \tag{30}$$

D'après le théorème de Wedderburn (VIII, p. 116, th. 1), il existe des entiers $m \geqslant 1$ et $n \geqslant 1$ et des corps D et E tels que A soit isomorphe à $\mathbf{M}_m(\mathrm{D})$ et B à $\mathbf{M}_n(\mathrm{E})$; d'après la formule (30), on a $i(f) = \frac{n}{m}$ et en particulier m divise n.

Soit N un B-module ; notons $\mathfrak{a}$ sa longueur. Alors N est isomorphe à $\mathrm{T}^{(\mathfrak{a})}$, donc le A-module $f_*(\mathrm{N})$ est isomorphe à $f_*(\mathrm{T})^{(\mathfrak{a})}$; par définition de $h(f)$, on a

$$\mathrm{long}_{\mathrm{A}}(f_*(\mathrm{N})) = h(f)\,\mathrm{long}_{\mathrm{B}}(\mathrm{N}). \tag{31}$$

On a vu (VIII, p. 120, prop. 5) que f fait de B un A-module libre et que toutes les bases de ce module ont le même cardinal, noté $[\mathrm{B} : \mathrm{A}]_s$ et appelé le *degré (à gauche) de* B *sur* A. Le A-module $f_*(\mathrm{B}_s)$ est isomorphe à $\mathrm{A}_s^{[\mathrm{B}:\mathrm{A}]_s}$, donc il est de longueur égale à $[\mathrm{B} : \mathrm{A}]_s\,\mathrm{long}(\mathrm{A})$. D'après la formule (30), et la formule (31) appliquée au cas particulier $\mathrm{N} = \mathrm{B}_s$, on a donc

$$[\mathrm{B} : \mathrm{A}]_s = i(f)h(f). \tag{32}$$

Supposons maintenant que B soit un A-module de type fini, c'est-à-dire que $[\mathrm{B} : \mathrm{A}]_s$ soit fini. Alors $h(f)$ est fini d'après la formule précédente. On a défini (VIII, p. 197) un homomorphisme de groupes f_* de $\mathrm{K}_0(\mathrm{B})$ dans $\mathrm{K}_0(\mathrm{A})$; on a

$$f_*([\mathrm{T}]) = h(f)[\mathrm{S}]. \tag{33}$$

Supposons que A et B soient des algèbres de dimension finie sur un corps commutatif K et que f soit K-linéaire. Comme plus haut, il existe des entiers $m \geqslant 1$ et $n \geqslant 1$, des K-algèbres D et E qui sont de corps et des isomorphismes de K-algèbres de A sur $\mathbf{M}_m(\mathrm{D})$ et de B sur $\mathbf{M}_n(\mathrm{E})$. Posons $d = [\mathrm{D} : \mathrm{K}]$ et $e = [\mathrm{E} : \mathrm{K}]$. On a alors les relations

$$[\mathrm{A} : \mathrm{K}] = m^2 d, \qquad [\mathrm{B} : \mathrm{K}] = n^2 e, \qquad [\mathrm{B} : \mathrm{A}]_s = \frac{n^2 e}{m^2 d}$$

et, d'après les formules (30) et (32), les relations

$$i(f) = \frac{n}{m}, \qquad h(f) = \frac{ne}{md}.$$

Lorsque le corps K est algébriquement clos, on a $d = e = 1$, d'où $i(f) = h(f)$ et $[\mathrm{B} : \mathrm{A}]_s = i(f)^2$.

Soient A, B et C des anneaux simples et soient $f : \mathrm{A} \to \mathrm{B}$ et $g : \mathrm{B} \to \mathrm{C}$ des homomorphismes. Soit S un A-module simple. Les C-modules $(g \circ f)^*(\mathrm{S})$ et $g^*(f^*(\mathrm{S}))$ sont isomorphes ; on a donc, d'après les formules (26) et (28),

$$i(g \circ f) = \mathrm{long}_{\mathrm{C}}(g^*(f^*(\mathrm{S}))) = i(g)\,\mathrm{long}_{\mathrm{B}}(f^*(\mathrm{S})) = i(g)i(f).$$

On démontre de même l'égalité $h(g \circ f) = h(g)h(f)$. Lorsque A est un sous-anneau de B, que B est un sous-anneau de C et que f et g sont les injections canoniques, ces égalités s'écrivent encore

$$(34) \qquad i(\mathrm{C}, \mathrm{A}) = i(\mathrm{C}, \mathrm{B})i(\mathrm{B}, \mathrm{A}), \qquad h(\mathrm{C}, \mathrm{A}) = h(\mathrm{C}, \mathrm{B})h(\mathrm{B}, \mathrm{A}).$$

PROPOSITION 12. — *Soit* B *un anneau simple et soit* A *un sous-anneau simple de* B. *On suppose que* B *est un* A*-module à gauche de type fini. Soit* M *un* B*-module à gauche de type fini non nul. Posons* $\mathrm{A}' = \mathrm{End}_{\mathrm{A}}(\mathrm{M})$ *et* $\mathrm{B}' = \mathrm{End}_{\mathrm{B}}(\mathrm{M})$. *Alors* B′ *est un sous-anneau de* A′, *les anneaux* A′ *et* B′ *sont simples,* A′ *est un* B′*-module à gauche de type fini et l'on a les égalités*

$$i(\mathrm{A}', \mathrm{B}') = h(\mathrm{B}, \mathrm{A}), \quad h(\mathrm{A}', \mathrm{B}') = i(\mathrm{B}, \mathrm{A}), \quad [\mathrm{A}' : \mathrm{B}']_s = [\mathrm{B} : \mathrm{A}]_s.$$

D'après la prop. 4 de VIII, p. 119, l'anneau A′ est simple, M est un A′-module de longueur finie et l'on a

$$\mathrm{long}_{\mathrm{A}}(\mathrm{M}) = \mathrm{long}(\mathrm{A}'), \quad \mathrm{long}_{\mathrm{A}'}(\mathrm{M}) = \mathrm{long}(\mathrm{A}).$$

Pour les mêmes raisons, l'anneau B′ est simple et l'on a

$$\mathrm{long}_{\mathrm{B}}(\mathrm{M}) = \mathrm{long}(\mathrm{B}'), \quad \mathrm{long}_{\mathrm{B}'}(\mathrm{M}) = \mathrm{long}(\mathrm{B}).$$

D'après les formules (31) et (30), on a donc

$$h(\mathrm{B}, \mathrm{A}) = \mathrm{long}_{\mathrm{A}}(\mathrm{M}) / \mathrm{long}_{\mathrm{B}}(\mathrm{M}) = \mathrm{long}(\mathrm{A}') / \mathrm{long}(\mathrm{B}') = i(\mathrm{A}', \mathrm{B}'),$$

et la formule $h(\mathrm{A}', \mathrm{B}') = i(\mathrm{B}, \mathrm{A})$ s'établit de manière analogue. De là on déduit

$$[\mathrm{A}' : \mathrm{B}']_s = i(\mathrm{A}', \mathrm{B}')h(\mathrm{A}', \mathrm{B}') = h(\mathrm{B}, \mathrm{A})i(\mathrm{B}, \mathrm{A}) = [\mathrm{B} : \mathrm{A}]_s$$

par la formule (32). En particulier, A′ est un B′-module à gauche de type fini.

EXERCICES

1) Soit p un nombre premier. Notons $\mathscr{C}$ l'ensemble des classes des **Z**-modules de la forme $(\mathbf{Z}/p^2\mathbf{Z})^n \oplus (\mathbf{Z}/p^3\mathbf{Z})^m$ pour $n, m \in \mathbf{N}$.

a) Démontrer que $\mathscr{C}$ est additif mais qu'il n'est pas héréditaire. Quel est le plus petit ensemble héréditaire $\mathscr{H}$ contenant $\mathscr{C}$?

b) Démontrer que toute suite exacte courte de modules de type $\mathscr{C}$ est scindée. Décrire le groupe $\mathrm{K}(\mathscr{C})$.

c) Construire une suite exacte

$$0 \to \mathrm{M}_0 \to \mathrm{M}_1 \to \mathrm{M}_2 \to \mathrm{M}_3 \to \mathrm{M}_4 \to 0$$

de modules de type $\mathscr{C}$ telle que les classes de $\mathrm{M}_0 \oplus \mathrm{M}_2 \oplus \mathrm{M}_4$ et $\mathrm{M}_1 \oplus \mathrm{M}_3$ dans $\mathrm{K}(\mathscr{C})$ soient distinctes.

d) L'homomorphisme naturel de $\mathrm{K}(\mathscr{C})$ dans $\mathrm{K}(\mathscr{H})$ est il injectif ?

2) Soient A un anneau, a et b deux éléments de A tels que $ab = 1$ et $ba \neq 1$. Démontrer que le A-module $\mathrm{A}(1 - ba)$ est projectif et qu'il est stablement isomorphe au A-module nul. Plus précisément, démontrer que les A-modules A_s et $\mathrm{A}(1-ba) \oplus \mathrm{A}_s$ sont isomorphes.

3) Soient A et B des anneaux. Calculer les groupes de Grothendieck $\mathrm{R}(\mathrm{A}\times\mathrm{B})$ et $\mathrm{K}_0(\mathrm{A}\times\mathrm{B})$ en fonction de ceux de A et de B.

4) Soient A et B des anneaux équivalents au sens de Morita. Démontrer que les groupes $\mathrm{R}(\mathrm{A})$ et $\mathrm{R}(\mathrm{B})$ (resp. $\mathrm{K}_0(\mathrm{A})$ et $\mathrm{K}_0(\mathrm{B})$) sont isomorphes.

5) Soit A un anneau. Notons $\mathscr{I}(\mathrm{A})$ l'ensemble des couples (n, p) où n est un entier et p un élément idempotent de $\mathrm{M}_n(\mathrm{A})$. On définit une loi d'addition sur $\mathscr{I}(\mathrm{A})$ en posant $(m, p) + (n, q) = (m + n, \left(\begin{smallmatrix} p & 0 \\ 0 & q \end{smallmatrix}\right))$.

a) Soit $\mathscr{P}(\mathrm{A}^{\mathrm{o}})$ le monoïde des classes de A-modules à droite projectifs de type fini ; soit $\varphi : \mathscr{I}(\mathrm{A}) \to \mathscr{P}(\mathrm{A}^{\mathrm{o}})$ l'application définie par $\varphi(n, p) = \mathrm{cl}(\mathrm{Im}\, p)$. Démontrer que φ est un homomorphisme surjectif et que des éléments (m, p) et (n, q) de $\mathscr{I}(\mathrm{A})$ ont même image par φ si et seulement s'il existe $a \in \mathrm{M}_{m,n}(\mathrm{A})$ et $b \in \mathrm{M}_{n,m}(\mathrm{A})$ tels que $ab = p$ et $ba = q$.

b) En déduire que les groupes $\mathrm{K}_0(\mathrm{A})$ et $\mathrm{K}_0(\mathrm{A}^{\mathrm{o}})$ sont isomorphes.

6) Soient A un anneau, G un groupe abélien, $\mathrm{T} : \mathrm{A} \to \mathrm{G}$ une application traciale (VIII, p. 111, exerc. 3). Pour tout A-module à droite projectif de type fini P, on note

$$\mathrm{T}_{\mathrm{P}} : \mathrm{End}_{\mathrm{A}}(\mathrm{P} \oplus \mathrm{A}_d) \longrightarrow \mathrm{G}$$

l'unique application traciale qui prolonge T (*loc. cit.*) et π_{P} le projecteur de $\mathrm{End}_{\mathrm{A}}(\mathrm{P} \oplus \mathrm{A}_d)$ d'image P et noyau A_d. Construire un homomorphisme de groupes $\widetilde{\mathrm{T}} : \mathrm{K}_0(\mathrm{A}) \to \mathrm{G}$ tel que $\widetilde{\mathrm{T}}([\mathrm{P}]) = \mathrm{T}_{\mathrm{P}}(\pi_{\mathrm{P}})$ pour tout A-module à droite projectif de type fini P.

7) Soient I un ensemble ordonné filtrant à droite, (A_i, f_{ji}) un système inductif d'anneaux, et A sa limite. Démontrer que $\mathrm{K}_0(\mathrm{A})$ est la limite du système inductif de groupes $(\mathrm{K}_0(\mathrm{A}_i), f_{ji}^*)$.

¶ 8) Soient A, B et C des anneaux, $f : \mathrm{A} \to \mathrm{C}$ et $g : \mathrm{B} \to \mathrm{C}$ des homomorphismes d'anneaux ; on suppose que f est surjectif. On considère le sous-anneau D de $\mathrm{A} \times \mathrm{B}$ formé des couples (a, b) tels que $f(a) = g(b)$. Soient M un A-module, N un B-module et u un C-isomorphisme de $\mathrm{C} \otimes_{\mathrm{A}} \mathrm{M}$ sur $\mathrm{C} \otimes_{\mathrm{B}} \mathrm{N}$. On note P le sous-D-module de $\mathrm{M} \times \mathrm{N}$ formé des couples (m, n) tels que $u(1 \otimes m) = 1 \otimes n$.

a) On suppose que les modules M et N admettent des bases finies $(e_i)_{i \in \mathrm{I}}$ et $(f_j)_{j \in \mathrm{J}}$, et que la matrice de u dans les bases $(1 \otimes e_i)$ et $(1 \otimes f_j)$ est l'image d'une matrice inversible (a_{ji}) à éléments dans A. Prouver que le D-module P est libre ; plus précisément, les éléments $(e_i, \sum_j a_{ji} f_j)_{i \in \mathrm{I}}$ forment une base de P.

b) Soient p, q des entiers, $X \in \mathbf{M}_{p,q}(\mathrm{C})$ et $Y \in \mathbf{M}_{q,p}(\mathrm{C})$ des matrices telles que $XY = I_p$ et $YX = I_q$. Prouver que la matrice carrée $\left(\begin{smallmatrix} X & 0 \\ 0 & Y \end{smallmatrix}\right)$ est l'image d'une matrice inversible à éléments dans A en utilisant l'identité

$$\begin{pmatrix} X & 0 \\ 0 & Y \end{pmatrix} = \begin{pmatrix} I_p & X \\ 0 & I_q \end{pmatrix} \begin{pmatrix} I_p & 0 \\ -Y & I_q \end{pmatrix} \begin{pmatrix} I_p & X \\ 0 & I_q \end{pmatrix} \begin{pmatrix} 0 & -I_p \\ I_q & 0 \end{pmatrix}.$$

c) On suppose que les modules M et N sont libres de type fini ; déduire de *a*) et *b*) que le D-module P est projectif de type fini.

d) On suppose que M et N sont projectifs de type fini. Construire un A-module M′ et un B-module N′ tels que $\mathrm{M} \oplus \mathrm{M}'$ et $\mathrm{N} \oplus \mathrm{N}'$ soient libres de type fini, et que les C-modules $\mathrm{C} \otimes_{\mathrm{A}} \mathrm{M}'$ et $\mathrm{C} \otimes_{\mathrm{B}} \mathrm{N}'$ soient isomorphes. En déduire que le D-module P est projectif de type fini.

e) Prouver que les homomorphismes canoniques $\mathrm{A} \otimes_{\mathrm{D}} \mathrm{P} \to \mathrm{M}$ et $\mathrm{B} \otimes_{\mathrm{D}} \mathrm{P} \to \mathrm{N}$ déduits des deux projections sont bijectifs (se ramener comme ci-dessus au cas où les hypothèses de *a*) sont satisfaites).

f) Inversement, soit P′ un D-module projectif de type fini ; on pose $\mathrm{M}' = \mathrm{A} \otimes_{\mathrm{D}} \mathrm{P}'$ et $\mathrm{N}' = \mathrm{B} \otimes_{\mathrm{D}} \mathrm{P}'$, et l'on note $u' : \mathrm{C} \otimes_{\mathrm{A}} \mathrm{M}' \to \mathrm{C} \otimes_{\mathrm{B}} \mathrm{N}'$ l'isomorphisme canonique. Prouver que l'homomorphisme canonique de P′ dans $\mathrm{M}' \times \mathrm{N}'$ induit un isomorphisme D-linéaire de P′ sur le D-module associé à $(\mathrm{M}', \mathrm{N}', u')$.

g) Notons $\varphi_0 : \mathrm{K}_0(\mathrm{D}) \to \mathrm{K}_0(\mathrm{A}) \times \mathrm{K}_0(\mathrm{B})$ et $\psi_0 : \mathrm{K}_0(\mathrm{A}) \times \mathrm{K}_0(\mathrm{B}) \to \mathrm{K}_0(\mathrm{C})$ les homomorphismes tels que

$$\varphi_0([\mathrm{P}]) = ([\mathrm{A} \otimes_{\mathrm{D}} \mathrm{P}], [\mathrm{B} \otimes_{\mathrm{D}} \mathrm{P}]) \qquad \text{et} \qquad \psi_0([\mathrm{M}], [\mathrm{N}]) = [\mathrm{C} \otimes_{\mathrm{A}} \mathrm{M}] - [\mathrm{C} \otimes_{\mathrm{B}} \mathrm{N}].$$

Prouver que la suite

$$\mathrm{K}_0(\mathrm{D}) \xrightarrow{\varphi_0} \mathrm{K}_0(\mathrm{A}) \times \mathrm{K}_0(\mathrm{B}) \xrightarrow{\psi_0} \mathrm{K}_0(\mathrm{C})$$

est exacte. Si de plus il existe un homomorphisme d'anneaux $s : \mathrm{C} \to \mathrm{A}$ tel que $f \circ s = \mathrm{Id}_{\mathrm{C}}$, démontrer que φ_0 est injectif et que ψ_0 est surjectif.

9) Soient A un pseudo-anneau, c'est-à-dire une $\mathbf{Z}$-algèbre associative non nécessairement unifère, $\widetilde{\mathrm{A}}$ la $\mathbf{Z}$-algèbre déduite de A par adjonction d'un élément unité (III, p. 5) ; l'ensemble $\widetilde{\mathrm{A}}$ est égal à $\mathbf{Z} \times \mathrm{A}$. On note $\varepsilon : \widetilde{\mathrm{A}} \to \mathbf{Z}$ l'homomorphisme $(n, a) \mapsto n$. On désigne par $\mathrm{K}_0(\mathrm{A})$ le noyau de l'homomorphisme $\varepsilon^* : \mathrm{K}_0(\widetilde{\mathrm{A}}) \to \mathrm{K}_0(\mathbf{Z})$ associé à ε.

a) Si A est unifère, démontrer que $\widetilde{\mathrm{A}}$ est isomorphe à l'anneau produit $\mathbf{Z} \times \mathrm{A}$ et que la définition de $\mathrm{K}_0(\mathrm{A})$ est compatible avec celle donnée au n° 8.

b) Soient A et B des pseudo-anneaux et $f : \mathrm{A} \to \mathrm{B}$ un homomorphisme. Soit $\widetilde{f} : \widetilde{\mathrm{A}} \to \widetilde{\mathrm{B}}$ l'homomorphisme d'anneaux défini par $\widetilde{f}((n, a)) = (n, f(a))$. Prouver que $\widetilde{f}^*$ applique $\mathrm{K}_0(\mathrm{A})$ dans $\mathrm{K}_0(\mathrm{B})$. On note $f^* : \mathrm{K}_0(\mathrm{A}) \to \mathrm{K}_0(\mathrm{B})$ l'homomorphisme déduit de $\widetilde{f}^*$.

c) On suppose que f est surjectif ; on note $\mathfrak{a}$ son noyau, et i l'injection canonique de $\mathfrak{a}$ dans A. Montrer que la suite

$$\mathrm{K}_0(\mathfrak{a}) \xrightarrow{i^*} \mathrm{K}_0(\mathrm{A}) \xrightarrow{f^*} \mathrm{K}_0(\mathrm{B})$$

est exacte. Si de plus il existe un homomorphisme de pseudo-anneaux $s : \mathrm{B} \to \mathrm{A}$ tel que $f \circ s = \mathrm{Id}_{\mathrm{B}}$, i^* est injectif et f^* est surjectif (appliquer l'exerc. 8 en prenant pour triplet $(\mathrm{A}, \mathrm{B}, \mathrm{C})$ d'abord $(\mathrm{A}, \mathrm{A}, \mathrm{B})$, puis $(\mathrm{D}, \mathbf{Z}, \mathrm{A})$).

d) Démontrer que les conclusions des exercices 7 et 8 s'étendent au cas des pseudo-anneaux.

e) On note $\mathbf{M}_\infty(\mathrm{A})$ le pseudo-anneau des matrices de type $\mathbf{N} \times \mathbf{N}$ à éléments dans A, nuls sauf un nombre fini. Soit $f : \mathrm{A} \to \mathbf{M}_\infty(\mathrm{A})$ l'application qui associe à $a \in \mathrm{A}$ la matrice (b_{ij}) telle que $b_{00} = a$ et $b_{ij} = 0$ si $(i, j) \neq (0, 0)$. Prouver que f^* est un isomorphisme de $\mathrm{K}_0(\mathrm{A})$ sur $\mathrm{K}_0(\mathbf{M}_\infty(\mathrm{A}))$ (utiliser les exerc. 4 et 7).

10) Soit A un anneau. On note $\mathbf{GL}_\infty(\mathrm{A})$ le sous-groupe de $\mathbf{GL}(\mathrm{A}^{(\mathbf{N})})$ formé des matrices X telles que $X - I$ n'ait qu'un nombre fini d'éléments non nuls, et $\mathrm{E}(\mathrm{A})$ le sous-groupe de $\mathbf{GL}_\infty(\mathrm{A})$ engendré par les matrices $I + \lambda E_{ij}$ pour i, j dans $\mathbf{N}$, $i \neq j$, $\lambda \in \mathrm{A}$; c'est le groupe dérivé de $\mathbf{GL}_\infty(\mathrm{A})$ (II, p. 208, exerc. 15). On désigne par $\mathrm{K}_1(\mathrm{A})$ le groupe quotient $\mathbf{GL}_\infty(\mathrm{A})/\mathrm{E}(\mathrm{A})$; sa loi de groupe est notée additivement. Tout homomorphisme d'anneaux $f : \mathrm{A} \to \mathrm{B}$ induit un homomorphisme de groupes $f^* : \mathrm{K}_1(\mathrm{A}) \to \mathrm{K}_1(\mathrm{B})$.

a) Pour tout entier $n \geqslant 1$, soit $\iota_n : \mathbf{GL}_n(\mathrm{A}) \to \mathrm{K}_1(\mathrm{A})$ l'homomorphisme qui associe à $X \in \mathbf{GL}_n(\mathrm{A})$ la classe de la matrice $\left(\begin{smallmatrix} X & 0 \\ 0 & I \end{smallmatrix}\right)$. Si l'anneau A est local, prouver que ι_n est surjectif pour tout n (utiliser l'exerc. 17 de VIII, p. 39).

b) On suppose l'anneau A commutatif. Construire un homomorphisme surjectif $d_{\mathrm{A}} : \mathrm{K}_1(\mathrm{A}) \to \mathrm{A}^*$ tel que $d_{\mathrm{A}} \circ \iota_n = \det$ pour tout n. Si de plus A est local ou euclidien, les homomorphismes d_{A} et ι_1 sont des bijections réciproques l'une de l'autre.

c) Soient I un ensemble ordonné filtrant à droite, (A_i, f_{ji}) un système inductif d'anneaux et A sa limite. Prouver que $\mathrm{K}_1(\mathrm{A})$ est la limite du système inductif de groupes $(\mathrm{K}_1(\mathrm{A}_i), f_{ji}^*)$.

¶ 11) On reprend les hypothèses et notations de l'exerc. 8. On note $f' : \mathrm{D} \to \mathrm{B}$ et $g' : \mathrm{D} \to \mathrm{A}$ les homomorphismes déduits des deux projections,

$$\varphi_1 : \mathrm{K}_1(\mathrm{D}) \to \mathrm{K}_1(\mathrm{A}) \times \mathrm{K}_1(\mathrm{B}) \qquad \text{et} \qquad \psi_1 : \mathrm{K}_1(\mathrm{A}) \times \mathrm{K}_1(\mathrm{B}) \to \mathrm{K}_1(\mathrm{C})$$

les applications définies par $\varphi_1(z) = (g'^*(z), f'^*(z))$ et $\psi_1(x, y) = f^*(x) - g^*(y)$.

a) Démontrer que la suite

$$\mathrm{K}_1(\mathrm{D}) \xrightarrow{\varphi_1} \mathrm{K}_1(\mathrm{A}) \times \mathrm{K}_1(\mathrm{B}) \xrightarrow{\psi_1} \mathrm{K}_1(\mathrm{C})$$

est exacte (on remarquera que $f(\mathrm{E}(\mathrm{A})) = \mathrm{E}(\mathrm{C})$). Si de plus il existe un homomorphisme d'anneaux $s : \mathrm{C} \to \mathrm{A}$ tel que $f \circ s = \mathrm{Id}_\mathrm{C}$, démontrer que ψ_1 est surjectif.

b) Pour tout entier n et tout élément g de $\mathbf{GL}_n(\mathrm{C})$, on note P_g le D-module projectif associé aux modules A^n, B^n et à l'isomorphisme de $\mathrm{C} \otimes_\mathrm{A} \mathrm{A}^n$ sur $\mathrm{C} \otimes_\mathrm{B} \mathrm{B}^n$ de matrice g (exerc. 8). Construire un homomorphisme $\partial : \mathrm{K}_1(\mathrm{C}) \to \mathrm{K}_0(\mathrm{D})$ tel que $\partial \circ \iota_n(g) = [\mathrm{P}_g] - [\mathrm{D}_s^n]$ pour tout entier n et tout élément g de $\mathbf{GL}_n(\mathrm{C})$.

c) Prouver que la suite

$$\mathrm{K}_1(\mathrm{D}) \xrightarrow{\varphi_1} \mathrm{K}_1(\mathrm{A}) \times \mathrm{K}_1(\mathrm{B}) \xrightarrow{\psi_1} \mathrm{K}_1(\mathrm{C}) \xrightarrow{\partial} \mathrm{K}_0(\mathrm{D}) \xrightarrow{\varphi_0} \mathrm{K}_0(\mathrm{A}) \times \mathrm{K}_0(\mathrm{B}) \xrightarrow{\psi_0} \mathrm{K}_0(\mathrm{C})$$

est exacte.

12) Soit $f : \mathrm{A} \to \mathrm{B}$ un homomorphisme surjectif d'anneaux, $\mathfrak{a}$ son noyau, i l'injection canonique de $\mathfrak{a}$ dans A. Construire un homomorphisme $\partial : \mathrm{K}_1(\mathrm{B}) \to \mathrm{K}_0(\mathfrak{a})$ tel que la suite

$$\mathrm{K}_1(\mathrm{A}) \xrightarrow{f^*} \mathrm{K}_1(\mathrm{B}) \xrightarrow{\partial} \mathrm{K}_0(\mathfrak{a}) \xrightarrow{i^*} \mathrm{K}_0(\mathrm{A}) \xrightarrow{f^*} \mathrm{K}_0(\mathrm{B})$$

soit exacte (raisonner comme dans l'exerc. 11 *c*)).

13) Notons $\mathscr{C}$ (resp. $\mathscr{D}$) l'ensemble des classes des **Z**-modules de longueur finie (resp. de type fini). Montrer que l'homomorphisme de groupes $\gamma_{\mathscr{D},\mathscr{C}}$ de $\mathrm{K}(\mathscr{C})$ dans $\mathrm{K}(\mathscr{D})$ est nul.

14) Soit K un corps commutatif de caractéristique différente de 2, on note

$$\mathrm{A} = \mathrm{K}[\mathrm{X}, \mathrm{Y}, \mathrm{Z}]/(\mathrm{X}^2 + \mathrm{Y}^2 + \mathrm{Z}^2 - 1).$$

Soit M le A-module $\mathrm{A}^3/\mathrm{A}(\overline{\mathrm{X}}, \overline{\mathrm{Y}}, \overline{\mathrm{Z}})$, où $\overline{\mathrm{X}}$, $\overline{\mathrm{Y}}$ et $\overline{\mathrm{Z}}$ désignent les images respectives de X, Y et Z dans A. Montrer que $\mathrm{M} \oplus \mathrm{A}$ est un A-module libre mais que M n'est pas un module libre.

§ 12. PRODUIT TENSORIEL DE MODULES SEMI-SIMPLES

Dans ce paragraphe, la lettre K *désigne un corps commutatif. Si* E *et* F *sont des espaces vectoriels sur* K*, on note* $E \otimes F$ *le produit tensoriel* $E \otimes_K F$.

1. Modules semi-simples sur un produit tensoriel d'algèbres

Dans ce numéro, on considère des K-algèbres A_1 et A_2 ; on note A l'algèbre $A_1 \otimes A_2$.

PROPOSITION 1. — *Soient* M_1 *un* A_1*-module et* M_2 *un* A_2*-module, tous deux non réduits à* 0. *Si le module* $M = M_1 \otimes M_2$ *sur l'anneau* $A = A_1 \otimes A_2$ *est simple* (resp. *isotypique,* resp. *semi-simple*)*, le* A_1*-module* M_1 *et le* A_2*-module* M_2 *sont simples* (resp. *isotypiques,* resp. *semi-simples*).

Supposons que M soit un A-module semi-simple. Soit N_1 un sous-A_1-module de M_1. Notons N l'image canonique de $N_1 \otimes M_2$ dans le A-module M. D'après le cor. 2 de VIII, p. 52, il existe un projecteur A-linéaire p dans M, d'image N. On a par hypothèse $M_2 \neq 0$; on peut donc choisir un élément m de M_2 et une forme linéaire φ sur le K-espace vectoriel M_2, tels que $\varphi(m) = 1$ (II, p. 105, cor. 2). Soit u l'application de M_1 dans M définie par $u(m_1) = m_1 \otimes m$ et soit v l'application K-linéaire de M dans M_1 caractérisée par $v(m_1 \otimes m_2) = \varphi(m_2)m_1$. Posons $q = v \circ p \circ u$. L'application $q : M_1 \to M_1$ est A_1-linéaire, son image est contenue dans N_1 et on a $q(n) = n$ pour tout $n \in N_1$. Par suite q est un projecteur dans M_1 d'image N_1. On a prouvé que M_1 est un A_1-module semi-simple (VIII, p. 52, cor. 2).

Supposons que M soit simple et que M_1 soit somme directe de deux sous-A_1-modules M_1' et M_1''. Posons $M' = M_1' \otimes M_2$ et $M'' = M_1'' \otimes M_2$; alors M est somme directe des sous-A-modules M' et M''. Comme M est simple, M' ou M'' est réduit à 0 ; comme on a $M_2 \neq 0$ par hypothèse, on a $M_1' = 0$ ou $M_1'' = 0$ (II, p. 62, cor. 2). Cela prouve que M_1 est un A_1-module simple.

Supposons maintenant que M soit un A-module isotypique. Soient S et T des sous-A_1-modules simples de M_1. Les A-modules $S \otimes M_2$ et $T \otimes M_2$ s'identifient à des sous-modules non nuls de M. Ils sont donc isotypiques de même type que M. D'après la remarque de VIII, p. 57, il existe une application A-linéaire non nulle $f : S \otimes M_2 \to T \otimes M_2$. L'application f est en particulier A_1-linéaire. Comme les A_1-modules $S \otimes M_2$ et $T \otimes M_2$ sont non nuls et isotypiques de type S et T respectivement, S et T sont isomorphes. Cela prouve que M_1 est un A_1-module isotypique.

PROPOSITION 2. — *Soit* S *un module simple sur l'anneau* $A = A_1 \otimes A_2$ *et de dimension finie sur* K. *Pour* $i \in \{1, 2\}$, *il existe un* A_i*-module simple* S_i *tel que le* A_i*-module* S *soit isotypique de type* S_i. *Le* A*-module* S *est isomorphe à un quotient du* A*-module* $S_1 \otimes S_2$.

Comme S est un A_1-module de dimension finie non nulle sur K, il est de longueur finie sur A_1 et il existe un A_1-module à gauche simple S_1 et une application A_1-linéaire non nulle de S_1 dans S. Munissons $M_2 = \mathrm{Hom}_{A_1}(S_1, S)$ de la structure de A_2-module à gauche définie par la loi d'action $(a_2, u) \mapsto (a_2)_S \circ u$. On a $M_2 \neq 0$ par construction et M_2 est de dimension finie sur K. On peut donc trouver un A_2-module à gauche simple S_2 et une application A_2-linéaire non nulle $\varphi : S_2 \to M_2$. On définit une application A-linéaire non nulle ψ de $S_1 \otimes S_2$ dans S telle que l'on ait

$$\psi(s_1 \otimes s_2) = \varphi(s_2)(s_1)$$

pour tout $s_1 \in S_1$ et tout $s_2 \in S_2$. Comme S est un A-module simple et que ψ n'est pas nulle, ψ est surjective et S est isomorphe à un quotient de $S_1 \otimes S_2$. Pour $i \in \{1, 2\}$, le A_i-module $S_1 \otimes S_2$ est isotypique de type S_i, et il en est donc de même du A_i-module S (VIII, p. 57, prop. 2).

Pour toute K-algèbre B, on note $\mathscr{S}_K(B)$ l'ensemble des classes de B-modules à gauche simples (VIII, p. 47) qui sont de dimension finie sur K.

THÉORÈME 1. — *Supposons le corps* K *algébriquement clos.*

a) *Soit* M_1 *un* A_1*-module et* M_2 *un* A_2*-module tous deux simples* (resp. *semi-simples*) *et de dimension finie sur* K. *Alors* $M_1 \otimes M_2$ *est un module simple* (resp. *semi-simple*) *sur l'anneau* $A_1 \otimes A_2$ *et de dimension finie sur* K.

b) *L'application de* $\mathscr{S}_K(A_1) \times \mathscr{S}_K(A_2)$ *sur* $\mathscr{S}_K(A_1 \otimes A_2)$ *qui applique* $(\mathrm{cl}(S_1), \mathrm{cl}(S_2))$ *sur* $\mathrm{cl}(S_1 \otimes S_2)$ *lorsque* S_1 (resp. S_2) *est un* A_1*-module* (resp. A_2*-module*) *simple de dimension finie sur* K *est bijective.*

Pour démontrer a), il suffit de considérer le cas où M_1 et M_2 sont simples. Soit M' un sous-A-module de $M = M_1 \otimes M_2$, c'est un sous-A_1-module de $M_1 \otimes M_2$, stable par l'ensemble des endomorphismes de la forme $1_{M_1} \otimes u$, où u parcourt l'ensemble des homothéties du A_2-module M_2. Comme le corps K est algébriquement clos, le lemme de Schur (VIII, p. 43, th. 1) entraîne que le commutant $\mathrm{End}_{A_1}(M_1)$ de M_1 est égal à K. D'après le cor. 2 de VIII, p. 59, le sous-A-module M' de $M_1 \otimes M_2$ est de la forme $M_1 \otimes M'_2$, où M'_2 est un sous-A_2-module de M_2. On a supposé que M_2 est simple ; on a donc $M'_2 = 0$ ou $M'_2 = M_2$, c'est-à-dire $M' = 0$ ou $M' = M$. Donc M est simple.

Si S est un module simple sur $A_1 \otimes A_2$, de dimension finie sur K, il résulte de la prop. 2 et de a) que S est isomorphe à un module de la forme $S_1 \otimes S_2$, où S_1 (resp. S_2) est un A_1-module (resp. A_2-module) simple. De plus, en tant que A_i-module, S est isotypique de type S_i, donc la classe de S_i ne dépend que de celle de S. Cela prouve b).

Remarques. — 1) L'assertion a) du th. 1 n'est plus vraie lorsque le corps K n'est pas supposé algébriquement clos. On peut donner des exemples (VIII, p. 221, exerc. 4) où M_i est un A_i-module simple, de dimension finie sur K pour $i \in \{1, 2\}$ et où le A-module $M_1 \otimes M_2$ n'est pas semi-simple, ou est semi-simple mais non simple.

2) Il existe un homomorphisme φ de $R_K(A_1) \otimes_{\mathbf{Z}} R_K(A_2)$ dans $R_K(A)$ caractérisé par la relation $\varphi([M_1] \otimes [M_2]) = [M_1 \otimes M_2]$. Cela se démontre comme la prop. 9 de VIII, p. 192. Si le corps K est algébriquement clos, φ est un isomorphisme de $R_K(A_1) \otimes_{\mathbf{Z}} R_K(A_2)$ sur $R_K(A)$ d'après le th. 1, b), puisque pour toute K-algèbre B, le **Z**-module $R_K(B)$ est libre de base la famille $([S])_{S \in \mathscr{S}_K(B)}$ (VIII, p. 191).

2. Produit tensoriel de modules simples

Soient A_1 et A_2 des algèbres sur le corps commutatif K. On note A la K-algèbre $A_1 \otimes A_2$.

Lemme 1. — *Soient* M_1 *et* N_1 *des* A_1*-modules et soient* M_2 *et* N_2 *des* A_2*-modules. On fait les hypothèses suivantes :*

(i) *Le* A_1*-module* M_1 *est de type fini ;*

(ii) *Le* A_2*-module* M_2 *est de type fini ou* N_1 *est de dimension finie sur* K.

Posons $\mathrm{M} = \mathrm{M}_1 \otimes \mathrm{M}_2$ *et* $\mathrm{N} = \mathrm{N}_1 \otimes \mathrm{N}_2$, *et considérons-les comme modules sur l'anneau* $\mathrm{A} = \mathrm{A}_1 \otimes \mathrm{A}_2$. *L'homomorphisme canonique* (II, p.57)

$$\lambda : \mathrm{Hom}_{\mathrm{K}}(\mathrm{M}_1, \mathrm{N}_1) \otimes \mathrm{Hom}_{\mathrm{K}}(\mathrm{M}_2, \mathrm{N}_2) \longrightarrow \mathrm{Hom}_{\mathrm{K}}(\mathrm{M}, \mathrm{N})$$

induit alors un isomorphisme de K-*espaces vectoriels*

$$\varphi : \mathrm{Hom}_{\mathrm{A}_1}(\mathrm{M}_1, \mathrm{N}_1) \otimes \mathrm{Hom}_{\mathrm{A}_2}(\mathrm{M}_2, \mathrm{N}_2) \longrightarrow \mathrm{Hom}_{\mathrm{A}}(\mathrm{M}, \mathrm{N}).$$

L'application λ est injective (II, p. 110, prop. 16) et applique le sous-espace vectoriel $\mathrm{Hom}_{\mathrm{A}_1}(\mathrm{M}_1, \mathrm{N}_1) \otimes \mathrm{Hom}_{\mathrm{A}_2}(\mathrm{M}_2, \mathrm{N}_2)$ dans $\mathrm{Hom}_{\mathrm{A}}(\mathrm{M}, \mathrm{N})$. Il suffit donc de prouver que toute application A-linéaire de M dans N appartient à l'image de $\mathrm{Hom}_{\mathrm{A}_1}(\mathrm{M}_1, \mathrm{N}_1) \otimes \mathrm{Hom}_{\mathrm{A}_2}(\mathrm{M}_2, \mathrm{N}_2)$ par λ. Soit $u : \mathrm{M} \to \mathrm{N}$ une application A-linéaire. Soit $x \in \mathrm{M}_1$. Notons u_x l'application A_2-linéaire $y \mapsto u(x \otimes y)$ de M_2 dans $\mathrm{N}_1 \otimes \mathrm{N}_2$. Posons $\mathrm{P} = \mathrm{Hom}_{\mathrm{A}_2}(\mathrm{M}_2, \mathrm{N}_2)$. Notons ν l'homomorphisme canonique de $\mathrm{N}_1 \otimes \mathrm{P}$ dans $\mathrm{Hom}_{\mathrm{A}_2}(\mathrm{M}_2, \mathrm{N}_1 \otimes \mathrm{N}_2)$ (II, p. 75). Cette application est injective, (II, p. 75, prop. 2, (i) appliquée au K-espace vectoriel N_1). D'après l'hypothèse (ii), il existe un sous-espace vectoriel V_x de N_1, de dimension finie sur K, tel que u_x prenne ses valeurs dans $\mathrm{V}_x \otimes \mathrm{N}_2$. Il en résulte que u_x est l'image par ν d'un unique élément v_x de $\mathrm{N}_1 \otimes \mathrm{P}$. L'application $\widetilde{u} : x \mapsto v_x$ de M_1 dans $\mathrm{N}_1 \otimes \mathrm{P}$ est A_1-linéaire. D'après l'hypothèse (i), le A_1-module M_1 est de type fini et un raisonnement analogue au précédent montre que $\widetilde{u}$ appartient à l'image de $\mathrm{Hom}_{\mathrm{A}_1}(\mathrm{M}_1, \mathrm{N}_1) \otimes \mathrm{P}$ dans $\mathrm{Hom}_{\mathrm{A}_1}(\mathrm{M}_1, \mathrm{N}_1 \otimes \mathrm{P})$, d'où le lemme 1.

THÉORÈME 2. — *Soient* A_1 *et* A_2 *des algèbres sur le corps commutatif* K ; *soit* S_1 *un* A_1-*module simple et soit* S_2 *un* A_2-*module simple. Soient* D_1 *et* D_2 *les commutants respectifs de* S_1 *et* S_2. *Posons* $\mathrm{M} = \mathrm{S}_1 \otimes \mathrm{S}_2$, $\mathrm{A} = \mathrm{A}_1 \otimes \mathrm{A}_2$ *et* $\mathrm{D} = \mathrm{D}_1 \otimes \mathrm{D}_2$. *On considère* M *comme un* (A, D)-*bimodule à gauche.*

a) *Le commutant du* A-*module* M *est égal à* D_{M}.

b) *L'application* $\mathfrak{a} \mapsto \mathfrak{a}\mathrm{M}$ *est un isomorphisme de l'ensemble des idéaux à droite de* D, *ordonné par inclusion, sur l'ensemble des sous-*A-*modules de* M, *ordonné par inclusion*; *l'application réciproque associe à un sous-module* N *de* M *l'idéal de* D *formé des éléments* d *tels que* $d\mathrm{M} \subset \mathrm{N}$

L'assertion a) résulte du lemme 1 puisqu'un module simple est monogène.

Soit T le $(\mathrm{A}_1, \mathrm{D}_2)$-bimodule $\mathrm{S}_1 \otimes (\mathrm{D}_2)_d$. On identifie $\mathrm{M} = \mathrm{S}_1 \otimes \mathrm{S}_2$ à $\mathrm{T} \otimes_{\mathrm{D}_2} \mathrm{S}_2$ (II, p. 64) ; cette identification est compatible avec les structures de modules à gauche sur l'anneau $\mathrm{A} = \mathrm{A}_1 \otimes \mathrm{A}_2$.

Soit N un sous-A-module de M ; c'est un sous-A_2-module de $\mathrm{T} \otimes_{\mathrm{D}_2} \mathrm{S}_2$, stable par les endomorphismes de la forme $(a_1)_{\mathrm{T}} \otimes 1_{\mathrm{S}_2}$ pour a_1 parcourant A_1. Il résulte du cor. 2 de VIII, p. 59, qu'il existe un unique sous-(A_1, D_2)-bimodule V de T, tel que $N = V \otimes_{D_2} S_2$.

L'isomorphisme u de $T = S_1 \otimes (D_2)_d$ dans $((D_1)_d \otimes (D_2)_d) \otimes_{D_1} S_1$ caractérisé par $u(s \otimes d) = 1 \otimes d \otimes s$ est (A_1, D_2)-linéaire. Identifions ces (A_1, D_2)-bimodules. Un raisonnement analogue à celui qui précède démontre l'existence et l'unicité d'un sous-$(D_1 \otimes D_2)$-module à droite $\mathfrak{a}$ de $D_1 \otimes D_2$ tel que $V = \mathfrak{a} \otimes_{D_1} S_1$. Compte tenu des identifications faites, $\mathfrak{a}$ est l'unique idéal à droite de $D = D_1 \otimes D_2$ tel que $N = \mathfrak{a}M$.

On vient de prouver que l'application $\mathfrak{a} \mapsto \mathfrak{a}M$ est bijective ; la dernière assertion en résulte.

COROLLAIRE 1. — *Le module* $S_1 \otimes S_2$ *sur l'anneau* $A_1 \otimes A_2$ *est semi-simple* (resp. *isotypique,* resp. *simple*) *si et seulement si l'anneau* $D = D_1 \otimes D_2$ *est semi-simple* (resp. *simple,* resp. *un corps*). *En particulier,* $S_1 \otimes S_2$ *est simple si le commutant de* S_1 *ou de* S_2 *est égal à* K.

Compte tenu du théorème 2, pour que le module $S_1 \otimes S_2$ sur l'anneau $D_1 \otimes D_2$ soit semi-simple (resp. isotypique, resp. simple), il faut et il suffit que le D-module à droite $(D_1 \otimes D_2)_d$ le soit (VIII, p. 104, prop. 10). Or le D-module à droite D_d est simple si et seulement si D est un corps ; il est isotypique (resp. semi-simple) si et seulement si l'anneau D est simple (resp. semi-simple) (VIII, p. 116, déf 1, VIII, p. 117, cor. 1 et VIII, p. 133, prop. 2).

COROLLAIRE 2. — *On a* $\mathfrak{R}_A(M) = \mathfrak{R}(D)M$. *Pour que le* A*-module* M *soit sans radical, il faut et il suffit que l'anneau* D *soit sans radical.*

Cela résulte de la prop. 8 de VIII, p. 104 et du th. 2, b).

3. Produit tensoriel d'algèbres commutatives semi-simples

THÉORÈME 3. — *Soient* Z_1 *et* Z_2 *des algèbres commutatives semi-simples sur* K. *Le radical de l'anneau* $Z_1 \otimes Z_2$ *est égal à l'ensemble des éléments nilpotents de cet anneau.*

Traitons d'abord le cas où Z_1 et Z_2 sont des extensions L_1 et L_2 du corps K. Quitte à échanger L_1 et L_2, on se ramène au cas où le degré de transcendance de L_1 sur K est majoré par celui de L_2 sur K. Choisissons une clôture algébrique Ω de L_2 ; d'après le cor. 1 du th. 5 de V, p. 112, on peut supposer que L_1 est une sous-extension de Ω.

A) *Prouvons d'abord que le radical de* $L_1 \otimes L_2$ *est contenu dans celui de* $L_1 \otimes \Omega$. Posons $\mathfrak{a} = \mathfrak{R}(L_1 \otimes L_2)(L_1 \otimes \Omega)$; c'est un idéal de l'anneau commutatif $L_1 \otimes \Omega$ et l'on doit prouver que $\mathfrak{a}$ est contenu dans le radical de $L_1 \otimes \Omega$. Autrement dit (VIII, p. 151, th. 1), il s'agit de prouver que, pour $x \in \mathfrak{a}$, l'élément $1+x$ est inversible dans $L_1 \otimes \Omega$. Or, comme Ω est une extension algébrique de L_2, il existe une extension L_3 de L_2, de degré fini, telle que x appartienne à $\mathfrak{R}(L_1 \otimes L_2)(L_1 \otimes L_3)$. Il suffit évidemment de prouver que $1+x$ est inversible dans $L_1 \otimes L_3$. Or $C = L_1 \otimes L_3$ est un module de type fini sur l'anneau $B = L_1 \otimes L_2$; d'après le cor. de VIII, p. 171, on a $\mathfrak{R}(B)C \subset \mathfrak{R}(C)$, donc x appartient au radical de C et $1+x$ est inversible dans C.

B) *Prouvons que le radical de* $L_1 \otimes \Omega$ *se compose d'éléments nilpotents.* Notons p l'exposant caractéristique de K et P la fermeture radicielle de K dans Ω (V, p. 24) ; c'est un corps parfait. Comme P est une extension algébrique de K, on a $L_1(P) = L_1[P]$ (V, p.18, cor. 1). Soit $\mathfrak{b}$ le noyau de l'homomorphisme canonique de $L_1 \otimes P$ sur le corps $P_1 = L_1[P]$. Soit $x \in \mathfrak{b}$; il existe des éléments $y_1, \ldots, y_n$ de L_1, et des éléments $z_1, \ldots, z_n$ de P tels que $x = \sum_{i=1}^n y_i \otimes z_i$ et $\sum_{i=1}^n y_i z_i = 0$. Comme P est radiciel sur K, il existe une puissance q de p telle que $z_1^q, \ldots, z_n^q$ appartiennent à K. On a alors

$$x^q = \sum_{i=1}^n y_i^q \otimes z_i^q = \sum_{i=1}^n y_i^q z_i^q \otimes 1 = \left(\sum_{i=1}^n y_i z_i\right)^q \otimes 1 = 0.$$

Donc $\mathfrak{b}$ se compose d'éléments nilpotents.

Posons $\mathfrak{c} = \mathfrak{b} \otimes_P \Omega$; c'est le noyau de l'homomorphisme canonique de $(L_1 \otimes P) \otimes_P \Omega$ sur $P_1 \otimes_P \Omega$, et il se compose d'éléments nilpotents d'après ce qui précède. Or Ω est une extension algébriquement close de P, et P_1 est une sous-extension de Ω. Comme le corps P est parfait, P_1 est une extension séparable de P (V, p. 119, th. 3) ; d'après le th. 4 de V, p. 120, l'intersection des idéaux maximaux de l'anneau commutatif $P_1 \otimes_P \Omega$ est réduite à 0. Autrement dit, l'anneau $P_1 \otimes_P \Omega$, qui est isomorphe à $((L_1 \otimes P) \otimes_P \Omega)/\mathfrak{c}$, est sans radical. Ceci prouve (VIII, p. 150, prop. 5) que $\mathfrak{c}$ contient le radical de l'anneau $(L_1 \otimes P) \otimes_P \Omega$; or cet anneau est isomorphe à $L_1 \otimes \Omega$, et $\mathfrak{c}$ se compose d'éléments nilpotents. Donc le radical de $L_1 \otimes \Omega$ se compose d'éléments nilpotents.

C) *Fin de la démonstration du cas particulier.* D'après A) et B), le radical $\mathfrak{r}$ de $L_1 \otimes L_2$ est contenu dans l'ensemble $\mathfrak{n}$ des éléments nilpotents de cet anneau commutatif ; on sait par ailleurs que $\mathfrak{n}$ est contenu dans $\mathfrak{r}$ (VIII, p. 153, remarque 2).

Passons au cas général. Comme une K-algèbre commutative semi-simple est le produit d'un nombre fini d'extensions du corps K (VIII, p. 133, prop. 3) et que le radical d'un produit d'anneaux est le produit des radicaux (VIII, p. 152, cor. 3), le radical de $Z_1 \otimes Z_2$ est l'ensemble des éléments nilpotents de cet anneau.

4. Radical d'un produit tensoriel d'algèbres

Soient A_1 et A_2 des K-algèbres.

PROPOSITION 3. — *On suppose que les algèbres* A_1 *et* A_2 *sont semi-simples, de centres respectifs* Z_1 *et* Z_2*. Posons* $Z = Z_1 \otimes Z_2$.

a) *L'application* $\mathfrak{a} \mapsto \mathfrak{a}A$ *est un isomorphisme de l'ensemble des idéaux de* Z, *ordonné par inclusion, sur l'ensemble des idéaux bilatères de* A, *ordonné par inclusion.*

b) *Le radical de* A *est égal à l'intersection des idéaux bilatères maximaux de* A *et est égal à* $\mathfrak{R}(Z)A$.

c) *Si l'une des* K-*algèbres* Z_1 *ou* Z_2 *est séparable, en particulier si le corps* K *est parfait, les radicaux des anneaux* Z *et* A *sont réduits à* 0.

Chacune des algèbres A_i est produit d'un nombre fini d'algèbres simples. Or le centre d'un produit d'anneaux est le produit des centres, et l'on a des assertions analogues pour les radicaux (VIII, p. 152, cor. 3) et pour les idéaux bilatères (I, p. 104, prop. 8). Il suffit donc de prouver la proposition 3 sous l'hypothèse que A_1 et A_2 sont des algèbres simples.

Pour $i \in \{1, 2\}$, posons $B_i = A_i \otimes A_i^{\circ}$ et considérons A_i comme un B_i-module, les homothéties étant caractérisées par la formule

$$(x \otimes y)z = xzy$$

pour x, y et z dans A_i. Le commutant du B_i-module A_i est $(Z_i)_{A_i}$, l'ensemble des homothéties par les éléments de Z_i, que l'on identifie à Z_i. De plus, les sous-B_i-modules de A_i sont les idéaux bilatères de A_i, et comme l'anneau A_i est simple, il n'a pas d'autre idéal bilatère que 0 et A_i. Donc A_i est un B_i-module simple. Par ailleurs, les sous-$(B_1 \otimes B_2)$-modules de $A_1 \otimes A_2$ sont les idéaux bilatères de l'anneau $A_1 \otimes A_2$.

L'assertion a) résulte donc de VIII, p. 210, th. 2, b) appliqué au B_1-module simple A_1, de commutant Z_1 et au B_2-module simple A_2 de commutant Z_2.

Démontrons l'assertion b). L'intersection des idéaux bilatères maximaux de A est le radical du $(B_1 \otimes B_2)$-module $A_1 \otimes A_2$; d'après le cor. 2 de VIII, p. 211, cette intersection coïncide avec $\mathfrak{R}(Z)A$. Les algèbres Z_1 et Z_2 sont commutatives et semi-simples. Le radical de l'anneau Z est donc formé d'éléments nilpotents (VIII, p. 211, th. 3) et l'idéal bilatère $\mathfrak{R}(Z)A$ de l'anneau A est contenu dans le radical $\mathfrak{R}(A)$ (VIII, p. 153, remarque 1). Mais l'intersection des idéaux bilatères maximaux de A contient $\mathfrak{R}(A)$ (VIII, p. 150, prop. 5, d)). Cela prouve l'assertion b).

Le produit tensoriel d'une algèbre commutative séparable et d'une algèbre commutative réduite est un anneau réduit (V, p. 115, prop. 5) ; les algèbres Z_1 et Z_2 sont commutatives et semi-simples, donc réduites. Si l'une des algèbres Z_1 ou Z_2 est séparable, l'algèbre Z est réduite ; elle est donc sans radical d'après le th. 3 de VIII, p. 211 et l'on a $\mathfrak{R}(A) = \mathfrak{R}(Z)A = 0$. Ceci a lieu en particulier si le corps K est parfait, car toute algèbre commutative et réduite sur un corps parfait est séparable (V, p. 119, th. 3).

COROLLAIRE. — *Supposons que les algèbres* A_1 *et* A_2 *soient simples et que le centre* Z_1 *de* A_1 *soit réduit à* K. *Alors l'anneau* $A_1 \otimes A_2$ *n'a pas d'idéal bilatère distinct de* 0 *et de lui-même.*

Par hypothèse, on a $Z_1 = K$, et comme A_2 est simple, son centre Z_2 est un corps (VIII, p. 117, cor. 1, a)). L'anneau $Z = Z_1 \otimes Z_2$ est donc un corps, et le corollaire résulte de la prop. 3, a).

5. Produit tensoriel de modules semi-simples

PROPOSITION 4. — *Pour* $i \in \{1, 2\}$, *soient* A_i *une* K-*algèbre,* M_i *un* A_i-*module semi-simple et* Z_i *le centre du commutant de* M_i. *Posons* $A = A_1 \otimes A_2$, $M = M_1 \otimes M_2$ *et* $Z = Z_1 \otimes Z_2$. *On a* $\mathfrak{R}_A(M) = \mathfrak{R}(Z)M$. *Si l'une des algèbres* Z_1 *ou* Z_2 *est séparable sur* K, *en particulier si le corps* K *est parfait, alors le* A-*module* M *est sans radical.*

Pour $i \in \{1, 2\}$, soit S_i un A_i-module simple, D_i son commutant et $I(i)$ un ensemble. Commençons par traiter le cas où M_i est le A_i-module $S_i^{(I(i))}$. Le centre Z_i de son commutant s'identifie au centre de D_i. Posons $D = D_1 \otimes D_2$. On a $\mathfrak{R}(D) = \mathfrak{R}(Z)D$ (prop. 3 de VIII, p. 213), et $\mathfrak{R}_A(S_1 \otimes S_2) = \mathfrak{R}(D)(S_1 \otimes S_2)$ (VIII, p. 211, cor. 2), d'où $\mathfrak{R}_A(S_1 \otimes S_2) = \mathfrak{R}(Z)(S_1 \otimes S_2)$. Le A-module M est somme directe d'une famille de A-modules isomorphes à $S_1 \otimes S_2$ et le radical de la somme directe d'une famille de modules est la somme directe des radicaux (VIII, p. 148, cor. 2). On a donc $\mathfrak{R}_A(M) = \mathfrak{R}(Z)M$.

Passons au cas général. Pour $i \in \{1, 2\}$, notons $\mathscr{S}_{M_i}$ le support du A_i-module M_i. Pour $\lambda \in \mathscr{S}_{M_i}$, notons $M_{i;\lambda}$ le composant isotypique de type λ de M_i, et $Z_{i;\lambda}$ le centre de son commutant. L'anneau Z_i s'identifie au produit des anneaux $Z_{i;\lambda}$, pour $\lambda \in \mathscr{S}_{M_i}$. Soient $\lambda \in \mathscr{S}_{M_1}$ et $\mu \in \mathscr{S}_{M_2}$. Notons $i_\lambda : Z_{1;\lambda} \to Z_1$ l'unique application K-linéaire telle que $\mathrm{pr}_\lambda \circ i_\lambda$ soit l'application identique de $Z_{1;\lambda}$ et $\mathrm{pr}_{\lambda'} \circ i_\lambda$ soit l'application nulle pour $\lambda' \in \mathscr{S}_{M_1} - \{\lambda\}$. Définissons de même $i_\mu : Z_{2;\mu} \to Z_2$. Posons $Z_{\lambda,\mu} = Z_{1;\lambda} \otimes Z_{2;\mu}$, $i_{\lambda,\mu} = i_\lambda \otimes i_\mu$ et notons $\pi_{\lambda,\mu}$ l'application $\mathrm{pr}_\lambda \otimes \mathrm{pr}_\mu$ de Z dans $Z_{\lambda,\mu}$. L'application $\pi_{\lambda,\mu}$ est un homomorphisme surjectif d'anneaux ; on a donc $\pi_{\lambda,\mu}(\mathfrak{R}(Z)) \subset \mathfrak{R}(Z_{\lambda,\mu})$ (VIII, p. 150, prop. 5 b)). Démontrons l'inclusion opposée. Soit z un élément de $\mathfrak{R}(Z_{\lambda,\mu})$; comme $Z_{1;\lambda}$ et $Z_{2;\mu}$ sont des corps, z est nilpotent (th. 3 de VIII, p. 211). On a $i_{\lambda,\mu}(xy) = i_{\lambda,\mu}(x) \cdot i_{\lambda,\mu}(y)$ pour x, y dans $Z_{\lambda,\mu}$, par conséquent $i_{\lambda,\mu}(z)$ est nilpotent donc appartient à $\mathfrak{R}(Z)$. Comme $\pi_{\lambda,\mu} \circ i_{\lambda,\mu}$ est l'application identique de $Z_{\lambda,\mu}$, l'élément z appartient à $\pi_{\lambda,\mu}(\mathfrak{R}(Z))$. Nous avons ainsi prouvé l'égalité $\pi_{\lambda,\mu}(\mathfrak{R}(Z)) = \mathfrak{R}(Z_{\lambda,\mu})$.

Posons $M_{\lambda,\mu} = M_{1;\lambda} \otimes M_{2;\mu}$; c'est un sous-module de M, stable par Z ; pour $z \in Z$ et $m \in M_{\lambda,\mu}$, on a $zm = \pi_{\lambda,\mu}(z)m$. Par suite $\mathfrak{R}(Z)M_{\lambda,\mu}$ est égal à $\mathfrak{R}(Z_{\lambda,\mu})M_{\lambda,\mu}$, et donc à $\mathfrak{R}_A(M_{\lambda,\mu})$ d'après le cas isotypique. Comme le radical d'une somme directe est la somme directe des radicaux (VIII, p. 148, cor. 2) et que M est somme directe des sous-modules $M_{\lambda,\mu}$, pour $(\lambda, \mu) \in \mathscr{S}_{M_1} \times \mathscr{S}_{M_2}$, l'égalité $\mathfrak{R}_A(M) = \mathfrak{R}(Z)M$ est démontrée. La dernière assertion résulte alors de la prop. 3 de VIII, p. 213.

Lemme 2. — Soient A_1 *et* A_2 *des algèbres sur le corps commutatif* K. *Soient* M_1 *un* A_1*-module de dimension finie sur* K *et* M_2 *un* A_2*-module de longueur finie. Le* $A_1 \otimes A_2$*-module* $M_1 \otimes M_2$ *est de longueur finie.*

Posons $M = M_1 \otimes M_2$. Soit $(e_1, \ldots, e_n)$ une base de M_1 sur le corps K. L'application $(x_1, \ldots, x_n) \mapsto \sum_{i=1}^n e_i \otimes x_i$ est un isomorphisme du A_2-module M_2^n sur le A_2-module M. Comme M_2 est un A_2 module de longueur finie, il en est de même de M. De plus, tout sous-A-module de M est un sous-A_2-module ; par suite, M est un A-module de longueur finie.

PROPOSITION 5. — *Soient* A_1 *et* A_2 *des algèbres sur le corps commutatif* K. *Soient* M_1 *un* A_1*-module semi-simple, de dimension finie sur* K, *et* M_2 *un* A_2*-module semi-simple. Pour* $i = 1, 2$, *notons* D_i *le commutant du* A_i*-module* M_i *et* Z_i *le centre de* D_i. *Posons* $A = A_1 \otimes A_2$, $M = M_1 \otimes M_2$, $D = D_1 \otimes D_2$ *et* $Z = Z_1 \otimes Z_2$.

a) *Le commutant du* A*-module* M *s'identifie à* D *et son centre est* Z. *Si le* A_2*-module* M_2 *est de longueur finie, le* A*-module* M *est de longueur finie, l'anneau* D *est artinien à droite et à gauche et l'anneau* Z *est artinien.*

b) *Les conditions suivantes sont équivalentes :*

(i) *Le* A*-module* M *est semi-simple ;*

(ii) *L'anneau* Z *est isomorphe au produit d'une famille de corps commutatifs ;*

(iii) *L'anneau* Z *est réduit.*

c) *Les conditions suivantes sont équivalentes :*

(i) *Le* A*-module* M *est isotypique et non réduit à* 0 ;

(ii) *L'anneau* Z *est un corps ;*

(iii) *L'anneau* Z *est intègre.*

Par hypothèse M_1 est de dimension finie sur K. Le commutant de M s'identifie alors à D (VIII, p. 209, lemme 1) et son centre est Z (III, p. 41, cor.). Supposons le A_2-module M_2 de longueur finie. Le A-module M est de longueur finie d'après le lemme 2. Comme M_2 est semi-simple et de type fini, l'anneau D_2 est semi-simple (VIII, p. 135, prop. 6) et son centre Z_2 est le produit d'une famille finie de corps commutatifs. Par suite, le D_2-module $(D_2)_s$ et le Z_2-module $(Z_2)_s$ sont de longueur finie. D'autre part, comme M_1 est de dimension finie sur K, il en est de même de D_1 et Z_1. D'après le lemme 2, le module $(D_1 \otimes D_2)_s$ est de longueur finie, donc l'anneau $D_1 \otimes D_2$ est artinien à gauche. On prouve de même que l'anneau $D_1 \otimes D_2$ est artinien à droite et que l'anneau $Z_1 \otimes Z_2$ est artinien, d'où a).

Démontrons b). Le centre du commutant d'un module semi-simple est isomorphe au produit d'une famille de corps commutatifs (VIII, p. 82, prop. 8, a)); cela prouve que (i) entraîne (ii). L'implication (ii) $\Longrightarrow$ (iii) est claire.

Supposons l'anneau Z réduit. On a alors $\mathfrak{R}(Z) = 0$ (VIII, p. 211, th. 3) et, par la prop. 4 de VIII, p. 214, $\mathfrak{R}_A(M) = 0$. Comme le A_2-module M_2 est semi-simple, il existe une famille $(S_i)_{i \in I}$ de A_2-modules simples et un isomorphisme de M_2 sur $\bigoplus S_i$. Par conséquent, le A-module M est isomorphe à $\bigoplus M_1 \otimes S_i$. Pour tout $i \in I$, le A-module $M_1 \otimes S_i$ est donc sans radical ; par a) il est de longueur finie et donc semi-simple (VIII, p. 149, prop. 3, b)). Le A-module M est alors somme directe d'une famille de modules semi-simples, donc est semi-simple. Cela prouve que (iii) implique (i), et termine la démonstration de b).

Pour qu'un A-module soit isotypique et non nul, il faut et il suffit qu'il soit semi-simple et que le centre de son commutant soit un corps (VIII, p. 82, prop. 8, b)). Ainsi c) résulte de b).

COROLLAIRE. — *Si* Z_1 *ou* Z_2 *est une algèbre séparable sur le corps* K (*ce qui a lieu par exemple si* K *est parfait*), *le* A*-module* $M_1 \otimes M_2$ *est semi-simple.*

Les anneaux Z_1 et Z_2 sont isomorphes à des produits de corps, donc sont des anneaux réduits. En particulier, si K est parfait, ce sont des algèbres séparables sur K (V, p. 119, th. 3). D'après la prop. 5 de V, p. 115, le produit tensoriel d'une algèbre séparable et d'une algèbre réduite est réduit. Donc Z est un anneau réduit, et le corollaire résulte de la prop. 5, b)

6. Produit tensoriel d'algèbres semi-simples

PROPOSITION 6. — *Soient* A_1 *et* A_2 *des* K*-algèbres non nulles. Si l'anneau* $A_1 \otimes A_2$ *est simple* (resp. *semi-simple*), *alors les anneaux* A_1 *et* A_2 *sont simples* (resp. *semi-simples*).

Pour qu'un anneau B soit semi-simple (resp. simple), il faut et il suffit que le B-module B_s soit semi-simple (resp. isotypique et non nul). La proposition résulte alors de la prop. 1 (VIII, p. 207).

PROPOSITION 7. — *Soient* A_1 *et* A_2 *des* K*-algèbres semi-simples, de centres respectifs* Z_1 *et* Z_2*. On suppose que* A_1 *est de degré fini sur* K*. Alors l'anneau* $A_1 \otimes A_2$ *est artinien à gauche, ainsi que son centre* $Z_1 \otimes Z_2$*. Pour que l'anneau* $A_1 \otimes A_2$ *soit simple* (resp. *semi-simple*), *il faut et il suffit que l'anneau* $Z_1 \otimes Z_2$ *soit un corps* (resp. *un anneau réduit*).

C'est le cas particulier $M_1 = (A_1)_s$, $M_2 = (A_2)_s$ de la prop. 5 de VIII, p. 215.

COROLLAIRE 1. — *Soient* A_1 *et* A_2 *des* K*-algèbres semi-simples; on suppose que* A_1 *est de dimension finie sur* K*. Supposons que le centre de* A_1 *ou celui de* A_2 *soit une algèbre séparable sur* K*, ce qui a lieu, par exemple, si* K *est parfait, alors* $A_1 \otimes A_2$ *est semi-simple.*

C'est le cas particulier $M_1 = (A_1)_s$, $M_2 = (A_2)_s$ du corollaire de VIII, p. 216.

COROLLAIRE 2. — *Soient* A_1 *et* A_2 *des* K*-algèbres simples; on suppose que* A_1 *est de dimension finie sur* K*. Si le centre de* A_1 *ou celui de* A_2 *est égal à* K*, alors l'algèbre* $A_1 \otimes A_2$ *est simple. C'est en particulier le cas si* K *est algébriquement clos.*

Les centres Z_1 et Z_2 de A_1 et A_2 respectivement sont des corps; si l'un des anneaux Z_1 ou Z_2 est égal à K, l'anneau $Z_1 \otimes Z_2$ est un corps. Il suffit donc d'appliquer la prop. 7.

Si le corps K est algébriquement clos, le centre de A_1 est égal à K.

7. Extension des scalaires dans les modules semi-simples

PROPOSITION 8. — *Soient* A *une* K*-algèbre,* M *un* A*-module et* L *une extension du corps* K*. Notons* D *le commutant de* M *et* Z *le centre de* D.

a) *Supposons que le* $A_{(L)}$*-module* $M_{(L)}$ *soit simple* (resp. *isotypique*, resp. *semi-simple*). *Alors le* A*-module* M *est simple* (resp. *isotypique*, resp. *semi-simple*).

b) *Supposons que le* A*-module* M *soit semi-simple et que* M *ou* L *soit de dimension finie sur* K. *Pour que le* $A_{(L)}$*-module* $M_{(L)}$ *soit semi-simple, il faut et il suffit que l'anneau* $Z_{(L)}$ *soit réduit. Pour que le* $A_{(L)}$*-module* $M_{(L)}$ *soit isotypique et non nul, il faut et il suffit que l'anneau* $Z_{(L)}$ *soit intègre.*

c) *Supposons que le* A*-module* M *soit simple. Pour que le* $A_{(L)}$*-module* $M_{(L)}$ *soit semi-simple* (resp. *isotypique*, resp. *simple*), *il faut et il suffit que l'anneau* $D_{(L)}$ *soit semi-simple* (resp. *simple*, resp. *un corps*).

L'assertion a) est un cas particulier de la prop. 1 (VIII, p. 207), l'assertion b) un cas particulier de la prop. 5 (VIII, p. 215), et l'assertion c) un cas particulier du cor. 1 de VIII, p. 211.

COROLLAIRE 1. — a) *Supposons que le* A*-module* M *soit semi-simple, que l'extension* L *de* K *soit séparable et que* M *ou* L *soit de dimension finie sur* K. *Alors le* $A_{(L)}$*-module* $M_{(L)}$ *est semi-simple.*

b) *Supposons que le* A*-module* M *soit simple et que son commutant soit égal à* K. *Alors le* $A_{(L)}$*-module* $M_{(L)}$ *est simple.*

L'assertion a) résulte du cor., VIII, p. 216. L'assertion b) est un cas particulier de la prop. 8, c).

COROLLAIRE 2. — *Soit* L *une extension du corps* K. *Notons* Z *le centre de la* K*-algèbre* A.

a) *Si la* L*-algèbre* $A_{(L)}$ *est semi-simple, la* K*-algèbre* A *est semi-simple.*

b) *Supposons que la* K*-algèbre* A *soit semi-simple et que* L *ou* A *soit de dimension finie sur* K. *Pour que la* L*-algèbre* $A_{(L)}$ *soit semi-simple, il faut et il suffit que l'anneau* $Z_{(L)}$ *soit réduit ; c'est le cas en particulier si* L *est une extension séparable de* K. *Pour que* $A_{(L)}$ *soit une* L*-algèbre simple, il faut et il suffit que l'anneau* $Z_{(L)}$ *soit intègre ; c'est en particulier le cas si le centre de* A *est égal à* K.

Les assertions a) et b) résultent de la prop. 8, a) et b) appliquée au A-module A_s.

PROPOSITION 9. — *Soient* A *une* K*-algèbre et* L *une extension séparable de* K.

a) *Si* M *est un* A*-module sans radical, le* $A_{(L)}$*-module* $M_{(L)}$ *est sans radical.*

b) *Si la* K*-algèbre* A *est sans radical, la* L*-algèbre* $A_{(L)}$ *est sans radical.*

Démontrons l'assertion a). Soit M un A-module sans radical. On identifie M à son image canonique dans $M_{(L)}$. Soit N un sous-module maximal de M. Comme le A-module M/N est simple, il résulte de la prop. 4 de VIII, p. 214 que le $A_{(L)}$-module $(M/N)_{(L)} = M_{(L)}/N_{(L)}$ est sans radical, d'où $\mathfrak{R}_{A_{(L)}}(M_{(L)}) \subset N_{(L)}$ d'après le cor. 1, c) de VIII, p. 148. Or il résulte du cor. de la prop. 14 de II, p. 109 que l'intersection des $N_{(L)}$, où N parcourt l'ensemble des sous-modules maximaux de M, est réduite à 0. Par conséquent, le $A_{(L)}$-module $M_{(L)}$ est sans radical.

L'assertion b) découle de l'assertion a) appliquée au A-module A_s.

PROPOSITION 10. — *Soient* A *une* K-*algèbre et* L *une extension de* K. *Soit* M *un* A-*module.*

a) *On fait une des deux hypothèses suivantes :*

(i) *Le* A-*module* M *est de type fini et* L *est algébrique sur* K ;

(ii) *L'anneau* A *est artinien à gauche.*

Alors on a l'inclusion

$$\mathfrak{R}_A(M)_{(L)} \subset \mathfrak{R}_{A_{(L)}}(M_{(L)}).$$

b) *Si* L *est une extension séparable de* K, *alors on a l'inclusion*

$$\mathfrak{R}_{A_{(L)}}(M_{(L)}) \subset \mathfrak{R}_A(M)_{(L)}.$$

Démontrons tout d'abord l'assertion a). Plaçons-nous dans le cas (i). Supposons d'abord L de degré fini sur K. Alors le A-module $M_{(L)}$ est de type fini. Notons f l'homomorphisme canonique de A dans $A_{(L)}$; l'anneau $A_{(L)}$ est engendré par la réunion de son centre et de $f(A)$. On peut donc appliquer la prop. 3 de VIII, p. 170 au $A_{(L)}$-module $M_{(L)}$. On en déduit l'inclusion $\mathfrak{R}_A(M_{(L)}) \subset \mathfrak{R}_{A_{(L)}}(M_{(L)})$, et *a fortiori* $\mathfrak{R}_A(M)_{(L)} \subset \mathfrak{R}_{A_{(L)}}(M_{(L)})$ (VIII, p. 148, cor. 1).

Traitons le cas général. Soient $x_1, \dots, x_n$ des éléments engendrant le A-module M et x un élément de $\mathfrak{R}_A(M)$. Soient $a_1, \dots, a_n$ des éléments de $A_{(L)}$; comme L est algébrique sur K, il existe une extension finie L′ de K, contenue dans L, telle que les a_i appartiennent à $A_{(L')}$. D'après ce qui précède, x appartient au radical du $A_{(L')}$-module $M_{(L')}$; il résulte du cor. de VIII, p. 149, que les éléments $x_i + a_i x$ $(1 \leqslant i \leqslant n)$ engendrent le $A_{(L')}$-module $M_{(L')}$, donc le $A_{(L)}$-module $M_{(L)}$. D'après ce même corollaire, x appartient au radical du $A_{(L)}$-module $M_{(L)}$.

Plaçons-nous dans le cas (ii). Soit $\mathfrak{r}$ le radical de A, de sorte que le radical du A-module M est égal à $\mathfrak{r}M$ (VIII, p. 170, cor.). Le radical $\mathfrak{r}$ de A est un idéal bilatère nilpotent de A (VIII, p. 169, prop. 1), donc $\mathfrak{r}_{(L)}$ est un idéal bilatère nilpotent de $A_{(L)}$. On en déduit $\mathfrak{r}_{(L)} \subset \mathfrak{R}(A_{(L)})$ (VIII, p. 151, th. 1) et la prop. 6 de VIII, p. 154 entraîne $\mathfrak{R}(A_{(L)})M_{(L)} \subset \mathfrak{R}_{A_{(L)}}(M_{(L)})$. On a donc $\mathfrak{R}_A(M) = \mathfrak{r}M \subset \mathfrak{R}_{A_{(L)}}(M_{(L)})$, ce qui achève la démonstration de l'assertion a).

Le A-module $M/\mathfrak{R}_A(M)$ est sans radical. Si L est une extension séparable de K, il résulte de la prop. 9 de VIII, p. 218 que le $A_{(L)}$-module $(M/\mathfrak{R}_A(M))_{(L)}$ est sans radical. Par conséquent on a l'inclusion

$$\mathfrak{R}_{A_{(L)}}(M_{(L)}) \subset \mathfrak{R}_A(M)_{(L)}.$$

COROLLAIRE. — *Soit* L *une extension séparable de* K. *On a* $\mathfrak{R}(A_{(L)}) = \mathfrak{R}(A)_{(L)}$ *si* L *est algébrique sur* K *ou si l'anneau* A *est artinien à gauche.*

C'est le cas particulier $M = A_s$ de la prop. 10.

EXERCICES

1) Soient A, B des K-algèbres, M un A-module ; on considère $M \otimes B$ comme un module sur l'algèbre $C = A \otimes B$. On identifie M à un sous-A-module de $M \otimes B$.

a) Démontrer l'inclusion $M \cap \mathfrak{R}_C(M \otimes B) \subset \mathfrak{R}_A(M)$ (considérer un homomorphisme A-linéaire de M dans un A-module simple).

b) Prouver qu'on a égalité dans chacun des cas suivants :

(i) A est de dimension finie sur K ;

(ii) le A-module M est de type fini, et A est réunion d'une famille filtrante croissante de sous-algèbres de dimension finie sur K ;

(iii) $M = A_s$, et le radical de A est nilpotent.

(Dans le cas (i), on prouvera que tout homomorphisme de $M \otimes B$ dans un C-module simple S s'annule sur $\mathfrak{R}_A(M)$, en observant que $\mathfrak{R}_C(S)$ est nul.)

2) Soient A une K-algèbre intègre et L son corps des fractions. Démontrer que L est un $A \otimes L$-module simple, mais que son radical en tant que A-module est égal à L.

3) Donner un exemple de K-algèbres (non nulles) A_1, A_2 telles que $\mathfrak{R}(A_1) \neq 0$ et $\mathfrak{R}(A_1 \otimes A_2) = 0$ (*cf.* VIII, p. 162, exerc. 11).

4) Donner un exemple d'un corps commutatif K et de deux extensions E et F de K tels que l'anneau $A = E \otimes_K F$ soit semi-simple mais ne soit pas un corps (resp. ne soit pas semi-simple). En déduire que le A-module $A_s = E_s \otimes_K F_s$ est semi-simple mais pas simple (resp. n'est pas semi-simple).

¶ 5) Soit A une K-algèbre quasi-simple (VIII, p. 116, remarque 2).

a) Démontrer que le (A, A)-bimodule ${}_sA_d$ est simple ; en déduire que le centre Z de A est un corps, isomorphe au commutant de ce bimodule.

b) Soit B une K-algèbre. Démontrer que tout idéal bilatère de $A \otimes B$ est de la forme $A \otimes_Z \mathfrak{b}$, où $\mathfrak{b}$ est un idéal bilatère de B (se ramener au cas Z = K, et utiliser le cor. 2 de VIII, p. 59).

c) En déduire que si A et B sont des K-algèbres quasi-simples dont l'une a pour centre K, l'algèbre $A \otimes B$ est quasi-simple.

d) Soient B une K-algèbre et A une sous-algèbre quasi-simple de B dont le centre Z contient K. Prouver que A et son commutant A′ dans B sont linéairement disjoints sur Z (utiliser *b*)).

e) Soient A une K-algèbre quasi-simple et Z son centre. Soit $\varphi : A \otimes A^o \to \mathrm{End}_Z(A)$ l'homomorphisme qui associe à $a \otimes b$ l'endomorphisme $x \mapsto axb$. Démontrer que φ est injectif et que son image H est une algèbre quasi-simple (utiliser *c*) et *d*)). Démontrer de plus que H est dense dans $\mathrm{End}_Z(A)$ (VIII, p. 125, exerc. 3) ; pour que $H = \mathrm{End}_Z(A)$, il faut et il suffit que A soit de dimension finie sur Z (*cf.* VIII, p. 124, exerc. 2).

f) Soit A une algèbre semi-simple de centre K. Déduire de *e*) que pour que la K-algèbre $A \otimes A^o$ soit semi-simple, il faut et il suffit que A soit de rang fini sur K (*cf.* VIII, p. 233, th. 2).

6) Soit A une K-algèbre dont le radical est non nul et nilpotent. Démontrer que l'homomorphisme $\varphi : A \otimes A^o \to \mathrm{End}_K(A)$ (exerc. 5) n'est pas injectif.

7) Soient A_1 et A_2 des K-algèbres semi-simples, Z_1 et Z_2 leurs centres. On suppose que A_1 est de degré fini sur K et que l'anneau $Z_1 \otimes Z_2$ est réduit. Soit f un homomorphisme de K-algèbres de A_2 dans A_1 ; prouver que le commutant de $f(A_2)$ dans A_1 est une K-algèbre semi-simple (considérer A_1 comme un $(A_2 \otimes A_1^o)$-module et utiliser la prop. 7 de VIII, p. 217).

8) Soient K un corps commutatif, L une extension radicielle de K, de degré fini > 1. Soit V un espace vectoriel de dimension infinie sur L, et soit A la sous-K-algèbre de $\mathrm{End}_L(V)$ engendrée par les endomorphismes de rang fini et par l'application identique. Démontrer que la L-algèbre $A_{(L)}$ admet un radical non nul, bien que son centre soit égal à L (utiliser l'exerc. 7).

9) Soient A et B des K-algèbres, M un A-module libre, N un B-module.

a) Démontrer que l'image de l'homomorphisme canonique ϑ de $\mathrm{End}_A(M) \otimes \mathrm{End}_B(N)$ dans $\mathrm{End}_{A\otimes B}(M \otimes N)$ est un sous-anneau dense de l'anneau $\mathrm{End}_{A\otimes B}(M \otimes N)$.

b) Si l'anneau des homothéties du B-module N est dense dans son bicommutant, il en est de même de l'anneau des homothéties du $(A \otimes B)$-module $M \otimes N$.

c) On suppose qu'il existe un élément y de N et une suite (v_n) d'endomorphismes de N telle que les éléments $v_n(y)$ engendrent un espace vectoriel de dimension infinie sur K. Démontrer que l'application ϑ n'est pas surjective.

10) On garde les hypothèses de l'exerc. 9, et on suppose en outre que le B-module N est *simple* ; on note D son commutant.

a) Pour que l'application ϑ soit surjective, il faut et il suffit que M admette une base finie sur A, ou que D soit de dimension finie sur K (utiliser l'exerc. 9 *c*)).

b) Démontrer que pour que le $(A \otimes B)$-module $M \otimes N$ soit semi-simple, il faut et il suffit que l'anneau $A \otimes D^o$ soit semi-simple (se ramener au cas $M = A_s$; remarquer que $M \otimes N$ est un $A \otimes D^o$ module libre et utiliser la prop. 5 de VIII, p. 80 ainsi que l'exerc. 9 *a*)).

¶ 11) Soient A et B des K-algèbres ; on suppose que les anneaux A et B sont primitifs et que leurs socles respectifs $\mathfrak{s}$ et $\mathfrak{t}$ (VIII, p. 126, exerc. 8) ne sont pas réduits à 0. Soit D (resp. E) le commutant d'un idéal à gauche minimal $\mathfrak{a}$ de A (resp. $\mathfrak{b}$ de B) ; on suppose que l'algèbre $D \otimes E$ est simple. Prouver que $A \otimes B$ est un anneau primitif de socle $\mathfrak{s} \otimes \mathfrak{t}$ (observer que le $(A \otimes B)$-module $\mathfrak{a} \otimes \mathfrak{b}$ est isotypique de longueur finie ; utiliser l'exerc. 9, *a*) de VIII, p. 127).

12) Soient A_1 la K-algèbre $K(X)[U]_{1,\frac{d}{dX}}$ (VIII, p. 10), A_2 la K-algèbre $K[[T]]$, et A la K-algèbre $A_1 \otimes_K A_2$. On identifie A_1 et A_2 à des sous-algèbres de A.

a) Démontrer que A_2 est le centre de A, que A ne contient pas de diviseurs de zéro, et que les éléments inversibles de A sont ceux de A_2.

b) Prouver que les idéaux bilatères de A sont les idéaux AT^n, pour $n \geqslant 0$.

c) Prouver que l'anneau A est primitif, bien que son centre ait un radical non nul (observer qu'un idéal à gauche maximal de A contenant $1 - TU$ ne contient aucun idéal bilatère autre que 0).

13) Soient D, E des corps dont le centre contient K, V (resp. W) un espace vectoriel sur D (resp. E). Démontrer que le $(D \otimes_K E)$-module $V \otimes_K W$ est libre.

¶ 14) Soit V un espace vectoriel sur un corps D. On note Ω l'anneau des endomorphismes du groupe abélien V et on identifie D à un sous-anneau de Ω. On pose $A = \mathrm{End}_D(V)$.

a) Démontrer que A et D sont linéairement disjoints sur leur centre commun Z (*cf.* exerc. 5 *d*)).

b) Pour que l'image de $D \otimes_Z A$ dans Ω soit égale à $\mathrm{End}_Z(V)$, il faut et il suffit que D soit de rang fini sur Z (pour voir que la condition est nécessaire, déduire d'abord le cas $V = D$ de l'exerc. 5 *e*), puis fixer un élément $x \neq 0$ de V et considérer la sous-algèbre B de $\mathrm{End}_Z(V)$ formée des Z-endomorphismes u de V tels que $u(Dx) \subset Dx$; observer que l'égalité $\mathrm{End}_Z(V) = DA$ implique $B = D(B \cap A)$).

15) *a*) Soient K un corps commutatif, A une K-algèbre et $B = K[X_\iota]_{\iota \in I}$ une algèbre de polynômes sur K. Démontrer que si tout élément non nul de A est simplifiable, il en est de même pour l'algèbre $A \otimes_K B$.

b) En déduire que si D est un corps de rang fini sur K et E une extension transcendante pure de K, l'anneau $D \otimes_K E$ est un corps.

¶ 16) Soient D un corps, V un espace vectoriel à droite de dimension infinie sur D et A un sous-anneau dense de l'anneau $\mathrm{End}_D(V)$, dont le socle $\mathfrak{s}$ n'est pas nul (VIII, p. 126, exerc. 8 et p. 127 exerc. 9). Soient K un sous-corps du centre de D et B une K-algèbre. Démontrer que si la K-algèbre $D^o \otimes B$ a son radical non nul, il en est de même de $A \otimes B$ (soit $\mathfrak{a}$ l'ensemble des éléments $\sum u_i \otimes b_i$ de $\mathfrak{s} \otimes B$ satisfaisant à $\sum \langle u_i(x), x^* \rangle \otimes b_i \in \mathfrak{R}(D^o \otimes B)$ quels que soient $x \in V$, $x^* \in V^*$; démontrer que $\mathfrak{a}$ est un idéal bilatère de $A \otimes B$, puis en utilisant les exerc. 10, *e*) de VIII, p. 162 et 9 de VIII, p. 127 qu'il n'est pas nul et qu'il est contenu dans le radical de $A \otimes B$).

17) Soient K un corps commutatif, D et E des corps dont le centre contient K. On suppose que $[E : K] = m$ est fini, et que le centre de l'un des deux corps D ou E est égal à K. La K-algèbre $D \otimes_K E$ est alors isomorphe à l'algèbre des endomorphismes d'un espace vectoriel de dimension finie h sur un corps C (VIII, p. 217, cor. 2).

a) Prouver que h divise m (*cf.* VIII, p. 200, formule (32)).

b) Soit W un espace vectoriel sur D ; pour que E soit isomorphe à une sous-K-algèbre de $\mathrm{End}_{\mathrm{D}}(\mathrm{W})$, il faut et il suffit que la dimension de W soit infinie ou multiple de m/h (remarquer que W est alors un $(\mathrm{D} \otimes_{\mathrm{K}} \mathrm{E})$-module).

c) Si [D : K] est fini et étranger à m, démontrer que $\mathrm{D} \otimes_{\mathrm{K}} \mathrm{E}$ est un corps (appliquer *a*)).

§ 13. ALGÈBRES ABSOLUMENT SEMI-SIMPLES

1. Modules absolument semi-simples

DÉFINITION 1. — *Soient* K *un corps commutatif et* A *une* K*-algèbre. On dit qu'un* A*-module* M *est* absolument semi-simple *si le* $A_{(L)}$*-module* $M_{(L)}$ *est semi-simple pour toute extension* L *de* K.

Tout module absolument semi-simple est semi-simple. Réciproquement, si le corps K est parfait, tout A-module semi-simple qui est de dimension finie sur K est absolument semi-simple (VIII, p. 218, cor. 1 a)), car toute extension d'un corps parfait est séparable (V, p. 35, prop. 2).

PROPOSITION 1. — *Soit* K *un corps commutatif et soit* A *une* K*-algèbre.*

a) *Toute somme directe de* A*-modules absolument semi-simples est un* A*-module absolument semi-simple. Tout sous-module et tout module quotient d'un module absolument semi-simple est un module absolument semi-simple.*

b) *Soient* M *un* A*-module et* L *une extension du corps* K*. Pour que le* A*-module* M *soit absolument semi-simple, il faut et il suffit que le* $A_{(L)}$*-module* $M_{(L)}$ *soit absolument semi-simple.*

L'assertion a) résulte de l'assertion analogue pour les modules semi-simples (VIII, p. 52, cor. 1 et 3).

Supposons que le A-module M soit absolument semi-simple et soit L′ une extension de L. En tant que $A_{(L')}$-module, $L' \otimes_L M_{(L)}$ est isomorphe à $M_{(L')}$ (II, p. 83, prop. 2) ; c'est donc un module semi-simple. Ceci prouve que $M_{(L)}$ est absolument semi-simple.

Réciproquement, supposons que $M_{(L)}$ soit absolument semi-simple. Soit L′ une extension de K. Il existe une extension composée (Ω, u, v) de L et L′ (V, p. 12, cor.) ; identifions L et L′ à des sous-extensions de Ω. Le $A_{(\Omega)}$-module $M_{(\Omega)}$ est isomorphe à

$(M_{(L)})_{(\Omega)}$, donc il est semi-simple. Mais $M_{(\Omega)}$ est aussi isomorphe à $(M_{(L')})_{(\Omega)}$, et la prop. 8, a) de VIII, p. 217 entraîne que $M_{(L')}$ est semi-simple. Donc M est absolument semi-simple.

PROPOSITION 2. — *Soient* K *un corps commutatif,* A *une* K*-algèbre et* M *un* A*-module de dimension finie sur* K. *Les conditions suivantes sont équivalentes :*

(i) *Le* A*-module* M *est absolument semi-simple ;*

(ii) *Il existe une extension* P *de* K, *qui est un corps parfait, telle que le* $A_{(P)}$*-module* $M_{(P)}$ *soit semi-simple ;*

(iii) *Le* A*-module* M *est semi-simple et le centre de son commutant est une algèbre étale sur le corps* K.

Il est clair que (i) entraîne (ii). Par ailleurs, sous les hypothèses de (ii), le $A_{(P)}$-module $M_{(P)}$ est absolument semi-simple d'après le cor. 1, a) de VIII, p. 218. D'après la prop. 1, b), M est alors absolument semi-simple. Donc (ii) entraîne (i).

Supposons M semi-simple. Soit Z le centre du commutant de M ; c'est une algèbre commutative de degré fini sur le corps K. Si L est une extension de K, il résulte de la prop. 8, b) de VIII, p. 217. que le $A_{(L)}$-module $M_{(L)}$ est semi-simple si et seulement si l'anneau $Z_{(L)}$ est réduit. L'équivalence de (i) et (iii) résulte donc du th. 4 de V, p. 34.

2. Algèbres sur un corps séparablement clos

Lemme 1. — *Soit* D *un corps et soit* Z *son centre. Notons* p *l'exposant caractéristique de* Z. *On suppose que pour tout élément* a *de* D, *il existe un entier* $m \geqslant 0$ *tel que* a^{p^m} *appartienne à* Z. *Alors le corps* D *est commutatif.*

Si $p = 1$, alors D = Z. Nous supposons donc $p > 1$.

Raisonnons par l'absurde en supposant D non commutatif. Soient a un élément de D − Z, et q une puissance de p telle que a^q appartienne à Z. Notons I l'application identique de D et σ l'automorphisme intérieur $x \mapsto axa^{-1}$ de D dans D associé à a ; on a $\sigma^q = \mathrm{I}$, car a^q appartient à Z. On a $\sigma - \mathrm{I} \neq 0$ car a n'appartient pas à Z, et $(\sigma - \mathrm{I})^q = \sigma^q - \mathrm{I} = 0$ car Z est de caractéristique p. Soit f le plus grand entier positif tel qu'on ait $(\sigma - \mathrm{I})^f \neq 0$; on a $f \geqslant 1$. Choisissons un élément c de D tel que $(\sigma - \mathrm{I})^f(c) \neq 0$ et posons

$$x = (\sigma - \mathrm{I})^{f-1}(c), \qquad y = (\sigma - \mathrm{I})(x) = (\sigma - \mathrm{I})^f(c).$$

Par construction, on a $y \neq 0$ et $\sigma(y) = y$; si l'on pose $z = y^{-1}x$, on en déduit

$$\sigma(z) = \sigma(y)^{-1}\sigma(x) = y^{-1}(y + x) = 1 + z,$$

d'où $\sigma(z^{p^j}) = 1 + z^{p^j}$ pour tout entier positif j. Choisissons un entier $m \geqslant 0$ tel que z^{p^m} appartienne au centre Z de D ; on a

$$z^{p^m} = az^{p^m}a^{-1} = \sigma(z^{p^m}) = 1 + z^{p^m},$$

et cette contradiction établit le lemme 1.

PROPOSITION 3. — *Soit* K *un corps séparablement clos* (V, p. 43, déf. 4) *et soit* D *une algèbre de degré fini sur* K *qui est un corps. Alors* D *est commutative.*

Notons p l'exposant caractéristique de K. Soit a un élément de D. L'anneau K$[a]$ est une extension algébrique de K (V, p. 16, cor. 1). Comme le corps K est séparablement clos, il résulte de V, p. 42, prop. 13 que l'algèbre K$[a]$ est une extension radicielle de K. Il existe donc un entier $m \geqslant 0$ tel que a^{p^m} appartienne à K. Compte tenu du lemme 1, le corps D est commutatif.

COROLLAIRE. — *Soient* K *un corps séparablement clos et* A *une algèbre semi-simple de degré fini sur* K. *Il existe alors un entier* $r \geqslant 0$, *des entiers strictement positifs* $n_1, \ldots, n_r$ *et des extensions* $K_1, \ldots, K_r$ *de degré fini de* K, *tels que* A *soit isomorphe à l'algèbre* $\prod_{i=1}^{r} \mathbf{M}_{n_i}(K_i)$.

D'après le théorème de structure des algèbres semi-simples (VIII, p. 131, th. 1), A est isomorphe à une algèbre $\prod_{i=1}^{r} \mathbf{M}_{n_i}(D_i)$ où r est un entier $\geqslant 0$, $n_1, \ldots, n_r$ des entiers strictement positifs, $D_1, \ldots, D_r$ des K-algèbres de degré fini qui sont des corps. Comme le corps K est séparablement clos, chaque corps D_i est commutatif d'après la prop. 3, d'où le corollaire.

3. Algèbres absolument semi-simples

DÉFINITION 2. — *Soit* K *un corps commutatif. On dit qu'une* K*-algèbre* A *est* absolument semi-simple *si l'anneau* $A_{(L)}$ *est semi-simple pour toute extension* L *de* K.

Une algèbre absolument semi-simple est semi-simple. La K-algèbre A est absolument semi-simple si et seulement si le A-module A_s est absolument semi-simple. Compte tenu de la prop. 1 de VIII, p. 225, on obtient donc le résultat suivant : si L est une extension de K, la L-algèbre $A_{(L)}$ est absolument semi-simple si et seulement si la K-algèbre A est absolument semi-simple.

THÉORÈME 1. — *Soient* K *un corps commutatif et* A *une* K*-algèbre. Les conditions suivantes sont équivalentes :*

(i) *La* K*-algèbre* A *est absolument semi-simple ;*

(ii) *L'algèbre* A *est de degré fini sur* K *et il existe une extension* P *de* K *qui est un corps parfait et telle que la* P*-algèbre* $A_{(P)}$ *soit semi-simple ;*

(iii) *La* K*-algèbre* A *est semi-simple, de degré fini sur* K*, et son centre est une* K*-algèbre étale ;*

(iv) *Il existe une famille finie* $(n_i, D_i)_{i\in I}$*, où* n_i *est un entier strictement positif, et* D_i *une* K*-algèbre de degré fini qui est un corps, telle que le centre* Z_i *de* D_i *soit une extension séparable de* K*, et que* A *soit isomorphe au produit des anneaux de matrices* $\mathbf{M}_{n_i}(D_i)$ *;*

(v) *Il existe une extension* L *de* K *et une famille finie d'entiers* $(n_i)_{i\in I}$ *telle que la* L*-algèbre* $A_{(L)}$ *soit isomorphe à l'algèbre* $\prod_{i\in I} \mathbf{M}_{n_i}(L)$ *;*

(vi) *Il existe une extension* L *de* K*, galoisienne et de degré fini et une famille finie d'entiers* (n_i) *telle que* $A_{(L)}$ *soit isomorphe au produit des algèbres de matrices* $\mathbf{M}_{n_i}(L)$.

Nous prouverons d'abord les implications (v) $\Longrightarrow$ (iv) $\Longrightarrow$ (iii) $\Longrightarrow$ (ii) $\Longrightarrow$ (i). Notons Z le centre de A.

Si la propriété (v) est satisfaite, la L-algèbre $A_{(L)}$ est semi-simple, de degré fini sur L, et son centre (isomorphe à $Z_{(L)}$, III, p. 41, cor.) est isomorphe à L^r pour un certain entier $r \geqslant 0$. D'après le cor. 2, a) de VIII, p. 218, l'algèbre A est semi-simple et de degré fini sur K. Elle est donc isomorphe à un produit fini d'anneaux $\prod_{i\in I} \mathbf{M}_{n_i}(D_i)$ avec $n_i \geqslant 1$ pour tout $i \in I$, le corps D_i étant une algèbre de degré fini sur K. Le centre Z_i de D_i est un corps commutatif extension de K et Z est isomorphe à $\prod_{i\in I} Z_i$. Donc $Z_{(L)}$ est isomorphe d'une part à $\prod_{i\in I}(Z_i)_{(L)}$, d'autre part à L^r. Autrement dit, l'algèbre $\prod_{i\in I} Z_i$ est étale sur le corps K et chacune des extensions Z_i est séparable sur K (V, p. 30, cor.). Donc (v) entraîne (iv).

Si la propriété (iv) est satisfaite, il est clair que A est une algèbre semi-simple et de degré fini sur K. Son centre Z est isomorphe au produit $\prod_{i\in I} Z_i$ d'extensions séparables de degré fini de K ; c'est donc une algèbre étale. Donc (iv) entraîne (iii).

Les implications (iii) $\Longrightarrow$ (ii) $\Longrightarrow$ (i) résultent de la prop. 2 de VIII, p. 226 appliquée au A-module $M = A_s$.

Lemme 2. — *Soient* L *un corps algébriquement clos et* D *un corps contenant* L *dans son centre. Si* D *est distinct de* L*, il existe une extension* L′ *de* L *telle que l'anneau* $D \otimes_L L'$ *ne soit pas artinien à gauche.*

Soit x un élément de $\mathrm{D} - \mathrm{L}$; comme L est algébriquement clos, l'extension $\mathrm{L}' = \mathrm{L}(x)$ de L n'est pas algébrique et x est transcendant sur L. L'anneau $\mathrm{B} = \mathrm{L}' \otimes_{\mathrm{L}} \mathrm{L}'$ est alors intègre d'après la prop. 5 de V, p. 135.

L'élément $y = x \otimes 1 - 1 \otimes x$ de B n'est pas nul ; mais si φ est l'homomorphisme de B dans L' qui transforme $\xi \otimes \eta$ en $\xi\eta$, on a $\varphi(y) = 0$, donc y n'est pas inversible dans B. Considérons l'anneau $\mathrm{C} = \mathrm{D} \otimes_{\mathrm{L}} \mathrm{L}'$ comme module à droite sur son sous-anneau B ; c'est un module libre puisque D est un espace vectoriel à droite sur son sous-corps L'. Comme y est un élément non nul et non inversible de l'anneau intègre B, la multiplication à droite par y dans C est une application R_y qui est injective, mais non bijective. Or R_y est un endomorphisme du C-module à gauche C_s ; par suite (VIII, p. 26, cor. 1), l'anneau C n'est pas artinien à gauche.

Prouvons maintenant que (i) entraîne (v). Cela résulte du lemme suivant :

Lemme 3. — *Soient* A *une* K-*algèbre absolument semi-simple et* L *une extension algébriquement close de* K. *Alors l'algèbre* $\mathrm{A}_{(\mathrm{L})}$ *est isomorphe à un produit d'un nombre fini d'algèbres de matrices sur* L.

La L-algèbre $\mathrm{A}_{(\mathrm{L})}$ est semi-simple ; elle est donc isomorphe au produit d'un nombre fini d'algèbres de la forme $\mathbf{M}_{n_i}(\mathrm{D}_i)$, où D_i est un corps contenant L dans son centre et n_i un entier $\geqslant 1$ (VIII, p. 133, remarque 1).

Soit L' une extension de L. Comme la K-algèbre A est absolument semi-simple, l'anneau $\mathrm{A}_{(\mathrm{L}')}$ est semi-simple, donc artinien à gauche. Or, l'anneau $\mathrm{A}_{(\mathrm{L}')}$ est isomorphe à $\mathrm{L}' \otimes_{\mathrm{L}} \mathrm{A}_{(\mathrm{L})}$, donc à $\prod_{i \in \mathrm{I}} \mathbf{M}_{n_i}(\mathrm{L}' \otimes_{\mathrm{L}} \mathrm{D}_i)$; d'après la prop. 5 de VIII, p. 7, chacun des anneaux $\mathbf{M}_{n_i}(\mathrm{L}' \otimes_{\mathrm{L}} \mathrm{D}_i)$ est donc artinien à gauche.

Soient $n \geqslant 1$ un entier et B un anneau ; soit $(\mathfrak{b}_r)_{r \geqslant 0}$ une suite décroissante d'idéaux à gauche de B ; notons $\mathfrak{c}_r$ l'ensemble des matrices carrées d'ordre n à éléments dans $\mathfrak{b}_r$. Alors $(\mathfrak{c}_r)_{r \geqslant 0}$ est une suite décroissante d'idéaux à gauche de $\mathbf{M}_n(\mathrm{B})$. En particulier, si l'anneau $\mathbf{M}_n(\mathrm{B})$ est artinien à gauche, il en est de même de B.

D'après ce qui précède, pour tout $i \in \mathrm{I}$, et toute extension L' de L, l'anneau $\mathrm{D}_i \otimes_{\mathrm{L}} \mathrm{L}'$ est artinien à gauche. D'après le lemme 2, on a $\mathrm{D}_i = \mathrm{L}$ pour tout $i \in \mathrm{I}$, ce qui entraîne le lemme 3.

Pour démontrer l'implication (i)$\Rightarrow$(vi) nous utiliserons le lemme suivant :

Lemme 4. — *Soient* A *et* B *des algèbres sur le corps* K, *possédant des systèmes générateurs finis* ; *soit* K' *une extension de* K. *Si les* K'-*algèbres* $\mathrm{A}_{(\mathrm{K}')}$ *et* $\mathrm{B}_{(\mathrm{K}')}$ *sont isomorphes, il existe une sous-extension* L *de* K', *de type fini sur* K, *telle que les* L-*algèbres* $\mathrm{A}_{(\mathrm{L})}$ *et* $\mathrm{B}_{(\mathrm{L})}$ *soient isomorphes.*

Soient $(e_i)_{i\in \mathrm{I}}$ et $(f_j)_{j\in \mathrm{J}}$ des systèmes générateurs finis des algèbres A et B respectivement. Soit u un isomorphisme de $\mathrm{A}_{(\mathrm{K}')}$ sur $\mathrm{B}_{(\mathrm{K}')}$ et v l'isomorphisme réciproque ; il existe une sous-extension L de K′, de type fini sur K, telle que l'on ait $u(1 \otimes e_i) \in \mathrm{B}_{(\mathrm{L})}$ pour tout $i \in \mathrm{I}$ et $v(1 \otimes f_j) \in \mathrm{A}_{(\mathrm{L})}$ pour tout $j \in \mathrm{J}$. Par suite u applique $\mathrm{A}_{(\mathrm{L})}$ dans $\mathrm{B}_{(\mathrm{L})}$ et v applique $\mathrm{B}_{(\mathrm{L})}$ dans $\mathrm{A}_{(\mathrm{L})}$. Les applications induites $u' : \mathrm{A}_{(\mathrm{L})} \to \mathrm{B}_{(\mathrm{L})}$ et $v' : \mathrm{B}_{(\mathrm{L})} \to \mathrm{A}_{(\mathrm{L})}$ sont des homomorphismes d'anneaux, et ce sont des bijections réciproques l'une de l'autre.

Terminons la démonstration de l'implication (i)⇒(vi) Notons K′ une clôture séparable de K (V, p. 44). Alors $\mathrm{A}_{(\mathrm{K}')}$ est une algèbre absolument semi-simple sur K′. Par l'implication (i)⇒(iv), la K′-algèbre $\mathrm{A}_{(\mathrm{K}')}$ est isomorphe à un produit $\mathbf{M}_{n_1}(\mathrm{D}_1) \times \cdots \times \mathbf{M}_{n_r}(\mathrm{D}_r)$, où D_i est une K′-algèbre de degré fini qui est un corps et dont le centre Z_i est une extension séparable de K′. Comme K′ est séparablement clos, on a $\mathrm{Z}_i = \mathrm{K}'$. D'après la prop. 3 de VIII, p. 227, le corps D_i est commutatif. On a donc $\mathrm{D}_i = \mathrm{K}'$. Notons B la K-algèbre $\mathbf{M}_{n_1}(\mathrm{K}) \times \cdots \times \mathbf{M}_{n_r}(\mathrm{K})$. Les K′-algèbres $\mathrm{A}_{(\mathrm{K}')}$ et $\mathrm{B}_{(\mathrm{K}')}$ sont isomorphes d'après ce qui précède. Toute sous-extension de K′, de type fini sur K, est séparable et de degré fini sur K, donc contenue dans une sous-extension L de K′, galoisienne et de degré fini sur K (V, p. 55, prop. 2). L'implication résulte donc du lemme 4 de VIII, p. 229.

L'implication (vi)⇒(v) est immédiate.

Corollaire 1. — *Soient* K *un corps commutatif,* A_1 *et* A_2 *des* K*-algèbres. On suppose que* A_1 *est absolument semi-simple.*

a) *Si* A_2 *est semi-simple, il en est de même de* $\mathrm{A}_1 \otimes_{\mathrm{K}} \mathrm{A}_2$.

b) *Si* A_2 *est absolument semi-simple, il en est de même de* $\mathrm{A}_1 \otimes_{\mathrm{K}} \mathrm{A}_2$.

Notons Z_1 le centre de A_1 et Z_2 celui de A_2. Le centre Z de $\mathrm{A}_1 \otimes_{\mathrm{K}} \mathrm{A}_2$ est égal à $\mathrm{Z}_1 \otimes_{\mathrm{K}} \mathrm{Z}_2$ d'après le corollaire de III, p. 41. Supposons A_2 semi-simple ; alors Z_2 est une algèbre réduite (VIII, p. 133, prop. 2 et 3). D'après le th. 1, Z_1 est une K-algèbre étale, donc séparable. D'après la prop. 5 de V, p. 115, l'anneau $\mathrm{Z} = \mathrm{Z}_1 \otimes_{\mathrm{K}} \mathrm{Z}_2$ est réduit ; comme A_1 est de degré fini sur K (th. 1), il résulte de la prop. 7 de VIII, p. 217, que l'anneau $\mathrm{A}_1 \otimes_{\mathrm{K}} \mathrm{A}_2$ est semi-simple.

Supposons maintenant que A_2 soit absolument semi-simple. Soit L une extension de K. Alors l'algèbre $\mathrm{A}_{1(\mathrm{L})}$ est absolument semi-simple et l'algèbre $\mathrm{A}_{2(\mathrm{L})}$ est semi-simple. Donc, par a), l'algèbre $\mathrm{A}_1 \otimes_{\mathrm{K}} \mathrm{A}_{2(\mathrm{L})}$ est semi-simple.

Corollaire 2. — *Soit* K *un corps séparablement clos et soit* A *une* K*-algèbre absolument semi-simple. Il existe alors un entier* $r \geqslant 0$ *et des entiers strictement positifs* $n_1, \ldots, n_r$ *tels que l'algèbre* A *soit isomorphe à l'algèbre* $\prod_{i=1}^{r} \mathbf{M}_{n_i}(\mathrm{K})$.

D'après le th. 1, A est isomorphe à une algèbre de la forme $\prod_{i=1}^{r} \mathrm{M}_{n_i}(\mathrm{D}_i)$, pour un entier $r \geqslant 0$, des entiers $n_1, \ldots, n_r$ et des K-algèbres de degré fini $\mathrm{D}_1, \ldots, \mathrm{D}_r$ qui sont des corps et dont les centres sont des extensions séparables de K et donc égales à K. Par la prop. 3 de VIII, p. 227, on a $\mathrm{D}_i = \mathrm{K}$ pour $i \in [1, r]$.

Exemple. — Pour qu'une K-algèbre commutative soit absolument semi-simple, il faut et il suffit qu'elle soit étale (V, p. 28, déf. 1) : cela résulte de la définition et de l'équivalence des conditions (i) et (v) du th. 1.

4. Caractérisation des modules absolument semi-simples

PROPOSITION 4. — *Soient* K *un corps commutatif et* A *une* K*-algèbre.*

a) *Soit* M *un* A*-module semi-simple. Pour que le* A*-module* M *soit absolument semi-simple, il faut et il suffit que tout module simple appartenant au support de* M *le soit.*

b) *Soit* S *un* A*-module simple et soit* D *son commutant. Les conditions suivantes sont équivalentes :*

(i) *Le* A*-module* S *est absolument semi-simple ;*

(ii) *La* K*-algèbre* D *est absolument semi-simple ;*

(iii) *La* K*-algèbre* D *est un corps, de degré fini sur* K *et son centre est une extension séparable de* K.

L'assertion a) résulte de la prop. 1, a) de VIII, p. 225. Plaçons-nous sous les hypothèses de b) ; soit L une extension de K. Pour que le $\mathrm{A}_{(\mathrm{L})}$-module $\mathrm{S}_{(\mathrm{L})}$ soit semi-simple, il faut et il suffit que l'anneau $\mathrm{D}_{(\mathrm{L})}$ soit semi-simple (VIII, p. 217, prop. 8, c)). Cela prouve l'équivalence de (i) et (ii), et celle de (ii) et (iii) résulte du théorème 1 puisque D est un corps.

COROLLAIRE. — *Soient* K *un corps commutatif,* A_1 *et* A_2 *des* K*-algèbres,* M_1 *un* A_1*-module absolument semi-simple,* M_2 *un* A_2*-module semi-simple. Alors* $\mathrm{M}_1 \otimes_{\mathrm{K}} \mathrm{M}_2$ *est un module semi-simple sur l'anneau* $\mathrm{A}_1 \otimes_{\mathrm{K}} \mathrm{A}_2$.

Le module M_1 est somme directe de A_1-modules simples absolument semi-simples (prop. 4). Il suffit donc de démontrer la proposition dans le cas où les modules M_1 et M_2 sont simples. Notons D_1 et D_2 leurs commutants. La K-algèbre D_1 est absolument semi-simple (*loc. cit.*) ; d'après le cor. 1 de VIII, p. 230, la K-algèbre $\mathrm{D}_1 \otimes_{\mathrm{K}} \mathrm{D}_2$ est semi-simple. Il résulte alors du cor. 1 de VIII, p. 211, que le $(\mathrm{A}_1 \otimes_{\mathrm{K}} \mathrm{A}_2)$-module $\mathrm{M}_1 \otimes_{\mathrm{K}} \mathrm{M}_2$ est semi-simple.

5. Dérivations des algèbres semi-simples

Dans ce numéro et les suivants, on note K un anneau commutatif, A une K-algèbre, B la K-algèbre $A \otimes_K A^o$ et ε l'application K-linéaire de B dans A telle que l'on ait $\varepsilon(x \otimes y) = xy$ pour x, y dans A.

Rappelons (III, p. 39) que tout (A, A)-bimodule P peut être considéré comme un B-module à gauche, dont la loi d'action est caractérisée par $(a \otimes a')p = apa'$ pour a, a' dans A et p dans P ; réciproquement, tout B-module peut être considéré comme un (A, A)-bimodule. On munit A de sa structure canonique de (A, A)-bimodule et de la structure de B-module correspondante ; on munit B de la structure de (A, A)-bimodule correspondant au B-module B_s. On a donc

$$a(x \otimes y)a' = (a \otimes a')(x \otimes y) = ax \otimes ya'$$

pour a, a', x, y dans A, le produit ya' étant calculé dans l'algèbre A.

L'application K-linéaire ε est un homomorphisme de (A, A)-bimodules.

PROPOSITION 5. — *Les propriétés suivantes sont équivalentes :*

(i) *Le* B-*module* A *est projectif ;*

(ii) *Il existe un élément* e *du* (A, A)-*bimodule* B *satisfaisant aux deux conditions suivantes :* $\varepsilon(e) = 1$ *et* $ae = ea$ *pour tout* $a \in A$.

L'application $\varepsilon : B \to A$ est surjective car on a $\varepsilon(a \otimes 1) = a$ pour tout $a \in A$; c'est un homomorphisme de (A, A)-bimodules, donc une application B-linéaire. Si le B-module A est projectif, il existe une section s de ε (II, p. 39, prop. 4) ; c'est un homomorphisme de (A, A)-bimodules de A dans B. Si l'on pose $e = s(1)$, on a $\varepsilon(e) = \varepsilon(s(1)) = 1$ et $ae = s(a) = ea$ pour tout $a \in A$. Donc (i) implique (ii).

Inversement, soit e un élément de B satisfaisant aux conditions de (ii). Définissons une application s de A dans B par la formule

$$s(a) = ae = ea. \tag{1}$$

C'est un homomorphisme de (A, A)-bimodules et l'on a $\varepsilon \circ s = 1_A$; autrement dit, s est une section B-linéaire de l'application surjective ε. Par suite le B-module A est isomorphe au sous-module facteur direct $s(A)$ de B_s (II, p. 20, prop. 15), donc est projectif (II, p. 39, prop. 4). Cela prouve que (ii) entraîne (i).

Remarques. — 1) Soit $e = \sum_{i=1}^r a_i \otimes a'_i$ un élément de B. Les conditions (ii) de la prop. 5 se traduisent par les formules

$$\sum_{i=1}^{r} a_i a'_i = 1. \tag{2}$$

(3) $$\sum_{i=1}^{r} aa_i \otimes a'_i = \sum_{i=1}^{r} a_i \otimes a'_i a \qquad \text{pour tout } a \in \mathrm{A}.$$

Lorsqu'elles sont satisfaites, e est un élément idempotent de B. En effet, on a alors les relations :

$$e^2 = \sum_{i=1}^{r} a_i e a'_i = \sum_{i=1}^{r} e a_i a'_i = e.$$

2) Soit K un anneau commutatif, soit A une K-algèbre et soit M un A-module. Le groupe $\mathrm{End}_{\mathrm{K}}(\mathrm{M})$ est muni d'une structure de (A, A)-bimodule définie par

$$aua'(x) = au(a'x)$$

pour tous $a, a' \in \mathrm{A}$, tout $u \in \mathrm{End}_{\mathrm{K}}(\mathrm{M})$ et tout $x \in \mathrm{M}$. Munissons-la de la structure de B-module associée. Soit $e = \sum_{i=1}^{r} a_i \otimes a'_i$ un élément de B satisfaisant aux conditions (ii) de la prop. 5, donc aussi aux relations (2) et (3). Si $p \in \mathrm{End}_{\mathrm{K}}(\mathrm{M})$ est un projecteur dont l'image N est un sous-A-module de M, alors ep est un projecteur A-linéaire de même image.

En effet l'image de ep est contenu dans N. Si x appartient à N, il en est de même de $a'_i x$, d'où $p(a'_i x) = a'_i x$, et

$$ep(x) = \sum_{i=1}^{r} a_i a'_i x = x$$

d'après la formule (2). De la formule (3), on déduit que $aep(x) = ep(ax)$ pour tout $a \in \mathrm{A}$ et tout $x \in \mathrm{M}$, ce qui démontre que ep est A-linéaire.

THÉORÈME 2. — *Soient* K *un corps commutatif,* A *une* K-*algèbre. Les propriétés suivantes sont équivalentes :*

(i) *La* K-*algèbre* A *est absolument semi-simple ;*

(ii) *La* K-*algèbre* $\mathrm{B} = \mathrm{A} \otimes_{\mathrm{K}} \mathrm{A}^{\circ}$ *est semi-simple ;*

(iii) *Le* B-*module* A *est projectif ;*

(iv) *Il existe un élément e du* (A, A)-*bimodule* B *satisfaisant à* $\varepsilon(e) = 1$ *et* $ae = ea$ *pour tout* $a \in \mathrm{A}$.

Supposons l'algèbre A absolument semi-simple, donc semi-simple. Alors l'algèbre A° est semi-simple (VIII, p. 133, prop. 2) et il résulte du cor. 1 de VIII, p. 230 que $\mathrm{B} = \mathrm{A} \otimes_{\mathrm{K}} \mathrm{A}^{\circ}$ est une K-algèbre semi-simple. Donc (i) entraîne (ii).

Comme tout module sur un anneau semi-simple est projectif (VIII, p. 134, prop. 4), (ii) entraîne (iii).

L'équivalence de (iii) et (iv) résulte de la prop. 5. Pour achever la démonstration, prouvons que (iv) implique (i). Soit $e = \sum_{i=1}^{r} a_i \otimes a'_i$ un élément de B satisfaisant aux conditions (ii) de la prop. 5. Soit L une extension du corps K ; il s'agit de prouver que l'anneau $A_{(L)}$ est semi-simple ou encore que tout $A_{(L)}$-module est semi-simple (VIII, p. 134, prop. 4). Soit M un $A_{(L)}$-module et soit N un sous-module de M ; considérons M comme un (A, L)-bimodule à gauche et N comme un sous-bimodule (III, p. 39). Comme L est un corps, il existe un projecteur L-linéaire u dans M, d'image N. Comme les homothéties a_M associées aux éléments a de A sont L-linéaires, il existe un unique homomorphisme de groupes de $A \otimes_K A^o$ dans $\mathrm{End}_L(M)$ qui associe à un élément $a \otimes a'$ l'application L-linéaire $x \mapsto au(a'x)$. Notons v l'image de e par cet homomorphisme ; il résulte de la remarque 2 que v est un projecteur $A_{(L)}$-linéaire d'image N. Le noyau de v est un sous-$A_{(L)}$-module de M, supplémentaire de N. D'après le cor. 2 de VIII, p. 52, le $A_{(L)}$-module M est semi-simple.

Remarque 3. — On sait (VIII, p. 230, cor. 1) que le produit tensoriel de deux algèbres absolument semi-simples sur un corps commutatif est absolument semi-simple. Par suite, si l'algèbre A est absolument semi-simple, il en est de même de l'algèbre $B = A \otimes_K A^o$.

6. Cohomologie des algèbres

Dans ce numéro, on note K un anneau commutatif, A une K-algèbre, B la K-algèbre $A \otimes_K A^o$ et ε l'application K-linéaire de B dans A telle que l'on ait $\varepsilon(x \otimes y) = xy$ pour x, y dans A. Pour $n \in \mathbf{N}$, on note B_n le produit tensoriel sur K de $(n+2)$ copies du K-module A. On le considère comme un (A, A)-bimodule (et aussi comme B-module) en le munissant de la structure de A-module à gauche déduite de la structure de A-module à gauche du premier facteur du produit tensoriel, et de la structure de A-module à droite déduite de la structure de A-module à droite du dernier facteur. En particulier, B_0 n'est autre que le (A, A)-bimodule B.

Pour tout entier $n \geqslant 1$, on définit des homomorphismes de bimodules d_n^i pour $i \in [0, n]$ et d_n de B_n dans B_{n-1}, par les formules

$$d_n^i(x_0 \otimes \cdots \otimes x_{n+1}) = x_0 \otimes \cdots \otimes x_i x_{i+1} \otimes \cdots \otimes x_{n+1} \tag{4}$$

pour $i \in [0, n]$.

$$d_n = \sum_{i=0}^{n} (-1)^i d_n^i. \tag{5}$$

On note $d_0 = d_0^0$ l'application $\varepsilon : B_0 \to A$.

Soit n un entier $\geqslant 1$. Pour $0 \leqslant i < j \leqslant n$, on a

(6) $$d_{n-1}^{i} \circ d_{n}^{j} = d_{n-1}^{j-1} \circ d_{n}^{i}$$

et l'on en déduit

$$\begin{aligned} d_{n-1} \circ d_n &= \sum_{0 \leqslant i < j \leqslant n} (-1)^{i+j} d_{n-1}^{i} \circ d_{n}^{j} + \sum_{0 \leqslant j \leqslant i \leqslant n-1} (-1)^{i+j} d_{n-1}^{i} \circ d_{n}^{j} \\ &= \sum_{0 \leqslant i < j \leqslant n} (-1)^{i+j} d_{n-1}^{j-1} \circ d_{n}^{i} + \sum_{0 \leqslant j \leqslant i \leqslant n-1} (-1)^{i+j} d_{n-1}^{i} \circ d_{n}^{j}, \end{aligned}$$

d'où

(7) $$d_{n-1} \circ d_n = 0.$$

Soit P un (A, A)-bimodule. Pour tout entier $n \geqslant 0$, on note $\mathrm{C}^n(\mathrm{A}, \mathrm{P})$ le K-module des applications K-multilinéaires de A^n dans P. L'application $\alpha^n : \mathrm{C}^n(\mathrm{A}, \mathrm{P}) \to \mathrm{Hom}_{\mathrm{B}}(\mathrm{B}_n, \mathrm{P})$ qui à $f \in \mathrm{C}^n(\mathrm{A}, \mathrm{P})$ associe l'homomorphisme $\alpha^n(f)$ caractérisé par

(8) $$\alpha^n(f)\,(x_0 \otimes \cdots \otimes x_{n+1}) = x_0\, f(x_1, \ldots, x_n) x_{n+1}$$

est un isomorphisme de K-modules.

On note ∂^n (pour $n \geqslant 0$) l'unique application K-linéaire de $\mathrm{C}^n(\mathrm{A}, \mathrm{P})$ dans $\mathrm{C}^{n+1}(\mathrm{A}, \mathrm{P})$ rendant commutatif le diagramme

$$\begin{array}{ccc} \mathrm{C}^n(\mathrm{A}, \mathrm{P}) & \xrightarrow{\partial^n} & \mathrm{C}^{n+1}(\mathrm{A}, \mathrm{P}) \\ \downarrow{\scriptstyle \alpha^n} & & \downarrow{\scriptstyle \alpha^{n+1}} \\ \mathrm{Hom}_{\mathrm{B}}(\mathrm{B}_n, \mathrm{P}) & \xrightarrow{\mathrm{Hom}(d_{n+1}, 1_{\mathrm{P}})} & \mathrm{Hom}_{\mathrm{B}}(\mathrm{B}_{n+1}, \mathrm{P}) \, ; \end{array}$$

on a donc par définition

(9) $$(\alpha^{n+1} \circ \partial^n)(f) = \alpha^n(f) \circ d_{n+1}$$

pour tout $f \in \mathrm{C}^n(\mathrm{A}, \mathrm{P})$. Autrement dit, on a

$$\partial^n(f)\,(x_0, \ldots, x_n) = \alpha^n(f)\,(d_{n+1}(1 \otimes x_0 \otimes \cdots \otimes x_n \otimes 1))$$

pour $x_0, \ldots, x_n$ dans A et f dans $\mathrm{C}^n(\mathrm{A}, \mathrm{P})$, c'est-à-dire

(10) $$\begin{aligned} \partial^n(f)(x_0, \ldots, x_n) = & x_0\, f(x_1, \ldots, x_n) \\ & + \sum_{i=0}^{n-1} (-1)^{i+1} f(x_0, \ldots, x_{i-1}, x_i x_{i+1}, x_{i+2}, \ldots, x_n) \\ & + (-1)^{n+1} f(x_0, \ldots, x_{n-1}) x_n. \end{aligned}$$

D'après (7) et (9), on a

(11) $$\partial^{n+1} \circ \partial^n = 0 \qquad \text{pour tout } n \geqslant 0.$$

On note $\mathrm{H}^0(\mathrm{A}, \mathrm{P})$ le K-module Ker ∂^0 et, pour $n \geqslant 1$, $\mathrm{H}^n(\mathrm{A}, \mathrm{P})$ le K-module Ker $\partial^n/$ Im ∂^{n-1}. Le K-module $\mathrm{C}^0(\mathrm{A}, \mathrm{P})$ s'identifie à P et on a $\mathrm{C}^1(\mathrm{A}, \mathrm{P}) = \mathrm{Hom}_{\mathrm{K}}(\mathrm{A}, \mathrm{P})$. Les applications ∂^n pour $n \leqslant 2$ sont données par les formules

(12) $$\partial^0(p)(a) = ap - pa \qquad \text{pour tout } p \in \mathrm{P}\,;$$

(13) $$\partial^1(f)(a, a') = af(a') - f(aa') + f(a)a' \qquad \text{pour } f \in \mathrm{C}^1(\mathrm{A}, \mathrm{P})\,;$$

(14) $$\partial^2(f)(a, a', a'') = af(a', a'') - f(aa', a'') + f(a, a'a'') - f(a, a')a''$$

pour $f \in \mathrm{C}^2(\mathrm{A}, \mathrm{P})$.

Ainsi $\mathrm{H}^0(\mathrm{A}, \mathrm{P})$ est le sous-K-module de P formé des éléments p tels que $ap = pa$ pour tout $a \in \mathrm{A}$, et $\mathrm{H}^1(\mathrm{A}, \mathrm{P})$ est le quotient du K-module $\mathrm{Der}_{\mathrm{K}}(\mathrm{A}, \mathrm{P})$ des K-dérivations de A dans P (III, p. 118) par le sous-K-module formé des dérivations de la forme $a \mapsto ap - pa$ avec $p \in \mathrm{P}$ (appelées *dérivations intérieures*).

7. Cohomologie des algèbres absolument semi-simples

PROPOSITION 6. — *Soient* K *un anneau commutatif et* A *une* K*-algèbre. Soit* $e = \sum_{i=1}^{r} a_i \otimes a'_i$ *un élément de* $\mathrm{B} = \mathrm{A} \otimes_{\mathrm{K}} \mathrm{A}^{\mathrm{o}}$ *vérifiant les conditions* (ii) *de la prop.* 5 *de* VIII, *p.* 232. *Pour tout entier* $n \geqslant 1$ *et tout élément* f *de* $\mathrm{C}^n(\mathrm{A}, \mathrm{P})$, *notons* $\gamma^n(f)$ *l'élément de* $\mathrm{C}^{n-1}(\mathrm{A}, \mathrm{P})$ *défini par la formule*

(15) $$\gamma^n(f)(x_1, \ldots, x_{n-1}) = \sum_{i=1}^{r} a_i f(a'_i, x_1 \ldots, x_{n-1}).$$

On a alors

(16) $$\partial^{n-1}(\gamma^n(f)) + \gamma^{n+1}(\partial^n(f)) = f$$

pour tout entier $n \geqslant 1$ *et tout* $f \in \mathrm{C}^n(\mathrm{A}, \mathrm{P})$.

$_*$*Remarque* 1. — Les morphismes $\partial_n : \mathrm{C}^n(\mathrm{A}, \mathrm{P}) \to \mathrm{C}^{n+1}(\mathrm{A}, \mathrm{P})$ définissent un complexe $(\mathrm{C}(\mathrm{A}, \mathrm{P}), \partial)$ de K-modules (X, p. 24). L'application γ_n définit donc une homotopie reliant 0 à $\mathrm{Id}_{\mathrm{C}(\mathrm{A},\mathrm{P})}$ de ce complexe dans lui-même (X, p. 32, déf. 4). $_*$

Reprenons les notations du n° 6. Définissons, pour tout entier $n \geqslant 0$, une application $h_n : \mathrm{B}_n \to \mathrm{B}_{n+1}$ par la formule

$$h_n(x) = d^1_{n+2}(e \otimes x) = \sum_{i=1}^{r} a_i \otimes a'_i x.$$

C'est un homomorphisme de (A, A)-bimodules (formule (3)).

Lemme 5. — On a la relation

(17) $$d_{n+1} \circ h_n + h_{n-1} \circ d_n = 1_{\mathrm{B}_n}$$

pour tout $n \geqslant 1$.

Soit $x \in \mathrm{B}_n$; on a

$$\begin{aligned}(d_{n+1} \circ h_n)(x) &= (d_{n+1} \circ d^1_{n+2})(e \otimes x)\\ &= (d^0_{n+1} \circ d^1_{n+2})(e \otimes x) - \sum_{i=2}^{n+2} (-1)^i (d^{i-1}_{n+1} \circ d^1_{n+2})(e \otimes x),\end{aligned}$$

d'où, par la formule (6),

$$(d_{n+1} \circ h_n)(x) = (d^0_{n+1} \circ d^0_{n+2})(e \otimes x) - \sum_{i=2}^{n+2} (-1)^i (d^1_{n+1} \circ d^i_{n+2})(e \otimes x).$$

Mais on a

$$(d^0_{n+1} \circ d^0_{n+2})(e \otimes x) = \varepsilon(e)x = x$$

par la condition (ii) de la prop. 5 de VIII, p. 232 et, pour $i \geqslant 2$,

$$d^i_{n+2}(e \otimes x) = e \otimes d^{i-2}_n(x),$$

ce qui donne

$$(d_{n+1} \circ h_n)(x) = x - d^1_{n+1}(e \otimes d_n(x)) = x - h_{n-1} \circ d_n(x),$$

d'où la formule (17).

Avec le lemme 5, nous pouvons terminer la preuve de la proposition 6. Soient n un entier $\geqslant 1$ et f un élément de $\mathrm{C}^n(\mathrm{A}, \mathrm{P})$. On a par construction

(18) $$\alpha^{n-1}(\gamma^n(f)) = \alpha^n(f) \circ h_{n-1},$$

et par suite, d'après les formules (9) et (18)

$$\begin{aligned}\alpha^n(\partial^{n-1}(\gamma^n(f)) + \gamma^{n+1}(\partial^n(f))) &= \alpha^{n-1}(\gamma^n(f)) \circ d_n + \alpha^{n+1}(\partial^n(f)) \circ h_n\\ &= \alpha^n(f) \circ h_{n-1} \circ d_n + \alpha^n(f) \circ d_{n+1} \circ h_n\\ &= \alpha^n(f)\end{aligned}$$

où la dernière égalité résulte de (17). Comme α^n est bijective, la proposition en résulte.

THÉORÈME 3. — *Soient* K *un anneau commutatif,* A *une* K*-algèbre et* P *un* (A, A)*-bimodule. On suppose que le* $(A \otimes_K A^o)$*-module* A *est projectif. On a alors* $H^n(A, P) = 0$ *pour tout entier* $n \geqslant 1$.

Il s'agit de prouver que pour tout entier $n \geqslant 1$, tout élément f de $C^n(A, P)$ tel que $\partial^n(f) = 0$ est de la forme $\partial^{n-1}(g)$ pour un élément g de $C^{n-1}(A, P)$. Compte tenu de la prop. 5 (VIII, p. 232), c'est une conséquence immédiate de la prop. 6 de VIII, p. 236.

COROLLAIRE. — *Toute* K*-dérivation de* A *dans* P *est intérieure.*

C'est une traduction de l'égalité $H^1(A, P) = 0$.

Remarques. — 2) Les hypothèses du th. 3 sont notamment vérifiées lorsque K est un corps et A une K-algèbre absolument semi-simple (VIII, p. 233, th. 2).

*3) Supposons que le K-module A soit projectif. Le théorème 3 peut aussi se démontrer de la façon suivante. Le complexe $(\bigoplus_{n \geqslant 0} B_n, d)$ et l'homomorphisme $\varepsilon : B_0 \to A$ définissent une résolution projective du B-module A ; le K-module $H^n(A, P)$ est donc isomorphe à $\mathrm{Ext}^n_B(A, P)$ pour tout $n \geqslant 0$ (X, p. 100, th. 1). Si le B-module A est projectif, les K-modules $\mathrm{Ext}^n_B(A, P)$ sont nuls pour $n \geqslant 1$ (X, p. 88, cor. de la prop. 5), ce qui entraîne la nullité de $H^n(A, P)$. Inversement, si $H^1(A, P)$ est nul pour tout (A, A)-bimodule P, le B-module A est projectif (X, p. 93, prop. 10).$_*$

8. Scindage des algèbres artiniennes

Dans ce numéro, K désigne un anneau commutatif et A une K-algèbre. Soit $\mathfrak{r}$ le radical de A. Notons $\overline{A}$ l'algèbre quotient $A/\mathfrak{r}$ et π l'application canonique de A sur $\overline{A}$. On s'intéresse ici aux sous-algèbres S de A telles que $A = S \oplus \mathfrak{r}$.

Notons Σ l'ensemble des sections K-linéaires s de π satisfaisant à $s(\alpha\beta) = s(\alpha)s(\beta)$ pour α, β dans $\overline{A}$. Observons qu'une telle section satisfait nécessairement à $s(1) = 1$ (autrement dit, s est un homomorphisme d'anneaux) : on a en effet $s(1)^2 = s(1)$, et $s(1)$ est inversible puisqu'il appartient à $1 + \mathfrak{r}$ (VIII, p. 151, th. 1). Si s est un élément de Σ, l'image S de s est une sous-algèbre de A et l'on a $A = S \oplus \mathfrak{r}$. Inversement, si S est une sous-algèbre de A telle que $A = S \oplus \mathfrak{r}$, la restriction de π à S est bijective, et la bijection réciproque définit un élément de Σ d'image S.

D'après le théorème de Jacobson (*loc. cit.*), tout élément de $1+\mathfrak{r}$ est inversible dans A ; on appelle *automorphisme spécial* de A tout automorphisme intérieur de la forme $a \mapsto xax^{-1}$ avec $x \in 1+\mathfrak{r}$.

PROPOSITION 7. — *Supposons que le* $(\overline{\mathrm{A}} \otimes_{\mathrm{K}} \overline{\mathrm{A}}^{\mathrm{o}})$*-module* $\overline{\mathrm{A}}$ *soit projectif.*

a) *Soient* S_1 *et* S_2 *des sous-algèbres de* A *satisfaisant à* $\mathrm{A} = \mathrm{S}_1 \oplus \mathfrak{r} = \mathrm{S}_2 \oplus \mathfrak{r}$. *Il existe un automorphisme spécial de* A *transformant* S_1 *en* S_2.

b) *Supposons que* π *possède une section* K*-linéaire et que le radical* $\mathfrak{r}$ *de* A *soit nilpotent. Il existe alors une sous-algèbre* S *de* A *satisfaisant à* $\mathrm{A} = \mathrm{S} \oplus \mathfrak{r}$.

Plaçons-nous sous les hypothèses de a) et notons s_1 et s_2 les éléments de l'ensemble Σ correspondant aux sous-algèbres S_1 et S_2. Soit ε l'application K-linéaire de $\mathrm{A} \otimes_{\mathrm{K}} \mathrm{A}$ dans A telle que $\varepsilon(a \otimes b) = ab$. D'après la prop. 5 de VIII, p. 232, et la remarque 1 de VIII, p. 232, il existe un élément $e = \sum_{i=1}^{r} \alpha_i \otimes \alpha_i'$ de $\overline{\mathrm{A}} \otimes_{\mathrm{K}} \overline{\mathrm{A}}$ satisfaisant à $\sum_{i=1}^{r} \alpha_i \alpha_i' = 1$ et $\sum_{i=1}^{r} \alpha\alpha_i \otimes \alpha_i' = \sum_{i=1}^{r} \alpha_i \otimes \alpha_i'\alpha$ pour tout $\alpha \in \overline{\mathrm{A}}$. Posons $x = \sum_{i=1}^{r} s_1(\alpha_i) s_2(\alpha_i')$. On a $\pi(x) = \sum_{i=1}^{r} \alpha_i\alpha_i' = 1$, d'où $x \in 1+\mathfrak{r}$. Soit α un élément de $\overline{\mathrm{A}}$. On a

$$\begin{aligned} s_1(\alpha)x = \sum_{i=1}^{r} s_1(\alpha\alpha_i)s_2(\alpha_i') &= (\varepsilon \circ (s_1 \otimes s_2))\Big(\sum_{i=1}^{r} \alpha\alpha_i \otimes \alpha_i'\Big) \\ &= (\varepsilon \circ (s_1 \otimes s_2))\Big(\sum_{i=1}^{r} \alpha_i \otimes \alpha_i'\alpha\Big) = \sum_{i=1}^{r} s_1(\alpha_i)s_2(\alpha_i'\alpha) = xs_2(\alpha). \end{aligned}$$

L'égalité $x^{-1}\mathrm{S}_1 x = \mathrm{S}_2$ en résulte, d'où l'assertion a).

Prouvons l'assertion b) sous l'hypothèse $\mathfrak{r}^2 = 0$. En ce cas, le (A, A)-bimodule $\mathfrak{r}$ est annulé par $\mathfrak{r}$ et on le considère donc comme un $(\overline{\mathrm{A}}, \overline{\mathrm{A}})$-bimodule. Choisissons une section K-linéaire σ de π. On a

$$\alpha x = \sigma(\alpha)x \quad \text{et} \quad x\alpha = x\sigma(\alpha) \tag{19}$$

pour $\alpha \in \overline{\mathrm{A}}$ et $x \in \mathfrak{r}$. Posons

$$\varphi(\alpha, \beta) = \sigma(\alpha\beta) - \sigma(\alpha)\sigma(\beta). \tag{20}$$

pour $\alpha, \beta \in \overline{\mathrm{A}}$. On a la relation $\pi(\varphi(\alpha, \beta)) = \alpha\beta - \alpha\beta = 0$ pour $\alpha, \beta \in \overline{\mathrm{A}}$. Donc φ défini un élément de $\mathrm{C}^2(\overline{\mathrm{A}}, \mathfrak{r})$. Soient α, β, γ des éléments de $\overline{\mathrm{A}}$; compte tenu de (19), on a

$$\begin{aligned}\partial^2\varphi(\alpha,\beta,\gamma) &= \alpha\varphi(\beta,\gamma) - \varphi(\alpha\beta,\gamma) + \varphi(\alpha,\beta\gamma) - \varphi(\alpha,\beta)\gamma \\ &= \sigma(\alpha)\varphi(\beta,\gamma) - \varphi(\alpha\beta,\gamma) + \varphi(\alpha,\beta\gamma) - \varphi(\alpha,\beta)\sigma(\gamma) \\ &= \sigma(\alpha)(\sigma(\beta\gamma) - \sigma(\beta)\sigma(\gamma)) - \sigma(\alpha\beta\gamma) + \sigma(\alpha\beta)\sigma(\gamma) + \sigma(\alpha\beta\gamma) \\ &\quad - \sigma(\alpha)\sigma(\beta\gamma) - (\sigma(\alpha\beta) - \sigma(\alpha)\sigma(\beta))\sigma(\gamma) \\ &= 0.\end{aligned}$$

D'après le th. 3 de VIII, p. 238, le K-module $H^2(\overline{A},\mathfrak{r})$ est réduit à zéro. Il existe donc un élément ψ de $C^1(\overline{A},\mathfrak{r})$ tel que $\partial^1\psi = \varphi$, c'est-à-dire tel qu'on ait

(21) $$\varphi(\alpha,\beta) = \alpha\psi(\beta) - \psi(\alpha\beta) + \psi(\alpha)\beta \quad \text{pour } \alpha,\beta \text{ dans } \overline{A}.$$

On a $\psi(\alpha)\psi(\beta) = 0$ puisque $\mathfrak{r}^2$ est nul ; on tire alors de (19) et (20)

(22) $$(\sigma+\psi)(\alpha\beta) = (\sigma+\psi)(\alpha)(\sigma+\psi)(\beta),$$

de sorte que la section K-linéaire $\sigma+\psi$ de π appartient à Σ. Son image est une sous-algèbre S de A telle que $A = S + \mathfrak{r}$.

Démontrons enfin l'existence de S dans le cas général. Raisonnons par récurrence sur le plus petit entier $p \geqslant 1$ tel que $\mathfrak{r}^p = 0$, le cas $p = 1$ étant trivial. Supposons qu'on ait $p \geqslant 2$, et posons $A' = A/\mathfrak{r}^{p-1}$; le radical $\mathfrak{r}'$ de A' est égal à $\mathfrak{r}/\mathfrak{r}^{p-1}$ (prop. 5 de VIII, p. 150), donc satisfait à $\mathfrak{r}'^{p-1} = 0$, et l'algèbre $A'/\mathfrak{r}'$ est isomorphe à $\overline{A} = A/\mathfrak{r}$, donc est absolument semi-simple. D'après l'hypothèse de récurrence, il existe une sous-algèbre S' de A' telle que $A' = S' \oplus \mathfrak{r}'$. Alors S' est de la forme $A''/\mathfrak{r}^{p-1}$, où A'' est une sous-algèbre de A contenant $\mathfrak{r}^{p-1}$, et l'on a

(23) $$A = A'' + \mathfrak{r}, \qquad \mathfrak{r}^{p-1} = A'' \cap \mathfrak{r}.$$

L'algèbre $A''/\mathfrak{r}^{p-1}$ est isomorphe à $A'/\mathfrak{r}'$; on a $(\mathfrak{r}^{p-1})^2 = 0$ donc $\mathfrak{r}^{p-1}$ est le radical de A''. D'après le cas traité précédemment, il existe une sous-algèbre S de A'' telle que $A'' = S \oplus \mathfrak{r}^{p-1}$; on déduit de (23) la relation $A = S \oplus \mathfrak{r}$.

COROLLAIRE 1 (théorème de Wedderburn). — *Soient* K *un corps commutatif,* A *une* K*-algèbre,* $\mathfrak{r}$ *le radical de* A. *On suppose que la* K*-algèbre* $A/\mathfrak{r}$ *est absolument semi-simple.*

a) *Soient* S_1 *et* S_2 *des sous-algèbres de* A *satisfaisant à* $A = S_1 \oplus \mathfrak{r} = S_2 \oplus \mathfrak{r}$. *Il existe un automorphisme spécial de* A *transformant* S_1 *en* S_2.

b) *Si* $\mathfrak{r}$ *est nilpotent, il existe une sous-algèbre* S *de* A *satisfaisant à* $A = S \oplus \mathfrak{r}$.

Cela résulte de la prop. 7 et du th. 2 de VIII, p. 233.

COROLLAIRE 2. — *Soit* A *une algèbre commutative de degré fini sur un corps parfait* K *et soit* $\mathfrak{r}$ *son radical. Il existe une unique sous-algèbre* S *de* A *telle que* $A = S \oplus \mathfrak{r}$. *De plus,* S *est isomorphe au produit d'un nombre fini d'extensions de degré fini de* K.

La K-algèbre $A/\mathfrak{r}$ est semi-simple (VIII, p. 169, prop. 1) et de degré fini ; le corps K étant parfait, elle est absolument semi-simple (VIII, p. 228, th. 1). Comme l'idéal $\mathfrak{r}$ est nilpotent, l'existence et l'unicité de S résultent alors du cor. 1. Comme S est semi-simple, commutative et de degré fini, la dernière assertion est une conséquence de la prop. 3 de VIII, p. 133.

Remarques. — 1) L'hypothèse que $A/\mathfrak{r}$ est *absolument* semi-simple est essentielle dans le cor. 1 (VIII, p. 242, exerc. 4).

2) Supposons que A soit une algèbre artinienne sur le corps K. Si A est commutative, on peut montrer (VIII, p. 176, exerc. 9) que A est isomorphe à un produit d'algèbres $A_1 \times \cdots \times A_n$ telles que $A_i/\mathfrak{R}(A_i)$ soit un *corps* pour tout i. Par contre, si A n'est pas commutative, il se peut que A ne soit pas isomorphe à un produit d'algèbres $A_1 \times \cdots \times A_n$ telles que $A_i/\mathfrak{R}(A_i)$ soit un anneau *simple* pour tout i (VIII, p. 243, exerc. 5).

EXERCICES

1) Soient K un corps commutatif et A une K-algèbre. On dit qu'un A-module M est *absolument sans radical* si pour toute extension L de K, le $A_{(L)}$-module $M_{(L)}$ est sans radical. On dit que l'algèbre A est absolument sans radical si le A-module A_s est absolument sans radical.

a) Une algèbre commutative absolument sans radical est séparable (V, p. 114, déf. 1).

b) Tout sous-module d'un module absolument sans radical est absolument sans radical; une somme directe de modules absolument sans radical est absolument sans radical.

c) Soit M un A-module de type fini; pour que M soit absolument sans radical, il faut et il suffit qu'il existe un corps parfait P, extension algébrique de K, tel que $\mathfrak{R}_{A_{(P)}}(M_{(P)}) = 0$.

d) Pour qu'un A-module semi-simple M soit absolument sans radical, il faut et il suffit que tout module simple appartenant au support de M le soit.

e) Soient S un A-module simple, D son commutant. Démontrer que les conditions suivantes sont équivalentes :

(i) Le A-module S est absolument sans radical;

(ii) La K-algèbre D est absolument sans radical;

(iii) Le centre de D est une extension séparable de K.

f) Pour qu'une algèbre semi-simple soit absolument sans radical, il faut et il suffit que le centre de chacun de ses composants simples soit une extension séparable de K.

g) Prouver qu'un A-module absolument sans radical de dimension finie sur K est absolument semi-simple.

2) Soient A_1 et A_2 des K-algèbres, A l'algèbre $A_1 \otimes_K A_2$, M_i un A_i-module ($i = 1, 2$) et M le A-module $M_1 \otimes_K M_2$.

a) On suppose que le A_1-module M_1 est absolument sans radical; démontrer l'inclusion $\mathfrak{R}_A(M) \subset M_1 \otimes_K \mathfrak{R}_{A_2}(M_2)$.

b) Si les modules M_1 et M_2 sont absolument sans radical, il en est de même du A-module M.

3) Soit K un corps commutatif et soient A et B des K-algèbres simples. On suppose que A est de rang fini sur son centre Z, que Z est une extension algébrique de K et que la K-algèbre B est absolument sans radical (exerc. 1). Démontrer que l'anneau $A \otimes_K B$ est absolument plat (VIII, p. 166, exerc. 27; observer que tout élément de $A \otimes_K B$ appartient à une sous-algèbre de la forme $A_1 \otimes_K B$, où A_1 est une algèbre simple de rang fini sur K).

4) Soit K un corps commutatif de caractéristique $p > 0$ et soit a un élément de $K - K^p$. On désigne par A la K-algèbre (de dimension finie) $K[X]/((X^p - a)^2)$. Démontrer que le radical $\mathfrak{r}$ de A est de carré nul, que la K-algèbre $A/\mathfrak{r}$ est isomorphe à l'extension radicielle $L = K[X]/(X^p - a)$ de K et que A ne contient pas de sous-K-algèbre isomorphe à L.

5) Soient K un corps commutatif et L un ensemble fini. On désigne par B l'algèbre construite dans l'exerc. 17 de VIII, p. 164 par ε l'élément central $1 - \sum_\lambda c_\lambda + \sum_{\lambda\neq\mu} r_{\lambda\mu}$ de B et par A l'algèbre $B/B\varepsilon$. La K-algèbre A est de dimension finie, son radical $\mathfrak{r}$ est de carré nul et $A/\mathfrak{r}$ est isomorphe à K^L ; prouver que A n'est pas isomorphe à un produit de deux algèbres non nulles.

¶ 6) Soient K un corps commutatif et E une extension de K. Démontrer que les conditions suivantes sont équivalentes :

(i) Pour toute extension séparable L de K, l'anneau $E_{(L)}$ est semi-simple ;

(ii) E est une extension radicielle d'une extension séparable de degré fini de K.

(Sous l'hypothèse (i), prouver à l'aide du cor. de V, p. 134 et de l'exerc. 4 (§2) de V, p. 140 que E est une extension algébrique de K ; prouver ensuite que la fermeture séparable E_s de K dans E est de degré fini, en remarquant que dans le cas contraire, l'anneau $E_{(L)}$, où L est une clôture séparable de K, contiendrait des familles d'idempotents orthogonaux $(e_1, \ldots, e_n)$ avec n arbitrairement grand. Sous l'hypothèse (ii), démontrer que si $E_{s(L)}$ est isomorphe à $\prod_{j=1}^r C_j$, $E_{(L)}$ est isomorphe à $\prod_{j=1}^r D_j$, où D_j est une extension radicielle de C_j.)

¶ 7) Soit E une extension radicielle d'un corps commutatif K, de caractéristique $p > 0$. On suppose que l'anneau $E \otimes_K E$ est noethérien.

a) Prouver qu'il existe un entier k tel que $E \subset K^{p^{-k}}$ (raisonner par l'absurde en construisant une suite (x_n) dans E telle que $(x_n \otimes 1 - 1 \otimes x_n)^{p^{n-1}} \neq 0$, $(x_n \otimes 1 - 1 \otimes x_n)^{p^n} = 0$).

b) Soit $F = K(E^p)$ et soit $(x_i)_{i\in I}$ une p-base de E sur F (V, p. 93). On pose $y_i = x_i \otimes 1$ et $z_i = x_i \otimes 1 - 1 \otimes x_i$. Soit Λ la partie de $\mathbf{N}^{(I)}$ formée des familles $(\alpha_i)_{i\in I}$ telles que $\alpha_i < p$ pour tout i ; démontrer que les éléments $\prod_{i\in I} y_i^{\alpha_i} z_i^{\beta_i}$ pour (α_i) , $(\beta_i) \in \Lambda$ forment une base du F-espace vectoriel $E \otimes_F E$. En déduire que I est fini (observer que l'anneau $E \otimes_F E$ est noethérien).

c) Conclure que E est de degré fini sur K (utiliser l'exerc. 1 *b*) de V, p. 160).

¶ 8) Soit E une extension algébrique d'un corps commutatif K. Démontrer que pour que l'anneau $E \otimes_K E$ soit noethérien, il faut et il suffit que E soit de degré fini sur K (se ramener au cas d'une extension radicielle par la méthode de l'exerc. 6, puis appliquer l'exercice précédent).

¶ 9) Soient K un corps commutatif et A une K-algèbre. On suppose que pour toute K-algèbre artinienne B, l'anneau $A \otimes_K B$ est artinien. Démontrer que A est de dimension finie sur K (se ramener au cas où A est semi-simple, en observant que les $A/\mathfrak{R}(A)$-modules $\mathfrak{R}(A)^k/\mathfrak{R}(A)^{k+1}$ sont de longueur finie ; puis utiliser les exerc. 6 et 7).

10) Soient K un anneau commutatif, A une K-algèbre et P un (A, A)-bimodule. On appelle *extension de* A *par* P un triplet (B, i, p), où B est une K-algèbre, $p : B \to A$ un

homomorphisme surjectif de K-algèbres, $i : \mathrm{P} \to \mathrm{B}$ un homomorphisme K-linéaire injectif d'image $\mathrm{Ker}\, p$, satisfaisant à $i(p(b)\,x) = b\,i(x)$ et $i(x\,p(b)) = i(x)\,b$ pour $x \in \mathrm{P}$, $b \in \mathrm{B}$. On appelle isomorphisme de l'extension (B, i, p) sur l'extension (B', i', p') tout isomorphisme de K-algèbres $u : \mathrm{B} \to \mathrm{B}'$ tel que $p' \circ u = p$ et $u \circ i = i'$.

a) Soit (B, i, p) une extension de A par P ; l'image de i est un idéal bilatère de carré nul de B. Inversement, si $p : \mathrm{B} \to \mathrm{A}$ est un homomorphisme surjectif de K-algèbres dont le noyau P est de carré nul et i l'injection canonique de P dans B, le triplet (B, i, p) est une extension de A par P.

b) Soient $i_0 : \mathrm{P} \to \mathrm{A} \oplus \mathrm{P}$ et $p_0 : \mathrm{A} \oplus \mathrm{P} \to \mathrm{A}$ les applications canoniques. Il existe une unique structure de K-algèbre sur $\mathrm{A} \oplus \mathrm{P}$ telle que $(\mathrm{A} \oplus \mathrm{P}, i_0, p_0)$ soit une extension de A par P. Démontrer que le groupe des automorphismes de cette extension s'identifie au groupe des K-dérivations de A dans P.

c) Soit (B, i, p) une extension de A par P. Démontrer que les conditions suivantes sont équivalentes :

(i) L'extension (B, i, p) est isomorphe à l'extension $(\mathrm{A} \oplus \mathrm{P}, i_0, p_0)$;

(ii) Il existe un homomorphisme de K-algèbres $s : \mathrm{A} \to \mathrm{B}$ tel que $p \circ s = \mathrm{Id}_{\mathrm{A}}$;

(iii) Il existe une sous-algèbre S de B telle que $\mathrm{B} = \mathrm{S} \oplus i(\mathrm{P})$.

On dit alors que l'extension (B, i, p) est *triviale.*

d) Soient (B, i, p), (B', i', p') des extensions de A par P. Soient C la sous-algèbre de $\mathrm{B} \times \mathrm{B}'$ formée des éléments (b, b') tels que $p(b) = p'(b')$, $\mathfrak{c}$ l'idéal bilatère de C formé des éléments $(i(x), -i'(x))$ pour $x \in \mathrm{P}$, B'' l'algèbre $\mathrm{C}/\mathfrak{c}$, $\pi : \mathrm{C} \to \mathrm{B}''$ l'homomorphisme canonique. Soient $i'' : \mathrm{P} \to \mathrm{B}''$ et $p'' : \mathrm{B}'' \to \mathrm{A}$ les homomorphismes définis par $i''(x) = \pi(i(x), 0)$, $p''(\pi(b, b')) = p(b)$ pour $x \in \mathrm{P}$, $b \in \mathrm{B}$, $b' \in \mathrm{B}'$. Démontrer que (B'', i'', p'') est une extension de A par P, appelée extension somme de (B, i, p) et (B', i', p'), et que l'on définit ainsi une loi de groupe commutatif sur l'ensemble $\mathrm{Ex}_{\mathrm{K}}(\mathrm{A}, \mathrm{P})$ des classes d'isomorphisme d'extensions de A par P, dont l'élément neutre est la classe de l'extension triviale. De plus l'action de K sur $\mathrm{Ex}_{\mathrm{K}}(\mathrm{A}, \mathrm{P})$ telle que $\lambda(\mathrm{B}, i, p) = (\mathrm{B}, \lambda^{-1} i, p)$ pour $\lambda \in \mathrm{K}$, $\lambda \neq 0$ définit une structure de K-module sur $\mathrm{Ex}_{\mathrm{K}}(\mathrm{A}, \mathrm{P})$.

e) Soit $u : \mathrm{P} \to \mathrm{P}'$ un homomorphisme de (A, A)-bimodules et soit (B, i, p) une extension de A par P. Soit B' la somme amalgamée $\mathrm{B} \oplus_{\mathrm{P}} \mathrm{P}'$ (II, p. 179, exerc. 5) ; pour $b \in \mathrm{B}$, $x' \in \mathrm{P}'$, on note $[b, x']$ la classe de (b, x') dans B'. Soient $i' : \mathrm{P}' \to \mathrm{B}'$, $p' : \mathrm{B}' \to \mathrm{A}$, $v : \mathrm{B} \to \mathrm{B}'$ les applications définies par

$$i'(x') = [0, x'], \qquad p'([b, x']) = p(b), \qquad v(b) = [b, 0].$$

Démontrer qu'il existe une unique structure d'algèbre sur B' telle que (B', i', p') soit une extension de A par P' et v un homomorphisme d'algèbres. On dit que (B', i', p') est l'extension de A par P' déduite de (B, i, p) au moyen de u ; toute extension (C, j, q) de A par P' pour laquelle il existe un homomorphisme d'algèbres $w : \mathrm{B} \to \mathrm{C}$ satisfaisant à $q \circ w = p$ et $w \circ i = j \circ v$ est isomorphe à (B', i', p').

f) L'application $\mathrm{Hom}_{(A,A)}(P, P') \times \mathrm{Ex}_K(A, P) \longrightarrow \mathrm{Ex}_K(A, P')$ qui associe à un couple $(u, (B, i, p))$ la classe de l'extension déduite de (B, i, p) au moyen de u est K-bilinéaire.

g) Soit $f : A' \to A$ un homomorphisme de K-algèbres et soit (B, i, p) une extension de A par P. Définir de même une structure d'algèbre sur le produit fibré $B'' = B \times_A A'$ et une extension (B'', i'', p'') de A' par P, dite déduite de (B, i, p) au moyen de f.

h) On suppose en outre l'algèbre A commutative. Démontrer que les classes d'extensions (B, i, p) de A par P telles que l'algèbre B soit commutative forment un sous-K-module $\mathrm{Ex}_K^c(A, P)$ de $\mathrm{Ex}_K(A, P)$.

11) *a*) Soit f un élément de $C^2(A, P)$ (VIII, p. 235). Démontrer qu'on définit une structure d'algèbre sur le K-module $A \oplus P$ en posant $(a, x)(a', x') = (aa', ax' + xa' + f(a, a'))$; l'injection canonique $i : P \to A \oplus P$ et la surjection canonique $p : A \oplus P \to A$ sont des homomorphismes d'anneaux, et le triplet $(A \oplus P, i, p)$ est une extension de A par P (observer qu'on a $f(a, 1) = af(1, 1)$ et $f(1, a) = f(1, 1)a$ pour tout $a \in A$).

b) Prouver que la classe d'isomorphisme de cette extension ne dépend que de la classe de f dans $H^2(A, P)$ et qu'on définit ainsi un isomomorphisme de K-modules de $H^2(A, P)$ sur le sous-K-module de $\mathrm{Ex}_K(A, P)$ formé des extensions de A par P qui sont triviales comme extensions de K-modules.

c) On suppose l'anneau A commutatif ; on note $C^2(A, P)^s$ le sous-K-module de $C^2(A, P)$ formé des éléments f tels que $f(x, y) = f(y, x)$ quels que soient x, y dans A, et $H^2(A, P)^s$ l'image de $C^2(A, P)^s$ dans $H^2(A, P)$. Prouver que l'isomorphisme précédent induit un isomorphisme de $H^2(A, P)^s$ sur le sous-K-module de $\mathrm{Ex}_K^c(A, P)$ formé des extensions commutatives de A par P qui sont triviales comme extensions de K-modules.

12) Soient A un anneau commutatif, J un idéal de A, B l'anneau A/J et P un B-module.

a) Démontrer que la suite exacte $0 \to J/J^2 \to A/J^2 \to B \to 0$ définit une extension de la A-algèbre B par P (exerc. 10).

b) Soit P un B-module. Prouver que l'homomorphisme $\mathrm{Hom}_B(J/J^2, P) \longrightarrow \mathrm{Ex}_A^c(B, P)$ qui associe à u l'extension déduite de l'extension ci-dessus est un isomorphisme.

§ 14. ALGÈBRES CENTRALES ET SIMPLES

Dans ce paragraphe, K désigne un corps commutatif.

1. Algèbres centrales et simples

DÉFINITION 1. — *On dit qu'une algèbre* A *sur le corps* K *est* centrale *si l'application* $\lambda \mapsto \lambda 1$ *est une bijection de* K *sur le centre de* A.

Une algèbre centrale n'est pas réduite à 0. Pour tout entier $n \geqslant 1$, la K-algèbre de matrices $\mathbf{M}_n(\mathrm{K})$ est centrale (VIII, p. 78, cor. 2) et simple (VIII, p. 116, th. 1). Plus généralement, soit D une K-algèbre centrale de degré fini, alors $\mathbf{M}_n(\mathrm{D})$ est également centrale. Soit A un anneau simple ; son centre Z est un corps (VIII, p. 117, cor. 1), et A est donc une algèbre centrale et simple sur Z. Si le corps K est algébriquement clos, une algèbre simple de degré fini sur K est centrale (VIII, p. 118, cor. 3). L'algèbre opposée d'une algèbre centrale et simple est centrale et simple.

Remarques. — 1) Soient A et B des K-algèbres. Si l'algèbre $\mathrm{A} \otimes_{\mathrm{K}} \mathrm{B}$ est centrale et simple, il en est de même de A et B (III, p. 41, cor. de la prop. 6 et VIII, p. 217, prop. 6). Réciproquement, si les algèbres A et B sont centrales et simples et si l'une d'elles est de degré fini sur K, alors l'algèbre $\mathrm{A} \otimes_{\mathrm{K}} \mathrm{B}$ est centrale et simple (III, p. 41, cor. de la prop. 6 et VIII, p. 217, cor. 2).

2) Soit A une K-algèbre et soit L une extension du corps K. Si la L-algèbre $\mathrm{A}_{(\mathrm{L})}$ est centrale et simple, alors la K-algèbre A est centrale et simple. Réciproquement, si l'un des degrés [A : K] ou [L : K] est fini et si la K-algèbre A est centrale et simple, la L-algèbre $\mathrm{A}_{(\mathrm{L})}$ est centrale et simple. Cela résulte du cor. 2 de VIII, p. 218.

3) Soient A et B des K-algèbres équivalentes au sens de Morita. L'algèbre A est centrale simple si et seulement s'il en est de même de B (VIII, p. 101, prop. 6, p. 106, cor. et p. 98, cor. 1).

4) En particulier, si A est une K-algèbre centrale et simple et si $n \geqslant 1$, alors $\mathbf{M}_n(\mathrm{A})$ est une K-algèbre centrale et simple (VIII, p. 98, exemple 1).

THÉORÈME 1. — *Soit* A *une* K-*algèbre de degré fini. Les propriétés suivantes sont équivalentes* :

(i) *L'algèbre* A *est centrale et simple*;

(ii) *L'algèbre* A *est centrale et sans radical*;

(iii) *L'homomorphisme canonique de la* K-*algèbre* $\mathrm{A} \otimes_{\mathrm{K}} \mathrm{A}^{\mathrm{o}}$ *dans la* K-*algèbre* $\mathrm{End}_{\mathrm{K}}(\mathrm{A})$ *qui transforme* $a \otimes a'$ *en l'application* K-*linéaire* $x \mapsto axa'$ *de* A *dans* A *est bijectif*;

(iv) *Il existe une extension* L *du corps* K *et un entier* $n \geqslant 1$ *tels que les* L-*algèbres* $\mathrm{A}_{(\mathrm{L})}$ *et* $\mathbf{M}_n(\mathrm{L})$ *soient isomorphes*;

(v) *Pour toute clôture séparable* K′ *de* K, *il existe un entier* $n \geqslant 1$ *tel que les* K′-*algèbres* $\mathrm{A}_{(\mathrm{K}')}$ *et* $\mathbf{M}_n(\mathrm{K}')$ *soient isomorphes*;

(vi) *Il existe une extension* L *du corps* K, *galoisienne et de degré fini, et un entier* $n \geqslant 1$ *tels que les* L-*algèbres* $\mathrm{A}_{(\mathrm{L})}$ *et* $\mathbf{M}_n(\mathrm{L})$ *soient isomorphes*;

(vii) *Il existe une* K-*algèbre de degré fini* D *qui est un corps de centre* K *et un entier* $n \geqslant 1$ *tel que l'algèbre* A *soit isomorphe à l'algèbre* $\mathbf{M}_n(\mathrm{D})$.

Pour qu'un anneau soit simple, il faut et il suffit qu'il soit semi-simple et que son centre soit un corps (VIII, p. 138, cor. de la prop. 10). Comme A est une algèbre de degré fini sur le corps K, c'est un anneau artinien à gauche ; il est donc semi-simple si et seulement s'il est sans radical (VIII, p. 150, prop. 4). L'équivalence de (i) et (ii) résulte de là.

Posons $\mathrm{E} = \mathrm{A} \otimes_{\mathrm{K}} \mathrm{A}^{\mathrm{o}}$ et $\mathrm{F} = \mathrm{End}_{\mathrm{K}}(\mathrm{A})$; notons φ l'homomorphisme canonique de E dans F défini par la relation $\varphi(a \otimes a')(x) = axa'$ pour x, a, a' dans A. Si l'algèbre A est centrale et simple, il en est de même de A^{o} et donc de E (remarque 1), et φ est donc injectif. Or on a $[\mathrm{E} : \mathrm{K}] = [\mathrm{A} : \mathrm{K}]^2 = [\mathrm{F} : \mathrm{K}]$, donc φ est bijectif. Réciproquement, supposons φ bijectif ; comme l'algèbre F est centrale et simple (car elle est isomorphe à une algèbre de matrices $\mathbf{M}_m(\mathrm{K})$), il en est de même de E, donc aussi de A (remarque 1). On a donc prouvé l'équivalence de (i) et (iii).

Par la remarque 4, l'assertion (vii) entraîne l'assertion (i). L'implication réciproque résulte du cor. 3 de VIII, p. 118 et du cor. 2 de VIII, p. 78.

Il est clair que (vi) entraîne (iv), et (iv) entraîne (i) d'après la remarque 2.

Il reste à prouver les implications (i)⇒(v)⇒(vi). Supposons que A soit centrale et simple et notons K′ une clôture séparable de K (V, p. 44). Alors $A_{(K')}$ est une algèbre centrale, simple et de degré fini sur K′ (VIII, p. 247, remarque 2). D'après le corollaire de VIII, p. 227, il existe donc un entier $n \geqslant 1$ et un isomorphisme de K′-algèbres de $A_{(K')}$ sur $\mathbf{M}_n(K')$; remarquons que les K′-algèbres $\mathbf{M}_n(K')$ et $\mathbf{M}_n(K)_{(K')}$ sont isomorphes. D'après le lemme 4 de VIII, p. 229, il existe une sous-extension L de K′, de type fini K telle que les L-algèbres $A_{(L)}$ et $\mathbf{M}_n(K)_{(L)}$ soient isomorphes. Alors L est séparable et de degré fini sur K, donc contenue dans une sous-extension L′ de K′, galoisienne et de degré fini sur K (V, p. 55, prop. 2). Les L′-algèbres $A_{(L')}$ et $\mathbf{M}_n(L')$ sont alors isomorphes.

COROLLAIRE 1. — *Soit* A *une algèbre centrale, simple et de degré fini sur un corps séparablement clos* K. *Il existe un entier $n \geqslant 1$ tel que* A *soit isomorphe à l'algèbre de matrices* $\mathbf{M}_n(K)$.

En effet, toute extension galoisienne de K est égale à K ; il suffit d'appliquer l'équivalence des propriétés (i) et (v) du th. 1.

COROLLAIRE 2. — *Soit* A *une algèbre centrale, simple, et de degré fini sur* K (*par exemple, un corps de centre* K *et de degré fini sur* K). *Il existe un entier $n \geqslant 1$ tel que* $[A : K] = n^2$.

Soient L une extension de K et n un entier strictement positif tels que les L-algèbres $A_{(L)}$ et $\mathbf{M}_n(L)$ soient isomorphes. On a

$$[A : K] = [A_{(L)} : L] = [\mathbf{M}_n(L) : L] = n^2.$$

Avec les notations du corollaire 2, l'entier n s'appelle le *degré réduit* de A.

Remarque 5. — Soit A une algèbre centrale, simple et de degré fini sur K, dont le degré réduit est un nombre premier ℓ. Alors A est un corps ou A est isomorphe à $\mathbf{M}_\ell(K)$. En effet, A est isomorphe à une algèbre de la forme $\mathbf{M}_n(D)$, où D est un corps de centre K et l'on a

$$\ell^2 = [A : K] = n^2[D : K];$$

si A n'est pas un corps, alors $n \neq 1$, donc $n = \ell$ et $D = K$.

2. Deux lemmes sur les bimodules

Soient A et B des anneaux. Pour tout homomorphisme f de B dans A, on note A^f le (B, A)-bimodule dont le A-module à droite sous-jacent est A_d et dont la loi d'action de B-module à gauche est donnée par $(b, a) \mapsto f(b)a$.

Lemme 1. — *Soient f et g des homomorphismes de* B *dans* A. *Les conditions suivantes sont équivalentes* :

(i) *Les* (B, A)*-bimodules* A^f *et* A^g *sont isomorphes*;

(ii) *Il existe un automorphisme intérieur* (I, p. 97, exemple 2) θ *de* A *tel que* $g = \theta \circ f$.

Les automorphismes du A-module à droite A_d sont les applications $x \mapsto ax$, où a est un élément inversible de A. Pour qu'un tel automorphisme soit une application B-linéaire de A^f dans A^g, il faut et il suffit que l'on ait

$$g(b)ax = af(b)x$$

pour tout x dans A et tout b dans B. Cette relation équivaut à $g(b) = af(b)a^{-1}$ pour tout b dans B, c'est-à-dire à $g = \theta \circ f$, où θ est l'automorphisme intérieur $x \mapsto axa^{-1}$ de A.

Lemme 2. — *Supposons que* B *soit un anneau semi-simple et un module de type fini sur son centre* Z. *Soient* M *et* N *des* (B, A)*-bimodules. Supposons-les de longueur finie* (ce qui a lieu en particulier si ce sont des A-modules à droite de longueur finie). *Si* M *et* N *sont isomorphes comme* (Z, A)*-bimodules, ils sont isomorphes comme* (B, A)*-bimodules.*

A) Considérons d'abord *le cas où* B *est l'anneau des endomorphismes d'un espace vectoriel* S *de dimension finie* d sur un corps commutatif L. On a alors Z = L ; on considère S comme un (B, Z)-bimodule. L'anneau B est simple, S est un B-module simple et Z est le commutant de S ; tout B-module est isotypique de type S (VIII, p. 118, prop. 2 a)). Soit (V, α) (resp. (W, β)) une description du B-module M (resp. N). L'ensemble V (resp. W) est muni d'une structure de (Z, A)-bimodule de sorte que α (resp. β) soit un isomorphisme de (B, A)-bimodules (VIII, p. 60, remarque 2). Comme (Z, A)-bimodule, M est isomorphe à V^d et N à W^d, et il existe un isomorphisme de l'ensemble des sous-(Z, A)-bimodules de V, ordonné par inclusion, sur celui des sous-(B, A)-bimodules de M (*loc. cit.*). Donc V est un (Z, A)-bimodule de longueur finie et il en est de même de W. Comme les (Z, A)-bimodules V^d et W^d sont isomorphes, les (Z, A)-bimodules V et W sont isomorphes d'après le th. 2, d) de VIII, p. 34 appliqué à l'anneau $Z \otimes_Z A^o$. Finalement, les (B, A)-bimodules M et N sont isomorphes.

B) Considérons maintenant *le cas où* B *est un anneau simple, de type fini en tant que* Z*-module.* Alors Z est un corps et B est une algèbre centrale, simple, et de degré fini sur le corps Z. D'après le th. 1 de VIII, p. 248 il existe une extension Z′ de Z, de degré fini sur Z, telle que la Z′-algèbre $B' = B_{(Z')}$ soit isomorphe à l'algèbre des endomorphismes d'un espace vectoriel de dimension finie sur Z′. Posons $M' = M_{(Z')}$ et $N' = N_{(Z')}$. Alors M′ et N′ sont des (B′, A)-bimodules de longueur finie ; considérés comme (Z′, A)-bimodules, M′ et N′ sont isomorphes. D'après le cas traité en A), M′ et N′ sont isomorphes comme (B′, A)-bimodules et *a fortiori* comme (B, A)-bimodules. Posons $r = [Z' : Z]$; le (B, A)-bimodule $M' = Z' \otimes_Z M$ est isomorphe à M^r et, de même, le (B, A)-bimodule N′ est isomorphe à N^r ; comme M et N sont des (B, A)-bimodules de longueur finie, il résulte du th. 2, d) de VIII, p. 34 que les (B, A)-bimodules M et N sont isomorphes.

C) Considérons enfin le *cas général, où* B *est un anneau semi-simple, de type fini en tant que* Z*-module.* Soit $\mathscr{S}$ l'ensemble des classes de B-modules simples ; il est fini (VIII, p. 132, prop. 1). Pour tout $\lambda \in \mathscr{S}$, notons M_λ (resp. N_λ) le composant isotypique de type λ du B-module M (resp. N) ; c'est un sous-(B, A)-bimodule de M (resp. N) (remarque, VIII, p. 63). Pour $\lambda \in \mathscr{S}$, notons $\mathfrak{b}_\lambda$ l'annulateur du B-module λ et posons $B_\lambda = B/\mathfrak{b}_\lambda$; soit Z_λ le centre de B_λ. Pour $\lambda \in \mathscr{S}$, les (B_λ, A)-bimodules M_λ et N_λ sont de longueur finie. On peut alors identifier B au produit des anneaux simples B_λ, et Z au produit des Z_λ (VIII, p. 137, prop. 8). De plus, on peut identifier M à $\prod_{\lambda \in \mathscr{S}} M_\lambda$ et N à $\prod_{\lambda \in \mathscr{S}} N_\lambda$, . Par hypothèse, M et N sont isomorphes comme (Z, A)-bimodules ; il en résulte que pour $\lambda \in \mathscr{S}$, M_λ et N_λ sont des (Z_λ, A)-bimodules isomorphes. D'après le cas traité en B), les (B_λ, A)-bimodules M_λ et N_λ sont isomorphes, donc les (B, A)-bimodules M et N sont isomorphes.

Remarque. — Il résulte de la démonstration du lemme 2 que M et N sont des (Z, A)-bimodules de longueur finie. Par conséquent, si B et A sont deux anneaux semi-simples qui sont des modules de type fini sur leurs centres respectifs Z(B) et Z(A), deux (B, A)-bimodules de longueur finie qui sont isomorphes comme (Z(B),Z(A))-bimodules sont isomorphes.

3. Théorèmes de conjugaison

THÉORÈME 2. — *Soient* B *un anneau semi-simple et* Z *son centre; on suppose que* B *est un* Z*-module de type fini. Soit* A *un anneau artinien à droite et soient* f *et* g *des homomorphismes d'anneaux de* B *dans* A; *notons* f_Z *et* g_Z *les restrictions de* f *et* g *à* Z. *Les propriétés suivantes sont équivalentes :*

(i) *Il existe un automorphisme intérieur* θ *de* A *tel que* $g = \theta \circ f$;

(ii) *Il existe un automorphisme intérieur* θ *de* A *tel que* $g_Z = \theta \circ f_Z$.

Comme l'anneau A est artinien à droite, A_d est un A-module à droite de longueur finie (VIII, p. 5, th. 1). Ainsi A^f et A^g sont des (B, A)-bimodules de longueur finie. D'après le lemme 1 (VIII, p. 250), l'assertion (i) signifie que A^f et A^g sont des (B, A)-bimodules isomorphes et l'assertion (ii) que ce sont des (Z, A)-bimodules isomorphes. L'équivalence de (i) et (ii) résulte donc du lemme 2 (VIII, p. 250).

COROLLAIRE. — *Soient* A *et* B *des algèbres sur le corps* K. *On suppose que* B *est centrale, simple et de degré fini et que* A *est artinienne à droite. Soient* f *et* g *des homomorphismes de* K*-algèbres de* B *dans* A. *Il existe un automorphisme intérieur* θ *de* A *tel que* $g = \theta \circ f$.

Avec les notations du théorème 2, on a en effet Z = K, d'où $f_Z = g_Z$.

THÉORÈME 3 (Skolem-Noether). — *Soient* A *et* B *des* K*-algèbres simples,* Z(A) *et* Z(B) *leurs centres. On suppose que l'algèbre* B *est de degré fini sur* K, *et que l'algèbre* $Z(A) \otimes_K Z(B)$ *est un corps* (ce qui a lieu en particulier si A ou B est centrale). *Soient* f *et* g *des homomorphismes de* K*-algèbres de* B *dans* A. *Il existe un automorphisme intérieur* θ *de* A *tel que* $g = \theta \circ f$.

D'après le lemme 1 de VIII, p. 250 il suffit de prouver que les (B, A)-bimodules A^f et A^g sont isomorphes. Or, on peut considérer A^f et A^g comme des modules à gauche sur l'algèbre $C = B \otimes_K A^o$, et cette dernière est simple d'après la prop. 7 de VIII, p. 217. Comme A-modules à droite, A^f et A^g sont isomorphes à A_d, donc de longueur finie puisque l'anneau A est simple (VIII, p. 117, cor. 1). *A fortiori*, A^f et A^g sont des C-modules de longueur finie. Soit S un C-module simple; il existe des entiers strictement positifs m et n tels que A^f soit isomorphe à S^m et A^g à S^n. Le A-module à droite S est donc de longueur finie non nulle. Comme les A-modules à droite sous-jacents à A^f et A^g sont isomorphes, ils ont même longueur; on a donc $m = n$, de sorte que les C-modules A^f et A^g sont isomorphes.

Corollaire 1. — *Soit A une algèbre centrale et simple sur K, et soit L une extension de degré fini de K. Si f et g sont des homomorphismes de K-algèbres de L dans A, il existe un automorphisme intérieur θ de A tel que $g = \theta \circ f$.*

Corollaire 2. — *Soit A une algèbre centrale et simple sur K et soit L une sous-algèbre de A qui est un corps. Tout homomorphisme de K-algèbre de L dans A se prolonge en un automorphisme intérieur de A.*

Corollaire 3. — *Soit D un corps, de centre K, et de degré fini sur K. Tout élément de D est algébrique sur K. Soient x et y des éléments de D ; pour qu'il existe un élément a de D^* tel que $y = axa^{-1}$, il faut et il suffit que x et y aient même polynôme minimal sur K.*

La première assertion résulte du cor. 1 de V, p. 16.

Supposons qu'il existe un élément a de D^* tel que $y = axa^{-1}$; pour tout polynôme P de K[X], on a $P(y) = aP(x)a^{-1}$, et en particulier on a $P(x) = 0$ si et seulement si $P(y) = 0$. Par suite x et y ont le même polynôme minimal sur K (V, p. 15, th. 1).

Réciproquement, supposons que x et y aient le même polynôme minimal. D'après *loc. cit.*, il existe un K-isomorphisme u de $K[x]$ sur $K[y]$ tel que $u(x) = y$, et $K[x]$ est un corps. D'après le cor. 2, u se prolonge en un automorphisme intérieur $\theta : z \mapsto aza^{-1}$ de D, et l'on a donc $y = \theta(x) = axa^{-1}$.

Proposition 1. — *Soit A une algèbre centrale, simple et de degré fini sur K. Soit B une K-algèbre, soient f et g des homomorphismes d'algèbres de B dans A. Les conditions suivantes sont équivalentes :*

(i) *Il existe un automorphisme intérieur θ de A tel que $g = \theta \circ f$;*

(ii) *En tant que B-modules à gauche, A^f et A^g sont isomorphes.*

D'après le lemme 1 (VIII, p. 250), la propriété (i) équivaut au fait que A^f et A^g sont isomorphes comme (B, A)-bimodules. Comme A est de dimension finie sur K, A^f et A^g sont des B-modules de longueur finie. Comme le centre de A est égal à K , l'équivalence de (i) et (ii) résulte du lemme 2 de VIII, p. 250, appliqué au (A^o, B^o)-bimodules A^f et A^g.

4. Automorphismes des algèbres semi-simples

THÉORÈME 4. — *Soient* A *un anneau semi-simple,* Z *son centre et* u *un automorphisme de* A. *On suppose que* A *est un* Z*-module de type fini et que l'on a* $u(z) = z$ *pour tout* z *dans* Z. *Alors* u *est un automorphisme intérieur.*

Cela résulte du th. 2 de VIII, p. 252 appliquée avec $f = \mathrm{Id}_{\mathrm{A}}$ et $g = u$.

Exemple. — Le th. 4 s'applique dans les deux cas particuliers suivants :

a) Soient D un corps et Z son centre. Si D est de degré fini sur Z, tout automorphisme de D qui laisse fixes les éléments de Z est intérieur. L'hypothèse que D est de degré fini sur Z est essentielle (VIII, p. 265, exerc. 4).

b) Soit V un espace vectoriel de dimension finie sur le corps K. Tout automorphisme de la K-algèbre $\mathrm{End}_{\mathrm{K}}(\mathrm{V})$ est intérieur ; ce résultat s'étend au cas où l'espace V n'est pas de dimension finie sur K (VIII, p. 268, exerc. 13).

En particulier, tout automorphisme d'une algèbre de matrices $\mathbf{M}_n(\mathrm{K})$ (avec $n \geqslant 1$) est intérieur. Ce résultat admet la généralisation suivante :

PROPOSITION 2. — *Soient* L *un anneau commutatif et* V *un* L*-module libre de dimension finie* m. *On suppose que tout* L*-module* M *tel que* M^m *soit isomorphe à* L^m *est isomorphe à* L. *Alors tout automorphisme de la* L*-algèbre* $\mathrm{End}_{\mathrm{L}}(\mathrm{V})$ *est intérieur.*

Posons $\mathrm{B} = \mathrm{End}_{\mathrm{L}}(\mathrm{V})$. Soit u un automorphisme de la L-algèbre B. Considérons V comme un B-module à gauche ; soit $u_*(\mathrm{V})$ le B-module à gauche associé à u, dont la loi d'action est $(b, v) \mapsto u(b)(v)$ (II, p. 30). Soit $(e_1, \ldots, e_m)$ une base du L-module V ; étant donnés des éléments $v_1, \ldots, v_m$ de V, il existe un unique élément b de B tel que l'on ait $b(e_i) = v_i$ pour $1 \leqslant i \leqslant m$. Autrement dit, l'élément $e = (e_1, \ldots, e_m)$ de V^m fournit une base du B-module V^m. Comme u est un automorphisme, e donne aussi une base du B-module $u_*(\mathrm{V}^m) = u_*(\mathrm{V})^m$, qui est donc isomorphe à V^m. Le (B, L)-bimodule V est inversible (VIII, p. 98, exemple 1) D'après le th. 2, b) de VIII, p. 99, il existe donc un L-module M tel que le B-module $u_*(\mathrm{V})$ soit isomorphe à $\mathrm{V} \otimes_{\mathrm{L}} \mathrm{M}$. Les B-modules $\mathrm{V} \otimes_{\mathrm{L}} \mathrm{L}^m$ et $\mathrm{V} \otimes_{\mathrm{L}} \mathrm{M}^m$, respectivement isomorphes à V^m et à $u_*(\mathrm{V})^m$ sont donc isomorphes. D'après *loc. cit.*, les L-modules L^m et M^m sont isomorphes. Vu l'hypothèse faite, M est isomorphe à L ; par suite le B-module $u_*(\mathrm{V})$, qui est isomorphe à $\mathrm{V} \otimes_{\mathrm{L}} \mathrm{M}$, est isomorphe à V. Soit h un isomorphisme de B-modules de V sur $u_*(\mathrm{V})$; c'est en particulier un automorphisme du L-module V, c'est-à-dire un élément inversible de B. Pour b dans B et v dans V, on a $h(b(v)) = u(b)(h(v))$, d'où $u(b) = hbh^{-1}$.

Les hypothèses de la prop. 2 sont satisfaites notamment lorsque l'anneau commutatif L est principal (VII, p. 14, cor. 3), ou artinien (VIII, p. 34, th. 2 d)), ou local (VIII, p. 33, cor. 6).

5. Sous-algèbres simples des algèbres simples

THÉORÈME 5. — *Soit* A *une* K-*algèbre centrale et simple et soit* B *une sous-algèbre de* A, *semi-simple et de degré fini sur* K.

a) *Le commutant* B′ *de* B *dans* A *est une sous-algèbre semi-simple et* B *est le commutant de* B′ *dans* A. *De plus l'algèbre* $B \cap B'$ *est une algèbre commutative semi-simple de degré fini sur* K *et c'est le centre commun de* B *et de* B′.

b) *Supposons que* B *soit simple. Alors* B′ *est simple et l'on a les égalités*

$$[A : B']_s = [B : K], \qquad [A : B]_s = [B' : K], \qquad [A : K] = [B : K][B' : K].$$

(*voir* VIII, p. 120, déf. 2 *pour la définition du degré* $[A : B]_s$).

La K-algèbre A^o est centrale et simple et la K-algèbre B est semi-simple et de degré fini. D'après le cor. 1 de VIII, p. 217, l'algèbre $C = B \otimes_K A^o$ est semi-simple. Soit M le C-module ayant même groupe additif que A, avec la loi d'action caractérisée par la formule $(b \otimes a)a' = ba'a$, pour a, a' dans A et b dans B. Soit u un élément de $End_{\mathbf{Z}}(A)$. Alors u appartient au commutant C'_M du C-module M si et seulement si u est A-linéaire à droite et B-linéaire à gauche, ce qui revient à dire que u apprtient au commutant de B_M dans l'anneau des homothéties du A-module A_s. On définit donc un isomorphisme γ de B′ sur C'_M par la relation $\gamma(b')(x) = b'x$ pour b' dans B′ et x dans M. Or l'anneau C est semi-simple et le C-module M est engendré par l'élément 1 de A. D'après la prop. 6 de VIII, p. 135 l'anneau C'_M est semi-simple, donc l'algèbre B′ est semi-simple.

Soit φ l'homomorphisme de K-algèbres de $A \otimes_K A^o$ dans $End_K(M)$ qui associe à $a \otimes a'$ l'application K-linéaire $x \mapsto axa'$ de M dans M. Comme les K-algèbres A et A^o sont centrales et simples, les seuls idéaux bilatères de $A \otimes_K A^o$ sont 0 et $A \otimes_K A^o$ (VIII, p. 214, cor.). On a $C_M = \varphi(B \otimes A^o)$ et $C'_M = \varphi(B' \otimes K)$. L'homomorphisme φ n'est pas nul ; il est donc injectif. L'anneau C étant semi-simple, on a $C''_M = C_M$ d'après la prop 5 de VIII, p. 135. Il en résulte que la sous-algèbre $B \otimes_K A^o$ de $A \otimes_K A^o$ est le commutant de la sous-algèbre $B' \otimes_K K$. Le commutant de $B' \otimes_K K$ dans $A \otimes_K K$ est donc égal à $(B \otimes_K A^o) \cap (A \otimes_K K)$, c'est-à-dire à $B \otimes K$ d'après la prop. 19 de II, p. 113. Donc le commutant de B′ dans A est égal à B. L'algèbre $L = B \cap B'$ est le centre de B. Comme B est une algèbre semi-simple de degré fini sur K, l'algèbre L est commutative, semi-simple et de degré fini sur K. Comme B est le commutant de B′ dans A, le centre de B′ est aussi égal à $L = B \cap B'$ (VIII, p. 73). On a prouvé a).

Supposons maintenant que l'algèbre B soit simple. D'après le cor. 2 de VIII, p. 217, l'anneau C est simple. D'après la prop. 4 de VIII, p. 119 appliquée au C-module M, dont le commutant est isomorphe à B′, l'anneau B′ est simple et M est un B′-module de longueur finie. Autrement dit, B′ est un sous-anneau simple de l'anneau simple A et le degré à gauche $[A : B']_s$ est un entier $m \geqslant 1$. Considéré comme B′-module à gauche, A possède une base finie $(a_1, \ldots, a_m)$. De plus (*loc. cit.*), φ induit par restriction un isomorphisme de C sur $C''_M = \mathrm{End}_{B'}(A)$, et l'application $c \mapsto (ca_1, \ldots, ca_m)$ de C sur A^m est donc bijective. Par suite, C est un A-module à droite libre de dimension m. Or on a $C = B \otimes A^o$, donc C est un A-module à droite libre de dimension $[B : K]$, d'où $[A : B']_s = m = [B : K]$. De la prop. 6 de VIII, p. 121, on déduit

$$[A : K] = [A : B']_s [B' : K] = [B : K][B' : K]\,;$$

comme on a aussi

$$[A : K] = [A : B]_s [B : K]$$

et que $[B : K]$ est fini et non nul, on conclut à l'égalité $[A : B]_s = [B' : K]$ (E, III, p. 49). On a prouvé b).

Soit A une K-algèbre simple, centrale, de degré fini. Il peut exister des sous-algèbres commutatives semi-simples B de A satisfaisant à $[A : K] \neq [B : K][B' : K]$ (exerc. 1 de VIII, p. 265).

THÉORÈME 6. — *Soient* A *une* K-*algèbre centrale et simple,* B *une sous-algèbre de degré fini de* A *et* B′ *son commutant dans* A.

a) *Supposons que* B *soit centrale et simple. Alors* B′ *est centrale et simple et l'homomorphisme de* K-*algèbres* $\theta : B \otimes_K B' \to A$ *qui transforme* $b \otimes b'$ *en* bb' *est un isomorphisme.*

b) *Supposons que* B *soit semi-simple et soit* $L = B \cap B'$. *Alors* B′ *est une algèbre semi-simple. Le commutant* L′ *de* L *dans* A *est un anneau semi-simple de centre* L, *et l'homomorphisme d'anneaux* $\psi : B \otimes_L B' \to L'$ *qui transforme* $b \otimes b'$ *en* bb' *est un isomorphisme.*

Prouvons a). Si B est centrale et simple, B′ est centrale et simple d'après le th. 5 de VIII, p. 255. Alors la K-algèbre $B \otimes_K B'$ est simple (VIII, p. 217, cor. 2) et l'homomorphisme $\theta : B \otimes_K B' \to A$ est injectif. Or, d'après l'égalité de $[A : B']_s$ et $[B : K]$ (VIII, p. 255, th. 5), les B′-modules à gauche $B \otimes_K B'$ et A sont libres de même dimension finie ; ce sont donc des B′-modules ayant la même longueur finie. D'après le corollaire 2 de II, p. 22, θ est bijectif.

Prouvons b). D'après le th. 5 de VIII, p. 255, l'algèbre L est commutative, de degré fini sur K et semi-simple. D'après *loc. cit.* appliqué à L, son commutant L′ dans A est une algèbre semi-simple et L est le commutant de L′ dans A, donc L est le centre de L′. Comme L est le centre des anneaux semi-simples L′, B et B′, on peut identifier L′ à un produit fini d'anneaux simples L'_i ($i \in I$), de sorte que l'on ait

$$L = \prod_{i \in I} L_i, \qquad B = \prod_{i \in I} B_i, \qquad B' = \prod_{i \in I} B'_i,$$

où L_i est le centre de L'_i, et où B_i et B'_i sont des sous-algèbres de L'_i, de centre L_i, commutante l'une de l'autre dans L'_i. Considérons L'_i comme une algèbre centrale et simple sur le corps commutatif L_i, et B_i comme une L_i-algèbre centrale, simple et de degré fini. D'après l'assertion a), l'application canonique $\psi_i : B_i \otimes_{L_i} B'_i \to L'_i$ qui transforme $b_i \otimes b'_i$ en $b_i b'_i$ est un isomorphisme d'anneaux. Or on peut identifier $B \otimes_L B'$ à $\prod_{i \in I}(B_i \otimes_{L_i} B'_i)$ de sorte que ψ soit le produit de la famille d'applications $(\psi_i)_{i \in I}$. Donc ψ est un isomorphisme d'anneaux.

COROLLAIRE. — *Supposons que le corps* K *soit algébriquement clos et que* A *soit une algèbre simple et de degré fini sur* K. *Soit* B *une sous-algèbre simple de* A *et soit* B′ *le commutant de* B *dans* A. *Alors* B′ *est une* K*-algèbre simple,* B *est le commutant de* B′, *on a* $[A : K] = [B : K][B' : K]$ *et l'homomorphisme canonique de* $B \otimes_K B'$ *dans* A *est un isomorphisme de* K*-algèbres.*

Comme toute algèbre simple de degré fini sur K est centrale, le corollaire résulte des théorèmes 5 et 6.

6. Sous-algèbres commutatives maximales

On dit qu'une sous-algèbre d'une K-algèbre A est une *sous-algèbre commutative maximale* de A si c'est un élément maximal de l'ensemble des sous-algèbres commutatives de A.

Lemme 3. — *Soient* A *une* K*-algèbre et* L *une sous-algèbre de* A.

a) *Pour que* L *soit une sous-algèbre commutative maximale de* A, *il faut et il suffit que* L *soit égale à son commutant* L′ *dans* A.

b) *Soit* K′ *une* K*-algèbre commutative non nulle. Pour que* L *soit une sous-algèbre commutative maximale de* A, *il faut et il suffit que* $L_{(K')}$ *soit une sous-algèbre commutative maximale de* $A_{(K')}$.

Prouvons a). Supposons d'abord que L soit égale à L'. Alors L est commutative ; si M est une sous-algèbre commutative de A contenant L, on a $xy = yx$ pour x dans L et y dans M, d'où $\mathrm{M} \subset \mathrm{L}'$ et donc $\mathrm{M} = \mathrm{L}$. Par suite, L est une sous-algèbre commutative maximale de A.

Réciproquement, supposons que L soit une sous-algèbre commutative maximale de A et soit x un élément de L'. La sous-algèbre M de A engendrée par $\mathrm{L} \cup \{x\}$ est alors commutative et contient L. Vu le caractère maximal de L, on a $\mathrm{M} = \mathrm{L}$, d'où $x \in \mathrm{L}$ et finalement $\mathrm{L} = \mathrm{L}'$, d'où a).

D'après la prop. 6 de III, p. 40, le commutant de $\mathrm{L}_{(\mathrm{K}')}$ dans $\mathrm{A}_{(\mathrm{K}')}$ est $\mathrm{L}'_{(\mathrm{K}')}$. Comme les égalités $\mathrm{L} = \mathrm{L}'$ et $\mathrm{L}_{(\mathrm{K}')} = \mathrm{L}'_{(\mathrm{K}')}$ sont équivalentes (II, p. 113, prop. 19), l'assertion b) résulte de a).

PROPOSITION 3. — *Soit* A *une* K*-algèbre centrale, simple et de degré fini et soit* L *une sous-algèbre commutative semi-simple de* A. *Les conditions suivantes sont équivalentes :*

(i) *L'algèbre* L *est une sous-algèbre commutative maximale de* A ;

(ii) *Le* L*-module à gauche* A *est libre, de dimension égale à* $[\mathrm{L}:\mathrm{K}]$;

(iii) *On a* $[\mathrm{A}:\mathrm{K}] = [\mathrm{L}:\mathrm{K}]^2$.

Supposons de plus que A *soit l'algèbre* $\mathrm{End}_{\mathrm{K}}(\mathrm{V})$, *où* V *est un espace vectoriel de dimension finie non nulle sur* K. *Alors les conditions précédentes équivalent aussi à la suivante :*

(iv) V *est un* L*-module libre de dimension* 1.

A) Supposons que A soit de la forme $\mathrm{End}_{\mathrm{K}}(\mathrm{V})$, où V est un espace vectoriel de dimension finie non nulle sur le corps K. Nous établirons l'équivalence des conditions (i) à (iv) selon le schéma logique

$$\text{(i)} \Longrightarrow \text{(iv)} \Longrightarrow \text{(ii)} \Longrightarrow \text{(iii)} \Longrightarrow \text{(i)}\,.$$

Comme L est une algèbre commutative, semi-simple, de degré fini sur K, on peut l'identifier à un produit fini $\prod_{i\in\mathrm{I}} \mathrm{L}_i$ d'extensions de degré fini de K (VIII, p. 133, prop. 3). Pour tout $i \in \mathrm{I}$, soit V_i le composant isotypique de type L_i du L-module V, c'est un espace vectoriel de dimension finie non nulle sur L_i car V est un L-module fidèle (VIII, p. 140, cor.). On peut alors identifier V à $\prod_{i\in\mathrm{I}} \mathrm{V}_i$. Dans ces conditions, le commutant L' de L dans A, qui n'est autre que l'algèbre $\mathrm{End}_{\mathrm{L}}(\mathrm{V})$, s'identifie au produit $\prod_{i\in\mathrm{I}} \mathrm{End}_{\mathrm{L}_i}(\mathrm{V}_i)$.

Supposons que L soit une sous-algèbre commutative maximale de $\mathrm{End}_{\mathrm{K}}(\mathrm{V})$. D'après le lemme 3 a), on a $\mathrm{L} = \mathrm{L}'$, donc L' est commutative et l'on a $\dim_{\mathrm{L}_i}(\mathrm{V}_i) = 1$ pour tout $i \in \mathrm{I}$. Ainsi (i) entraîne (iv).

Supposons que le L-module V soit libre de dimension 1. Soit $(e_1, \ldots, e_r)$ une base de V sur K. L'application $a \mapsto (ae_1, \ldots, ae_r)$ est un isomorphisme de A-modules à gauche de A sur V^r et donc de L-modules. Par suite, A est un L-module à gauche libre de dimension r, et l'on a $r = \dim_K(V) = [L : K]$. Donc (iv) entraîne (ii).

Il est clair que (ii) entraîne (iii).

Supposons enfin qu'on ait $[A : K] = [L : K]^2$, autrement dit $\dim_K(V) = [L : K]$. On a donc $\sum_i \dim_{L_i}(V_i)[L_i : K] = \sum_i [L_i : K]$, de sorte que pour tout i, V_i est de dimension 1 sur L_i. On a alors $\mathrm{End}_{L_i}(V_i) = L_i$ pour tout i, d'où $L' = L$. D'après le lemme 3 a), L est une sous-algèbre commutative maximale de A. Donc (iii) entraîne (i).

B) Passons au cas général. D'après le th. 1 de VIII, p. 248, il existe une extension K′ de K, séparable et de degré fini, telle que la K′-algèbre $A_{(K')}$ soit isomorphe à une algèbre $\mathrm{End}_{K'}(V')$, où V′ est un espace vectoriel de dimension finie non nulle sur K′. Alors la K′-algèbre $L_{(K')}$ est commutative et *semi-simple* (VIII, p. 218, cor. 2). D'après la première partie de la démonstration, les conditions suivantes sont équivalentes :

(i′) L'algèbre $L_{(K')}$ est une sous-algèbre commutative maximale de $A_{(K')}$;

(ii′) Le $L_{(K')}$-module à gauche $A_{(K')}$ est libre, de dimension $[L_{(K')} : K']$;

(iii′) On a $[A_{(K')} : K'] = [L_{(K')} : K']^2$

D'après le lemme 3 b), les conditions (i) et (i′) sont équivalentes.

Posons $n = [L : K]$, d'où $n = [L_{(K')} : K']$; la condition (ii) signifie que les L-modules à gauche A et L^n sont isomorphes ; d'après le th. 3 de VIII, p. 34, ceci équivaut à l'isomorphisme des $L_{(K')}$-modules $A_{(K')}$ et $(L_{(K')})^n$, d'où l'équivalence de (ii) et (ii′).

Enfin, on a $[A : K] = [A_{(K')} : K']$ et $[L : K] = [L_{(K')} : K']$, d'où l'équivalence des conditions (iii) et (iii′).

On a ainsi prouvé l'équivalence des conditions (i), (ii) et (iii).

COROLLAIRE. — *Soit* A *une algèbre centrale, simple et de degré fini sur* K *et soit* L *une* K*-algèbre commutative semi-simple telle que* $[A : K]$ *soit égal à* $[L : K]^2$; *soient* f *et* g *des homomorphismes injectifs de* L *dans* A. *Il existe un automorphisme intérieur* θ *de* A *tel que* $g = \theta \circ f$.

Posons $n = [L : K]$. Considéré comme un module à gauche sur le sous-anneau $f(L)$, A est libre de dimension n : cela résulte de l'équivalence des conditions (ii) et (iii) de la prop. 3. Comme f est un isomorphisme de L sur $f(L)$, le L-module à gauche A^f (dont la loi d'action est donnée par $(x, a) \mapsto f(x)a$) est libre de dimension n.

Il en est de même de A^g, qui est donc isomorphe à A^f. On conclut en utilisant l'équivalence des conditions (i) et (ii) de la prop. 1 (VIII, p. 253).

Z Supposons que A soit une algèbre centrale, simple et de degré fini sur K. Il peut exister des sous-algèbres commutatives maximales L de A, non semi-simples, telles que $[A : K] \neq [L : K]^2$ (VIII, p. 266, exerc. 5).

7. Sous-algèbres étales maximales

Lemme 4. — *Soit* A *une algèbre centrale, simple et de degré fini sur* K, *distincte de* K. *Il existe une sous-algèbre étale* (V, p. 28, déf. 1) *de* A, *distincte de* K.

D'après le théorème de Wedderburn (VIII, p. 116, th. 1), on peut supposer que A est de la forme $M_n(D)$, où n est un entier strictement positif et D un corps de centre K.

Supposons $n > 1$. L'algèbre des matrices diagonales à éléments dans K est une sous-algèbre étale de A distincte de K.

Supposons $n = 1$. Soit p l'exposant caractéristique de D. Par le lemme 1 de VIII, p. 226, il existe un élément a de D tel que a^{p^m} n'appartienne à K pour aucun entier positif m. Pour m assez grand, l'élément $x = a^{p^m}$ est séparable sur K (V, p. 42, prop. 13), mais n'appartient pas à K ; la sous-algèbre K(x) de A est une extension séparable de degré fini du corps K, donc une sous-algèbre étale sur K ; elle est distincte de K.

PROPOSITION 4. — *Soit* A *une algèbre centrale, simple et de degré fini sur* K. *Soit* L *une sous-algèbre de* A *et soit* L′ *le commutant de* L *dans* A.

a) *Si* L *est maximale parmi les sous-algèbres commutatives semi-simples de* A, *on a* L = L′ *et* L *est une sous-algèbre commutative maximale de* A.

b) *Si* L *est maximale parmi les sous-algèbres étales de* A, *on a* L = L′, *et* L *est une sous-algèbre commutative maximale de* A.

On sait que la relation L = L′ signifie que L est une sous-algèbre commutative maximale de A (VIII, p. 257, lemme 3 a)). Supposons que L soit semi-simple, commutative et distincte de L′. D'après le th. 5 de VIII, p. 255, L′ est semi-simple, et L est le commutant de L′, donc le centre de L′ ; par suite, L′ n'est pas commutative. Il nous suffit de prouver qu'il existe une sous-algèbre semi-simple commutative M de A, distincte de L et contenant L, et qui est étale si L est étale.

D'après le théorème de structure des anneaux semi-simples (VIII, p. 131, th. 1), il existe des anneaux simples $B_1, \ldots, B_r$ et un isomorphisme φ de L′ sur $B_1 \times \cdots \times B_r$. Pour $1 \leqslant i \leqslant r$, notons E_i le centre de B_i ; on a donc

$\varphi(\mathrm{L}) = \mathrm{E}_1 \times \cdots \times \mathrm{E}_r$. Comme L′ n'est pas commutative, on peut supposer que B_1, par exemple, n'est pas commutative ; on a donc $\mathrm{B}_1 \neq \mathrm{E}_1$, et d'après le lemme 4, il existe une sous-algèbre M_1 de B_1, commutative, distincte de E_1, et étale sur E_1. Posons $\mathrm{M} = \varphi^{-1}(\mathrm{M}_1 \times \mathrm{E}_2 \times \cdots \times \mathrm{E}_r)$; c'est une sous-algèbre commutative semi-simple de A, contenant L et distincte de L. Supposons que L soit étale sur K et démontrons que M est étale. Les extensions E_i de K sont séparables (V, p. 29, prop. 3). De plus, comme la E_1-algèbre M_1 et la K-algèbre E_1 sont étales, la K-algèbre M_1 est étale (V, p. 32, cor. 2). Ainsi la K-algèbre $\mathrm{M}_1 \times \mathrm{E}_2 \times \cdots \times \mathrm{E}_r$ est étale, donc M a la même propriété.

Soit A une algèbre simple centrale et de degré fini sur K. Une sous-algèbre de A maximale parmi les sous-algèbres commutatives semi-simples de A est appelée une *sous-algèbre semi-simple commutative maximale de* A. D'après la prop. 4, le qualificatif « maximal » se rapporte donc au choix à la propriété d'être commutative, ou semi-simple et commutative. Une sous-algèbre de A maximale parmi les sous-algèbres étales de A est appelée une *sous-algèbre semi-simple étale maximale de* A.

COROLLAIRE 1. — *Soit* A *une* K*-algèbre centrale, simple et de degré fini. Toute sous-algèbre semi-simple* (resp. *étale*) *commutative de* A *est contenue dans une sous-algèbre commutative maximale de* A *qui est semi-simple* (resp. *étale*).

COROLLAIRE 2. — *Soit* D *un corps de centre* K *et de degré fini sur* K.

a) *Les sous-corps commutatifs maximaux de* D *sont les sous-algèbres commutatives maximales de* D *et aussi les sous-algèbres semi-simples commutatives maximales de* D. *Tout sous-corps commutatif* L *de* D *est contenu dans un sous-corps commutatif maximal.*

b) *Soit* L *un sous-corps commutatif de* D *qui est une extension séparable de* K, *alors il est contenu dans un sous-corps commutatif maximal de* D *qui est une extension séparable de* K.

c) *Soit* L *un sous-corps commutatif de* D. *Pour que* L *soit un sous-corps commutatif maximal de* D, *il faut et il suffit qu'on ait* $[\mathrm{D} : \mathrm{K}] = [\mathrm{L} : \mathrm{K}]^2$.

Une sous-algèbre de D est un corps (V, p. 10, prop. 1) et donc semi-simple. De plus, un sous-corps commutatif maximal de D contient K. Les assertions a) et b) résultent alors du cor. 1 et l'assertion c) de la prop. 3 (VIII, p. 258).

PROPOSITION 5. — *Soit* A *une algèbre centrale, simple et de degré fini sur* K. *Soit* B *une sous-algèbre semi-simple de* A *et soit* B′ *le commutant de* B.

a) *Pour que* B *contienne une sous-algèbre semi-simple commutative maximale de* A, *il faut et il suffit que* B *contienne* B′.

b) *Supposons que* B *contienne* B′ *et soit* g *un homomorphisme de* K*-algèbres de* B *dans* A. *Il existe un automorphisme intérieur* θ *de* A *qui coïncide avec* g *sur* B.

Soit L une sous-algèbre commutative maximale de A ; d'après le lemme 3 de VIII, p. 257, L est égale à son commutant L′ dans A. Si B contient L, son commutant B′ est contenu dans L′ et donc dans B.

Réciproquement, supposons que B′ soit contenu dans B. Alors B′ est le centre de B et c'est une algèbre semi-simple commutative (VIII, p. 133, prop. 2). D'après le corollaire 1 ci-dessus, il existe une sous-algèbre semi-simple commutative maximale L de A, contenant B′. Le commutant de L est L (VIII, p. 257, lemme 3 a)) et celui de B′ est égal à B (VIII, p. 255, th. 5). La relation $L \supset B'$ entraîne donc $L \subset B$. On a prouvé a).

Prouvons b). Supposons que B contienne B′ et choisissons, d'après a), une sous-algèbre semi-simple commutative maximale L de A, contenue dans B. Soit g un homomorphisme de B dans A. D'après la prop. 3 de VIII, p. 258 on a l'égalité $[A : K] = [L : K]^2$; d'après le cor. de VIII, p. 259, il existe un automorphisme intérieur θ_1 de A, qui coïncide avec g sur L. Si f est l'injection canonique de B dans A, les homomorphismes g et $\theta_1 \circ f$ ont même restriction au centre B′ de B car B′ est contenu dans L. D'après le th. 2 de VIII, p. 252, il existe un automorphisme intérieur θ de A tel que $g = \theta \circ f$; autrement dit, θ prolonge g.

8. Sous-algèbres diagonalisables des algèbres simples

Soit D une K-algèbre qui est un corps et soit V un espace vectoriel à droite de dimension finie sur D. Soit L une sous-K-algèbre de $\mathrm{End}_D(V)$ qui est une K-algèbre diagonalisable (V, p. 28). Par définition, L est de degré fini sur K, et il existe une base $(\varepsilon_i)_{i\in I}$ de L sur K, avec les propriétés suivantes :

$$\varepsilon_i^2 = \varepsilon_i, \quad \varepsilon_i\varepsilon_j = 0 \text{ si } i \neq j, \qquad \sum_{i\in I} \varepsilon_i = 1.$$

Posons $V_i = \varepsilon_i(V)$ pour tout i dans I ; alors $(V_i)_{i\in I}$ est une famille de sous-espaces vectoriels de V non nuls, dont V est la somme directe (II, p. 18, prop. 12). Soit u un endomorphisme de V ; pour que u appartienne à L, il faut et il suffit que, pour tout $i \in I$, il existe un élément λ_i de K tel que $u(x) = \lambda_i x$ pour tout $x \in V_i$.

Réciproquement, supposons que V soit somme directe d'une famille $(V_i)_{i\in I}$ de sous-espaces vectoriels non réduits à 0. Pour tout élément $\boldsymbol{\lambda} = (\lambda_i)_{i\in I}$ de K^I, notons $u_{\boldsymbol{\lambda}}$ l'endomorphisme du D-espace vectoriel V tel que $u_{\boldsymbol{\lambda}}(x) = \lambda_i x$ pour $x \in V_i$.

L'ensemble L des endomorphismes $u_{\boldsymbol{\lambda}}$, pour $\boldsymbol{\lambda} \in \mathrm{K}^{\mathrm{I}}$, est une sous-algèbre diagonalisable de $\mathrm{End}_{\mathrm{D}}(\mathrm{V})$, admettant pour base la famille $(\varepsilon_i)_{i\in\mathrm{I}}$, où ε_i est le projecteur d'image V_i, de noyau $\sum_{j\neq i}\mathrm{V}_j$. On dit que L est la sous-algèbre diagonalisable de $\mathrm{End}_{\mathrm{D}}(\mathrm{V})$ associée à la décomposition en somme directe $\mathrm{V} = \oplus_{i\in\mathrm{I}}\mathrm{V}_i$. On a $[\mathrm{L}:\mathrm{K}] = \mathrm{Card}(\mathrm{I}) \leqslant \dim_{\mathrm{D}}(\mathrm{V})$.

PROPOSITION 6. — *Soit* L *la sous-algèbre diagonalisable de* $\mathrm{End}_{\mathrm{D}}(\mathrm{V})$ *associée à une décomposition en somme directe* $\mathrm{V} = \oplus_{i\in\mathrm{I}}\mathrm{V}_i$.

a) *Pour que* L *soit maximale parmi les sous-algèbres diagonalisables de la* K-*algèbre* $\mathrm{End}_{\mathrm{D}}(\mathrm{V})$, *il faut et il suffit que chacun des* V_i *soit de dimension* 1 *sur* D.

b) *Pour que* L *soit une sous-algèbre commutative maximale de* $\mathrm{End}_{\mathrm{D}}(\mathrm{V})$, *il faut et il suffit que l'on ait* D = K *et que chaque* V_i *soit de dimension* 1 *sur* K.

Si chacun des espaces vectoriels V_i est de dimension 1 sur D, on a

$$[\mathrm{L}:\mathrm{K}] = \mathrm{Card}(\mathrm{I}) = \dim_{\mathrm{D}}(\mathrm{V}),$$

donc L est maximal parmi les sous-algèbres diagonalisables de $\mathrm{End}_{\mathrm{D}}(\mathrm{V})$. Dans le cas contraire, il existe un indice $j \in \mathrm{I}$ tel que $\dim_{\mathrm{D}}(\mathrm{V}_j) \geqslant 2$. Choisissons deux sous-espaces vectoriels non nuls V'_j et V''_j de V_j dont V_j soit somme directe. La sous-algèbre diagonalisable de $\mathrm{End}_{\mathrm{D}}(\mathrm{V})$ associée à la décomposition en somme directe $\mathrm{V} = (\oplus_{i\in\mathrm{I}-\{j\}}\mathrm{V}_i) \oplus \mathrm{V}'_j \oplus \mathrm{V}''_j$ contient L et n'est pas égale à L, d'où a).

Le commutant L′ de L dans $\mathrm{End}_{\mathrm{D}}(\mathrm{V})$ se compose des endomorphismes de la forme $(x_i) \mapsto (u_i(x_i))$, avec $(u_i) \in \prod_{i\in\mathrm{I}}\mathrm{End}_{\mathrm{D}}(\mathrm{V}_i)$. Pour que L soit une sous-algèbre commutative maximale de $\mathrm{End}_{\mathrm{D}}(\mathrm{V})$, il faut et il suffit que l'on ait L = L′ (VIII, p. 257, lemme 3 a)). Cette relation équivaut donc à « $\mathrm{End}_{\mathrm{D}}(\mathrm{V}_i) = \mathrm{K}$ pour tout $i \in \mathrm{I}$ », d'où l'assertion b).

PROPOSITION 7. — *Soit* L *une algèbre commutative de degré fini sur* K. *Les assertions suivantes sont équivalentes :*

(i) *L'algèbre* L *est étale ;*

(ii) *Il existe une extension séparable de degré fini de* K *qui diagonalise* K.

L'implication (ii)⇒(i) résulte de V, p. 29, prop. 2.

Démontrons l'implication (i)⇒(ii). Soit Ω une clôture séparable de K. D'après le th. 4 de V, p. 34, il existe des extensions de degré fini $\mathrm{L}_1, \ldots, \mathrm{L}_n$ de K, contenues dans Ω telles que L soit isomorphe au produit $\mathrm{L}_1 \times \cdots \times \mathrm{L}_n$. Soit N une extension galoisienne de K qui contient les L_i (V, p. 56) et démontrons que $\mathrm{A}_{(\mathrm{N})}$ est diagonalisable. Par le théorème de l'élément primitif, (V, p. 39, th. 1), pour tout $i \in [1, n]$, il existe un polynôme séparable irréductible $\mathrm{P}_i \in \mathrm{K}[\mathrm{X}]$ tel que L_i soit isomorphe à $\mathrm{K}[\mathrm{X}]/(\mathrm{P}_i)$. Comme N est une extension normale de K, dans laquelle P_i admet une racine, le polynôme P_i est scindé à racines simples dans N. Par conséquent, la N-algèbre $L_{i(N)}$, qui est isomorphe à $N[X]/(P_i)$ est isomorphe à $N^{[L_i:K]}$. Par suite, $A_{(N)}$ est diagonalisable.

THÉORÈME 7. — *Soient* A *une* K*-algèbre centrale, simple et de degré fini, et* L *une sous-algèbre de* A. *Les conditions suivantes sont équivalentes* :

(i) *L'algèbre* L *est une sous-algèbre étale maximale de* A ;

(ii) *Il existe une extension* K′ *de* K, *un entier* $n \geqslant 1$ *et un isomorphisme* θ *de* $A_{(K')}$ *sur* $\mathbf{M}_n(K')$ *qui transforme* $L_{(K')}$ *en l'ensemble des matrices diagonales* ;

(iii) *Il existe* K′, n *et* θ *comme dans* (ii), *l'extension* K′ *étant de plus supposée galoisienne et de degré fini.*

Il est clair que (iii) entraîne (ii).

Si la condition (ii) est satisfaite, $L_{(K')}$ est une sous-algèbre commutative maximale de $A_{(K')}$ (prop. 6) et elle est diagonalisable. La K-algèbre L est alors étale (V, p. 28, déf. 1) et c'est une sous-algèbre commutative maximale de A (VIII, p. 257, lemme 3 b)). On a prouvé que (ii) entraîne (i).

Supposons la condition (i) satisfaite. Comme L est étale sur K, d'après la prop. 7 il existe une extension K_1 de K, galoisienne et de degré fini telle que la K_1-algèbre $L_{(K_1)}$ soit diagonalisable. L'algèbre A est centrale et simple ; d'après (VIII, p. 248, th. 1), il existe une extension galoisienne K_2, un espace vectoriel V de dimension finie n sur K_2 et un isomorphisme θ de $A_{(K_2)}$ sur $\mathrm{End}_{K_2}(V)$. Par la prop. 1 de V, p. 55, on peut supposer que $K_1 = K_2$. D'après la prop. 4, b) de VIII, p. 260 et le lemme 3, b) (VIII, p. 257), $L_{(K')}$ est une sous-algèbre commutative maximale de $A_{(K')}$, donc $\theta(L_{(K')})$ en est une de $\mathrm{End}_{K'}(V')$. Appliquons la prop. 6 à l'algèbre diagonalisable $\theta(L_{(K')})$: il existe une base $(e_1, \ldots, e_n)$ de V′ sur K′ telle que $\theta(L_{(K')})$ se compose des endomorphismes de V′ dont la matrice par rapport à cette base soit diagonale. Donc (i) entraîne (iii).

EXERCICES

1) Soient K un corps commutatif, A une K-algèbre centrale et simple, L une sous-algèbre commutative semi-simple de A, et L′ son commutant dans A.

a) On suppose que A est l'algèbre des endomorphismes d'un espace vectoriel V de dimension finie sur K. Prouver qu'on a $[\mathrm{L} : \mathrm{K}][\mathrm{L}' : \mathrm{K}] \geqslant [\mathrm{A} : \mathrm{K}]$ (*cf.* VIII, p. 74, prop. 1) ; pour que l'égalité ait lieu il faut et il suffit que le L-module V soit libre. En déduire des exemples où l'inégalité est stricte.

b) Dans le cas général, prouver l'inégalité $[\mathrm{L} : \mathrm{K}][\mathrm{L}' : \mathrm{K}] \geqslant [\mathrm{A} : \mathrm{K}]$.

2) Soient K un corps commutatif, A la K-algèbre $\mathbf{M}_5(\mathrm{K})$, B la sous-algèbre des matrices de la forme

$$\begin{pmatrix} x & 0 & 0 \\ 0 & Y & 0 \\ 0 & 0 & Y \end{pmatrix}$$

et C la sous-algèbre des matrices de la forme

$$\begin{pmatrix} x & 0 & 0 & 0 \\ 0 & x & 0 & 0 \\ 0 & 0 & x & 0 \\ 0 & 0 & 0 & Y \end{pmatrix}$$

où x parcourt K et Y l'algèbre $\mathbf{M}_2(\mathrm{K})$. Prouver que B et C sont des algèbres semi-simples contenant le centre Z de A et qu'il existe un isomorphisme de K-algèbres $f : \mathrm{B} \to \mathrm{C}$ laissant invariants les éléments de Z, mais qu'il n'existe pas d'automorphisme de A prolongeant f (remarquer qu'un tel automorphisme doit transformer un composant simple de B en un composant simple de C).

¶ 3) *a*) Soient K un corps commutatif, A une K-algèbre, B une sous-algèbre de A simple, centrale et de rang fini. Soit B′ le commutant de B dans A ; prouver que l'homomorphisme canonique de $\mathrm{B} \otimes_{\mathrm{K}} \mathrm{B}'$ dans A est bijectif (remarquer que B et B′ sont linéairement disjoints sur K (VIII, p. 221, exerc. 5 *d*)) ; démontrer d'autre part que A est somme directe d'une famille $(\mathrm{M}_\iota)_{\iota \in \mathrm{I}}$ de $(\mathrm{B} \otimes_{\mathrm{K}} \mathrm{B}^{\mathrm{o}})$-modules isomorphes à B et observer que pour chaque $\iota \in \mathrm{I}$ l'élément de M_ι correspondant à $1 \in \mathrm{B}$ par un tel isomorphisme appartient à B′).

b) Inversement, soit B une K-algèbre telle que pour toute algèbre A contenant B et ayant même élément unité, l'homomorphisme canonique de $\mathrm{B} \otimes_{\mathrm{K}} \mathrm{B}'$ dans A soit bijectif. Démontrer que l'algèbre B est centrale, simple et de rang fini (prendre $\mathrm{A} = \mathrm{End}_{\mathrm{K}}(\mathrm{B})$; déduire de l'hypothèse que B est centrale et quasi-simple, puis utiliser l'exerc. 5, *e*) de VIII, p. 221).

4) Soient K un corps commutatif, σ un automorphisme de K distinct de l'identité, D le corps $\mathrm{K}((\mathrm{X}))_\sigma$ (VIII, p. 18, exerc. 21 *e*)). Soit τ un automorphisme de K permutable

avec σ ; démontrer qu'il existe un unique automorphisme de D prolongeant τ et fixant X. En déduire un exemple d'automorphisme non intérieur d'un corps fixant le centre.

5) Soient K un corps commutatif, V un espace vectoriel de dimension finie n sur K, W un sous-espace de V, distinct de $\{0\}$ et de V. On note $\mathfrak{a}$ la partie de l'algèbre $A = \mathrm{End}_K(V)$ formée des endomorphismes u tels que $\mathrm{Im}\, u \subset W \subset \mathrm{Ker}\, u$ et B la sous-algèbre $K + \mathfrak{a}$ de A. Prouver que B est une sous-algèbre commutative maximale de A, non semi-simple, de degré éventuellement $> n$ sur K.

¶ 6) Soit D un corps de centre K, distinct de K, tel que tout élément de D soit algébrique sur K.

a) Prouver que D contient une extension commutative séparable de degré > 1.

b) Soit m un entier ; on suppose que tout élément de D est de degré $\leqslant m$ sur K. Démontrer qu'on a $[D : K] \leqslant m^2$ (prouver d'abord que D est de degré fini en utilisant *a*) et le th. 5 de VIII, p. 255).

7) Soient A un anneau *commutatif*, M et N des A-modules, $u : M \to N$ une application A-linéaire. Pour tout idéal maximal $\mathfrak{m}$ de A, on note $u(\mathfrak{m})$ l'homomorphisme $M/\mathfrak{m}M \to N/\mathfrak{m}N$ induit par u.

a) On suppose que N est de type fini et que $u(\mathfrak{m})$ est surjectif pour tout idéal maximal $\mathfrak{m}$ de A ; prouver que u est surjectif (appliquer le lemme 1 de VIII, p. 77 au conoyau de u).

b) On suppose que M et N sont de type fini, que N est projectif et que $u(\mathfrak{m})$ est bijectif pour tout idéal maximal $\mathfrak{m}$ de A ; prouver que u est bijectif (même méthode).

c) On suppose que M et N sont projectifs de type fini, et que $u(\mathfrak{m})$ est injectif pour tout idéal maximal $\mathfrak{m}$ de A ; prouver que u induit un isomorphisme de M sur un sous-module facteur direct de N (appliquer *a*) à l'homomorphisme ${}^t u$).

d) Soit B une A-algèbre ; on suppose que le A-module B est fidèle et projectif de type fini. Démontrer que A est facteur direct du A-module B. Si l'homomorphisme de B-modules $u_{(B)} : M_{(B)} \to N_{(B)}$ est bijectif, prouver qu'il en est de même de u. Si le B-module $M_{(B)}$ est projectif, il en est de même du A-module M.

8) Soient A un anneau commutatif, S une A-algèbre ; on suppose que S est un A-module projectif, fidèle et de type fini. On désigne par E la A-algèbre $S \otimes_A S^o$.

a) Démontrer que les conditions suivantes sont équivalentes :

(i) Le (E, A)-bimodule S est inversible ;

(ii) La A-algèbre S est centrale et le E-module S est projectif ;

(iii) L'homomorphisme canonique $E \longrightarrow \mathrm{End}_A(S)$ est bijectif ;

(iv) Pour tout idéal maximal $\mathfrak{m}$ de A, la $A/\mathfrak{m}$-algèbre $S/\mathfrak{m}S$ est centrale et simple.

(Déduire l'équivalence de (i), (ii) et (iii) du th. 1 de VIII, p. 97 et du cor. 2 de VIII, p. 96 et celle de (iii) et (iv) du th. 1 de VIII, p. 248 et de l'exerc. 7). Lorsque ces conditions sont satisfaites, on dit que S est une *algèbre d'Azumaya* sur A.

b) Si S et T sont des algèbres d'Azumaya sur A, il en est de même de la A-algèbre $S \otimes_A T$.

c) Soit B une A-algèbre commutative ; si S est une algèbre d'Azumaya sur A, la B-algèbre $S_{(B)}$ est une algèbre d'Azumaya. Si la B-algèbre $S_{(B)}$ est une algèbre d'Azumaya et que B est un A-module fidèle et projectif (*ou fidèlement plat$_*$), S est une A-algèbre d'Azumaya (appliquer l'exerc. 7 *d*)).

9) Soient A un anneau commutatif et S une A-algèbre d'Azumaya (exerc. 8).

a) Prouver que le centre de S (qui s'identifie à A) est facteur direct du A-module S (utiliser l'exerc. 7 *d*)).

b) Soit M un (S, S)-bimodule ; on désigne par $\mathscr{Z}(M)$ le sous-A-module de M formé des éléments m tels que $sm = ms$ pour tout $s \in S$. Déduire de l'exerc. 8 *a*) que l'homomorphisme canonique $S \otimes_A \mathscr{Z}(M) \to M$ est bijectif.

c) L'application $N \mapsto \mathscr{Z}(N)$ est une bijection croissante de l'ensemble des sous-(S, S)-bimodules de M sur celui des sous-A-modules de $\mathscr{Z}(M)$; la bijection réciproque associe à un sous-A-module N de $\mathscr{Z}(M)$ le sous-(S, S)-bimodule SN de M. En particulier, l'application $\mathfrak{s} \mapsto \mathfrak{s} \cap A$ est une bijection croissante de l'ensemble des idéaux bilatères de S sur celui des idéaux de A.

d) Soit $\rho : S \to T$ un homomorphisme de A-algèbres et soit S′ le commutant de $\rho(S)$ dans T ; prouver que l'homomorphisme canonique $S \otimes_A S' \to T$ est bijectif (appliquer *a*) au (S, S)-bimodule T).

e) On suppose que tout A-module projectif L tel que $\dim_{A/\mathfrak{m}}(L/\mathfrak{m}L) = 1$ pour tout idéal maximal $\mathfrak{m}$ de A est libre de rang un (ce qui a lieu par exemple si l'anneau A est local ou principal). Prouver que tout endomorphisme f de la A-algèbre S est un automorphisme intérieur (appliquer *a*) au (S, S)-bimodule S^f, en observant à l'aide de l'exerc. 8 *a*) que le A-module $\mathscr{Z}(S^f)$ est projectif).

10) Soient A un anneau commutatif, P un A-module fidèle et projectif de type fini.

a) Prouver que la A-algèbre $S = \mathrm{End}_A(P)$ est une algèbre d'Azumaya.

b) Prouver que le S-module à gauche P est projectif.

c) Soit P′ un second A-module fidèle et projectif de type fini ; prouver que le A-module $P \otimes_A P'$ est fidèle et projectif de type fini, et que l'algèbre $\mathrm{End}_A(P \otimes_A P')$ s'identifie canoniquement à $\mathrm{End}_A(P) \otimes_A \mathrm{End}_A(P')$.

¶ 11) Soient A un anneau commutatif intègre, K son corps des fractions, S une A-algèbre d'Azumaya (exerc. 8).

a) Prouver que la K-algèbre $S_{(K)}$ est centrale et simple. On identifie S à une sous-algèbre de $S_{(K)}$.

b) On suppose désormais que A est la seule sous-A-algèbre de K qui soit un A-module de type fini *c'est-à-dire que l'anneau A est intégralement clos, *cf.* AC, V, §1, nos 1 et 2$_*$; démontrer que S est maximale (pour la relation d'inclusion) parmi les sous-A-algèbres de $S_{(K)}$ qui sont de type fini en tant que A-module (appliquer l'exerc. 9 *d*)).

c) On suppose en outre que A est noethérien, et que la K-algèbre $S_{(K)}$ est isomorphe à $End_K(V)$, où V est un espace vectoriel sur K. Prouver qu'il existe un A-module de type fini sans torsion M tel que la A-algèbre S soit isomorphe à $End_A(M)$ (soit x un vecteur non nul de V ; prendre pour M l'ensemble des éléments $s(x)$ lorsque s parcourt S).

**d*) Démontrer que dans la construction précédente on peut supposer M réflexif (remplacer M par son bidual). Si en outre l'anneau A est régulier (AC, X, p. 55, déf. 1), le A-module M est alors projectif (appliquer AC, p. 164, exerc. 12).$_*$

*¶ 12) Soit K un corps commutatif, complet pour une valuation discrète v (AC, VI), que l'on suppose normée (c'est-à-dire $v(K^*) = \mathbf{Z}$) ; on désigne par A l'anneau de v et par κ son corps résiduel. On rappelle (*loc. cit.*) que si L est une extension finie de K, la valuation v admet un unique prolongement v_L à L ; on dit que l'extension est non ramifiée si v_L est à valeurs entières.

a) Soit D un corps de centre K ; soit Nrd : D $\rightarrow$ K la norme réduite de D (VIII, p. 334, déf. 2). Démontrer que l'application $w_0 = v \circ \mathrm{Nrd}$ est une valuation sur D (pour prouver l'inégalité $w_0(x+y) \geqslant \inf(w_0(x), w_0(y))$, se ramener au cas $y = 1$, et observer que la restriction de w_0 à K(x) est multiple de $v_{K(x)}$). On note w la valuation normée sur D équivalente à w_0.

b) Pour qu'un élément x de L soit entier sur A, il faut et il suffit qu'on ait $w(x) \geqslant 0$; l'ensemble de ces éléments forme un sous-anneau B de D.

c) On suppose désormais le corps κ parfait. Si D est distinct de K, prouver qu'il contient une extension non ramifiée de K, distincte de K (dans le cas contraire, observer qu'on a $[\kappa_L : \kappa] = 1$ pour toute extension L de K contenue dans D. Soit $b \in$ B, et soit π une uniformisante de D ; en appliquant la remarque précédente au corps K(b), prouver que b est adhérent à A(π). Comme le sous-espace K(π) est fermé dans D (EVT, I, p. 14, cor. 1), on obtient B $\subset$ K(π) et finalement D = K(π)).

d) Prouver qu'il existe un sous-corps commutatif maximal de D qui est non ramifié sur K (raisonner par récurrence sur le degré réduit de D, en considérant un sous-corps L de D non ramifié sur K et en appliquant l'hypothèse de récurrence au commutant de L dans D).$_*$

13) Soient D un corps, V un espace vectoriel à gauche sur D, A l'anneau $End_D(V)$ et f un automorphisme de A. Prouver qu'il existe un automorphisme σ de D et une application bijective u : V $\rightarrow$ V, semi-linéaire relativement à σ (II, p. 32), telle qu'on ait $f(a) = u \circ a \circ u^{-1}$ pour tout $a \in$ A (soit V^f le A-module dont le groupe additif est V et la loi d'action est définie par $(a, v) \mapsto f(a)(v)$; déduire de la prop. 4 de VIII, p. 46 un

A-isomorphisme $u : V \to V^f$. Observer ensuite que uDu^{-1} est égal au bicommutant du D-module V, c'est-à-dire à D).

14) Soient D un corps, Z son centre, V un espace vectoriel à gauche sur D et Ω l'anneau des endomorphismes du groupe abélien V ; on le munit de sa structure naturelle de (D, D)-bimodule. Soient Γ le groupe des automorphismes de D et Δ le sous-groupe des automorphismes intérieurs (isomorphe à D^*/Z^*).

Soient S un sous-ensemble de Ω formé d'applications semi-linéaires (relativement à un élément de Γ) et F le sous-D-espace vectoriel à gauche de Ω engendré par S ; il coïncide avec le sous-D-espace vectoriel à droite engendré par S.

a) Pour $\theta \in \Gamma/\Delta$, on note S_θ l'ensemble des applications semi-linéaires de V dans lui-même relativement à un automorphisme de D appartenant à θ et F_θ le sous-D-espace vectoriel de F engendré par S_θ. Prouver que F est somme directe des sous-espaces F_θ pour $\theta \in \Gamma/\Delta$.

b) Prouver que si S_θ est une partie libre sur Z, elle est aussi libre (à gauche et à droite) sur D (raisonner comme dans la démonstration du th. 1 de V, p. 26).

c) Soit E un sous-(D, D)-bimodule de F. Prouver que E est engendré (sur D) par des applications semi-linéaires appartenant aux F_θ.

(Soit B une base de F contenue dans S ; prouver que E est engendré par les vecteurs $u \in E$ possédant la propriété suivante : si $u = \sum_i^n \lambda_i b_i$, avec $\lambda_i \neq 0$ et $b_i \in B$ pour tout i, l'intersection de E avec le sous-espace de F engendré par les b_i est réduite à Du. Déduire alors de *a*) que u est semi-linéaire.)

¶ 15) On conserve les notations de l'exerc. 14 ; on note A l'anneau $\mathrm{End}_D(V)$. Soient G un groupe d'automorphismes de A et G_0 le sous-groupe des éléments de G qui sont des automorphismes intérieurs de A. On désigne par U(G) le sous-D-espace vectoriel (à gauche et à droite) de Ω engendré par les bijections semi-linéaires s de V telles que l'automorphisme $a \mapsto sas^{-1}$ appartienne à G et par $U_0(G)$ le sous-Z-espace vectoriel de A engendré par les automorphismes u de V telles que l'automorphisme $a \mapsto uau^{-1}$ appartienne à G_0 ; ce sont des sous-Z-algèbres de Ω.

a) Soient (s_α) une base de $U_0(G)$ sur Z formée d'éléments de $S_0(G)$ et $(g_\beta)_{\beta \in G/G_0}$ un système de représentants des classes (mod. G_0) dans G ; choisissons pour chaque $\beta \in G/G_0$ un élément u_β de S(G) correspondant à g_β. Prouver que les éléments $s_\alpha u_\beta$ forment une base (à gauche et à droite) de U(G) sur D (utiliser l'exerc. 14 *a*)). Pour que [U(G) : D] soit fini, il faut et il suffit que $[U_0(G) : Z]$ et $(G : G_0)$ soient finis ; si c'est le cas, on a $[U(G) : D] = [U_0(G) : Z]\,(G : G_0)$.

b) Démontrer que $U_0(G)$ est égal à $U(G) \cap A$ et que $U(G_0) = DU_0(G)$ est canoniquement isomorphe à $U_0(G) \otimes_Z D$ (utiliser l'exerc. 14 ainsi que l'exerc. 14 de VIII, p. 223).

c) Pour qu'un élément de U(G) soit une application semi-linéaire de V dans lui-même, il faut et il suffit qu'il soit de la forme $\lambda s u_\beta$ avec $\lambda \in \mathrm{D}$, $s \in \mathrm{U}_0(\mathrm{G})$, $\beta \in \mathrm{G}/\mathrm{G}_0$ (utiliser *a*), *b*) et l'exerc. 14 *a*)).

d) On note A^G le commutant de U(G) dans Ω ; c'est le sous-anneau de A formé des éléments invariants par G. On pose $\mathrm{Z}^\mathrm{G} = \mathrm{A}^\mathrm{G} \cap \mathrm{Z}$; c'est le sous-corps des éléments de Z invariants par G. Démontrer que Z et A^G sont linéairement disjoints sur Z^G (vérifier qu'une base de A^G sur Z^G est une partie libre de A sur Z).

e) Si $\mathrm{U}_0(\mathrm{G})$ est un anneau simple et qu'une des Z-algèbres $\mathrm{U}_0(\mathrm{G})$ ou D est de degré fini, prouver que l'anneau U(G) est quasi-simple (déduire de *c*) que $\mathrm{U}(\mathrm{G}_0)$ est un anneau simple, puis appliquer l'exerc. 14 *c*) à un idéal bilatère de U(G) en utilisant *c*)).

f) On suppose que V et U(G) sont de dimension finie sur D et que l'anneau $\mathrm{U}_0(\mathrm{G})$ est simple. Prouver que l'anneau A^G est simple et que l'on a $[\mathrm{A} : \mathrm{A}^\mathrm{G}]_s = [\mathrm{U}_0(\mathrm{G}) : \mathrm{Z}]\,(\mathrm{G} : \mathrm{G}_0)$ (appliquer la prop. 12 de VIII, p. 201). Démontrer que le commutant de A^G dans Ω (resp. dans A) est U(G) (resp. $\mathrm{U}_0(\mathrm{G})$) (utiliser la prop. 5 de VIII, p. 135).

g) En déduire que le groupe des automorphismes de A qui fixent A^G est formé des automorphismes $a \mapsto vav^{-1}$, où v parcourt l'ensemble des bijections semi-linéaires appartenant à U(G), et qu'il est engendré par G et par les automorphismes intérieurs associés aux éléments inversibles de $\mathrm{U}_0(\mathrm{G})$ (utiliser *c*)).

h) Si $\mathrm{G} = \mathrm{G}_0$, l'anneau A^G contient Z ; prouver la réciproque lorsque D est de dimension finie sur Z (utiliser le th. 4 de VIII, p. 254).

¶ 16) On conserve les notations de l'exerc. 15, en supposant de plus V de dimension finie sur D. On dit qu'un sous-anneau B de A est *faiblement galoisien* (resp. *galoisien*) dans A si son commutant B′ dans Ω est engendré en tant que D-espace vectoriel (à gauche ou à droite) par des applications (resp. des bijections) semi-linéaires de V dans lui-même. On note DB le sous-anneau de Ω engendré par D et B.

a) Prouver que si B est simple et faiblement galoisien, V est un module semi-simple de longueur finie sur DB (soient W un composant isotypique du B-module V et S un sous-DB-module simple de W. Soit Σ l'ensemble des applications semi-linéaires v appartenant à B′ ; observer que $v(\mathrm{S})$ est un DB-module pour $v \in \Sigma$ et déduire du cor. 3 de VIII, p. 52 que W est contenu dans la somme des $v(\mathrm{S})$ pour $v \in \Sigma$).

b) On suppose que l'anneau B est simple et faiblement galoisien et que son commutant B'_0 dans A est simple ; prouver que V est un DB-module isotypique (remarquer que B'_0 est le commutant de DB dans Ω et utiliser la prop. 5 de VIII, p. 80). En déduire que B est galoisien (soient v un élément non nul de Σ, et $\mathrm{V} = \bigoplus_{i=1}^n \mathrm{V}_i$ une décomposition de V en somme directe de DB-modules simples isomorphes, telle que $\mathrm{W}_1 = v(\mathrm{V}_1)$ soit non nul ; observer qu'il existe des DB-modules simples W_i ($2 \leqslant i \leqslant n$) isomorphes à W_1 tels que $\mathrm{V} = \bigoplus_{i=1}^n \mathrm{W}_i$ et en déduire une bijection semi-linéaire $w \in \mathrm{B}'$ coïncidant avec v dans V_1 et telle que vw^{-1} appartienne à B'_0. Conclure en observant que tout élément d'un anneau simple est somme d'éléments inversibles).

¶ 17) On conserve les notations de l'exerc. 15, et on suppose V de dimension finie sur D. On dit qu'un groupe G d'automorphismes de A est *galoisien* s'il satisfait aux conditions suivantes :

(i) $(G : G_0)$ et $[U_0(G) : Z]$ sont finis ;

(ii) L'anneau $U_0(G)$ est simple ;

(iii) Pour tout élément inversible s de $U_0(G)$, l'automorphisme $a \mapsto sas^{-1}$ appartient à G_0.

Soit G un tel groupe.

a) Démontrer que l'application $H \mapsto A^H$ est une bijection décroissante de l'ensemble des sous-groupes galoisiens de G sur l'ensemble des sous-anneaux simples de A contenant A^G et dont le commutant B'_0 dans A est simple.

(Déduire de l'exerc. 15 *f*) et *g*) que cette application est bien définie et injective. Soit B un sous-anneau simple de A satisfaisant aux conditions ci-dessus et soit H le groupe des automorphismes de A fixant B ; prouver en utilisant les exerc. 14 *c*) et 16 que B est galoisien, puis à l'aide de la prop 12 de VIII, p. 201 que l'on a $B = A^H$ et que H est galoisien.)

b) Soient B_1, B_2 des sous-anneaux simples de A contenant A^G et dont les commutants dans A sont simples, et φ un isomorphisme de B_1 sur B_2 fixant A^G. Démontrer qu'il existe un élément de G qui coïncide avec φ sur B_1.

(Remarquer tout d'abord qu'on a $\operatorname{long}_{B_1}(V) = \operatorname{long}_{B_2}(V)$, en utilisant l'égalité $h(B_1, A^G) = h(B_2, A^G)$. Soit W l'ensemble des éléments f de Ω satisfaisant à $f(bx) = \varphi(b)f(x)$ pour $b \in B_1$, $x \in V$; démontrer que W n'est pas réduit à zéro, puis en lui appliquant l'exerc. 14 *c*) qu'il contient une application semi-linéaire non nulle w ; si S est un sous-DB_1-module simple de V non contenu dans $\operatorname{Ker} w$, montrer que w induit une bijection de S sur son image et que l'on a $\operatorname{long}_{B_1}(S) = \operatorname{long}_{B_2}(w(S))$ (utiliser l'exerc. 16 *b*)). En raisonnant comme dans *loc. cit.*, conclure que W contient une bijection semi-linéaire coïncidant avec w dans S.)

c) Particulariser les résultats de *a*) et *b*) aux cas suivants :

(i) $G = G_0$ (*cf.* VIII, p. 255, th. 5) ;

(ii) $G_0 = \{1\}$; démontrer que tout groupe fini d'automorphismes de A est galoisien, et que tout sous-anneau simple de A contenant A^G admet Z pour commutant dans A ;

(iii) V est de dimension 1, de sorte que A est un corps isomorphe à D^o ; l'anneau A^G est un corps et tous les sous-corps de A contenant A^G ont pour commutant un corps. Cas particulier où D est commutatif (*cf.* V, §10, n° 7).

18) Soient K un corps commutatif, Z une extension cyclique de K (V, p. 81) de degré $n \geqslant 3$, σ un générateur du groupe de Galois de Z sur K. On désigne par A l'anneau $\mathbf{M}_2(Z)$ et par B le sous-anneau de A formé des matrices $\begin{pmatrix} z & 0 \\ 0 & \sigma(z) \end{pmatrix}$ pour $z \in Z$.

a) Avec les notations de l'exerc. 17, démontrer qu'il existe un groupe galoisien G d'automorphismes de A tel qu'on ait $A^G = K$, $(G : G_0) = n$, $U_0(G) = A$.

b) Démontrer que B est un sous-anneau simple de A, mais que son commutant B'_0 dans A est isomorphe à $Z \times Z$.

c) Soit H le groupe des d'automorphismes de A fixant B ; démontrer que A^H est égal à B'_0. Construire un isomorphisme de B sur Z qui fixe K mais ne se prolonge pas en un automorphisme de A (*cf.* exerc. 17 *b*)).

d) Prouver que le sous-anneau B de A est faiblement galoisien mais non galoisien (exerc. 16 ; décrire le commutant de B dans Ω).

¶ 19) Soient D un corps, Z son centre et V un espace vectoriel sur D ; on identifie D au sous-corps des homothéties de V. Soit A un sous-anneau dense de $\mathrm{End}_D(V)$ (VIII, p. 125, exerc. 3) contenant Z. Soient E un sous-corps de D contenant Z et F son commutant dans D. Démontrer que la Z-algèbre $A \otimes_Z E$ est isomorphe à une sous-algèbre dense de $\mathrm{End}_F(V)$ (utiliser l'exerc. 14 de VIII, p. 223 et considérer le commutant de AE dans $\mathrm{End}_Z(V)$). Cas où E est un sous-corps maximal de D.

§ 15. GROUPES DE BRAUER

Dans ce paragraphe, la lettre K *désigne un corps commutatif.*

1. Classes d'algèbres

Notons $\mathrm{Iso}_K\{A, B\}$ la relation

« A et B sont des K-algèbres de degré fini isomorphes. »

C'est une relation d'équivalence par rapport à A et B. Soit A une K-algèbre de degré fini ; on appelle classe de A et l'on note cl(A) (ou parfois $\mathrm{cl}_K(A)$), la classe d'objets équivalents à A pour la relation Iso_K (E, II, p. 47). Par définition, cl(A) est une K-algèbre isomorphe à A ; pour que deux K-algèbres de degré fini aient la même classe, il faut et il suffit qu'elles soient isomorphes.

Notons $\mathscr{A}$ l'ensemble des couples (W, μ), où W est un sous-espace vectoriel de $K^{(\mathbf{N})}$, de dimension finie sur K, et μ une application K-bilinéaire de $W \times W$ dans W, qui fait de W une K-algèbre (associative et unifère). Toute K-algèbre de degré fini est isomorphe à une telle algèbre. D'après *loc. cit.*, la relation

« α est une classe de K-algèbres de degré fini »

est donc collectivisante en α (E, II, p. 3). On note $\mathscr{C}_K$ l'ensemble des classes des K-algèbres de degré fini.

PROPOSITION 1. — *L'ensemble $\mathscr{C}_K$, muni de la loi de composition donnée par $(\alpha, \beta) \mapsto \mathrm{cl}(\alpha \otimes_K \beta)$, est un monoïde commutatif. L'élément neutre de $\mathscr{C}_K$ est la classe ε de la* K*-algèbre* K. *De plus, si* A *et* B *sont des* K*-algèbres de degré fini, on a la relation*

(1) $$\mathrm{cl}(A \otimes_K B) = \mathrm{cl}(A)\ \mathrm{cl}(B).$$

Soient A, B et C des K-algèbres de degré fini, de classes respectives α, β et γ. Les K-algèbres A et α sont isomorphes, ainsi que B et β ; donc les K-algèbres $A \otimes_K B$

et $\alpha \otimes_K \beta$ sont isomorphes et l'on a $\mathrm{cl}(A \otimes_K B) = \mathrm{cl}(\alpha \otimes_K \beta)$, d'où la formule (1). Il en résulte que $(\alpha\beta)\gamma$ est la classe de la K-algèbre $(A \otimes_K B) \otimes_K C$, et $\alpha(\beta\gamma)$ celle de la K-algèbre $A \otimes_K (B \otimes_K C)$. Or ces K-algèbres sont isomorphes (III, p. 34), d'où l'égalité $(\alpha\beta)\gamma = \alpha(\beta\gamma)$. De manière analogue, la relation $\alpha\varepsilon = \varepsilon\alpha = \alpha$ résulte de ce que les K-algèbres $A \otimes_K K$, $K \otimes_K A$ et A sont isomorphes, et la relation $\alpha\beta = \beta\alpha$ de ce que les algèbres $A \otimes_K B$ et $B \otimes_K A$ sont isomorphes.

Dans l'ensemble $\mathscr{C}_K$, la relation « α et β sont des algèbres équivalentes au sens de Morita » est une relation d'équivalence (VIII, p. 96) ; elle est compatible avec la loi de composition de $\mathscr{C}_K$ d'après la prop. 13, d) de VIII, p. 107. On note $\mathscr{M}_K$ le monoïde quotient de $\mathscr{C}_K$ par cette relation d'équivalence et φ l'homomorphisme canonique de $\mathscr{C}_K$ sur $\mathscr{M}_K$. Pour toute K-algèbre A de degré fini, on note [A] l'image de cl(A) par φ. Si A et B sont des K-algèbres de degré fini, on a $[A] = [B]$ si et seulement si les K-algèbres A et B sont équivalentes au sens de Morita ; de plus, on a la relation

$$[A \otimes_K B] = [A][B] \tag{2}$$

dans le monoïde $\mathscr{M}_K$.

Lemme 1. — *Soient* A *une* K-*algèbre de degré fini et* D *un corps de degré fini sur* K. *Pour que l'on ait* $[A] = [D]$ *dans* $\mathscr{M}_K$, *il faut et il suffit qu'il existe un entier* $n \geqslant 1$ *tel que* A *soit isomorphe à* $\mathbf{M}_n(D)$.

Par définition, on a $[A] = [D]$ si et seulement s'il existe un (A, D)-bimodule inversible, c'est-à-dire (VIII, p. 97, th. 1) un espace vectoriel à droite V de dimension finie non nulle sur D muni d'un isomorphisme de K-algèbres $A \to \mathrm{End}_D(V)$. Le lemme 1 résulte de là.

2. Définition du groupe de Brauer

On note Br(K) l'ensemble des éléments de $\mathscr{M}_K$ de la forme [A], où A est une algèbre centrale, simple et de degré fini sur K.

PROPOSITION 2. — *L'ensemble* Br(K) *est l'ensemble des éléments inversibles de* $\mathscr{M}_K$, *l'inverse d'un élément* [A] *de* Br(K) *étant* $[A^o]$. *Par suite, la loi de composition du monoïde* $\mathscr{M}_K$ *munit* Br(K) *d'une structure de groupe commutatif.*

Soit A une algèbre centrale, simple et de degré fini sur K. L'algèbre A^o est centrale, simple et de degré fini sur K (VIII, p. 247). L'algèbre $A \otimes_K A^o$ est isomorphe à une algèbre de matrices $\mathbf{M}_n(K)$ où $n^2 = \dim(A)$ (VIII, p. 248, th. 1). On a donc

$[A][A^o] = [A \otimes_K A^o] = [K]$ (lemme 1), ce qui démontre que [A] est inversible, d'inverse $[A^o]$.

Inversement, soit A une K-algèbre de degré fini. Si [A] est inversible dans $\mathscr{M}_K$, il existe une K-algèbre B de degré fini telle que $[A][B] = [K]$; d'après la formule (2) et le lemme 1, cela signifie que la K-algèbre $A \otimes_K B$ est isomorphe à une algèbre de matrices $\mathbf{M}_n(K)$, avec $n \geqslant 1$. D'après la remarque 1 de VIII, p. 247, l'algèbre A est alors centrale et simple.

DÉFINITION 1. — *Le groupe commutatif* Br(K) *est appelé le* groupe de Brauer *du corps* K.

Lemme 2. — *Soient* I *et* J *des ensembles finis, k un anneau commutatif,* A *et* B *des k-algèbres. Notons* $\mathbf{M}_I(A)$ *la k-algèbre des matrices carrées de type* (I, I) *à éléments dans* A *et définissons de manière analogue les k-algèbres* $\mathbf{M}_J(B)$ *et* $\mathbf{M}_{I\times J}(A \otimes_K B)$. *Il existe un unique isomorphisme de k-algèbres*

$$\varphi : \mathbf{M}_I(A) \otimes_k \mathbf{M}_J(B) \longrightarrow \mathbf{M}_{I\times J}(A \otimes_k B)$$

tel que $\varphi\big((a_{ii'}) \otimes (b_{jj'})\big)$ *soit la matrice dont l'élément d'indice* $((i,j),(i',j'))$ *est* $a_{ii'} \otimes b_{jj'}$.

L'existence d'une bijection k-linéaire φ satisfaisant à la condition de l'énoncé résulte de la compatibilité du produit tensoriel aux sommes directes (II, p. 61, prop. 7) ; le fait que φ est un homomorphisme d'algèbres résulte de la définition du produit matriciel.

PROPOSITION 3. — *Soient* A *et* B *des* K*-algèbres centrales, simples et de degré fini. Les propriétés suivantes sont équivalentes :*

(i) *On a* [A] = [B] *dans le groupe de Brauer* Br(K) ;

(ii) *Il existe un entier* $t \geqslant 1$ *tel que la* K*-algèbre* $A \otimes_K B^o$ *soit isomorphe à l'algèbre de matrices* $\mathbf{M}_t(K)$;

(iii) *Il existe des entiers strictement positifs r et s tels que les* K*-algèbres* $A \otimes_K \mathbf{M}_r(K)$ *et* $B \otimes_K \mathbf{M}_s(K)$ *soient isomorphes* ;

(iv) *Il existe un corps* D *contenant* K *et des entiers* $m \geqslant 1$ *et* $n \geqslant 1$ *tels que* A *soit isomorphe à* $\mathbf{M}_m(D)$ *et* B *à* $\mathbf{M}_n(D)$.

Supposons que l'on ait [A] = [B]. Comme $[B^o]$ est l'inverse de [B] dans le groupe de Brauer, on a $[K] = [B][B^o] = [A][B^o] = [A \otimes_K B^o]$. D'après le lemme 1, il existe un entier $t \geqslant 1$ tel que les algèbres $A \otimes_K B^o$ et $\mathbf{M}_t(K)$ soient isomorphes. Donc (i) entraîne (ii).

Supposons (ii) satisfaite. Comme $B^o \otimes_K B$ est isomorphe à une algèbre de matrices $\mathbf{M}_s(K)$ avec $s \geqslant 1$ (VIII, p. 248, th. 1) l'algèbre $A \otimes_K B^o \otimes_K B$ est isomorphe d'une part à $A \otimes_K \mathbf{M}_s(K)$ et de l'autre à $\mathbf{M}_t(K) \otimes_K B$. Ainsi l'assertion (ii) entraîne l'assertion (iii).

Supposons (iii) satisfaite. D'après le théorème de Wedderburn (VIII, p. 116, th. 1), il existe des entiers $m \geqslant 1$ et $n \geqslant 1$ et des corps D et D′ de centre K et de degré fini sur K, tels que A soit isomorphe à $\mathbf{M}_m(D)$ et B à $\mathbf{M}_n(D')$. Alors l'algèbre $A \otimes_K \mathbf{M}_r(K)$ est isomorphe à $\mathbf{M}_{mr}(D)$ et $B \otimes_K \mathbf{M}_{r'}(K)$ est isomorphe à $\mathbf{M}_{nr'}(D')$ (lemme 2) ; d'après le cor. 2 de VIII, p. 117, les K-algèbres D et D′ sont isomorphes. Donc (iii) entraîne (iv).

Enfin, supposons (iv) satisfaite. Les algèbres A et D d'une part, B et D de l'autre, sont équivalentes au sens de Morita (VIII, p. 109, exemple 2). On a donc $[A] = [B]$, de sorte que (iv) entraîne (i).

Lorsque les conditions équivalentes de la proposition sont satisfaites, on dit que les algèbres A et B sont *semblables*.

COROLLAIRE. — *Soient* A *et* B *des algèbres centrales, simples et de degré fini sur* K. *Pour que* A *et* B *soient isomorphes, il faut et il suffit qu'elles soient semblables et de même degré.*

Cela résulte de l'équivalence des propriétés (i) et (iv) de la prop. 3 et du fait que $\dim_K(\mathbf{M}_n(D)) = \dim_K(D) \times n^2$.

PROPOSITION 4. — *Soit* $\mathscr{K}_K$ *l'ensemble des classes de* K-*algèbres centrales de degré fini qui sont des corps. L'application* $D \mapsto [D]$ *de* $\mathscr{K}_K$ *dans* $\mathrm{Br}(K)$ *est bijective.*

Cela résulte du lemme 1 de VIII, p. 274 et du théorème de Wedderburn (VIII, p. 116, th. 1).

3. Changement de corps

Soit L une extension du corps K. Soient A et B des K-algèbres de degré fini, les L-algèbres $A_{(L)}$ et $B_{(L)}$ sont de degré fini. Les L-algèbres $A_{(L)} \otimes_L B_{(L)}$ et $(A \otimes_K B)_{(L)}$ sont isomorphes (III, p. 35, prop. 3). La L-algèbre $K_{(L)}$ est isomorphe à L. Il existe donc un unique homomorphisme de monoïdes $\rho_{L/K}$ de $\mathscr{C}_K$ dans $\mathscr{C}_L$ tel que

$$\rho_{L/K}(\mathrm{cl}(A)) = \mathrm{cl}(A_{(L)}) \tag{3}$$

pour toute K-algèbre A de degré fini.

Si les K-algèbres A et B sont équivalentes au sens de Morita, il en est de même des L-algèbres $A_{(L)}$ et $B_{(L)}$ (VIII, p. 107, prop. 13 e)). Si la K-algèbre A est centrale, simple et de degré fini, il en est de même de la L-algèbre $A_{(L)}$ (VIII, p. 247, remarque 2). On déduit donc de $\rho_{L/K}$ un homomorphisme de groupes $r_{L/K}$ de Br(K) dans Br(L), tel que

$$r_{L/K}([A]) = [A_{(L)}] \tag{4}$$

pour toute K-algèbre A centrale, simple et de degré fini.

Soit M une extension du corps L. Compte tenu de la transitivité de l'extension des scalaires (III, p. 8), on a la relation

$$r_{M/K} = r_{M/L} \circ r_{L/K}. \tag{5}$$

Soit A une K-algèbre centrale, simple et de degré fini et soit L une extension de K. On dit que L *déploie* A (ou *neutralise* A) si la L-algèbre $A_{(L)}$ est isomorphe à une algèbre de matrices $M_n(L)$, pour un entier $n \geqslant 1$. Avec les notations précédentes, il revient au même de dire que la classe de A dans Br(K) appartient au noyau de l'homomorphisme $r_{L/K} : Br(K) \to Br(L)$.

Si B est semblable à A, alors A est déployée sur L si et seulement si B l'est.

Si A est déployée par L, elle est déployée par toute extension de L. D'après le th. 1 de VIII, p. 248, il existe une extension galoisienne de degré fini de K qui déploie A et toute clôture séparable de K déploie A.

PROPOSITION 5. — *Soit* A *une* K-*algèbre centrale, simple et de degré fini et soit* L *une extension de degré fini de* K. *Les conditions suivantes sont équivalentes* :

(i) *L'extension* L *déploie* A ;

(ii) *Il existe une* K-*algèbre centrale, simple, de degré fini, semblable à* A, *contenant une sous-algèbre commutative maximale isomorphe à* L.

Prouvons que (ii) entraîne (i) ; il suffit de traiter le cas où L est une sous-algèbre commutative maximale de A. Soit $\psi : A \otimes_K A^o \to \mathrm{End}_K(A)$ l'isomorphisme canonique qui applique $a \otimes a'$ sur l'application K-linéaire $x \mapsto axa'$ (VIII, p. 248, th. 1). Considérons A comme un espace vectoriel à droite sur L ; alors ψ applique $A \otimes_K L$ dans le sous-espace $\mathrm{End}_L(A)$ de $\mathrm{End}_K(A)$ et induit par restriction un homomorphisme injectif de L-algèbres $\psi' : A \otimes_K L \to \mathrm{End}_L(A)$. Posons $n = [L : K]$. D'après VIII, p. 258, prop. 3, on a $[A : L] = n$ d'où $[A \otimes_K L : L] = [A : K] = n^2$ et $[\mathrm{End}_L(A) : L] = n^2$. Par conséquent ψ' est un isomorphisme, ce qui prouve (i).

La réciproque résulte du lemme suivant.

Lemme 3. — *Soit* A *une* K-*algèbre centrale, simple et de degré fini et soit* L *une extension de degré fini de* K *qui déploie* A. *Soit* V *un* $A_{(L)}$ *module simple, si bien que le morphisme naturel* $\varphi : A_{(L)} \to \mathrm{End}_L(V)$ *est un isomorphisme. Soit* C *l'anneau*

$\mathrm{End}_{\mathrm{A}}(\mathrm{V})$. *Alors* C *est semblable à* A° *et l'image de* $\mathrm{L} \otimes 1 \subset \mathrm{A}_{(\mathrm{L})}$ *est une sous-algèbre commutative maximale de* C.

Identifions A à un sous-anneau de $\mathrm{A}_{(\mathrm{L})}$. Considérons V comme un K-espace vectoriel. L'anneau C est le commutant de $\varphi(\mathrm{A})$ dans $\mathrm{End}_{\mathrm{K}}(\mathrm{V})$. C'est une K-algèbre centrale, simple et de degré fini, et l'homomorphisme $a \otimes c \mapsto ac$ de $\mathrm{A} \otimes_{\mathrm{K}} \mathrm{C}$ dans $\mathrm{End}_{\mathrm{K}}(\mathrm{V})$ est un isomorphisme (VIII, p. 256, th. 6 a)). Par suite les K-algèbres A et C° sont semblables (VIII, p. 275, prop. 3).

Soit L_{V} l'anneau des homothéties du L-espace vectoriel V ; c'est le commutant de $\mathrm{End}_{\mathrm{L}}(\mathrm{V})$ dans $\mathrm{End}_{\mathrm{K}}(\mathrm{V})$ (VIII, p. 78, cor. 1). Or la K-algèbre $\mathrm{End}_{\mathrm{L}}(\mathrm{V})$ est engendrée par $\varphi(\mathrm{A})$ et L_{V} ; on a donc dans $\mathrm{End}_{\mathrm{K}}(\mathrm{V})$

$$\mathrm{L}_{\mathrm{V}} = \mathrm{End}_{\mathrm{L}}(\mathrm{V})' = \varphi(\mathrm{A})' \cap \mathrm{L}'_{\mathrm{V}} = \mathrm{C} \cap \mathrm{L}'_{\mathrm{V}},$$

où pour toute partie B de $\mathrm{End}_{\mathrm{K}}(\mathrm{V})$, le commutant de B dans $\mathrm{End}_{\mathrm{K}}(\mathrm{V})$ est noté B'. Ainsi L_{V} est une sous-algèbre commutative maximale de C (VIII, p. 257, lemme 3), et donc aussi de C°. L'application $\lambda \mapsto \lambda_{\mathrm{V}}$ est un isomorphisme de K-algèbres de L sur L_{V} ; cela prouve le lemme.

COROLLAIRE 1. — *Soient* A *une* K*-algèbre centrale, simple et de degré fini, et* L *une extension de degré fini de* K. *Supposons que* $[\mathrm{A} : \mathrm{K}] = [\mathrm{L} : \mathrm{K}]^2$. *Pour que* L *déploie* A, *il faut et il suffit que* A *contienne une sous-algèbre isomorphe à* L.

Supposons qu'il existe un morphisme φ de L dans A. Soit M une sous-algèbre commutative semi-simple maximale contenant $\varphi(\mathrm{L})$. Par la prop. 3 de VIII, p. 258, on a $[\mathrm{A} : \mathrm{K}] = [\mathrm{M} : \mathrm{K}]^2$, donc $[\mathrm{M} : \mathrm{K}] = [\mathrm{L} : \mathrm{K}]$ et $\mathrm{M} = \varphi(\mathrm{L})$. D'après la prop. 5, L déploie A. Inversement supposons que l'extension L déploie A, alors elle est isomorphe à une sous-algèbre commutative maximale d'une K-algèbre B centrale, simple et semblable à A (prop. 5). On a $[\mathrm{B} : \mathrm{K}] = [\mathrm{L} : \mathrm{K}]^2$ (VIII, p. 258, prop. 3), d'où $[\mathrm{B} : \mathrm{K}] = [\mathrm{A} : \mathrm{K}]$; par suite B est isomorphe à A (VIII, p. 276, cor.), d'où le corollaire 1.

COROLLAIRE 2. — *Soient* D *un corps de centre* K *et de degré fini sur* K, *et* L *une extension de degré fini de* K *déployant* D. *Le degré réduit de* D *divise* $[\mathrm{L} : \mathrm{K}]$.

Notons r le degré réduit de D (VIII, p. 249) ; par définition, $[\mathrm{D} : \mathrm{K}] = r^2$. D'après la prop. 5, il existe une K-algèbre B centrale simple semblable à D dont L est une sous-algèbre commutative maximale. Comme B est isomorphe à une algèbre de matrices $\mathrm{M}_n(\mathrm{D})$ (VIII, p. 274, lemme 1), on a $[\mathrm{B} : \mathrm{K}] = n^2 r^2$, et par suite $[\mathrm{L} : \mathrm{K}] = nr$ (VIII, p. 258, prop. 3).

4. Exemples de groupes de Brauer

Le groupe de Brauer Br(K) est réduit à l'élément neutre dans les trois cas suivants :

a) K est séparablement clos (VIII, p. 249, cor. 1).

*b) K est un corps fini (VIII, p. 349, cor. 2).

c) K satisfait à la propriété (C_1) (VIII, p. 349, remarque 2).

Supposons que K soit un corps ordonné maximal (VI, p. 24). Le groupe de Brauer de K est alors cyclique d'ordre 2 ; ses éléments sont la classe de K et la classe de la K-algèbre de quaternions de type $(-1, 0, -1)$ (III, p. 18 et VIII, p. 359, th. 1).

Supposons que K soit un corps topologique localement compact, non discret et commutatif. Si K n'est pas connexe c'est un corps complet pour une valuation discrète, de corps résiduel fini (AC, VI, p. 154, th. 1), il existe un isomorphisme de Br(K) sur $\mathbf{Q}/\mathbf{Z}$ (VIII, p. 327, exerc. 17). Si K est connexe, il est isomorphe à $\mathbf{R}$ ou $\mathbf{C}$. Le groupe de Brauer du corps $\mathbf{R}$ est cyclique d'ordre 2. Son élément non trivial est la classe de l'algèbre $\mathbf{H}$ des quaternions de Hamilton (TG VII, p. 4) ; le groupe de Brauer de $\mathbf{C}$ est d'ordre 1.*

EXERCICES

1) Soit D un corps de centre K. Pour qu'il existe un sous-corps de $\mathbf{M}_n(\mathrm{K})$ isomorphe à D et de centre K, il faut et il suffit que [D : K] divise n.

2) Soit D un corps de centre K et de rang fini sur K. Pour qu'il existe une sous-K-algèbre de $\mathbf{M}_n(\mathrm{D})$ isomorphe à $\mathbf{M}_r(\mathrm{K})$, il faut et il suffit que r divise n (utiliser le th. 6 de VIII, p. 256).

§ 16. AUTRES DESCRIPTIONS DU GROUPE DE BRAUER

Dans ce paragraphe, si F est un groupe abélien et g un automorphisme de F, on note $g.f$ pour $g(f)$.

1. τ-extensions de groupes

Dans ce numéro, on fixe un groupe G, un groupe abélien F noté multiplicativement et un homomorphisme de groupes τ de G dans le groupe Aut(F) des automorphismes du groupe F. On note e l'élément neutre de G et 1 l'élément neutre de F.

Rappelons (I, p. 62) qu'une extension $\mathscr{E}$ de G par F est un triplet (Γ, ι, π), où Γ est un groupe, $\pi : \Gamma \to \mathrm{G}$ est un homomorphisme surjectif et ι un homomorphisme injectif de F dans Γ tel que $\mathrm{Im}(\iota) = \mathrm{Ker}(\pi)$. Soit $\mathscr{E} = (\Gamma, \iota, \pi)$ une telle extension. Pour tout $\gamma \in \Gamma$, l'application $\varphi_\gamma : \mathrm{F} \to \mathrm{F}$ définie par

$$\iota(\varphi_\gamma(f)) = \gamma\iota(f)\gamma^{-1}$$

pour tout $f \in \mathrm{F}$ est un automorphisme de F. Comme F est commutatif, pour tout $f \in \mathrm{F}$, l'automorphisme défini par $\iota(f)$ est l'application identique de F. Par passage au quotient, on obtient un homomorphisme $\mathrm{Int}_{\mathscr{E}}$ de G dans Aut(F) caractérisé par

$$\gamma\iota(f)\gamma^{-1} = \iota(\mathrm{Int}_{\mathscr{E}}(\pi(\gamma)).f)$$

pour $\gamma \in \Gamma$ et $f \in \mathrm{F}$.

On appelle *τ-extension de* G *par* F une extension $\mathscr{E} = (\Gamma, \iota, \pi)$ telle que $\mathrm{Int}_{\mathscr{E}}$ soit égal à τ, c'est-à-dire vérifiant la relation

(1) $$\gamma\iota(f)\gamma^{-1} = \iota(\tau(\pi(\gamma)).f)$$

pour $\gamma \in \Gamma$ et $f \in \mathrm{F}$. Si $\mathscr{E} = (\Gamma, \iota, \pi)$ et $\mathscr{E}' = (\Gamma', \iota', \pi')$ sont des τ-extensions, un *morphisme de τ-extensions de $\mathscr{E}$ dans $\mathscr{E}'$* est un morphisme d'extensions de $\mathscr{E}$ dans $\mathscr{E}'$ (I, p. 63), c'est-à-dire un homomorphisme de groupes $u : \Gamma \to \Gamma'$ tel que $\pi' \circ u = \pi$ et $\iota' = u \circ \iota$. Notons que les τ-extensions forment une espèce de structure pour laquelle tout morphisme est un isomorphisme (E, IV, p. 6 et I, p. 63, prop. 1). Notons $\mathrm{Iso}_\tau\{\mathscr{E}, \mathscr{F}\}$ la relation

« $\mathscr{E}$ et $\mathscr{F}$ sont des τ-extensions isomorphes. »

C'est une relation d'équivalence ; on appelle *classe de l'extension $\mathscr{E}$* la classe d'objets équivalents à $\mathscr{E}$ pour Iso_τ (E, II, p. 47).

Lemme 1. — *La relation*

« α est la classe d'une τ-extension pour Iso_τ *»*

est collectivisante en α.

Posons $\mathrm{E}_0 = \mathrm{F} \times \mathrm{G}$ et considérons les applications $\iota_0 : \mathrm{F} \to \mathrm{E}_0$ et $\pi_0 : \mathrm{E}_0 \to \mathrm{G}$ définies par $\iota_0(f) = (f, e)$ pour $f \in \mathrm{F}$ et $\pi_0(f, g) = g$ pour $(f, g) \in \mathrm{F} \times \mathrm{G}$. Soit $\mathscr{E} = (\Gamma, \iota, \pi)$ une τ-extension de G par F. L'application π est surjective, donc possède une section $\sigma : \mathrm{G} \to \Gamma$ telle que $\sigma(e) = e$. L'application $u : (f, g) \mapsto \iota(f)\sigma(g)$ de $\mathrm{F}\times\mathrm{G}$ dans Γ est bijective. Munissons $\mathrm{F} \times \mathrm{G}$ de la loi de groupe obtenue par transport de structure. Le triplet $(\mathrm{E}_0, \iota_0, \pi_0)$ est alors une τ-extension isomorphe à $\mathscr{E}$. Le lemme 1 résulte alors de E, II, p. 47.

On note $\mathrm{Ex}_\tau(\mathrm{G}, \mathrm{F})$ l'ensemble des classes de τ-extensions pour la relation Iso_τ.

Exemples. — 1) Le produit semi-direct externe $(\mathrm{F} \times_\tau \mathrm{G}, i, p)$ (I, p. 64, prop. 3) est une τ-extension qu'on notera $\mathscr{I}_\tau$. On dira qu'une τ-extension est *semi-triviale* si elle est isomorphe à la τ-extension $\mathscr{I}_\tau$.

2) Pour $i \in \{1, 2\}$, on se donne un groupe G_i, un groupe abélien F_i et un homomorphisme de groupes τ_i de G_i dans le groupe des automorphismes de F_i. On note $\tau_1 \times \tau_2 : \mathrm{G}_1 \times \mathrm{G}_2 \to \mathrm{Aut}(\mathrm{F}_1 \times \mathrm{F}_2)$ l'homomorphisme défini par

$$(\tau_1 \times \tau_2)(g_1, g_2).(f_1, f_2) = (\tau_1(g_1).f_1, \tau_2(g_2).f_2)$$

pour $g_1 \in \mathrm{G}_1$, $g_2 \in \mathrm{G}_2$, $f_1 \in \mathrm{F}_1$ et $f_2 \in \mathrm{F}_2$. Soient $\mathscr{E}_1 = (\Gamma_1, \iota_1, \pi_1)$ une τ_1-extension de G_1 par F_1 et $\mathscr{E}_2 = (\Gamma_2, \iota_2, \pi_2)$ une τ_2-extension de G_2 par F_2. Alors le triplet $(\Gamma_1 \times \Gamma_2, \iota_1 \times \iota_2, \pi_1 \times \pi_2)$ est une $\tau_1 \times \tau_2$-extension de $\mathrm{G}_1 \times \mathrm{G}_2$ par $\mathrm{F}_1 \times \mathrm{F}_2$ appelée le *produit extérieur des extensions $\mathscr{E}_1$ et $\mathscr{E}_2$* et notée $\mathscr{E}_1 \times \mathscr{E}_2$.

2. Image inverse d'une τ-extension

Soient G et G′ des groupes. Soit F un groupe abélien, soit $\tau : \mathrm{G} \to \mathrm{Aut(F)}$ un homomorphisme de groupes et soit $u : \mathrm{G}' \to \mathrm{G}$ un homomorphisme de groupes. Considérons l'homomorphisme de groupes $\tau' = \tau \circ u : \mathrm{G}' \to \mathrm{Aut(F)}$ et notons Γ' le produit fibré $\Gamma \times_{\mathrm{G}} \mathrm{G}'$ relativement à π et u (I, p. 44). C'est le sous-groupe de $\Gamma \times \mathrm{G}'$ formé des couples (γ, g') tels que $\pi(\gamma) = u(g')$. Soit $\iota' : \mathrm{F} \to \Gamma'$ l'homomorphisme de groupes donné par $\iota'(\alpha) = (\iota(\alpha), e)$ pour $\alpha \in \mathrm{F}$ et notons $\pi' : \Gamma' \to \mathrm{G}'$ la seconde projection. Alors le morphisme ι' est injectif, le morphisme π' est surjectif puisque π l'est et l'image de ι' coïncide avec le noyau de π'. En outre, pour tout $\alpha \in \mathrm{F}$ et tout $\gamma' = (\gamma, g) \in \Gamma'$, on a les relations

$$\gamma'\iota'(\alpha)\gamma'^{-1} = (\gamma, g)(\iota(\alpha), e)(\gamma, g)^{-1} = (\iota(\tau(\pi(\gamma)).\alpha), e) = \iota'(\tau'(\pi'(\gamma')).\alpha).$$

Par conséquent, (Γ', ι', π') est une τ'-extension de G′ par F qu'on appelle *l'image inverse par u de $\mathscr{E}$* et qu'on note $u^*(\mathscr{E})$. La première projection est un homomorphisme de groupes $\varphi : \Gamma' \to \Gamma$ qui sera dit *canonique.*

PROPOSITION 1. — *Le diagramme*

(2)
$$\begin{array}{ccccc} \mathrm{F} & \xrightarrow{\iota'} & \Gamma' & \xrightarrow{\pi'} & \mathrm{G}' \\ \| & & \downarrow{\scriptstyle \varphi} & & \downarrow{\scriptstyle u} \\ \mathrm{F} & \xrightarrow{\iota} & \Gamma & \xrightarrow{\pi} & \mathrm{G} \end{array}$$

est commutatif. En outre, si $\mathscr{E}'_1 = (\Gamma'_1, \iota'_1, \pi'_1)$ est une τ'-extension et $\varphi_1 : \Gamma'_1 \to \Gamma$ est un homomorphisme de groupes tel que le diagramme

$$\begin{array}{ccccc} \mathrm{F} & \xrightarrow{\iota'_1} & \Gamma'_1 & \xrightarrow{\pi'_1} & \mathrm{G}' \\ \| & & \downarrow{\scriptstyle \varphi_1} & & \downarrow{\scriptstyle u} \\ \mathrm{F} & \xrightarrow{\iota} & \Gamma & \xrightarrow{\pi} & \mathrm{G} \end{array}$$

soit commutatif, alors il existe un unique morphisme ψ de τ'-extensions de $\mathscr{E}'_1$ dans $u^*(\mathscr{E})$ tel qu'on ait $\varphi_1 = \varphi \circ \psi$.

La commutativité du premier diagramme découle de la définition de φ. L'existence et l'unicité de ψ résultent du lemme qui suit.

Lemme 2. — *Soit* F'_1 *un groupe abélien et soient* $w : \mathrm{F}'_1 \to \mathrm{F}$ *et* $\tau_1 : \mathrm{G}' \to \mathrm{Aut}(\mathrm{F}'_1)$ *des homomorphismes de groupes tels que*

$$w(\tau_1(g)(f)) = \tau(u(g))(w(f))$$

pour tout $f \in \mathrm{F}'_1$ *et tout* $g \in \mathrm{G}'$. *Soit* $\mathscr{E}'_1 = (\Gamma'_1, \iota'_1, \pi'_1)$ *une* τ_1*-extension de* G′ *par* F'_1 *et* $\varphi_1 : \Gamma'_1 \to \Gamma$ *un homomorphisme de groupes tel que le diagramme*

$$\begin{array}{ccccc} \mathrm{F}'_1 & \xrightarrow{\iota'_1} & \Gamma'_1 & \xrightarrow{\pi'_1} & \mathrm{G}' \\ \downarrow{\scriptstyle w} & & \downarrow{\scriptstyle \varphi_1} & & \downarrow{\scriptstyle u} \\ \mathrm{F} & \xrightarrow{\iota} & \Gamma & \xrightarrow{\pi} & \mathrm{G} \end{array}$$

soit commutatif. Alors il existe un unique homomorphisme de groupes $\psi : \Gamma'_1 \to \Gamma'$ *tel que le diagramme*

$$\begin{array}{ccccc} \mathrm{F}'_1 & \xrightarrow{\iota'_1} & \Gamma'_1 & \xrightarrow{\pi'_1} & \mathrm{G}' \\ \downarrow{\scriptstyle w} & & \downarrow{\scriptstyle \psi} & & \| \\ \mathrm{F} & \xrightarrow{\iota'} & \Gamma' & \xrightarrow{\pi'} & \mathrm{G}' \end{array}$$

soit commutatif et tel que $\varphi_1 = \varphi \circ \psi$.

Si l'homomorphisme de groupes $\psi : \Gamma'_1 \to \Gamma'$ convient, alors il vérifie les relations

$$\psi(\gamma) = (\varphi \circ \psi(\gamma), \pi' \circ \psi(\gamma)) = (\varphi_1(\gamma), \pi'_1(\gamma))$$

pour tout $\gamma \in \Gamma'_1$. Inversement, l'homomorphisme de groupes de Γ'_1 dans $\Gamma \times \mathrm{G}'$ défini par $\gamma \mapsto (\varphi_1(\gamma), \pi'_1(\gamma))$ est à valeurs dans le produit fibré $\Gamma \times_{\mathrm{G}} \mathrm{G}'$ puisque $\pi \circ \varphi_1(\gamma) = u \circ \pi'_1(\gamma)$ pour tout $\gamma \in \Gamma'_1$.

COROLLAIRE 1. — *Soient* $\mathscr{E}_1$ *et* $\mathscr{E}_2$ *des* τ*-extensions de* G *par* F *et soit* ψ *un morphisme de* τ*-extensions de* $\mathscr{E}_1$ *dans* $\mathscr{E}_2$. *Notons* φ_1 (resp. φ_2) *l'homomorphisme canonique pour* $u^*(\mathscr{E}_1)$ (resp. $u^*(\mathscr{E}_2)$). *Alors il existe un unique morphisme de* τ'*-extensions de* $u^*(\mathscr{E}_1)$ *dans* $u^*(\mathscr{E}_2)$, *noté* $u^*(\psi)$, *tel que* $\varphi_2 \circ u^*(\psi) = \psi \circ \varphi_1$.

Il suffit d'appliquer la prop. 1 à $\psi \circ \varphi_1$.

La classe de la τ'-extension $u^*(\mathscr{E})$ ne dépend donc que de la classe de $\mathscr{E}$. On note également $u^* : \mathrm{Ex}_\tau(\mathrm{G}, \mathrm{F}) \to \mathrm{Ex}_{\tau'}(\mathrm{G}', \mathrm{F})$ l'application qui envoie la classe d'une τ-extension $\mathscr{E}$ sur la classe de la τ'-extension $u^*(\mathscr{E})$.

COROLLAIRE 2. — *Soit* $u' : \mathrm{G}'' \to \mathrm{G}'$ *un homomorphisme de groupes et soit* $\mathscr{E}$ *une* τ*-extension de* G *par* F. *Posons* $\tau'' = \tau' \circ u'$ *et notons* φ (resp. φ', φ'') *l'homomorphisme canonique associé à la* τ'*-extension* $u^*(\mathscr{E})$ (resp. *la* τ''*-extension* $u'^*(u^*(\mathscr{E}))$, *la* τ''*-extension* $(u \circ u')^*(\mathscr{E})$). *Alors il existe un unique morphisme* ψ *de la* τ''*-extension* $u'^*(u^*(\mathscr{E}))$ *dans la* τ''*-extension* $(u \circ u')^*(\mathscr{E})$ *telle que* $\varphi'' \circ \psi = \varphi \circ \varphi'$.

Exemple. — Soit H un sous-groupe de G et $j : \mathrm{H} \to \mathrm{G}$ l'injection canonique. Alors pour toute τ-extension $\mathscr{E} = (\Gamma, \iota, \pi)$, la $\tau \circ j$-extension $j^*(\mathscr{E})$ est isomorphe à $(\overset{-1}{\pi}(\mathrm{H}), \iota', \pi')$ où $\iota' : \mathrm{F} \to \overset{-1}{\pi}(\mathrm{H})$ (resp. $\pi' : \overset{-1}{\pi}(\mathrm{H}) \to \mathrm{H}$) est l'homomorphisme de groupes $f \mapsto \iota(f)$ (resp. $\gamma \mapsto \pi(\gamma)$). Plus généralement, si l'homomorphisme de groupes $u : \mathrm{G}' \to \mathrm{G}$ est injectif, alors l'homomorphisme canonique φ est injectif d'image $\overset{-1}{\pi}(u(\mathrm{G}'))$.

3. Image directe d'une τ-extension

Soit G un groupe, soient F et F′ des groupes abéliens, soit τ (resp. τ') un homomorphisme de groupes de G dans le groupe des automorphismes de F (resp. F′) et soit $v : \mathrm{F} \to \mathrm{F}'$ un homomorphisme de groupes tel que

$$v(\tau(g).f) = \tau'(g).v(f) \tag{3}$$

pour $g \in \mathrm{G}$ et $f \in \mathrm{F}$. Soit $\mathscr{E} = (\Gamma, \iota, \pi)$ une τ-extension de G par F. Soit $\widetilde{\Gamma}$ le produit semi-direct externe $\mathrm{F}' \times_{\tau'\circ\pi} \Gamma$. On note $\widetilde{\imath} : \mathrm{F}' \to \widetilde{\Gamma}$ l'homomorphisme $f \mapsto (f, e)$ et $\widetilde{p} : \widetilde{\Gamma} \to \Gamma$ la première projection. Soit $j : \mathrm{F} \to \widetilde{\Gamma}$ l'application définie par $f \mapsto (v(f), \iota(f)^{-1})$. Comme l'image de ι est contenue dans le noyau de $\tau' \circ \pi$, l'application j est un homomorphisme de groupes ; il est injectif puisque ι est injectif. On a les relations

$$\begin{aligned} (f',\gamma)j(f)(f',\gamma)^{-1} &= (f',\gamma)(v(f),\iota(f)^{-1})(f',\gamma)^{-1} \\ &= (\tau'(\pi(\gamma)).v(f), \iota(\tau(\pi(\gamma)).f)^{-1}) \\ &= j(\tau(\pi(\gamma)).f) \end{aligned} \tag{4}$$

pour tout $f \in \mathrm{F}$, tout $\gamma \in \Gamma$ et tout $f' \in \mathrm{F}'$. Par conséquent, l'image de j est un sous-groupe distingué dans $\widetilde{\Gamma}$. Notons Γ' le quotient de $\widetilde{\Gamma}$ par l'image de j. On note ι' la composée de la surjection canonique de $\widetilde{\Gamma}$ dans Γ' et de $\widetilde{\imath}$. Le noyau de l'homomorphisme $\pi \circ \widetilde{p}$ est le produit $\mathrm{F}' \times \iota(\mathrm{F})$ qui contient l'image de j. On définit $\pi' : \Gamma' \to \mathrm{G}$ comme l'homomorphisme de groupes déduit de $\pi \circ \widetilde{p}$ par passage au quotient. Comme ι est injective, l'intersection de $j(\mathrm{F})$ avec $\widetilde{\imath}(\mathrm{F}')$ est réduite à l'élément neutre de $\widetilde{\Gamma}$; il en résulte que ι' est injective. L'application de $\mathrm{F}' \times \mathrm{F}$ dans $\mathrm{F}' \times \iota(\mathrm{F}) = \mathrm{Ker}(\pi \circ \widetilde{p})$ donnée par

$$(f', f) \longmapsto (f'v(f), \iota(f)^{-1})$$

est un isomorphisme de groupes. L'image de ι' coïncide donc avec le noyau de π'. Comme π et $\widetilde{p}$ sont surjectifs, il en est de même de π'. Ceci démontre que $\mathscr{E}' = (\Gamma', \iota, \pi')$ est une τ'-extension de G par F′ qu'on appelle *l'image directe de $\mathscr{E}$ par v* et qu'on note $v_*(\mathscr{E})$. La composée de la surjection canonique de $\widetilde{\Gamma}$ dans Γ' et de l'homomorphisme de groupes de Γ dans $\widetilde{\Gamma}$, donné par $\gamma \mapsto (1, \gamma)$ est un homomorphisme de groupes $\varphi : \Gamma \to \Gamma'$ qui est dit *canonique.*

PROPOSITION 2. — *Avec les notations qui précèdent, le diagramme*

$$\begin{array}{ccccc} \mathrm{F} & \xrightarrow{\iota} & \Gamma & \xrightarrow{\pi} & \mathrm{G} \\ \downarrow{\scriptstyle v} & & \downarrow{\scriptstyle \varphi} & & \| \\ \mathrm{F}' & \xrightarrow{\iota'} & \Gamma' & \xrightarrow{\pi'} & \mathrm{G} \end{array} \tag{5}$$

est commutatif. Soit $\mathscr{E}'_1 = (\Gamma'_1, \iota'_1, \pi'_1)$ *une* τ'*-extension de* G *par* F′ *et soit* $\varphi_1 : \Gamma \to \Gamma'_1$ *un homomorphisme de groupes tel que le diagramme*

$$\begin{array}{ccccc} \mathrm{F} & \xrightarrow{\iota} & \Gamma & \xrightarrow{\pi} & \mathrm{G} \\ \downarrow{\scriptstyle v} & & \downarrow{\scriptstyle \varphi_1} & & \| \\ \mathrm{F}' & \xrightarrow{\iota'_1} & \Gamma'_1 & \xrightarrow{\pi'_1} & \mathrm{G} \end{array}$$

soit commutatif, alors il existe un unique morphisme ψ *de* τ'*-extensions de* $v_*(\mathscr{E})$ *dans* $\mathscr{E}'_1$ *tel qu'on ait* $\varphi_1 = \psi \circ \varphi$.

La commutativité du premier diagramme résulte des constructions. L'existence et l'unicité de ψ découlent du lemme qui suit.

Lemme 3. — *Soit* G'_1 *un groupe et soient* $w : \mathrm{G} \to \mathrm{G}'_1$ *et* $\tau_1 : \mathrm{G}'_1 \to \mathrm{Aut}(\mathrm{F}')$ *des homomorphismes de groupes tels que* $\tau' = \tau_1 \circ w$. *Soit* $\mathscr{E}'_1 = (\Gamma'_1, \iota'_1, \pi'_1)$ *une* τ_1*-extension de* G'_1 *par* F′ *et soit* $\varphi_1 : \Gamma \to \Gamma'_1$ *un homomorphisme de groupes tel que le diagramme*

$$\begin{array}{ccccc} \mathrm{F} & \xrightarrow{\iota} & \Gamma & \xrightarrow{\pi} & \mathrm{G} \\ \downarrow{\scriptstyle v} & & \downarrow{\scriptstyle \varphi_1} & & \downarrow{\scriptstyle w} \\ \mathrm{F}' & \xrightarrow{\iota'_1} & \Gamma'_1 & \xrightarrow{\pi'_1} & \mathrm{G}'_1 \end{array}$$

soit commutatif. Alors il existe un unique homomorphisme de groupes $\psi : \Gamma' \to \Gamma'_1$ *tel que le diagramme*

$$\begin{array}{ccccc} \mathrm{F}' & \xrightarrow{\iota'} & \Gamma' & \xrightarrow{\pi'} & \mathrm{G} \\ \| & & \downarrow{\scriptstyle \psi} & & \downarrow{\scriptstyle w} \\ \mathrm{F}' & \xrightarrow{\iota'_1} & \Gamma'_1 & \xrightarrow{\pi'_1} & \mathrm{G}'_1 \end{array}$$

soit commutatif et tel que $\varphi_1 = \psi \circ \varphi$.

Pour tout $(f,\gamma)\in \mathrm{F}'\times\Gamma$, notons $\overline{(f,\gamma)}$ la classe de (f,γ) dans Γ'. Si l'homomorphisme de groupes $\psi:\Gamma'\to\Gamma'_1$ convient, il vérifie les relations

$$\psi\big(\overline{(f',\gamma)}\big)=\psi(\iota'(f')\varphi(\gamma))=\iota'_1(f')\varphi_1(\gamma)$$

pour tout $f'\in\mathrm{F}'$ et tout $\gamma\in\Gamma$. Inversement, l'application $\widetilde{\psi}$ de $\mathrm{F}'\times_{\tau'\circ\pi}\Gamma$ dans Γ'_1 donnée par $(f,\gamma)\mapsto\iota'_1(f)\varphi_1(\gamma)$ est un homomorphisme de groupes. En effet, on a les relations

$$\iota'_1(f)\varphi_1(\gamma)\iota'_1(f')\varphi_1(\gamma')=\iota'_1(f\,\tau_1(\pi'_1(\varphi_1(\gamma))).f')\varphi_1(\gamma\gamma')=\iota'_1(f\,\tau'(\pi(\gamma)).f')\varphi_1(\gamma\gamma'),$$

pour $f,f'\in\mathrm{F}'$ et $\gamma,\gamma'\in\Gamma$. Le noyau de $\widetilde{\psi}$ contient l'image de j puisque $\iota'_1(v(f))=\varphi_1(\iota(f))$ pour $f\in\mathrm{F}$ et le morphisme ψ déduit de $\widetilde{\psi}$ par passage au quotient convient.

Remarque. — Notons Σ l'espèce de structure de τ'-extension et définissons les α-applications comme les applications de Γ dans un groupe Γ' sous-jacent à une τ'-extension qui sont des homomorphismes de groupes et qui rendent le diagramme

$$\text{(6)}\qquad\begin{array}{ccccc}\mathrm{F} & \xrightarrow{\iota} & \Gamma & \xrightarrow{\pi} & \mathrm{G}\\ \downarrow{\scriptstyle v} & & \downarrow{\scriptstyle\varphi} & & \|\\ \mathrm{F}' & \xrightarrow{\iota'} & \Gamma' & \xrightarrow{\pi'} & \mathrm{G}\end{array}$$

commutatif. La prop. 2 exprime que $v_*(\mathscr{E})$ est une solution du problème d'application universelle correspondant (E, IV, p. 22).

Corollaire 1. — *Soient $\mathscr{E}_1$ et $\mathscr{E}_2$ des τ-extensions de* G *par* F *et soit ψ un morphisme de τ-extensions de $\mathscr{E}_1$ dans $\mathscr{E}_2$. Notons φ_1* (resp. φ_2) *l'homomorphisme canonique pour $v_*(\mathscr{E}_1)$* (resp. $v_*(\mathscr{E}_2)$). *Alors il existe un unique morphisme de τ'-extensions de $v_*(\mathscr{E}_1)$ dans $v_*(\mathscr{E}_2)$, noté $v_*(\psi)$, tel que $\varphi_2\circ\psi=v_*(\psi)\circ\varphi_1$.*

Il suffit d'appliquer la prop. 2 à $\varphi_2\circ\psi$.

La classe de la τ'-extension $v_*(\mathscr{E})$ ne dépend donc que de la classe de $\mathscr{E}$. On note également $v_*:\mathrm{Ex}_\tau(\mathrm{G},\mathrm{F})\to\mathrm{Ex}_{\tau'}(\mathrm{G},\mathrm{F}')$ l'application qui envoie la classe d'une τ-extension $\mathscr{E}$ sur la classe de la τ'-extension $v_*(\mathscr{E})$.

Corollaire 2. — *On conserve les notations de la proposition. Soit* F″ *un groupe abélien et soient $\tau'':\mathrm{G}\to\mathrm{Aut}(\mathrm{F}'')$ et $v':\mathrm{F}'\to\mathrm{F}''$ des homomorphismes de groupes tels que*

$$\tau''(g).v'(f)=v'(\tau'(g).f)$$

pour $g\in\mathrm{G}$ et $f\in\mathrm{F}'$. Soit $\mathscr{E}$ une τ-extension de G *par* F *et notons φ* (resp. φ', φ'') *l'homomorphisme canonique associé à $v_*(\mathscr{E})$* (resp. $v'_*(v_*(\mathscr{E}))$, $(v'\circ v)_*(\mathscr{E})$). *Alors* *il existe un unique morphisme ψ de la τ''-extension $v'_*(v_*(\mathscr{E}))$ de* G *par* F″ *dans la τ''-extension $(v' \circ v)_*(\mathscr{E})$ tel que $\varphi'' = \psi \circ \varphi' \circ \varphi$.*

Exemples. — 1) Soit $j : \{1\} \to \mathrm{F}$ l'injection canonique. L'extension semi-triviale $\mathscr{I}_\tau$ est isomorphe à $j_*((\mathrm{G}, i, \mathrm{Id}_\mathrm{G}))$ où $i : \{e\} \to \mathrm{G}$ est l'injection canonique. Soit $c : \mathrm{F} \to \mathrm{F}$ l'homomorphisme constant $f \mapsto 1$ et soit $\mathscr{E}$ une τ-extension. La τ-extension $c_*(\mathscr{E})$ est également isomorphe à $\mathscr{I}_\tau$.

2) Soit E un sous-groupe de F stable pour l'action de G. Notons F′ le quotient de F par E, $v : \mathrm{F} \to \mathrm{F}'$ l'homomorphisme canonique et $\tau' : \mathrm{G} \to \mathrm{Aut}(\mathrm{F}')$ l'action de G sur F′ caractérisée par

$$\tau'(g).v(f) = v(\tau(g).f)$$

pour $g \in \mathrm{G}$ et $f \in \mathrm{F}$. Soit $\mathscr{E} = (\Gamma, \iota, \pi)$ une τ-extension de G par F. Alors $\iota(\mathrm{E})$ est un sous-groupe distingué de Γ et la τ'-extension $v_*(\mathscr{E})$ de G par F′ est isomorphe à l'extension $(\Gamma/\iota(\mathrm{E}), \bar\iota, \bar\pi)$ où $\bar\iota$ et $\bar\pi$ sont les homomorphismes de groupes déduits de ι et π par passages aux quotients. L'homomorphisme canonique φ associé à $v_*(\mathscr{E})$ correspond par cet isomorphisme à l'homomorphisme canonique de Γ dans $\Gamma/\iota(\mathrm{E})$.

PROPOSITION 3. — *Soient* G *et* G′ *des groupes. Soient* F *et* F′ *des groupes abéliens. Soient $\tau : \mathrm{G} \to \mathrm{Aut}(\mathrm{F})$, $\tau' : \mathrm{G} \to \mathrm{Aut}(\mathrm{F}')$, $u : \mathrm{G}' \to \mathrm{G}$ et $v : \mathrm{F} \to \mathrm{F}'$ des homomorphismes de groupes tels que*

$$\tau'(g).v(f) = v(\tau(g).f)$$

pour $g \in \mathrm{G}$ et $f \in \mathrm{F}$. On note $\tau'' = \tau' \circ u$. Soit $\mathscr{E}$ une τ-extension de G *par* F. *On note φ_u* (resp. φ_v, φ'_u, φ'_v) *l'homomorphisme canonique correspondant à la $\tau \circ u$-extension $u^*(\mathscr{E})$* (resp. *à la τ'-extension $v_*(\mathscr{E})$, aux τ''-extensions $u^*(v_*(\mathscr{E}))$ et $v_*(u^*(\mathscr{E}))$*). *Alors il existe un unique morphisme ψ de τ''-extensions de $v_*(u^*(\mathscr{E}))$ dans $u^*(v_*(\mathscr{E}))$ tel que $\varphi_v \circ \varphi_u = \varphi'_u \circ \psi \circ \varphi'_v$.*

On note $(\Gamma_u, \iota_u, \pi_u)$ (resp. $(\Gamma'_u, \iota'_u, \pi'_u)$) la $\tau \circ u$-extension $u^*(\mathscr{E})$ (resp. la τ''-extension $u^*(v_*(\mathscr{E}))$). En appliquant le lemme 2 de VIII, p. 283 à $\varphi_v \circ \varphi_u$, on obtient qu'il existe un homomorphisme de groupes $\psi_1 : \Gamma_u \to \Gamma'_u$ tel que le diagramme

$$\begin{array}{ccccc}
\mathrm{F} & \xrightarrow{\iota_u} & \Gamma_u & \xrightarrow{\pi_u} & \mathrm{G}' \\
\downarrow{\scriptstyle v} & & \downarrow{\scriptstyle \psi_1} & & \| \\
\mathrm{F}' & \xrightarrow{\iota'_u} & \Gamma'_u & \xrightarrow{\pi'_u} & \mathrm{G}'
\end{array}$$

soit commutatif et tel que $\varphi'_u \circ \psi_1 = \varphi_v \circ \varphi_u$. L'existence de ψ s'en déduit à l'aide de la proposition 2 appliquée à ψ_1. Inversement, si ψ' convient également, on a $\psi' \circ \varphi'_v = \psi_1$ par le lemme 2, donc $\psi' = \psi$ (prop. 2).

4. Loi de groupe sur les classes de τ-extensions

Soit G un groupe, soit F un groupe abélien et soit $\tau : \mathrm{G} \to \mathrm{Aut}(\mathrm{F})$ un homomorphisme de groupes. On désigne par $\delta : \mathrm{G} \to \mathrm{G} \times \mathrm{G}$ l'application diagonale $g \mapsto (g, g)$ et par $m : \mathrm{F} \times \mathrm{F} \to \mathrm{F}$ l'homomorphisme de multiplication $(f_1, f_2) \mapsto f_1 f_2$. On note $s : \mathrm{F} \to \mathrm{F}$ l'homomorphisme de groupes donné par $f \mapsto f^{-1}$. Soient $\mathscr{E}_1 = (\Gamma_1, \iota_1, \pi_1)$ et $\mathscr{E}_2 = (\Gamma_2, \iota_2, \pi_2)$ des τ-extensions de G par F. Comme on a la relation

$$m(((\tau \times \tau) \circ \delta)(g).(f_1, f_2)) = \tau(g).m(f_1, f_2),$$

pour tout $g \in \mathrm{G}$ et tous $f_1, f_2 \in \mathrm{F}$, l'extension $m_*(\delta^*(\mathscr{E}_1 \times \mathscr{E}_2))$ est une τ-extension qu'on appelle le *produit des τ-extensions* $\mathscr{E}_1$ et $\mathscr{E}_2$ et qu'on note $\mathscr{E}_1\mathscr{E}_2$. La classe de cette extension ne dépend que des classes des extensions $\mathscr{E}_1$ et $\mathscr{E}_2$ (VIII, p. 284, cor. 1 et VIII, p. 287, cor. 1). On en déduit donc une loi de composition sur $\mathrm{Ex}_\tau(\mathrm{G}, \mathrm{F})$.

Remarque. — Soient $\mathscr{E}_1 = (\Gamma_1, \iota_1, \pi_1)$ et $\mathscr{E}_2 = (\Gamma_2, \iota_2, \pi_2)$ des τ-extensions de G par F. Soit $\mathscr{E}_1\mathscr{E}_2 = (\Gamma, \iota, \pi)$ le produit de ces extensions. Compte tenu de l'exemple de VIII, p. 284, la construction fournit un homomorphisme de groupes surjectif du produit fibré $\Gamma_1 \times_{\mathrm{G}} \Gamma_2$ dans Γ dont le noyau est l'image de l'homomorphisme de groupes $f \mapsto (\iota_1(f), \iota_2(f)^{-1})$ de F dans $\Gamma_1 \times_{\mathrm{G}} \Gamma_2$.

PROPOSITION 4. — *Le produit des τ-extensions munit l'ensemble $\mathrm{Ex}_\tau(\mathrm{G}, \mathrm{F})$ d'une structure de groupe abélien. Son élément neutre est la classe de l'extension semi-triviale $\mathscr{I}_\tau$. L'inverse de la classe d'une τ-extension $\mathscr{E}$ est la classe de $s_*(\mathscr{E})$.*

L'associativité de la loi résulte de la commutativité des diagrammes

$$\begin{array}{ccc} \mathrm{G} & \xrightarrow{\ \delta\ } & \mathrm{G} \times \mathrm{G} \\ \big\downarrow{\scriptstyle\delta} & & \big\downarrow{\scriptstyle\mathrm{Id}\times\delta} \\ \mathrm{G} \times \mathrm{G} & \xrightarrow{\ \delta\times\mathrm{Id}\ } & \mathrm{G} \times \mathrm{G} \times \mathrm{G} \end{array} \quad \text{et} \quad \begin{array}{ccc} \mathrm{F} \times \mathrm{F} \times \mathrm{F} & \xrightarrow{\ m\times\mathrm{Id}\ } & \mathrm{F} \times \mathrm{F} \\ \big\downarrow{\scriptstyle\mathrm{Id}\times m} & & \big\downarrow{\scriptstyle m} \\ \mathrm{F} \times \mathrm{F} & \xrightarrow{\ m\ } & \mathrm{F}, \end{array}$$

du cor. 2 de VIII, p. 284, du cor. 2 de VIII, p. 287 et de la prop. 3 de VIII, p. 288.

Soit $\Delta : \mathrm{F} \to \mathrm{F} \times \mathrm{F}$ l'application diagonale $f \mapsto (f, f)$. Soit $\mathscr{E} = (\Gamma, \iota, \pi)$ une τ-extension. Soit $\widetilde{\Delta} : \Gamma \to \Gamma \times_{\mathrm{G}} \Gamma$ l'homomorphisme de groupes donné par $\gamma \mapsto (\gamma, \gamma)$. Le diagramme

$$\begin{array}{ccccc} \mathrm{F} & \xrightarrow{\ \iota\ } & \Gamma & \xrightarrow{\ \pi\ } & \mathrm{G} \\ \big\downarrow{\scriptstyle\Delta} & & \big\downarrow{\scriptstyle\widetilde{\Delta}} & & \big\| \\ \mathrm{F} \times \mathrm{F} & \longrightarrow & \Gamma \times_{\mathrm{G}} \Gamma & \longrightarrow & \mathrm{G} \end{array}$$

est commutatif. D'après la prop. 2 de VIII, p. 286, il en résulte que la $(\tau \times \tau) \circ \delta$-extension $\delta^*(\mathscr{E} \times \mathscr{E})$ est isomorphe à $\Delta_*(\mathscr{E})$.

Notons $c : \mathrm{F} \to \mathrm{F}$ l'homomorphisme constant $f \mapsto 1$. Compte tenu de l'exemple 1 de VIII, p. 288, le fait que $\mathscr{I}_\tau$ soit un élément neutre pour cette loi de composition résulte de l'isomorphisme de $\delta^*(\mathscr{E} \times \mathscr{E})$ sur $\Delta_*(\mathscr{E})$ et du diagramme commutatif

$$\begin{array}{ccc} \mathrm{F} & \xrightarrow{(\mathrm{Id_F}\times c)\circ\Delta} & \mathrm{F}\times\mathrm{F} \\ {\scriptstyle (c\times\mathrm{Id_F})\circ\Delta}\downarrow & \searrow^{\mathrm{Id_F}} & \downarrow{\scriptstyle m} \\ \mathrm{F}\times\mathrm{F} & \xrightarrow{m} & \mathrm{F}. \end{array}$$

La dernière assertion résulte du diagramme commutatif

$$\begin{array}{ccc} \mathrm{F} & \xrightarrow{(\mathrm{Id_F}\times s)\circ\Delta} & \mathrm{F}\times\mathrm{F} \\ {\scriptstyle (s\times\mathrm{Id_F})\circ\Delta}\downarrow & \searrow^{c} & \downarrow{\scriptstyle m} \\ \mathrm{F}\times\mathrm{F} & \xrightarrow{m} & \mathrm{F}. \end{array}$$

Soient $\mathscr{E}_1 = (\Gamma_1, \iota_1, \pi_1)$ et $\mathscr{E}_2 = (\Gamma_2, \iota_2, \pi_2)$ des τ-extensions. L'isomorphisme de groupes $\Gamma_1 \times \Gamma_2 \to \Gamma_2 \times \Gamma_1$ donné par $(\gamma_1, \gamma_2) \mapsto (\gamma_2, \gamma_1)$ induit par passage aux sous-ensembles un isomorphisme de groupes $\sigma : \Gamma_1 \times_{\mathrm{G}} \Gamma_2 \to \Gamma_2 \times_{\mathrm{G}} \Gamma_1$. Compte tenu des relations

$$\sigma(\iota_1(f), \iota_2(f)^{-1}) = (\iota_2(f^{-1}), \iota_1(f^{-1})^{-1})$$

pour $f \in \mathrm{F}$, l'homomorphisme de groupes σ induit par passage aux quotients un morphisme de τ-extensions de $\mathscr{E}_1\mathscr{E}_2$ sur $\mathscr{E}_2\mathscr{E}_1$. Donc la loi de composition est commutative.

PROPOSITION 5. — a) *Soient* G *et* G′ *des groupes. Soit* F *un groupe abélien. Soient* $\tau : \mathrm{G} \to \mathrm{Aut(F)}$ *et* $u : \mathrm{G}' \to \mathrm{G}$ *des homomorphismes de groupes. L'application* $u^* : \mathrm{Ex}_\tau(\mathrm{G}, \mathrm{F}) \to \mathrm{Ex}_{\tau\circ u}(\mathrm{G}', \mathrm{F})$ *est un homomorphisme de groupes.*

b) *Soit* G *un groupe. Soient* F *et* F′ *des groupes abéliens. Soient* $\tau : \mathrm{G} \to \mathrm{Aut(F)}$, $\tau' : \mathrm{G} \to \mathrm{Aut(F')}$ *et* $v : \mathrm{F} \to \mathrm{F}'$ *des homomorphismes de groupes tels que*

$$\tau'(g).v(f) = v(\tau(g).f)$$

pour $g \in \mathrm{G}$ *et* $f \in \mathrm{F}$. *L'application* $v_* : \mathrm{Ex}_\tau(\mathrm{G}, \mathrm{F}) \to \mathrm{Ex}_{\tau'}(\mathrm{G}, \mathrm{F}')$ *est un homomorphisme de groupes.*

Cela résulte de la commutativité des diagrammes

$$\begin{array}{ccc} \mathrm{G}' & \xrightarrow{\delta} & \mathrm{G}'\times\mathrm{G}' \\ {\scriptstyle u}\downarrow & & \downarrow{\scriptstyle u\times u} \\ \mathrm{G} & \xrightarrow{\delta} & \mathrm{G}\times\mathrm{G} \end{array} \qquad \text{et} \qquad \begin{array}{ccc} \mathrm{F}\times\mathrm{F} & \xrightarrow{m} & \mathrm{F} \\ {\scriptstyle v\times v}\downarrow & & \downarrow{\scriptstyle v} \\ \mathrm{F}'\times\mathrm{F}' & \xrightarrow{m} & \mathrm{F}'. \end{array}$$

5. Description cohomologique

Soit G un groupe, soit F un groupe abélien et soit $\tau : \mathrm{G} \to \mathrm{Aut}(\mathrm{F})$ un homomorphisme de groupes. Pour tout $g \in \mathrm{G}$ et tout $f \in \mathrm{F}$ on note également ${}^g f$ pour $\tau(g).f$. Un 2-*cocycle* de G à valeurs dans F est une application $c : \mathrm{G} \times \mathrm{G} \to \mathrm{F}$ telle que pour tout $(g_1, g_2, g_3) \in \mathrm{G} \times \mathrm{G} \times \mathrm{G}$, on ait

$$ {}^{g_1}c(g_2, g_3)c(g_1, g_2g_3) = c(g_1, g_2)c(g_1g_2, g_3). \tag{7} $$

Comme F est commutatif, l'ensemble des 2-cocycles est un sous-groupe du groupe des applications de $\mathrm{G} \times \mathrm{G}$ dans F, on le note $\mathrm{Z}^2(\mathrm{G}, \mathrm{F})$. Notons $\mathrm{C}^1(\mathrm{G}, \mathrm{F})$ le groupe des applications de G dans F. Pour tout $h \in \mathrm{C}^1(\mathrm{G}, \mathrm{F})$ et tout $(g_1, g_2) \in \mathrm{G} \times \mathrm{G}$, posons

$$ (\partial h)(g_1, g_2) = {}^{g_1}h(g_2)h(g_1g_2)^{-1}h(g_1). \tag{8} $$

Un calcul simple démontre que l'application $\partial h : \mathrm{G} \times \mathrm{G} \to \mathrm{F}$ est un 2-cocycle. L'application $\partial : \mathrm{C}^1(\mathrm{G}, \mathrm{F}) \to \mathrm{Z}^2(\mathrm{G}, \mathrm{F})$ est un homomorphisme de groupes. Pour tout $h \in \mathrm{C}^1(\mathrm{G}, \mathrm{F})$, le 2-cocycle ∂h est appelé un 2-*cobord*. Le groupe $\mathrm{Z}^2(\mathrm{G}, \mathrm{F})/\partial(\mathrm{C}^1(\mathrm{G}, \mathrm{F}))$ est noté $\mathrm{H}^2(\mathrm{G}, \mathrm{F})$ et est appelé le *deuxième groupe de cohomologie de* G *à coefficients dans* F.

*Les notations qui précèdent sont conforme à celles de X, p. 112 concernant la cohomologie des groupes. *

Soit $\mathscr{E} = (\Gamma, \iota, \pi)$ une τ-extension. Soit σ une section de l'application surjective π (E II, p. 18), c'est-à-dire une application de G dans Γ telle que $\pi(\sigma(g)) = g$ pour tout g dans G. On appelle 2-*cocycle associé à* σ, l'application $c_\sigma : \mathrm{G} \times \mathrm{G} \to \mathrm{F}$ définie par la formule

$$ \iota(c_\sigma(g_1, g_2)) = \sigma(g_1)\sigma(g_2)\sigma(g_1g_2)^{-1}, \tag{9} $$

pour $g_1, g_2 \in \mathrm{G}$. L'application c_σ est constante de valeur 1 si et seulement si σ est un homomorphisme de groupes.

PROPOSITION 6. — *L'application* c_σ *est un élément du groupe* $\mathrm{Z}^2(\mathrm{G}, \mathrm{F})$ *et sa classe dans le groupe de cohomologie* $\mathrm{H}^2(\mathrm{G}, \mathrm{F})$ *ne dépend que de la classe de la* τ-*extension* $\mathscr{E}$. *On l'appelle* la classe de cohomologie de la τ-extension $\mathscr{E}$.

Vérifions tout d'abord que c_σ satisfait à la condition de cocycle. Soient g_1, g_2 et g_3 des éléments de G. En utilisant la relation (1) de VIII, p. 281 et (9), on obtient les relations

$$\begin{aligned}\iota({}^{g_1}c_\sigma(g_2,g_3)c_\sigma(g_1,g_2g_3))\\ &= \sigma(g_1)\sigma(g_2)\sigma(g_3)\sigma(g_2g_3)^{-1}\sigma(g_1)^{-1}\sigma(g_1)\sigma(g_2g_3)\sigma(g_1g_2g_3)^{-1}\\ &= \sigma(g_1)\sigma(g_2)\sigma(g_3)\sigma(g_1g_2g_3)^{-1}\end{aligned}$$

et

$$\begin{aligned}\iota(c_\sigma(g_1,g_2)c_\sigma(g_1g_2,g_3))\\ &= \sigma(g_1)\sigma(g_2)\sigma(g_1g_2)^{-1}\sigma(g_1g_2)\sigma(g_3)\sigma(g_1g_2g_3)^{-1}\\ &= \sigma(g_1)\sigma(g_2)\sigma(g_3)\sigma(g_1g_2g_3)^{-1}.\end{aligned}$$

L'application c_σ est donc un élément de $Z^2(G,F)$.

Démontrons maintenant que l'image de c_σ dans $H^2(G,F)$ est indépendante de la section σ choisie. Soient σ et σ' de telles sections. Pour tout élément g de G, il existe un unique élément a_g de F tel que $\sigma'(g) = \iota(a_g)\sigma(g)$. Soient g_1 et g_2 des éléments de G. En utilisant la définition (9) on obtient les égalités suivantes :

$$(10)\qquad \begin{aligned}\iota(c_{\sigma'}(g_1,g_2)) &= \sigma'(g_1)\sigma'(g_2)\sigma'(g_1g_2)^{-1}\\ &= \iota(a_{g_1})\sigma(g_1)\iota(a_{g_2})\sigma(g_2)\sigma(g_1g_2)^{-1}\iota(a_{g_1g_2})^{-1}\\ &= \iota(a_{g_1})\iota({}^{g_1}a_{g_2})\iota(c_\sigma(g_1,g_2))\iota(a_{g_1g_2})^{-1}.\end{aligned}$$

Le groupe F étant commutatif, on a les relations

$$(11)\qquad c_{\sigma'}(g_1,g_2)c_\sigma(g_1,g_2)^{-1} = ({}^{g_1}a_{g_2})a_{g_1g_2}^{-1}a_{g_1},$$

et les classes de $c_{\sigma'}$ et c_σ dans $H^2(G,F)$ coïncident.

Enfin, soient $\mathscr{E} = (\Gamma,\iota,\pi)$ et $\mathscr{E}' = (\Gamma',\iota',\pi')$ des τ-extensions isomorphes, soit $u : \mathscr{E} \to \mathscr{E}'$ un morphisme de τ-extensions et soit σ une section de l'application π. L'application $u\circ\sigma$ est une section de l'application π' et l'on a $c_\sigma = c_{u\circ\sigma}$. La classe de c_σ dans $H^2(G,F)$ ne dépend donc que de la classe de $\mathscr{E}$ dans $\mathrm{Ex}_\tau(G,F)$.

On note $\Theta_\tau : \mathrm{Ex}_\tau(G,F) \to H^2(G,F)$ ou, plus simplement, Θ l'application qui envoie la classe d'une τ-extension (Γ,ι,π) sur la classe du 2-cocycle c_σ, où σ est une section de la surjection π.

THÉORÈME 1. — *L'application Θ est un isomorphisme de groupes de* $\mathrm{Ex}_\tau(G,F)$ *sur* $H^2(G,F)$.

Démontrons tout d'abord que Θ est un homomorphisme de groupes. Soient $\mathscr{E} = (\Gamma,\iota,\pi)$ et $\mathscr{E}' = (\Gamma',\iota',\pi')$ des τ-extensions et soit σ (resp. σ') une section de l'application π (resp. π'). Notons $\mathscr{E}\mathscr{E}' = (\Gamma'',\iota'',\pi'')$ le produit des τ-extensions $\mathscr{E}$

et $\mathscr{E}'$. On notera $[\gamma, \gamma']$ l'image dans Γ'' d'un élément (γ, γ') de $\Gamma \times_G \Gamma'$ par l'homomorphisme surjectif de la remarque de VIII, p. 289. L'application de G dans Γ'' qui envoie un élément g sur $[\sigma(g), \sigma'(g)]$ est une section σ'' de l'application π''. Soient g_1 et g_2 des éléments de G. On a les relations

$$\begin{aligned}\iota''(c_{\sigma''}(g_1, g_2)) &= \sigma''(g_1)\sigma''(g_2)\sigma''(g_1g_2)^{-1} \\ &= [\iota(c_\sigma(g_1, g_2)), \iota'(c_{\sigma'}(g_1, g_2))] \\ &= \iota''(c_\sigma(g_1, g_2)c_{\sigma'}(g_1, g_2)).\end{aligned}$$

On a donc $c_{\sigma''}(g_1, g_2) = c_\sigma(g_1, g_2)c_{\sigma'}(g_1, g_2)$.

Démontrons que l'application Θ est injective. Soit donc $\mathscr{E} = (\Gamma, \iota, \pi)$ une τ-extension et soit σ une section de l'application π telle que l'image de c_σ dans $H^2(G, F)$ soit triviale. Il existe donc une application $a : G \to F$ telle que

$$c_\sigma(g_1, g_2) = ({}^{g_1}a(g_2))a(g_1g_2)^{-1}a(g_1)$$

pour tous $g_1, g_2 \in G$. On définit alors $\sigma' : G \to \Gamma$ par

$$\sigma'(g) = \iota(a(g)^{-1})\sigma(g)$$

pour $g \in G$. En utilisant (11), on obtient que $c_{\sigma'}$ est constante de valeur 1 ; par conséquent, σ' est un homomorphisme de groupes ce qui prouve que la τ-extension $\mathscr{E}$ est semi-triviale (I, p. 64, prop. 4).

Démontrons que l'application Θ est surjective. Soit c un élément de $Z^2(G, F)$. On munit l'ensemble $\Gamma = F \times G$ de la loi de composition suivante :

$$(f_1, g_1)(f_2, g_2) = (f_1({}^{g_1}f_2)c(g_1, g_2), g_1g_2) \tag{12}$$

pour tous $f_1, f_2 \in F$ et tous $g_1, g_2 \in G$; on a les relations

$$\begin{aligned}(f_1, g_1)((f_2, g_2)(f_3, g_3)) &= (f_1, g_1)(f_2({}^{g_2}f_3)c(g_2, g_3), g_2g_3) \\ &= (f_1({}^{g_1}f_2)({}^{g_1g_2}f_3)({}^{g_1}c(g_2, g_3))c(g_1, g_2g_3), g_1g_2g_3)\end{aligned}$$

et

$$\begin{aligned}((f_1, g_1)(f_2, g_2))(f_3, g_3) &= (f_1({}^{g_1}f_2)c(g_1, g_2), g_1g_2)(f_3, g_3) \\ &= (f_1({}^{g_1}f_2)({}^{g_1g_2}f_3)c(g_1, g_2)c(g_1g_2, g_3), g_1g_2g_3)\end{aligned}$$

pour tous $f_1, f_2, f_3 \in F$ et tous $g_1, g_2, g_3 \in G$. Il en résulte que cette loi est associative car c_σ est un 2-cocycle. Pour tout $(f, g) \in \Gamma$, on a

$$(f, g)(c(e, e)^{-1}, e) = (f({}^{g}c(e, e)^{-1})c(g, e), g);$$

or il résulte de la définition d'un 2-cocycle que $c(g,e) = {}^{g}c(e,e)$, d'où l'on déduit que $(f,g)(c(e,e)^{-1},e) = (f,g)$. De manière analogue on démontre que

$$(c(e,e)^{-1},e)(f,g) = (fc(e,e)^{-1}c(e,g),g) = (f,g).$$

La loi de composition définie par (12) admet donc $(c(e,e)^{-1},e)$ comme élément neutre et tout élément (f,g) de Γ est inversible, d'inverse

$$({}^{g^{-1}}(f^{-1}c(e,e)^{-1}c(g,g^{-1})^{-1}),g^{-1}).$$

On a donc muni Γ d'une structure de groupe. Notons alors $\iota : \mathrm{F} \to \mathrm{G}$ l'application envoyant f sur $(c(e,e)^{-1}f,e)$, $\pi : \Gamma \to \mathrm{G}$ la deuxième projection et σ l'application $g \mapsto (1,g)$. Les applications ι et π sont des homomorphismes de groupes, le triplet $\mathscr{E} = (\Gamma,\iota,\pi)$ est alors une τ-extension, σ une section de l'application π et le cocycle associé c_σ est égal à c, car

$$\begin{aligned}\sigma(g_1)\sigma(g_2)\sigma(g_1g_2)^{-1} &= (1,g_1)(1,g_2)(1,g_1g_2)^{-1} = (c(g_1,g_2),g_1g_2)(1,g_1g_2)^{-1}\\ &= (c(g_1,g_2)c(e,g_1g_2)^{-1},e) = (c(e,e)^{-1}c(g_1,g_2),e)\end{aligned}$$

pour $g_1, g_2 \in \mathrm{G}$.

Remarque. — Soit G un groupe, soient F et F′ des groupes abéliens, soit τ (resp. τ') un homomorphisme de groupes de G dans le groupe des automorphismes de F (resp. F′) et soit $v : \mathrm{F} \to \mathrm{F}'$ un morphisme de groupes tel que

$$v(\tau(g).f) = \tau'(g).v(f) \tag{13}$$

pour $g \in \mathrm{G}$ et $f \in \mathrm{F}$. Soit α un élément de $\mathrm{Ex}_\tau(\mathrm{G},\mathrm{F})$. Si le cocycle c représente $\Theta(\alpha)$, alors $v \circ c$ représente $\Theta(v_*(\alpha)) \in \mathrm{H}^2(\mathrm{G},\mathrm{F}')$.

6. Restriction et corestriction

Soient G et G′ des groupes, soit F un groupe abélien et soit τ un homomorphisme de G dans le groupe des automorphismes du groupe F. Soit $u : \mathrm{G}' \to \mathrm{G}$ un homomorphisme de groupes. On note $\tau' = \tau \circ u$.

Si $\psi : \mathrm{G} \times \mathrm{G} \to \mathrm{F}$ est un 2-cocycle de G à valeurs dans F, alors l'application $\psi \circ (u \times u)$ de $\mathrm{G}' \times \mathrm{G}'$ dans F donnée par $(g_1,g_2) \mapsto \psi(u(g_1),u(g_2))$ est un 2-cocycle de G′ à valeurs dans F et l'application $\psi \mapsto \psi \circ (u \times u)$ de $\mathrm{Z}^2(\mathrm{G},\mathrm{F})$ dans $\mathrm{Z}^2(\mathrm{G}',\mathrm{F})$ induit un homomorphisme de groupes $u^* : \mathrm{H}^2(\mathrm{G},\mathrm{F}) \to \mathrm{H}^2(\mathrm{G}',\mathrm{F})$. Pour tout $\lambda \in \mathrm{H}^2(\mathrm{G},\mathrm{F})$, l'élément $u^*(\lambda)$ est appelé *l'image inverse de λ par u*. Lorsque G′ est un sous-groupe de G et $u : \mathrm{G}' \to \mathrm{G}$ est l'injection canonique, l'homomorphisme u^*

est appelée *l'homomorphisme de restriction de* G *à* G′ et on le note $\mathrm{Res}^{\mathrm{G}}_{\mathrm{G}'}$. Lorsque G est un quotient de G′ et $u : \mathrm{G}' \to \mathrm{G}$ est la surjection canonique, l'homomorphisme u^* est appelée *l'homomorphisme d'inflation de* G *à* G′.

PROPOSITION 7. — *Avec les notations qui précèdent, le diagramme*

$$\begin{array}{ccc} \mathrm{Ex}_\tau(\mathrm{G},\mathrm{F}) & \xrightarrow{u^*} & \mathrm{Ex}_\tau(\mathrm{G}',\mathrm{F}) \\ \downarrow{\scriptstyle \Theta_\tau} & & \downarrow{\scriptstyle \Theta_{\tau'}} \\ \mathrm{H}^2(\mathrm{G},\mathrm{F}) & \xrightarrow{u^*} & \mathrm{H}^2(\mathrm{G}',\mathrm{F}) \end{array}$$

est commutatif.

Soit H un sous-groupe *d'indice fini* de G. Soit s une section de la surjection canonique de G dans H\G. On note $(g, x) \mapsto x.g$ l'action à droite de G sur H\G induite par l'action à droite de G sur lui-même par multiplication. Notons que pour tout $x \in \mathrm{H}\backslash\mathrm{G}$ et tout $g \in \mathrm{G}$, l'élément $s(x)gs(x.g)^{-1}$ appartient à H. Pour toute application $c : \mathrm{H} \times \mathrm{H} \to \mathrm{F}$, on définit donc une application $\widetilde{c}_s : \mathrm{G} \times \mathrm{G} \to \mathrm{F}$ par la relation

$$\widetilde{c}_s(g_1, g_2) = \prod_{x \in \mathrm{H}\backslash\mathrm{G}} {}^{s(x)^{-1}}c\big(s(x)g_1s(x.g_1)^{-1}, s(x.g_1)g_2s(x.g_1g_2)^{-1}\big)$$

pour g_1, $g_2 \in \mathrm{G}$. L'application $c \mapsto \widetilde{c}_s$ est un homomorphisme de groupes de $\mathrm{F}^{\mathrm{H}\times\mathrm{H}}$ dans $\mathrm{F}^{\mathrm{G}\times\mathrm{G}}$.

Lemme 4. — *Si* $c : \mathrm{H} \times \mathrm{H} \to \mathrm{F}$ *est un* 2*-cocycle de* H *à valeurs dans* F, *alors* $\widetilde{c}_s$ *est un* 2*-cocycle de* G *à valeurs dans* F.

Soient g_1, g_2 et g_3 des éléments de G. Pour tout $i \in \{1, 2, 3\}$ on définit une application $h_i : \mathrm{H}\backslash\mathrm{G} \to \mathrm{H}$ par la relation

$$h_i(x) = s(x.g_1 \dots g_{i-1})g_is(x.g_1 \dots g_i)^{-1}$$

pour $x \in \mathrm{H}\backslash\mathrm{G}$. Notons que

$$h_1(x)h_2(x) = s(x)g_1g_2s(x.g_1g_2)^{-1} \quad \text{et} \quad h_2(x)h_3(x) = s(x.g_1)g_2g_3s(x.g_1g_2g_3)^{-1}$$

pour $x \in \mathrm{H}\backslash\mathrm{G}$. On a alors les relations

$$
\begin{aligned}
&{}^{g_1}\widetilde{c}_s(g_2, g_3)\, \widetilde{c}_s(g_1 g_2, g_3)^{-1} \widetilde{c}_s(g_1, g_2 g_3) \widetilde{c}_s(g_1, g_2)^{-1} \\
&= \prod_{x \in \mathrm{H}\backslash\mathrm{G}} {}^{g_1 s(x)^{-1}} c\big(s(x) g_2 s(x.g_2)^{-1}, s(x.g_2) g_3 s(x.g_2 g_3)^{-1}\big) \\
&\quad \times \prod_{x \in \mathrm{H}\backslash\mathrm{G}} {}^{s(x)^{-1}} \big(c(h_1(x) h_2(x), h_3(x))^{-1} c(h_1(x), h_2(x) h_3(x)) c(h_1(x), h_2(x))^{-1}\big) \\
&= \prod_{x \in \mathrm{H}\backslash\mathrm{G}} {}^{s(x.g_1^{-1})^{-1} h_1(x.g_1^{-1})} c(h_2(x.g_1^{-1}), h_3(x.g_1^{-1})) \\
&\quad \times \prod_{x \in \mathrm{H}\backslash\mathrm{G}} {}^{s(x)^{-1} h_1(x)} c(h_2(x), h_3(x))^{-1} \\
&= 1,
\end{aligned}
$$

où la deuxième égalité résulte du fait que c est un 2-cocycle.

Lemme 5. — *Si c est un* 2*-cobord, alors il en est de même de $\widetilde{c}_s$.*

Soit $t : \mathrm{H} \to \mathrm{F}$ une application telle que $c = \partial t$. Soient $\widetilde{t}_s : \mathrm{G} \to \mathrm{F}$ l'application définie par

$$\widetilde{t}_s(g) = \prod_{x \in \mathrm{H}\backslash\mathrm{G}} {}^{s(x)^{-1}} t(s(x) g s(x.g)^{-1})$$

pour $g \in \mathrm{G}$. Il suffit de démontrer que $\widetilde{c}_s = \partial \widetilde{t}_s$, ce qui découle des relations

$$
\begin{aligned}
\widetilde{c}_s(g_1, g_2) &= \prod_{x \in \mathrm{H}\backslash\mathrm{G}} {}^{s(x)^{-1} s(x) g_1 s(x.g_1)^{-1}} t(s(x.g_1) g_2 s(x.g_1 g_2)^{-1}) \\
&\quad \times \prod_{x \in \mathrm{H}\backslash\mathrm{G}} {}^{s(x)^{-1}} \big(t(s(x) g_1 g_2 s(x.g_1 g_2)^{-1})^{-1} t(s(x) g_1 s(x.g_1)^{-1})\big) \\
&= \partial \widetilde{t}_s(g_1, g_2)
\end{aligned}
$$

pour $g_1, g_2 \in \mathrm{G}$.

Lemme 6. — *Soit c un* 2*-cocycle de* H *à valeurs dans* F. *L'image de $\widetilde{c}_s$ dans le groupe* $\mathrm{H}^2(\mathrm{G}, \mathrm{F})$ *ne dépend pas du choix de la section s.*

Soit s' une section de la surjection canonique de G dans $\mathrm{H}\backslash\mathrm{G}$. Soit $h : \mathrm{H}\backslash\mathrm{G} \to \mathrm{H}$ l'application caractérisée par les relations

$$s'(x) = h(x) s(x)$$

pour $x \in \mathrm{H}\backslash\mathrm{G}$. Le 2-cocycle $\widetilde{c}_{s'}$ est alors donné par les relations

$$
\begin{aligned}
&\widetilde{c}_{s'}(g_1, g_2) \\
&= \prod_{x \in \mathrm{H}\backslash\mathrm{G}} {}^{s(x)^{-1} h(x)^{-1}} c(h(x) s(x) g_1 s'(x.g_1)^{-1}, s'(x.g_1) g_2 s'(x.g_1 g_2)^{-1})
\end{aligned}
$$

$$\begin{aligned}
&= \prod_{x\in \mathrm{H}\backslash \mathrm{G}} {}^{s(x)^{-1}}c(s(x)g_1 s(x.g_1)^{-1}h(x.g_1)^{-1}, h(x.g_1)s(x.g_1)g_2 s'(x.g_1g_2)^{-1}) \\
&\quad \times \prod_{x\in \mathrm{H}\backslash \mathrm{G}} {}^{s(x)^{-1}}\Big(c(h(x)^{-1}, s'(x)g_1g_2 s'(x.g_1g_2)^{-1})^{-1} c(h(x)^{-1}, s'(x)g_1 s'(x.g_1)^{-1})\Big) \\
&= \prod_{x\in \mathrm{H}\backslash \mathrm{G}} {}^{g_1 s(x.g_1)^{-1}}c(h(x.g_1)^{-1}, h(x.g_1)s(x.g_1)g_2 s'(x.g_1g_2)^{-1}) \\
&\quad \times \prod_{x\in \mathrm{H}\backslash \mathrm{G}} {}^{s(x)^{-1}}c(s(x)g_1 s(x.g_1)^{-1}, s(x.g_1)g_2 s'(x.g_1g_2)^{-1}) \\
&\quad \times \prod_{x\in \mathrm{H}\backslash \mathrm{G}} {}^{s(x)^{-1}}c(s(x)g_1 s(x.g_1)^{-1}, h(x.g_1)^{-1})^{-1} \\
&\quad \times \prod_{x\in \mathrm{H}\backslash \mathrm{G}} {}^{s(x)^{-1}}\Big(c(h(x)^{-1}, s'(x)g_1g_2 s'(x.g_1g_2)^{-1})^{-1} c(h(x)^{-1}, s'(x)g_1 s'(x.g_1)^{-1})\Big) \\
&= \prod_{x\in \mathrm{H}\backslash \mathrm{G}} {}^{s(x)^{-1}}c(s(x)g_1 s(x.g_1)^{-1}, s(x.g_1)g_2 s'(x.g_1g_2)^{-1}) \\
&\quad \times \prod_{x\in \mathrm{H}\backslash \mathrm{G}} {}^{s(x)^{-1}}c(s(x)g_1 s(x.g_1)^{-1}, h(x.g_1)^{-1})^{-1} \\
&\quad \times \prod_{x\in \mathrm{H}\backslash \mathrm{G}} {}^{g_1 s(x)^{-1}}c(h(x)^{-1}, h(x)s(x)g_2 s'(x.g_2)^{-1}) \\
&\quad \times \prod_{x\in \mathrm{H}\backslash \mathrm{G}} {}^{s(x)^{-1}}\Big(c(h(x)^{-1}, s'(x)g_1g_2 s'(x.g_1g_2)^{-1})^{-1} c(h(x)^{-1}, s'(x)g_1 s'(x.g_1)^{-1})\Big)
\end{aligned}$$

pour tous $g_1, g_2 \in \mathrm{G}$; la première égalité provient de la relation de cocycle (VIII, p. 291, relation (7)) appliquée aux éléments

$$h(x)^{-1}, \quad h(x)s(x)g_1 s'(x.g_1)^{-1} \quad \text{et} \quad s'(x.g_1)g_2 s'(x.g_1g_2)^{-1},$$

la seconde est obtenue en appliquant la relation de cocycle aux éléments

$$s(x)g_1 s(x.g_1)^{-1}, \quad h(x.g_1)^{-1} \quad \text{et} \quad h(x.g_1)s(x.g_1)g_2 s'(x.g_1g_2)^{-1},$$

la dernière utilise simplement le fait que l'application $x \mapsto x.g_1$ est une permutation de H\G.

Les deux dernières lignes de l'expression obtenue correspondent à un 2-cobord. On obtient que $\widetilde{c}_{s'}$ a la même classe dans $\mathrm{H}^2(\mathrm{G}, \mathrm{F})$ que le cocycle dont la valeur en $(g_1, g_2) \in \mathrm{G}^2$ est donnée par l'expression

$$\begin{aligned}
&\prod_{x\in \mathrm{H}\backslash \mathrm{G}} {}^{s(x)^{-1}}c(s(x)g_1 s(x.g_1)^{-1}, s(x.g_1)g_2 s(x.g_1g_2)^{-1}h(x.g_1g_2)^{-1}) \\
&\quad \times \prod_{x\in \mathrm{H}\backslash \mathrm{G}} {}^{s(x)^{-1}}c(s(x)g_1 s(x.g_1)^{-1}, h(x.g_1)^{-1})^{-1}
\end{aligned}$$

$$
\begin{aligned}
&= \prod_{x\in \mathrm{H}\backslash \mathrm{G}} {}^{g_1 s(x.g_1)^{-1}} c(s(x.g_1)g_2 s(x.g_1g_2)^{-1}, h(x.g_1g_2)^{-1})^{-1} \\
&\times \prod_{x\in \mathrm{H}\backslash \mathrm{G}} {}^{s(x)^{-1}} c(s(x)g_1 s(x.g_1)^{-1}, s(x.g_1)g_2 s(x.g_1g_2)^{-1}) \\
&\times \prod_{x\in \mathrm{H}\backslash \mathrm{G}} {}^{s(x)^{-1}} \big(c(s(x)g_1g_2 s(x.g_1g_2)^{-1}, h(x.g_1g_2)^{-1}) c(s(x)g_1 s(x.g_1)^{-1}, h(x.g_1)^{-1})^{-1}\big) \\
&= \prod_{x\in \mathrm{H}\backslash \mathrm{G}} {}^{s(x)^{-1}} c(s(x)g_1 s(x.g_1)^{-1}, s(x.g_1)g_2 s(x.g_1g_2)^{-1}) \\
&\times \prod_{x\in \mathrm{H}\backslash \mathrm{G}} {}^{g_1 s(x)^{-1}} c(s(x)g_2 s(x.g_2)^{-1}, h(x.g_2)^{-1})^{-1} \\
&\times \prod_{x\in \mathrm{H}\backslash \mathrm{G}} {}^{s(x)^{-1}} \big(c(s(x)g_1g_2 s(x.g_1g_2)^{-1}, h(x.g_1g_2)^{-1}) c(s(x)g_1 s(x.g_1)^{-1}, h(x.g_1)^{-1})^{-1}\big),
\end{aligned}
$$

où la première égalité résulte de la relation de cocycle appliquée aux éléments

$$
s(x)g_1 s(x.g_1)^{-1}, \quad s(x.g_1)g_2 s(x.g_1g_2)^{-1} \quad \text{et} \quad h(x.g_1g_2)^{-1}
$$

Les deux dernières lignes de l'expression obtenue correspondent à un 2-cobord. On obtient que la classe de $\widetilde{c}_{s'}$ coïncide avec celle de $\widetilde{c}_s$.

Nous avons construit un homomorphisme du groupe $\mathrm{H}^2(\mathrm{H}, \mathrm{F})$ dans le groupe $\mathrm{H}^2(\mathrm{G}, \mathrm{F})$, qu'on appelle *l'homomorphisme de corestriction de* H *à* G et qu'on note $\mathrm{Cor}_{\mathrm{H}}^{\mathrm{G}}$.

PROPOSITION 8. — *Soit* H *un sous-groupe d'indice fini de* G. *L'endomorphisme* $\mathrm{Cor}_{\mathrm{H}}^{\mathrm{G}} \circ \mathrm{Res}_{\mathrm{H}}^{\mathrm{G}}$ *du groupe* $\mathrm{H}^2(\mathrm{G}, \mathrm{F})$ *coïncide avec la multiplication par l'indice* $(\mathrm{G} : \mathrm{H})$.

Soit α un élément de $\mathrm{H}^2(\mathrm{G}, \mathrm{F})$. Soit c un élément de $\mathrm{Z}^2(\mathrm{G}, \mathrm{F})$ représentant α. L'élément $\mathrm{Cor}_{\mathrm{H}}^{\mathrm{G}} \circ \mathrm{Res}_{\mathrm{H}}^{\mathrm{G}}(\alpha)$ est la classe du cocycle dont la valeur en $(g_1, g_2) \in \mathrm{G}^2$ est donnée par l'expression

$$
\begin{aligned}
&\prod_{x\in \mathrm{H}\backslash \mathrm{G}} {}^{s(x)^{-1}} c(s(x)g_1 s(x.g_1)^{-1}, s(x.g_1)g_2 s(x.g_1g_2)^{-1}) \\
&= \prod_{x\in \mathrm{H}\backslash \mathrm{G}} c(g_1 s(x.g_1)^{-1}, s(x.g_1)g_2 s(x.g_1g_2)^{-1}) \\
&\times \prod_{x\in \mathrm{H}\backslash \mathrm{G}} \big(c(s(x)^{-1}, s(x)g_1g_2 s(x.g_1g_2)^{-1})^{-1} c(s(x)^{-1}, s(x)g_1 s(x.g_1)^{-1})\big)
\end{aligned}
$$

$$
\begin{aligned}
&= \prod_{x\in \mathrm{H}\backslash \mathrm{G}} {}^{g_1}c(s(x.g_1)^{-1}, s(x.g_1)g_2s(x.g_1g_2)^{-1}) \\
&\quad\times \prod_{x\in \mathrm{H}\backslash \mathrm{G}} c(g_1, g_2s(x.g_1g_2)^{-1})c(g_1, s(x.g_1)^{-1})^{-1} \\
&\quad\times \prod_{x\in \mathrm{H}\backslash \mathrm{G}} \big(c(s(x)^{-1}, s(x)g_1g_2s(x.g_1g_2)^{-1})^{-1}c(s(x)^{-1}, s(x)g_1s(x.g_1)^{-1})\big) \\
&= \prod_{x\in \mathrm{H}\backslash \mathrm{G}} c(g_1, g_2s(x.g_1g_2)^{-1})c(g_1, s(x.g_1)^{-1})^{-1} \\
&\quad\times \prod_{x\in \mathrm{H}\backslash \mathrm{G}} {}^{g_1}c(s(x)^{-1}, s(x)g_2s(xg_2)^{-1}) \\
&\quad\times \prod_{x\in \mathrm{H}\backslash \mathrm{G}} \big(c(s(x)^{-1}, s(x)g_1g_2s(x.g_1g_2)^{-1})^{-1}c(s(x)^{-1}, s(x)g_1s(x.g_1)^{-1})\big)\,;
\end{aligned}
$$

la première égalité provient de la relation de cocycle (VIII, p. 291, relation (7)) appliquée aux éléments

$$s(x)^{-1}, \quad s(x)g_1s(x.g_1)^{-1} \quad \text{et} \quad s(x.g_1)g_2s(x.g_1g_2)^{-1},$$

la seconde est obtenue en appliquant la relation de cocycle aux éléments

$$g_1, \quad s(x.g_1)^{-1} \quad \text{et} \quad s(x.g_1)g_2s(x.g_1g_2)^{-1}.$$

En ôtant un cobord, on obtient que $\mathrm{Cor}_{\mathrm{H}}^{\mathrm{G}} \circ \mathrm{Res}_{\mathrm{H}}^{\mathrm{G}}(\alpha)$ est la classe du cocycle dont la valeur en $(g_1, g_2) \in \mathrm{G}^2$ est donnée par l'expression

$$
\begin{aligned}
&\prod_{x\in \mathrm{H}\backslash \mathrm{G}} c(g_1, g_2s(x.g_1g_2)^{-1})c(g_1, s(x.g_1)^{-1})^{-1} \\
&\quad= \prod_{x\in \mathrm{H}\backslash \mathrm{G}} {}^{g_1}c(g_2, s(x.g_1g_2)^{-1})^{-1}c(g_1g_2, s(x.g_1g_2)^{-1})c(g_1, g_2) \\
&\qquad\times \prod_{x\in \mathrm{H}\backslash \mathrm{G}} c(g_1, s(x.g_1)^{-1})^{-1} \\
&\quad= \prod_{x\in \mathrm{H}\backslash \mathrm{G}} {}^{g_1}c(g_2, s(x.g_2)^{-1})^{-1}c(g_1g_2, s(x.g_1g_2)^{-1})c(g_1, s(x.g_1)^{-1})^{-1} \\
&\qquad\times c(g_1, g_2)^{(\mathrm{G}:\mathrm{H})},
\end{aligned}
$$

ce qui démontre le résultat.

7. Algèbres galoisiennes

Soit K un corps commutatif. Si E est une K-algèbre, on note $\mathrm{Aut}_K(E)$ le groupe de ses automorphismes ; si E est une extension galoisienne du corps K, le groupe $\mathrm{Aut}_K(E)$ n'est autre que le groupe de Galois Gal(E/K) (V, p. 56).

Soit G un groupe. On appelle (K, G)-*algèbre* une K-algèbre E munie d'un homomorphisme de groupes $\lambda : G \to \mathrm{Aut}_K(E)$. L'homomorphisme λ munit alors E d'une structure de groupe à opérateurs dans G ainsi que d'une structure de K[G]-module à gauche dont la loi d'action est donnée par

$$\Big(\sum_{g\in G} \mu_g g\Big)x = \sum_{g\in G} \mu_g \lambda(g).x \tag{14}$$

pour tout $x \in L$ et tout élément $(\mu_g)_{g\in G}$ de K[G]. Un morphisme de (K, G)-algèbres est un morphisme d'algèbres qui est également un morphisme de groupes à opérateurs.

Pour toute famille $(E_i)_{i\in I}$ de (K, G)-algèbres, la K-algèbre produit $\prod_{i\in I} E_i$ munie de sa structure de groupe à opérateurs produit est une (K, G)-algèbre.

Si E est une (K, G)-algèbre, l'ensemble E^G des éléments de E invariants sous G est une sous-algèbre de E.

Soit E une (K, G)-algèbre, où G opère par $\lambda : G \to \mathrm{Aut}_K(E)$. Si K′ est une extension de K, pour tout $g \in G$, soit $\lambda'(g)$ l'automorphisme $\mathrm{Id}_{K'} \otimes \lambda(g)$ de la K′-algèbre $L_{(K')}$. Alors $\lambda' : g \mapsto \lambda'(g)$ munit $L_{(K')}$ d'une structure de (K′, G)-algèbre.

Étant donné un groupe H et des H-ensembles X et Y, on note $\mathscr{F}_H(X, Y)$ l'ensemble des morphismes de H-ensembles de X dans Y. C'est donc l'ensemble des applications $f : X \to Y$ telles que $f(hx) = hf(x)$ pour tout $h \in H$ et tout $x \in X$.

Soit G un groupe d'élément neutre e, soit H un sous-groupe de G et soit E une (K, H)-algèbre. On note $\mathrm{Coïnd}_H^G(E)$ et on appelle (K, G)-*algèbre déduite de* E *par coïnduction de* H *à* G la K-algèbre $\mathscr{F}_H(G, E)$ munie de l'action de G donnée par l'homomorphisme λ de G dans $\mathrm{Aut}_K(\mathrm{Coïnd}_H^G(E))$ défini par

$$(\lambda(g).f)(g') = f(g'g) \tag{15}$$

pour $f \in \mathrm{Coïnd}_H^G(E)$ et $g, g' \in G$.

Lemme 7. — a) *Soit* S *une partie de* G *telle que tout élément de* G *s'écrive de manière unique sous la forme hs avec* $h \in H$ *et* $s \in S$. *Alors l'application envoyant* f *sur* $(f(s))_{s\in S}$ *est un isomorphisme de la* K-*algèbre* $\mathrm{Coïnd}_H^G(E)$ *sur la* K-*algèbre* $\mathscr{F}(S, E)$ *des applications de* S *dans* E.

b) *L'algèbre* $\mathrm{Coïnd}_{\mathrm{H}}^{\mathrm{G}}(\mathrm{E})$ *est de degré fini sur* K *si et seulement si* E *est de degré fini sur* K *et l'indice de* H *par rapport à* G *est fini. Dans ce cas, on a la formule*

$$[\mathrm{Coïnd}_{\mathrm{H}}^{\mathrm{G}}(\mathrm{E}) : \mathrm{K}] = (\mathrm{G} : \mathrm{H})[\mathrm{E} : \mathrm{K}].$$

c) *Soient* E^{H} *l'algèbre des invariants du groupe* H *dans* E *et* $\mathrm{Coïnd}_{\mathrm{H}}^{\mathrm{G}}(\mathrm{E})^{\mathrm{G}}$ *celle du groupe* G *dans* $\mathrm{Coïnd}_{\mathrm{H}}^{\mathrm{G}}(\mathrm{E})$. *L'application* $f \mapsto f(e)$ *de* $\mathrm{Coïnd}_{\mathrm{H}}^{\mathrm{G}}(\mathrm{E})$ *dans* E *induit par passage aux sous-ensembles un isomorphisme d'algèbres de* $\mathrm{Coïnd}_{\mathrm{H}}^{\mathrm{G}}(\mathrm{E})^{\mathrm{G}}$ *sur* E^{H}.

L'assertion a) résulte des définitions et b) en découle. Par (15), une application de G dans E est un élément de $\mathrm{Coïnd}_{\mathrm{H}}^{\mathrm{G}}(\mathrm{E})$ invariant sous G si et seulement si elle est constante de valeur un élément de E invariant sous H.

Remarque 1. — Soient G un groupe, H un sous-groupe de G et N un sous-groupe de H. Soit E une (K, N)-algèbre. Soit α un élément de $\mathscr{F}_{\mathrm{H}}(\mathrm{G}, \mathscr{F}_{\mathrm{N}}(\mathrm{H}, \mathrm{E}))$. On a la relation

$$\alpha(g)(nh) = n(\alpha(g)(h)) \tag{16}$$

pour tout $g \in \mathrm{G}$, tout $h \in \mathrm{H}$ et tout $n \in \mathrm{N}$ et les relations

$$\alpha(hg)(h') = (h\alpha(g))(h') = \alpha(g)(h'h) \tag{17}$$

pour tous $h, h' \in \mathrm{H}$ et tout $g \in \mathrm{G}$. Par conséquent, $\alpha(ng)(e) = \alpha(g)(n) = n(\alpha(g)(e))$ pour tout $g \in \mathrm{G}$ et tout $n \in \mathrm{N}$. On peut donc considérer l'application

$$\psi : \mathscr{F}_{\mathrm{H}}(\mathrm{G}, \mathscr{F}_{\mathrm{N}}(\mathrm{H}, \mathrm{E})) \to \mathscr{F}_{\mathrm{N}}(\mathrm{G}, \mathrm{E})$$

définie par la relation $\psi(\alpha)(g) = \alpha(g)(e)$ pour tout élément α de $\mathscr{F}_{\mathrm{H}}(\mathrm{G}, \mathscr{F}_{\mathrm{N}}(\mathrm{H}, \mathrm{E}))$ et tout élément g de G. L'application ψ est un isomorphisme d'algèbres de l'algèbre $\mathrm{Coïnd}_{\mathrm{H}}^{\mathrm{G}}(\mathrm{Coïnd}_{\mathrm{N}}^{\mathrm{H}}(\mathrm{E}))$ sur $\mathrm{Coïnd}_{\mathrm{N}}^{\mathrm{G}}(\mathrm{E})$ dont la réciproque envoie un élément β de $\mathscr{F}_{\mathrm{N}}(\mathrm{G}, \mathrm{E})$ sur l'application α définie par la relation $\alpha(g)(h) = \beta(hg)$ pour $g \in \mathrm{G}$ et $h \in \mathrm{H}$.

On suppose maintenant donnés un groupe fini G, une K-algèbre L commutative, de degré fini et réduite (V, p. 33), munie en outre d'une action de G donnée par un homomorphisme λ de G dans $\mathrm{Aut}_{\mathrm{K}}(\mathrm{L})$. Pour $x \in \mathrm{L}$ et $g \in \mathrm{G}$, on note $g.x$ le transformé de x par l'automorphisme $\lambda(g)$ de L. Soit $\mathscr{S}$ l'ensemble des idéaux maximaux de L ; on note $g.\mathfrak{m}$ le transformé d'un élément $\mathfrak{m}$ de $\mathscr{S}$ par l'automorphisme $\lambda(g)$ de L. C'est un élément de $\mathscr{S}$. Pour tout $\mathfrak{m}$ de $\mathscr{S}$, le corps $\mathrm{L}/\mathfrak{m}$ est une extension finie de K. On note $\pi_{\mathfrak{m}} : \mathrm{L} \to \mathrm{L}/\mathfrak{m}$ et $\mathrm{G}_{\mathfrak{m}}$ le stabilisateur de $\mathfrak{m}$ dans G, c'est-à-dire l'ensemble des $g \in \mathrm{G}$ tels que $g\mathfrak{m} = \mathfrak{m}$; la K-algèbre $\mathrm{L}/\mathfrak{m}$ est munie d'une action de $\mathrm{G}_{\mathfrak{m}}$ via l'homomorphisme $\lambda_{\mathfrak{m}}$ de $\mathrm{G}_{\mathfrak{m}}$ dans $\mathrm{Aut}_{\mathrm{K}}(\mathrm{L}/\mathfrak{m})$ qui, à un élément h de $\mathrm{G}_{\mathfrak{m}}$, associe l'automorphisme de $\mathrm{L}/\mathfrak{m}$ déduit de $\lambda(h)$ par passage aux quotients.

Soit $\mathscr{O}$ l'ensemble des orbites de G dans $\mathscr{S}$. Étant donnée une orbite $\sigma \in \mathscr{O}$, posons $\mathfrak{a}_\sigma = \bigcap_{\mathfrak{m}\in\sigma} \mathfrak{m}$ et $\mathrm{L}_\sigma = \mathrm{L}/\mathfrak{a}_\sigma$. Comme $\mathfrak{a}_\sigma$ est invariant par G, l'action de G sur L définit par passage aux quotients un homomorphisme λ_σ de G dans $\mathrm{Aut}_\mathrm{K}(\mathrm{L}_\sigma)$. Enfin, notons π_σ l'application canonique de L sur L_σ.

Lemme 8. — a) *Pour tout* $g \in \mathrm{G}$, *tout* $\sigma \in \mathscr{O}$ *et tout* $\mathfrak{m} \in \sigma$,

$$[\mathrm{L}_\sigma : \mathrm{K}] = \mathrm{Card}(\sigma)[\mathrm{L}/\mathfrak{m} : \mathrm{K}].$$

b) *L'application* $\pi : x \mapsto (\pi_\sigma(x))_{\sigma\in\mathscr{O}}$ *est un isomorphisme de* (K, G)*-algèbres de* L *sur* $\prod_{\sigma\in\mathscr{O}} \mathrm{L}_\sigma$.

c) *Notons* L^G (resp. $\mathrm{L}_\sigma^\mathrm{G}$) *la sous-algèbre de* L (resp. L_σ) *des éléments invariants sous l'action de* G *dans* L (resp. L_σ). *Alors* π *induit un isomorphisme de* L^G *sur* $\prod_{\sigma\in\mathscr{O}} \mathrm{L}_\sigma^\mathrm{G}$.

Comme l'algèbre L est réduite et de degré fini, l'intersection des idéaux maximaux de L est réduite à 0 (VIII, p. 169, cor. 2). De plus si $\mathfrak{m}$ et $\mathfrak{m}'$ sont deux idéaux maximaux de L distincts, on a $\mathfrak{m} + \mathfrak{m}' = \mathrm{L}$. D'après la prop. 10 de I, p. 105, l'application canonique de L dans $\prod_{\mathfrak{m}\in\mathscr{S}} \mathrm{L}/\mathfrak{m}$ est un isomorphisme de même que l'application canonique de $\mathrm{L}/\mathfrak{a}_\sigma$ dans $\prod_{\mathfrak{m}\in\sigma} \mathrm{L}/\mathfrak{m}$, pour tout $\sigma \in \mathscr{O}$. L'assertion a) en résulte. Comme $\mathscr{O}$ est une partition de $\mathscr{S}$, l'assertion b) en découle et c) est une conséquence immédiate de b).

Fixons maintenant une orbite $\sigma \in \mathscr{O}$ et un élément $\mathfrak{m}$ de σ. Posons $\mathrm{F}_\mathfrak{m} = \mathrm{Coïnd}_{\mathrm{G}_\mathfrak{m}}^\mathrm{G}(\mathrm{L}/\mathfrak{m})$ et notons $\lambda_{\mathrm{F}_\mathfrak{m}}$ l'action de G sur $\mathrm{F}_\mathfrak{m}$. Pour tout $x \in \mathrm{L}$, notons $\overline{x}$ l'application de G dans $\mathrm{L}/\mathfrak{m}$ qui envoie g sur $\pi_\mathfrak{m}(gx)$. Compte tenu de la formule (15) de VIII, p. 300 et de la définition de l'action de $\mathrm{G}_\mathfrak{m}$ sur $\mathrm{L}/\mathfrak{m}$, il est immédiat que $\overline{x}$ appartient à $\mathrm{F}_\mathfrak{m}$ et l'application $u : x \mapsto \overline{x}$ de L dans $\mathrm{F}_\mathfrak{m}$ vérifie $\lambda_{\mathrm{F}_\mathfrak{m}}(g) \circ u = u \circ \lambda(g)$ pour $g \in \mathrm{G}$. Autrement dit, u est un morphisme de (K, G)-algèbres.

Lemme 9. — *Le morphime* u *est surjectif de noyau* $\mathfrak{a}_\sigma$. *L'application déduite de* u *par passage au quotient est un isomorphisme de* (K, G)*-algèbres de* L_σ *sur* $\mathrm{F}_\mathfrak{m}$.

Comme le noyau de $\pi_\mathfrak{m}$ est égal à $\mathfrak{m}$, celui de u est égal à $\bigcap_{g\in\mathrm{G}} g^{-1}.\mathfrak{m} = \mathfrak{a}_\sigma$. Pour prouver que u est surjectif, il suffit de démontrer que les espaces vectoriels $\mathrm{L}_\sigma = \mathrm{L}/\mathfrak{a}_\sigma$ et $\mathrm{F}_\mathfrak{m}$ ont même dimension sur K. Or tous les idéaux $g.\mathfrak{m}$ ont la même codimension dans L et, par le lemme 8 a),

$$[\mathrm{L}_\sigma : \mathrm{K}] = \mathrm{Card}(\sigma).[\mathrm{L}/\mathfrak{m} : \mathrm{K}].$$

Par ailleurs, d'après le lemme 7, b) de VIII, p. 300, on a

$$[\mathrm{F}_\mathfrak{m} : \mathrm{K}] = (\mathrm{G} : \mathrm{G}_\mathfrak{m})[\mathrm{L}/\mathfrak{m} : \mathrm{K}];$$

comme on a $\mathrm{Card}(\sigma) = (\mathrm{G} : \mathrm{G}_{\mathfrak{m}})$, on a prouvé l'égalité $[\mathrm{L}_\sigma : \mathrm{K}] = [\mathrm{F}_{\mathfrak{m}} : \mathrm{K}]$.

On suppose maintenant en outre que l'homomorphisme λ de G dans $\mathrm{Aut}_{\mathrm{K}}(\mathrm{L})$ est *injectif*. On identifie K à son image dans L par l'application $\xi \mapsto \xi.1$. Par ailleurs, soit Ω une extension algébriquement close de K. L'ensemble $\mathscr{F}(\mathrm{G}, \Omega)$ des applications de G dans Ω coïncide avec la (Ω, G)-algèbre coïnduite $\mathrm{Coïnd}_{\{e\}}^{\mathrm{G}}(\Omega)$. C'est un $\Omega[\mathrm{G}]$-module libre de rang 1. Soit $\mathscr{H}$ l'ensemble des homomorphismes de K-algèbres de L dans Ω. On fait opérer G à droite sur $\mathscr{H}$ par la loi d'action $(g, \chi) \mapsto \chi \circ \lambda(g)$. La Ω-algèbre $\mathscr{F}(\mathscr{H}, \Omega)$ est alors munie d'une structure de (Ω, G)-algèbre déduite de l'action à droite de G sur $\mathscr{H}$.

Lemme 10. — *Soit* L *une* (K, G)*-algèbre qui est étale sur* K*. L'application* ψ *de* $\mathrm{L}_{(\Omega)}$ *dans* $\mathscr{F}(\mathscr{H}, \Omega)$ *caractérisée par la relation*

$$\psi(\xi \otimes x) = (\xi\chi(x))_{\chi \in \mathscr{H}}$$

est un isomorphisme de (K, G)*-algèbres.*

Comme L est étale, l'application ψ est un isomorphisme de Ω-algèbres (V, p. 29, prop. 2 et V, p. 28, prop. 1, c)). On a les relations

$$\psi((\mathrm{Id} \otimes \lambda(g))(\xi \otimes x)) = (\xi(\chi \circ \lambda(g))(x))_{\chi \in \mathscr{H}}$$

pour $\xi \in \Omega$, $x \in \mathrm{L}$ et $g \in \mathrm{G}$. Donc ψ est un morphisme de (Ω, G)-algèbres.

THÉORÈME 2. — *Soit* G *un groupe fini et soit* L *une* K*-algèbre commutative, de degré fini et réduite munie d'une action de* G *donnée par un homomorphisme* injectif λ *de* G *dans* $\mathrm{Aut}_{\mathrm{K}}(\mathrm{L})$*. Alors, les conditions suivantes sont équivalentes :*

(i) *Il existe un sous-groupe* H *de* G*, une extension galoisienne* E *de degré fini de* K*, un isomorphisme de* H *sur* Gal(E/K) *et un isomorphisme de* (K, G)*-algèbres de* L *sur* $\mathrm{Coïnd}_{\mathrm{H}}^{\mathrm{G}}(\mathrm{E})$;

(ii) *L'algèbre* L *est étale et* $\mathscr{H}$ *est un* G*-ensemble principal homogène* (I, p. 58, déf. 7) ;

(iii) *Il existe un isomorphisme de* (Ω, G)*-algèbres* $\psi : \mathrm{L}_{(\Omega)} \to \mathscr{F}(\mathrm{G}, \Omega)$ *autrement dit, pour tout* $g \in \mathrm{G}$*, l'automorphisme* $\psi \circ \lambda(g)_{(\Omega)} \circ \psi^{-1}$ *est égal à l'automorphisme*

$$(x_h)_{h \in \mathrm{G}} \longmapsto (x_{hg})_{h \in \mathrm{G}}$$

de Ω^{G} ;

(iv) *L'algèbre* L *est réduite et* L *est un* K[G]*-module libre de rang* 1 ;

(v) *L'algèbre* L *est réduite, on a* $\mathrm{Card}(\mathrm{G}) = [\mathrm{L} : \mathrm{K}]$ *et* K *est le sous-anneau de* L *des éléments invariants sous l'action de* G ;

(vi) *L'algèbre* L *est réduite, le groupe* G *opère transitivement sur l'ensemble des idéaux maximaux de* L *et, pour tout idéal maximal* $\mathfrak{m}$ *de* L, *le stabilisateur* $G_{\mathfrak{m}}$ *de* $\mathfrak{m}$ *dans* G *agit fidèlement dans* $L/\mathfrak{m}$ *et admet* K *comme sous-corps des invariants.*

(i)⇒(ii) : Soient E une extension galoisienne de degré fini de K et τ un isomorphisme de H sur $\mathrm{Aut}_K(E)$. Soit S un système de représentants des classes à droite suivant H dans G. La K-algèbre $F = \mathrm{Coïnd}_H^G(E)$ est isomorphe à $\mathscr{F}(S, E)$ (VIII, p. 300, lemme 7 a)), elle est donc étale. Notons λ_F l'action de G sur F. Par ailleurs, soit ψ un homomorphisme de K-algèbres de E dans Ω et soit χ_0 l'homomorphisme $f \mapsto \psi(f(e))$ de F dans Ω. Soit $g \in G$ tel que l'on ait $\chi_0 \circ \lambda_F(g) = \chi_0$; Comme ψ est injective, on a alors $f(g) = f(e)$ pour tout $f \in F$. Compte tenu du lemme 7, a) de VIII, p. 300, $g \in H$ et par la formule

$$f(h) = \tau(h).f(e), \tag{18}$$

valide pour tout $h \in H$, ceci ne peut avoir lieu que pour $g = e$. D'autre part, d'après le lemme 7, b) de VIII, p. 300 et le th. 3 de V, p. 64, on a

$$[F : K] = (G : H)[E : K] = (G : H)\,\mathrm{Card}(H) = \mathrm{Card}(G).$$

L'ensemble $\mathscr{K}$ des K-homomorphismes de F dans Ω est de cardinal [F : K] puisque F est étale (V, p. 31, prop. 4), d'où $\mathrm{Card}(\mathscr{K}) = \mathrm{Card}(G)$. Comme le stabilisateur de χ_0 dans G est égal à $\{e\}$ par ce qui précède, le G-ensemble $\mathscr{K}$ est principal homogène.

(ii)⇒(iii) : Supposons que L soit étale et que $\mathscr{H}$ soit un G-ensemble principal homogène. Par le lemme 10, les (Ω, G)-algèbres $L_{(\Omega)}$ et $\mathscr{F}(\mathscr{H}, \Omega)$ sont isomorphes. Comme $\mathscr{H}$ est un G-ensemble principal homogène, les (Ω, G)-algèbres $\mathscr{F}(\mathscr{H}, \Omega)$ et $\mathscr{F}(G, \Omega)$ sont isomorphes.

(iii)⇒(iv) : Supposons la propriété (iii) satisfaite ; alors $L_{(\Omega)}$ est un module libre de rang 1 sur l'algèbre $\Omega[G]$ et cette dernière s'identifie canoniquement à $K[G]_{(\Omega)}$. On applique alors le théorème 3 de VIII, p. 34.

L'implication (iv)⇒(v) est immédiate.

Démontrons l'implication (v)⇒(vi). L'algèbre L est réduite. Par le lemme 8, c), G opère transitivement sur l'ensemble $\mathscr{S}$ des idéaux maximaux de L. Soit $\mathfrak{m}$ un élément de $\mathscr{S}$. Par le lemme 9, comme $\bigcap_{\mathfrak{n} \in \mathscr{S}} \mathfrak{n} = \{0\}$, l'algèbre L est isomorphe à l'algèbre $\mathrm{Coïnd}_{G_{\mathfrak{m}}}^G(L/\mathfrak{m})$. L'algèbre des invariants de $G_{\mathfrak{m}}$ dans $L/\mathfrak{m}$ coïncide donc avec K par le lemme 7, c). Donc l'homomorphisme $\lambda_{\mathfrak{m}}$ de $G_{\mathfrak{m}}$ sur $\mathrm{Gal}((L/\mathfrak{m})/K)$ est surjectif. Par la lemme 7, on a en outre

$$\mathrm{Card}(G) = [L : K] = (G : G_{\mathfrak{m}})[L/\mathfrak{m} : K]$$

Donc $\mathrm{Card}(G_{\mathfrak{m}}) = [L/\mathfrak{m} : K]$ et l'homomorphisme $\lambda_{\mathfrak{m}}$ est injectif.

Il reste à démontrer l'implication (vi)$\Rightarrow$(i). Soit $\mathfrak{m}$ un idéal maximal de L. Par le lemme 9, l'algèbre L est isomorphe à l'algèbre $\mathrm{Coïnd}_{G_{\mathfrak{m}}}^{G}(L/\mathfrak{m})$ en tant que (K, G)-algèbre. Comme $G_{\mathfrak{m}}$ agit fidèlement dans $L/\mathfrak{m}$ et admet K comme sous-corps des invariants, l'homomorphisme de groupes $\lambda_{\mathfrak{m}}$ définit un isomorphisme de $G_{\mathfrak{m}}$ sur $\mathrm{Gal}((L/\mathfrak{m})/K)$.

Remarques. — 2) Dans le théorème 2, on peut remplacer l'hypothèse que Ω est algébriquement clos par l'hypothèse que Ω est séparablement clos. En effet, si L est étale, l'image de tout homomorphisme de K-algèbres de L dans Ω est une extension séparable de K.

3) Le théorème de la base normale (V, p. 70, th. 6) est un cas particulier de l'implication (i)$\Rightarrow$(iv) dans le théorème 2.

DÉFINITION 1. — *Soit* G *un groupe fini et soit* L *une algèbre commutative, non nulle, et de degré fini sur* K, *munie d'une structure de* (K, G)*-algèbre, l'action de* G *étant donnée par un homomorphisme injectif de* G *dans le groupe* $\mathrm{Aut}_K(L)$. *On dit que* L *est une* algèbre galoisienne de groupe G *si elle satisfait aux propriétés équivalentes* (i) *à* (vi) *du théorème 2.*

Remarques. — 4) Supposons que L soit une extension de K munie d'une action λ de G. Alors L est une algèbre galoisienne sur K si et seulement si L est une extension galoisienne de K et λ un isomorphisme de G sur le groupe de Galois de L sur K.

5) Supposons que le groupe G soit commutatif. Si G opère fidèlement et transitivement sur un ensemble X, le stabilisateur de tout point de X est réduit à l'identité (car les stabilisateurs des points de X sont tous égaux et leur intersection est réduite à l'élément neutre de G). Par suite, les propriétés (i) à (vi) énoncées dans le théorème 2 sont encore équivalentes à la suivante :

(vii) L'algèbre L est étale et G opère fidèlement et transitivement sur $\mathscr{H}$.

6) D'après V, p. 72, lemme 5, V, p. 73, prop. 12 et VIII, p. 133, prop. 3, une algèbre galoisienne est commutative et semi-simple.

Exemples. — 1) Soit n un entier strictement positif, étranger à l'exposant caractéristique de K. On suppose que le groupe μ_n des racines n-èmes de l'unité dans K est d'ordre n. Pour tout diviseur d de n, le groupe μ_d des racines d-èmes de l'unité est alors d'ordre d. Soit a un élément non nul de K, soit L l'algèbre $K[X]/(X^n - a)$ et soit x la classe de X dans L. La suite $(1, x, \ldots, x^{n-1})$ est une base de l'espace vectoriel L sur le corps K et l'on a $x^n = a$. De plus, le polynôme $X^n - a$ est étranger à sa dérivée nX^{n-1}, donc l'algèbre L est étale (V, p. 36, prop. 3). Pour tout ζ dans μ_n, l'automorphisme $P(X) \mapsto P(\zeta X)$ de l'anneau K[X] définit par passage aux quotients un endomorphisme $\lambda(\zeta)$ de L, puisqu'on a $(\zeta X)^n - a = X^n - a$; c'est un automorphisme. On a

$$\lambda(\zeta)x^i = \zeta^i x^i \tag{19}$$

pour $0 \leqslant i < n$. L'application $\lambda : \zeta \mapsto \lambda(\zeta)$ est un homomorphisme injectif de μ_n dans $\mathrm{Aut}_K(L)$ et l'anneau des invariants du groupe $\lambda(\mu_n)$ dans L est égal à K.1. Comme le cardinal de μ_n est égal à $n = [L : K]$, l'algèbre L munie de l'action λ est une algèbre galoisienne (VIII, p. 303, th. 2, (v)).

Soit r le plus petit entier strictement positif tel que a^r appartienne à K^{*n} ; c'est un diviseur de n et il existe un élément b de K^* tel que $a = b^{n/r}$. Alors (V, p. 87, remarque), le polynôme $X^r - b$ est irréductible et l'on a $X^n - a = \prod_{\zeta \in \mu_{n/r}} (X^r - \zeta b)$. Soit E le corps $K[Y]/(Y^r - b)$ et soit y la classe de Y dans E. Il existe un isomorphisme θ de $\mu_{n/r}$ sur Gal(E/K), caractérisé par la relation $\theta(\xi)(y) = \xi y$ (V, p. 86, exemple 3). On vérifie alors que l'algèbre galoisienne L est isomorphe à la (K, μ_n)-algèbre $\mathrm{Coïnd}_{\mu_{n/r}}^{\mu_n}(E)$.

2) Supposons maintenant que le corps K soit de caractéristique $p \neq 0$. Soit c un élément de K. Le polynôme $f = X^p - X - c$ est étranger à sa dérivée $f' = -1$, l'algèbre $L = K[X]/(f)$ est donc étale (V, p. 36, prop. 3). On note x l'image de X dans L, et on a la relation $x^p = x + c$; la suite $(1, x, \ldots, x^{p-1})$ est une base de L considéré comme espace vectoriel sur K.

Soit P le groupe additif du sous-corps premier de K ; c'est un groupe cyclique d'ordre p, engendré par l'élément unité 1 de K. Pour tout j dans P, on a $j^p = j$ (V, p. 4, (4)), d'où $f(X + j) = f(X)$. Il existe donc un automorphisme $\gamma(j)$ de l'algèbre L caractérisé par la relation $\gamma(j)(x) = x + j$; de plus, l'application γ ainsi définie est un homomorphisme injectif de P dans $\mathrm{Aut}_K(L)$.

Soit Ω une extension algébriquement close de K et soit ξ une racine du polynôme f dans Ω. On a $\xi^p = \xi + c$, d'où

$$X^p - X - c = (X^p - \xi^p) - (X - \xi) = (X - \xi)^p - (X - \xi) = \prod_{j \in P} (X - \xi - j),$$

d'après V, p. 89, formule (1). Pour tout j dans P, il existe un unique homomorphisme d'algèbres $\chi_j : L \to \Omega$ qui applique x sur $\xi + j$; de plus, tout homomorphisme de L dans Ω est l'un des χ_j et l'on a la relation $\chi_j = \chi_0 \circ \gamma(j)$. D'après la condition (ii) du th. 2 de VIII, p. 303, l'algèbre L munie de γ est une algèbre galoisienne sur K.

Pour décrire la structure de L on doit distinguer deux cas :

a) On a $\xi \notin K$: alors le polynôme $f(X)$ est irréductible dans K[X] (V, p. 89, exemple 3). Dans ce cas L est une extension cyclique de degré p de K et γ est un isomorphisme de P sur Gal(L/K).

b) On a $\xi \in K$: alors l'application $\psi : y \mapsto (\chi_j(y))_{j\in P}$ est un isomorphisme de l'algèbre L sur l'algèbre produit K^P ; de plus, $\psi \circ \gamma(k) \circ \psi^{-1}$ est l'automorphisme $(x_j)_{j\in P} \mapsto (x_{j+k})_{j\in P}$ de K^P pour tout $k \in P$.

8. Opérations sur les algèbres galoisiennes

PROPOSITION 9. — *Soit* G *un groupe fini, soit* H *un sous-groupe de* G *et soit* E *une algèbre galoisienne de groupe* H *sur le corps* K. *Alors la* (K, G)*-algèbre* $\mathrm{Coïnd}_H^G(E)$ *déduite de* E *par coïnduction de* H *à* G *est une algèbre galoisienne de groupe* G *sur le corps* K.

Comme E est une algèbre galoisienne sur K, l'algèbre E est réduite, on a Card(H) = [E : K] et K est l'anneau des invariants de H dans E (propriété (v) du th. 2 de VIII, p. 303). Mais d'après le lemme 7 de VIII, p. 300, l'algèbre $F = \mathrm{Coïnd}_H^G(E)$ est réduite, et on a

$$[F : K] = (G : H)[E : K] = (G : H)\,\mathrm{Card}(H) = \mathrm{Card}(G),$$

et K est l'anneau des invariants de G dans F. Donc F est une algèbre galoisienne d'après le critère donné par le th. 2, (v).

PROPOSITION 10. — *Soit* G *un groupe fini. Soit* L *une algèbre galoisienne de groupe* G *sur le corps* K *et soit* K′ *une extension de* K. *Alors la* (K′, G)*-algèbre* $L_{(K')}$ *est une algèbre galoisienne sur* K′.

On utilise le th. 2, (v) en remarquant que si la K-algèbre L est étale, la K′-algèbre $L_{(K')}$ l'est aussi (V, p. 32, cor. 2), que l'on a l'égalité $[L_{(K')} : K'] = [L : K]$, et que l'anneau des invariants de G dans $L_{(K')}$ est $(L^G)_{(K')}$, où L^G est l'anneau des invariants de G dans L.

PROPOSITION 11. — *Soient* G_1 *et* G_2 *des groupes. Soient* L_1 *et* L_2 *des algèbres galoisiennes sur* K *d'actions respectives* $\lambda_1 : G_1 \to \mathrm{Aut}_K(L_1)$ *et* $\lambda_2 : G_2 \to \mathrm{Aut}_K(L_2)$. *Posons* $L = L_1 \otimes_K L_2$, $G = G_1 \times G_2$ *et* $\lambda(g_1, g_2) = \lambda_1(g_1) \otimes \lambda_2(g_2)$ *pour* $(g_1, g_2) \in G$. *Alors la* K*-algèbre* L *munie de l'action* λ *est une algèbre galoisienne sur* K.

On raisonne comme précédemment au moyen des remarques suivantes : si L_1 et L_2 sont étales, il en est de même de l'algèbre $L = L_1 \otimes_K L_2$ (V, p. 31, cor. 1) et l'on a les égalités

$$[L : K] = [L_1 : K][L_2 : K] \quad \text{et} \quad \mathrm{Card}(G) = \mathrm{Card}(G_1)\,\mathrm{Card}(G_2).$$

De plus si $L_i^{G_i}$ désigne l'anneau des invariants de G_i dans L_i alors il résulte du lemme suivant que $L_1^{G_1} \otimes_K L_2^{G_2}$ est l'anneau des invariants de $G_1 \times G_2$ dans $L_1 \otimes_K L_2$.

Lemme 11. — *Soient* G_1 *et* G_2 *des groupes et soient* W_1 *et* W_2 *des* K*-espaces vectoriels. On munit* W_1 (resp. W_2) *d'une action de* G_1 (resp. G_2) *donnée par un homomorphisme de groupes* $\rho_1 : G_1 \to \mathrm{Aut}_K(W_1)$ (resp. $\rho_2 : G_2 \to \mathrm{Aut}_K(W_2)$). *On considère l'homomorphisme de groupes*

$$\rho_1 \otimes \rho_2 : G_1 \times G_2 \longrightarrow \mathrm{Aut}_K(W_1 \otimes_K W_2)$$

défini par la relation $(\rho_1 \otimes \rho_2)(g_1, g_2)(w_1 \otimes w_2) = \rho_1(g_1)(w_1) \otimes \rho_2(g_2)(w_2)$, *pour tout* $g_1 \in G_1$ *tout* $g_2 \in G_2$, *tout* $w_1 \in W_1$ *et tout* $w_2 \in W_2$. *Alors l'application linéaire de* $W_1^{G_1} \otimes_K W_2^{G_2}$ *dans* $W_1 \otimes_K W_2$ *donnée par le produit tensoriel des injections canoniques induit un isomorphisme de* K*-espaces vectoriels de* $W_1^{G_1} \otimes_K W_2^{G_2}$ *sur* $(W_1 \otimes_K W_2)^{G_1 \times G_2}$.

Cela résulte du lemme 1 de VIII, p. 209, appliqué aux K[G]-modules $M_1 = M_2 = K$ munis de l'action triviale de G, $N_1 = W_1$ et $N_2 = W_2$.

Remarque. — Soit L une extension galoisienne de degré fini du corps K et soit G son groupe de Galois ; notons λ l'application identique de G. Alors L muni de λ est une algèbre galoisienne de groupe G sur K. Soit K′ une extension de K. D'après la proposition 10, $L_{(K')}$ est une algèbre galoisienne sur K′, mais ce n'est pas en général une extension de K′. De manière analogue, d'après la prop. 11, le produit tensoriel d'extensions galoisiennes E et F de degré fini de K peut être considéré comme une algèbre galoisienne ; en général, ce n'est pas une extension galoisienne de K. C'est néanmoins le cas si E et F sont en outre des sous-extensions linéairement disjointes d'une extension de K (V, p. 13 et p. 55, prop. 1).

9. Produits croisés

Soit K un corps et soit G un groupe dont on note e l'élément neutre, soit L une K-algèbre commutative et soit λ un homomorphisme de G dans le groupe des automorphismes de la K-algèbre L. Pour tout g de G, soit $\tau(g)$ l'automorphisme du groupe multiplicatif L^* de L qui est induit par $\lambda(g)$.

Soit $\mathscr{E} = (\Gamma, \iota, \pi)$ une τ-extension du groupe G par L^*. Faisons opérer le groupe L^* à droite sur l'ensemble $L \times \Gamma$ par la loi d'opération :

$$(\beta, \gamma).\alpha = (\beta\alpha, \iota(\alpha)^{-1}\gamma) \tag{20}$$

pour $\alpha \in L^*$, $\beta \in L$ et $\gamma \in \Gamma$. Notons E l'ensemble des orbites de L^* dans $L \times \Gamma$ et $[\beta; \gamma]$ l'orbite du couple (β, γ). On a donc par construction la relation

$$[\beta\alpha; \gamma] = [\beta; \iota(\alpha)\gamma] \tag{21}$$

pour $\alpha \in L^*$, $\beta \in L$ et $\gamma \in \Gamma$.

Étant donnés β dans L et γ dans Γ, on note ${}^{\gamma}\beta$ le transformé de β par l'automorphisme $\lambda \circ \pi(\gamma)$ de L ; on a les relations

$$ {}^{\gamma}({}^{\gamma'}\beta) = {}^{\gamma\gamma'}\beta, \qquad {}^{\gamma}(\beta + \beta') = {}^{\gamma}\beta + {}^{\gamma}\beta' \qquad \text{et} \qquad {}^{\gamma}(\beta\beta') = {}^{\gamma}\beta\,{}^{\gamma}\beta' \tag{22}$$

pour γ, γ' dans Γ et β, β' dans L. Il existe une loi de composition sur E caractérisée par la relation

$$[\beta; \gamma][\beta'; \gamma'] = [\beta\,{}^{\gamma}\beta'; \gamma\gamma']; \tag{23}$$

en effet, il suffit de vérifier que le membre de droite ne change pas si l'on remplace respectivement β, γ, β', γ' par $\beta\alpha$, $\iota(\alpha)^{-1}\gamma$, $\beta'\alpha'$, $\iota(\alpha')^{-1}\gamma'$ avec α, α' dans L^* et cela résulte aussitôt de la formule (1) de VIII, p. 281 appliquée à $\mathscr{E}$ qui s'écrit également $\gamma\iota(\alpha) = \iota({}^{\gamma}\alpha)\gamma$ pour $\gamma \in \Gamma$ et $\alpha \in L^*$. D'après les formules (22), l'ensemble E muni de cette loi est un monoïde d'élément neutre $[1; e]$.

Comme $\pi \circ \iota$ est constante de valeur e, il existe une application $\widetilde{\pi}$ de E dans G telle que l'on ait

$$\widetilde{\pi}([\beta; \gamma]) = \pi(\gamma) \tag{24}$$

pour $\beta \in L$ et $\gamma \in \Gamma$.

Soit g un élément de G et soit $E_g = \widetilde{\pi}^{-1}(g)$. Si γ_0 est un élément fixé de $\pi^{-1}(g)$, l'application $\beta \mapsto [\beta; \gamma_0]$ est une bijection de L sur E_g, grâce à laquelle nous transporterons à E_g la structure de K-espace vectoriel de L. Comme $\pi^{-1}(g)$ se compose des éléments de la forme $\iota(\alpha)\gamma_0$ où α parcourt L^* et que l'on a

$$[\beta; \iota(\alpha)\gamma_0] = [\beta\alpha; \gamma_0],$$

la structure d'espace vectoriel de E_g ne dépend pas du choix de γ_0.

Soient g et g' des éléments de G ; d'après les formules (22) et (23), la loi de composition de E induit par restriction une application K-bilinéaire de $E_g \times E_{g'}$ dans $E_{gg'}$. Par suite, l'espace vectoriel $P = \bigoplus_{g \in G} E_g$ est muni d'une structure d'algèbre associative et unifère, dont la multiplication induit l'application bilinéaire précédente de $E_g \times E_{g'}$ dans $E_{gg'}$, quels que soient g et g' dans G. L'algèbre P s'appelle le *produit croisé de* L *par* $\mathscr{E}$ et se note $\mathbf{A}[\mathscr{E};L]$; son élément unité est l'élément $[1;e]$ de E_e.

Posons

$$u(\beta) = [\beta; e] \tag{25}$$

pour β dans L. Alors $u : L \to \mathbf{A}[\mathscr{E};L]$ est un homorphisme injectif de K-algèbres. Par (23), pour tout $\gamma \in \Gamma$, l'élément $[1;\gamma]$ est inversible dans $\mathbf{A}[\mathscr{E},L]$ et l'application $v : \Gamma \to \mathbf{A}[\mathscr{E},L]^*$ qui envoie γ sur $[1;\gamma]$ est un homomorphisme injectif de groupes. Les homomorphismes u et v sont dits canoniques. On a les relations

$$u(\alpha) = v(\iota(\alpha)), \tag{26}$$

$$u({}^{\gamma}\beta) = v(\gamma)u(\beta)v(\gamma)^{-1}, \tag{27}$$

$$[\beta;\gamma] = u(\beta)v(\gamma), \tag{28}$$

pour $\alpha \in L^*$, $\beta \in L$ et $\gamma \in \Gamma$.

Réciproquement, on a la propriété universelle suivante de l'algèbre $\mathbf{A}[\mathscr{E};L]$:

PROPOSITION 12. — *Soient* B *une* K-*algèbre,* $u' : L \to B$ *un homomorphisme de* K-*algèbres et* $v' : \Gamma \to B^*$ *un homomorphisme de groupes. On suppose vérifiées les relations*

$$u'(\alpha) = v'(\iota(\alpha)), \tag{29}$$

$$u'({}^{\gamma}\beta) = v'(\gamma)u'(\beta)v'(\gamma)^{-1} \tag{30}$$

pour α *dans* L^*, β *dans* L *et* γ *dans* Γ. *Il existe alors un homomorphisme d'algèbres* f *de* $\mathbf{A}[\mathscr{E};L]$ *dans* B, *et un seul, tel que l'on ait* $u' = f \circ u$ *et* $v' = f \circ v$.

Pour démontrer l'unicité de f, remarquons que l'espace vectoriel $\mathbf{A}[\mathscr{E};L]$ sur le corps K est engendré par l'ensemble des éléments de la forme $[\beta;\gamma] = u(\beta)v(\gamma)$; si l'homomorphisme $f' : \mathbf{A}[\mathscr{E};L] \to B$ satisfait à $f' \circ u = u'$ et $f' \circ v = v'$ il envoie $[\beta;\gamma]$ sur $u'(\beta)v'(\gamma)$, donc coïncide avec f.

D'après la formule (29), on a

$$u'(\beta\alpha)v'(\iota(\alpha)^{-1}\gamma) = u'(\beta)v'(\gamma) \tag{31}$$

pour α dans L^*, β dans L et γ dans Γ. Vu la définition de E, il existe donc une application $f_0 : E \to B$ telle que $f_0([\beta;\gamma]) = u'(\beta)v'(\gamma)$. D'après les formules (23) et (30), on a $f_0(xx') = f_0(x)f_0(x')$ pour x et x' dans E. La restriction de f_0 à E_g est K-linéaire pour tout élément g de G ; par suite, il existe une application K-linéaire f de $\mathbf{A}[\mathscr{E};L]$ dans B et une seule, qui coïncide avec f_0 sur E. L'application f est un morphisme d'algèbres qui vérifie $u' = f \circ u$ et $v' = f \circ v$.

Remarque. — Soit $\sigma : G \to \Gamma$ une section de l'application π. Posons $\varepsilon_g = v(\sigma(g))$ pour tout g de G et notons c_σ le 2-cocycle associé à σ (VIII, p. 291). En particulier

(32) $$\varepsilon_g \varepsilon_{g'} = u(c_\sigma(g,g'))\varepsilon_{gg'}$$

pour tous $g, g' \in G$. Identifions par ailleurs L à une sous-algèbre de $\mathbf{A}[\mathscr{E};L]$ par l'homomorphisme u. Alors tout élément de $\mathbf{A}[\mathscr{E};L]$ s'écrit de manière unique sous la forme $\sum_{g\in G} a_g\varepsilon_g$, où (a_g) est une famille à support fini d'éléments de L. La multiplication dans $\mathbf{A}[\mathscr{E};L]$ s'exprime par la formule

(33) $$\Big(\sum_g a_g\varepsilon_g\Big)\Big(\sum_g b_g\varepsilon_g\Big) = \sum_g d_g\varepsilon_g$$

avec

(34) $$d_g = \sum_{hh'=g} a_h(\lambda(h).b_{h'})c_\sigma(h,h').$$

Si l'extension $\mathscr{E}$ est semi-triviale, on peut choisir une section σ de π qui est un morphisme de groupes de G dans Γ ; le cocycle c_σ est donc constant de valeur 1 et la formule (34) se simplifie alors en

(35) $$d_g = \sum_{hh'=g} a_h\lambda(h).b_{h'}.$$

Soit K′ une extension du corps K. Notons L′ la K′-algèbre $L_{(K')}$ et pour tout g de G, notons $\lambda'(g)$ l'automorphisme $\lambda(g)_{(K')}$ induit par $\lambda(g)$ sur $L_{(K')}$. Notons également $\tau'(g)$ l'automorphisme de L'^* induit par $\lambda'(g)$. Enfin, soit h l'homomorphisme de L^* dans L'^* qui envoie x sur $x\otimes 1$. Soit alors $\mathscr{E}' = (\Gamma', \iota', \pi')$ l'image directe de l'extension $\mathscr{E}$ par h (VIII, p. 285). Soit $\mathbf{A}[\mathscr{E}', L']$ la K′-algèbre produit croisé de $\mathscr{E}'$ par L′ et soient $u' : L' \to \mathbf{A}[\mathscr{E}', L']$ et $v' : \Gamma' \to \mathbf{A}[\mathscr{E}', L']^*$ les homomorphismes canoniques.

PROPOSITION 13. — *Il existe un isomorphisme de* K′*-algèbres* φ *de* $\mathbf{A}[\mathscr{E};L]_{(K')}$ *dans* $\mathbf{A}[\mathscr{E}';L']$, *et un seul, qui satisfasse aux relations*

(36) $$u'(h(\beta)) = \varphi(1 \otimes u(\beta))$$

pour $\beta \in L$ *et*

(37) $$v'(h(\gamma)) = \varphi(1 \otimes v(\gamma)).$$

pour $\gamma \in \Gamma$.

La démonstration résulte aussitôt des constructions.

L'isomorphisme φ sera dit *canonique*.

10. Application au groupe de Brauer

Dans ce numéro, on note K un corps, L une algèbre galoisienne sur K d'action $\lambda : \mathrm{G} \to \mathrm{Aut}_{\mathrm{K}}(\mathrm{L})$. On note n le degré de L sur K. On a $n = \mathrm{Card}(\mathrm{G})$.

THÉORÈME 3. — *Soit* $\mathscr{E} = (\Gamma, \iota, \pi)$ *une* τ*-extension de* G *par* L^*. *L'algèbre* $\mathbf{A}[\mathscr{E}; \mathrm{L}]$ *est simple, centrale et de rang* n^2 *sur* K. *De plus, l'homomorphisme canonique* u *de* L *dans* $\mathbf{A}[\mathscr{E}; \mathrm{L}]$ *est un isomorphisme de* L *sur une sous-algèbre commutative maximale de* $\mathbf{A}[\mathscr{E}; \mathrm{L}]$.

Lemme 12. — a) *Il n'existe aucun idéal de* L, *autre que* $\{0\}$ *et* L, *qui soit invariant par* G.

b) *Soit* g *un élément de* G *distinct de l'élément neutre et soit* $\mathfrak{a}_g$ *l'idéal de* L *engendré par les éléments de la forme* $x - \lambda(g)x$ *où* x *parcourt* L. *On a* $\mathfrak{a}_g = \mathrm{L}$.

Soit $\mathscr{S}$ l'ensemble des idéaux maximaux de L ; pour toute partie S de $\mathscr{S}$, posons $\mathfrak{a}(\mathrm{S}) = \bigcap_{\mathfrak{m} \in \mathrm{S}} \mathfrak{m}$. Comme l'anneau L est commutatif et semi-simple (VIII, p. 305, remarque 6), l'application $\mathrm{S} \mapsto \mathfrak{a}(\mathrm{S})$ est une bijection de l'ensemble des parties de $\mathscr{S}$ sur l'ensemble des idéaux de L (VIII, p. 137, prop. 9). L'idéal $\mathfrak{a}(\mathrm{S})$ est invariant sous G si et seulement si S l'est. Comme G agit de manière transitive sur $\mathscr{S}$ (VIII, p. 303, th. 2 vi)), les seules parties de $\mathscr{S}$ invariantes par G sont $\varnothing$ et $\mathscr{S}$. Comme $\mathfrak{a}(\varnothing) = \mathrm{L}$ et $\mathfrak{a}(\mathscr{S}) = \{0\}$, on a démontré l'assertion a).

Pour démontrer b), raisonnons par l'absurde en supposant qu'on ait $\mathfrak{a}_g \neq \mathrm{L}$. Soit $\mathfrak{m}$ un idéal maximal de L contenant $\mathfrak{a}_g$. On a donc $\lambda(g)x \equiv x$ mod. $\mathfrak{m}$ pour tout x de L. En particulier, $\mathfrak{m}$ est invariant par g et $\lambda(g)$ induit l'identité sur le corps $\mathrm{L}/\mathfrak{m}$. Par le th. 2, (vi) de VIII, p. 303, l'élément g de $\mathrm{G}_{\mathfrak{m}}$ est trivial ce qui contredit l'hypothèse de b).

Démontrons maintenant le théorème 3. L'espace vectoriel $\mathbf{A}[\mathscr{E}; \mathrm{L}]$ est de dimension finie $\mathrm{Card}(\mathrm{G})[\mathrm{L} : \mathrm{K}] = n^2$ sur K, d'après VIII, p. 311 et l'égalité $\mathrm{Card}(\mathrm{G}) = [\mathrm{L} : \mathrm{K}] = n$ faite en hypothèse.

Soit $\mathfrak{a}$ un idéal bilatère non nul de l'algèbre $\mathbf{A}[\mathscr{E}; \mathrm{L}]$. Reprenons les notations de VIII, p. 311. Tout élément a de $\mathbf{A}[\mathscr{E}; \mathrm{L}]$ s'écrit de manière unique sous la forme

$a = \sum_{g\in G} a_g\varepsilon_g$ avec $a_g \in L$ pour tout $g \in G$; on note $\Phi(a)$ l'ensemble des éléments g de G tels que $a_g \neq 0$. D'après la formule (32) de VIII, p. 311, on a la relation

$$\varepsilon_g\varepsilon_{g'} = c_\sigma(g, g')\varepsilon_{gg'} \tag{38}$$

pour tous $g, g' \in G$ et par suite

$$\Phi(a\varepsilon_g) = \Phi(a).g \tag{39}$$

pour tout $g \in G$ et tout $a \in \mathbf{A}[\mathscr{E}; L]$.

Soit a un élément non nul de $\mathfrak{a}$, pour lequel $\Phi(a)$ soit minimal pour l'inclusion ; d'après la formule (39), on peut supposer, quitte à remplacer a par un élément de la forme $a\varepsilon_{g^{-1}}$, où $g \subset \Phi(a)$, qu'on a $e \in \Phi(a)$. Soit s un élément de $\Phi(a)$ distinct de e. D'après le lemme 12, b), il existe un élément x de L tel que $a_s(x - \lambda(s).x) \neq 0$. Mais on a la relation

$$xa - ax = \sum_g a_g(x - \lambda(g).x)\varepsilon_g, \tag{40}$$

la somme s'étendant sur les éléments g de $\Phi(a)$ distincts de e. Vu le caractère minimal de $\Phi(a)$, on a donc $xa - ax = 0$, mais ceci contredit l'hypothèse faite sur x. On a donc prouvé par l'absurde que $\Phi(a)$ contient seulement l'unité e de G, d'où $a \in L$.

Donc $L \cap \mathfrak{a}$ est un idéal de L non réduit à $\{0\}$. De plus, pour tout x de L, on a $\varepsilon_g x\varepsilon_g^{-1} = \lambda(g).x$, donc $L \cap \mathfrak{a}$ est invariant par G. D'après le lemme 12, on a donc $L \cap \mathfrak{a} = L$, c'est-à-dire $L \subset \mathfrak{a}$. Comme L contient l'élément unité de $\mathbf{A}[\mathscr{E}; L]$, on a $\mathfrak{a} = \mathbf{A}[\mathscr{E}; L]$.

Comme l'algèbre $\mathbf{A}[\mathscr{E}; L]$ est de dimension finie non nulle sur K et qu'elle n'a d'autre idéal bilatère que $\{0\}$ et $\mathbf{A}[\mathscr{E}; L]$, elle est simple.

Démontrons que tout élément a de $\mathbf{A}[\mathscr{E}; L]$ qui commute à L appartient à L. Écrivons a sous la forme $\sum_{g\in G} a_g\varepsilon_g$ avec des coefficients a_g dans L. Pour tout x de L, on a $xa - ax = 0$ et la relation (40) montre qu'on a

$$a_g(x - \lambda(g).x) = 0 \tag{41}$$

quels que soient $g \in G$ et $x \in L$. D'après le lemme 12, on a donc $a_g = 0$ pour $g \neq e$; d'où $a \in L$.

Déterminons enfin le centre de $\mathbf{A}[\mathscr{E}; L]$. Si z appartient au centre, il commute à L, donc appartient à L. Mais on a alors

$$0 = \varepsilon_g z - z\varepsilon_g = (\lambda(g).z - z)\varepsilon_g$$

pour tout g de G. Donc z est invariant par le groupe $\lambda(G)$ d'automorphismes de L. On a donc $z \in K$ par hypothèse.

THÉORÈME 4. — *Soit* A *une algèbre simple et centrale, de rang fini sur* K *et soit* L *une sous-algèbre commutative maximale de* A. *Alors il existe une* τ*-extension* $\mathscr{E}$ *de* G *par* L* *telle que* A *soit isomorphe à* $\mathbf{A}[\mathscr{E};\mathrm{L}]$.

On ne restreint pas la généralité en supposant que L est une sous-algèbre commutative maximale de A. Soit Γ le groupe multiplicatif formé des éléments inversibles γ de A tels qu'il existe g appartenant à G avec

$$\gamma x \gamma^{-1} = \lambda(g).x \tag{42}$$

pour tout élément x de L. Si $\gamma \in \Gamma$ est donné, l'élément g satisfaisant à cette relation est unique, on le note $\pi(\gamma)$; il est immédiat que π est un homomorphisme de Γ dans G et que son noyau est égal à L*. Que π soit surjectif résulte du théorème de Skolem-Noether (VIII, p. 259, cor.).

Si l'on note ι l'injection canonique de L* dans Γ, il résulte des constructions que $\mathscr{E} = (\Gamma, \iota, \pi)$ est une τ-extension de G par L*. Soient

$$u : \mathrm{L} \to \mathbf{A}[\mathscr{E};\mathrm{L}] \qquad \text{et} \qquad v : \Gamma \to \mathbf{A}[\mathscr{E};\mathrm{L}]$$

les homomorphismes canoniques. D'après la propriété universelle de $\mathbf{A}[\mathscr{E};\mathrm{L}]$ (VIII, p. 310, prop. 12), il existe un unique homomorphisme d'algèbres $f : \mathbf{A}[\mathscr{E};\mathrm{L}] \to \mathrm{A}$ tel que $f \circ u(x) = x$ et $f \circ v(\gamma) = \gamma$ pour $x \in \mathrm{L}$ et $\gamma \in \Gamma$. Comme l'algèbre $\mathbf{A}[\mathscr{E};\mathrm{L}]$ est simple, l'homomorphisme f est injectif. Or l'algèbre $\mathbf{A}[\mathscr{E};\mathrm{L}]$ est de rang n^2 sur K et il en est de même de A, puisque L est une sous-algèbre semi-simple commutative maximale de A et qu'on a $n = [\mathrm{L} : \mathrm{K}]$ (VIII, p. 258, prop. 3, (ii)). Donc f est bijectif.

DÉFINITION 2. — *Soit* $\mathscr{S}$ *l'ensemble des idéaux maximaux de* L. *On définit*

$$\mathrm{Br}(\mathrm{L}/\mathrm{K}) = \bigcap_{\mathfrak{m}\in\mathscr{S}} \mathrm{Ker}(r_{(\mathrm{L}/\mathfrak{m})/\mathrm{K}}),$$

où $r_{(\mathrm{L}/\mathfrak{m})/\mathrm{K}} : \mathrm{Br}(\mathrm{K}) \to \mathrm{Br}(\mathrm{L}/\mathfrak{m})$ *est l'homomorphisme d'extension des scalaires* (VIII, p. 277).

THÉORÈME 5. — *Il existe un isomorphisme de groupes*

$$\Psi : \mathrm{Ex}_\tau(\mathrm{G}, \mathrm{L}^*) \longrightarrow \mathrm{Br}(\mathrm{L}/\mathrm{K})$$

qui à la classe de toute τ*-extension* $\mathscr{E}$ *de* G *par* L* *associe la classe dans* Br(L/K) *de l'algèbre* $\mathbf{A}[\mathscr{E};\mathrm{L}]$.

Pour définir Ψ et vérifier que c'est une bijection, il s'agit d'établir les points suivants :

a) Si $\mathscr{E}$ et $\mathscr{E}'$ sont des τ-extensions isomorphes de G par L*, les algèbres $\mathbf{A}[\mathscr{E};\mathrm{L}]$ et $\mathbf{A}[\mathscr{E}';\mathrm{L}]$ sont isomorphes ;

b) Réciproquement, si les algèbres $\mathbf{A}[\mathscr{E}; \mathrm{L}]$ et $\mathbf{A}[\mathscr{E}'; \mathrm{L}]$ sont isomorphes, les τ-extensions $\mathscr{E}$ et $\mathscr{E}'$ de G par L* sont isomorphes ;

c) Dans toute classe appartenant à Br(L/K), il y a une algèbre E contenant L comme sous-algèbre commutative maximale ;

d) Si E est une algèbre simple et centrale de rang fini sur K et contenant L comme sous-algèbre commutative maximale, alors il existe une τ-extension $\mathscr{E}$ de G par L* telle que E soit isomorphe à $\mathbf{A}[\mathscr{E}; \mathrm{L}]$.

La vérification de a) résulte de la construction du produit croisé ; celle de b) résulte de VIII, p. 259, cor. L'assertion c) résulte de la prop. 5 de VIII, p. 277 et l'assertion d) n'est autre que le th. 4 ci-dessus.

Il reste à vérifier que Ψ est un homomorphisme de groupes ; pour cela il suffit de démontrer que si $\mathscr{E}_1 = (\Gamma_1, \iota_1, \pi_1)$ et $\mathscr{E}_2 = (\Gamma_2, \iota_2, \pi_2)$ sont des τ-extensions alors l'algèbre $\mathbf{A}[\mathscr{E}_1\mathscr{E}_2; \mathrm{L}]$ est équivalente à l'algèbre $\mathbf{A}[\mathscr{E}_1; \mathrm{L}] \otimes \mathbf{A}[\mathscr{E}_2; \mathrm{L}]$. Notons $\mathscr{E} = (\Gamma, \iota, \pi)$ l'extension produit $\mathscr{E}_1\mathscr{E}_2$. Le groupe Γ est donc isomorphe au conoyau de l'homomorphisme ρ de L* dans le produit fibré $\Gamma_1 \times_{\mathrm{G}} \Gamma_2$ qui envoie μ sur $(\iota_1(\mu), \iota_2(\mu)^{-1})$. Pour $i \in \{1, 2\}$, notons $\mathrm{A}_i = \mathbf{A}[\mathscr{E}_i; \mathrm{L}]$. Soient $u_i : \mathrm{L} \to \mathrm{A}_i$ et $v_i : \Gamma_i \to \mathrm{A}_i^*$ les homomorphismes canoniques et identifions L avec ses images par les homomorphismes u_i, ce qui fait de L une sous-algèbre commutative maximale de A_i. Notons V_i le L-espace vectoriel défini par la multiplication à gauche dans A_i. L'anneau $\mathrm{L} \otimes_{\mathrm{K}} \mathrm{A}_i^{\circ}$ opère sur V_i. Comme il est simple et de dimension n^2 sur L, on obtient un isomorphisme de $\mathrm{L} \otimes_{\mathrm{K}} \mathrm{A}_i^{\circ}$ sur $\mathrm{End}_{\mathrm{L}}(\mathrm{V}_i)$. Donc l'anneau $\mathrm{L} \otimes_{\mathrm{K}} \mathrm{A}_1^{\circ} \otimes_{\mathrm{K}} \mathrm{A}_2^{\circ}$, qu'on peut identifier à $(\mathrm{L} \otimes_{\mathrm{K}} \mathrm{A}_1^{\circ}) \otimes_{\mathrm{L}} (\mathrm{L} \otimes_{\mathrm{K}} \mathrm{A}_2^{\circ})$ est isomorphe à $\mathrm{End}_{\mathrm{L}}(\mathrm{V}_1 \otimes_{\mathrm{L}} \mathrm{V}_2)$. Posons $\mathrm{C} = \mathrm{End}_{\mathrm{A}_1^{\circ} \otimes_{\mathrm{K}} \mathrm{A}_2^{\circ}}(\mathrm{V}_1 \otimes_{\mathrm{L}} \mathrm{V}_2)$. Par le lemme 3 de VIII, p. 277, C est semblable à $\mathrm{A}_1 \otimes_{\mathrm{K}} \mathrm{A}_2$ et $\mathrm{L} \otimes 1 \otimes 1$ est une sous-algèbre commutative maximale de C. Pour tout couple $(\gamma_1, \gamma_2) \in \Gamma_1 \times \Gamma_2$ vérifiant $\pi_1(\gamma_1) = \pi_2(\gamma_2)$, notons $w(\gamma_1, \gamma_2)$ l'unique endomorphisme $\lambda(\pi_1(\gamma_1))$-semi-linéaire (II, p. 32) tel que

$$w(\gamma_1, \gamma_2)(x_1 \otimes x_2) = v_1(\gamma_1)x_1 \otimes v_2(\gamma_2)x_2$$

pour $x_1 \in \mathrm{V}_1$ et $x_2 \in \mathrm{V}_2$. On a $w(\gamma_1, \gamma_2) \in \mathrm{C}^*$ et w est un homomorphisme de groupes du produit fibré $\Gamma_1 \times_{\mathrm{G}} \Gamma_2$ dans C*. Cet homomorphisme est trivial sur l'image de ρ et induit un homomorphisme v de Γ dans C*. Notons $u : \mathrm{L} \to \mathrm{C}$ le morphisme donné par $u : l \mapsto l \otimes 1 \otimes 1$. On vérifie alors les relations

$$u(\alpha) = v(\iota(\alpha)) \qquad \text{et} \qquad u({}^{\gamma}\beta) = v(\gamma)u(\beta)v(\gamma)^{-1}$$

pour $\alpha \in \mathrm{L}^*$, $\beta \in \mathrm{L}$ et $\gamma \in \Gamma$. La proposition 12 de VIII, p. 310 fournit un homomorphisme f de l'algèbre $\mathbf{A}[\mathscr{E}; \mathrm{L}]$ dans C. Comme l'algèbre $\mathbf{A}[\mathscr{E}; \mathrm{L}]$ est simple, l'homomorphisme f est injectif. Les algèbres C et $\mathbf{A}[\mathscr{E}; \mathrm{L}]$ ayant la même dimension sur K, f est un isomorphisme.

Remarques. — 1) Si L est une algèbre étale sur K et G le groupe des automorphismes de L, il n'est pas toujours vrai que l'algèbre $\mathbf{A}[\mathscr{E}; \mathrm{L}]$ soit simple et centrale (par exemple, on peut prendre $\mathrm{L} = \mathrm{K}^n$ et $\mathrm{G} = \mathfrak{S}_n$).

2) On peut calculer comme suit un 2-cocycle c associé à une algèbre A déployée par une extension galoisienne finie L de groupe G. Tout d'abord, il existe un K-homomorphisme $\varphi : \mathrm{A} \to \mathbf{M}_m(\mathrm{L})$, où $[\mathrm{A} : \mathrm{K}] = m^2$. Pour $g \in \mathrm{G}$, soit φ^g l'homomorphisme de A dans $\mathbf{M}_m(\mathrm{L})$ donné par $a \mapsto \varphi(g^{-1}ag)$. D'après le théorème de Skolem-Noether, il existe, pour tout $g \in \mathrm{G}$, un élément u_g de $\mathbf{GL}_m(\mathrm{L})$ tels que

$$\varphi^g(a) = u_g \varphi(a) u_g^{-1}$$

pour $a \in \mathrm{A}$. On pose ensuite

$$c(g, g') = u_g u_{g'} u_{gg'}^{-1}.$$

On peut également définir une extension de G par L^* au moyen de φ : on considère le groupe $\Gamma \subset \mathbf{GL}_m(\mathrm{L})$ formé des γ pour lesquels il existe $g \in \mathrm{G}$ avec

$$\varphi^g(a) = \gamma \varphi(a) \gamma^{-1}$$

pour tout $a \in \mathrm{A}$. La classe de cette extension est l'image inverse par Ψ de la classe de A dans Br(L/K).

COROLLAIRE. — *L'application* $\Phi_{\mathrm{L/K}} = \Theta \circ \Psi^{-1}$ *définit un isomorphisme de groupes de* Br(L/K) *sur* $\mathrm{H}^2(\mathrm{G}, \mathrm{L}^*)$.

Soient K′ une extension de K et $\varphi : \mathrm{K}' \to \mathrm{L}$ un morphisme de K-algèbres. L'ensemble H des éléments h de G tels que $\lambda(h) \circ \varphi = \varphi$ est un sous-groupe de G et la K′-algèbre-L munie de la restriction de λ à H est une algèbre galoisienne sur K′.

PROPOSITION 14. — *Le diagramme*

$$\begin{array}{ccc} \mathrm{Br}(\mathrm{L/K}) & \xrightarrow{\Phi_{\mathrm{L/K}}} & \mathrm{H}^2(\mathrm{G}, \mathrm{L}^*) \\ \downarrow{\scriptstyle r_{\mathrm{K'/K}}} & & \downarrow{\scriptstyle \mathrm{Res}_{\mathrm{H}}^{\mathrm{G}}} \\ \mathrm{Br}(\mathrm{L/K'}) & \xrightarrow{\Phi_{\mathrm{L/K'}}} & \mathrm{H}^2(\mathrm{H}, \mathrm{L}^*) \end{array}$$

est commutatif

Cela resulte de la prop. 7 de VIII, p. 295 et de la prop. 13 de VIII, p. 311.

11. Indice et exposant

THÉORÈME 6. — *Soit* K *un corps commutatif et soit* A *une algèbre centrale, simple et de degré fini sur* K. *Soit* L *une extension séparable de degré fini de* K *qui déploie l'algèbre* A. *Alors* [L : K][A] *est nul dans* Br(K).

Il existe une extension M de L qui est une extension galoisienne de degré fini de K (V, p. 55, prop. 2). La classe [A] de A dans le groupe de Brauer de K appartient au sous-groupe Br(M/K). Soit G le groupe de Galois de M sur K et soit α l'image de [A] dans $H^2(G, M^*)$ (VIII, p. 316, cor.). Soit H le groupe de Galois de M sur L. Alors H est un sous-groupe d'indice [L : K] dans G (V, p. 66, cor. 5). Comme $\mathrm{Res}_H^G(\alpha) = \Phi_{M/L}(A_{(L)})$ (prop. 14), on a $\mathrm{Res}_H^G(\alpha) = 0$. Par la prop. 8 de VIII, p. 298, on en déduit que $[L : K]\alpha = 0$, puis $[L : K][A] = 0$.

Soit K un corps commutatif et soit A une algèbre centrale, simple et de degré fini sur K. Alors A est isomorphe à une algèbre de la forme $M_n(D)$, où D est un corps de centre K et [A] = [D] dans Br(K). Le degré réduit de D ne dépend que de A. On appelle *indice* de A ce degré réduit. L'indice de A divise donc le degré réduit de A. On appelle *exposant* de A l'ordre de la classe de A dans le groupe de Brauer de K.

COROLLAIRE 1. — *L'exposant d'une algèbre centrale simple et de degré fini sur un corps commutatif divise son indice.*

Il suffit de le démontrer pour un corps D de degré fini sur son centre K. Soit L un sous-corps commutatif maximal de D qui est une extension séparable de K ; on a $[D : K] = [L : K]^2$ (VIII, p. 261, cor. 2, b) et c)). Alors l'extension L de K déploie l'algèbre D (VIII, p. 277, prop. 5) et [L : K] coïncide avec le degré réduit de D. On applique alors le théorème 6.

COROLLAIRE 2. — *Soit* K *un corps commutatif et soit* A *une algèbre centrale, simple et de degré fini sur* K. *Soit* p *un nombre premier. Si* p *divise l'indice de* A, *alors il divise l'exposant de* A.

Supposons que le nombre premier p ne divise pas l'exposant de A et démontrons qu'il ne divise pas son indice. Il suffit de démontrer ce résultat dans le cas où A est un corps. Soit L une extension galoisienne de degré fini de K qui déploie A. Soit G le groupe de Galois de L sur K et soit H un p-sous-groupe de Sylow de G (I, p. 74). On note $L' = L^H$ le sous-corps de L des invariants de H. L'exposant de $A_{(L')}$ divise celui de A donc est premier à p. Par le théorème 6, on a que $[L : L'][A_{(L')}] = 0$ dans le groupe de Brauer de L'. Il en résulte que $[A_{(L')}] = 0$ et que le corps L' déploie A.

On applique alors le cor. 2 de VIII, p. 278 ; il en résulte que l'indice de A divise [L′ : K] et n'est donc pas divisible par p.

COROLLAIRE 3. — *Soit* K *un corps parfait de caractéristique* p *et soit* A *une algèbre centrale et simple de degré fini sur* K*, alors* p *ne divise pas l'indice de* A.

Il suffit de traiter le cas où p est strictement positif.

Démontrons dans ce cas que le groupe de Brauer de K ne contient pas d'élément d'ordre p. Pour toute extension M galoisienne de degré fini sur K, le corps M est parfait (V, p. 35, prop. 2). Donc l'élévation à la puissance p est un automorphisme du groupe M^*. Il en résulte que la multiplication par p est un automorphisme du groupe $H^2(\mathrm{Gal}(M/K), M^*)$ qui est isomorphe à $\mathrm{Br}(M/K)$.

Par conséquent, l'ordre de [A] est premier à p et, par le corollaire 2, son indice n'est pas divisible par p.

Remarque. — En considérant des produits tensoriels d'algèbres de quaternions, il est possible de construire des corps de centre K d'exposant 2 et d'indice arbitrairement grand (*cf.* VIII, p. 363, exercices 7 et 8).

Par contre, si K est une extension finie d'un corps p-adique ou un corps de série formelle sur un corps fini, alors l'exposant d'une algèbre centrale simple et de degré fini sur K est égal à son indice (VIII, p. 327, exerc. 17, e)).

EXERCICES

1) Soient G un groupe, $\mathbf{Z}[G]$ l'algèbre de G sur $\mathbf{Z}$; on identifie G à la base canonique de $\mathbf{Z}[G]$. Soit M un $\mathbf{Z}[G]$-module, c'est-à-dire un groupe commutatif muni d'une action de G respectant sa structure de groupe. Pour tout entier $n \geqslant 0$, on note $C^n(G, M)$ le groupe des applications de G^n dans M ; on pose $C^n(G, M) = 0$ pour $n < 0$. On définit un homomorphisme $d^n : C^n(G, M) \to C^{n+1}(G, M)$ par la formule

$$(d^n c)(g_0, \ldots, g_n) = g_0\, c(g_1, \ldots, g_n) + \sum_{i=0}^{n-1} (-1)^{i+1} c(g_0, \ldots, g_i g_{i+1}, \ldots, g_n) \\ + (-1)^{n+1} c(g_0, \ldots, g_{n-1}).$$

Pour tout entier n, on pose $Z^n(G, M) = \operatorname{Ker} d^n$ et $B^n(G, M) = \operatorname{Im} d^n$.

a) Prouver que $B^n(G, M)$ est contenu dans $Z^n(G, M)$. On pose $H^n(G, M) = Z^n(G, M)/B^n(G, M)$. Le groupe $H^0(G, M)$ est l'ensemble des éléments de M fixes par l'action de G ; le groupe $Z^1(G, M)$ est le groupe des applications $f : G \to M$ satisfaisant à $f(gg') = f(g) + g\, f(g')$, et $B^1(G, M)$ est le sous-groupe des applications f pour lesquelles il existe $m \in M$ tel que $f(g) = gm - m$ (*cf.* I, p. 135, exerc. 7).

b) Soient N un $\mathbf{Z}[G]$-module et $u : M \to N$ une application $\mathbf{Z}[G]$-linéaire. Pour tout entier n, l'application $c \mapsto u \circ c$ est un homomorphisme de $C^n(G, M)$ dans $C^n(G, N)$, qui applique $Z^n(G, M)$ dans $Z^n(G, N)$ et $B^n(G, M)$ dans $B^n(G, N)$, et induit donc un homomorphisme de $H^n(G, M)$ dans $H^n(G, N)$, noté $H^n(G, u)$ ou simplement $H^n(u)$. Si $v : N \to P$ est un homomorphisme de $\mathbf{Z}[G]$-modules, on a $H^n(v \circ u) = H^n(v) \circ H^n(u)$.

c) Soit $0 \to M' \xrightarrow{\iota} M \xrightarrow{\pi} M'' \to 0$ une suite exacte de $\mathbf{Z}[G]$-modules. Soient n un entier et x'' un élément de $H^n(G, M'')$, classe d'un élément $c'' \in Z^n(G, M'')$. Soit $c \in C^n(G, M)$ tel que $\pi \circ c = c''$. Prouver qu'il existe un élément $c' \in Z^{n+1}(G, M')$ tel que $\iota \circ c' = d^n(c)$, et que la classe de c' dans $H^{n+1}(G, M')$ ne dépend que de x'' ; on la note $\partial^n(x'')$. L'application $\partial^n : H^n(G, M'') \to H^{n+1}(G, M')$ est un homomorphisme (« *homomorphisme de liaison* ») ; prouver que la suite

$$\ldots \longrightarrow H^n(G, M') \xrightarrow{H^n(\iota)} H^n(G, M) \xrightarrow{H^n(\pi)} H^n(G, M'') \xrightarrow{\partial^n} H^{n+1}(G, M') \longrightarrow \ldots$$

est exacte.

2) Soient $\varphi : H \to G$ un homomorphisme de groupes, M un $\mathbf{Z}[G]$-module, N un $\mathbf{Z}[H]$-module et $u : M \to N$ un homomorphisme de groupes abéliens. On dit que φ et u sont *compatibles* si l'on a $u(\varphi(h)\, x) = hu(x)$ quels que soient $h \in H$, $x \in M$.

a) Pour $n \geqslant 0$, soit $\varphi^n : H^n \to G^n$ l'application déduite de φ ; si φ et u sont compatibles, l'homomorphisme $c \mapsto u \circ c \circ \varphi^n$ de $C^n(G, M)$ dans $C^n(H, N)$ applique $Z^n(G, M)$ dans $Z^n(H, N)$ et $B^n(G, M)$ dans $B^n(H, N)$, et induit donc un homomorphisme $H^n(\varphi, u)$ de $H^n(G, M)$ dans $H^n(H, N)$.

b) Soient $\psi : \mathrm{K} \to \mathrm{H}$ un autre homomorphisme de groupes, P un $\mathbf{Z}[\mathrm{K}]$-module, $v : \mathrm{N} \to \mathrm{P}$ un homomorphisme de groupes abéliens. Si φ et u d'une part, ψ et v d'autre part sont compatibles, on a $\mathrm{H}^n(\varphi \circ \psi, v \circ u) = \mathrm{H}^n(\psi, v) \circ \mathrm{H}^n(\varphi, u)$.

c) On considère un diagramme commutatif

$$\begin{array}{ccccccccc} 0 & \longrightarrow & \mathrm{M}' & \longrightarrow & \mathrm{M} & \longrightarrow & \mathrm{M}'' & \longrightarrow & 0 \\ & & \big\downarrow u' & & \big\downarrow u & & \big\downarrow u'' & & \\ 0 & \longrightarrow & \mathrm{N}' & \longrightarrow & \mathrm{N} & \longrightarrow & \mathrm{N}'' & \longrightarrow & 0, \end{array}$$

où la première ligne (resp. la seconde) est une suite exacte de $\mathbf{Z}[\mathrm{G}]$-modules (resp. de $\mathbf{Z}[\mathrm{H}]$-modules), et où u', u, u'' sont compatibles avec φ. Démontrer que le diagramme

$$\begin{array}{ccccccccccc} \dots & \longrightarrow & \mathrm{H}^n(\mathrm{G},\mathrm{M}') & \longrightarrow & \mathrm{H}^n(\mathrm{G},\mathrm{M}) & \longrightarrow & \mathrm{H}^n(\mathrm{G},\mathrm{M}'') & \longrightarrow & \mathrm{H}^{n+1}(\mathrm{G},\mathrm{M}') & \longrightarrow & \dots \\ & & \big\downarrow \mathrm{H}^n(\varphi,u') & & \big\downarrow \mathrm{H}^n(\varphi,u) & & \big\downarrow \mathrm{H}^n(\varphi,u'') & & \big\downarrow \mathrm{H}^{n+1}(\varphi,u) & & \\ \dots & \longrightarrow & \mathrm{H}^n(\mathrm{H},\mathrm{N}') & \longrightarrow & \mathrm{H}^n(\mathrm{H},\mathrm{N}) & \longrightarrow & \mathrm{H}^n(\mathrm{H},\mathrm{N}'') & \longrightarrow & \mathrm{H}^{n+1}(\mathrm{H},\mathrm{N}') & \longrightarrow & \dots \end{array}$$

(dont les lignes horizontales sont les suites exactes longues définies dans l'exerc. 1 *c*)) est commutatif.

d) Exemples : si $\mathrm{H} = \mathrm{G}$, l'application u est compatible avec Id_{G} si et seulement si elle est $\mathbf{Z}[\mathrm{G}]$-linéaire, et l'on a $\mathrm{H}^n(\mathrm{Id}_{\mathrm{G}}, u) = \mathrm{H}^n(\mathrm{G}, u)$. Si N est égal à M muni de la structure de $\mathbf{Z}[\mathrm{G}]$-module déduite de φ, les homomorphismes φ et 1_{M} sont compatibles; on note $\mathrm{Res}^q : \mathrm{H}^q(\mathrm{G}, \mathrm{M}) \to \mathrm{H}^q(\mathrm{H}, \mathrm{M})$ l'homomorphisme $\mathrm{H}^q(\varphi, 1_{\mathrm{M}})$ (« *homomorphisme de restriction* »).

e) Soit H un sous-groupe distingué de G, et soit M^{H} le sous-groupe de M formé des éléments invariants par H, muni de l'action de G/H déduite de celle de G par passage au quotient. La surjection canonique $p : \mathrm{G} \to \mathrm{G}/\mathrm{H}$ et l'injection canonique $j : \mathrm{M}^{\mathrm{H}} \to \mathrm{M}$ sont compatibles; on note $\mathrm{Inf}^q : \mathrm{H}^q(\mathrm{G}/\mathrm{H}, \mathrm{M}^{\mathrm{H}}) \to \mathrm{H}^q(\mathrm{G}, \mathrm{M})$ l'homomorphisme $\mathrm{H}^q(p, j)$ (« *homomorphisme d'inflation* »). Prouver que la suite

$$0 \to \mathrm{H}^1(\mathrm{G}/\mathrm{H}, \mathrm{M}^{\mathrm{H}}) \overset{\mathrm{Inf}^1}{\to} \mathrm{H}^1(\mathrm{G}, \mathrm{M}) \overset{\mathrm{Res}^1}{\to} \mathrm{H}^1(\mathrm{H}, \mathrm{M})$$

est exacte. Si de plus $\mathrm{H}^1(\mathrm{H}, \mathrm{M})$ est nul, la suite

$$0 \to \mathrm{H}^2(\mathrm{G}/\mathrm{H}, \mathrm{M}^{\mathrm{H}}) \overset{\mathrm{Inf}^2}{\to} \mathrm{H}^2(\mathrm{G}, \mathrm{M}) \overset{\mathrm{Res}^2}{\to} \mathrm{H}^2(\mathrm{H}, \mathrm{M})$$

est exacte.

¶ 3) Soient G un groupe, M un $\mathbf{Z}[\mathrm{G}]$-module. On fait opérer G sur $\mathrm{C}^1(\mathrm{G}, \mathrm{M})$ en associant à $(g, f) \in \mathrm{G} \times \mathrm{C}^1(\mathrm{G}, \mathrm{M})$ la fonction $h \mapsto gf(g^{-1}h)$ sur G. On rappelle (I, p. 136, exerc. 8) qu'une G-*moyenne* sur M est une application $\mathbf{Z}[\mathrm{G}]$-linéaire $\mu : \mathrm{C}^1(\mathrm{G}, \mathrm{M}) \to \mathrm{M}$ satisfaisant à $\mu(c_x) = x$, où c_x désigne la fonction constante de valeur $x \in \mathrm{M}$.

a) Si M admet une G-moyenne, prouver que $\mathrm{H}^n(\mathrm{G}, \mathrm{M})$ est nul pour $n \geqslant 1$ (pour $q \geqslant 1$, soit $h^q : \mathrm{C}^q(\mathrm{G}, \mathrm{M}) \to \mathrm{C}^{q-1}(\mathrm{G}, \mathrm{M})$ l'homomorphisme défini de la façon suivante : pour

$g_1, \ldots, g_{q-1}$ dans G et $c \in \mathrm{C}^q(\mathrm{G}, \mathrm{M})$, $h^q(c)(g_1, \ldots, g_{q-1})$ est l'image par μ de la fonction $g \mapsto c(g_1, \ldots, g_{q-1}, (g_1 \ldots g_{q-1})^{-1}g)$. Démontrer l'égalité $h^{q+1} \circ d^q + d^{q-1} \circ h^q = 1_{\mathrm{C}^q(\mathrm{G},\mathrm{M})}$).

b) Soit A un groupe commutatif; on note $\mathscr{F}(\mathrm{G}, \mathrm{A})$ le groupe des applications de G dans A, muni de l'action de G définie par ${}^g f(h) = f(hg)$ pour g, h dans G et f dans $\mathscr{F}(\mathrm{G}, \mathrm{A})$. Pour toute application c de G dans $\mathscr{F}(\mathrm{G}, \mathrm{A})$, on note $\mu(c)$ l'application $g \mapsto c(g^{-1})(g)$ de G dans A. Montrer que μ est une G-moyenne sur $\mathscr{F}(\mathrm{G}, \mathrm{A})$; on a donc $\mathrm{H}^q(\mathrm{G}, \mathscr{F}(\mathrm{G}, \mathrm{A})) = 0$ pour $q \geqslant 1$.

c) Soit $j : \mathrm{M} \to \mathscr{F}(\mathrm{G}, \mathrm{M})$ l'application qui associe à un élément m de M la fonction $g \mapsto gm$, et soit M′ son conoyau. Prouver que j est injective et $\mathbf{Z}[\mathrm{G}]$-linéaire. En déduire que l'homomorphisme $\partial^q : \mathrm{H}^q(\mathrm{G}, \mathrm{M}') \to \mathrm{H}^{q+1}(\mathrm{G}, \mathrm{M})$ est bijectif pour $q \geqslant 1$.

d) Soient L une extension galoisienne finie du corps commutatif K, G son groupe de Galois. Déduire de *b*) et du théorème de la base normale (V, p. 70) que les groupes $\mathrm{H}^n(\mathrm{G}, \mathrm{L})$ sont nuls pour $n \geqslant 1$.

¶ 4) Soient G un groupe, H un sous-groupe de G. Pour tout $\mathbf{Z}[\mathrm{H}]$-module N, on note $\widetilde{\mathrm{N}}$ le groupe $\mathrm{Hom}_{\mathbf{Z}[\mathrm{H}]}(\mathbf{Z}[\mathrm{G}], \mathrm{N})$, muni de la structure de $\mathbf{Z}[\mathrm{G}]$-module déduite de la structure de $\mathbf{Z}[\mathrm{G}]$-module à droite de $\mathbf{Z}[\mathrm{G}]$.

a) Démontrer que $\widetilde{\mathrm{N}}$ s'identifie au sous-$\mathbf{Z}[\mathrm{G}]$-module de $\mathscr{F}(\mathrm{G}, \mathrm{N})$ (exerc. 3) formé des applications f telles que $f(hg) = hf(g)$ quels que soient $h \in \mathrm{H}$, $g \in \mathrm{G}$. Si A est un groupe commutatif, le $\mathbf{Z}[\mathrm{G}]$-module $\widetilde{\mathscr{F}(\mathrm{H}, \mathrm{A})}$ est canoniquement isomorphe à $\mathscr{F}(\mathrm{G}, \mathrm{A})$.

b) Soit $0 \to \mathrm{N}' \xrightarrow{i} \mathrm{N} \xrightarrow{p} \mathrm{N}'' \to 0$ une suite exacte de $\mathbf{Z}[\mathrm{H}]$-modules ; la suite

$$0 \longrightarrow \widetilde{\mathrm{N}}' \xrightarrow{\mathrm{Hom}(1,i)} \widetilde{\mathrm{N}} \xrightarrow{\mathrm{Hom}(1,p)} \widetilde{\mathrm{N}}'' \longrightarrow 0$$

est exacte (observer que le $\mathbf{Z}[\mathrm{H}]$-module $\mathbf{Z}[\mathrm{G}]$ est libre).

c) Soit $u_\mathrm{N} : \widetilde{\mathrm{N}} \to \mathrm{N}$ l'application $f \mapsto f(1)$; elle est compatible avec l'injection canonique $i : \mathrm{H} \to \mathrm{G}$ (exerc. 2). Prouver que l'homomorphisme

$$\mathrm{H}^q(i, u_\mathrm{N}) : \mathrm{H}^q(\mathrm{G}, \widetilde{\mathrm{N}}) \to \mathrm{H}^q(\mathrm{H}, \mathrm{N})$$

est bijectif pour tout $q \geqslant 0$ (traiter d'abord le cas $q = 0$, puis raisonner par récurrence sur q en utilisant ce qui précède, l'exerc. 3 *c*) et l'exerc. 2 *c*)).

d) On suppose que H est d'indice fini n dans G. Soit M un $\mathbf{Z}[\mathrm{G}]$-module, que l'on considère comme un $\mathbf{Z}[\mathrm{H}]$-module par restriction des scalaires. Soit $f \in \widetilde{\mathrm{M}}$; l'élément $g^{-1}f(g)$ ne dépend que de la classe à droite Hg de g. On pose $\pi(f) = \sum_{\mathrm{H}g \in \mathrm{H}\backslash\mathrm{G}} g^{-1}f(g)$. Prouver que π est un homomorphisme $\mathbf{Z}[\mathrm{G}]$-linéaire de $\widetilde{\mathrm{M}}$ dans M. Pour tout entier $q \geqslant 0$, on note $\mathrm{Cor}^q : \mathrm{H}^q(\mathrm{H}, \mathrm{M}) \to \mathrm{H}^q(\mathrm{G}, \mathrm{M})$ l'homomorphisme $\mathrm{H}^q(\pi) \circ \mathrm{H}^q(i, u_\mathrm{M})^{-1}$ (« *homomorphisme de corestriction* »).

e) Prouver que l'endomorphisme $\mathrm{Cor}^q \circ \mathrm{Res}^q$ de $\mathrm{H}^q(\mathrm{G}, \mathrm{M})$ est la multiplication par n (traiter d'abord le cas $q = 0$, puis en déduire le cas général comme dans la démonstration de *c*)).

f) On suppose G fini ; prouver que pour tout $\mathbf{Z}[\mathbf{G}]$-module M et tout entier $q \geqslant 1$, le groupe $\mathrm{H}^q(\mathrm{G}, \mathrm{M})$ est annulé par l'ordre de G.

5) Soient G un groupe, M un groupe *non nécessairement commutatif* muni d'un homomorphisme $\varphi : \mathrm{G} \to \mathrm{Aut}(\mathrm{M})$; pour $g \in \mathrm{G}$, $m \in \mathrm{M}$, on pose ${}^g m = \varphi(g)(m)$. On désigne encore par $\mathrm{H}^0(\mathrm{G}, \mathrm{M})$ le sous-groupe de M formé des éléments fixes par l'action de G ; son élément neutre est appelé élément distingué de $\mathrm{H}^0(\mathrm{G}, \mathrm{M})$. Soit $\mathrm{Z}^1(\mathrm{G}, \mathrm{M})$ l'ensemble des applications $c : \mathrm{G} \to \mathrm{M}$ satisfaisant à $c(gh) = c(g)\,{}^g c(h)$ pour g, h dans G. Pour $c \in \mathrm{Z}^1(\mathrm{G}, \mathrm{M})$, $m \in \mathrm{M}$, l'application $g \mapsto m\,c(g)\,({}^g m)^{-1}$ appartient à $\mathrm{Z}^1(\mathrm{G}, \mathrm{M})$: on définit ainsi une action du groupe M sur $\mathrm{Z}^1(\mathrm{G}, \mathrm{M})$. L'ensemble quotient est noté $\mathrm{H}^1(\mathrm{G}, \mathrm{M})$; il est muni d'un élément distingué, à savoir la classe de l'application constante de valeur 1. Si M est commutatif, l'ensemble $\mathrm{H}^1(\mathrm{G}, \mathrm{M})$ coïncide avec celui défini dans l'exerc. 1.

a) Soit N un deuxième groupe muni d'une action de G, et $u : \mathrm{M} \to \mathrm{N}$ un homomorphisme de groupes compatible avec les actions de G. Définir pour $i = 0, 1$ des homomorphismes $\mathrm{H}^i(u) : \mathrm{H}^i(\mathrm{G}, \mathrm{M}) \to \mathrm{H}^i(\mathrm{G}, \mathrm{N})$, qui appliquent l'élément distingué de $\mathrm{H}^i(\mathrm{G}, \mathrm{M})$ sur celui de $\mathrm{H}^i(\mathrm{G}, \mathrm{N})$.

b) Soit $0 \to \mathrm{M}' \xrightarrow{\iota} \mathrm{M} \xrightarrow{\pi} \mathrm{M}'' \to 0$ une suite exacte de groupes à opérateurs dans G. Soit $x'' \in \mathrm{H}^0(\mathrm{G}, \mathrm{M}'')$, et soit x un élément de M tel que $\pi(x) = x''$; démontrer qu'il existe un élément $c' \in \mathrm{Z}^1(\mathrm{G}, \mathrm{M}')$ tel que $\iota \circ c'(g) = g^{-1}c(g)$ pour tout $g \in \mathrm{G}$, et que la classe de c' dans $\mathrm{H}^1(\mathrm{G}, \mathrm{M}')$ ne dépend que de x'' ; on la note $\partial(x'')$. Prouver que la suite

$$0 \to \mathrm{H}^0(\mathrm{G}, \mathrm{M}') \xrightarrow{\mathrm{H}^0(\iota)} \mathrm{H}^0(\mathrm{G}, \mathrm{M}) \xrightarrow{\mathrm{H}^0(\pi)} \mathrm{H}^0(\mathrm{G}, \mathrm{M}'') \xrightarrow{\partial}$$
$$\mathrm{H}^1(\mathrm{G}, \mathrm{M}') \xrightarrow{\mathrm{H}^1(\iota)} \mathrm{H}^1(\mathrm{G}, \mathrm{M}) \xrightarrow{\mathrm{H}^1(\pi)} \mathrm{H}^1(\mathrm{G}, \mathrm{M}'')$$

est exacte (on dit qu'une suite d'applications $\mathrm{G} \xrightarrow{i} \mathrm{F} \xrightarrow{p} \mathrm{E}$, où l'ensemble E est muni d'un élément distingué e, est exacte en F si $\mathrm{Im}(i) = p^{-1}(e)$).

c) On suppose de plus que M′ est contenu dans le centre de M. Construire une application $\partial^1 : \mathrm{H}^1(\mathrm{G}, \mathrm{M}'') \to \mathrm{H}^2(\mathrm{G}, \mathrm{M}')$ telle que l'image réciproque de l'élément neutre par ∂^1 soit l'image de $\mathrm{H}^1(\pi)$. Définir par ailleurs une action du groupe $\mathrm{H}^1(\mathrm{G}, \mathrm{M}')$ sur l'ensemble $\mathrm{H}^1(\mathrm{G}, \mathrm{M})$, telle que deux éléments soient conjugués pour cette action si et seulement s'ils ont même image par $\mathrm{H}^1(\pi)$.

d) Soient K un corps commutatif, L une extension galoisienne finie de K, de groupe de Galois G, n un entier. On fait opérer G sur le groupe $\mathbf{GL}_n(\mathrm{L})$ en posant, pour $\sigma \in \mathrm{G}$ et $A = (a_{ij}) \in \mathbf{GL}_n(\mathrm{L})$, ${}^\sigma A = (\sigma(a_{ij}))$. Déduire de V, p. 62, prop. 9 que l'ensemble $\mathrm{H}^1(\mathrm{G}, \mathbf{GL}_n(\mathrm{L}))$ est réduit à un élément (« *théorème d'Hilbert 90* »).

¶ 6) Soit L une extension galoisienne finie du corps commutatif K, de groupe de Galois G. Soient V, V′ des K-espaces vectoriels, w (resp. w') un tenseur de type (p, q) sur V (resp. V′). On appelle L-*isomorphisme* de (V, w) sur (V', w') un isomorphisme L-linéaire $u : \mathrm{V}_{(\mathrm{L})} \to \mathrm{V}'_{(\mathrm{L})}$ tel que $u^{\otimes p} \otimes ({}^t u^{-1})^{\otimes q}$ applique l'image de w sur celle de w'. On désigne par $\mathrm{Aut_L}(V, w)$ le groupe des L-automorphismes de (V, w), sur lequel G agit par la règle ${}^\sigma\varphi = (1_V \otimes \sigma) \circ \varphi \circ (1_V \otimes \sigma)^{-1}$.

a) Soient u un L-isomorphisme de (V, w) sur (V', w') et σ un élément de G ; l'application ${}^\sigma u = (1_{V'} \otimes \sigma) \circ u \circ (1_V \otimes \sigma)^{-1}$ est un L-isomorphisme de (V, w) sur (V', w'), de sorte que $c(\sigma) = u^{-1} \circ {}^\sigma u$ est un élément de $\mathrm{Aut_L}(V, w)$. Prouver que l'application $c : G \to \mathrm{Aut_L}(V, w)$ appartient à $Z^1(G, \mathrm{Aut_L}(V, w))$, et que sa classe $\theta(V', w')$ dans $H^1(G, \mathrm{Aut_L}(V, w))$ ne dépend pas du choix de u.

b) Prouver que l'application $(V', w') \mapsto \theta(V', w')$ définit une bijection de l'ensemble des classes de K-isomorphisme de couples (V', w') L-isomorphes à (V, w) sur l'ensemble $H^1(G, \mathrm{Aut_L}(V, w))$ (étant donné un élément c de $Z^1(G, \mathrm{Aut_L}(V, w))$, déduire de l'exerc. 5 *d*) un L-automorphisme f de $V_{(L)}$ tel que $c(\sigma) = f^{-1} \circ {}^\sigma f$; démontrer que l'image w' de w par l'automorphisme déduit de f est rationnelle sur K et considérer le couple (V, w')).

**c*) Exemples : l'ensemble $H^1(G, \mathbf{Sp}_{2n}(L))$ est réduit à un élément ; si Q est une forme quadratique sur K, l'ensemble $H^1(G, \mathbf{O}(Q_{(L)}))$ s'identifie à l'ensemble des classes d'équivalence de formes quadratiques sur K qui sont équivalentes à Q sur L.*

d) Soit A une K-algèbre, M le groupe d'automorphismes de la L-algèbre $A_{(L)}$, muni de l'action de G définie plus haut. La construction de *b*) définit une bijection entre l'ensemble des classes d'isomorphisme de couples (B, u), où B est une K-algèbre et u un isomorphisme de $B_{(L)}$ sur $A_{(L)}$, sur l'ensemble $Z^1(G, M)$; la bijection réciproque associe à un élément c de $Z^1(G, M)$ la sous-K-algèbre de $A_{(L)}$ formée des éléments a satisfaisant à $c(\sigma)(\sigma(a)) = a$ pour tout $\sigma \in G$.

7) Soit L une extension de K. Pour tout entier $n \geqslant 1$, on désigne par $\mathscr{A}_n(L/K)$ l'ensemble des classes d'isomorphisme de K-algèbres centrales et simples, de degré n^2, déployées par L.

a) Démontrer que le noyau $\mathrm{Br}(L/K)$ de l'homomorphisme canonique $\mathrm{Br}(K) \to \mathrm{Br}(L)$ est isomorphe à la limite inductive des ensembles $\mathscr{A}_n(L/K)$, pour un système d'applications que l'on précisera.

b) On suppose désormais que L est une extension galoisienne finie de K, de groupe de Galois G. Déduire de l'exerc. 6 une bijection $\theta_n : \mathscr{A}_n(L/K) \to H^1(G, \mathbf{PGL}_n(L))$.

c) On note $\partial_n : H^1(G, \mathbf{PGL}_n(L)) \to H^2(G, L^*)$ l'application déduite de la suite exacte $1 \to L^* \to \mathbf{GL}_n(L) \to \mathbf{PGL}_n(L) \to 1$ (exerc. 5 *c*)), et $\delta_n : \mathscr{A}_n(L/K) \to H^2(G, L^*)$ l'application $\partial_n \circ \theta_n$. Si $A \in \mathscr{A}_n(L/K)$, on a $\delta_n(A) = 0$ si et seulement si A est une algèbre de matrices sur K ; si $A \in \mathscr{A}_p(L/K)$ et $B \in \mathscr{A}_q(L/K)$, on a $\delta_{pq}(A \otimes_K B) = \delta_p(A) + \delta_q(B)$. En déduire par passage à la limite inductive un homomorphisme injectif de groupes $\delta_{L/K}$: $\mathrm{Br}(L/K) \to H^2(G, L^*)$.

d) Prouver que ∂_n est surjective pour $n = \mathrm{Card}(G)$ (soit $c : G \times G \to L^*$ un élément de $Z^2(G, L^*)$; pour tout $\sigma \in G$, considérer l'endomorphisme $u(\sigma)$ de L^G qui applique e_τ sur $c(\sigma, \tau)\, e_{\sigma\tau}$ pour tout $\tau \in G$, et calculer $u(\sigma)\, {}^\sigma u(\tau)\, u(\sigma\tau)^{-1}$).

e) Comparer $\delta_{L/K}$ et $\Phi_{L/K}$.

f) Démontrer que le groupe $\mathrm{Br}(\mathrm{K})$ s'identifie à la limite du système inductif de groupes $(\mathrm{H}^2(\mathrm{Gal}\,(\mathrm{L}/\mathrm{K}), \mathrm{L}^*))$ relatif à l'ensemble (ordonné par inclusion) des extensions galoisiennes de degré fini de K contenues dans une clôture algébrique fixée de K, les homomorphismes entre ces groupes étant les homomorphismes (injectifs) d'inflation.

g) Soit F une extension de K contenue dans L, Γ le sous-groupe de G laissant invariant F. Démontrer que le diagramme

$$\begin{array}{ccc} \mathrm{Br}(\mathrm{L}/\mathrm{K}) & \xrightarrow{r_{\mathrm{F}/\mathrm{K}}} & \mathrm{Br}(\mathrm{F}/\mathrm{L}) \\ \Big\downarrow{\scriptstyle \delta_{\mathrm{L}/\mathrm{K}}} & & \Big\downarrow{\scriptstyle \delta_{\mathrm{F}/\mathrm{L}}} \\ \mathrm{H}^2(\mathrm{G}, \mathrm{L}^*) & \xrightarrow{\mathrm{Res}^2} & \mathrm{H}^2(\Gamma, \mathrm{L}^*) \end{array}$$

est commutatif. En déduire un isomorphisme canonique de $\mathrm{Br}(\mathrm{F}/\mathrm{K})$ sur le noyau de l'homomorphisme $\mathrm{Res}^2 : \mathrm{H}^2(\mathrm{G}, \mathrm{L}^*) \to \mathrm{H}^2(\Gamma, \mathrm{L}^*)$.

8) Soit L une extension de K. On suppose K de caractéristique $p > 0$ et $\mathrm{L} = \mathrm{K}^{1/p}$. Prouver que le groupe $\mathrm{Br}(\mathrm{L}/\mathrm{K})$ est égal au noyau de la multiplication par p dans $\mathrm{Br}(\mathrm{K})$ (si N est une extension galoisienne finie de K, observer que $\mathrm{N}^{1/p}$ est une extension galoisienne de L, de même groupe de Galois).

9) Soient G un groupe fini, M un $\mathbf{Z}[\mathrm{G}]$-module. On note N_G l'homomorphisme $m \mapsto \sum_g gm$ de M dans M ; son image est contenue dans le sous-module M^G de M formé des éléments invariants. Soit $\mathrm{T}_\mathrm{G}(\mathrm{M})$ le groupe quotient $\mathrm{M}^\mathrm{G}/\mathrm{N}_\mathrm{G}(\mathrm{M})$.

a) Soit $c \in \mathrm{Z}^2(\mathrm{G}, \mathrm{M})$. Démontrer que l'élément $\sum_h c(h, g)$ appartient à M^G ; on note $\theta_c(g)$ sa classe dans $\mathrm{T}_\mathrm{G}(\mathrm{M})$. Prouver que θ_c est un homomorphisme de G dans $\mathrm{T}_\mathrm{G}(\mathrm{M})$, qui est nul lorsque $c \in \mathrm{B}^2(\mathrm{G}, \mathrm{M})$. En déduire un homomorphisme $\theta_\mathrm{M} : \mathrm{H}^2(\mathrm{G}, \mathrm{M}) \to \mathrm{Hom}(\mathrm{G}, \mathrm{T}_\mathrm{G}(\mathrm{M}))$.

b) Soit $u : \mathrm{M} \to \mathrm{N}$ un homomorphisme de $\mathbf{Z}[\mathrm{G}]$-modules, $\widetilde{u} : \mathrm{T}_\mathrm{G}(\mathrm{M}) \to \mathrm{T}_\mathrm{G}(\mathrm{N})$ l'homomorphisme induit par u. Prouver qu'on a $\theta_\mathrm{N} \circ \mathrm{H}^2(u) = \mathrm{Hom}(1_\mathrm{G}, \widetilde{u}) \circ \theta_\mathrm{M}$.

c) On suppose désormais que G est *cyclique* ; on note σ un générateur de G, et n son ordre. Soit $\chi \in \mathrm{Hom}(\mathrm{G}, \mathbf{Z}/n\mathbf{Z})$ l'homomorphisme qui applique σ sur la classe de 1, et soit $\lambda \in \mathrm{H}^2(\mathrm{G}, \mathbf{Z})$ son image par l'homomorphisme de liaison associé à la suite exacte $0 \to \mathbf{Z} \to \mathbf{Z} \to \mathbf{Z}/n\mathbf{Z} \to 0$; démontrer que λ est la classe de l'élément $\varepsilon \in \mathrm{Z}^2(\mathrm{G}, \mathbf{Z})$ tel que $\varepsilon(\sigma^p, \sigma^q)$, pour $0 \leqslant p < n$, $0 \leqslant q < n$, est égal à 0 si $p + q < n$ et à 1 si $p + q \geqslant n$. Pour $m \in \mathrm{M}^\mathrm{G}$, notons h_m l'application $\mathbf{Z}[\mathrm{G}]$-linéaire de $\mathbf{Z}$ dans M telle que $h_m(1) = m$. Prouver que l'image par θ_M de $\mathrm{H}^2(h_m)(\lambda)$ est égal à la classe de m, de sorte que θ_M est surjectif.

d) Prouver que θ_M est un isomorphisme (soit $c \in \mathrm{Z}^2(\mathrm{G}, \mathrm{M})$; démontrer qu'on peut supposer $c(g, 1) = c(1, g) = 1$ pour tout $g \in \mathrm{G}$ et calculer les images par d^1 des éléments a et b_m ($m \in \mathrm{M}$) de $\mathrm{C}^1(\mathrm{G}, \mathrm{M})$ définis par $b(\sigma^p) = \sum_{i=0}^{p-1} c(\sigma^i, \sigma)$ et $a_m(\sigma^p) = \sum_{i=0}^{p-1} \sigma^i m$).

10) *a*) Soit L une extension cyclique de K. Déduire des exercices 9 et 7 que les groupes $\mathrm{Br}(\mathrm{L}/\mathrm{K})$ et $\mathrm{K}^*/\mathrm{N}_{\mathrm{L}/\mathrm{K}}(\mathrm{L}^*)$ sont isomorphes.

b) Supposons que toute extension de degré fini L de K est cyclique et que l'application norme $\mathrm{N}_{\mathrm{L}/\mathrm{K}} : \mathrm{L}^* \to \mathrm{K}^*$ est surjective. Démontrer que tout corps de centre K, de degré fini sur K, est égal à K.

c) Appliquer la question précédente aux corps finis.

11) Soient L une extension cyclique de K, G son groupe de Galois, σ un générateur de G. L'exerc. 10 fournit un isomorphisme canonique $\mathrm{Br}(\mathrm{L}/\mathrm{K}) \to \mathrm{K}^*/\mathrm{N}_{\mathrm{L}/\mathrm{K}}(\mathrm{L}^*)$, dont on va expliciter l'isomorphisme réciproque.

Soit $\theta \in \mathrm{K}^*$, et soit $c_\theta \in \mathrm{Z}^2(\mathrm{G}, \mathrm{L}^*)$ l'élément défini par $c_\theta(\sigma^p, \sigma^q) = \theta^{\varepsilon(p,q)}$ (exerc. 9 *c*)). Démontrer que le produit croisé $\mathrm{A}[\mathscr{E}, \mathrm{L}]$ de L par l'extension $\mathscr{E}$ associé à c_θ est isomorphe au quotient de la K-algèbre $\mathrm{L}[\mathrm{X}]_\sigma$ (VIII, p. 10) par l'idéal (bilatère) engendré par l'élément central $\mathrm{X}^n - \theta$. La classe de A_θ dans $\mathrm{Br}(\mathrm{L}/\mathrm{K})$ correspond par l'isomorphisme ci-dessus à la classe de θ (mod $\mathrm{N}_{\mathrm{L}/\mathrm{K}}(\mathrm{L}^*)$).

12) Soit A un anneau commutatif. On munit l'ensemble des classes d'isomorphisme de A-algèbres d'Azumaya (VIII, p. 266, exerc. 8) d'une structure de monoïde en posant $\mathrm{cl}(\mathrm{S})\,\mathrm{cl}(\mathrm{T}) = \mathrm{cl}(\mathrm{S} \otimes_\mathrm{A} \mathrm{T})$.

a) Prouver que le monoïde quotient pour l'équivalence de Morita est un groupe commutatif, qu'on note $\mathrm{Br}(\mathrm{A})$ et qu'on appelle le *groupe de Brauer* de A (si A est un corps cette définition coïncide avec celle donnée en VIII, p. 275). On note [S] la classe dans $\mathrm{Br}(\mathrm{A})$ d'une A-algèbre d'Azumaya S. L'élément neutre de $\mathrm{Br}(\mathrm{A})$ est la classe de A, et l'inverse d'un élément [S] est $[\mathrm{S}^\circ]$.

b) Soit S une algèbre d'Azumaya sur A. Pour qu'on ait [S] = [A], il faut et ils suffit qu'il existe un A-module P fidèle et projectif de type fini tel que S soit isomorphe à $\mathrm{End}_\mathrm{A}(\mathrm{P})$.

c) Soit B une A-algèbre commutative. Définir un homomorphisme de groupes $r_{\mathrm{B}/\mathrm{A}}$: $\mathrm{Br}(\mathrm{A}) \to \mathrm{Br}(\mathrm{B})$ tel que $r_{\mathrm{B}/\mathrm{A}}([\mathrm{S}]) = [\mathrm{S}_{(\mathrm{B})}]$ pour toute A-algèbre d'Azumaya S. On note $\mathrm{Br}(\mathrm{B}/\mathrm{A})$ le noyau de cet homomorphisme.

¶ 13) Soient A un anneau commutatif, B une A-algèbre commutative et G un groupe fini d'automorphismes de la A-algèbre B. On suppose que B est un A-module projectif de type fini et fidèle, et que l'homomorphisme A-linéaire $\psi : \mathrm{B} \otimes_\mathrm{A} \mathrm{B} \to \mathrm{B}^\mathrm{G}$ tel que $\psi(b \otimes b') = (\sigma(b)b')_{\sigma \in \mathrm{G}}$ est bijectif.

a) Soit N un B-module, muni d'un homomorphisme $\sigma \mapsto u_\sigma$ de G dans $\mathrm{Aut}_\mathrm{A}(\mathrm{N})$ satisfaisant à $u_\sigma(bx) = \sigma(b)u_\sigma(x)$ pour $\sigma \in \mathrm{G}$, $b \in \mathrm{B}$, $x \in \mathrm{N}$. Soit M le sous-A-module de N formé des éléments x tels que $u_\sigma(x) = x$ pour tout $\sigma \in \mathrm{G}$. Prouver que le B-homomorphisme canonique $\mathrm{B} \otimes_\mathrm{A} \mathrm{M} \to \mathrm{N}$ est bijectif (à l'aide de l'exerc. 7, *d*) de VIII, p. 266, se ramener au cas où B est l'algèbre produit A^G sur laquelle G opère par permutation des facteurs).

b) Soit S une A-algèbre, M le groupe d'automorphismes de la B-algèbre $S_{(B)}$, sur lequel G agit par la règle ${}^{\sigma}\varphi = (\mathrm{Id}_S \otimes \sigma) \circ \varphi \circ (\mathrm{Id}_S \otimes \sigma)^{-1}$. Étendre la construction de l'exerc. 6 pour définir une bijection de l'ensemble des classes d'isomorphisme de couples (T, u), où T est une A-algèbre et u un isomorphisme de $T_{(B)}$ sur $S_{(B)}$, sur l'ensemble $Z^1(G, M)$, ainsi qu'une bijection de l'ensemble des classes d'isomorphisme de A-algèbres T telles que les B-algèbres $T_{(B)}$ et $S_{(B)}$ soient isomorphes sur $H^1(G, M)$.

c) On suppose désormais que tout B-module projectif est libre. En adaptant les raisonnements de l'exerc. 8, construire un isomorphisme $\theta : \mathrm{Br}(B/A) \to H^2(G, B^*)$.

¶ 14) Soient A un anneau commutatif local noethérien, $\mathfrak{m}$ son idéal maximal, κ le corps $A/\mathfrak{m}$, S une algèbre d'Azumaya sur A.

a) Soit e un élément idempotent de S, dont l'image dans $S/\mathfrak{m}S$ est un idempotent indécomposable. Déduire du lemme de Nakayama (*cf.* VIII, p. 163, exerc. 16) que l'homomorphisme canonique $S \to \mathrm{End}_A(Se)$ est bijectif.

b) On suppose que $\mathfrak{m}$ est nilpotent *(ou plus généralement que A est complet pour la topologie $\mathfrak{m}$-adique)$_*$. Prouver que l'homomorphisme $r_{\kappa/A} : \mathrm{Br}(A) \to \mathrm{Br}(\kappa)$ est injectif.

$^*c$) On suppose désormais A complet. Soit L une extension séparable de degré fini de κ qui déploie la κ-algèbre $S/\mathfrak{m}S$. Soient x un élément primitif de L, f son polynôme minimal, F un polynôme unitaire de A[X] dont l'image dans κ[X] est f et $B = A[X]/(F)$. Prouver que B est une A-algèbre locale, libre de type fini en tant que A-module, d'idéal maximal $\mathfrak{m}B$ et de corps résiduel isomorphe à L ; la B-algèbre $S_{(B)}$ est isomorphe à une algèbre de matrices.

d) On suppose de plus que L est une extension galoisienne de κ, de groupe de Galois G. Prouver que l'action de G sur L se relève en une action sur la A-algèbre B (soit G′ le groupe des automorphismes de cette algèbre ; déduire du lemme de Hensel (AC, III, p. 260, th. 1) que l'homomorphisme naturel $G' \to G$ est bijectif). Déduire du lemme de Nakayama que l'homomorphisme $\psi : B \otimes_A B \to B^G$ défini dans l'exerc. 13 est bijectif.

e) Prouver que l'homomorphisme $H^q(\pi) : H^q(G, B^*) \to H^q(G, L^*)$ est bijectif pour tout $q \geqslant 1$.

(Pour $i \geqslant 1$, soit U^i le sous-groupe des éléments b de B^* tels que $b \equiv 1 \pmod{\mathfrak{m}^i B}$; remarquer que le $\mathbf{Z}$[G]-module U^i/U^{i+1} est isomorphe à $\mathfrak{m}^i B/\mathfrak{m}^{i+1}B$, donc à une puissance de L, et déduire de l'exerc. 5 *d*) que $H^q(G, U^i/U^{i+1})$ est nul pour $q \geqslant 1$. Soit $c \in Z^q(G, U^1)$; construire par récurrence une suite (b_n), avec $b_n \in Z^{q-1}(G, U^n)$, telle que $c - d^{q-1}(\sum_{i=1}^n b_i)$ appartienne à $Z^q(G, U^{n+1})$; conclure que $H^q(G, U^1)$ est nul pour $q \geqslant 1$.)

f) Conclure que les homomorphismes canoniques $\mathrm{Br}(B/A) \to \mathrm{Br}(L/\kappa)$ et $\mathrm{Br}(A) \to \mathrm{Br}(\kappa)$ sont bijectifs.$_*$

15) $^*a$) Soient A un anneau intègre *régulier* (AC, X, p. 55), K son corps des fractions. L'homomorphisme $r_{K/A} : \mathrm{Br}(A) \to \mathrm{Br}(K)$ est injectif (VIII, p. 267, exerc. 11).$_*$

b) Prouver que l'anneau $A = \mathbf{Q}[X, Y]/(X^2 + Y^2)$ est intègre ; soit K son corps des fractions. Soit H le corps de quaternions de type $(-1, -1)$ sur $\mathbf{Q}$ (*cf.* III, p. 19). Prouver que la classe dans Br(A) de la A-algèbre d'Azumaya $H_{(A)}$ n'est pas nulle, mais que $H_{(K)}$ est isomorphe à $\mathbf{M}_2(K)$, de sorte que l'homomorphisme $r_{K/A}$ n'est pas injectif (observer que K contient un élément de carré -1).

16) *a*) Prouver que l'homomorphisme $r_{K[X]/K} : \mathrm{Br}(K) \to \mathrm{Br}(K[X])$ induit un isomorphisme de Br(K) sur un facteur direct de Br(K[X]).

**b*) On suppose le corps K parfait. Prouver que $r_{K[X]/K}$ est un isomorphisme (déduire du théorème de Tsen (VIII, p. 352, exerc. 7) que Br(K[X]) est réunion des groupes Br(L[X]/K[X]), où L parcourt les extensions galoisiennes de degré fini de K, puis appliquer l'exerc. 13).

c) Soit A une $\mathbf{Q}$-algèbre intègre régulière. Prouver que l'homomorphisme $r_{A[X]/A}$: $\mathrm{Br}(A) \to \mathrm{Br}(A[X])$ est bijectif (prouver à l'aide de *b*) et de l'exerc. 15 que l'homomorphisme $\mathrm{Br}(A[X]) \to \mathrm{Br}(A)$ déduit de la surjection $P \mapsto P(0)$ est injectif).$_*$

d) On suppose que K est de caractéristique $p > 0$ et non parfait ; soit $\theta \in K - K^p$. On considère $B = K[U]$ comme une K[X]-algèbre à l'aide de l'homomorphisme $\rho : K[X] \to B$ tel que $\rho(X) = U^p - U$. Soit σ l'automorphisme de cette K[X]-algèbre tel que $\sigma(U) = U + 1$ et soit S la K[X]-algèbre quotient de $B[V]_\sigma$ (VIII, p. 10) par l'idéal bilatère $B(V^p - \theta)$. Soit L une K[X]-algèbre qui est un corps commutatif. Si l'équation $y^p - y = X$ a une solution dans L, prouver que $S_{(L)}$ est une algèbre de matrices sur L (soit $L' = L[t]/(t^p - \theta)$; considérer l'homomorphisme $S \to \mathrm{End}_L(L')$ qui applique V sur la multiplication m_t par t et U sur $m_y - D$, où D est la L-dérivation de L' telle que $D(t) = t$.) Dans le cas contraire, $S_{(L)}$ est une L-algèbre centrale et simple ; c'est une algèbre de matrices si et seulement si θ est la norme d'un élément de l'extension $L[Y]/(Y^p - Y - X)$ de L (appliquer l'exerc. 11).

En déduire que S est une K[X]-algèbre d'Azumaya et que sa classe dans Br(K[X]) ne provient pas de Br(K) (on prendra $L = K(X)$).

*17) On suppose que le corps K est complet pour une valuation discrète v, supposée normée (*cf.* exerc. 12 de VIII, p. 268) ; on note A l'anneau de v et κ son corps résiduel. L'homomorphisme $r_{\kappa/A} : \mathrm{Br}(A) \to \mathrm{Br}(\kappa)$ est bijectif (exerc. 14) ; on note $\iota : \mathrm{Br}(\kappa) \to \mathrm{Br}(K)$ l'homomorphisme $r_{A/K} \circ r_{\kappa/A}^{-1}$.

a) Soient L une extension non ramifiée de K, galoisienne de degré fini, de groupe de Galois G. Soient B l'anneau de la valuation v_L qui prolonge v, et κ_L son corps résiduel. L'homomorphisme ι induit un homomorphisme $\iota_L : \mathrm{Br}(\kappa_L/\kappa) \to \mathrm{Br}(L/K)$. Construire une suite exacte scindée

$$0 \to \mathrm{Br}(\kappa_L/\kappa) \xrightarrow{\iota_L} \mathrm{Br}(L/K) \to H^2(G, \mathbf{Z}) \to 0 ,$$

où $\mathbf{Z}$ est muni de l'action triviale de G (observer que la suite exacte de $\mathbf{Z}[G]$-modules $0 \to B^* \to L^* \xrightarrow{v_L} \mathbf{Z}$ est scindée, et utiliser l'exerc. 14).

b) En utilisant la suite exacte $0 \to \mathbf{Z} \to \mathbf{Q} \to \mathbf{Q}/\mathbf{Z} \to 0$, définir un isomorphisme canonique de $\mathrm{H}^2(\mathrm{G}, \mathbf{Z})$ sur le groupe $\Xi(\mathrm{G}) = \mathrm{Hom}(\mathrm{G}, \mathbf{Q}/\mathbf{Z})$.

c) Conclure qu'on a une suite exacte scindée

$$0 \to \mathrm{Br}(\kappa) \xrightarrow{\iota} \mathrm{Br}(\mathrm{K}) \longrightarrow \Xi(\mathfrak{g}) \to 0\,,$$

où $\mathfrak{g}$ est le groupe de Galois d'une clôture séparable de κ sur κ et $\Xi(\mathfrak{g})$ le groupe des homomorphismes continus de $\mathfrak{g}$ dans $\mathbf{Q}/\mathbf{Z}$, muni de la topologie discrète (passer à la limite inductive en utilisant l'exerc. 12 de VIII, p. 268 et le fait que toute extension galoisienne finie de κ est l'extension résiduelle d'une extension galoisienne finie non ramifiée de K, unique à isomorphisme près).

d) En déduire que $\mathrm{Br}(\mathrm{K}) = \{0\}$ si κ est algébriquement clos.

e) On suppose que le corps κ est fini, autrement dit que K est une extension finie d'un corps p-adique ou un corps de séries formelles sur un corps fini. Construire un isomorphisme de $\mathrm{Br}(\mathrm{K})$ sur $\mathbf{Q}/\mathbf{Z}$.$_*$

§ 17. NORMES ET TRACES RÉDUITES

Dans ce paragraphe on désigne par K *un corps commutatif et par* A *une* K-*algèbre centrale simple de degré fini. On note* n *le degré réduit de* A.

1. Compléments sur les polynômes caractéristiques

Soient L un anneau commutatif et M un L-module libre de dimension finie m. Si u est un endomorphisme de M et r un entier positif, on note $c_r(u)$ la trace de l'endomorphisme $\bigwedge^r(u)$ du L-module libre $\bigwedge^r(\mathrm{M})$. On a en particulier

$$(1) \qquad c_0(u) = 1 \quad , \quad c_1(u) = \mathrm{Tr}(u) \quad , \quad c_m(u) = \det(u)$$

et $c_r(u) = 0$ pour $r > m$. D'après la prop. 7 de III, p. 94, L'application $u \mapsto \det(u)$ de End(M) dans L est polynomiale homogène de degré m (IV, p. 52). Plus généralement, pour tout entier r tel que $0 \leqslant r \leqslant m$, l'application c_r de End(M) dans L est polynomiale homogène de degré r ; cela résulte de la prop. 10 de III, p. 96.

Soient u un endomorphisme de M et $\overline{u}$ l'endomorphisme du L[X]-module M[X] = $\mathrm{M} \otimes_{\mathrm{L}} \mathrm{L}[\mathrm{X}]$ déduit de u par extension des scalaires (II, p. 83). On rappelle (III, p. 107, déf. 3 et (50)) que le polynôme caractéristique de u est le déterminant $\chi_u(\mathrm{X})$ du L[X]-endomorphisme $\mathrm{X} - \overline{u}$ de M[X] et que l'on a la relation

$$(2) \qquad \chi_u(\mathrm{X}) = \sum_{r=0}^{m} (-1)^r c_r(u)\, \mathrm{X}^{m-r}.$$

PROPOSITION 1. — *Soient* L *un anneau commutatif,* M *un* L-*module libre de dimension finie* $m \geqslant 1$ *et* u *un endomorphisme de* M. *Il existe un endomorphisme* $\widetilde{u}$ *de* M, *et un seul, satisfaisant à la relation*

$$(3) \qquad \widetilde{u}(x) \wedge w = x \wedge \textstyle\bigwedge^{m-1}(u)(w)$$

pour $x \in \mathrm{M}$ *et* $w \in \bigwedge^{m-1}(\mathrm{M})$. *De plus, on a les relations*

$$u \circ \widetilde{u} = \widetilde{u} \circ u = \det(u)_{\mathrm{M}}\,, \tag{4}$$

$$\det(\widetilde{u}) = \det(u)^{m-1}\,, \tag{5}$$

$$\widetilde{u} = \sum_{r=0}^{m-1} (-1)^r c_{m-1-r}(u) u^r. \tag{6}$$

Lemme 1. — *Soit* p *un entier tel que* $0 \leqslant p \leqslant m$. *Pour tout* w *dans* $\bigwedge^p(\mathrm{M})$, *soit* $h_p(w)$ *l'application linéaire* $w' \mapsto w \wedge w'$ *de* $\bigwedge^{m-p}(\mathrm{M})$ *dans* $\bigwedge^m(\mathrm{M})$. *L'application linéaire* $h_p : w \mapsto h_p(w)$ *de* $\bigwedge^p(\mathrm{M})$ *dans* $\mathrm{Hom}_{\mathrm{L}}(\bigwedge^{m-p}(\mathrm{M}), \bigwedge^m(\mathrm{M}))$ *est un isomorphisme.*

Soit $(e_i)_{i\in \mathrm{I}}$ une base de M ; munissons l'ensemble I d'une relation d'ordre total. Pour toute partie J de I, posons $e_{\mathrm{J}} = e_{i_1} \wedge \cdots \wedge e_{i_r}$, où $(i_1, \ldots, i_r)$ est la suite des éléments de J rangés par ordre croissant. Le L-module $\bigwedge^{m-p}(\mathrm{M})$ admet pour base les éléments e_{S}, où S parcourt l'ensemble des parties à $m-p$ éléments de I ; de plus $\bigwedge^m(\mathrm{M})$ a pour base $\{e_{\mathrm{I}}\}$. Il existe donc une base de $\mathrm{Hom}_{\mathrm{L}}(\bigwedge^{m-p}(\mathrm{M}), \bigwedge^m(\mathrm{M}))$ formée des applications linéaires e^*_{J} caractérisées par la formule

$$e^*_{\mathrm{J}}(e_{\mathrm{S}}) = \begin{cases} e_{\mathrm{I}} & \text{si } \mathrm{I} = \mathrm{J} \cup \mathrm{S} \\ 0 & \text{sinon} \end{cases} \tag{7}$$

où J parcourt l'ensemble des parties à p éléments de I. Il résulte de la formule (20) de III, p. 87 que, pour toute partie J à p éléments de I, on a $h_p(e_{\mathrm{J}}) \in \{e^*_{\mathrm{J}}, -e^*_{\mathrm{J}}\}$; comme les éléments e_{J} forment une base de $\bigwedge^p(\mathrm{M})$, l'application linéaire h_p est bijective.

Démontrons maintenant la proposition 1. Soient u et $\widetilde{u}$ des endomorphismes de M. La relation (3) équivaut à

$$h_1 \circ \widetilde{u} = \mathrm{Hom}(\textstyle\bigwedge^{m-1}(u), 1_{\bigwedge^m(\mathrm{M})}) \circ h_1\,; \tag{8}$$

d'après le lemme 1, h_1 est un isomorphisme de M sur $\mathrm{Hom}_{\mathrm{L}}(\bigwedge^{m-1}(\mathrm{M}), \bigwedge^m(\mathrm{M}))$. Par suite, pour tout endomorphisme u de M, il existe un unique endomorphisme $\widetilde{u}$ de M satisfaisant à la relation (3).

Soient $x_1, \ldots, x_m$ des éléments de M. Remplaçons x par $u(x_1)$ et w par $x_2 \wedge \cdots \wedge x_m$ dans (3) ; on obtient

$$\begin{aligned} \widetilde{u}(u(x_1)) \wedge x_2 \wedge \cdots \wedge x_m &= u(x_1) \wedge \cdots \wedge u(x_m) \\ &= \det(u) x_1 \wedge \cdots \wedge x_m\,. \end{aligned}$$

Par suite, $h_1(\widetilde{u} \circ u(x_1)) = h_1(\det(u)x_1)$, d'où la relation $\widetilde{u} \circ u = \det(u)_{\mathrm{M}}$ d'après le lemme 1.

Notons U l'endomorphisme $X - \overline{u}$ du L[X]-module M[X] (VIII, p. 329). D'après ce qui précède, appliqué à U, il existe un endomorphisme $\widetilde{U}$ du L[X]-module M[X] qui satisfait aux relations

$$\widetilde{U}(x_1) \wedge x_2 \wedge \cdots \wedge x_m = x_1 \wedge (Xx_2 - u(x_2)) \wedge \cdots \wedge (Xx_m - u(x_m)) \tag{9}$$

pour $x_1, \ldots, x_m$ dans M et

$$\widetilde{U} \circ U = \det(X - u)_{M[X]}. \tag{10}$$

Considérons $\widetilde{U}$ comme un élément de End(M)[X](VIII, p. 9) ; d'après la formule (9) et le lemme 1, il est de degré $\leqslant m - 1$ et on peut donc l'écrire sous la forme

$$\widetilde{U} = \sum_{r=0}^{m-1} (-1)^r u_r X^{m-1-r}, \tag{11}$$

où les u_r sont des endomorphismes de M. D'après la formule (2) de VIII, p. 329, la relation (10) fournit l'égalité

$$\left(\sum_{r=0}^{m-1} (-1)^r u_r X^{m-1-r}\right)(X - u) = \sum_{r=0}^{m} (-1)^r c_r(u) X^{m-r} \tag{12}$$

dans l'anneau End(M)[X]. Identifiant les coefficients des monômes en X, on obtient les relations suivantes

$$u_r + u_{r-1} \circ u = c_r(u)_M \qquad \text{pour } 1 \leqslant r \leqslant m - 1, \tag{13}$$

et

$$u_0 = c_0(u)_M \quad , \quad u_{m-1} \circ u = c_m(u)_M. \tag{14}$$

De là, on déduit

$$u_{m-1} = \sum_{r=0}^{m-1} (-1)^r c_{m-1-r}(u) u^r ; \tag{15}$$

or, en identifiant les termes constants, les égalités (9) et (11) entraînent $u_{m-1} = \widetilde{u}$, d'où la formule (6).

En particulier, $\widetilde{u}$ appartient à la sous-algèbre de End(M) engendrée par u, et il commute donc à u. On a déjà établi la relation $\widetilde{u} \circ u = \det(u)_M$, d'où la formule (4).

Enfin, soient $x_1, \ldots, x_m$ des éléments de M. Remplaçons x par x_1 et w par $\widetilde{u}(x_2) \wedge \cdots \wedge \widetilde{u}(x_m)$ dans la formule (3). On obtient

$$\begin{aligned} \widetilde{u}(x_1) \wedge \widetilde{u}(x_2) \wedge \cdots \wedge \widetilde{u}(x_m) &= x_1 \wedge u \circ (\widetilde{u}(x_2)) \wedge \cdots \wedge u \circ (\widetilde{u}(x_m)) \\ &= \det(u)^{m-1} x_1 \wedge x_2 \wedge \cdots \wedge x_m , \end{aligned}$$

d'où la formule (5).

Remarques. — 1) L'endomorphisme $\widetilde{u}$ de M coïncide avec celui que nous avons appelé le *cotransposé* de u en III, p. 99.

2) Des formules (1), (2), (4) et (6), on déduit la relation $\chi_u(u) = 0$, d'où une autre démonstration du *théorème de Hamilton-Cayley* (III, p. 107).

3) Comme l'application c_r de End(M) dans L est polynomiale homogène de degré r pour $0 \leqslant r \leqslant m-1$, il résulte de la formule (6) que l'application $u \mapsto \widetilde{u}$ de End(M) dans End(M) est polynomiale homogène de degré $m-1$.

Soit B une algèbre sur l'anneau L ; on suppose que B est un L-module libre de dimension $m \geqslant 1$ et l'on identifie L au sous-anneau $\mathrm{L} \cdot 1$ de B. Soit b un élément de B. Appliquons ce qui précède à l'endomorphisme $\gamma(b) : x \mapsto bx$ du L-module B. Posons $\gamma_r(b) = c_r(\gamma(b))$ pour $0 \leqslant r \leqslant m$; on a en particulier $\gamma_n(b) = \mathrm{N}_{\mathrm{B/L}}(b)$ (III, p. 110). Le polynôme caractéristique de b (*loc. cit.*) s'écrit sous la forme

$$\mathrm{Pc}_{\mathrm{B/L}}(b; \mathrm{X}) = \sum_{r=0}^{m} (-1)^r \gamma_r(b)\, \mathrm{X}^{m-r} \tag{16}$$

Comme l'application γ de B dans $\mathrm{End}_{\mathrm{L}}(\mathrm{B})$ est L-linéaire, l'application γ_r de B dans L est polynomiale homogène de degré r ; en particulier, l'application $b \mapsto \mathrm{N}_{\mathrm{B/L}}(b)$ de B dans L est polynomiale homogène de degré m.

Pour tout élément b de B, posons

$$\widetilde{b} = \sum_{r=0}^{m-1} (-1)^r \gamma_{m-1-r}(b)\, b^r. \tag{17}$$

D'après la proposition 1 (VIII, p. 329), l'application linéaire $\gamma(\widetilde{b})$ de B dans B est cotransposée de l'application $\gamma(b)$, et l'on en déduit

$$b\widetilde{b} = \widetilde{b}b = \mathrm{N}_{\mathrm{B/L}}(b). \tag{18}$$

De plus l'application $b \mapsto \widetilde{b}$ de B dans B est polynomiale homogène de degré $m-1$.

2. Normes et traces réduites

Rappelons qu'on désigne par A une algèbre centrale simple sur le corps commutatif K, de degré réduit n.

PROPOSITION 2. — *Soient a un élément de* A *et* $\mathrm{Pc}(a; \mathrm{X})$ *son polynôme caractéristique. Il existe un polynôme unitaire* P *dans* K[X], *et un seul, tel que l'on ait* $\mathrm{Pc}(a; \mathrm{X}) = \mathrm{P}(\mathrm{X})^n$.

A) L'unicité de P résulte du lemme suivant :

Lemme 2. — Soient P *et* Q *des polynômes unitaires de* K[X] *et* s *un entier strictement positif. Si l'on a* $P^s = Q^s$*, on a* P = Q.

Soit $\mathscr{I}$ l'ensemble des polynômes unitaires irréductibles dans K[X]. Comme P et Q sont unitaires, il existe des éléments (a_F) et (b_F) de $\mathbf{N}^{(\mathscr{I})}$ tels que l'on ait $P = \prod_{F\in\mathscr{I}} F^{a_F}$ et $Q = \prod_{F\in\mathscr{I}} F^{b_F}$. Il résulte de l'égalité $P^s = Q^s$ et de l'unicité de la décomposition en facteurs extrémaux qu'on a $sa_F = sb_F$ pour tout $F \in \mathscr{I}$. Comme s est strictement positif, on en déduit $a_F = b_F$ pour tout $F \in \mathscr{I}$, d'où P = Q.

B) Démontrons maintenant l'existence de P.

D'après le th. 1 de VIII, p. 248, il existe une extension L de K, galoisienne et de degré fini, et un isomorphisme de L-algèbres $\theta : A_{(L)} \to \mathbf{M}_n(L)$. D'après la formule (12) de III, p. 108, le polynôme $\mathrm{Pc}(a; X)$ est aussi le polynôme caractéristique de l'élément $1\otimes a$ de la L-algèbre $A_{(L)}$, donc de l'élément $\theta(1\otimes a)$ de la L-algèbre $\mathbf{M}_n(L)$.

Posons $P(X) = \det(XI_n - \theta(1\otimes a))$; c'est un polynôme unitaire de L[X]. D'après l'exemple 3 de III, p. 111, on a

(19) $$\mathrm{Pc}(a; X) = P(X)^n.$$

Soit G le groupe de Galois de L sur K. Pour $\sigma \in G$, notons $\overline{\sigma}$ l'automorphisme de l'anneau L[X] qui coïncide avec σ dans L et fixe X. Alors K[X] est l'ensemble des polynômes Q de L[X] tels que l'on ait $\overline{\sigma}(Q) = Q$ pour tout $\sigma \in G$ (V, p. 54, th. 1). Comme le polynôme $\mathrm{Pc}(a; X) = P(X)^n$ appartient à K[X], on a $\overline{\sigma}(P)^n = P^n$ pour tout $\sigma \in G$. D'après le lemme 2, on a donc $\overline{\sigma}(P) = P$ pour tout $\sigma \in G$; ainsi P appartient à K[X].

DÉFINITION 1. — *Soit* a *un élément de l'algèbre* A. *On appelle* polynôme caractéristique réduit *de* a (relativement à A) *l'unique polynôme unitaire de* K[X], *que l'on note* $\mathrm{Pcrd}_{A/K}(a; X)$, *qui satisfait à la relation*

(20) $$\mathrm{Pc}_{A/K}(a; X) = \mathrm{Pcrd}_{A/K}(a; X)^n.$$

Soit a un élément de A. Comme A est de degré n^2 sur K, le polynôme $\mathrm{Pc}_{A/K}(a; X)$ est de degré n^2, donc $\mathrm{Pcrd}_{A/K}(a; X)$ est un polynôme unitaire de degré n ; écrivons-le sous la forme

(21) $$\mathrm{Pcrd}_{A/K}(a; X) = X^n + \sum_{r=0}^{n-1} (-1)^r b_r(a) X^{n-r}.$$

On pose

(22) $$\mathrm{Trd}_{A/K}(a) = b_1(a), \qquad \mathrm{Nrd}_{A/K}(a) = b_n(a).$$

DÉFINITION 2. — *On dit que* $\mathrm{Trd}_{A/K}(a)$ *est la* trace réduite *de* a *et* $\mathrm{Nrd}_{A/K}(a)$ *sa* norme réduite (*relativement à la* K-*algèbre* A).

Lorsqu'il n'y a pas de risque de confusion, on omet A et K dans les notations précédentes et l'on écrit simplement $\mathrm{Pcrd}(a; X)$, $\mathrm{Trd}(a)$ et $\mathrm{Nrd}(a)$.

Les formules suivantes résultent des formules (20), (22) et des formules (7) et (8) de III, p. 108 :

$$\mathrm{Tr}_{A/K}(a) = n\ \mathrm{Trd}_{A/K}(a) \tag{23}$$

$$\mathrm{N}_{A/K}(a) = (\mathrm{Nrd}_{A/K}(a))^n. \tag{24}$$

PROPOSITION 3. — *Pour qu'un élément* a *de* A *soit inversible, il faut et il suffit que sa norme réduite soit non nulle. En particulier,* A *est un corps si et seulement si l'on a* $\mathrm{Nrd}_{A/K}(a) \neq 0$ *pour tout élément non nul* a *de* A.

Pour qu'un élément a de A soit inversible, il faut et il suffit que sa norme soit non nulle (III, p. 111, prop. 3). La prop. 3 résulte donc de la formule (24).

Remarque. — Soit L le corps K(X) des fractions rationnelles en une indéterminée X. Le polynôme caractéristique réduit d'un élément a de A n'est autre que la norme réduite de l'élément $X \otimes 1 - 1 \otimes a$ de la L-algèbre $A_{(L)}$. Cela résulte de la définition du polynôme caractéristique réduit et de la formule suivante (III, p. 111)

$$\mathrm{Pc}_{A/K}(a; X) = \mathrm{N}_{A_{(L)}/L}(X \otimes 1 - 1 \otimes a). \tag{25}$$

Exemples. — 1) D'après le th. 1 de VIII, p. 116, il existe un entier $r \geqslant 1$ et un corps D tels que A soit isomorphe à $\mathbf{M}_r(D)$; soit d le degré réduit de D sur K ; on a $r = n/d$. Soit M un A-module de longueur finie ℓ ; nous allons prouver la formule

$$\mathrm{Pc}_{M/K}(a_M; X) = \mathrm{Pcrd}_{A/K}(a; X)^{d\ell} \tag{26}$$

pour tout élément a de A. Le A-module A_s est de longueur r (VIII, p. 117, lemme 2) ; les A-modules M^r et A_s^ℓ ont même longueur, donc ils sont isomorphes, et l'on a

$$\mathrm{Pc}_{M/K}(a_M; X)^r = \mathrm{Pc}_{A/K}(a; X)^\ell$$

d'après la formule (15) de III, p. 109. Comme on a $rd = n$, la formule (26) résulte de la formule (20) et du lemme 2 (VIII, p. 333).

2) Considérons le cas particulier où A est l'algèbre $\mathrm{End}_K(V)$ des endomorphismes d'un K-espace vectoriel V de dimension finie sur K. Prenant pour M le

A-module simple V, on obtient les relations

(27) $\mathrm{Pcrd}_{A/K}(u;X) = \chi_u(X)$, $\mathrm{Nrd}_{A/K}(u) = \det(u)$ et $\mathrm{Trd}_{A/K}(u) = \mathrm{Tr}(u)$

pour tout endomorphisme u de V.

3. Propriétés des normes et traces réduites

PROPOSITION 4. — *Soient* L *une extension de* K *et* a *un élément de l'algèbre centrale et simple* A. *On a les relations*

(28) $$\mathrm{Pcrd}_{A_{(L)}/L}(1 \otimes a; X) = \mathrm{Pcrd}_{A/K}(a; X)$$

(29) $$\mathrm{Trd}_{A_{(L)}/L}(1 \otimes a) = \mathrm{Trd}_{A/K}(a)$$

(30) $$\mathrm{Nrd}_{A_{(L)}/L}(1 \otimes a) = \mathrm{Nrd}_{A/K}(a),$$

(« invariance par extension des scalaires »).

Les deux membres de l'égalité (28) ont même puissance n-ème en vertu de la définition (formule (20) de VIII, p. 333) et de la relation

$$\mathrm{Pc}_{A_{(L)}/L}(1 \otimes a; X) = \mathrm{Pc}_{A/K}(a; X)$$

(III, p. 110, formule (21)). L'égalité (28) résulte donc du lemme 2 de VIII, p. 333. Les formules (29) et (30) se déduisent de (28), (21) et (22).

COROLLAIRE 1. — *Soient* L *une extension de* K, V *un espace vectoriel de dimension* n *sur* L *et* θ *un homomorphisme de* K*-algèbres de* A *dans* $\mathrm{End}_L(V)$. *Pour tout élément* a *de* A, *on a*

(31) $$\mathrm{Pcrd}_{A/K}(a; X) = \chi_{\theta(a)}(X)$$

(32) $$\mathrm{Trd}_{A/K}(a) = \mathrm{Tr}(\theta(a))$$

(33) $$\mathrm{Nrd}_{A/K}(a) = \det(\theta(a)).$$

Soit θ' l'homomorphisme de L-algèbres de $A_{(L)}$ dans $\mathrm{End}_L(V)$ tel que $\theta'(\lambda \otimes a) = \lambda\theta(a)$ pour $\lambda \in L$ et $a \in A$. L'algèbre $A_{(L)}$ est simple d'après le cor. 2 de VIII, p. 217, et l'homomorphisme θ' est donc injectif. Mais les algèbres $A_{(L)}$ et $\mathrm{End}_L(V)$ sur le corps L ont même degré, égal à n^2, donc θ' est un isomorphisme. Le cor. 1 résulte alors de la prop. 4 et de l'exemple 2 ci-dessus.

COROLLAIRE 2. — *Soient a et a' des éléments de* A *et λ un élément de* K. *On a les relations*

$$\text{(34)} \qquad \mathrm{Pcrd}_{\mathrm{A/K}}(a; a) = 0,$$

$$\text{(35)} \qquad \mathrm{Pcrd}_{\mathrm{A/K}}(\lambda a; \lambda \mathrm{X}) = \lambda^n \,\mathrm{Pcrd}_{\mathrm{A/K}}(a; \mathrm{X}),$$

$$\text{(36)} \qquad \mathrm{Trd}_{\mathrm{A/K}}(a + a') = \mathrm{Trd}_{\mathrm{A/K}}(a) + \mathrm{Trd}_{\mathrm{A/K}}(a'), \quad \mathrm{Trd}_{\mathrm{A/K}}(\lambda a) = \lambda\,\mathrm{Trd}_{\mathrm{A/K}}(a),$$

$$\text{(37)} \qquad \mathrm{Trd}_{\mathrm{A/K}}(aa') = \mathrm{Trd}_{\mathrm{A/K}}(a'a),$$

$$\text{(38)} \qquad \mathrm{Nrd}_{\mathrm{A/K}}(aa') = \mathrm{Nrd}_{\mathrm{A/K}}(a) \cdot \mathrm{Nrd}_{\mathrm{A/K}}(a'), \quad \mathrm{Nrd}_{\mathrm{A/K}}(\lambda a) = \lambda^n \,\mathrm{Nrd}_{\mathrm{A/K}}(a),$$

$$\text{(39)} \qquad \mathrm{Trd}_{\mathrm{A/K}}(1) = n, \quad \mathrm{Nrd}_{\mathrm{A/K}}(1) = 1.$$

Comme A est centrale, simple et de degré réduit n sur K, il existe une extension L de K et un espace vectoriel V de dimension n sur L tels que $\mathrm{A}_{(\mathrm{L})}$ soit isomorphe à l'algèbre $\mathrm{End}_{\mathrm{L}}(\mathrm{V})$ (VIII, p. 248, th. 1) Le corollaire 2 résulte alors du corollaire 1 et des propriétés de la trace et du déterminant d'un endomorphisme. En particulier, la formule (34) résulte du théorème de Hamilton-Cayley (III, p. 107, prop. 20).

COROLLAIRE 3. — *Soit* A^{o} *l'algèbre opposée de* A. *Pour tout a dans* A, *on a*

$$\text{(40)} \qquad \mathrm{Pcrd}_{\mathrm{A^o/K}}(a; \mathrm{X}) = \mathrm{Pcrd}_{\mathrm{A/K}}(a; \mathrm{X})$$

$$\text{(41)} \qquad \mathrm{Trd}_{\mathrm{A^o/K}}(a) = \mathrm{Trd}_{\mathrm{A/K}}(a)$$

$$\text{(42)} \qquad \mathrm{Nrd}_{\mathrm{A^o/K}}(a) = \mathrm{Nrd}_{\mathrm{A/K}}(a).$$

Choisissons une extension L de K, un espace vectoriel V de dimension n sur L et un homomorphisme θ de A dans $\mathrm{End}_{\mathrm{L}}(\mathrm{V})$ (VIII, p. 248, th. 1). Soit V^* l'espace vectoriel dual de V. L'application qui associe à un élément a de A l'endomorphisme ${}^t\theta(a)$ de V^* est un homomorphisme de K-algèbres de A^{o} dans $\mathrm{End}_{\mathrm{L}}(\mathrm{V}^*)$. Le corollaire 3 résulte alors du cor. 1 et du cor. 3 de III, p. 95.

La trace, la norme et le polynôme caractéristique de a sont donc les mêmes, qu'on considère a comme élément de A ou de A^{o}. Cette propriété n'est pas toujours satisfaite lorsque A n'est plus supposée centrale et simple (III, p. 196, exerc. 1 du § 9).

PROPOSITION 5. — *Pour tout x dans* A, *soit t_x la forme linéaire $y \mapsto \mathrm{Trd}_{\mathrm{A/K}}(xy)$ sur* A.

a) *L'application $t : x \mapsto t_x$ est un isomorphisme de* (A, A)*-bimodules de* A *sur son dual* $\mathrm{Hom}_{\mathrm{K}}(\mathrm{A}, \mathrm{K})$.

b) *Soit h une forme linéaire sur* A. *Les conditions suivantes sont équivalentes :*

(i) *Il existe un élément λ de* K *tel que $h(x) = \lambda\,\mathrm{Trd}_{\mathrm{A/K}}(x)$ pour tout $x \in$* A ;

(ii) *On a $h(xy) = h(yx)$ quels que soient x, y dans* A.

Rappelons (II, p. 34) que la structure de (A, A)-bimodule sur $A^* = \mathrm{Hom}_K(A, K)$ est définie par la relation

(43) $$\langle atb, c\rangle = \langle t, bca\rangle$$

pour $a, b, c \in A$ et $t \in A^*$. En particulier, pour tout x dans A, on a

$$\langle at_x b, c\rangle = \langle t_x, bca\rangle = \mathrm{Trd}_{A/K}(xbca)$$
$$\langle t_{axb}, c\rangle = \mathrm{Trd}_{A/K}(axbc)$$

et ces deux éléments sont égaux d'après la formule (37) de VIII, p. 336. On a donc $at_x b = t_{axb}$, ce qui signifie que t est un homomorphisme de (A, A)-bimodules de A dans A^*.

Choisissons une extension L du corps K et un isomorphisme θ de la L-algèbre $A_{(L)}$ sur l'algèbre des matrices $\mathbf{M}_n(L)$ (VIII, p. 248, th. 1). Identifions l'espace vectoriel $(A^*)_{(L)}$ au dual de l'espace vectoriel $A_{(L)}$ sur le corps L. D'après la prop. 4 de VIII, p. 335, on a, avec ces conventions,

(44) $$\mathrm{Trd}_{A_{(L)}/L} = 1_L \otimes \mathrm{Trd}_{A/K}\,.$$

Soit $t_{(L)}$ l'application L-linéaire de $A_{(L)}$ dans $A^*_{(L)}$ déduite de t par extension des scalaires ; d'après la formule (44) et le cor. 1 de VIII, p. 335, on a

(45) $$\langle t_{(L)}(x), y\rangle = \mathrm{Trd}_{A_{(L)}/L}(xy) = \mathrm{Tr}(\theta(x)\theta(y))$$

pour x, y dans $A_{(L)}$. D'après la prop. 7 de II, p. 158, l'application $t_{(L)}$ est bijective, d'où il résulte que t est bijective. On a prouvé a).

Soit h dans A^* ; d'après ce qui précède, il existe un élément a de A tel que h soit égal à t_a. D'après a), on a

$$h(xy) - h(yx) = t_a(xy - yx) = t_{ax}(y) - t_{xa}(y).$$

Par suite, la relation « $h(xy) = h(yx)$ pour x, y dans A » équivaut à « $t_{ax-xa} = 0$ pour tout $x \in A$ », et d'après la partie a) de la démonstration, ceci signifie que a appartient au centre K de A. Cela prouve b), compte tenu de la formule (36).

COROLLAIRE. — *Le sous-espace vectoriel de* A *engendré par les éléments de la forme* $xy - yx$, *où* x *et* y *parcourent* A, *est un hyperplan, noyau de la forme linéaire non nulle* $\mathrm{Trd}_{A/K}$.

Remarque. — D'après la formule (23) de VIII, p. 334, on a

$$\mathrm{Tr}_{A/K}(a) = n\,\mathrm{Trd}_{A/K}(a)$$

pour tout $a \in \mathrm{A}$. Si la caractéristique du corps K est égale à 0 ou à un nombre premier p ne divisant pas n, on peut remplacer la trace réduite par la trace dans la prop. 5. Par contre, si la caractéristique de K est un nombre premier divisant n, on a $\mathrm{Tr}_{\mathrm{A}/\mathrm{K}}(a) = 0$ pour tout $a \in \mathrm{A}$.

4. La norme réduite est une fonction polynomiale

Lemme 3. — *Soient* L *une extension de* K, I *un ensemble,* $\mathbf{T} = (\mathrm{T}_i)_{i\in\mathrm{I}}$ *une famille d'indéterminées. On a* $\mathrm{K}(\mathbf{T}) \cap \mathrm{L}[\mathbf{T}] = \mathrm{K}[\mathbf{T}]$.

Soient P et Q des éléments de $\mathrm{K}[\mathbf{T}]$, avec $\mathrm{Q} \neq 0$. Les coefficients des polynômes $\mathrm{R} \in \mathrm{L}[\mathbf{T}]$ tels que $\mathrm{P} = \mathrm{QR}$ sont les solutions d'un système d'équations linéaires à coefficients dans K. Par suite, s'il existe un polynôme $\mathrm{R} \in \mathrm{L}[\mathbf{T}]$ tel que $\mathrm{P} = \mathrm{QR}$, il en existe un aussi dans $\mathrm{K}[\mathbf{T}]$ (II, p. 123, prop. 6). Cela prouve l'inclusion $\mathrm{K}(\mathbf{T}) \cap \mathrm{L}[\mathbf{T}] \subset \mathrm{K}[\mathbf{T}]$; l'inclusion opposée est évidente.

Rappelons que le polynôme caractéristique réduit d'un élément a de A s'écrit

$$\mathrm{Pcrd}_{\mathrm{A}/\mathrm{K}}(a; \mathrm{X}) = \sum_{r=0}^{n} (-1)^r b_r(a)\, \mathrm{X}^{n-r} \tag{46}$$

et que l'on a

$$b_0(a) = 1, \quad b_1(a) = \mathrm{Trd}_{\mathrm{A}/\mathrm{K}}(a), \quad b_n(a) = \mathrm{Nrd}_{\mathrm{A}/\mathrm{K}}(a).$$

PROPOSITION 6. — *Pour tout entier r tel que $0 \leqslant r \leqslant n$, l'application b_r de* A *dans* K *est polynomiale homogène de degré r. En particulier, la norme réduite est une application polynomiale homogène de degré n de* A *dans* K.

Soit $(e_i)_{i\in\mathrm{I}}$ une base de A sur K et $\mathbf{T} = (\mathrm{T}_i)_{i\in\mathrm{I}}$ une famille d'indéterminées.

Lemme 4. — *Soit u l'élément $\sum_{i\in\mathrm{I}} \mathrm{T}_i \otimes e_i$ de la* $\mathrm{K}(\mathbf{T})$*-algèbre centrale et simple* $\mathrm{A}_{(\mathrm{K}(\mathbf{T}))}$. *Soit* P *le polynôme caractéristique réduit de cet élément u. Alors* P *appartient à l'anneau* $\mathrm{K}[\mathbf{T}][\mathrm{X}]$; *considéré comme élément de l'anneau* $\mathrm{K}[\mathbf{T}, \mathrm{X}]$, *il est homogène de degré n.*

Choisissons une extension L de K et un isomorphisme θ de L-algèbres de $\mathrm{A}_{(\mathrm{L})}$ sur $\mathbf{M}_n(\mathrm{L})$. Notons $\overline{\theta} : \mathrm{A}_{(\mathrm{L}(\mathbf{T}))} \to \mathbf{M}_n(\mathrm{L}(\mathbf{T}))$ l'isomorphisme de $\mathrm{L}(\mathbf{T})$-algèbres déduit de θ par extension des scalaires. D'après le cor. 1 de VIII, p. 335, on a

$$\mathrm{P}(\mathrm{X}) = \chi_{\overline{\theta}(u)}(\mathrm{X}) = \det(\mathrm{X}I_n - \overline{\theta}(u)) = \det\Big(\mathrm{X}I_n - \sum_{i\in\mathrm{I}} \mathrm{T}_i\, \theta(1 \otimes e_i)\Big). \tag{47}$$

Comme les matrices $\theta(1 \otimes e_i)$ appartiennent à $\mathbf{M}_n(\mathrm{L})$, cette formule montre que P est un polynôme homogène de degré n dans $\mathrm{L}[\mathbf{T}, \mathrm{X}]$. Il appartient aussi à $\mathrm{K}(\mathbf{T})[\mathrm{X}]$

et il s'écrit sous la forme $\mathrm{P(X)} = \sum_{j\geqslant 0} c_j \mathrm{X}^j$, où chaque c_j appartient à $\mathrm{K}(\mathbf{T}) \cap \mathrm{L}[\mathbf{T}]$. D'après le lemme 3, chacun des éléments c_j appartient à $\mathrm{K}[\mathbf{T}]$, d'où le lemme 4.

Lemme 5. — *Pour toute extension* K′ *de* K *et tout élément* $(t_i)_{i\in \mathrm{I}}$ *de* K'^{I}, *on a*

$$\mathrm{Pcrd}_{\mathrm{A}_{(\mathrm{K}')}/\mathrm{K}'}\Big(\sum_{i\in\mathrm{I}} t_i \otimes e_i\Big) = \mathrm{P}((t_i)_{i\in\mathrm{I}}, \mathrm{X}). \tag{48}$$

Soit $\varphi : \mathrm{K}[\mathbf{T}] \to \mathrm{K}'$ l'unique homomorphisme de K-algèbres qui transforme T_i en t_i pour tout $i \in \mathrm{I}$; il définit sur K′ une structure de $\mathrm{K}[\mathbf{T}]$-algèbre. La K′-algèbre $\mathrm{A}_{(\mathrm{K}[\mathbf{T}])(\mathrm{K}')}$ s'identifie à $\mathrm{A}_{(\mathrm{K}')}$ (transitivité de l'extension des scalaires), l'élément $1 \otimes \big(\sum \mathrm{T}_i \otimes e_i\big)$ s'identifiant à l'élément $\sum t_i \otimes e_i$ de $\mathrm{A}_{(\mathrm{K}')}$. Notons $\overline{\varphi} : \mathrm{K}[\mathbf{T}][\mathrm{X}] \to \mathrm{K}'[\mathrm{X}]$ l'homomorphisme de K-algèbres déduit de φ. D'après la formule (21) de III, p. 110, le polynôme caractéristique de $\sum t_i \otimes e_i$ relativement à la K′-algèbre $\mathrm{A}_{(\mathrm{K}')}$ est l'image par $\overline{\varphi}$ du polynôme caractéristique de $\sum \mathrm{T}_i \otimes e_i$ relativement à la $\mathrm{K}[\mathbf{T}]$-algèbre $\mathrm{A}_{(\mathrm{K}[\mathbf{T}])}$, c'est-à-dire de P^n. Autrement dit, on a

$$\mathrm{Pc}_{\mathrm{A}_{(\mathrm{K}')}/\mathrm{K}'}(\sum_{i\in\mathrm{I}} t_i \otimes e_i; \mathrm{X}) = \mathrm{P}((t_i)_{i\in\mathrm{I}}, \mathrm{X})^n\,; \tag{49}$$

le lemme 5 résulte alors du lemme 2 de VIII, p. 333.

Considérons le cas particulier K′ = K du lemme 5. On a

$$\mathrm{Pcrd}_{\mathrm{A}/\mathrm{K}}\Big(\sum_{i\in\mathrm{I}} t_i e_i; \mathrm{X}\Big) = \mathrm{P}((t_i)_{i\in\mathrm{I}}, \mathrm{X}) \tag{50}$$

quel que soit l'élément $(t_i)_{i\in\mathrm{I}}$ de K^{I}. Comme le polynôme P de $\mathrm{K}[\mathbf{T}, \mathrm{X}]$ est homogène de degré n, il se développe sous la forme

$$\mathrm{P}(\mathbf{T}, \mathrm{X}) = \sum_{r=0}^{n} (-1)^r \mathrm{B}_r(\mathbf{T})\, \mathrm{X}^{n-r} \tag{51}$$

où B_r est un polynôme homogène de degré r dans $\mathrm{K}[\mathbf{T}]$. D'après les formules (46), (50) et (51), on a

$$b_r\Big(\sum_{i\in\mathrm{I}} t_i e_i\Big) = \mathrm{B}_r((t_i)_{i\in\mathrm{I}})$$

quel que soit l'élément $(t_i)_{i\in\mathrm{I}}$ de K^{I}, d'où la proposition 6.

Remarque. — Soit K′ une K-algèbre commutative. Tout élément t de $\mathrm{A}_{(\mathrm{K}')}$ s'écrit sous la forme $\sum_{i\in\mathrm{I}} t_i \otimes e_i$, avec $(t_i) \in \mathrm{K}'^{\mathrm{I}}$. Il ressort de la démonstration du lemme 5 que le polynôme caractéristique $\mathrm{Pc}_{\mathrm{A}_{(\mathrm{K}')}/\mathrm{K}'}(t; \mathrm{X})$ est égal à $\mathrm{P}((t_i), \mathrm{X})^n$.

5. Transitivité des normes et traces réduites

PROPOSITION 7. — *Soient* L *une sous-algèbre semi-simple commutative maximale de* A *et* a *un élément de* L. *On a*

$$\mathrm{Pcrd}_{A/K}(a; X) = \mathrm{Pc}_{L/K}(a; X), \tag{52}$$

$$\mathrm{Trd}_{A/K}(a) = \mathrm{Tr}_{L/K}(a), \tag{53}$$

$$\mathrm{Nrd}_{A/K}(a) = \mathrm{N}_{L/K}(a). \tag{54}$$

D'après la prop. 3 de VIII, p. 258, les L-modules A et L^n sont isomorphes, d'où la relation

$$\mathrm{Pc}_{A/K}(a; X) = \mathrm{Pc}_{L/K}(a; X)^n$$

Comme le polynôme $\mathrm{Pc}_{L/K}(a; X)$ est unitaire, il est donc égal au polynôme caractéristique réduit $\mathrm{Pcrd}_{A/K}(a; X)$ (VIII, p. 333, lemme 2), d'où la formule (52). En comparant dans les deux membres de (52) les coefficients de X^{n-1} (resp. les termes constants), on obtient la formule (53) (resp. (54)).

COROLLAIRE. — *Soit* D *un corps de centre* K, *et de degré fini sur* K. *Soient* a *un élément de* K *et* L *un sous-corps commutatif maximal de* D *contenant* a. *On a*

$$\mathrm{Pcrd}_{D/K}(a; X) = \mathrm{Pc}_{L/K}(a; X), \quad \mathrm{Tr}_{D/K}(a) = \mathrm{Tr}_{L/K}(a), \quad \mathrm{Nrd}_{D/K}(a) = \mathrm{N}_{L/K}(a). \tag{55}$$

En effet, un sous-corps commutatif maximal L de D est une sous-algèbre semi-simple commutative maximale de D d'après le cor. 2 de VIII, p. 261.

PROPOSITION 8. — *Soit* B *une sous-algèbre simple de* A. *Notons* L *le centre de* B *et* B′ *le commutant de* B *dans* A. *Alors* B′ *est une algèbre centrale et simple sur le corps* L ; *notons* r *son degré réduit. Pour tout élément* b *de* B, *on a les relations*

$$\mathrm{Pcrd}_{A/K}(b; X) = \mathrm{N}_{L[X]/K[X]}(\mathrm{Pcrd}_{B/L}(b; X))^r \tag{56}$$

$$\mathrm{Trd}_{A/K}(b) = r\ \mathrm{Tr}_{L/K}(\mathrm{Trd}_{B/K}(b)) \tag{57}$$

$$\mathrm{Nrd}_{A/K}(b) = \mathrm{N}_{L/K}(\mathrm{Nrd}_{B/L}(b))^r. \tag{58}$$

Lemme 6. — *Soient* K′ *une algèbre commutative de degré fini* d *sur* K *et*

$$P(X) = X^s + a_1X^{s-1} + \cdots + a_s$$

un polynôme unitaire à coefficients dans K′. *Le polynôme* $Q = \mathrm{N}_{K'[X]/K[X]}(P)$ *de* K[X] *est unitaire de degré* sd, *le coefficient de* X^{sd-1} *dans* Q(X) *est égal à* $\mathrm{Tr}_{K'/K}(a_1)$, *et son terme constant est* $\mathrm{N}_{K'/K}(a_s)$.

Notons K″ la K′-algèbre K′[T]/(P(T)) et t la classe de canonique de T dans K″. La suite $(1, t, \ldots, t^{s-1})$ est une base de K″ sur K′ et la matrice de la multiplication par t dans cette base est de la forme

$$\tau = \begin{pmatrix} 0 & 0 & \cdots & 0 & -a_s \\ 1 & 0 & \cdots & 0 & -a_{s-1} \\ 0 & 1 & \cdots & 0 & -a_{s-2} \\ \cdot & \cdot & \cdots & \cdot & \cdot \\ \cdot & \cdot & \cdots & \cdot & \cdot \\ 0 & \cdot & \cdots & 1 & -a_1 \end{pmatrix}. \tag{59}$$

Le calcul du déterminant de $XI_n - \tau$ se fait par récurrence sur s, en développant selon la première ligne. On trouve $\det(XI_n - \tau) = P(X)$. Autrement dit, on a $P(X) = Pc_{K''/K'}(t; X)$. En particulier, $Tr_{K''/K'}(t) = -a_1$ et $N_{K''/K'}(t) = (-1)^s a_s$. Compte tenu de la formule de transitivité (III, p. 114, cor.), on a

$$Tr_{K''/K}(t) = -\,Tr_{K'/K}(a_1), \quad N_{K''/K}(t) = (-1)^{sd} N_{K'/K}(a_s) \text{ et } Q(X) = Pc_{K''/K}(t; X).$$

D'autre part, $[K'' : K] = [K'' : K'][K' : K] = sd$, donc Q(X) est un polynôme unitaire de degré sd. Le lemme 6 résulte de là.

Démontrons la prop. 8. Comme l'anneau B est simple, son centre L est un corps (VIII, p. 117, cor. 1). D'après le th. 5 de VIII, p. 255, le commutant B′ de B dans A est un anneau simple de centre L et l'on a $[A : K] = [B : K][B' : K]$. Notons r le degré réduit de B′ sur L, s celui de B sur L et d le degré de L sur K. On a

$$[A : K] = n^2 \quad , \quad [B' : K] = r^2 d \quad , \quad [B : K] = s^2 d$$

d'où $n^2 = r^2 s^2 d^2$, c'est-à-dire $n = rsd$.

Soit b un élément de B et soit P(X) son polynôme caractéristique réduit dans la L-algèbre B ; il est unitaire de degré s. D'après le lemme 6, le polynôme $Q = N_{L[X]/K[X]}(P)$ est unitaire de degré sd. Le polynôme $R = Q^r$ est donc unitaire de degré $rsd = n$. Toujours d'après le lemme 6, le coefficient de X^{n-1} dans R(X) est égal à $-r\, Tr_{L/K}(Trd_{B/L}(b))$ et le terme constant de R(X) est $(N_{L/K}((-1)^s Nrd_{B/L}(b)))^r = (-1)^n N_{L/K}(Nrd_{B/L}(b))^r$.

Comme $[A : K] = r^2 d[B : K]$, le B-module à gauche A est libre de dimension $r^2 d$ (VIII, p. 120, prop. 5). On a donc

$$Pc_{A/K}(b; X) = Pc_{B/K}(b; X)^{dr^2}\,; \tag{60}$$

d'après le corollaire de III, p. 114, on a

$$Pc_{B/K}(b; X) = N_{L[X]/K[X]}(Pc_{B/L}(b; X)) \tag{61}$$

et comme P(X) est le polynôme caractéristique réduit de b dans la L-algèbre B, on a

$$\mathrm{Pc}_{\mathrm{B/L}}(b; \mathrm{X}) = \mathrm{P}(\mathrm{X})^s. \tag{62}$$

Compte tenu des formules (60) à (62) et de la définition de R(X), on a finalement

$$\mathrm{Pc}_{\mathrm{A/K}}(b; \mathrm{X}) = \mathrm{N}_{\mathrm{L[X]/K[X]}}(\mathrm{P}(\mathrm{X}))^{dr^2s} = \mathrm{Q}(\mathrm{X})^{dr^2s} = \mathrm{R}(\mathrm{X})^{rsd} = \mathrm{R}(\mathrm{X})^n, \tag{63}$$

donc R(X) est le polynôme caractéristique réduit de b dans la K-algèbre A.

On a prouvé la formule (56). Les formules (57) et (58) résultent aussitôt de la formule (56) et du lemme 6 puisque le coefficient de X^{n-1} dans $\mathrm{Pcrd}_{\mathrm{A/K}}(b; \mathrm{X})$ est égal à $-\mathrm{Trd}_{\mathrm{A/K}}(b)$, et que son terme constant est $(-1)^n\,\mathrm{Nrd}_{\mathrm{A/K}}(b)$.

6. Normes réduites et déterminants

Dans ce numéro, on note D un corps de centre K et de degré fini sur K. On note $\mathrm{D}^*_{\mathrm{ab}}$ le quotient du groupe multiplicatif D^* par son groupe dérivé et π l'homomorphisme canonique de D^* sur $\mathrm{D}^*_{\mathrm{ab}}$. L'application $\mathrm{Nrd}_{\mathrm{D/K}}$ induit un homomorphisme de groupes de D^* dans K^* ; le noyau de cet homomorphisme contient le groupe dérivé de D^* puisque K est commutatif. Il existe donc un homomorphisme $\overline{\mathrm{Nrd}}$ de $\mathrm{D}^*_{\mathrm{ab}}$ dans K^*, et un seul, tel que $\mathrm{Nrd}_{\mathrm{D/K}}(x) = \overline{\mathrm{Nrd}} \circ \pi(x)$ pour tout $x \in \mathrm{D}^*$.

PROPOSITION 9. — *Soit* V *un espace vectoriel à droite sur le corps* D, *de dimension finie. Soit* E *l'algèbre* $\mathrm{End}_{\mathrm{D}}(\mathrm{V})$ *sur le corps* K ; *elle est centrale, simple et de degré fini. Pour tout élément inversible* u *de* E, *on a*

$$\mathrm{Nrd}_{\mathrm{E/K}}(u) = \overline{\mathrm{Nrd}}(\det u) \tag{64}$$

(*cf.* VIII, p. 442, prop. 2 *pour la définition du déterminant* det u *de* u).

Notons n la dimension de V sur D et identifions E à l'algèbre de matrices $\mathbf{M}_n(\mathrm{D})$ au moyen d'une base de V sur D. Le groupe multiplicatif $\mathrm{GL}_n(\mathrm{D})$ de l'algèbre E est engendré par les matrices diagonales et les matrices $\mathrm{B}_{ij}(\lambda)$ (II, p. 162, cor. 1). La prop. 9 résulte donc des deux cas particuliers ci-dessous.

A) Supposons que u soit la matrice diagonale $\mathrm{diag}(a_1, \ldots, a_n)$. Pour $1 \leqslant i \leqslant n$, soit L_i un sous-corps commutatif maximal de D contenant a_i ; soit L la sous-algèbre de E formée des matrices diagonales $\mathrm{diag}(t_1, \ldots, t_n)$ avec $t_i \in \mathrm{L}_i$ pour $1 \leqslant i \leqslant n$. Soit d le degré réduit de D sur K. On a $[\mathrm{L}_i : \mathrm{K}] = d$ pour $1 \leqslant i \leqslant n$ (VIII, p. 261, cor. 2). La K-algèbre L est isomorphe à $\mathrm{L}_1 \times \cdots \times \mathrm{L}_n$, donc est semi-simple de degré nd ; or on a $[\mathrm{E} : \mathrm{K}] = n^2[\mathrm{D} : \mathrm{K}] = n^2d^2 = [\mathrm{L} : \mathrm{K}]^2$. Il en résulte que L est une sous-algèbre semi-simple commutative maximale de E (VIII, p. 258, prop. 3). D'après la prop. 7

de VIII, p. 340, on a $\mathrm{Nrd}_{\mathrm{E/K}}(u) = \mathrm{N}_{\mathrm{L/K}}(u)$, d'où, compte tenu de la formule (18) de III, p. 110,

$$\begin{aligned}\mathrm{Nrd}_{\mathrm{E/K}}(u) &= \prod_{i=1}^{n} \mathrm{N}_{\mathrm{L}_i/\mathrm{K}}(a_i) = \prod_{i=1}^{n} \mathrm{Nrd}_{\mathrm{D/K}}(a_i) \\ &= \mathrm{Nrd}_{\mathrm{D/K}}(a_1 \dots a_n) = \overline{\mathrm{Nrd}}(\pi(a_1 \dots a_n)).\end{aligned}$$

Par ailleurs, on a $\det u = \pi(a_1 \dots a_n)$ d'après la prop. 3 de VIII, p. 443, d'où la formule (64) dans ce cas.

B) Supposons que u soit égal à $\mathrm{B}_{ij}(\lambda)$, où λ est un élément de D et i, j des entiers distincts dans l'intervalle $[1, n]$. Notons d le degré réduit de D sur K et M l'espace vectoriel sur K déduit de V par restriction des scalaires de D à K. Alors M est un E-module simple et l'on a

$$\mathrm{Pc}_{\mathrm{M/K}}(u; \mathrm{X}) = \mathrm{Pcrd}_{\mathrm{E/K}}(u; \mathrm{X})^d \tag{65}$$

d'après la formule (26) de VIII, p. 334. Par ailleurs, M est un espace vectoriel de dimension nd^2 sur K, et $u - 1_{\mathrm{M}}$ est un endomorphisme nilpotent de M ; on a donc

$$\mathrm{Pc}_{\mathrm{M/K}}(u; \mathrm{X}) = (\mathrm{X} - 1)^{nd^2}. \tag{66}$$

Par comparaison des formules (65) et (66), on trouve

$$\mathrm{Pcrd}_{\mathrm{E/K}}(u; \mathrm{X}) = (\mathrm{X} - 1)^{nd} \tag{67}$$

et en particulier $\mathrm{Nrd}_{\mathrm{E/K}}(u) = 1$. Par ailleurs, on a $\det u = 1$ d'après la prop. 3 de VIII, p. 443 ; la formule (64) est donc établie dans ce cas.

Remarque. — On a $\mathrm{Nrd}_{\mathrm{E/K}}(u) = 0$ si l'élément u de E n'est pas inversible (VIII, p. 334, prop. 3).

EXERCICES

1) Soient B une algèbre de degré fini sur le corps commutatif K et b un élément de B.

a) Si b est nilpotent, on a $\mathrm{Tr}_{\mathrm{M/K}}(b) = 0$ pour tout A-module M de dimension finie sur K. En déduire que si b appartient au radical de B, on a $\mathrm{Tr}_{\mathrm{M/K}}(bc) = 0$ pour tout $c \in \mathrm{B}$.

b) Si $\mathrm{Tr}_{\mathrm{S/K}}(bc) = 0$ pour tout B-module simple S et tout $c \in \mathrm{B}$, prouver que b appartient au radical de B (utiliser le théorème de densité).

2) Soit B une algèbre de degré fini n sur le corps commutatif K. Pour tout élément b de B, on note $\mathrm{Pm}_{\mathrm{B/K}}(b; \mathrm{X})$ le polynôme minimal de b sur K (V, p. 15). On a $\mathrm{Pm}_{\mathrm{B/K}}(b; \mathrm{X}) = \mathrm{Pm}_{\mathrm{B^o/K}}(b; \mathrm{X})$.

a) Démontrer que $\mathrm{Pm}_{\mathrm{B/K}}(b; \mathrm{X})$ divise $\mathrm{Pc}_{\mathrm{B/K}}(b; \mathrm{X})$, lequel divise $(\mathrm{Pm}_{\mathrm{B/K}}(b; \mathrm{X}))^n$.

b) Pour toute extension L de K, on a $\mathrm{Pm}_{\mathrm{B_{(L)}/L}}(1 \otimes b; \mathrm{X}) = \mathrm{Pm}_{\mathrm{B/K}}(b; \mathrm{X})$.

c) Soit $(e_i)_{i \in \mathrm{I}}$ une base de B sur K, $\mathbf{Y} = (\mathrm{Y}_i)_{i \in \mathrm{I}}$ une famille d'indéterminées. On appelle *polynôme principal* de l'algèbre B relativement à la base (e_i), et on note $\mathrm{P}((e_i); \mathrm{X}; \mathbf{Y})$, ou simplement $\mathrm{P}(\mathrm{X}; \mathbf{Y})$, le polynôme minimal sur $\mathrm{K}(\mathbf{Y})$ de l'élément $\sum_{i \in \mathrm{I}} \mathrm{Y}_i e_i$ de $\mathrm{B}_{(\mathrm{K}(\mathbf{Y}))}$. *Démontrer qu'il appartient à $\mathrm{K}[\mathrm{X}; \mathbf{Y}]$ (*cf.* AC, VII, p. 230, lemme 1 et th. 2).

d) Soient (e'_i) une autre base de B sur K et (λ_{ij}) la matrice à coefficients dans K telle que $e_i = \sum_j \lambda_{ij} e'_j$ pour $i \in \mathrm{I}$; si l'on pose $\mathrm{Y}'_i = \sum_j \lambda_{ji} \mathrm{Y}_j$, on a $\mathrm{P}((e_i); \mathrm{X}; \mathbf{Y}) = \mathrm{P}((e'_i); \mathrm{X}; \mathbf{Y}')$. Soit $b = \sum_i \beta_i e_i$ un élément de B ; le polynôme $\mathrm{P}((e_i); \mathrm{X}; \beta_1, \ldots, \beta_n)$ est indépendant du choix de la base (e_i) ; on dit que c'est le *polynôme principal* de x sur K. Il divise $\mathrm{Pc}_{\mathrm{B/K}}(b; \mathrm{X})$, et est multiple de $\mathrm{Pm}_{\mathrm{B/K}}(b; \mathrm{X})$.*

e) Soit B′ une autre K-algèbre de degré fini ; calculer le polynôme principal de l'algèbre $\mathrm{B} \times \mathrm{B}'$ relativement à une base convenable.

3) a) Soit A une algèbre centrale et simple de degré fini sur K. Démontrer que le polynôme principal d'un élément a de A est $\mathrm{Pcrd}_{\mathrm{A/K}}(a; \mathrm{X})$. Le polynôme principal de A (relativement à une base de A sur K) est le polynôme P considéré dans le lemme 4 de VIII, p. 338 (se ramener au cas où $\mathrm{B} = \mathbf{M}_n(\mathrm{K})$).

b) Soit B une algèbre absolument semi-simple sur K, $\mathscr{S}$ l'ensemble des classes de B-modules simples. Prouver que le polynôme principal d'un élément b de B est égal au produit des polynômes $\mathrm{Pc}_{\mathrm{S/K}}(b; \mathrm{X})$ pour S parcourant $\mathscr{S}$ (se ramener au cas où K est algébriquement clos).

¶ 4) Soient D un corps, σ un automorphisme de D, A l'anneau $\mathrm{D}[\mathrm{X}]_\sigma$ (VIII, p. 10), n un entier $\geqslant 2$ et a un élément non nul de D. On note f l'élément $\mathrm{X}^n - a$ de A.

a) Pour que l'idéal Af soit bilatère, il faut et il suffit qu'on ait $\sigma(a) = a$ et $\sigma^n(x) = axa^{-1}$ pour tout $x \in \mathrm{D}$.

b) On suppose que le groupe μ_n des racines n-èmes de l'unité contenues dans le centre de D est cyclique d'ordre n et fixe par σ. Soit $g \in \mathrm{A}$ un polynôme unitaire irréductible (VIII, p. 21, exerc. 27) divisant f à droite ; prouver que le degré d de g divise n et que f est produit de n/d polynômes de degré d (soit h le polynôme unitaire tel que $\mathrm{A}h = \bigcap_{\zeta\in\mu_n} \mathrm{A}g_\zeta$, avec $g_\zeta(\mathrm{X}) = g(\zeta\mathrm{X})$; remarquer qu'on a nécessairement $h(\zeta\mathrm{X}) = h(\mathrm{X})$ pour tout $\zeta \in \mu_n$, et en déduire $h = f$. Appliquer ensuite *loc. cit.* *b*), en construisant, pour $1 \leqslant i \leqslant n/d$, un élément ζ_i de μ_n et un polynôme h_i de degré id tel que $\mathrm{A}g_{\zeta_1} \cap \cdots \cap \mathrm{A}g_{\zeta_i} = \mathrm{A}h_i$).

Si de plus l'idéal $\mathrm{A}f$ est bilatère, l'anneau $\mathrm{A}/\mathrm{A}f$ est semi-simple, et ses composants simples ont même longueur (observer que tout $(\mathrm{A}/\mathrm{A}f)$- module simple est isomorphe à l'un des modules $\mathrm{A}/\mathrm{A}g_\zeta$).

c) On suppose désormais que les hypothèses de *b*) sont satisfaites, que l'idéal $\mathrm{A}f$ est bilatère et que n est *premier*. Déduire de *b*) qu'on est dans l'une des situations suivantes :

(i) Il existe $b \in \mathrm{D}$ tel que $a = b^n$ et que σ soit l'automorphisme intérieur associé à b ; l'anneau $\mathrm{C} = \mathrm{A}/\mathrm{A}f$ est isomorphe à l'anneau produit D^n ;

(ii) La condition de (i) n'est pas vérifiée, mais il existe $c \in \mathrm{D}$ tel que $a = \sigma^{n-1}(c)\,\sigma^{n-2}(c)\ldots\sigma(c)\,c$; C est un anneau simple de longueur n ;

(iii) Il n'existe aucun élément c de D tel que $a = \sigma^{n-1}(c)\,\sigma^{n-2}(c)\ldots\sigma(c)\,c$; C est un corps.

Dans le cas où D est commutatif, retrouver les résultats de l'exerc. 11 de VIII, p. 325. Si de plus $n = 2$, C est une algèbre de quaternions sur le sous-corps K de D invariant par σ.

d) Démontrer qu'il existe un automorphisme τ de C d'ordre n dont le sous-corps des invariants est égal à D. Dans les cas (ii) et (iii) ci-dessus, D est un sous-corps galoisien de C (exerc. 16 de VIII, p. 270).

e) On suppose que σ est l'automorphisme intérieur associé à un élément d de D. Prouver qu'on a $a = d^n z$, où z appartient au centre Z de C, et que l'anneau C est isomorphe au produit tensoriel $\mathrm{D} \otimes_{\mathrm{Z}} \mathrm{Z}[\mathrm{X}]/(\mathrm{X}^n - z)$.

f) On suppose que σ n'est pas intérieur. Démontrer que le centre de C est le sous-corps de Z formé des éléments invariants par σ.

¶ 5) Soient K_0 le corps de fractions rationnelles $\mathbf{Q}(\mathrm{X})$, K l'extension quadratique $\mathrm{K}_0(\rho)$, où ρ est une racine cubique primitive de l'unité, D l'extension cyclique $\mathrm{K}(\sqrt[3]{\mathrm{X}})$ de K, σ un générateur du groupe de Galois de D sur K. On considère l'algèbre C définie par la méthode de l'exerc. 4, avec $n = 3$ et $a = 2$.

a) Prouver que C est un corps de centre K, de degré 9 sur K (pour voir que D ne contient pas d'élément de norme 2, on se ramènera à prouver qu'il ne peut y avoir de relation de la forme $2\mathrm{F}^3 = \mathrm{P}^3 + \mathrm{X}\mathrm{Q}^3 + \mathrm{X}^2\mathrm{R}^3 + 3\mathrm{XPQR}$, où F, P, Q, R sont des polynômes de $\mathbf{Q}(\rho)[\mathrm{X}]$, étrangers dans leur ensemble ; considérer pour cela les termes de plus bas degré de ces polynômes).

b) Démontrer qu'il n'existe aucun automorphisme de C prolongeant l'unique K_0-automorphisme de K distinct de l'identité (se ramener au cas où un tel automorphisme préserverait D). En déduire que K_0 n'est pas un sous-corps galoisien de C (VIII, p. 270, exerc. 16), et qu'il n'existe aucun K_0-automorphisme de C qui soit d'ordre 2.

c) Soient ξ un élément de D tel que $\xi^3 = X$, η un élément de C tel que $\eta^3 = 2$ et $\eta\xi = \rho\xi\eta$; on pose $\zeta = \xi+\eta+\eta^2$. Prouver que $K(\zeta)$ est un sous-corps commutatif maximal de D, non galoisien sur K, alors que les sous-corps commutatifs maximaux $K(\xi)$ et $K(\eta)$ sont galoisiens sur K (on pourra calculer ζ^3).

6) Soit D un corps de centre K et de degré m^2 sur K. Soient x un élément de D, de degré $n > 1$ sur K, et $f(X)$ son polynôme minimal sur K.

a) Démontrer qu'un polynôme unitaire de D[X] (VIII, p. 10) de degré $< n$ ne peut être divisible à droite par tous les polynômes $X - txt^{-1}$ pour $t \in D^*$ (observer que le générateur unitaire de l'idéal $\cap(D[X]\,(X - txt^{-1}))$ a ses coefficients dans K).

b) Soient $u(X), v(X), w(X)$ trois polynômes unitaires de D[X] tels que $u(X) = v(X)w(X)$, et que $X - x$ soit diviseur à droite de $u(X)$ mais pas de $w(X)$, de sorte que $w(X) = q(X)\,(X - x) + t$ avec $t \in D^*$. Démontrer que $X - txt^{-1}$ est un diviseur à droite de $v(X)$.

c) Déduire de *a*) et *b*) qu'il existe n éléments $t_1, \ldots, t_n$ de D tels qu'on ait

$$f(X) = (X - t_1 x t_1^{-1}) \ldots (X - t_n x t_n^{-1})$$

(remarquer que $f(X)$ est divisible à droite par tous les polynômes $X - txt^{-1}$).

d) En déduire que $\mathrm{Trd}_{D/K}(x)$ (resp. $\mathrm{Nrd}_{D/K}(x)$) est somme (resp. produit) de m éléments de la forme txt^{-1} (appliquer la prop. 8 de VIII, p. 340).

7) Soit D un corps de centre K, de rang fini sur K, muni d'une structure d'ordre total compatible avec sa structure de groupe additif et telle que le produit de deux éléments positifs soit positif. Prouver que D est égal à K (démontrer que K est de caractéristique nulle ; si $D \neq K$, remarquer qu'il existe des éléments x dans $D - K$ tels que $\mathrm{Trd}_{D/K}(x) = 0$, et appliquer l'exerc. 6 *d*)).

§ 18. ALGÈBRES SIMPLES SUR UN CORPS FINI

1. Polynômes sur un corps fini

THÉORÈME 1 (Chevalley-Warning). — *Soit* K *un corps commutatif fini, de caractéristique* p. *Soient* n *un entier* $\geqslant 1$ *et* $(f_i)_{i\in\mathrm{I}}$ *une famille finie d'éléments non nuls de* $\mathrm{K}[\mathrm{X}_1,\ldots,\mathrm{X}_n]$. *Notons* Z *l'ensemble des éléments* $\mathbf{x}$ *de* K^n *tels que l'on ait* $f_i(\mathbf{x}) = 0$ *pour* $i \in \mathrm{I}$. *Si l'on a* $n > \sum_{i\in\mathrm{I}} \deg(f_i)$, *le cardinal de* Z *est divisible par* p.

Lemme 1. — *Soient* L *un corps,* G *un groupe fini et* χ *un homomorphisme non trivial de* G *dans le groupe multiplicatif* L^*. *On a* $\sum_{x\in\mathrm{G}} \chi(x) = 0$.

Par hypothèse, il existe un élément a de G tel que $\chi(a) \neq 1$; comme la multiplication par a est une permutation de G, on a

$$\sum_{x\in\mathrm{G}} \chi(x) = \sum_{x\in\mathrm{G}} \chi(ax) = \chi(a) \sum_{x\in\mathrm{G}} \chi(x)\,,$$

d'où le lemme 1.

Lemme 2. — *Soit* q *le cardinal de* K. *Pour tout entier* $m \geqslant 0$, *posons* $\mathrm{S}_m = \sum_{x\in\mathrm{K}} x^m$. *On a* $\mathrm{S}_m = -1$ *si* m *est un multiple non nul de* $q-1$ *et* $\mathrm{S}_m = 0$ *dans les autres cas.*

Rappelons que $0^0 = 1$ (I, p. 13). Supposons m multiple de $q-1$. Comme le groupe commutatif K^* est d'ordre $q-1$, on a $x^m = 1$ pour tout $x \in \mathrm{K}^*$, et $\mathrm{S}_m = 0^m + (q-1)\cdot 1$, d'où l'assertion dans ce cas.

Supposons que m ne soit pas multiple de $q-1$. Posons $\chi(x) = x^m$ pour $x \in \mathrm{K}^*$. Comme le groupe multiplicatif K^* est cyclique d'ordre $q-1$ (V, p. 89, prop. 1), il existe un élément a de K^* tel que $\chi(a) \neq 1$. D'après le lemme 1 appliqué à $\mathrm{G} = \mathrm{K}^*$, on a

$$\mathrm{S}_m = 0^m + \sum_{x\in\mathrm{K}^*} \chi(x) = 0\,,$$

d'où le lemme 2.

Prouvons maintenant le théorème 1. Soit $\mathbf{x} = (x_1, \ldots, x_n)$ un élément de K^n ; on a $1 - f_i(\mathbf{x})^{q-1} = 0$ si $f_i(\mathbf{x}) \neq 0$ et $1 - f_i(\mathbf{x})^{q-1} = 1$ si $f_i(\mathbf{x}) = 0$. Posons $P = \prod_{i=1}^r (1 - f_i^{q-1})$; on a

$$(1) \qquad P(\mathbf{x}) = \begin{cases} 1 & \text{si } \mathbf{x} \in Z, \\ 0 & \text{si } \mathbf{x} \notin Z. \end{cases}$$

Développons le polynôme P sous la forme $\sum_{\alpha \in \mathbf{N}^n} c_\alpha X^\alpha$; il est de degré $< (q-1)n$ par hypothèse. Soit α un élément de $\mathbf{N}^n$ tel que c_α soit non nul ; puisque l'on a $\alpha_1 + \cdots + \alpha_n < (q-1)n$, il existe donc un entier ℓ tel que $1 \leqslant \ell \leqslant n$ et $0 \leqslant \alpha_\ell < q-1$. D'après le lemme 2, on a alors $\sum_{x \in K} x^{\alpha_\ell} = 0$, d'où

$$\sum_{\mathbf{x} \in K^n} \mathbf{x}^\alpha = \prod_{j=1}^n \Big(\sum_{x \in K} x^{\alpha_j} \Big) = 0.$$

On a donc

$$\sum_{\mathbf{x} \in K^n} P(\mathbf{x}) = \sum_{\alpha \in \mathbf{N}^n} c_\alpha \Big(\sum_{\mathbf{x} \in K^n} \mathbf{x}^\alpha \Big) = 0.$$

Or, d'après la formule (1), on a $\sum_{\mathbf{x} \in K^n} P(\mathbf{x}) = \mathrm{Card}(Z) \cdot 1$, d'où $\mathrm{Card}(Z) \cdot 1 = 0$, ce qui signifie que Card(Z) est divisible par p.

COROLLAIRE. — *Soient* V *un espace vectoriel de dimension finie* n *sur* K, I *un ensemble fini, et pour chaque* $i \in I$, *soit* $F_i : V \to K$ *une application polynomiale homogène de degré* $d_i > 0$. *Si l'on a* $\sum_{i \in I} d_i < n$, *il existe un élément non nul* x *de* V *tel que* $F_i(x) = 0$ *pour tout* $i \in I$.

Soit $(e_1, \ldots, e_n)$ une base de V sur K. Par définition des applications polynomiales homogènes (IV, p. 52, déf. 3), il existe pour tout $i \in I$ un polynôme f_i dans $K[X_1, \ldots, X_n]$ homogène de degré d_i, tel que l'on ait $F_i(\xi_1 e_1, \ldots, \xi_n e_n) = f_i(\xi_1, \ldots, \xi_n)$. Soit Z l'ensemble des éléments x de V tels que $F_i(x) = 0$ pour tout $i \in I$. D'après le théorème 1, le cardinal de Z est divisible par p et, comme 0 appartient à S, on a $\mathrm{Card}(Z) \geqslant p > 1$.

2. Algèbres simples sur un corps fini

THÉORÈME 2 (Wedderburn). — *Tout corps fini est commutatif.*

Soit D un corps fini et soit K son centre. La K-algèbre D est centrale et simple, de degré m^2, où m est un entier strictement positif. La norme réduite est une application polynomiale Nrd : D $\to$ K, homogène de degré m (VIII, p. 338, prop. 6) et l'on a

$\mathrm{Nrd}(a) \neq 0$ pour tout $a \neq 0$ dans D (VIII, p. 334, prop. 3). Le corollaire ci-dessus entraîne $m \geqslant m^2$, d'où $m = 1$. On a donc D = K.

COROLLAIRE 1. — *Tout anneau simple fini est isomorphe à un anneau de matrices* $\mathbf{M}_n(\mathrm{L})$ *où* n *est un entier strictement positif et* L *un corps commutatif fini.*

Cela résulte du théorème 2 et du théorème de structure des anneaux simples (VIII, p. 116, th. 1).

COROLLAIRE 2. — *Soit* K *un corps commutatif fini. Toute algèbre simple centrale sur* K *est isomorphe à une algèbre de matrices* $\mathbf{M}_n(\mathrm{K})$ *où* n *est un entier strictement positif.*

Cela résulte du théorème 2 et du théorème de structure des algèbres centrales simples (VIII, p. 248, th. 1).

Remarques. — 1) Voici une autre démonstration du théorème 2. Soit D un corps fini, soit K son centre et soit L un sous-corps commutatif maximal de D. Soit x un élément de D^* ; il appartient à un sous-corps commutatif maximal L_1 de D ; on a l'égalité

$$[\mathrm{D}:\mathrm{K}] = [\mathrm{L}:\mathrm{K}]^2 = [\mathrm{L}_1:\mathrm{K}]^2$$

d'après le cor. 2 de VIII, p. 261, d'où $[\mathrm{L}:\mathrm{K}] = [\mathrm{L}_1:\mathrm{K}]$. D'après la prop. 3 de V, p. 90, les extensions L et L_1 de K sont isomorphes. D'après VIII, p. 259, cor., il existe un élément a de D^* tel que $a\mathrm{L}a^{-1} = \mathrm{L}_1$, donc $a^{-1}xa$ appartient à L. On a alors $(ay)^{-1}x(ay) = a^{-1}xa$ pour tout $y \in \mathrm{L}^*$. Par suite, si S est un ensemble de représentants de classes à gauche dans D^* modulo L^*, tout élément de $\mathrm{D}^* - \{1\}$ s'écrit sxs^{-1}, avec $s \in \mathrm{S}$ et $x \in \mathrm{L}^* - \{1\}$. Notons d l'ordre de D^* et ℓ celui de L^* ; comme le cardinal de S est égal à d/ℓ, on a $d - 1 \leqslant (d/\ell)(\ell - 1) = d - d/\ell$; on en déduit $\ell = d$, d'où L = D, ce qui prouve que le corps D est commutatif.

2) Soit L un corps commutatif qui satisfait à la propriété suivante :
(C_1) *Soit* V *un espace vectoriel de dimension finie* n *sur le corps* L, *soit* d *tel que* $0 < d < n$. *Pour toute application polynomiale homogène* $\mathrm{F}:\mathrm{V}\to\mathrm{L}$ *de degré* d, *il existe un élément non nul* x *de* V *tel que* $\mathrm{F}(x) = 0$.

La démonstration du théorème 2 prouve que tout corps de centre L et de degré fini sur L est égal à L.

D'après le cor. de VIII, p. 348 tout corps fini possède la propriété (C_1). On peut prouver (VIII, p. 352, exerc. 7) que les corps suivants possèdent la propriété (C_1) :
- toute extension algébrique d'un corps fini ;
- tout corps de fractions rationnelles en une indéterminée à coefficients dans un corps algébriquement clos (*théorème de Tsen*).

– *tout corps muni d'une valuation discrète, pour laquelle il est complet, et dont le corps résiduel est algébriquement clos (VIII, p. 327, exerc. 17).$_*$

3) Supposons que le corps K satisfasse à la condition suivante :

– *Si* L *est une extension de degré fini de* K, *elle est cyclique et l'application norme* $\mathrm{N} : \mathrm{L}^* \to \mathrm{K}^*$ *est surjective.*

Cette condition est en particulier vérifiée si le corps K est fini (V, p. 91, prop. 4). On peut alors démontrer que tout corps de centre K, de degré fini sur K, est égal à K (exerc. 10 de VIII, p. 325).

EXERCICES

1) Soit D un corps.

a) Soit E un sous-corps distinct de D, dont le groupe multiplicatif E^* est d'indice fini dans D^*. Prouver que D est fini (si (a_n) est une suite d'éléments distincts de E et x un élément de $D - E$, considérer les classes mod. E^* des éléments $x + a_n$).

b) Démontrer qu'un élément de D qui n'a qu'un nombre fini de conjugués appartient au centre Z de D (appliquer *a*) au corps commutant de cet élément dans D).

c) En déduire qu'un polynôme de Z[X] qui a une racine dans $D - Z$ a une infinité de racines dans $D - Z$.

¶ 2) Soient A une K-algèbre et m un entier. On suppose que tout élément de A est algébrique de degré $\leqslant m$ sur K.

a) Si A est un anneau primitif, démontrer qu'il existe un entier $r \leqslant m$ et un corps D dont tous les éléments sont de degré $\leqslant m$ sur K tel que A soit isomorphe à l'algèbre de matrices $\mathbf{M}_r(D)$. (Si A n'est pas simple, déduire du théorème de densité qu'il existe, pour tout entier n, une sous-algèbre A_n de A et un homomorphisme surjectif $A_n \to \mathbf{M}_n(D)$; observer que l'algèbre $\mathbf{M}_n(D)$ contient des éléments X tels que $X^{n-1} \neq 0$ et $X^n = 0$.)

b) On suppose que le corps K est infini. Prouver que l'algèbre $A/\mathfrak{R}(A)$ est semi-simple et admet au plus m composants simples (observer que l'algèbre K^n contient des éléments de degré n sur K ; en déduire que A admet au plus m idéaux bilatères maximaux, et conclure à l'aide de *a*)). Si de plus K est parfait, $A/\mathfrak{R}(A)$ est de rang fini sur K.

¶ 3) Soit K un corps commutatif. On dit qu'une K-algèbre A est *algébrique* si tous ses éléments sont algébriques sur K. Toute algèbre de rang fini est algébrique ; toute sous-algèbre et toute algèbre quotient d'une algèbre algébrique sont algébriques. Le radical d'une K-algèbre algébrique est un nilidéal (VIII, p. 161, exerc. 5).

a) Prouver qu'une algèbre algébrique est un anneau pseudo-régulier (VIII, p. 174, exerc. 4 ; remarquer que pour tout $x \in A$, il existe un élément $y \in K[x]$ et un entier k tel que $x^k = x^{k+1}y$).

b) Soit A une K-algèbre algébrique sans élément nilpotent autre que 0 ; prouver que A est isomorphe à une sous-algèbre d'un produit de corps. (Remarquer que toute algèbre quotient de A possède les mêmes propriétés. Si A est primitive, prouver que c'est un corps en raisonnant comme dans l'exerc. 2 *a*) ; dans le cas général, utiliser l'exerc. 12 de VIII, p. 163.)

¶ 4) Soient K un corps fini, A une K-algèbre algébrique (exerc. 3).

a) On suppose que A est un corps ; prouver que A est commutatif. (Soit x un élément non central de A ; en considérant le corps $Z(x)$, où Z est le centre de A, démontrer qu'il existe un élément $y \in A$ tel que $yxy^{-1} = x^r$, avec $x^r \neq x$; en déduire une contradiction en considérant le sous-corps $K(x, y)$ de A.)

b) On suppose que A ne contient pas d'élément nilpotent non nul ; prouver que l'algèbre A est commutative (utiliser *a*) et l'exerc. 3).

5) Soient K un corps fini, m un entier et A une K-algèbre sans radical dont tout élément est de degré $\leqslant m$. Prouver qu'il existe une extension finie L de K telle que A soit isomorphe à une sous-algèbre d'un produit $(\mathbf{M}_r(\mathrm{L}))^{\mathrm{I}}$ dont toutes les projections sont des algèbres simples (*cf.* exerc. 2 *a*)). Réciproque.

6) Soit A un anneau tel que, pour tout $a \in \mathrm{A}$, il existe un entier $n(a) > 1$ tel que $a^{n(a)} = a$. Prouver que A est isomorphe au produit d'un nombre fini d'algèbres algébriques commutatives réduites sur des corps finis (observer que A est annulé par un entier n, puis que pour tout nombre premier p, le p-composant A_p du groupe additif A est un idéal bilatère annulé par p ; appliquer l'exerc. 4 *b*)). Réciproque.

7) *a*) Si le corps K possède la propriété (C_1) (VIII, p. 349), démontrer qu'il en est de même de toute extension algébrique de K (se ramener au cas d'une extension L de K de degré fini r ; si F est une fonction polynomiale homogène de degré d sur un L-espace vectoriel V, démontrer que la fonction $\mathrm{N}_{\mathrm{L}/\mathrm{K}} \circ \mathrm{F}$ est polynomiale homogène de degré rd sur le K-espace vectoriel V).

* *b*) On suppose désormais K algébriquement clos. Soient $\mathrm{F}_1, \ldots, \mathrm{F}_n$ des polynômes homogènes de degré > 0 en m indéterminées. Si $n < m$, démontrer qu'il existe $\mathbf{a} \neq 0$ dans K^n tel que $\mathrm{F}_1(\mathbf{a}) = \cdots = \mathrm{F}_n(\mathbf{a}) = 0$ (utiliser AC, VIII, p. 19, cor. 1 du th. 3 et p. 24, prop. 2).

c) Déduire de *b*) que le corps K(X) possède la propriété (C_1).

(Soit F un polynôme homogène de degré d en n variables, dont les coefficients sont des polynômes en X et soit ν le maximum des degrés de ces coefficients. Soient N un entier et $\mathrm{G}_1, \ldots, \mathrm{G}_n$ des polynômes en X de degré $\leqslant \mathrm{N}$; démontrer que l'égalité $\mathrm{F}(\mathrm{G}_1[\mathrm{X}], \ldots, \mathrm{G}_n[\mathrm{X}]) = 0$ équivaut à l'annulation de $\mathrm{N}d + \nu + 1$ polynômes homogènes de degré > 0 en les $n(\mathrm{N}+1)$ coefficients des G_i.)

d) Déduire de *a*) et *c*) qu'une extension de degré de transcendance $\leqslant 1$ d'un corps algébriquement clos possède la propriété (C_1) (« *théorème de Tsen* »).*

§ 19. ALGÈBRES DE QUATERNIONS

Dans ce paragraphe, la lettre K *désigne un corps commutatif.*

1. Propriétés générales des algèbres de quaternions

Soient α, β, γ des éléments de K et soit F l'algèbre de quaternions de type (α, β, γ). Rappelons (III, p. 18) que F est une K-algèbre associative et unifère possédant une base $(1, i, j, k)$ sur K satisfaisant aux relations

(1) $$i^2 = \alpha + \beta i \quad , \quad j^2 = \gamma \quad , \quad ij = k \quad , \quad ji = \beta j - k.$$

C'est une algèbre cayleyenne (III, p. 15, déf. 1) dont la conjugaison satisfait à

(2) $$\overline{i} = \beta - i \quad , \quad \overline{j} = -j \quad , \quad \overline{k} = -k.$$

Rappelons que la trace et la norme cayleyennes de F sont les applications $\mathrm{T_F}$ et $\mathrm{N_F}$ de F dans K définies par $\mathrm{T_F}(q) = q + \overline{q}$ et $\mathrm{N_F}(q) = q\overline{q}$.

Le sous-espace vectoriel E de F de base $(1, i)$ est une sous-algèbre cayleyenne commutative de F ; c'est une algèbre quadratique de type (α, β) et F s'identifie à l'extension cayleyenne de E définie par γ (III, p. 17). Pour tout $z \in \mathrm{E}$, on a $zj = j\overline{z}$. Tout élément q de F s'écrit de manière unique sous la forme $x + jy$, avec $x, y \in \mathrm{E}$, et l'on a

(3) $$\overline{q} = \overline{x} - jy \quad , \quad \mathrm{T_F}(q) = x + \overline{x} \quad , \quad \mathrm{N_F}(q) = x\overline{x} - \gamma y\overline{y}\ .$$

PROPOSITION 1. — *Le polynôme caractéristique d'un élément q de* F *est égal à* $\left(\mathrm{X}^2 - \mathrm{T_F}(q)\mathrm{X} + \mathrm{N_F}(q)\right)^2$.

D'après ce qui précède, l'algèbre F est un E-module à droite libre de base $(1, j)$. Par conséquent, F[X] est un E[X]-module à droite libre de base $(1, j)$. Notons u l'endomorphisme du E[X]-module à droite F[X] défini par $u(\mathrm{P}) = (\mathrm{X} - q)\mathrm{P}$ pour tout $P \in F[X]$. Le polynôme caractéristique de q est le déterminant de u considéré comme endomorphisme du K[X]-module F[X]. D'après la prop. 6 de III, p. 112, il est égal à $N(\det u)$, où N désigne la norme de E[X] à K[X]. Écrivons q sous la forme $x + jy$, avec $x, y \in E$. La matrice de u par rapport à la base $(1, j)$ est $\begin{pmatrix} X-x & -\gamma\overline{y} \\ -y & X-\overline{x} \end{pmatrix}$; son déterminant est égal à $D = (X - x)(X - \overline{x}) - \gamma y\overline{y} = X^2 - T_F(q)X + N_F(q)$ (*cf.* formule (3)). Comme D appartient à K[X], on a $N(D) = D^2$, d'où la prop. 1.

Remarques. — 1) Supposons la caractéristique de K différente de 2 et posons $i' = 2i - \beta$. Alors $(1, i')$ est une base de E sur K et l'on a $i'^2 = 4\alpha + \beta^2$. Il en résulte que E est isomorphe à l'algèbre quadratique de type $(4\alpha + \beta^2, 0)$ et F à l'algèbre de quaternions de type $(4\alpha + \beta^2, 0, \gamma)$.

2) L'algèbre de quaternions de type $(\alpha, 0, \gamma)$ est isomorphe à l'algèbre de quaternions de type $(\gamma, 0, \alpha)$ (III, p. 18). Elle est aussi isomorphe à l'algèbre de quaternions de type $(\alpha a^2, 0, \gamma c^2)$ pour tout couple (a, c) d'éléments non nuls de K.

3) Soit q un élément de F. Pour que q soit nilpotent, il faut et il suffit que son polynôme caractéristique soit égal à X^4, c'est-à-dire que $T_F(q) = N_F(q) = 0$ et on a alors $q^2 = 0$.

Exemple. — L'algèbre de matrices $\mathbf{M}_2(K)$ est isomorphe à l'algèbre de quaternions de type $(0, 1, 1)$. Considérons en effet l'algèbre quadratique $E = K \times K$ (de type $(0, 1)$) et l'algèbre de quaternions $F = E + Ej$, extension cayleyenne de E définie par l'élément $\gamma = 1$. L'application $(a, b) \mapsto \left(\begin{smallmatrix} a & 0 \\ 0 & b \end{smallmatrix}\right)$ est un homomorphisme d'algèbres de E dans $\mathbf{M}_2(K)$. Comme l'on a, pour a, b dans K,

$$\begin{pmatrix} 0 & 1 \\ 1 & 0 \end{pmatrix}\begin{pmatrix} 0 & 1 \\ 1 & 0 \end{pmatrix} = \begin{pmatrix} 1 & 0 \\ 0 & 1 \end{pmatrix} \qquad \begin{pmatrix} 0 & 1 \\ 1 & 0 \end{pmatrix}\begin{pmatrix} a & 0 \\ 0 & b \end{pmatrix} = \begin{pmatrix} b & 0 \\ 0 & a \end{pmatrix}\begin{pmatrix} 0 & 1 \\ 1 & 0 \end{pmatrix}.$$

cet homomorphisme se prolonge en un homomorphisme d'algèbres $\theta : F \longrightarrow \mathbf{M}_2(K)$ défini par

$$\theta\big((a, b) + (c, d)j\big) = \begin{pmatrix} a & c \\ d & b \end{pmatrix}.$$

Cet homomorphisme est bijectif. Lorsque la caractéristique de K est différente de 2, l'algèbre $\mathbf{M}_2(K)$ est aussi isomorphe à l'algèbre de quaternions de type $(1, 0, 1)$ (remarque 1).

2. Centre des algèbres de quaternions

Soient α, β, γ des éléments de K et soit F l'algèbre de quaternions de type (α, β, γ).

PROPOSITION 2. — a) *Supposons le corps* K *de caractéristique différente de* 2. *Si* γ *ou* $4\alpha + \beta^2$ *est non nul, le centre de* F *est égal à* K ; *sinon il est de dimension* 2 *et engendré par* 1 *et* $ij - ji$.

b) *Supposons le corps* K *de caractéristique* 2. *Si* $\beta \neq 0$, *le centre de* F *est égal à* K ; *si* $\beta = 0$, *l'algèbre* F *est commutative.*

D'après la formule (30) de III, p. 18, on a

$$ij - ji = -\beta j + 2k, \quad jk - kj = \beta\gamma - 2\gamma i, \quad ki - ik = -2\alpha j - \beta k. \tag{4}$$

Pour qu'un élément $q = x + yi + zj + tk$ de F soit central, il faut et il suffit qu'il commute avec i et j, c'est-à-dire qu'on ait

$$2z + \beta t = -\beta z + 2\alpha t = 0 \quad \text{et} \quad 2\gamma t = \beta\gamma t = 2y = \beta y = 0. \tag{5}$$

Supposons d'abord la caractéristique de K différente de 2. Si γ est non nul, les égalités (5) entraînent $y = t = 0$ puis $z = 0$, d'où $q \in$ K. Si $\gamma = 0$ et $4\alpha + \beta^2 \neq 0$, elles entraînent $y = z = t = 0$ d'où $q \in$ K. Si $\gamma = 4\alpha + \beta^2 = 0$, le système (5) se réduit à $y = 2z + \beta t = 0$, d'où $q = x + t/2(ij - ji)$, ce qui conclut la preuve de a).

Supposons maintenant le corps K de caractéristique 2. Le système (5) s'écrit alors $\beta t = \beta z = \beta y = 0$, d'où b).

3. Simplicité des algèbres de quaternions

PROPOSITION 3. — *Soient* α, β, γ *des éléments de* K *et soit* F *une algèbre de quaternions de type* (α, β, γ). *Notons* $\mathrm{T_F}$ *et* $\mathrm{N_F}$ *sa trace et sa norme cayleyennes. Les conditions suivantes sont équivalentes :*

(i) *L'algèbre* F *est centrale et simple ;*

(ii) *Pour tout élément non nul* x *de* F, *il existe* $y \in$ F *tel que* $\mathrm{T_F}(xy) \neq 0$;

(iii) *On a* $(4\alpha + \beta^2)\gamma \neq 0$.

Supposons qu'elles soient satisfaites. Alors, pour tout x *appartenant à* F, *le polynôme caractéristique réduit de* x *est* $\mathrm{X}^2 - \mathrm{T_F}(x)\mathrm{X} + \mathrm{N_F}(x)$. *En particulier,* $\mathrm{T_F}(x)$ *est la trace réduite de* x *et* $\mathrm{N_F}(x)$ *sa norme réduite.*

(i)⇒(ii) : Si l'algèbre F est centrale et simple, il résulte de la prop. 1 de VIII, p. 353 et de la définition de la trace réduite (VIII, p. 334, déf. 2) que T_F est sa trace réduite d'où (ii) (VIII, p. 336, prop. 5).

(ii)⇔(iii) : Soit $(e_i)_{1\leqslant i\leqslant 4}$ une base de F de type (α, β, γ) (III, p 18). La matrice $(T_F(e_ie_j))$ est égale à

$$\begin{pmatrix} 2 & \beta & 0 & 0 \\ \beta & 2\alpha+\beta^2 & 0 & 0 \\ 0 & 0 & 2\gamma & \beta\gamma \\ 0 & 0 & \beta\gamma & -2\alpha\gamma \end{pmatrix}.$$

Son déterminant est $-\gamma^2(4\alpha+\beta^2)^2$. L'équivalence des conditions (ii) et (iii) résulte de V, p. 47, lemme 1.

(iii)⇒(i) : Supposons $(4\alpha+\beta^2)\gamma \neq 0$. On a alors $\gamma \neq 0$ et on a $\beta \neq 0$ si K est de caractéristique 2. D'après la prop. 2, l'algèbre F est centrale. Soit x un élément du radical de Jacobson de F. Pour tout $y \in$ F, xy est nilpotent, donc $T_F(xy) = 0$ (remarque 3 de VIII, p. 354). Comme (ii) est équivalent à (iii), on a $x = 0$. Cela prouve que F est une K-algèbre semi-simple. Puisque son centre est K, elle est simple.

La dernière assertion résulte de la prop. 1 et de la définition du polynôme caractéristique réduit (VIII, p. 333, déf. 1).

Notons p la caractéristique de K. D'après la prop. 3, si $p \neq 2$, toute algèbre de quaternions sur K de type $(\alpha, 0, \gamma)$, avec α et γ dans K^*, est centrale et simple. Si $p = 2$, toute algèbre de quaternions de type $(\alpha, 1, \gamma)$, avec $\alpha \in$ K et $\gamma \in K^*$, est centrale et simple. Inversement :

PROPOSITION 4. — *Soit* A *une algèbre centrale et simple de degré* 4 *sur* K. *Notons* p *la caractéristique de* K.

a) *Si* $p \neq 2$, *il existe des éléments non nuls* α *et* γ *de* K *tels que l'algèbre* A *soit isomorphe à l'algèbre de quaternions de type* $(\alpha, 0, \gamma)$.

b) *Si* $p = 2$, *il existe un élément* α *de* K *et un élément* γ *de* K^* *tels que l'algèbre* A *soit isomorphe à l'algèbre de quaternions de type* $(\alpha, 1, \gamma)$.

D'après le théorème de Wedderburn (VIII, p. 116, th. 1), il existe un entier $r \geqslant 1$ et un corps D de centre K tels que A soit isomorphe à $\mathbf{M}_r(D)$. On a alors $r^2[D : K] = [A : K] = 4$. Si $r = 2$, A est isomorphe à $\mathbf{M}_2(K)$ et la proposition 4 résulte de l'exemple de VIII, p. 354 ; sinon, on a $r = 1$ et A est un corps de centre K. Il possède alors un sous-corps commutatif maximal E qui est une extension séparable de K ; comme A est de degré 4 sur K, l'extension E est de degré 2 sur K (VIII, p. 261, cor. 2). Elle est donc quadratique (III, p. 16). Soit s la conjugaison dans E (III, p. 14). D'après le théorème de Skolem-Noether (VIII, p. 253, cor. 1), il existe un élément inversible j de A tel que l'on ait $s(x) = jxj^{-1}$ pour tout x dans E. Comme E est séparable sur K, on a $s \neq \mathrm{Id}_E$, d'où $j \notin E$; comme A est un espace vectoriel de dimension 4 sur K, c'est un espace vectoriel à gauche de dimension 2 sur E, d'où $A = E \oplus Ej$. Comme $s^2 = \mathrm{Id}_E$, l'élément j^2 de A appartient au centre de A ; il existe donc un élément γ de K^* tel que $j^2 = \gamma$.

Lorsque $p \neq 2$, il existe un élément i de E et un élément $\alpha \in K^*$ tels que $E = K(i)$ et $i^2 = \alpha$ (V, p. 86, exemple 3) ; dans ce cas, A est isomorphe à l'algèbre de quaternions de type $(\alpha, 0, \gamma)$. Lorsque $p = 2$, il existe un élément i de E et un élément α de K tels que $E = K(i)$ et $i^2 = i + \alpha$ (V, p. 89, exemple 2), de sorte que A est isomorphe à l'algèbre de quaternions de type $(\alpha, 1, \gamma)$.

COROLLAIRE 1. — *Soit* A *une* K-*algèbre centrale et simple, de degré fini* > 1, *dont tout élément est algébrique de degré* $\leqslant 2$ *sur* K. *Alors* A *est isomorphe à une algèbre de quaternions sur* K.

Si K est fini, l'algèbre A est isomorphe à une algèbre de matrices $\mathbf{M}_n(K)$ (VIII, p. 349, cor. 2), donc contient des éléments de degré n sur K ; l'hypothèse entraîne $n = 2$, d'où le résultat dans ce cas (VIII, p. 354, exemple). Supposons le corps K infini. Soit L une sous-algèbre étale maximale de A. D'après V, p. 40, prop. 7, il existe un élément x de A tel que la K-algèbre L soit égale à $K[x]$, donc par hypothèse de degré $\leqslant 2$. Comme on a $[A : K] = [L : K]^2$ (VIII, p. 260, prop. 4 et p. 258, prop. 3) on en déduit $[A : K] = 4$; le corollaire 1 résulte alors de la prop. 4.

COROLLAIRE 2. — *Soit* (E, s) *une algèbre cayleyenne sur* K, *telle que la* K-*algèbre* E *soit centrale, simple et de degré fini* > 1 *sur* K. *Alors* E *est isomorphe à une algèbre de quaternions sur* K.

Tout élément u de E satisfait à $u^2 - T_E(u)\, u + N_E(u) = 0$, donc la K-algèbre E est isomorphe à une algèbre de quaternions (cor. 1).

4. Critères pour qu'une algèbre de quaternions soit un corps

Soient α, β, γ des éléments du corps K et soit F l'algèbre de quaternions de type (α, β, γ). Comme au n° 1, notons $(1, i, j, k)$ la base canonique de F et E la sous-algèbre $K + Ki$ de F.

PROPOSITION 5. — *Les conditions suivantes sont équivalentes :*

(i) *L'algèbre de quaternions* F *est un corps;*

(ii) *Il n'existe aucun élément non nul* $q \in F$ *tel que* $T_F(q) = N_F(q) = 0$;

(iii) *Tout élément de* F *de carré nul est nul;*

(iv) *Il n'existe aucun vecteur non nul* (x, y, z, t) *de* K^4 *tel que*

$$x^2 + \beta xy - \alpha y^2 - \gamma(z^2 + \beta zt - \alpha t^2) = 0\,;$$

(v) *Il n'existe aucun vecteur non nul* (x, y, z) *de* K^3 *tel que*

$$x^2 + \beta xy - \alpha y^2 - \gamma z^2 = 0\,;$$

(vi) *L'algèbre quadratique* E *est un corps et* γ *n'est pas la norme d'un élément de* E.

Pour qu'un élément q de F soit inversible, il faut et il suffit que $N_F(q)$ soit différent de 0. L'équivalence de (i) et (iv) résulte donc de la formule (31) de III, p. 18 ; il est clair que (i) implique (iii) et que (iv) implique (v).

L'équivalence de (ii) et (iii) résulte de la remarque 3 de VIII, p. 354.

Supposons que F ne soit pas un corps. Si $\gamma(4\alpha+\beta^2) \neq 0$, l'algèbre F est centrale et simple de degré 4 sur K ; elle est isomorphe à l'algèbre $\mathbf{M}_2(K)$ (VIII, p. 116, th. 1) et contient donc un élément non nul de carré nul. Si $\gamma = 0$, on a $j^2 = 0$. Si $4\alpha+\beta^2 = 0$, on a $(2i - \beta)^2 = 0$ et $2i - \beta \neq 0$ si K est de caractéristique différente de 2. Enfin, si K est de caractéristique 2 et que β est nul, on a $T_F(q) = 0$ pour tout $q \in F$ (III, p. 18, formule (31)) ; comme F n'est pas un corps, il existe un élément non nul q de F tel que $N_F(q) = 0$; on a $q^2 = 0$. Cela démontre l'implication (iii)$\Rightarrow$(i).

Soit $q = x + yi$ un élément de E. On a $N_{E/K}(q) = x^2 + \beta xy - \alpha y^2$. Supposons la condition (v) satisfaite. On a $N_{E/K}(q) - \gamma \neq 0$ et $N_{E/K}(q) \neq 0$ si $q \neq 0$, d'où (vi).

Enfin, supposons la condition (vi) satisfaite. Soit q un élément non nul de F ; écrivons-le sous la forme $u + vj$, avec u et v dans E. Si v est nul, q est inversible. Si v n'est pas nul, on a $N_F(q) = N_F(v)N_F(v^{-1}u + j) = N_{E/K}(v)\big(N_{E/K}(v^{-1}u) - \gamma\big)$ d'après III, p. 17, formule (24). Comme γ n'est pas une norme, $N_F(q)$ n'est pas nul, et q est inversible.

Remarque. — Supposons que l'algèbre de quaternions F soit un corps. Il résulte de l'égalité $j^2 = \gamma$ que l'on a $\gamma \neq 0$. D'après la prop. 2 de VIII, p. 355, le centre de F est égal à K, sauf si K est de caractéristique 2 et que β est nul, auquel cas l'algèbre F est commutative.

5. Algèbres sur un corps ordonné maximal

Soit R un corps ordonné maximal (VI, p. 24). Soit C la R-algèbre quadratique de type $(-1,0)$; si $(1,i)$ est sa base canonique, on a $i^2 = -1$. De plus, C est une clôture algébrique de R (VI, p. 25, th. 3). Soit H la R-algèbre de quaternions de type $(-1,0,-1)$. La table de multiplication de H dans sa base canonique $(1,i,j,k)$ est donnée par

$$i^2 = j^2 = k^2 = -1, \quad ij = -ji = k, \quad -ik = ki = j, \quad jk = -kj = i.$$

On identifie C à la sous-algèbre $\mathrm{R}+\mathrm{R}i$ de H. Le conjugué d'un élément $q = x+yi+zj+tk$ de H est $\overline{q} = x - yi - zj - tk$. La trace et la norme cayleyennes de q sont données par

$$\mathrm{T}(q) = q + \overline{q} = 2x, \quad \mathrm{N}(q) = q\overline{q} = x^2 + y^2 + z^2 + t^2.$$

Comme R est un corps ordonné, on a $\mathrm{N}(q) > 0$ si $q \neq 0$, donc H est un corps, de centre R (VIII, p. 355, prop. 2). La trace et la norme réduites d'un élément q de H sont $\mathrm{T}(q)$ et $\mathrm{N}(q)$ respectivement.

THÉORÈME 1. — *Soit* D *une* R*-algèbre de degré fini qui est un corps. Alors* D *est isomorphe à* R, C *ou* H.

Notons Z le centre de D et soit L un sous-corps commutatif maximal de D. On a $[\mathrm{D}:\mathrm{Z}] = [\mathrm{L}:\mathrm{Z}]^2$ d'après VIII, p. 261, cor. 2 ; de plus, on a $[\mathrm{L}:\mathrm{R}] \leqslant 2$ puisque C est une clôture algébrique de R. Il y a donc trois cas possibles :

a) On a $\mathrm{R} = \mathrm{Z} = \mathrm{L}$, d'où $[\mathrm{D}:\mathrm{Z}] = 1$ et $\mathrm{D} = \mathrm{R}$.

b) On a $\mathrm{R} \neq \mathrm{Z}$ et $\mathrm{Z} = \mathrm{L}$, d'où $[\mathrm{D}:\mathrm{Z}] = 1$ et $\mathrm{D} = \mathrm{L}$; dans ce cas, D est isomorphe à C.

c) On a $\mathrm{R} = \mathrm{Z}$ et $[\mathrm{L}:\mathrm{R}] = 2$, d'où $[\mathrm{D}:\mathrm{R}] = 4$. D'après la prop. 4 de VIII, p. 356, la R-algèbre D est isomorphe à une algèbre de quaternions de type $(\alpha, 0, \gamma)$ où α et γ sont des éléments non nuls de R. Soit $i \in \mathrm{D} - \mathrm{Z}$ tel que $i^2 = \alpha$. On a $\alpha \neq 0$. Si $\alpha > 0$, il existe $a \in \mathrm{R}$ tel que $a^2 = \alpha$ (VI, p. 25, th. 3) ; on a alors $(a-i)(a+i) = 0$, ce qui est absurde puisque D est un corps. On a donc $\alpha < 0$. On démontre de même l'inégalité $\gamma < 0$. Il existe alors des éléments a et c de R^* tels que $\alpha = -a^2$ et $\gamma = -c^2$ (*loc. cit.*). L'algèbre D est donc isomorphe à l'algèbre de quaternions de type $(-1,0,-1)$ (VIII, p. 354, remarque 2), c'est-à-dire à H.

Remarques. — 1) Soit O l'algèbre d'octonions de type $(-1,0,-1,-1)$ sur R (III, p. 176). Soit D une algèbre cayleyenne alternative sur R telle que tout élément non nul de D ait un inverse. On peut démontrer (VIII, p. 362, exerc. 5) que D est isomorphe à R, C, H ou O.

*2) Ce qui précède s'applique au corps **R** des nombres réels. Toute **R**-algèbre de degré fini qui est un corps est isomorphe à **R**, **C** ou **H**.

3) Soit A une algèbre normée sur le corps **R**. Supposons que A soit un corps. Alors A est isomorphe à **R**, **C** ou **H** (« *théorème de Gelfand-Mazur* ») (*cf.* AC, p. 123, th. 1 et TS, I, §2, n° 5, cor. 2).*

EXERCICES

1) *a*) Soit D un corps non commutatif de centre K, dont tout élément est de degré $\leqslant 2$ sur K. Prouver que D est un corps de quaternions sur K (utiliser l'exerc. 6, *b*) de VIII, p. 266).

b) Prouver qu'une K-algèbre cayleyenne qui est un corps non commutatif de centre K est un corps de quaternions sur K.

¶ 2) *a*) Soient A un anneau simple, de rang fini sur son centre K et s un antiautomorphisme involutif de A. Soit s' un antiautomorphisme involutif de A qui coïncide avec s sur K. Prouver qu'il existe un élément a de A tel qu'on ait $s'(x) = as(x)a^{-1}$ pour tout $x \in \mathrm{A}$ et $s(a) = a$ ou $s(a) = -a$ (appliquer le th. de Skolem-Noether et le th. 3 de V, p. 81). Réciproque.

b) On suppose que la restriction de s à K n'est pas l'identité ; soit K_0 le sous-corps de K formé des éléments fixés par s. Démontrer que l'ensemble A_0 (resp. A_1) des éléments a de A tels que $s(a) = a$ (resp. $s(a) = -a$) est un sous-K_0-espace vectoriel de A de dimension $[\mathrm{A} : \mathrm{K}]$ et que A_0 est une K_0-structure de A (utiliser V, p. 61, prop. 7).

c) On suppose que la restriction de s à K est l'identité ; on pose $[\mathrm{A} : \mathrm{K}] = m^2$. Prouver que A_0 est un sous-K_0-espace vectoriel de A de dimension $m(m+1)/2$ ou $m(m-1)/2$ (se ramener au cas où A est une algèbre de matrices sur K et utiliser *a*)).

¶ 3) Soit (F, s) une K-algèbre cayleyenne (associative) semi-simple.

a) Prouver que la K-algèbre F est simple ou isomorphe au produit d'une algèbre simple et de l'algèbre opposée (considérer l'action de la conjugaison sur l'ensemble des idempotents centraux).

b) Si F n'est pas commutative, prouver qu'elle est isomorphe à une algèbre de quaternions sur K (utiliser l'exerc. 1).

c) Si F est commutative, prouver que l'on est dans l'un des cas suivants :

α) $\mathrm{F} = \mathrm{K}$, s est l'identité ;

β) $\mathrm{F} = \mathrm{K} \times \mathrm{K}$, $s(\lambda, \mu) = (\mu, \lambda)$;

γ) F est une extension quadratique séparable de K et s l'automorphisme non trivial de F ;

δ) K est de caractéristique 2, F est une extension radicielle de hauteur un de K, et s est l'identité.

¶ 4) Soient (F, s) une K-algèbre cayleyenne (associative) artinienne, et $\mathfrak{r}$ son radical.

a) Prouver qu'on a $x^2 = 0$ et $s(x) = -x$ pour tout $x \in \mathfrak{r}$; l'algèbre $\overline{\mathrm{F}} = \mathrm{F}/\mathfrak{r}$ est cayleyenne et isomorphe à l'une des algèbres décrites dans l'exerc. 3.

b) Si $\overline{\mathrm{F}}$ est une algèbre de quaternions sur K, $\mathfrak{r}$ est réduit à 0 (observer qu'on a $(ab - ba)x = 0$ pour $a, b \in \mathrm{F}$, $x \in \mathfrak{r}$).

c) On suppose $\overline{\mathrm{F}}$ commutative. Démontrer que $\mathfrak{r}^3$ est réduit à 0 mais pas nécessairement $\mathfrak{r}^2$.

d) On suppose que $\overline{\mathrm{F}}$ est commutative et $\mathfrak{r}^2$ réduit à 0. Démontrer qu'il existe un $\overline{\mathrm{F}}$-module V tel que F soit isomorphe à $\overline{\mathrm{F}} \oplus \mathrm{V}$ munie de la structure de K-algèbre pour laquelle on a $(\lambda, v)(\mu, w) = (\lambda\mu, \lambda w + s(\mu)v)$ (dans les cas α) à γ) de l'exerc. 3 *c*), utiliser le cor. 1 de VIII, p. 240. Dans le cas δ), choisir une p-base $(e_i)_{i\in\mathrm{I}}$ de $\overline{\mathrm{F}}$ sur K et pour chaque $i \in \mathrm{I}$ un élément f_i de F relevant e_i, et démontrer que la sous-algèbre de F engendrée par les (f_i) est isomorphe à $\overline{\mathrm{F}}$).

¶ 5) On suppose que la caractéristique de K est $\neq 2$. Soit F une K-algèbre cayleyenne alternative *non nécessairement associative* (III, App., n° 2) ; on note $s : x \mapsto \overline{x}$ sa conjugaison, T et N sa trace et sa norme cayleyennes. On dit qu'une sous-algèbre E de F est *non dégénérée* si pour tout élément non nul x de E, il existe $x' \in \mathrm{E}$ tel que $\mathrm{T}(x\overline{x}') \neq 0$.

a) Démontrer l'égalité $x(\overline{z}y) + z(\overline{x}y) = \mathrm{T}(\overline{x}z)y = (yx)\overline{z} + (yz)\overline{x}$ pour x, y, z dans F (se ramener au cas $z = x$).

b) Soit E une sous-algèbre de F, contenant 1, distincte de F, stable par s et de dimension finie sur K ; on suppose que E et F sont non dégénérées. Démontrer qu'il existe un élément non nul j de F tel que $\mathrm{T}(xj) = 0$ pour tout $x \in \mathrm{E}$ et $\mathrm{N}(j) \neq 0$. On a $\overline{j} = -j$, $xj = -j\overline{x}$ pour tout $x \in \mathrm{E}$, et $j^2 = \gamma 1_{\mathrm{F}}$ avec $\gamma = -\mathrm{N}(j)$.

c) Soient x, y des éléments de E. Démontrer les formules $x(yj) = (yx)j = (yj)\overline{x}$ et $(xj)(yj) = \gamma\overline{y}x$ (utiliser *a*) et l'exerc. 2 de III, p. 203).

d) Prouver que $\mathrm{E} + \mathrm{E}j$ est une sous-algèbre de F, stable par s, non dégénérée, de dimension $2\dim(\mathrm{E})$, qui s'identifie à l'extension cayleyenne de (E, s) définie par γ. Déduire de la prop. 3 de III, p. 175 que E est associative.

e) Déduire de ce qui précède que les K-algèbres cayleyennes alternatives non dégénérées sont les algèbres suivantes :

(i) la K-algèbre K munie de l'involution identique ;

(ii) les algèbres quadratiques sur K de type $(\alpha, 0)$, avec $\alpha \neq 0$;

(iii) les algèbres de quaternions sur K de type $(\alpha, 0, \gamma)$ avec $\alpha\gamma \neq 0$;

(iv) les algèbres d'octonions sur K de type $(\alpha, 0, \gamma, \delta)$ avec $\alpha\gamma\delta \neq 0$.

(Construire une suite d'extensions cayleyennes $\mathrm{K} \subset \mathrm{E}_1 \subset \mathrm{E}_2 \subset \cdots \subset \mathrm{F}$, et observer qu'une algèbre d'octonions n'est pas associative.)

f) Démontrer qu'une K-algèbre cayleyenne alternative dont tout élément non nul est inversible est de l'un des types précédents.

g) Soit R un corps ordonné maximal. Prouver qu'une R-algèbre cayleyenne alternative dont tout élément non nul est inversible est isomorphe à R, C, H ou O (VIII, p. 359, remarque 1).

6) Soit H le corps de quaternions de type $(-1, 0, -1)$ sur $\mathbf{Q}$.

a) Pour qu'une extension K de **Q** déploie H, il faut et il suffit que -1 soit somme de deux carrés dans K (appliquer les prop. 3 de VIII, p. 355 et 4 de VIII, p. 356).

b) Soit K une extension cyclique de **Q**, de degré 2^n, qui déploie H. Prouver qu'aucun sous-corps de K distinct de K ne déploie H (remarquer que l'unique sous-corps de K de degré 2^{n-1} est l'intersection de K et d'un corps ordonné maximal contenant **Q**).

c) Soient k un entier $\geqslant 1$ et p un diviseur premier de $2^{2^k}+1$. Démontrer que le plus grand entier n tel que 2^n divise $p-1$ est $> k$ (remarquer qu'on a $2^{p-1} \equiv 1 \pmod{p}$). Soient ω une racine primitive p-ème de 1, et $\mathrm{E} = \mathbf{Q}(\omega)$. Prouver que -1 est somme de deux carrés dans E (soit F l'extension $\mathrm{E}(\sqrt{-1})$; démontrer que -1 appartient à $\mathrm{N}_{\mathrm{F}/\mathrm{E}}(\mathrm{F}^*)$, en prouvant qu'il en est ainsi de ω et de $1+\omega^h$ et en utilisant l'identité $\prod_{j=0}^{r-1}(1+\mathrm{T}^{2^j}) = \sum_{h=0}^{2^r-1} \mathrm{T}^h$).

d) Prouver que l'extension cyclique de degré 2^n de **Q** contenue dans E déploie H (appliquer VIII, p. 278, cor. 2).

¶ 7) On suppose la caractéristique de K différente de 2.

a) Soient D un corps contenant K et F l'algèbre de quaternions sur K de type $(\alpha, 0, \gamma)$. Prouver que pour que $\mathrm{D} \otimes_{\mathrm{K}} \mathrm{F}$ ne soit pas un corps, il faut et il suffit qu'il existe dans D deux éléments permutables x, y tels que $x^2 - \alpha y^2 = \gamma$ (appliquer l'exerc. 4, *c*) de VIII, p. 344 d'abord à $\mathrm{D} \otimes_{\mathrm{K}} \mathrm{K}(i)$, puis à $\mathrm{D} \otimes_{\mathrm{K}} \mathrm{F}$).

b) Soit F$'$ une autre algèbre de quaternions sur K. Pour que $\mathrm{F} \otimes_{\mathrm{K}} \mathrm{F}'$ soit un corps, il faut et il suffit que l'équation $\mathrm{N}_{\mathrm{F}}(q) = \mathrm{N}_{\mathrm{F}'}(q')$, où $q \in \mathrm{F}$ et $q' \in \mathrm{F}'$ sont des quaternions purs (III, p. 178, exerc. 3), ait pour seule solution $q = q' = 0$ (se ramener au cas où F est un corps et utiliser le critère de *a*) ; si ni x ni y n'appartiennent à K, remarquer que y appartient à $\mathrm{K}(x)$ et écrire $x = s + q$, où $x \in \mathrm{K}$ et q est un quaternion pur).

8) Soient K_0 un corps de caractéristique différente de 2, $(\mathrm{X}_n)_{n\geqslant 1}$ et $(\mathrm{Y}_n)_{n\geqslant 1}$ deux suites infinies d'indéterminées, K le corps des fractions rationnelles $\mathrm{K}_0((\mathrm{X}_n), (\mathrm{Y}_n))$. Pour tout $n \geqslant 1$, on désigne par F_n le corps de quaternions sur K de type $(\mathrm{X}_n, 0, \mathrm{Y}_n)$.

a) Démontrer que le produit tensoriel $\mathrm{F} = \bigotimes_n \mathrm{F}_n$ (III, p. 42) est un corps de centre K, tel que tout sous-corps engendré par une partie finie soit de rang fini sur K (utiliser l'exerc. 7 *a*)).

b) Si u est un automorphisme intérieur de F, démontrer qu'il existe une partie finie J de **N** telle que la restriction de u à F_n, pour $n \notin \mathrm{J}$, soit l'identité ; en déduire qu'il existe un ensemble non dénombrable d'automorphismes non intérieurs de F.

§ 20. REPRÉSENTATIONS LINÉAIRES DES ALGÈBRES

Dans ce paragraphe, on note K *un anneau commutatif et* A *une* K*-algèbre. À partir du* n° 2, *on suppose que* K *est un corps, et l'on note* A^* *le dual de l'espace vectoriel* A *sur* K ; *la notation* A^* *ne désignera jamais le groupe multiplicatif de l'anneau* A.

1. Représentations linéaires des algèbres

DÉFINITION 1. — *Soit* M *un* K*-module. On appelle* représentation linéaire *de l'algèbre* A *dans* M *un* K*-homomorphisme* π *de* A *dans l'algèbre* $End_K(M)$.

On dit aussi que le couple (M, π) est une représentation linéaire de l'algèbre A. Lorsque M est un K-module libre, la dimension de M est appelée le *degré* (ou la dimension) de π.

Soit π une représentation linéaire de A dans M. La loi additive sur M et la loi d'action $(a, x) \mapsto \pi(a)(x)$ définissent sur M une structure de A-module à gauche, que l'on note M_π. On dit que M_π est le *module de la représentation* π. La structure de K-module sur M est obtenue par restriction des scalaires à partir de la structure de A-module sur M_π.

Réciproquement, soit E un A-module à gauche. Soit M le K-module déduit de E par restriction des scalaires de A à K et soit π l'homomorphisme $a \mapsto a_E$ de A dans $End_K(M)$. Alors π est une représentation de A dans M et l'on a $E = M_\pi$. On dit que π *est la représentation linéaire associée au* A*-module* E.

Il revient au même d'étudier les A-modules ou les représentations linéaires de A. Nous allons traduire en langage de représentations linéaires certaines définitions relatives aux modules.

Soit π une représentation linéaire de A dans M. Le noyau de l'homomorphisme π est un idéal bilatère de A, qui n'est autre que l'annulateur du A-module M_π. L'homomorphisme π est injectif si et seulement si le A-module M_π est fidèle ; on dit alors que π est une *représentation fidèle* de A.

Soient (M, π) et (M', π') des représentations linéaires de A. Une application A-linéaire de M_π dans $M'_{\pi'}$ est une application K-linéaire $u : M \to M'$ qui satisfait à la relation

$$(1) \qquad \pi'(a) \circ u = u \circ \pi(a)$$

pour $a \in A$. Un isomorphisme de M_π sur $M'_{\pi'}$ est un isomorphisme de K-modules $u : M \to M'$ satisfaisant à la condition

$$(2) \qquad \pi'(a) = u \circ \pi(a) \circ u^{-1}$$

pour $a \in A$. On dit que π et π' sont *isomorphes* si les A-modules M_π et $M'_{\pi'}$ sont isomorphes. On dit que π est une *sous-représentation* (resp. une *représentation quotient*) de π' si M_π est un sous-module (resp. un module quotient) de $M'_{\pi'}$.

Supposons donnée une famille (M_i, π_i) de représentations linéaires de A. Soit M le K-module somme directe des M_i ; pour tout $a \in A$, soit $\pi(a)$ l'endomorphisme $(x_i)_{i\in I} \mapsto (\pi_i(a)(x_i))_{i\in I}$ de M. Alors π est une représentation linéaire de A dans M. Le A-module M_π est somme directe de la famille des A-modules $(M_i)_{\pi_i}$ $(i \in I)$; on dit que π est la *somme directe* des π_i, et l'on écrit $\pi = \bigoplus \pi_i$.

On dit que la représentation π de A dans M est *simple* ou *irréductible* si le A-module M_π est simple ; on dit que la représentation π de A dans M est *semi-simple*, ou *complètement réductible*, si le A-module M_π est semi-simple.

Soit π une représentation linéaire de A dans M. Soit M^* le K-module dual de M. L'application $a \mapsto {}^t(\pi(a))$ de A^o dans $\mathrm{End}_K(M^*)$ est la *représentation transposée de* π.

Soit L une K-algèbre commutative et soit (M, π) une représentation linéaire de la K-algèbre A. L'homomorphisme $\pi_{(L)} : A_{(L)} \to \mathrm{End}_L(M_{(L)})$ correspondant à la structure de $A_{(L)}$-module de $M_{(L)}$ est une représentation linéaire de la L-algèbre $A_{(L)}$. On dit que $\pi_{(L)}$ est la représentation linéaire de l'algèbre $A_{(L)}$ *déduite de la représentation* π *par extension à* L *de l'anneau* K *des scalaires.*

Supposons que K soit un corps et que L soit une K-algèbre commutative non nulle. Soient π et π' des représentations linéaires de l'algèbre A. Il résulte de VIII, p. 34, th. 3 que les représentations π et π' sont isomorphes si et seulement si $\pi_{(L)}$ et $\pi'_{(L)}$ le sont.

Supposons que K soit un corps. Soit L une extension de K. Considérons le groupe de Grothendieck $R_K(A)$ (resp. $R_L(A_{(L)})$) des A-modules de dimension finie sur K (resp. des $A_{(L)}$-modules de dimension finie sur L). Nous avons vu que l'homomorphisme de groupes

$$u : R_K(A) \longrightarrow R_L(A_{(L)})$$

défini par l'extension des scalaires est injectif ; en outre, un élément $\xi \in R_K(A)$ est effectif si et seulement si $u(\xi)$ l'est (VIII, p. 191, th. 1).

2. Dual restreint d'une algèbre

On suppose désormais que K *est un corps.*

Pour $a \in A$, notons $\gamma(a)$ l'application $x \mapsto ax$ et $\delta(a)$ l'application $x \mapsto xa$ de A dans A. Alors γ est une représentation linéaire de A dans A, appelée *représentation régulière gauche* ; de même, δ est une représentation linéaire de A^o dans A, appelée (par abus de langage) la *représentation régulière droite* de A. Par transposition, on déduit de δ et γ des représentations linéaires des algèbres A et A^o dans l'espace vectoriel A^* qui définissent sur A^* une structure de A-module à gauche, et une structure de A^o-module à gauche. Ces deux structures correspondent à une structure de (A, A)-bimodule sur A^* dont les lois d'action sont définies par les formules

$$\langle af, b\rangle = \langle f, ba\rangle \tag{3}$$

$$\langle fa, b\rangle = \langle f, ab\rangle \tag{4}$$

pour $a, b \in A$ et $f \in A^*$.

On rappelle (II, p. 42, déf. 4) que si E est un sous-espace vectoriel de A, son orthogonal E′ dans A^* est l'ensemble des formes linéaires sur A dont la restriction à E est nulle. De même l'orthogonal F′ dans A d'un sous-espace vectoriel F de A^* est l'intersection des noyaux des formes linéaires appartenant à F.

On sait (II, p. 104, th. 7) que l'application $\varphi : E \mapsto E'$ est une bijection de l'ensemble des sous-espaces vectoriels de codimension finie de A sur l'ensemble des sous-espaces vectoriels de dimension finie de A^*. L'application réciproque φ^{-1} associe à chaque sous-espace F de dimension finie de A^* son orthogonal F′ dans A.

PROPOSITION 1. — a) *L'application* φ *induit une bijection de l'ensemble des idéaux à gauche* (resp. *à droite,* resp. *bilatères*) *de* A, *de codimension finie, sur l'ensemble des sous-*A*-modules à droite* (resp. *des sous-*A*-modules à gauche,* resp. *des sous-bimodules*) *de* A^*, *de dimension finie sur* K.

b) *Tout idéal à gauche ou à droite de* A, *de codimension finie, contient un idéal bilatère de codimension finie.*

Les formules (3) et (4) démontrent que si E est un idéal à gauche de A, alors E′ est un sous-A-module à droite de A^* ; si V est un sous-A-module à droite de A^*, alors V′ est un idéal à gauche de A. Le cas des idéaux à droite et celui des idéaux bilatères se traitent de manière analogue. Ceci démontre a).

Soit $\mathfrak{a}$ un idéal à gauche de A, de codimension finie. Le A-module à gauche $E = A_s/\mathfrak{a}$ est de dimension finie sur K et il en est de même de $\mathrm{End}_K(E)$. Le noyau de l'homomorphisme $a \mapsto a_E$ de A dans $\mathrm{End}_K(E)$ est donc un idéal bilatère de codimension finie de A, contenu dans $\mathfrak{a}$. Passant à l'anneau opposé A^o, on voit que tout idéal à droite, de codimension finie dans A, contient un idéal bilatère de codimension finie.

DÉFINITION 2. — *On appelle* dual restreint *de la* K*-algèbre* A, *et l'on note* $\Theta(A)$, *la réunion dans* A^* *des orthogonaux des idéaux bilatères de codimension finie de* A.

D'après la prop. 1, on peut donner les caractérisations suivantes de $\Theta(A)$; c'est au choix :
- la réunion des orthogonaux des idéaux à gauche de codimension finie de A ;
- la réunion des orthogonaux des idéaux à droite de codimension finie de A ;
- la réunion des orthogonaux des idéaux bilatères de codimension finie de A ;
- la réunion des sous-A-modules à gauche de A^* de dimension finie sur K ;
- la réunion des sous-A-modules à droite de A^* de dimension finie sur K ;
- la réunion des sous-(A, A)-bimodules de A^* de dimension finie sur K.

On a $\Theta(A) = \Theta(A^o)$, et $\Theta(A) = A^*$ si A est de degré fini sur K. Soit $f \in A^*$; pour que f appartienne à $\Theta(A)$, il faut et il suffit que Af (resp. fA, resp. AfA) soit un sous-espace vectoriel de A^* de dimension finie sur K.

La somme de deux sous-(A, A)-bimodules de A^* de dimension finie sur K est de dimension finie sur K. Il en résulte que $\Theta(A)$ est un sous-(A, A)-bimodule de A^*.

3. Coefficients d'un module

Soit E un A-module à gauche. Soit E^* le dual de l'espace vectoriel E sur K ; on le munit de sa structure naturelle de A-module à droite. Étant donnés des éléments x de E et x^* de E^*, on note $c_E(x, x^*)$ la forme linéaire

$$c_E(x, x^*) : a \mapsto \langle x^*, ax\rangle \qquad (5)$$

sur A. Ces formes linéaires s'appellent les *coefficient de* E. Le sous-espace de A^* engendré par les coefficients de E se note $\Theta_E(A)$. Il est non nul si E est non nul.

Si F est un A-module isomorphe à E, alors E et F ont mêmes coefficients et l'on a $\Theta_F(A) = \Theta_E(A)$. Considérons E^* comme un A^o-module à gauche, un coefficient de E est un coefficient de E^* et $\Theta_E(A) \subset \Theta_{E^*}(A^o)$. Par suite, si E est de dimension finie sur K, alors E et E^* ont mêmes coefficients et l'on a $\Theta_E(A) = \Theta_{E^*}(A^o)$.

Soit (M, π) une représentation linéaire de l'algèbre A. Les coefficients du A-module M_π sont aussi appelés les *coefficients de la représentation* π. Le coefficient $c_{M_\pi}(x, x^*)$, pour $x \in M$ et et $x^* \in M^*$, se note aussi $c_\pi(x, x^*)$; l'espace vectoriel $\Theta_{M_\pi}(A)$ est aussi noté $\Theta_\pi(A)$.

Remarques. — 1) Supposons que M soit de dimension finie sur K ; Soit $(e_1, \ldots, e_n)$ une base de V et soit $(e_1^*, \ldots, e_n^*)$ sa base duale. Notons $(\pi_{ij}(a))$ la matrice de $\pi(a)$ par rapport à la base $(e_1, \ldots, e_n)$ de V ; on a $\pi_{ij} = c_\pi(e_j, e_i^*)$. L'application $a \mapsto (\pi_{ij}(a))$ est un homomorphisme de A dans $\mathbf{M}_n(K)$; un tel homomorphisme est parfois appelé *représentation matricielle* de l'algèbre A.

2) Soit E un A-module et soit E′ un sous-module de E. Par le cor. du th. 5 de II, p. 102, on a $\Theta_{E'}(A) \subset \Theta_E(A)$ et $\Theta_{E/E'}(A) \subset \Theta_E(A)$.

Soit γ_E l'unique application K-linéaire de $E \otimes_K E^*$ dans A^* qui à $x \otimes x^*$ associe $c_E(x, x^*)$. Elle est (A, A)-bilinéaire et son image est $\Theta_E(A)$. On en déduit des applications A-linéaires $c'_E : E \to \mathrm{Hom}_A(E^*, A^*)$ et $c''_E : E^* \to \mathrm{Hom}_A(E, A^*)$ telles que

$$c'_E(x)(x^*) = c_E(x, x^*) = c''_E(x^*)(x).$$

Notons θ_E l'application K-linéaire $\theta_E : E \otimes E^* \to \mathrm{End}_K(E)$ caractérisée par la relation

$$\theta_E(x \otimes x^*)(y) = \langle x^*, y\rangle x$$

pour $x, y \in E$ et $x^* \in E^*$. Son image est l'ensemble $\mathrm{End}_K^f(E)$ des endomorphismes de rang fini de E (VIII, p. 453). Par définition de la trace (*loc. cit.*), on a

$$\mathrm{Tr}(\theta_E(x \otimes x^*)) = \langle x^*, x\rangle$$

pour $x \in E$ et $x^* \in E^*$; on a donc

$$\langle \gamma_E(x \otimes x^*), a\rangle = \langle x^*, ax\rangle = \mathrm{Tr}(\theta_E(ax \otimes x^*)) = \mathrm{Tr}(\theta_E(x \otimes x^*)a).$$

On en déduit la relation

$$\langle \gamma_E(h), a\rangle = \mathrm{Tr}(\theta_E(h) \circ a_E)$$

pour $a \in \mathrm{A}$ et $h \in \mathrm{E} \otimes_{\mathrm{K}} \mathrm{E}^*$. Ceci démontre que $\Theta_{\mathrm{E}}(\mathrm{A})$ est l'ensemble des formes linéaires $a \mapsto \mathrm{Tr}(u \circ a_{\mathrm{E}})$ sur A, où u parcourt $\mathrm{End}^{\mathrm{f}}_{\mathrm{K}}(\mathrm{E})$.

Lemme 1. — *L'application* c''_{E} *est bijective. Si* E *est de dimension finie, il en est de même de* c'_{E}.

Si F est un A-module à droite et G un K-espace vectoriel, on a défini en II, p. 74, prop. 1 a), un isomorphisme γ de K-espaces vectoriels de $\mathrm{Hom}_{\mathrm{K}}(\mathrm{F} \otimes_{\mathrm{A}} \mathrm{E}, \mathrm{G})$ sur $\mathrm{Hom}_{\mathrm{A}}(\mathrm{E}, \mathrm{Hom}_{\mathrm{K}}(\mathrm{F}, \mathrm{G}))$. Cet isomorphisme associe à $\varphi : \mathrm{F} \otimes_{\mathrm{A}} \mathrm{E} \to \mathrm{G}$ l'homomorphisme $e \mapsto \big(f \mapsto \varphi(f \otimes e)\big)$. Compte tenu de l'isomorphisme canonique de $\mathrm{A}_d \otimes_{\mathrm{A}} \mathrm{E}$ avec E (II, p. 56), γ s'identifie à c''_{E} dans le cas où $\mathrm{F} = \mathrm{A}_d$, $\mathrm{G} = \mathrm{K}$.

De manière analogue, l'isomorphisme β défini en II, p. 74, prop. 1 b) se spécialise en un isomorphisme β de $\mathrm{Hom}_{\mathrm{K}}(\mathrm{E}^* \otimes_{\mathrm{A}} \mathrm{A}_s, \mathrm{K})$ sur $\mathrm{Hom}_{\mathrm{A}}(\mathrm{E}^*, \mathrm{Hom}_{\mathrm{K}}(\mathrm{A}_s, \mathrm{K}))$. Lorsque E est de dimension finie, E s'identifie canonique à $\mathrm{Hom}_{\mathrm{K}}(\mathrm{E}^*, \mathrm{K})$ et E^* à $\mathrm{E}^* \otimes_{\mathrm{A}} \mathrm{A}_s$, l'homomorphisme β s'identifie alors à c'_{E}.

PROPOSITION 2. — *Soit* E *un* A*-module à gauche.*

a) *L'ensemble des coefficients de* E *est la réunion des images des applications* A*-linéaires de* E *dans* A^*.

b) *Supposons en outre que* E *soit de dimension finie* n *sur* K. *Alors le* A*-module à gauche* $\Theta_{\mathrm{E}}(\mathrm{A})$ *est isomorphe à un quotient de* E^n, *le* A*-module* E *est isomorphe à un sous-module de* $\Theta_{\mathrm{E}}(\mathrm{A})^n$ *et tout élément de* $\Theta_{\mathrm{E}}(\mathrm{A})$ *est un coefficient de* E^n.

L'assertion a) résulte de la surjectivité de c''_{E}.

Démontrons b). Soit $(e_1^*, \ldots, e_n^*)$ une base de E^* sur K. Comme $\Theta_{\mathrm{E}}(\mathrm{A})$ est engendré par les coefficients de E, l'application A-linéaire

$$(x_1, \ldots, x_n) \mapsto \sum_{i=1}^{n} c_{\mathrm{E}}(x_i, e_i^*)$$

de E^n dans $\Theta_{\mathrm{E}}(\mathrm{A})$ est surjective. D'après a), tout élément de $\Theta_{\mathrm{E}}(\mathrm{A})$ est un coefficient de E^n. Par ailleurs, l'application A-linéaire

$$x \mapsto \big(c_{\mathrm{E}}(x, e_1^*), \ldots, c_{\mathrm{E}}(x, e_n^*)\big)$$

de E dans $\Theta_{\mathrm{E}}(\mathrm{A})^n$ est injective, d'où b).

Remarque 3. — Soit E un sous-A-module à gauche de A^*. Soit ε la forme linéaire $y \mapsto y(1)$ sur E. Pour tout x dans E, on a $x = c_{\mathrm{E}}(x, \varepsilon)$, donc E est un sous-A-module de $\Theta_{\mathrm{E}}(\mathrm{A})$.

4. Dual restreint et coefficients matriciels

PROPOSITION 3. — *Soit* (V, π) *une représentation linéaire de dimension finie de l'algèbre* A. *Le noyau* $\mathfrak{a}$ *de* π *est un idéal bilatère de codimension finie de* A, *et* $\Theta_\pi(A)$ *est l'orthogonal de* $\mathfrak{a}$ *dans* A^*. *L'application transposée de* π *définit un isomorphisme du dual du* K-*espace vectoriel* $\pi(A)$ *sur* $\Theta_\pi(A)$.

Comme $\mathrm{End}_K(V)$ est de dimension finie sur K, $\mathfrak{a}$ est un idéal bilatère de codimension finie de A. L'espace vectoriel $\Theta_\pi(A)$ est un sous-espace de dimension finie de A^* et son orthogonal dans A est égal à $\mathfrak{a}$; d'après le th. 7 de II, p. 104, l'espace $\Theta_\pi(A)$ est donc l'orthogonal de $\mathfrak{a}$ dans A^*. De plus, comme $\mathfrak{a}$ est le noyau de π, l'application transposée de π définit un isomorphisme du dual de $\pi(A)$ sur l'orthogonal de $\mathfrak{a}$ dans A^* (II, p. 102, cor. du th. 5).

COROLLAIRE. — *Le dual restreint* $\Theta(A)$ *de* A *est l'ensemble des coefficients des représentations linéaires de dimension finie de* A.

Par définition, $\Theta(A)$ est la réunion des orthogonaux des idéaux bilatères de codimension finie de A. On a donc $\Theta_\pi(A) \subset \Theta(A)$ pour toute représentation linéaire de dimension finie π de A. Réciproquement, soit f un élément de $\Theta(A)$ et soit $\mathfrak{a}$ un idéal bilatère de codimension finie, contenu dans le noyau de f (VIII, p. 368, déf. 2). Notons π la représentation linéaire de A dans $A/\mathfrak{a}$ déduite par passage au quotient de la représentation régulière gauche dans A ; soit x la classe de 1 (mod. $\mathfrak{a}$), et x^* la forme linéaire sur $A/\mathfrak{a}$ déduite de f. On a $f = c_\pi(x, x^*)$, de sorte que f est un coefficient de π.

On prendra garde que si (V, π) est une représentation linéaire de A qui n'est pas de dimension finie sur K, l'espace $\Theta_\pi(A)$ n'est pas nécessairement contenu dans $\Theta(A)$.

5. Dual d'une algèbre semi-simple

Soit $\Theta^{ss}(A)$ le socle du A-module à gauche $\Theta(A)$, c'est-à-dire (VIII, p. 61) le plus grand sous-module semi-simple de $\Theta(A)$. On note $\mathscr{S}_K$ l'ensemble des classes des A-modules (à gauche) simples qui sont de dimension finie sur K. Lorsque A est une algèbre semi-simple de degré fini sur K, on a $A^* = \Theta(A) = \Theta^{ss}(A)$ puisque tout A-module à gauche est semi-simple (VIII, p. 134, prop. 4).

THÉORÈME 1. — a) *L'ensemble* $\Theta^{ss}(A)$ *se compose des coefficients des représentations semi-simples de dimension finie de* A. *C'est un sous*-(A, A)-*bimodule de* A^*.

b) *Pour tout* S $\in \mathscr{S}_K$, *le composant isotypique de type* S *de* $\Theta(A)$ *est égal à* $\Theta_S(A)$; *le* A*-module à gauche* $\Theta^{ss}(A)$ *est somme directe des sous-modules* $\Theta_S(A)$, *où* S *parcourt* $\mathscr{S}_K$.

c) *Pour tout* S *dans* $\mathscr{S}_K$, *le* A*-module à droite* S^* *est simple et* $\Theta_S(A)$ *est le composant isotypique de type* S^* *du* A*-module à droite* $\Theta(A)$. *L'application qui à* S *associe* $cl(S^*)$ *est une bijection de* $\mathscr{S}_K$ *sur l'ensemble des classes de* A^o*-modules simples de dimension finie sur* K.

d) *Considéré comme* A*-module à droite,* $\Theta(A)$ *a pour socle* $\Theta^{ss}(A)$.

Soit E un A-module semi-simple de dimension finie sur K. Tout coefficient de E appartient à l'image d'une application A-linéaire de E dans A^* (VIII, p. 370, prop. 2) donc appartient à $\Theta^{ss}(A)$. Inversement soit $f \in \Theta^{ss}(A)$. Alors le A-module Af est de dimension finie sur K et est semi-simple. Par la remarque VIII, p. 358, f est un coefficient de Af.

Pour tout S dans $\mathscr{S}_K$, le composant isotypique de type S de $\Theta(A)$ est engendré par les images des applications A-linéaires de S dans A^* ; il est donc égal à $\Theta_S(A)$ d'après la prop. 2, a) de VIII, p. 370. D'autre part, si S est un A-module simple qui n'est pas de dimension finie sur K, le composant isotypique de type S de $\Theta(A)$ est nul : en effet, tout sous-module simple de $\Theta(A)$ est monogène, donc de dimension finie sur K. Comme le socle de $\Theta(A)$ est somme directe de ses composants isotypiques (VIII, p. 61, prop. 4), cela démontre b).

Soit S un A-module simple, de dimension finie sur K. Comme le K-espace vectoriel S n'est pas réduit à 0, il en est de même de S^*. Soit E un sous-module du A-module à droite S^* ; son orthogonal E' dans S est un sous-A-module de S ; comme S est simple, on a ou bien $E' = 0$, d'où $E = S^*$, ou bien $E' = S$, d'où $E = 0$. Donc S^* est un A-module à droite simple.

On a $\Theta(A^o) = \Theta(A)$ (VIII, p. 368) ; on identifie A-modules à droite et A^o-modules à gauche. Comme tout espace vectoriel de dimension finie sur K est isomorphe à son bidual, ce qui précède démontre que l'application $S \mapsto cl(S^*)$ est une bijection de $\mathscr{S}_K$ sur l'ensemble des classes de A^o-modules simples de dimension finie sur K. Or, pour S dans $\mathscr{S}_K$, le composant isotypique de type S^* de $\Theta(A^o)$ est égal à $\Theta_{S^*}(A^o)$ d'après l'assertion b) du th. 1 appliquée à l'algèbre A^o, et l'on a $\Theta_{S^*}(A^o) = \Theta_S(A)$. Les assertions c) et d) résultent aussitôt de là.

COROLLAIRE 1. — *Toute* A*-module simple de dimension finie sur* K *est isomorphe à un sous-*A*-module de* $\Theta(A)$.

Cela résulte du th. 1, b) car on a $\Theta_E(A) \neq 0$ pour tout A-module non nul E.

COROLLAIRE 2. — *Si deux* A*-modules simples de dimension finie de* A *ont un même coefficient non nul, ils sont isomorphes.*

Soient S_1 et S_2 des A-modules simples de dimension finie sur K ayant un même coefficient non nul. On a alors $\Theta_{S_1}(A) \cap \Theta_{S_2}(A) \neq 0$. Or $\Theta_{S_1}(A)$ est isotypique de type S_1 et $\Theta_{S_2}(A)$ de type S_2. Donc S_1 est isomorphe à S_2.

D'après le théorème 1, $\Theta^{ss}(A)$ est un sous-(A, A)-bimodule de A^*, somme directe des (A, A)-bimodules $\Theta_S(A)$ pour S parcourant $\mathscr{S}_K$; ces bimodules sont deux à deux non isomorphes, puisqu'ils sont déjà non isomorphes comme A-modules à gauche.

Fixons S dans $\mathscr{S}_K$. Notons D le corps opposé de $\mathrm{End}_A(S)$, et considérons S comme D-module à droite et S^* comme un D-module à gauche. Avec ces conventions, S est un (A, D)-bimodule, S^* est un (D, A)-bimodule, et $S \otimes_D S^*$ est un (A, A)-bimodule.

PROPOSITION 4. — a) *Il existe un homomorphisme de groupes* λ_S *de* $S \otimes_D S^*$ *dans* $\Theta_S(A)$, *caractérisé par*

$$\lambda_S(x \otimes x^*) = c_S(x, x^*) \tag{6}$$

pour $x \in S$ *et* $x^* \in S^*$. *Cette application est un isomorphisme de* (A, A)*-bimodules.*

b) *Le* (A, A)*-bimodule* $\Theta_S(A)$ *est simple.*

L'application $\gamma_S : S \otimes_K S^* \to \Theta_S(A)$ caractérisée par la formule $\gamma_S(x \otimes x^*) = c_S(x, x^*)$ est (A, A)-linéaire et surjective et satisfait à $\gamma_S(xd \otimes x^*) = \gamma_S(x \otimes dx^*)$ pour $x \in S$, $x^* \in S^*$ et $d \in D$. Elle définit donc une application (A, A)-linéaire surjective $\lambda_S : S \otimes_D S^* \to \Theta_S(A)$ caractérisée par la formule (6).

Prouvons que $S \otimes_D S^*$ est un (A, A)-bimodule simple. D'après le cor. 2 de VIII, p. 59, tout sous-(A, A)-bimodule de $S \otimes_D S^*$ est de la forme $S \otimes_D H$, où H est un sous-(D, A)-bimodule de S^*. Comme S^* est un A-module à droite simple (VIII, p. 371, th. 1, c)), on a $H = 0$ ou $H = S^*$, d'où notre assertion.

L'homomorphisme λ_S est (A, A)-linéaire et non nul ; comme $S \otimes_D S^*$ est un bimodule simple, λ_S est injectif (VIII, p. 43, prop. 2, a)).

Remarque. — Lorsque le corps K est algébriquement clos, on a $D = K$ d'après le th. 1 de VIII, p. 43 et λ_S est un isomorphisme de (A, A)-bimodules de $S \otimes_K S^*$ sur $\Theta_S(A)$.

6. Caractère d'une représentation

Soit E est un A-module à gauche, de dimension finie sur K. On appelle *caractère de* E ou *trace de* E, et l'on note Tr_{E}, la forme linéaire $a \mapsto \mathrm{Tr}(a_{\mathrm{E}})$. Soient $(e_1, \ldots, e_n)$ une base de E et $(e_1^*, \ldots, e_n^*)$ sa base duale. Par définition, on a la relation

$$\mathrm{Tr}_{\mathrm{E}} = \sum_{i=1}^{n} c_{\mathrm{E}}(e_i, e_i^*). \tag{7}$$

La forme linéaire Tr_{E} appartient à $\Theta_{\mathrm{E}}(\mathrm{A})$. On a $\mathrm{Tr}_{\mathrm{E}} = \mathrm{Tr}_{\mathrm{E}'}$ si E et E′ sont deux A-modules isomorphes. Ainsi Tr_{E} ne dépend que de la classe d'isomorphisme de E.

Soit π une représentation linéaire de A dans un espace vectoriel V de dimension finie sur K. On appelle *trace de* π, ou parfois *caractère de* π, le caractère du A-module V_π. On le note Tr_π. Si $(e_1, \ldots, e_n)$ est une base de V sur K et si $(\pi_{ij}(a))$ est la matrice de $\pi(a)$ par rapport à cette base, on a

$$\mathrm{Tr}_\pi(a) = \sum_{i=1}^{n} \pi_{ii}(a). \tag{8}$$

La forme linéaire Tr_π appartient à $\Theta_\pi(\mathrm{A})$.

PROPOSITION 5. — *Soit* S *un* A-*module simple de dimension finie sur* K, *soit* D *le corps opposé du commutant de* S *et soit* Z *le centre de* D. *Les conditions suivantes sont équivalentes* :

(i) *Le caractère* Tr_{S} *de* S *n'est pas nul*;

(ii) *Il existe un élément* $d \in \mathrm{D}$ *tel que* $\mathrm{Tr}_{\mathrm{D/K}}(d) \neq 0$;

(iii) *L'extension* Z *de* K *est séparable et la caractéristique* p *de* K *ne divise pas le degré* $[\mathrm{D} : \mathrm{Z}]$.

Le D-espace vectoriel à droite S est de dimension finie. Soit $(e_1, \ldots, e_n)$ une base de S sur D et soit u un élément de $\mathrm{End}_{\mathrm{D}}(\mathrm{S})$. Soit (d_{ij}) la matrice de u par rapport à la base $(e_1, \ldots, e_n)$. On a $u(e_j) = \sum_{i=1}^{n} e_i d_{ij}$ pour $j \in [1, n]$. Notons u_{K} l'application u, considérée comme endomorphisme du K-espace vectoriel S, et (u_{ij}) la matrice de u_{K} par rapport à la décomposition $(e_i\mathrm{D})$ du K-espace vectoriel S en somme directe (II, p, 146). On a $\mathrm{Tr}(u_{\mathrm{K}}) = \sum_i \mathrm{Tr}(u_{ii})$. De plus, u_{ii} est l'endomorphisme du K-espace vectoriel $e_i\mathrm{D}$ défini par $u_{ii}(e_i d) = e_i d_{ii} d$ pour $d \in \mathrm{D}$, donc sa trace est égale à $\mathrm{Tr}_{\mathrm{D/K}}(d_{ii})$. Nous avons ainsi démontré l'égalité

$$\mathrm{Tr}(u_{\mathrm{K}}) = \mathrm{Tr}_{\mathrm{D/K}}\Big(\sum_i d_{ii}\Big). \tag{9}$$

D'après le théorème de Burnside (VIII, p. 79, cor. 1 de la prop. 4), l'application $a \mapsto a_S$ de A dans $\mathrm{End}_D(S)$ est surjective. L'équivalence des conditions (i) et (ii) résulte ainsi de la formule (9).

Si l'extension Z de K est séparable, il existe un élément $d \in Z$ tel que $\mathrm{Tr}_{Z/K}(d) \neq 0$ (V, p. 48, cor. de la prop. 1). De plus, on a $\mathrm{Tr}_{D/K}(d) = [D : Z]\,\mathrm{Tr}_{Z/K}(d)$ (III, p. 114, cor.) ; par conséquent, si p ne divise pas $[D : Z]$, on a $\mathrm{Tr}_{D/K}(d) \neq 0$. Cela prouve que (iii) entraîne (ii).

Si l'extension Z de K n'est pas séparable, on a $\mathrm{Tr}_{Z/K}(x) = 0$ pour tout $x \in Z$, d'où $\mathrm{Tr}_{D/K}(d) = \mathrm{Tr}_{Z/K}(\mathrm{Tr}_{D/Z}(d)) = 0$ pour tout $d \in D$.

Supposons maintenant que p divise le degré $[D : Z]$. Il divise alors le degré réduit de D sur Z. Pour tout $d \in D$, on $\mathrm{Tr}_{D/Z}(d) = 0$ (VIII, p. 337, remarque), d'où $\mathrm{Tr}_{D/K}(d) = \mathrm{Tr}_{Z/K}(\mathrm{Tr}_{D/Z}(d)) = 0$. Cela termine la démonstration de l'implication (ii) $\Longrightarrow$ (iii).

COROLLAIRE. — *Si le corps* K *est parfait, les conditions* (i) *à* (iii) *sont satisfaites.*

Le corps étant parfait, l'extension Z de K est séparable (V, p. 119, th. 3). La condition (iii) résulte alors du cor. 3 de VIII, p. 318.

PROPOSITION 6. — *Soit $\mathscr{S}_0$ l'ensemble des classes de* A*-modules simples de dimension finie sur* K*, dont les traces ne sont pas nulles. La famille de formes linéaires* $(\mathrm{Tr}_S)_{S\in\mathscr{S}_0}$ *est libre sur* K.

Soit F une partie finie de $\mathscr{S}_0$ et soit S un élément de F. Par hypothèse, il existe un élément $a \in A$ tel que $\mathrm{Tr}_S(a) \neq 0$. D'après le cor. 1 de la prop. 4 (VIII, p. 79) il existe un élément $b \in A$ tel que $b_S = a_S$ et $b_T = 0$ pour tout $T \in F - \{S\}$. On a $\mathrm{Tr}_S(b) \neq 0$ et $\mathrm{Tr}_T(b) = 0$ pour $T \in F - \{S\}$. La famille $(\mathrm{Tr}_S)_{S\in F}$ est donc libre et la proposition 6 en résulte.

Remarque. — Soit $\mathscr{S}_K$ l'ensemble des classes de A-modules simples qui sont de dimension finie sur K. La prop. 6 résulte aussi du fait que la somme des $\Theta_S(A)$, pour S parcourant $\mathscr{S}_K$, est directe.

Soit

$$0 \longrightarrow E' \longrightarrow E \longrightarrow E'' \longrightarrow 0$$

une suite exacte de A-modules, tous de dimension finie sur K. D'après la prop. 1 de III, p. 109, on a $\mathrm{Tr}_E = \mathrm{Tr}_{E'} + \mathrm{Tr}_{E''}$. D'après la définition du groupe de Grothendieck $R_K(A)$ (VIII, p. 189) et sa propriété universelle (VIII, p. 182, prop. 4), il existe un homomorphisme de groupes additifs θ de $R_K(A)$ dans A^* caractérisé par la relation $\theta([E]) = \mathrm{Tr}_E$ pour tout A-module E de dimension finie sur K. En particulier la trace d'un semi-simplifié de E est égale à celle de E. On déduit de θ une application K-linéaire $\theta_{\mathrm{K}} : \mathrm{K} \otimes_{\mathbf{Z}} \mathrm{R}_{\mathrm{K}}(\mathrm{A}) \to \mathrm{A}^*$.

COROLLAIRE. — a) *Supposons le corps* K *de caractéristique* 0. *Les homomorphismes* θ *et* θ_{K} *sont injectifs. Pour que deux* A*-modules, semi-simples et de dimension finie sur* K, *soient isomorphes, il faut et il suffit que leurs caractères soient égaux.*

b) *Supposons le corps* K *parfait de caractéristique* p *non nulle. Alors l'homomorphisme* θ_{K} *est injectif et le noyau de* θ *est* $p\,\mathrm{R}_{\mathrm{K}}(\mathrm{A})$. *Soit* E *un* A*-module semi-simple et de dimension finie sur* K. *Pour que la forme linéaire* Tr_{E} *soit nulle, il faut et il suffit qu'il existe un* A*-module* F *tel que* E *soit isomorphe à* F^p.

Soit $\mathscr{S}_{\mathrm{K}}$ l'ensemble des classes de A-modules simples qui sont de dimension finie sur K. Les éléments [S], où S parcourt $\mathscr{S}_{\mathrm{K}}$, forment une base du $\mathbf{Z}$-module $\mathrm{R}_{\mathrm{K}}(\mathrm{A})$, donc les éléments $1 \otimes [\mathrm{S}]$ forment une base du K-espace vectoriel $\mathrm{K} \otimes_{\mathbf{Z}} \mathrm{R}_{\mathrm{K}}(\mathrm{A})$ (VIII, p. 191).

Supposons le corps K parfait. D'après la prop. 6 et le cor. de VIII, p. 375 les éléments $\theta([\mathrm{S}]) = \theta_{\mathrm{K}}(1 \otimes [\mathrm{S}]) = \mathrm{Tr}_{\mathrm{S}}$ de A^* sont linéairement indépendants sur K. Il en résulte que l'homomorphisme θ_{K} est injectif et que le noyau de l'homomorphisme θ est composé des éléments $\sum_{\mathrm{S} \in \mathscr{S}_{\mathrm{K}}} n_{\mathrm{S}}[\mathrm{S}]$ de $\mathrm{R}_{\mathrm{K}}(\mathrm{A})$ tels que $n_{\mathrm{S}} \cdot 1_{\mathrm{K}} = 0$ pour tout $\mathrm{S} \in \mathscr{S}_{\mathrm{K}}$. Le noyau de θ est donc égal à $p\,\mathrm{R}_{\mathrm{K}}(\mathrm{A})$, où p est la caractéristique de K. En particulier, si K est de caractéristique 0, l'homomorphisme θ est injectif.

La dernière assertion de a) résulte du cor. de VIII, p. 186.

Plaçons-nous maintenant sous les hypothèses de b), et soit E un A-module semi-simple et de dimension finie sur K. S'il existe un A-module F tel que E soit somme directe de p sous-modules isomorphes à F, le module F est semi-simple et de dimension finie sur K et l'on a $\mathrm{Tr}_{\mathrm{E}} = p\,\mathrm{Tr}_{\mathrm{F}} = 0$. Inversement, supposons que $\mathrm{Tr}_{\mathrm{E}} = 0$. On a $[\mathrm{E}] \in p\,\mathrm{R}_{\mathrm{K}}(\mathrm{A})$, donc la multiplicité de tout module simple $\mathrm{S} \in \mathscr{S}_{\mathrm{K}}$ dans E est multiple de p (VIII, p. 186, prop. 7) ; on peut l'écrire $p\,n_{\mathrm{S}}$ avec $n_{\mathrm{S}} \in \mathbf{N}$. La famille (n_{S}) est à support fini. Posons $\mathrm{F} = \oplus_{\mathrm{S} \in \mathscr{S}_{\mathrm{K}}} \mathrm{S}^{n_{\mathrm{S}}}$. On a alors $[\mathrm{E}] = [\mathrm{F}^p]$, de sorte que E et F^p sont isomorphes (VIII, p. 186, cor.).

Soit E un A-module de dimension finie sur K. Soit $a \in \mathrm{A}$. Notons $\chi_{\mathrm{E}}(a; \mathrm{T})$ le déterminant de l'endomorphisme $1_{\mathrm{E}} + \mathrm{T}a_{\mathrm{E}}$ du K[T]-module $\mathrm{E}[\mathrm{T}] = \mathrm{K}[\mathrm{T}] \otimes_{\mathrm{K}} \mathrm{E}$ (III, p. 107). On a la relation

$$\chi_{\mathrm{E}}(a; \mathrm{T}) \equiv 1 + \mathrm{Tr}_{\mathrm{E}}(a)\mathrm{T} \pmod{\mathrm{T}^2\mathrm{K}[\mathrm{T}]} \tag{10}$$

(*loc. cit.*, formule (49)). Comme ce polynôme a un terme constant égal à 1, c'est une série formelle inversible (IV, p. 28). De plus, si

$$0 \longrightarrow \mathrm{E}' \longrightarrow \mathrm{E} \longrightarrow \mathrm{E}'' \longrightarrow 0$$

est une suite exacte de A-modules, tous de dimension finie sur K, on a $\chi_{\mathrm{E}}(a;\mathrm{T}) = \chi_{\mathrm{E}'}(a;\mathrm{T})\chi_{\mathrm{E}''}(a,\mathrm{T})$ (III, p. 101, formule (31)). D'après la définition du groupe de Grothendieck $\mathrm{R}_{\mathrm{K}}(\mathrm{A})$ (VIII, p. 189) et sa propriété universelle (VIII, p. 182, prop. 4), il existe un unique homomorphisme χ_a du groupe $\mathrm{R}_{\mathrm{K}}(\mathrm{A})$ dans le groupe multiplicatif $1+\mathrm{TK}[[\mathrm{T}]]$ tel que $\chi_a([\mathrm{E}]) = \chi_{\mathrm{E}}(a;\mathrm{T})$ pour tout A-module E de dimension finie sur K. Il résulte de la formule (10) la relation

(11) $$\chi_a(x) \equiv 1 + \theta(x)(a)\mathrm{T} \pmod{\mathrm{T}^2\mathrm{K}[[\mathrm{T}]]},$$

tout élément $x \in \mathrm{R}_{\mathrm{K}}(\mathrm{A})$ et tout élément $a \in \mathrm{A}$.

Si E et E′ sont deux A-modules, de dimension finie sur K, ayant des semi-simplifiés isomorphes, on a $\chi_{\mathrm{E}}(a;\mathrm{T}) = \chi_{\mathrm{E}'}(a;\mathrm{T})$.

THÉORÈME 2. — *Soit* $\mathscr{A}$ *une partie génératrice du* K*-espace vectoriel* A. *L'homomorphisme* $\chi_{\mathscr{A}} : \mathrm{R}_{\mathrm{K}}(\mathrm{A}) \to (1+\mathrm{TK}[[\mathrm{T}]])^{\mathscr{A}}$ *défini par* $\chi_{\mathscr{A}}(x) = (\chi_a(x))_{a\in\mathscr{A}}$ *est injectif.*

Soit x un élément de $\mathrm{R}_{\mathrm{K}}(\mathrm{A})$ tel que $\chi_{\mathscr{A}}(x) = 1$. D'après (11), on a $\theta(x)(a) = 0$ pour tout $a \in \mathscr{A}$, d'où $\theta(x) = 0$ puisque $\theta(x)$ est une forme K-linéaire sur A et que $\mathscr{A}$ engendre le K-espace vectoriel A. Si la caractéristique de K est nulle, cela entraîne $x = 0$ (VIII, p. 376, cor. de la prop. 6), d'où le résultat dans ce cas. Supposons désormais que la caractéristique p de K soit non nulle.

Traitons d'abord le cas où K est algébriquement clos. D'après ce qui précède et *loc. cit.*, on a alors $x \in p\,\mathrm{R}_{\mathrm{K}}(\mathrm{A})$. Soit $y \in \mathrm{R}_{\mathrm{K}}(\mathrm{A})$ tel que $x = py$. Pour tout élément a de $\mathscr{A}$, on a $\chi_a(y)^p = \chi_a(py) = \chi_a(x) = 1$. On a donc $(\chi_a(y)-1)^p = 0$, d'où $\chi_a(y) = 1$ puisque l'anneau $\mathrm{K}[[\mathrm{T}]]$ est intègre. Ainsi, y appartient au noyau de l'endomorphisme $\chi_{\mathscr{A}}$. Il en résulte par récurrence que x appartient à $p^n\,\mathrm{R}_{\mathrm{K}}(\mathrm{A})$ pour tout entier $n \geqslant 1$. Comme $\mathrm{R}_{\mathrm{K}}(\mathrm{A})$ est un **Z**-module libre, cela entraîne $x = 0$, d'où l'injectivité de $\chi_{\mathscr{A}}$ dans ce cas.

Si K n'est plus supposé algébriquement clos, on choisit une clôture algébrique $\overline{\mathrm{K}}$ de K et on considère le diagramme de groupes et d'homomorphismes de groupes

(12) $$\begin{array}{ccc} \mathrm{R}_{\mathrm{K}}(\mathrm{A}) & \xrightarrow{\chi_{\mathscr{A}}} & (1+\mathrm{TK}[[\mathrm{T}]])^{\mathscr{A}} \\ \big\downarrow u & & \big\downarrow i \\ \mathrm{R}_{\overline{\mathrm{K}}}(\mathrm{A}_{(\overline{\mathrm{K}})}) & \xrightarrow{\overline{\chi}_{\mathscr{A}}} & (1+\mathrm{T}\overline{\mathrm{K}}[[\mathrm{T}]])^{\mathscr{A}} \end{array}$$

où u est l'homomorphisme déduit de l'extension des scalaires de K à $\overline{K}$ (VIII, p. 190), i l'injection canonique et $\overline{\chi}_{\mathscr{A}}$ l'homomorphisme $z \mapsto (\chi_{1\otimes a}(z))_{a\in\mathscr{A}}$. D'après la formule (12) de III, p. 108, le diagramme (12) est commutatif. D'après ce qui précède, l'homomorphisme $\overline{\chi}_{\mathscr{A}}$ est injectif. Comme u est injectif (VIII, p. 191, th. 1), l'homomorphisme $\chi_{\mathscr{A}}$ est injectif.

COROLLAIRE 1. — *Soient* E *et* F *des* A*-modules semi-simples de dimension finie sur* K *et soit* $\mathscr{A}$ *une partie génératrice du* K*-espace vectoriel* A. *Supposons que pour tout* $a \in \mathscr{A}$, *les polynômes caractéristiques des endomorphismes* a_E *et* a_F *des* K*-espaces vectoriels* E *et* F *soient égaux. Alors les* A*-modules* E *et* F *sont isomorphes.*

Soit a un élément de $\mathscr{A}$. Les polynômes caractéristiques de a_E et a_F ont le même degré, donc la dimension de E est égale à celle de F ; notons-la n. Soit $\mathrm{Pc}_E(a;T)$ le polynôme caractéristique de a_E. On a dans K(T) les égalités

$$\chi_E(a;T) = \det\Big(1 + a_E T\Big) = (-T)^n \det\Big(\frac{-1}{T} - a_E\Big) = (-T)^n\, \mathrm{Pc}_E\Big(a; \frac{-1}{T}\Big)$$

et $\chi_F(a;T)$ est donné par une formule analogue. Vu les hypothèses faites, on a $\chi_E(a;T) = \chi_F(a;T)$. D'après le th. 2, on a $[E] = [F]$ et cela implique que E et F sont isomorphes (VIII, p. 186, cor. de la prop. 7).

COROLLAIRE 2. — *Soit* A *une algèbre centrale, simple et de degré fini sur* K. *Soit* B *une* K*-algèbre semi-simple, soient* f, g *des homomorphismes d'algèbres de* B *dans* A *et soit* $\mathscr{B}$ *une partie génératrice du* K*-espace vectoriel* B. *Les conditions suivantes sont équivalentes* :

(i) *Il existe un automorphisme intérieur* θ *de* A *tel que* $g = \theta \circ f$;

(ii) *Pour tout* $b \in \mathscr{B}$, *on a* $\mathrm{Pc}_{A/K}(f(b);X) = \mathrm{Pc}_{A/K}(g(b);X)$.

Lorsque K *est de caractéristique nulle, ces conditions équivalent à la suivante* :

(iii) *Pour tout* $b \in \mathscr{B}$, *on a* $\mathrm{Tr}_{A/K}(f(b)) = \mathrm{Tr}_{A/K}(g(b))$.

Notons M et N les B-modules à gauche obtenus en munissant le groupe additif de A des lois d'actions $(b,a) \mapsto f(b)a$ et $(b,a) \mapsto g(b)a$ respectivement. D'après la prop. 1 de VIII, p. 253, la propriété (i) équivaut au fait que les B-modules M et N sont isomorphes. Par construction, l'homothétie b_M associée à un élément b de B est la multiplication à gauche par $f(b)$ dans A ; par suite, on a les relations

$$\mathrm{Pc}_M(b;X) = \mathrm{Pc}_{A/K}(f(b);X)$$
$$\mathrm{Tr}_M(b) = \mathrm{Tr}_{A/K}(f(b))$$

et deux relations analogues où l'on remplace M par N et f par g. On sait (VIII, p. 378, cor. 1) que les B-modules M et N sont isomorphes si et seulement si l'on a $\mathrm{Pc}_M(b;X) = \mathrm{Pc}_N(b;X)$ pour tout $b \in \mathscr{B}$; lorsque le corps K est de caractéristique 0, cette relation équivaut encore à $\mathrm{Tr}_{\mathrm{M}}(b) = \mathrm{Tr}_{\mathrm{N}}(b)$ pour tout $b \in \mathscr{B}$ (VIII, p. 376, cor. de la prop. 6). L'équivalence des propriétés (i) et (ii), et aussi (i) et (iii) lorsque K est de caractéristique 0, résulte de là.

7. Coefficients d'un ensemble de classes de modules

Soit $\mathscr{C}$ un ensemble héréditaire de classes de A-modules (VIII, p. 179, déf. 1). On suppose que tout A-module de type $\mathscr{C}$ est de dimension finie sur K, et l'on note $\Theta_{\mathscr{C}}(\mathrm{A})$ l'ensemble des coefficients des A-modules de type $\mathscr{C}$. D'après la prop. 2 de VIII, p. 370, $\Theta_{\mathscr{C}}(\mathrm{A})$ est également la réunion des images des applications A-linéaires $u : \mathrm{E} \to \mathrm{A}^*$, où E parcourt $\mathscr{C}$; c'est aussi la réunion des sous-espaces $\Theta_{\mathrm{E}}(\mathrm{A})$ de A^*, où E parcourt $\mathscr{C}$ (*loc. cit.*). La famille de sous-(A, A)-bimodules $(\Theta_{\mathrm{E}}(\mathrm{A}))_{\mathrm{E}\in\mathscr{C}}$ de A^* est filtrante, donc sa réunion $\Theta_{\mathscr{C}}(\mathrm{A})$ est un sous-(A, A)-bimodule de A^*.

PROPOSITION 7. — *Un sous-A-module à gauche de* A^*, *de dimension finie sur* K *est contenu dans* $\Theta_{\mathscr{C}}(\mathrm{A})$ *si et seulement s'il est de type* $\mathscr{C}$.

Soit V un sous-A-module à gauche de A^* de dimension finie sur K. On a vu en VIII, p. 370, remarque 3, qu'on a $\mathrm{V} \subset \Theta_{\mathrm{V}}(\mathrm{A})$. Si V est de type $\mathscr{C}$, on a $\Theta_{\mathrm{V}}(\mathrm{A}) \subset \Theta_{\mathscr{C}}(\mathrm{A})$, donc V est contenu dans $\Theta_{\mathscr{C}}(\mathrm{A})$. Réciproquement, supposons que V soit contenu dans $\Theta_{\mathscr{C}}(\mathrm{A})$. Comme $\Theta_{\mathscr{C}}(\mathrm{A})$ est réunion de la famille filtrante $(\Theta_{\mathrm{E}}(\mathrm{A}))_{\mathrm{E}\in\mathscr{C}}$ et que V est de dimension finie sur K, il existe un module E de type $\mathscr{C}$ tel que V soit contenu dans $\Theta_{\mathrm{E}}(\mathrm{A})$. Or il existe un entier naturel n tel que $\Theta_{\mathrm{E}}(\mathrm{A})$ soit isomorphe à un quotient de E^n (VIII, p. 370, prop. 2). Comme $\mathscr{C}$ est héréditaire, V est de type $\mathscr{C}$.

COROLLAIRE. — *Soit* E *un* A-*module de dimension finie sur* K. *Pour que* E *soit de type* $\mathscr{C}$, *il faut et il suffit que* $\Theta_{\mathrm{E}}(\mathrm{A})$ *soit contenu dans* $\Theta_{\mathscr{C}}(\mathrm{A})$.

La condition énoncée est évidemment nécessaire.

Réciproquement, supposons que $\Theta_{\mathscr{C}}(\mathrm{A})$ contienne $\Theta_{\mathrm{E}}(\mathrm{A})$. Le A-module $\Theta_{\mathrm{E}}(\mathrm{A})$ est de dimension finie sur K (VIII, p. 370, prop. 2), donc il est de type $\mathscr{C}$, d'après la prop. 7. Or il existe un entier $n \geqslant 0$ tel que E soit isomorphe à un sous-A-module de $\Theta_{\mathrm{E}}(\mathrm{A})^n$ (VIII, p. 370, prop. 2). Comme $\mathscr{C}$ est héréditaire, E est de type $\mathscr{C}$.

8. Structure de cogèbre sur le dual restreint

Pour tout a dans A, on note $\eta(a)$ la forme linéaire $f \mapsto f(a)$ sur $\Theta(\mathrm{A})$; on définit ainsi une application K-linéaire η de A dans le dual $\Theta(\mathrm{A})^*$ de l'espace vectoriel $\Theta(\mathrm{A})$. On pose $\varepsilon = \eta(1)$.

PROPOSITION 8. — *Sur l'espace vectoriel* $\Theta(\mathrm{A})$, *il existe une unique structure de cogèbre* (III, p. 138) *telle que l'application* $\eta : \mathrm{A} \to \Theta(\mathrm{A})^*$ *soit un homomorphisme de* A *dans l'algèbre duale* (III, p. 143) *de* $\Theta(\mathrm{A})$. *La cogèbre* $\Theta(\mathrm{A})$ *est coassociative et admet* ε *pour coünité.*

Pour tout entier $n \geqslant 1$, considérons l'application K-linéaire j_n de $\Theta(\mathrm{A})^{\otimes n}$ dans le dual de $\mathrm{A}^{\otimes n}$ caractérisée par la formule

$$\langle j_n(f_1 \otimes \cdots \otimes f_n), a_1 \otimes \cdots \otimes a_n \rangle = \prod_{i=1}^{n} \langle f_i, a_i \rangle \tag{13}$$

pour (a_i) dans A^n et (f_i) dans $\Theta(\mathrm{A})^n$. D'après la prop. 16, (ii) de II, p. 110, l'application j_n est injective. Notons $m_{\mathrm{K}} : \mathrm{K} \otimes \mathrm{K} \to \mathrm{K}$ et $m_{\mathrm{A}} : \mathrm{A} \otimes \mathrm{A} \to \mathrm{A}$ les applications déduites de la multiplication de K et A respectivement. Pour $f, g \in \Theta(\mathrm{A})$ et $a, b \in \mathrm{A}$, on a

$$\langle j_2(f \otimes g), a \otimes b \rangle = m_{\mathrm{K}} \circ (\eta(a) \otimes \eta(b))(f \otimes g).$$

On a donc

$$\langle j_2(t), a \otimes b \rangle = m_{\mathrm{K}} \circ (\eta(a) \otimes \eta(b))(t) \tag{14}$$

pour tout $t \in \Theta(\mathrm{A}) \otimes \Theta(\mathrm{A})$.

Lemme 2. — *Soit* $c : \Theta(\mathrm{A}) \to \Theta(\mathrm{A}) \otimes \Theta(\mathrm{A})$ *une application* K*-linéaire. Pour que* η *soit un homomorphisme de* A *dans l'algèbre duale de la cogèbre* $(\Theta(\mathrm{A}), c)$, *il faut et il suffit que le diagramme*

$$\begin{array}{ccc} \Theta(\mathrm{A}) & \xrightarrow{\ c\ } & \Theta(\mathrm{A}) \otimes \Theta(\mathrm{A}) \\ \downarrow{\scriptstyle j_1} & & \downarrow{\scriptstyle j_2} \\ \mathrm{A}^* & \xrightarrow{\ {}^t m_{\mathrm{A}}\ } & (\mathrm{A} \otimes \mathrm{A})^* \end{array} \tag{15}$$

soit commutatif.

En effet, pour que η soit un homomorphisme de A dans l'algèbre duale de la cogèbre $(\Theta(\mathrm{A}), c)$, il faut et il suffit que l'on ait $\eta(ab) = m_{\mathrm{K}} \circ (\eta(a) \otimes \eta(b)) \circ c$ pour tous $a, b \in \mathrm{A}$, c'est-à-dire

$$\eta(ab)(f) = m_{\mathrm{K}} \circ (\eta(a) \otimes \eta(b))(c(f))$$

pour $a, b \in \mathrm{A}$ et $f \in \Theta(\mathrm{A})$. Or on a

$$\eta(ab)(f) = f(ab) = \langle {}^t m_{\mathrm{A}}(j_1(f)), a \otimes b\rangle$$

et, d'après (14)

$$m_{\mathrm{K}} \circ (\eta(a) \otimes \eta(b))(c(f)) = \langle j_2(c(f)), a \otimes b\rangle,$$

pour tous $a, b \in \mathrm{A}$ et tout $f \in \Theta(\mathrm{A})$, d'où le lemme.

Comme j_2 est injective, il existe au plus une application linéaire c rendant commutatif le diagramme précédent. Pour en prouver l'existence, il s'agit de démontrer que l'image de ${}^t m \circ j_1$ est contenue dans celle de j_2 ; autrement dit, il s'agit de prouver qu'il existe, pour tout élément f de $\Theta(\mathrm{A})$, un entier naturel n et des éléments $f'_1, \ldots, f'_n, f''_1, \ldots, f''_n$ de $\Theta(\mathrm{A})$ satisfaisant aux relations

$$f(ab) = \sum_{i=1}^{n} f'_i(a) f''_i(b) \tag{16}$$

pour $a, b \in \mathrm{A}$. On aura alors

$$c(f) = \sum_{i=1}^{n} f'_i \otimes f''_i. \tag{17}$$

D'après le cor. de VIII, p. 371, il existe un A-module à gauche E, de dimension finie sur K, dont f est un coefficient. Soient $(e_1, \ldots, e_n)$ une base de E, $(e^*_1, \ldots, e^*_n)$ la base duale, x un élément de E et x^* un élément de E* tels que $f = c_{\mathrm{E}}(x, x^*)$. Posons $f'_i = c_{\mathrm{E}}(e_i, x^*)$ et $f''_i = c_{\mathrm{E}}(x, e^*_i)$ pour $i \in [1, n]$; pour a, b dans A, on a

$$\begin{aligned} f(ab) &= \langle x^*, abx\rangle = \langle x^*a, bx\rangle \\ &= \sum_i \langle x^*a, e_i\rangle\langle e^*_i, bx\rangle = \sum_i \langle x^*, ae_i\rangle\langle e^*_i, bx\rangle = \sum_i f'_i(a) f''_i(b) \end{aligned}$$

d'où (16).

Prouvons la coassociativité de c. Pour cela, considérons les applications K-linéaires

$$c' = \big(c \otimes 1_{\Theta(\mathrm{A})}\big) \circ c \quad \text{et} \quad c'' = \big(1_{\Theta(\mathrm{A})} \otimes c\big) \circ c$$

de $\Theta(\mathrm{A})$ dans $\Theta(\mathrm{A})^{\otimes 3}$. On a les relations

$$\begin{aligned} \langle j_3(f \otimes c(g)), a \otimes b \otimes c\rangle &= \langle f, a\rangle\langle j_2 \circ c(g), b \otimes c\rangle \\ &= \langle f, a\rangle\langle g, bc\rangle \\ &= \langle j_2(f \otimes g), a \otimes bc\rangle \\ &= \langle {}^t(\mathrm{Id}_{\mathrm{A}} \otimes m_{\mathrm{A}}) \circ j_2(f \otimes g), a \otimes b \otimes c\rangle, \end{aligned}$$

pour $f, g \in \Theta(\mathrm{A})$ et $a, b, c \in \mathrm{A}$. On en déduit la commutativité du diagramme suivant :

$$\begin{array}{ccc} \Theta(\mathrm{A}) \otimes \Theta(\mathrm{A}) & \xrightarrow{\mathrm{Id}_{\Theta(\mathrm{A})} \otimes c} & \Theta(\mathrm{A}) \otimes \Theta(\mathrm{A}) \otimes \Theta(\mathrm{A}) \\ \Big\downarrow{\scriptstyle j_2} & & \Big\downarrow{\scriptstyle j_3} \\ (\mathrm{A} \otimes \mathrm{A})^* & \xrightarrow{{}^t(\mathrm{Id}_\mathrm{A} \otimes m_\mathrm{A})} & (\mathrm{A} \otimes \mathrm{A} \otimes \mathrm{A})^* \end{array} \tag{18}$$

Compte tenu de la commutativité de ce diagramme et de celle du diagramme (15) de VIII, p. 380, pour $f \in \Theta(\mathrm{A})$, et a, a', $a'' \in \mathrm{A}$, on a

$$\langle j_3 \circ c'(f), a \otimes a' \otimes a'' \rangle = \langle f, (aa')a'' \rangle;$$

on montre de même la relation

$$\langle j_3 \circ c''(f), a \otimes a' \otimes a'' \rangle = \langle f, a(a'a'') \rangle.$$

Comme la multiplication dans A est associative, on a $j_3 \circ c' = j_3 \circ c''$, d'où $c' = c''$ puisque j_3 est injective.

Enfin, les formules (16) et (17) entraînent que $\Theta(\mathrm{A})$ admet ε comme coünité.

Remarque 1. — Soit (V, π) une représentation linéaire de dimension finie de l'algèbre A. Introduisons une base $(e_1, \ldots, e_n)$ de V et la base duale $(e_1^*, \ldots, e_n^*)$ de V^*. D'après la démonstration précédente, on a la relation

$$c(c_\pi(x, x^*)) = \sum_{k=1}^{n} c_\pi(e_k, x^*) \otimes c_\pi(x, e_k^*) \tag{19}$$

pour $x \in \mathrm{V}$ et $x^* \in \mathrm{V}^*$. En particulier, posons $\pi_{ij} = c_\pi(e_j, e_i^*)$, de sorte que pour tout $a \in \mathrm{A}$, la matrice de $\pi(a)$ par rapport à la base $(e_1, \ldots, e_n)$ de V est égale à $(\pi_{ij}(a))$. On a alors, pour $1 \leqslant i \leqslant n$ et $1 \leqslant j \leqslant n$,

$$c(\pi_{ij}) = \sum_{k=1}^{n} \pi_{ik} \otimes \pi_{kj}. \tag{20}$$

DÉFINITION 3. — *Soient* C *une cogèbre sur le corps* K *et* c *son coproduit. On appelle* sous-cogèbre de C *tout sous-espace vectoriel* C_1 *de* C *tel que* $c(\mathrm{C}_1)$ *soit contenu dans l'image canonique de* $\mathrm{C}_1 \otimes_\mathrm{K} \mathrm{C}_1$ *dans* $\mathrm{C} \otimes_\mathrm{K} \mathrm{C}$.

Soit j l'injection canonique de C_1 dans C. D'après cette définition, il existe une unique application linéaire $c_1 : \mathrm{C}_1 \to \mathrm{C}_1 \otimes_\mathrm{K} \mathrm{C}_1$ telle que l'on ait

$$c \circ j = (j \otimes j) \circ c_1; \tag{21}$$

cette relation signifie que j est un morphisme de cogèbres de (C_1, c_1) dans (C, c) (III, p. 138).

Si C est coassociative, alors C_1 est coassociative. Si C est cocommutative, alors il en est de même de C_1. Si C a une coünité ε, alors la restriction de ε à C_1 est une coünité de C_1.

PROPOSITION 9. — *Soit Θ un sous-espace vectoriel de $\Theta(A)$. Les conditions suivantes sont équivalentes :*

(i) *Θ est un sous-(A, A)-bimodule de $\Theta(A)$;*

(ii) *Θ est une sous-cogèbre de $\Theta(A)$;*

(iii) *il existe un ensemble héréditaire $\mathscr{C}$ de classes de A-modules de dimension finie sur K tel que $\Theta = \Theta_{\mathscr{C}}(A)$.*

Lorsque ces conditions sont satisfaites, l'ensemble $\mathscr{C}$ mentionné en (iii) *est uniquement déterminé.*

La dernière assertion résulte du cor. de VIII, p. 379 : l'ensemble $\mathscr{C}$ se compose des classes des A-modules E de dimension finie sur K tels que $\Theta_E(A)$ soit contenu dans Θ.

(iii) $\Longrightarrow$ (ii) : Soit $\mathscr{C}$ un ensemble héréditaire de classes de A-modules de dimension finie sur K. Alors $\Theta_{\mathscr{C}}(A)$ est la réunion de la famille filtrante $(\Theta_E(A))_{E\in\mathscr{C}}$. Comme $\Theta_E(A)$ est une sous-cogèbre de $\Theta(A)$ pour tout $E \in \mathscr{C}$ (VIII, p. 382, formule (19)), il en est de même de $\Theta_{\mathscr{C}}(A)$.

(ii) $\Longrightarrow$ (i) : Soit $f \in \Theta(A)$. Soient $f'_1, \dots, f'_n, f''_1, \dots, f''_n$ des éléments de $\Theta(A)$ satisfaisant à $c(f) = \sum f'_i \otimes f''_i$. Pour a, b dans A, on a $f(ab) = \sum f'_i(a) f''_i(b)$, d'où

$$bf = \sum_{i=1}^{n} f''_i(b) f'_i, \qquad fa = \sum_{i=1}^{n} f'_i(a) f''_i$$

(VIII, p. 367, formules (3) et (4)). Par suite, une sous-cogèbre de $\Theta(A)$ en est un sous-(A, A)-bimodule.

(i) $\Longrightarrow$ (iii) : Supposons que Θ soit un sous-(A, A)-bimodule de $\Theta(A)$; soit $\mathscr{C}$ l'ensemble des classes des A-modules E de dimension finie sur K tels que $\Theta_E(A)$ soit contenu dans Θ. L'ensemble $\mathscr{C}$ est héréditaire (VIII, p. 369, remarque 2) et l'on a $\Theta_{\mathscr{C}}(A) \subset \Theta$ par construction. Soient $f \in \Theta$ et $E = Af$. Alors E est de dimension finie sur K. Par suite, toute forme linéaire sur E est de la forme $u_a : g \mapsto g(a)$ avec a dans A (II, p. 105, cor. 2). Or, pour $a, b, x \in A$, on a

$$c_E(af, u_b)(x) = \langle u_b, xaf \rangle = f(bxa) = afb(x),$$

d'où $c_E(af, u_b) = afb$. On a donc $\Theta_E(A) \subset \Theta$. Par suite, le A-module E est de type $\mathscr{C}$ et f est l'un de ses coefficients. On a donc $\Theta \subset \Theta_{\mathscr{C}}(A)$ et finalement $\Theta = \Theta_{\mathscr{C}}(A)$.

Remarque 2. — Soit Θ une sous-cogèbre de $\Theta(A)$. Munissons K de la topologie discrète et l'algèbre A de la topologie la moins fine rendant continues les applications

$f : A \to K$ pour f parcourant Θ (TG I, p. 12). Cette topologie munit A d'une structure de K-module topologique. Un idéal bilatère de $\mathfrak{a}$ de A est ouvert si et seulement s'il est de codimension finie et que son orthogonal $\mathfrak{a}'$ est contenu dans Θ. D'après la prop. 3 de VIII, p. 371, les idéaux bilatères ouverts de A forment un système fondamental de voisinage de 0 dans A. La topologie de A est donc compatible avec sa structure d'anneau.

Soit $\mathscr{C}$ l'ensemble héréditaire de classes de A-modules de dimension finie sur K tel que $\Theta = \Theta_{\mathscr{C}}$ (VIII, p. 383, prop. 9). Soit E un A-module à gauche, de dimension finie sur K. Munissons-le de la topologie discrète. Les conditions suivantes sont équivalentes :

(i) Le A-module E est de type $\mathscr{C}$;

(ii) L'annulateur du A-module E est ouvert dans A ;

(iii) L'application $(a, x) \mapsto ax$ de $A \times E$ dans E est continue.

Cette dernière propriété signifie que E est un A-module topologique.

Soit Θ^* l'algèbre duale de la cogèbre Θ. On munit Θ^* de la topologie la moins fine rendant continues les applications $\varphi \mapsto \varphi(u)$ de Θ^* dans K, pour u parcourant Θ. La topologie sur l'algèbre Θ^* est compatible avec la structure de groupe additif de Θ^*. Un système fondamental de voisinage de 0 est formé par les orthogonaux dans Θ^* des ensembles de la forme $\Theta_E(A)$ où E est un A-module de type $\mathscr{C}$. Or un tel ensemble est une sous-cogèbre de Θ, donc son orthogonal est un idéal de Θ^*. La topologie de Θ^* est donc compatible avec sa structure d'anneau. L'homomorphisme canonique d'algèbres $\eta : A \to \Theta^*$ (qui à $a \in A$ associe la forme linéaire $f \mapsto f(a)$ sur Θ) définit un isomorphisme de l'espace séparé complété $\widehat{A}$ de A (TG II, p. 23) sur Θ^*.

EXERCICES

1) Soit K un corps commutatif. Soit A la K-algèbre admettant une base formée de l'élément unité et de deux éléments e, f tels que $e^2 = e$, $ef = f$, $fe = f^2 = 0$.

a) Démontrer que la représentation régulière et la représentation corégulière de A ne sont pas isomorphes (on pourra calculer $\mathrm{Tr}_{A/K}(e)$ et $\mathrm{Tr}_{A^\circ/K}(e)$).

b) Démontrer que la représentation régulière contient une sous-représentation qui n'est isomorphe ni à une sous-représentation, ni à une représentation quotient de la représentation corégulière. De plus il existe une représentation simple de A qui n'est pas isomorphe à une sous-représentation de la représentation régulière.

2) Soit A une K-algèbre. On considère le dual A^* de A comme un A-module à gauche.

a) L'application $E \mapsto E^\perp$ est une surjection de l'ensemble des sous-A-modules de A^* sur l'ensemble des idéaux à droite de A. Si E est un tel sous-module, l'orthogonal de $E^\perp$ dans A^* est un sous-module de A^* contenant E.

b) Prouver que l'orthogonal dans A du socle de A^* est le radical de A.

c) Prouver que l'orthogonal dans A^* du socle de A_d est le radical du A-module A^*. En déduire que pour que A^* soit un A-module semi-simple, il faut et il suffit que l'anneau A soit semi-simple.

¶ 3) Soient A un anneau artinien, $\overline{A}$ l'anneau $A/\mathfrak{R}(A)$. On se donne une décomposition de A en somme directe d'idéaux indécomposables Ae_i $(i \in I)$, où les e_i sont des idempotents orthogonaux (VIII, p. 175, exerc. 6 *d*)). On note $I = \cup_{\alpha\in R} I_\alpha$ la partition de I telle que deux éléments i, j de I appartiennent à un même ensemble I_α si et seulement si les modules Ae_i et Ae_j sont isomorphes ; les $\overline{A}$-modules $\bigoplus_{i\in I_\alpha} \overline{A}\overline{e}_i$ sont les composants isotypiques de $\overline{A}$ (VIII, p. 175, exerc. 6 *d*) et 7 *a*))

a) Si l'anneau A est *auto-injectif* (VIII, p. 49, exerc. 8), démontrer qu'il existe une permutation σ de R telle que tout idéal à droite e_iA, pour $i \in I_\alpha$, contienne un unique idéal à droite minimal isomorphe à $\overline{e}_j\overline{A}$ pour $j \in I_{\sigma(\alpha)}$ (observer que l'annulateur à droite d'un élément idempotent e est $(1-e)A$). En déduire que le socle gauche $\mathfrak{s}$ de A est contenu dans son socle droit $\mathfrak{t}$ (démontrer que chacun des idéaux à droite $e_i\mathfrak{s}$ est minimal, en prouvant qu'il est l'annulateur d'un idéal à gauche maximal, *cf.* VIII, p. 174, exerc. 2). Conclure qu'on a $\mathfrak{s} = \mathfrak{t}$ et que tout idéal à gauche Ae_i, pour $i \in I_{\sigma(\alpha)}$, contient un unique idéal à gauche minimal isomorphe à $\overline{A}\overline{e}_j$ quel que soit $j \in I_\alpha$.

b) Réciproquement, si tout idéal à gauche Ae_i contient un unique idéal à gauche minimal et que tout idéal à droite e_iA contient un unique idéal à droite minimal, l'anneau A est auto-injectif (en utilisant l'exerc. 7 de VIII, p. 175, prouver que chaque pied de $\mathfrak{s}$ est un idéal bilatère minimal, et en déduire que $\mathfrak{t}$ contient $\mathfrak{s}$, puis que $\mathfrak{s} = \mathfrak{t}$; prouver enfin que la condition β) de l'exerc. 8 de VIII, p. 49 est satisfaite).

c) On suppose que A est une algèbre de degré fini sur un corps commutatif et un anneau auto-injectif. Soient $\alpha \in R$, $i \in I_\alpha$ et $j \in I_{\sigma(\alpha)}$; démontrer que la représentation linéaire de A associée au A-module Ae_j est isomorphe à la transposée de la représentation linéaire de A^o associée au A-module à droite $e_i A$ (soit U_i le sous-module à gauche de A^* orthogonal de $(1 - e_i)A$; déduire de l'exerc. 7, *d*) de VIII, p. 175 que U_i est isomorphe à un module quotient de Ae_j et par suite qu'on a $\operatorname{long} e_i A \leqslant \operatorname{long} e_j A$; en conclure que ces longueurs sont égales, donc que U_i est isomorphe à Ae_j). A l'aide de *b*) et de l'exerc. 2 *a*), prouver une réciproque de cet énoncé.

4) On conserve les hypothèses de l'exerc. 3.

a) Si l'anneau A est frobeniusien (VIII, p. 49, exerc. 9), démontrer qu'on a $\mathrm{Card}(I_\alpha) = \mathrm{Card}(I_{\sigma(\alpha)})$ pour tout $\alpha \in R$. Réciproque.

b) Pour qu'une algèbre de degré fini sur un corps commutatif soit frobeniusienne, il faut et il suffit que sa représentation régulière soit isomorphe à sa représentation corégulière (utiliser l'exerc. 3 *c*)).

5) Soient K un corps commutatif et A une K-algèbre. On munit A^* de sa structure canonique de A-module à gauche. Pour $t \in A^*$, on note φ_t l'application $(x, y) \mapsto t(xy)$ de $A \times A$ dans K.

a) Démontrer qu'on définit ainsi un isomorphisme K-linéaire de A^* sur l'ensemble des applications K-bilinéaires $\varphi : A \times A \to K$ satisfaisant à $\varphi(xy, z) = \varphi(x, yz)$ quels que soient x, y, z dans A.

b) On dit que l'élément $t \in A^*$ est *inversible* si l'homomorphisme $a \mapsto at$ de A dans A^* est bijectif Soit A une K-algèbre de degré fini ; prouver que les conditions suivantes sont équivalentes :

(i) A est frobeniusienne (exerc. 4) ;

(ii) A admet une forme linéaire inversible ;

(iii) A admet une forme linéaire dont le noyau ne contient aucun idéal à gauche de A.

6) Soit K un corps commutatif. On dit qu'une K-algèbre A est *symétrique* si elle admet une forme linéaire inversible traciale (VIII, p. 111, exerc. 3).

a) Prouver qu'une algèbre symétrique est de degré fini et frobeniusienne.

b) Démontrer que l'algèbre d'un groupe fini sur K est symétrique.

c) Une algèbre semi-simple de degré fini sur K est symétrique.

§ 21. REPRÉSENTATIONS LINÉAIRES DES GROUPES FINIS

Dans tout ce paragraphe, on désigne par G *un groupe et par* K *un anneau commutatif. Si* G *est un groupe fini, on note* |G| *l'élément* Card(G).1 *de* K. *A partir du n*^{o} 5, *on suppose que le groupe* G *est fini, que le corps* K *est algébriquement clos et que* |G| *n'est pas nul.*

1. Représentations linéaires

DÉFINITION 1. — *Soit* M *un* K*-module. On appelle* représentation linéaire *de* G *dans* M *tout homomorphisme de groupes de* G *dans le groupe linéaire* **GL**(M) (II, p. 5).

Soit π une représentation linéaire de G dans un K-module M. On dit aussi que le couple (M, π) est une représentation linéaire de G. Lorsque K est non nul et que M est un K-module libre, la dimension de M est appelée le *degré* (ou la *dimension*) de la représentation π.

Rappelons que l'application canonique $g \mapsto e_g$ de G dans l'algèbre K[G] du groupe G est une base du K-module K[G]. Par abus, on note également g l'élément e_g de K[G]. Étant donnée une représentation linéaire $\pi : G \to \mathbf{GL}(M)$ de G, il existe un unique homomorphisme de K-algèbres de K[G] dans $\mathrm{End}_K(M)$ qui prolonge π (III, p. 20, exemple) ; on note encore π ce prolongement. C'est une représentation de l'algèbre K[G] dans M (VIII, p. 365, déf. 1), de sorte que M est un K[G]-module. Inversement, toute représentation linéaire ρ de l'algèbre K[G] dans M définit une représentation linéaire de G dans M donnée par $g \mapsto \rho(g)$.

On utilisera librement pour les représentations linéaires du groupe G la terminologie se rapportant à la structure de K[G]-module. C'est ainsi qu'on parlera de *sous-représentation*, de *représentation simple*, de *somme directe de représentations*, etc.

Soient (M, π) et (M', π') des représentations linéaires de G ; on note $\mathrm{Hom}_{\mathrm{G}}(\pi, \pi')$ le K-module $\mathrm{Hom}_{\mathrm{K[G]}}(\mathrm{M}, \mathrm{M}')$ des homomorphismes de K[G]-modules de M dans M'.[(1)]

Une application f de G dans K est appelée *fonction centrale* si l'on a $f(gg') = f(g'g)$ pour tout couple d'éléments g, g' de G ; il revient au même de dire que l'on a $f(ghg^{-1}) = f(h)$ pour tout couple d'éléments g, h de G. Les fonctions centrales sont donc les fonctions sur G dont la restriction à chaque classe de conjugaison est constante. Elles forment un sous-module de l'espace des applications de G dans K, noté $\mathscr{Z}_{\mathrm{K}}(\mathrm{G})$. Lorsque G est fini, la K-algèbre $\mathscr{Z}_{\mathrm{K}}(\mathrm{G})$ est un K-module libre de dimension le nombre des classes de conjugaison de G. Le centre Z(K[G]) de l'algèbre K[G] est formé des éléments $a = \sum a_g g$ de K[G] tels que $hah^{-1} = a$ pour tout $h \in \mathrm{G}$. Or on a

$$hah^{-1} = \sum_{g \in \mathrm{G}} a_{h^{-1}gh} g;$$

par suite, lorsque G est fini, le centre Z(K[G]) de l'algèbre K[G] se compose des fonctions centrales.

Soit (M, π) une représentation linéaire de G. Supposons que M soit un K-module libre de dimension finie. On appelle *trace* de π la trace de la représentation de K[G] associée à π, c'est-à-dire (VIII, p. 374) la forme linéaire $a \mapsto \mathrm{Tr}(\pi(a))$ sur K[G]. Cette forme linéaire est déterminée par l'application $g \mapsto \mathrm{Tr}(\pi(g))$ de G dans K, qu'on appelle *caractère* de la représentation π et qu'on note χ_π. Le caractère d'une représentation est une fonction centrale (II, p. 78, prop. 3).

Soient M et M' des K-modules libres de dimension finie. Soient π et π' des représentations linéaires de G dans M et M' respectivement. Alors $\mathrm{M} \oplus \mathrm{M}'$ est un K-module libre de dimension finie et, par la prop. 1 de III, p. 109, on a

$$\chi_{\pi \oplus \pi'} = \chi_\pi + \chi_{\pi'}.$$

Plus généralement, soit

$$0 \longrightarrow \mathrm{M}' \longrightarrow \mathrm{M} \longrightarrow \mathrm{M}'' \longrightarrow 0$$

une suite exacte de K[G] modules et soient π, π' et π'' les représentations linéaires de G associées à M, M' et M'' respectivement. On suppose que les K-modules M' et M'' sont libres de dimension finie. Il en est alors de même de M (II, p. 27, prop. 21) et l'on a

$$\chi_\pi = \chi_{\pi'} + \chi_{\pi''}. \tag{1}$$

(1) Les éléments de $\mathrm{Hom}_{\mathrm{G}}(\pi, \pi')$ sont parfois appelés *opérateurs d'entrelacement* de π et π'.

PROPOSITION 1. — *On suppose que* K *est un corps commutatif. Soient* π *et* π' *des représentations* K*-linéaires semi-simples de dimension finie de* G.

a) *Si les polynômes caractéristiques de* $\pi(g)$ *et de* $\pi'(g)$ *sont les mêmes pour tout* $g \in G$, *alors les représentations* π *et* π' *sont isomorphes.*

b) *On suppose en outre que* K *est de caractéristique* 0. *Si les caractères* χ_π *et* $\chi_{\pi'}$ *sont égaux, alors les représentations* π *et* π' *sont isomorphes.*

L'assertion a) résulte du cor. 1 de VIII, p. 378 ; l'assertion b) découle du corollaire de VIII, p. 376, a).

Exemples. — 1) La *représentation unité* de G est la représentation (K, ε) où $\varepsilon(g) = \mathrm{Id}_K$ pour tout $g \in G$. Son caractère est la fonction constante de valeur 1.

2) La *représentation régulière (gauche) de* G est la représentation γ de G dans K[G] définie par $\gamma(g)(x) = gx$ pour $g \in G$ et $x \in K[G]$. Elle correspond à la représentation régulière gauche de l'algèbre K[G] (VIII, p. 367). Supposons le groupe G fini. La représentation régulière est donc de degré fini. Pour tout élément g de G distinct de l'élément neutre, la matrice de la multiplication à gauche par g dans K[G], par rapport à la base canonique, est la matrice d'une permutation sans point fixe. On a donc

$$\chi_\gamma(g) = \begin{cases} |G| & \text{si } g \text{ est l'élément neutre,} \\ 0 & \text{sinon.} \end{cases} \tag{2}$$

On définit de façon similaire la *représentation régulière droite* de G. La *représentation birégulière* de G est la représentation ρ de $G \times G$ dans K[G] définie par $\rho(g, g')(x) = gxg'^{-1}$ pour tout $(g, g') \in G \times G$ et tout $x \in K[G]$.

3) Étant donnée une représentation linéaire (M, π) de G, la représentation *contragrédiente* ou *duale* $\pi^\vee$ de π est la représentation de G dans le K-module dual de M définie par la relation $\pi^\vee(g) = {}^t\pi(g^{-1})$ pour tout $g \in G$ (*cf.* II, p. 42). Si M est un K-module libre de dimension finie, il en est de même de son dual et on a $\chi_{\pi^\vee}(g) = \chi_\pi(g^{-1})$ pour tout $g \in G$.

4) Soient (M, π) et (M', π') des représentations linéaires de G. On a défini dans l'exemple 1 de VIII, p. 193 une structure de K[G]-module sur $M \otimes_K M'$. La représentation linéaire correspondante est appelée *produit tensoriel de* π *et* π' et notée $\pi \otimes \pi'$. Pour $g \in G$, $x \in M$ et $x' \in M'$, on a $\big((\pi \otimes \pi')(g)\big)(x \otimes x') = \pi(g)x \otimes \pi'(g)x'$.

Si M et M' sont des K-modules libres de dimension finie, on a, d'après la prop. 2 de III, p. 109,

$$\chi_{\pi\otimes\pi'} = \chi_\pi\, \chi_{\pi'}. \tag{3}$$

5) Supposons que G soit le produit $G' \times G''$ de deux groupes. L'application K-linéaire de $K[G'] \otimes_K K[G'']$ dans K[G] qui envoie $g' \otimes g''$ sur (g', g'') pour $g' \in G'$ et $g'' \in G''$ est un isomorphisme d'algèbres. Soient (M', π') une représentation linéaire de G', et (M'', π'') une représentation linéaire de G''. On appelle *produit tensoriel externe* de π' et π'', et on note $\pi' \boxtimes \pi''$, la représentation de $G' \times G''$ dans l'espace vectoriel $M' \otimes M''$ définie par $(\pi' \boxtimes \pi'')(g', g'') = \pi'(g') \otimes \pi''(g'')$ pour $(g', g'') \in G' \times G''$. Si M' et M'' sont des K-modules libres de dimension finie, alors $M' \otimes_K M''$ est un K-module libre de dimension finie et le caractère de la représentation $\pi' \boxtimes \pi''$ est donné par la formule

$$\chi_{\pi' \boxtimes \pi''}(g', g'') = \chi_{\pi'}(g')\chi_{\pi''}(g'')$$

pour $g' \in G'$ et $g'' \in G''$ (prop. 2 de III, p. 109).

6) Soit (V, π) une représentation linéaire de G, tel que V soit un K-module libre de dimension finie. On définit une représentation ρ de $G \times G$ dans $\mathrm{End}_K(V)$ par la formule

$$\rho(g, g')(u) = \pi(g') \circ u \circ \pi(g^{-1}).$$

L'isomorphisme de K-modules $\theta_V : V^* \otimes_K V \to \mathrm{End}_K(V)$ de II, p. 77, est un isomorphime de représentations du produit tensoriel externe $\pi^\vee \times \pi$ sur ρ. L'application $g \mapsto \rho(1, g)$ (resp. $g \mapsto \rho(g, 1)$) est une représentation de G isomorphe à $\pi^{\dim_K V}$ (resp. $(\pi^\vee)^{\dim_K V}$).

Soit L une K-algèbre commutative et soit (M, π) une représentation linéaire du groupe G. L'homomorphisme de groupes $\pi_{(L)} : G \to \mathbf{GL}(M_{(L)})$ défini par $g \mapsto \mathrm{Id}_L \otimes \pi(g)$ est une représentation linéaire de G dans le L-module $M_{(L)}$, appelée *la représentation linéaire de* G *déduite de la représentation* π *par extension à* L *de l'anneau* K *des scalaires.*

Supposons que K soit un corps et que L soit une K algèbre commutative non nulle. Soient (M, π) et (M', π') des représentations linéaires de G. Les représentations π et π' sont isomorphes si et seulement si $\pi_{(L)}$ et $\pi'_{(L)}$ le sont (VIII, p. 34, th. 3).

On suppose en outre que l'algèbre L est une extension de K. Considérons les anneaux $R_K(G)$ et $R_L(G)$ définis dans l'exemple 1 de VIII, p. 193. L'extension des scalaires définit un homomorphisme d'anneaux

$$u : R_K(G) \longrightarrow R_L(G)$$

Cet homomorphisme est injectif et un élément $\xi \in R_K(G)$ est effectif si et seulement si $u(\xi)$ l'est (VIII, p. 191, th. 1).

2. Le théorème de Maschke

THÉORÈME 1. — *On suppose que le groupe* G *est fini. Soit* M *un* K[G]*-module, soit* N *un sous-*K[G]*-module de* M. *On suppose que* N *est un facteur direct du* K*-module* M *et que* |G| *est inversible dans* K. *Alors* N *est un facteur direct du* K[G]*-module* M.

Soit p un projecteur K-linéaire dans M, d'image N. On définit un endomorphisme q du K-module M en posant

$$q(x) = |\mathrm{G}|^{-1} \sum_{g \in \mathrm{G}} g\, p(g^{-1}x),$$

pour tout $x \in \mathrm{M}$. Comme N est stable pour l'action de G et que p induit l'identité sur N, on voit que q applique M dans N et induit l'identité sur N.

Le K-module M est donc somme directe de l'image N de q et du noyau de q. On a $g\,q(x) = q(gx)$ pour tout $x \in \mathrm{M}$ et tout $g \in \mathrm{G}$, de sorte que le noyau de q est un sous-K[G]-module de M. Cela prouve que N est facteur direct du K[G]-module M.

COROLLAIRE 1 (Maschke). — *On suppose que le groupe* G *est fini et que* K *est un corps commutatif. L'algèbre* K[G] *est semi-simple si et seulement si l'élément* |G| *du corps* K *n'est pas nul.*

Supposons $|\mathrm{G}| \neq 0$. Par le th. 1, tout sous-K[G]-module de $\mathrm{K[G]}_s$ est un facteur direct. Donc K[G] est semi-simple.

Inversement, supposons |G| nul et notons ε l'élément $\sum_{g\in\mathrm{G}} g$ du centre de K[G]. On a $\varepsilon \neq 0$ mais $\varepsilon^2 = |\mathrm{G}|\varepsilon = 0$ donc K[G] n'est pas semi-simple (VIII, p. 149, prop. 3 a) et VIII, p. 153, remarque 1).

COROLLAIRE 2. — *On suppose que le groupe* G *est fini et que* |G| *est inversible dans* K. *Une suite exacte de* K[G]*-modules est scindée si et seulement si elle est scindée en tant que suite exacte de* K*-modules.*

Étant donnée une suite exacte de K[G]-modules

$$0 \longrightarrow \mathrm{M}' \xrightarrow{f} \mathrm{M} \longrightarrow \mathrm{M}'' \longrightarrow 0,$$

il suffit d'appliquer le théorème 1 à l'image du morphisme f.

COROLLAIRE 3. — *On suppose que le groupe* G *est fini et que* |G| *est inversible dans* K. *Un* K[G]*-module est projectif si et seulement s'il est projectif en tant que* K*-module.*

Soit P un K[G]-module. Si P est facteur direct d'un K[G]-module libre M, il est *a fortiori* facteur direct du K-module libre M. La réciproque résulte du corollaire 2, compte tenu de II, p. 39, prop. 4, d).

COROLLAIRE 4. — a) *On suppose que le groupe* G *est fini et que* K *est un corps commutatif de caractéristique* 0. *Pour que deux représentations linéaires, de dimension finie, de* G *soient isomorphes, il faut et il suffit qu'elles aient même caractère.*

b) *Supposons que* K *soit un corps parfait de caractéristique un nombre premier* p *et que le groupe* G *soit fini, de cardinal premier à* p. *Pour que le caractère d'une représentation linéaire de dimension finie de* G *soit nul, il faut et il suffit que cette représentation soit isomorphe à la somme directe de* p *représentations deux à deux isomorphes.*

Sous les hypothèses du corollaire, toute représentation linéaire de dimension finie de G est semi-simple. Le corollaire résulte alors du cor. de VIII, p. 376.

COROLLAIRE 5. — *Supposons que le groupe* G *est fini et que* K *est un corps commutatif dans lequel* $|G| \neq 0$. *Soient* π *et* π' *des représentations linéaires de dimension finie de* G. *Pour que* π *et* π' *soient isomorphes, il faut et il suffit que, pour tout* g *dans* G, *les endomorphismes* $\pi(g)$ *et* $\pi'(g)$ *aient mêmes polynômes caractéristiques.*

Cela résulte du cor. 1 de VIII, p. 378.

3. Représentations induites et coïnduites

Soit H un sous-groupe du groupe G.

Si (V, π) est une représentation linéaire de G, la restriction de π à H est une représentation linéaire de H dans V ; on la note $\mathrm{Res}_H^G(\pi)$. Le K[H]-module associé à $\mathrm{Res}_H^G(\pi)$ n'est autre que le module déduit du K[G]-module V par restriction des scalaires (II, p. 30). Si V est un K-module libre de dimension finie, le caractère de $\mathrm{Res}_H^G(\pi)$ est la restriction à H du caractère de π.

Soit (M, σ) une représentation de H.

Considérons K[G] comme un $(K[G], K[H])$-bimodule et M comme un K[H]-module. Le K[G]-module $\mathscr{T}(M) = K[G] \otimes_{K[H]} M$ (VIII, p. 54) définit une représentation linéaire de G, notée $\mathrm{Ind}_H^G(\sigma)$ et qu'on appelle *la représentation de* G *induite par* σ. Si (V, π) est une représentation linéaire de G, le K[H]-module $\mathscr{H}(V) = \mathrm{Hom}_{K[G]}(K[G], V)$ s'identifie au K[H]-module correspondant à la représentation $\mathrm{Res}_H^G(\pi)$. Par conséquent, le morphisme d'adjonction (VIII, p. 55) fournit un isomorphisme dit canonique de K-modules de $\mathrm{Hom}_{\mathrm{H}}(\sigma, \mathrm{Res}_{\mathrm{H}}^{\mathrm{G}}(\pi))$ sur $\mathrm{Hom}_{\mathrm{G}}(\mathrm{Ind}_{\mathrm{H}}^{\mathrm{G}}(\sigma), \pi)$ (« réciprocité de Frobenius »).

Considérons K[G] comme un (K[H], K[G])-bimodule. Le K[G]-module $\mathscr{H}(\mathrm{M}) = \mathrm{Hom}_{\mathrm{K[H]}}(\mathrm{K[G]}, \mathrm{M})$ définit une représentation de G, notée $\mathrm{Coïnd}_{\mathrm{H}}^{\mathrm{G}}(\sigma)$ et qu'on appelle *la représentation de* G *coïnduite par* σ. Si (V, π) est une représentation linéaire de G, le K[H]-module $\mathscr{T}(\mathrm{V}) = \mathrm{K[G]} \otimes_{\mathrm{K[G]}} \mathrm{V}$ s'identifie au K[H]-module correspondant à la représentation $\mathrm{Res}_{\mathrm{H}}^{\mathrm{G}}(\pi)$. Par conséquent, le morphisme d'adjonction (*loc. cit.*) fournit un isomorphisme dit canonique de K-modules de $\mathrm{Hom}_{\mathrm{H}}(\mathrm{Res}_{\mathrm{H}}^{\mathrm{G}}(\pi), \sigma)$ sur $\mathrm{Hom}_{\mathrm{G}}(\pi, \mathrm{Coïnd}_{\mathrm{H}}^{\mathrm{G}}(\sigma))$.

Soit $\varepsilon : \mathrm{K[G]} \to \mathrm{K[H]}$ l'homomorphisme de K-modules caractérisé par les relations $\varepsilon(h) = h$ si $h \in \mathrm{H}$ et $\varepsilon(g) = 0$ si $g \in \mathrm{G} - \mathrm{H}$. L'application ε est un homomorphisme de (K[H], K[H])-bimodules. Soit (M, σ) une représentation linéaire de H. L'application $v \mapsto v \circ \varepsilon$ de $\mathrm{Hom}_{\mathrm{K[H]}}(\mathrm{K[H]}, \mathrm{M})$ dans $\mathrm{Hom}_{\mathrm{K[H]}}(\mathrm{K[G]}, \mathrm{M})$ est un homomorphisme de K[H]-modules. En identifiant M avec $\mathrm{Hom}_{\mathrm{K[H]}}(\mathrm{K[H]}, \mathrm{M})$, on obtient un homomorphisme de K[H]-modules de M dans $\mathrm{Res}_{\mathrm{H}}^{\mathrm{G}}(\mathrm{Coïnd}_{\mathrm{H}}^{\mathrm{G}}(\sigma))$. La réciprocité de Frobenius lui associe un homomorphisme ι de K[G]-modules de $\mathrm{Ind}_{\mathrm{H}}^{\mathrm{G}}(\sigma)$ dans $\mathrm{Coïnd}_{\mathrm{H}}^{\mathrm{G}}(\sigma)$ qui est caractérisé par les relations

$$\iota(g \otimes m)(g') = \varepsilon(g'g)m$$

pour $g, g' \in \mathrm{G}$ et $m \in \mathrm{M}$. Cet homomorphisme sera dit canonique.

Proposition 2. — *Soit* H *un sous-groupe de* G *et soit* (M, σ) *une représentation linéaire de* H. *L'homomorphisme canonique* $\iota : \mathrm{Ind}_{\mathrm{H}}^{\mathrm{G}}(\sigma) \to \mathrm{Coïnd}_{\mathrm{H}}^{\mathrm{G}}(\sigma)$ *est injectif. Si le sous-groupe* H *est d'indice fini dans* G, *c'est un isomorphisme de* K[G]*-modules.*

Soit $\mathrm{S} \subset \mathrm{G}$ un système de représentants de G/H. La famille $(s)_{s \in \mathrm{S}}$ est une base du K[H]-module à droite K[G]. Il en résulte que l'application $\mathrm{M}^{(\mathrm{S})} \to \mathrm{Ind}_{\mathrm{H}}^{\mathrm{G}}(\sigma)$ définie par $(m_s)_{s \in \mathrm{S}} \mapsto \sum_{s \in \mathrm{S}} s \otimes m_s$ est un isomorphisme de K-modules. Pour tous $s, s' \in \mathrm{S}$ et tout $m \in \mathrm{M}$, on a les relations

$$\iota(s' \otimes m)(s^{-1}) = \begin{cases} m \text{ si } s = s', \\ 0 \text{ sinon.} \end{cases}$$

Il en résulte que ι est injective.

Supposons que H est d'indice fini dans G. L'ensemble S est alors fini ; soit ρ l'application de $\mathrm{Coïnd}_{\mathrm{H}}^{\mathrm{G}}(\sigma)$ dans $\mathrm{Ind}_{\mathrm{H}}^{\mathrm{G}}(\sigma)$ donnée par $u \mapsto \sum_{s \in \mathrm{S}} s \otimes u(s^{-1})$. Elle vérifie $(\iota \circ \rho(u))(s^{-1}) = u(s^{-1})$ pour $u \in \mathrm{Coïnd}_{\mathrm{H}}^{\mathrm{G}}(\sigma)$ et $s \in \mathrm{S}$. Comme la famille $(s^{-1})_{s \in \mathrm{S}}$ est une base de K[H]-module à gauche K[G], l'application $\iota \circ \rho$ est l'application identique. Par suite, ι est bijective de bijection réciproque ρ.

Soit H un sous-groupe d'indice fini de G. Soit u une fonction centrale sur H ; notons u^0 la fonction sur G qui prolonge u et qui s'annule en tout point de G − H. Soit S un système de représentants de G/H. Pour $g \in \mathrm{G}$, posons

$$\mathrm{Ind}_{\mathrm{H}}^{\mathrm{G}}(u)(g) = \sum_{s \in \mathrm{S}} u^0(s^{-1}gs). \tag{4}$$

Notons que, pour tous $x, g \in \mathrm{G}$ et tout $h \in \mathrm{H}$ on a $u^0((xh)^{-1}gxh) = u^0(x^{-1}gx)$. Il en résulte que $\mathrm{Ind}_{\mathrm{H}}^{\mathrm{G}}(u)$ est une fonction centrale sur G, indépendante du choix de S. On définit ainsi une application K-linéaire $\mathrm{Ind}_{\mathrm{H}}^{\mathrm{G}}$ de $\mathscr{Z}_{\mathrm{K}}(\mathrm{H})$ dans $\mathscr{Z}_{\mathrm{K}}(\mathrm{G})$.

PROPOSITION 3. — *Soit* H *un sous-groupe d'indice fini de* G. *Soit* (M, σ) *une représentation linéaire de* H. *Supposons que* M *est un* K*-module libre de dimension finie. Notons* (V, π) *la représentation de* G *induite par* σ. *Alors le* K*-module* V *est libre de dimension finie et*

$$\chi_\pi = \mathrm{Ind}_{\mathrm{H}}^{\mathrm{G}}(\chi_\sigma). \tag{5}$$

Soit S un système de représentants de G/H. Comme on l'a vu plus haut, l'application linéaire $\mathrm{M}^{\mathrm{S}} \to \mathrm{Ind}_{\mathrm{H}}^{\mathrm{G}}(\mathrm{M})$ donnée par $(m_s)_{s \in \mathrm{S}} \mapsto \sum_{s \in \mathrm{S}} s \otimes m_s$ est un isomorphisme de K-modules. En particulier, V est un K-module libre de dimension finie. Pour tout $g \in \mathrm{G}$, notons M_g l'image de M par l'application $m \mapsto g \otimes m$. Pour tous $g, g' \in \mathrm{G}$, on a que $\mathrm{M}_g = \mathrm{M}_{g'}$ si et seulement si $g\mathrm{H} = g'\mathrm{H}$ et V est somme directe des sous-modules M_s pour $s \in \mathrm{S}$. Pour tous $g, g' \in \mathrm{G}$ on a également $\pi(g)\mathrm{M}_{g'} = \mathrm{M}_{gg'}$. Pour tout $g \in \mathrm{G}$, notons S_g l'ensemble des éléments s de S tels que $s^{-1}gs \in \mathrm{H}$. Pour tous $g, g' \in \mathrm{G}$ tels que $g'^{-1}gg' \in \mathrm{H}$, l'automorphisme $\pi(g)$ de V induit un automorphisme $\pi(g)_{g'}$ de $\mathrm{M}_{g'}$ et l'on a

$$\mathrm{Tr}(\pi(g)) = \sum_{s \in \mathrm{S}_g} \mathrm{Tr}(\pi(g)_s) = \sum_{s \in \mathrm{S}_g} \mathrm{Tr}(\sigma(s^{-1}gs)).$$

La dernière assertion en résulte.

4. Représentations et groupe de Grothendieck

On suppose dans ce numéro que K est un corps commutatif. Étant donnée une représentation linéaire (M, π) de G, de dimension finie, on note $[\pi]$ la classe du K[G]-module M dans l'anneau de Grothendieck $\mathrm{R}_{\mathrm{K}}(\mathrm{G})$ (VIII, p. 193, exemple 1).

Par définition des lois de composition de l'anneau $\mathrm{R}_{\mathrm{K}}(\mathrm{G})$, si π et π' sont des représentations linéaires de dimension finie de G, on a

$$[\pi \oplus \pi'] = [\pi] + [\pi'] \ , \ [\pi \otimes \pi'] = [\pi] \, [\pi'].$$

L'élément unité de l'anneau $R_K(G)$ est la classe de la représentation unité de G (VIII, p. 389, exemple 1).

L'anneau $R_K(G)$ est un **Z**-module libre ayant pour base l'ensemble des classes des K[G]-modules simples de dimension finie sur K. Lorsque $|G|$ est inversible dans K, pour que deux représentations de dimension finie soient isomorphes, il faut et il suffit qu'elles aient la même classe dans $R_K(G)$ (VIII, p. 186, cor. et p. 391, cor. 1).

Étant donnée une représentation linéaire (M, π) de dimension finie de G, sa contragrédiente $\pi^\vee$ est également de dimension finie. Les représentations π et $(\pi^\vee)^\vee$ sont isomorphes. Si π' est également une représentation linéaire de dimension finie de G, les représentations $(\pi \otimes \pi')^\vee$ et $\pi^\vee \otimes \pi'^\vee$ sont isomorphes. Si

$$0 \longrightarrow M' \longrightarrow M \longrightarrow M'' \longrightarrow 0$$

est une suite exacte de K[G]-modules de dimension finie sur K alors les représentations contragrédientes fournissent une suite exacte de K[G]-modules

$$0 \longrightarrow M''^\vee \longrightarrow M^\vee \longrightarrow M'^\vee \longrightarrow 0$$

(II, p. 102, cor. du th. 5). En raison de la propriété universelle des groupes de Grothendieck (VIII, p. 182, prop. 4), il existe un automorphisme $c \mapsto c^\vee$ de l'anneau $R_K(G)$ caractérisé par $[\pi]^\vee = [\pi^\vee]$ pour toute représentation linéaire π de G de dimension finie ; on a $(c^\vee)^\vee = c$ pour tout élément c de $R_K(G)$.

Soit H un sous-groupe de G. La restriction préserve les suites exactes. D'après la propriété universelle des groupes de Grothendieck (VIII, p. 182, prop. 4), il existe donc un homomorphisme de groupes, noté Res_H^G, de $R_K(G)$ dans $R_K(H)$ caractérisé par les relations

$$\mathrm{Res}_H^G\,[\pi] = [\mathrm{Res}_H^G(\pi)] \tag{6}$$

pour toute représentation linéaire π de G de dimension finie ; c'est un homomorphisme d'anneaux. Si H est d'indice fini dans G, par la prop. 14 de II, p. 108, on définit de manière analogue un homomorphisme de groupes Ind_H^G de $R_K(H)$ dans $R_K(G)$ caractérisé par les relations

$$\mathrm{Ind}_H^G\,[\sigma] = [\mathrm{Ind}_H^G(\sigma)] \tag{7}$$

pour toute représentation linéaire σ de H de dimension finie.

D'après les relations (1) de VIII, p. 388 et (3) de VIII, p. 389 et la propriété universelle déjà citée des groupes de Grothendieck, il existe un homomorphisme d'anneaux Θ_G de $R_K(G)$ dans l'algèbre $\mathscr{Z}_K(G)$ des fonctions centrales sur G, caractérisé par $\Theta_G([\pi]) = \chi_\pi$ pour toute représentation π de dimension finie de G.

Si H est un sous-groupe de G, les homomorphismes Θ_G et Θ_H relatifs aux groupes G et H sont compatibles avec les opérations Res_H^G et Ind_H^G (VIII, p. 392 et VIII, p. 394, prop. 3).

Supposons que G soit le produit $G' \times G''$ de deux groupes. D'après VIII, p. 209, remarque 2, Il existe une application **Z**-linéaire κ de $R_K(G') \otimes_{\mathbf{Z}} R_K(G'')$ dans le groupe $R_K(G' \times G'')$ caractérisée par les relations $\kappa([\pi'] \otimes [\pi'']) = [\pi' \boxtimes \pi'']$ pour π' (resp. π'') une représentation de G′ (resp. G″) de dimension finie, $\pi' \boxtimes \pi''$ désignant leur produit tensoriel externe (VIII, p. 390, exemple 5). C'est un homomorphisme d'anneaux. Si le corps K est algébriquement clos, l'application κ est un isomorphisme (VIII, p. 209, remarque 2).

Supposons que G soit le produit $G' \times G''$ de deux groupes. Notons ψ l'homomorphisme de $\mathscr{Z}_K(G') \otimes_K \mathscr{Z}_K(G'')$ sur $\mathscr{Z}_K(G)$ qui transforme $f' \otimes f''$ en la fonction $(g', g'') \mapsto f'(g')f''(g'')$. On a un diagramme commutatif

$$\begin{array}{ccc} R_K(G') \otimes_{\mathbf{Z}} R_K(G'') & \xrightarrow{\kappa} & R_K(G) \\ \Big\downarrow{\scriptstyle \Theta_{G'} \otimes \Theta_{G''}} & & \Big\downarrow{\scriptstyle \Theta_G} \\ \mathscr{Z}_K(G') \otimes_K \mathscr{Z}_K(G'') & \xrightarrow{\psi} & \mathscr{Z}_K(G). \end{array}$$

5. Formule d'inversion de Fourier

On suppose pour le reste de ce paragraphe que le groupe G *est fini, que* K *est un corps algébriquement clos, dont la caractéristique ne divise pas l'ordre de* G, *de sorte que l'élément* $|G|$ *de* K *n'est pas nul.*

L'algèbre K[G] est semi-simple (théorème de Maschke) et de dimension finie. Notons $\widehat{G}$ l'ensemble des classes de K[G]-modules simples. Pour tout $\lambda \in \widehat{G}$, choisissons une représentation linéaire (V_λ, π_λ) de G dont le K[G]-module associé ait pour classe λ. L'ensemble $\widehat{G}$ est fini et les espaces vectoriels V_λ sont de dimension finie (VIII, p. 137, exemple). Pour tout $\lambda \in \widehat{G}$, notons d_λ le degré de la représentation π_λ, c'est-à-dire la dimension du K-espace vectoriel V_λ, et χ_λ son caractère.

Notons $F(\widehat{G})$ l'algèbre produit $\prod_{\lambda \in \widehat{G}} \mathrm{End}_K(V_\lambda)$ et $\overline{\mathscr{F}}$ l'application de K[G] dans $F(\widehat{G})$ définie par $\overline{\mathscr{F}}(a) = (\pi_\lambda(a))_{\lambda \in \widehat{G}}$. Comme le corps K est algébriquement clos, *l'application* $\overline{\mathscr{F}}$ *est un isomorphisme d'algèbres* (*loc. cit.*).

Pour tout $\lambda \in \widehat{G}$, la dimension de l'algèbre $\mathrm{End}_K(V_\lambda)$ est d_λ^2 ; celle de l'algèbre K[G] est Card(G) ; on a donc la relation

$$\text{(8)} \qquad \mathrm{Card}(G) = \sum_{\lambda \in \widehat{G}} d_\lambda^2.$$

Notons τ la trace dans l'algèbre K[G] ; par définition, la trace $\tau(a)$ d'un élément a de K[G] est la trace de l'endomorphisme $x \mapsto ax$ de K[G] (III, p. 110). Soit $a = \sum_{g \in G} a_g\, g$ un élément de K[G] ; d'après la formule (2), on a $\tau(ag^{-1}) = |G|\, a_g$ pour tout $g \in G$, d'où la relation

$$\text{(9)} \qquad a = |G|^{-1} \sum_{g \in G} \tau(ag^{-1})\, g.$$

Notons $\widehat{\tau}$ la trace dans l'algèbre $F(\widehat{G})$. Soit $A = (A_\lambda)_{\lambda \in \widehat{G}}$ un élément de $F(\widehat{G})$; on a (*cf.* III, p. 111, exemple 3)

$$\text{(10)} \qquad \widehat{\tau}(A) = \sum_{\lambda \in \widehat{G}} d_\lambda\ \mathrm{Tr}(A_\lambda).$$

Comme l'application $\overline{\mathscr{F}}$ est un isomorphisme de K-algèbres, on a $\widehat{\tau} \circ \overline{\mathscr{F}} = \tau$, d'où

$$\tau(a) = \widehat{\tau}(\overline{\mathscr{F}}(a)) = \widehat{\tau}\big((\pi_\lambda(a))_{\lambda \in G}\big) = \sum_{\lambda \in \widehat{G}} d_\lambda\, \mathrm{Tr}(\pi_\lambda(a)) = \sum_{\lambda \in \widehat{G}} d_\lambda\, \mathrm{Tr}_\lambda(a)$$

pour tout $a \in K[G]$, c'est-à-dire

$$\text{(11)} \qquad \tau = \sum_{\lambda \in \widehat{G}} d_\lambda\ \mathrm{Tr}_\lambda\,.$$

D'après (2), pour $g \in G$, on a donc

$$\text{(12)} \qquad \sum_{\lambda \in \widehat{G}} d_\lambda\ \chi_\lambda(g) = \begin{cases} |G| & \text{si } g \text{ est l'élément neutre} \\ 0 & \text{sinon.} \end{cases}$$

Pour $a \in K[G]$, la relation (9) prend la forme suivante :

$$\text{(13)} \qquad a = |G|^{-1} \sum_{g \in G} \sum_{\lambda \in \widehat{G}} d_\lambda\ \mathrm{Tr}(\pi_\lambda(a)\pi_\lambda(g^{-1}))\, g;$$

il en résulte que, pour tout élément $A = (A_\lambda)_{\lambda \in \widehat{G}}$ de $F(\widehat{G})$, on a

$$\text{(14)} \qquad \overline{\mathscr{F}}^{-1}(A) = |G|^{-1} \sum_{g \in G} \sum_{\lambda \in \widehat{G}} d_\lambda\ \mathrm{Tr}(A_\lambda \pi_\lambda(g^{-1}))\, g.$$

(« Formule d'inversion de Fourier »).

Pour $\mu \in \widehat{G}$, notons $j_\mu : \mathrm{End}_K(V_\mu) \longrightarrow \prod_{\lambda\in\widehat{G}} \mathrm{End}_K(V_\lambda)$ l'application telle que $j_\mu(u) = (v_\lambda)$ où $v_\lambda = 0$ si $\lambda \neq \mu$ et $v_\mu = u$. Par la formule (14),

$$\overline{\mathscr{F}}^{-1}(j_\mu(u)) = |G|^{-1} d_\mu \sum_{g\in G} \mathrm{Tr}(u\pi_\mu(g^{-1}))g. \tag{15}$$

Le centre de l'algèbre $F(\widehat{G}) = \prod_{\lambda\in\widehat{G}} \mathrm{End}_K(V_\lambda)$ se compose des familles $(a_\lambda\ 1_{V_\lambda})_{\lambda\in\widehat{G}}$, où (a_λ) est une famille d'éléments de K. C'est l'image par $\overline{\mathscr{F}}$ du centre de l'algèbre K[G]. Celui-ci possède donc une base $(e_\lambda)_{\lambda\in\widehat{G}}$ caractérisée par la condition

$$\pi_\lambda(e_\mu) = \delta_{\lambda\mu}\ 1_{V_\lambda}, \tag{16}$$

pour $\lambda, \mu \in \widehat{G}$, où $\delta_{\lambda\mu}$ désigne le symbole de Kronecker. D'après la formule (15), on a, pour tout $\mu \in \widehat{G}$,

$$e_\mu = |G|^{-1}\ d_\mu \sum_{g\in G} \chi_\mu(g^{-1})\ g. \tag{17}$$

Ces éléments satisfont aux relations

$$\sum_{\lambda\in\widehat{G}} e_\lambda = 1, \quad e_\mu^2 = e_\mu, \quad \text{et} \quad e_\mu e_\nu = 0 \tag{18}$$

pour tous $\mu, \nu \in \widehat{G}$ tels que $\mu \neq \nu$; ce sont les idempotents indécomposables de Z(K[G]) (VIII, p. 143, prop. 15)

Remarque. — Soit (V, π) une représentation linéaire de G. D'après le théorème de Maschke, le K[G]-module V est semi-simple. Pour tout $\lambda \in \widehat{G}$, notons V^λ le composant isotypique de type λ du K[G]-module V ; on a $V = \bigoplus_{\lambda\in\widehat{G}} V^\lambda$. D'après la prop. 15 de VIII, p. 143 et la formule (17), le projecteur de V d'image V^λ associé à cette décomposition de V est égal à

$$\pi(e_\lambda) = |G|^{-1}\ d_\lambda \sum_{g\in G} \chi_\lambda(g^{-1})\ \pi(g). \tag{19}$$

En appliquant cette formule à $\pi = \pi_\lambda$, on obtient que l'élément $d_\lambda.1$ de K n'est pas nul. Nous verrons plus loin (VIII, p. 410, cor. 2) que d_μ divise le cardinal de G.

Soit λ un élément de $\widehat{G}$. L'application π_λ de K[G] dans $\mathrm{End}_K(V_\lambda)$ induit un isomorphisme de (K[G], K[G]) bimodules de e_λK[G] sur $\mathrm{End}_K(V_\lambda)$. Par la prop. 15 de VIII, p. 143, le sous-K[G]-module e_λK[G] est le composant isotypique de type λ de K[G]. C'est aussi le composant isotypique de type $\lambda^\vee$ pour le représentation régulière droite de G (VIII, p. 139, prop. 11) ainsi que le composant isotypique de type $\lambda \times \lambda^\vee$ pour la représentation birégulière (VIII, p. 373, prop. 4).

6. Relations d'orthogonalité de Schur

Conservons les notations du numéro précédent. Soient λ un élément de $\widehat{\mathrm{G}}$, u et v des éléments de $\mathrm{End}_{\mathrm{K}}(\mathrm{V}_\lambda)$; d'après la formule (10), on a

$$\hat{\tau}(j_\lambda(u)j_\lambda(v)) = d_\lambda \,\mathrm{Tr}(uv).$$

Comme $\tau = \hat{\tau} \circ \overline{\mathscr{F}}$, on déduit des formules (2) et (15) la relation

$$d_\lambda^2 \,|\mathrm{G}|^{-1} \sum_{g \in \mathrm{G}} \mathrm{Tr}(u\pi_\lambda(g))\ \mathrm{Tr}(v\pi_\lambda(g^{-1})) = d_\lambda\ \mathrm{Tr}(uv).$$

On a remarqué plus haut que $d_\lambda.1 \neq 0$ dans le corps K ; on en déduit

(20) $$|\mathrm{G}|^{-1} \sum_{g \in \mathrm{G}} \mathrm{Tr}(u\pi_\lambda(g))\ \mathrm{Tr}(v\pi_\lambda(g^{-1})) = d_\lambda^{-1}\ \mathrm{Tr}(uv).$$

Spécialisons cette relation au cas où u et v sont de rang $\leqslant 1$; on obtient

(21) $$|\mathrm{G}|^{-1} \sum_{g \in \mathrm{G}} \langle x^*, \pi_\lambda(g)x\rangle\ \langle y^*, \pi_\lambda(g^{-1})y\rangle = d_\lambda^{-1}\langle x^*, y\rangle\langle y^*, x\rangle$$

pour x, y dans V_λ et x^*, y^* dans le dual V_λ^* de V_λ.

Pour tout $\lambda \in \widehat{\mathrm{G}}$, soit $(e_{\lambda,j})_{1\leqslant j\leqslant d_\lambda}$ une base de V_λ ; notons $(\pi_{ij}^\lambda(g))$ la matrice de l'endomorphisme $\pi_\lambda(g)$ de V_λ par rapport à cette base. Si l'on note $(e_{\lambda,i}^*)_{1\leqslant i\leqslant d_\lambda}$ la base de V_λ^* duale de $(e_{\lambda,j})$, on a $\pi_{ij}^\lambda(g) = \langle e_{\lambda,i}^*\ ,\ \pi_\lambda(g)\ e_{\lambda,j}\rangle$, d'où

(22) $$|\mathrm{G}|^{-1} \sum_{g \in \mathrm{G}} \pi_{ij}^\lambda(g)\ \pi_{k\ell}^\lambda(g^{-1}) = d_\lambda^{-1}\ \delta_{i\ell}\ \delta_{jk}.$$

Soient maintenant λ et μ deux éléments distincts de $\widehat{\mathrm{G}}$ et soient $u \in \mathrm{End}_{\mathrm{K}}(\mathrm{V}_\lambda)$ et $v \in \mathrm{End}_{\mathrm{K}}(\mathrm{V}_\mu)$. À nouveau d'après la relation (15), on a

(23) $$\sum_{g \in \mathrm{G}} \mathrm{Tr}(u\pi_\lambda(g))\ \mathrm{Tr}(v\pi_\mu(g^{-1})) = 0.$$

On en déduit comme plus haut

(24) $$\sum_{g \in \mathrm{G}} \langle x^*, \pi_\lambda(g)x\rangle\ \langle y^*, \pi_\mu(g^{-1})y\rangle = 0$$

pour $x \in \mathrm{V}_\lambda$, $x^* \in \mathrm{V}_\lambda^*$, $y \in \mathrm{V}_\mu$ et $y^* \in \mathrm{V}_\mu^*$; on a aussi

(25) $$\sum_{g \in \mathrm{G}} \pi_{ij}^\lambda(g)\ \pi_{k\ell}^\mu(g^{-1}) = 0$$

pour i, j dans $[\![1, d_\lambda]\!]$ et k, ℓ dans $[\![1, d_\mu]\!]$.

Les relations (20) à (25) sont connues sous le nom de *relations d'orthogonalité de Schur*.

Remarque. — Identifions l'algèbre $\mathrm{End}_K(V_\lambda)$ à l'algèbre de matrices $\mathbf{M}_{d_\lambda}(K)$ au moyen de la base $(e_{\lambda,j})$ de V_λ. L'application $\overline{\mathscr{F}}^{-1}$ est un isomorphisme de l'algèbre $\prod_\lambda \mathbf{M}_{d_\lambda}(K)$ sur l'algèbre $K[G]$. Pour $\mu \in \widehat{G}$, notons E^μ_{ij} l'élément de $\prod_\lambda \mathbf{M}_{d_\lambda}(K)$ dont la composante d'indice μ est l'unité matricielle E_{ij} de $\mathbf{M}_{d_\mu}(K)$ (II, p. 142) et dont les autres composantes sont nulles ; posons $u^\mu_{ij} = \overline{\mathscr{F}}^{-1}(E^\mu_{ij})$. La famille des éléments u^λ_{ij}, pour $\lambda \in \widehat{G}$, $1 \leqslant i \leqslant d_\lambda$, $1 \leqslant j \leqslant d_\lambda$, est une base de l'algèbre $K[G]$; la table de multiplication est

$$u^\lambda_{ij}\, u^\mu_{k\ell} = \delta_{\lambda\mu}\, \delta_{jk}\, u^\lambda_{i\ell}. \tag{26}$$

De plus, d'après la formule (15), on a

$$u^\lambda_{ij} = |G|^{-1}\, d_\lambda \sum_{g\in G} \pi^\lambda_{ji}(g^{-1})\, g. \tag{27}$$

7. Relation d'orthogonalité des caractères

Conservons les notations des numéros 5 et 6. Rappelons que $Z(K[G])$ est formé des fonctions centrales.

On définit une application bilinéaire symétrique de $K[G] \times K[G]$ dans K par la formule

$$\langle f, f'\rangle_G = |G|^{-1} \sum_{g\in G} f_g f'_{g^{-1}}. \tag{28}$$

pour tous $f = \sum f_g g$ et $f' = \sum f'_g g$ appartenant à $K[G]$. On a $\langle f, f'\rangle_G = |G|^{-2}\tau(ff')$.

PROPOSITION 4 (Relation d'orthogonalité des caractères). — *Pour λ et μ dans $\widehat{G}$, on a $\langle \chi_\lambda, \chi_\mu\rangle_G = \delta_{\lambda\mu}$.*

C'est le cas particulier des relations (20) et (23), où les endomorphismes u et v sont pris égaux à l'identité.

COROLLAIRE. — *Soient π et π' des représentations linéaires de dimension finie de G. On a, dans le corps K,*

$$\langle \chi_\pi, \chi_{\pi'}\rangle_G = (\dim_K\ \mathrm{Hom}_G(\pi, \pi')).1\ . \tag{29}$$

Supposons d'abord que π et π' soient des représentations simples. L'espace vectoriel $\mathrm{Hom}_G(\pi, \pi')$ est de dimension 1 ou 0 suivant que π et π' sont isomorphes ou non (lemme de Schur, VIII, p. 43, prop. 2). La formule (29) résulte dans ce cas de la proposition 4.

Dans le cas général, la représentation π (resp. π') est somme directe de représentations simples $\pi_1, \ldots, \pi_m$ (resp. $\pi'_1, \ldots, \pi'_n$). L'espace $\mathrm{Hom}_G(\pi, \pi')$ est isomorphe à la somme directe des espaces $\mathrm{Hom}_G(\pi_i, \pi'_j)$, pour $1 \leqslant i \leqslant m$, $1 \leqslant j \leqslant n$, et l'on a

$$\chi_\pi = \chi_{\pi_1} + \cdots + \chi_{\pi_m}, \qquad \chi_{\pi'} = \chi_{\pi'_1} + \cdots + \chi_{\pi'_n}.$$

Par linéarité, la démonstration de la formule (29) est ramenée au cas des représentations simples.

8. Fonctions centrales sur un groupe fini

PROPOSITION 5. — *La famille* $(\chi_\lambda)_{\lambda \in \widehat{G}}$ *est une base de l'espace vectoriel des fonctions centrales. Le nombre de classes de représentations linéaires simples de* G *est égal au nombre de classes de conjugaison de* G.

Pour $a = \sum_{g \in G} a_g g \in K[G]$, notons $a^\vee = \sum_{g \in G} a_{g^{-1}} g$; l'application $a \mapsto a^\vee$ est un antiautomorphisme involutif de l'algèbre K[G]. D'après la formule (17), on a $e_\lambda = |G|^{-1} d_\lambda \chi_\lambda^\vee$ pour tout $\lambda \in \widehat{G}$. La proposition résulte alors de ce que la famille $(e_\lambda)_{\lambda \in \widehat{G}}$ est une base du centre de K[G].

Notons $\mathscr{C}$ l'ensemble des classes de conjugaison de G. Soit C un élément de $\mathscr{C}$; l'image C^{-1} de C par l'application $g \mapsto g^{-1}$ est une classe de conjugaison. Les centralisateurs des éléments de C sont des sous-groupes de G conjugués entre eux ; leur cardinal $d(C)$ satisfait à

$$\mathrm{Card}(G) = \mathrm{Card}(C)\, d(C). \tag{30}$$

En particulier, on a $d(C).1 \neq 0$ dans le corps K.

Soit f une fonction centrale sur G. Pour toute classe de conjugaison C, notons $f(C)$ la valeur commune des $f(x)$ pour $x \in C$. Avec cette notation, la relation d'orthogonalité des caractères (VIII, p. 400, prop. 4) s'écrit

$$\sum_{C \in \mathscr{C}} \chi_\lambda(C^{-1})\, \chi_\mu(C)\, d(C)^{-1} = \delta_{\lambda\mu}\,, \tag{31}$$

pour λ et μ dans $\widehat{G}$.

Notons A la matrice de type $\widehat{G} \times \mathscr{C}$ d'éléments $\chi_\lambda(C)$ et B la matrice de type $\mathscr{C} \times \widehat{G}$, d'éléments $\chi_\lambda(C^{-1})\ d(C)^{-1}$. Les ensembles $\widehat{G}$ et $\mathscr{C}$ ont le même cardinal (prop. 5) ; la relation (31) exprime que la matrice produit AB est la matrice unité de type $\widehat{\mathrm{G}} \times \widehat{\mathrm{G}}$. D'après la prop. 11 de II, p. 159, la matrice produit BA est la matrice unité de type $\mathscr{C} \times \mathscr{C}$; autrement dit, on a la relation

$$\sum_{\lambda \in \widehat{\mathrm{G}}} \chi_\lambda(\mathrm{C}^{-1})\ \chi_\lambda(\mathrm{C}') = d(\mathrm{C})\ \delta_{\mathrm{CC}'} \tag{32}$$

pour C et C′ dans $\mathscr{C}$ (appelée parfois « *seconde relation d'orthogonalité des caractères* »).

Soit H un sous-groupe de G. Remarquons que l'entier Card(H) divise Card(G) et que $|\mathrm{G}|$ n'est pas nul dans K ; on a donc $|\mathrm{H}| \neq 0$ dans K.

Notons $\mathrm{Res}_{\mathrm{H}}^{\mathrm{G}}$ l'application linéaire de Z(K[G]) dans Z(K[H]) qui associe à une fonction centrale sur G sa restriction à H. Si χ_π est le caractère d'une représentation de dimension finie π de G, on a vu que $\mathrm{Res}_{\mathrm{H}}^{\mathrm{G}}(\chi_\pi)$ est le caractère de la représentation $\mathrm{Res}_{\mathrm{H}}^{\mathrm{G}}(\pi)$ de H.

PROPOSITION 6. — *Soient f une fonction centrale sur* G *et u une fonction centrale sur* H. *On a*

$$\langle \mathrm{Ind}_{\mathrm{H}}^{\mathrm{G}}(u), f\rangle_{\mathrm{G}} = \langle u, \mathrm{Res}_{\mathrm{H}}^{\mathrm{G}}(f)\rangle_{\mathrm{H}}. \tag{33}$$

Les caractères des représentations simples de G forment une base de Z(K[G]) (VIII, p. 401, prop. 5) et il en est de même pour H. Il suffit donc d'établir (33) dans le cas où f est le caractère χ_π d'une représentation simple π de G et u le caractère χ_σ d'une représentation simple σ de H. Dans ce cas, $\mathrm{Ind}_{\mathrm{H}}^{\mathrm{G}}(u)$ est le caractère de la représentation $\mathrm{Ind}_{\mathrm{H}}^{\mathrm{G}}(\sigma)$ de G et, d'après VIII, p. 400, corollaire, on a

$$\langle \mathrm{Ind}_{\mathrm{H}}^{\mathrm{G}}(u), f\rangle_{\mathrm{G}} = (\dim_{\mathrm{K}} \mathrm{Hom}_{\mathrm{G}}(\mathrm{Ind}_{\mathrm{H}}^{\mathrm{G}}(\sigma), \pi)).1.$$

On établit de même la relation

$$\langle u, \mathrm{Res}_{\mathrm{H}}^{\mathrm{G}}(f)\rangle_{\mathrm{H}} = (\dim_{\mathrm{K}}\ \mathrm{Hom}_{\mathrm{H}}(\sigma, \mathrm{Res}_{\mathrm{H}}^{\mathrm{G}}(\pi))).1$$

et l'égalité (33) résulte de la réciprocité de Frobenius.

PROPOSITION 7. — *Soit f une application de* G *dans* K. *Les assertions suivantes sont équivalentes :*

(i) *Il existe un élément λ de $\widehat{\mathrm{G}}$ et un élément a de* K *tels que $f = a\chi_\lambda$;*

(ii) *Pour tout couple (g, g') d'éléments de* G, *on a*

$$f(g)\ f(g') = |\mathrm{G}|^{-1}\ f(1) \sum_{h \in \mathrm{G}} f(hgh^{-1}g'). \tag{34}$$

Soit λ un élément de $\widehat{\mathrm{G}}$; pour tout endomorphisme u de V_λ, posons

$$u^\natural = |\mathrm{G}|^{-1} \sum_{h \in \mathrm{G}} \pi_\lambda(h)\ u\ \pi_\lambda(h^{-1}). \tag{35}$$

L'endomorphisme $u^\natural$ de V_λ est K[G]-linéaire ; d'après le lemme de Schur (VIII, p. 43, th. 1), $u^\natural$ est une homothétie ; comme u et $u^\natural$ ont la même trace, on a donc

$$u^\natural = d_\lambda^{-1} \ \mathrm{Tr}(u)\ 1_{V_\lambda}.$$

Soient u et v des endomorphismes de V_λ ; on en déduit

$$\text{(36)} \qquad \mathrm{Tr}(u)\ \mathrm{Tr}(v) = d_\lambda\ \mathrm{Tr}(u^\natural v) = d_\lambda\ |G|^{-1} \sum_{h\in G} \mathrm{Tr}(\pi_\lambda(h)\ u\ \pi_\lambda(h^{-1})v).$$

Prenons $u = \pi_\lambda(g)$, $v = \pi_\lambda(g')$ dans la formule (36) ; la relation (34) pour $f = \chi_\lambda$ en résulte.

Inversement, supposons la condition (ii) satisfaite. Si l'on a $f(1) = 0$, on en déduit $f(g)\,f(g') = 0$ pour tout couple (g, g') d'éléments de G, d'où $f = 0$. On peut donc supposer $f(1) \neq 0$. Prenons $g' = 1$ dans (34), on obtient la relation

$$f(g) = |G|^{-1} \sum_{h\in G} f(hgh^{-1})$$

pour tout $g \in G$, ce qui entraîne que f est une fonction centrale. D'après la proposition 5, il existe une famille (a_λ) d'éléments de K telle que $f = \sum_{\lambda\in\widehat{G}} a_\lambda\ \chi_\lambda$. Remplaçons f par cette expression dans la formule (34) ; tenant compte de ce que chacun des caractères χ_λ satisfait aussi à cette relation, on trouve

$$\text{(37)} \qquad \sum_{\lambda,\mu\in\widehat{G}} a_\lambda\ a_\mu\ \chi_\lambda(g)\ \chi_\mu(g') = \sum_{\lambda\in\widehat{G}} a_\lambda\ d_\lambda^{-1}\ f(1)\ \chi_\lambda(g)\ \chi_\lambda(g')$$

pour $g, g' \in G$. La relation précédente s'écrit également

$$\text{(38)} \qquad \sum_{\lambda,\mu} (a_\lambda\ a_\mu - \delta_{\lambda\mu}\ a_\lambda\ d_\lambda^{-1}\ f(1))\ \chi_\lambda(g)\chi_\mu(g') = 0.$$

pour $g, g' \in G$. Or les fonctions χ_λ, pour $\lambda \in \widehat{G}$, sont linéairement indépendantes (prop. 5 de VIII, p. 401) ; on en déduit que

$$a_\lambda\ a_\mu = \delta_{\lambda\mu}\ a_\lambda\ d_\lambda^{-1}\ f(1)$$

pour $\lambda, \mu \in \widehat{G}$. En particulier, $a_\lambda a_\mu = 0$ dès que $\lambda \neq \mu$. Par suite, il existe au plus un élément λ de $\widehat{G}$ tel que $a_\lambda \neq 0$ et l'on a $f = a_\lambda\ \chi_\lambda$, d'où (i).

9. Cas des groupes commutatifs

Dans ce numéro, on suppose que le groupe G *est commutatif.*

D'après le lemme de Schur (VIII, p. 44, cor. 1), toute représentation simple de G est de dimension 1. Soient (M, π) une telle représentation et χ son caractère ; pour tout $g \in \mathrm{G}$ et tout $x \in \mathrm{M}$, on a $\pi(g)(x) = \chi(g)x$. Par suite, le caractère χ est un homomorphisme de G dans le groupe multiplicatif K^* de K. Inversement, tout homomorphisme de G dans K^* est le caractère d'une représentation de degré 1 de G. Ainsi l'ensemble $\widehat{\mathrm{G}}$ des classes de K[G]-modules simples s'identifie à l'ensemble $\mathrm{Hom}(\mathrm{G}, \mathrm{K}^*)$ des homomorphismes de G dans K^*. On en déduit une structure de groupe commutatif sur $\widehat{\mathrm{G}}$; le produit dans $\widehat{\mathrm{G}}$ correspond au produit tensoriel des représentations. Les groupes G et $\widehat{\mathrm{G}}$ ont même cardinal d'après la prop. 5 de VIII, p. 401. Toute fonction sur G est centrale et $\widehat{\mathrm{G}}$ est une base de l'espace vectoriel des applications de G dans K (*loc. cit.*). En vertu de la relation d'orthogonalité des caractères, une telle application f se décompose sur la base $\widehat{\mathrm{G}}$ de la manière suivante :

$$f = \sum_{\chi \in \widehat{\mathrm{G}}} \langle \chi, f \rangle_{\mathrm{G}}\, \chi. \tag{39}$$

Pour des applications f et f' de G dans K, on a la relation

$$\langle f, f' \rangle_{\mathrm{G}} = \sum_{\chi \in \widehat{\mathrm{G}}} \langle \chi, f \rangle_{\mathrm{G}}\, \langle \chi, f' \rangle_{\mathrm{G}}. \tag{40}$$

Soit (V, π) une représentation linéaire de G. Pour tout $\chi \in \widehat{\mathrm{G}}$, notons V^χ le sous-espace de V formé des vecteurs v tels que $\pi(g)(v) = \chi(g)v$ pour tout $g \in \mathrm{G}$; l'espace V^χ est le composant isotypique de type χ du K[G]-module V. L'espace V est somme directe de la famille $(\mathrm{V}^\chi)_{\chi \in \widehat{\mathrm{G}}}$ et le projecteur p_χ de V d'image V^χ associé à cette décomposition est donné par

$$p_\chi = |\mathrm{G}|^{-1} \sum_{g \in \mathrm{G}} \chi(g^{-1})\, \pi(g)\ , \tag{41}$$

en vertu de la relation (19).

Remarque. — Soit n le cardinal du groupe G et soit $\mu_n(\mathrm{K})$ le groupe des racines n-èmes de l'unité dans K. Pour tout $g \in \mathrm{G}$, on a $g^n = 1$; par suite, $\widehat{\mathrm{G}}$ s'identifie au groupe $\mathrm{Hom}(\mathrm{G}, \mu_n(\mathrm{K}))$. Le groupe $\mu_n(\mathrm{K})$ est cyclique d'ordre n (V, p. 75, th. 1). Le groupe $\widehat{\mathrm{G}}$ est donc isomorphe au groupe $\mathrm{D}(\mathrm{G}) = \mathrm{Hom}(\mathrm{G}, \mathbf{Q}/\mathbf{Z})$. D'après VII, p. 25, prop. 10, le groupe $\widehat{\mathrm{G}}$ est isomorphe au groupe G et l'application qui, à tout élément

g de G, associe l'homomorphisme $\chi \mapsto \chi(g)$ de $\widehat{\mathrm{G}}$ dans K^* est un isomorphisme de G sur $\widehat{\widehat{\mathrm{G}}}$.

10. Caractères et groupes de Grothendieck

Notons θ_{G} l'homomorphisme de K-algèbres de $\mathrm{K} \otimes_{\mathbf{Z}} \mathrm{R}_{\mathrm{K}}(\mathrm{G})$ dans $\mathscr{X}_{\mathrm{K}}(\mathrm{G})$ qui transforme $1 \otimes [\pi]$ en χ_π pour toute représentation π de dimension finie.

PROPOSITION 8. — a) *L'homomorphisme* θ_{G} *est un isomorphisme de* $\mathrm{K} \otimes_{\mathbf{Z}} \mathrm{R}_{\mathrm{K}}(\mathrm{G})$ *sur* $\mathscr{X}_{\mathrm{K}}(\mathrm{G})$.

b) *Supposons* K *de caractéristique* 0. *Alors* Θ_{G} *définit un isomorphisme de* $\mathrm{R}_{\mathrm{K}}(\mathrm{G})$ *sur le sous-anneau de* $\mathscr{X}_{\mathrm{K}}(\mathrm{G})$ *formé des combinaisons linéaires à coefficients entiers des caractères* χ_λ, *pour* λ *parcourant* $\widehat{\mathrm{G}}$.

La famille $([\lambda])_{\lambda\in\widehat{\mathrm{G}}}$ est une base du **Z**-module $\mathrm{R}_{\mathrm{K}}(\mathrm{G})$ et la famille $(\chi_\lambda)_{\lambda\in\widehat{\mathrm{G}}}$ est une base du K-espace vectoriel $\mathscr{X}_{\mathrm{K}}(\mathrm{G})$. Les assertions a) et b) en résultent (VIII, p. 401, prop. 5).

11. Dimension des représentations simples

Notons n le cardinal du groupe G. Soit π une représentation linéaire de G dans un K-espace vectoriel M de dimension finie. Pour tout $g \in \mathrm{G}$, on a $\pi(g)^n = 1_{\mathrm{M}}$, donc le polynôme minimal de $\pi(g)$ divise $\mathrm{T}^n - 1$. Comme $n.1 \neq 0$ dans K, ce polynôme minimal est séparable (V, p. 75), et comme le corps K est algébriquement clos, l'endomorphisme $\pi(g)$ de M est diagonalisable (VII, p. 39, prop. 12). Les valeurs propres de $\pi(g)$ sont des racines n-èmes de l'unité et, pour tout $\alpha \in \mathrm{K}$, la multiplicité géométrique de α comme valeur propre de $\pi(g)$ (VII, p. 29, déf. 1) est égale à la multiplicité de α comme racine du polynôme caractéristique de $\pi(g)$. Notons $\mathscr{O}_n$ le sous-groupe de K engendré par l'ensemble $\mu_n(\mathrm{K})$ des racines n-èmes de l'unité ; c'est un **Z**-module de type fini et un sous-anneau de K. Le caractère de π prend ses valeurs dans $\mathscr{O}_n$.

PROPOSITION 9. — *Supposons le corps* K *de caractéristique nulle. Alors le degré de toute représentation simple de* G *divise le cardinal de* G.

Soient (V, π) une représentation simple de G et χ son caractère. Pour tout élément a de Z(K[G]), l'endomorphisme $\pi(a)$ de V est une homothétie (VIII, p. 43, th. 1) ; notons $\varphi(a)$ le scalaire tel que $\pi(a) = \varphi(a)_{\mathrm{V}}$. L'application φ de Z(K[G]) dans K ainsi définie est un homomorphisme d'algèbres. Prenons $a = \sum_{g \in G} \chi(g^{-1})g$; d'après la remarque de VIII, p. 398, on a $\varphi(a) = (\dim V)^{-1}|G|$. D'autre part a appartient au sous-anneau $\mathscr{O}_n[G] \cap Z(K[G])$ de K[G], qui est un **Z**-module de type fini (VII, p. 15, cor.). Ainsi l'élément $\varphi(a) = (\dim V)^{-1}|G|$ de K appartient à un sous-anneau de K qui est un **Z**-module de type fini. On conclut à l'aide du lemme suivant :

Lemme. — *Soit* L *une extension de* **Q**. *Soit* A *un sous-anneau de* L. *On suppose que* A *est un* **Z**-*module de type fini. On a* $A \cap \mathbf{Q} = \mathbf{Z}$.

Comme le **Z**-module $A \cap \mathbf{Q}$ est de type fini, il existe un entier N strictement positif tel que $A \cap \mathbf{Q}$ soit contenu dans $\frac{1}{N}\mathbf{Z}$. Soit x un élément de $\mathbf{Q} - \mathbf{Z}$; écrivons $x = \frac{p}{q}$, où p et q sont des entiers premiers entre eux et $q \geqslant 2$. On a $q^N \geqslant 2^N > N$ (E, III, p. 30, th. 2), les entiers p^N et q^N sont premiers entre eux et par suite $x^N \notin \frac{1}{N}\mathbf{Z}$. Par conséquent x n'appartient pas à A, d'où le lemme.

Nous étendrons au numéro suivant la proposition 9 au cas où l'on suppose seulement que la caractéristique de K ne divise pas l'ordre de G.

12. Changement de corps de base

Conservons les notations du numéro précédent. Soit K′ un corps algébriquement clos tel que l'élément $n.1$ de K′ ne soit pas nul. Les groupes $\mu_n(K)$ et $\mu_n(K')$ sont cycliques d'ordre n (V, p. 75, th. 1). Choisissons un isomorphisme φ de $\mu_n(K)$ sur $\mu_n(K')$. Soit π une représentation linéaire de G dans un K-espace vectoriel de dimension finie et soit π' une représentation linéaire de G dans un K′-espace vectoriel de dimension finie. On dira que π et π' sont *apparentées* (par φ) si pour tout $g \in G$ et tout $\omega \in \mu_n(K)$, la multiplicité de ω comme valeur propre de $\pi(g)$ est égale à la multiplicité de $\varphi(\omega)$ comme valeur propre de $\pi'(g)$. S'il en est ainsi, π et π' ont même dimension, comme on le voit en prenant $g = 1$.

Soient π_1 et π_2 (resp. π'_1 et π'_2) des représentations linéaires de G dans des espaces vectoriels de dimension finie sur K (resp. K′). On a les propriétés suivantes :

a) *Si* π_1 *est apparentée à* π'_1 *et* π'_2, *alors* π'_1 *et* π'_2 *sont isomorphes* ;

b) *Si* π_1 *est apparentée à* π'_1, *et* π_2 *à* π'_2, *alors* $\pi_1 \oplus \pi_2$ *est apparentée à* $\pi'_1 \oplus \pi'_2$, *et* $\pi_1 \otimes \pi_2$ *est apparentée à* $\pi'_1 \otimes \pi'_2$.

L'assertion a) résulte du cor. 5 de VIII, p. 392 et l'assertion b) est claire.

On note ici $\mathscr{S}_K(G)$ l'ensemble des classes de K[G]-modules simples, noté précédemment $\widehat{G}$ et on définit $\mathscr{S}_{K'}(G)$ de manière analogue. Les ensembles $\mathscr{S}_K(G)$ et

$\mathscr{S}_{K'}(G)$ sont tous deux finis, de cardinal le nombre de clases de conjugaison (VIII, p. 401, prop. 5).

PROPOSITION 10. — *Il existe une unique application* φ_G *de* $\mathscr{S}_K(G)$ *dans* $\mathscr{S}_{K'}(G)$ *telle que* λ *et* $\varphi_G(\lambda)$ *soient apparentées par* φ *pour tout* λ *dans* $\mathscr{S}_K(G)$. *De plus,* φ_G *est bijective.*

L'unicité de φ_G résulte de la propriété a) ci-dessus.

A) *Supposons le corps* K *de caractéristique* 0.

Le groupe $\mu_n(K)$ est cyclique (V, p. 75, th. 1) ; choisissons un générateur ζ de ce groupe. Considérons l'homomorphisme d'anneaux $\rho : \mathbf{Z}[X] \to \mathscr{O}_n$ qui applique X sur ζ. Il est surjectif. Le polynôme cyclotomique $\Phi_n(X)$ est irréductible dans $\mathbf{Q}[X]$ (V, p. 80, th. 2) ; c'est donc le polynôme minimal de ζ sur $\mathbf{Q}$. Le polynôme Φ_n est un polynôme unitaire à coefficients entiers (V, p. 78). Soit $P \in \mathbf{Z}[X]$ un polynôme tel que $P(\zeta) = 0$; d'après la division euclidienne des polynômes (IV, p. 10), il existe deux polynômes Q et R de $\mathbf{Z}[X]$ tels que $P = Q\Phi_n + R$ et $\deg(R) < \deg(\Phi_n)$. On a $R(\zeta) = 0$, donc $R = 0$ puisque Φ_n est le polynôme minimal de ζ. Par conséquent, le noyau de ρ est l'idéal $\Phi_n\mathbf{Z}[X]$ de $\mathbf{Z}[X]$ et ρ induit un isomorphisme d'anneaux de $\mathbf{Z}[X]/\Phi_n\mathbf{Z}[X]$ sur $\mathscr{O}_n$.

Posons $\zeta' = \varphi(\zeta)$; c'est une racine primitive n-ème de l'unité dans K', et l'on a donc $\Phi_n(\zeta') = 0$ (V, p. 80, lemme 3). Par suite, il existe un homomorphisme φ_0 de l'anneau $\mathscr{O}_n$ dans le corps K' qui transforme ζ en ζ' ; il prolonge l'application φ de $\mu_n(K)$ dans $\mu_n(K')$. Soit $\mathscr{O}$ le sous-anneau de K formé des éléments $\frac{a}{n^r}$ avec $a \in \mathscr{O}_n$ et $r \in \mathbf{N}$. Comme $n.1$ est inversible dans K', l'homomorphisme φ_0 se prolonge en un homomorphisme φ_1 de $\mathscr{O}$ dans K'.

Identifions l'algèbre $\mathscr{O}[G]$ du groupe G sur $\mathscr{O}$ à un sous-anneau de l'algèbre K[G], et définissons un homomorphisme d'anneaux Φ de $\mathscr{O}[G]$ dans K'[G] par la formule

$$\Phi\Big(\sum_{g\in G} a_g\, g\Big) = \sum_{g\in G} \varphi_1(a_g)g. \tag{42}$$

Notons $\mathscr{C}$ l'ensemble des classes de conjugaison de G. Pour C dans $\mathscr{C}$, notons u_C l'élément $\sum_{g\in C} g$ de $\mathscr{O}[G]$; la famille $(u_C)_{C\in\mathscr{C}}$ est une base sur $\mathscr{O}$ du centre $Z(\mathscr{O}[G])$ de l'algèbre $\mathscr{O}[G]$ (VIII, p. 388). Pour tout élément λ de $\mathscr{S}_K(G)$, notons χ_λ son caractère, d_λ sa dimension et e_λ l'élément de K[G] défini par

$$e_\lambda = |G|^{-1}\, d_\lambda \sum_{g\in G} \chi_\lambda(g^{-1})g. \tag{43}$$

La famille (e_λ) est une base sur K du centre Z(K[G]) de l'anneau K[G] (VIII, p. 398). On a

$$e_\lambda = \sum_{C \in \mathscr{C}} \alpha_{\lambda,C}\, u_C \tag{44}$$

avec

$$\alpha_{\lambda,C} = |G|^{-1}\, d_\lambda\, \chi_\lambda(C^{-1}). \tag{45}$$

Pour $C \in \mathscr{C}$ et $\lambda \in \mathscr{S}_K(G)$, posons $\beta_{C,\lambda} = |G|\, d_\lambda^{-1}\, d(C)^{-1}\, \chi_\lambda(C)$. La matrice $(\alpha_{\lambda,C})$ a ses éléments dans $\mathscr{O}$ et il résulte de la formule (31) de VIII, p. 401 que sa matrice inverse est la matrice $(\beta_{C,\lambda})$, qui a aussi ses éléments dans $\mathscr{O}$ en vertu de la prop. 9 de VIII, p. 405. Par conséquent, la famille (e_λ) est une base du $\mathscr{O}$-module $Z(\mathscr{O}[G])$.

Les éléments $\Phi(u_C) = \sum_{g\in C} g$ de K′[G] forment une base sur K′ du centre Z(K′[G]) de l'anneau K′[G]. On a

$$\Phi(e_\lambda) = \sum_{C \in \mathscr{C}} \varphi_1(\alpha_{\lambda,C})\, \Phi(u_C) \tag{46}$$

et la matrice d'éléments $\varphi_1(\alpha_{\lambda,C})$ est inversible. La famille des $\Phi(e_\lambda)$ est donc une base de Z(K′[G]). La famille (e_λ) est une partition de l'idempotent 1 dans Z(K[G]) (VIII, p. 141 et p. 398) ; autrement dit, on a

$$\sum_\lambda e_\lambda = 1, \quad e_\lambda^2 = e_\lambda, \quad e_\lambda e_\mu = 0 \quad \text{si} \quad \lambda \neq \mu.$$

Il en résulte que la famille des $\Phi(e_\lambda)$ est une partition de l'idempotent 1 dans Z(K′[G]) ; comme cette famille est une base de Z(K′[G]) sur K′, ses éléments sont les idempotents indécomposables de Z(K′[G]) (VIII, p. 143, remarque 4).

Pour λ' dans $\mathscr{S}_{K'}(G)$, définissons comme ci-dessus $\chi_{\lambda'}$, $d_{\lambda'}$ et $e_{\lambda'}$. D'après VIII, p. 398, les éléments $e_{\lambda'}$ sont les idempotents indécomposables de Z(K′[G]). Il existe donc une bijection φ_G de $\mathscr{S}_K(G)$ sur $\mathscr{S}_{K'}(G)$ telle que $\Phi(e_\lambda) = e_{\varphi_G(\lambda)}$ pour tout λ dans $\mathscr{S}_K(G)$.

Soit λ dans $\mathscr{S}_K(G)$; posons $\lambda' = \varphi_G(\lambda)$. Soit (V_λ, π_λ) (resp. $(V_{\lambda'}, \pi_{\lambda'})$) une représentation linéaire de G dont le K[G]-module (resp. K′[G]-module) associé soit de classe λ (resp. λ'). Démontrons que λ et λ' sont apparentées. Soit g un élément de G. Soit $\delta(T)$ le déterminant de l'endomorphisme $1 + T\pi_\lambda(g)$ du K[T]-module $K[T] \otimes_K V_\lambda$. Soient $\omega_1, \ldots, \omega_{d_\lambda}$ les valeurs propres de $\pi_\lambda(g)$; on a

$$\delta(T) = (1 + T\omega_1) \ldots (1 + T\omega_{d_\lambda}).$$

On définit de même $\delta'(T)$ et on note $\omega'_1, \ldots, \omega'_{d_{\lambda'}}$ les valeurs propres de $\pi_{\lambda'}(g)$. Le $\mathscr{O}$-module $\mathscr{O}[G]$ est libre de base G et le K-espace vectoriel K[G] a pour base G. Notons $\Delta(T)$ le déterminant de la multiplication par $1 + e_\lambda g T$ dans le $\mathscr{O}[T]$-module

$\mathscr{O}[\mathrm{T}] \otimes_{\mathscr{O}} \mathscr{O}[\mathrm{G}]$. C'est aussi le déterminant de la multiplication par $1 + e_\lambda g\mathrm{T}$ dans le K[T]-module $\mathrm{K}[\mathrm{T}] \otimes_{\mathrm{K}} \mathrm{K}[\mathrm{G}]$. Soit $\overline{\varphi}_1$ l'homomorphisme de $\mathscr{O}[\mathrm{T}]$ dans K′[T] qui prolonge φ_1 et applique T sur T. Comme G est une base du K′-espace vectoriel K′[G], le polynôme $\overline{\varphi}_1(\Delta(\mathrm{T}))$ est égal au déterminant $\Delta'(\mathrm{T})$ de la multiplication par $1 + e_{\lambda'} g\mathrm{T}$ dans le K′-espace vectoriel K′[G].

L'algèbre K[G] est somme directe de ses composants simples $e_\mu\mathrm{K}[\mathrm{G}]$ pour μ parcourant $\mathscr{S}_{\mathrm{K}}(\mathrm{G})$. Pour μ distinct de λ, l'élément $e_\lambda g$ annule $e_\mu\mathrm{K}[\mathrm{G}]$; de plus, la multiplication par $e_\lambda g$ coïncide avec la multiplication par g dans $e_\lambda\mathrm{K}[\mathrm{G}]$. Compte tenu de VIII, p. 398 et de l'exemple 6 de VIII, p. 390, la représentation de G dans $e_\lambda\mathrm{K}[\mathrm{G}]$ est somme directe de d_λ représentations de classe λ. On a par suite $\Delta(\mathrm{T}) = \delta(\mathrm{T})^{d_\lambda}$.

De manière analogue, on a $\Delta'(\mathrm{T}) = \delta'(\mathrm{T})^{d_{\lambda'}}$.

De la relation $\Delta'(\mathrm{T}) = \overline{\varphi}_1(\Delta(\mathrm{T}))$, on déduit d'abord que $d_\lambda^2 = d_{\lambda'}^2$, d'où $d_\lambda = d_{\lambda'}$ puis le fait que la suite $\varphi(\omega_1), \ldots, \varphi(\omega_{d_\lambda})$ se déduit de la suite $(\omega'_1, \ldots, \omega'_{d'_{\lambda'}})$ par une permutation de l'ensemble des indices.

Ceci étant prouvé pour tout élément g de G, les représentations λ et λ' sont apparentées. On a donc prouvé la proposition 10 lorsque le corps K est de caractéristique 0.

B) *Cas général.*

Soit L un corps algébriquement clos de caractéristique 0 (par exemple, une clôture algébrique de $\mathbf{Q}$). Notons $\mathscr{S}_{\mathrm{L}}(\mathrm{G})$ l'ensemble des classes de L[G]-modules simples. Choisissons un isomorphisme η du groupe $\mu_n(\mathrm{L})$ sur le groupe $\mu_n(\mathrm{K})$ et posons $\eta' = \varphi \circ \eta$. D'après la partie A) de la démonstration, il existe des bijections

$$\eta_{\mathrm{G}} : \mathscr{S}_{\mathrm{L}}(\mathrm{G}) \to \mathscr{S}_{\mathrm{K}}(\mathrm{G}) \quad , \quad \eta'_{\mathrm{G}} : \mathscr{S}_{\mathrm{L}}(\mathrm{G}) \to \mathscr{S}_{\mathrm{K}'}(\mathrm{G})$$

possédant la propriété suivante : pour tout λ dans $\mathscr{S}_{\mathrm{L}}(\mathrm{G})$, les représentations λ et $\eta_{\mathrm{G}}(\lambda)$ sont apparentées par η, et les représentations λ et $\eta'_{\mathrm{G}}(\lambda)$ sont apparentées par η'. La bijection $\varphi_{\mathrm{G}} = \eta'_{\mathrm{G}} \circ \eta_{\mathrm{G}}^{-1}$ convient.

La bijection φ_{G} de $\mathscr{S}_{\mathrm{K}}(\mathrm{G})$ sur $\mathscr{S}_{\mathrm{K}'}(\mathrm{G})$ se prolonge en un isomorphisme, encore noté φ_{G}, du groupe de Grothendieck $\mathrm{R}_{\mathrm{K}}(\mathrm{G})$ sur le groupe $\mathrm{R}_{\mathrm{K}'}(\mathrm{G})$.

Remarque 1. — Supposons que K′ soit une extension de K et que l'isomorphisme φ soit l'application $\xi \mapsto \xi.1$, alors l'application φ_{G} est donnée par l'extension des scalaires de K à K′.

COROLLAIRE 1. — *L'application* φ_G *est un isomorphisme d'anneaux de* $R_K(G)$ *sur* $R_{K'}(G)$. *Pour toute représentation* π *de dimension finie de* G *dans un* K*-espace vectoriel, on a* $\varphi_G([\pi]) = [\pi']$, *où* π' *est une représentation apparentée à* π *par* φ.

Cela résulte de la semi-simplicité des représentations de G et de la propriété b) de VIII, p. 406.

COROLLAIRE 2. — *La dimension de toute représentation simple de* G *divise l'ordre de* G.

Cela résulte de la prop. 10 et de la prop. 9 de VIII, p. 405.

Remarques. — 2) Supposons le groupe G *commutatif.* On a vu dans la remarque de VIII, p. 404 que $\mathscr{S}_K(G)$ s'identifie à l'ensemble $\mathrm{Hom}(G, \mu_n(K))$. De manière analogue, $\mathscr{S}_{K'}(G)$ s'identifie à $\mathrm{Hom}(G, \mu_n(K'))$. Avec ces identifications, la bijection φ_G n'est autre que l'application $\chi \mapsto \varphi \circ \chi$.

3) Soient π_1 et π_2 des représentations linéaires de G dans des espaces vectoriels de dimension finie sur K. Pour $i = 1, 2$, soit π'_i une représentation apparentée à π_i par φ. On a

$$\dim_K \mathrm{Hom}_K(\pi_1, \pi_2) = \dim_{K'} \mathrm{Hom}_{K'}(\pi'_1, \pi'_2). \tag{47}$$

Cela se démontre comme dans le corollaire de VIII, p. 400 par réduction au cas où les π_i (et donc les π'_i) sont simples.

4) Soit H un sous-groupe de G de cardinal m. L'isomorphisme φ induit par passage aux sous-ensembles un isomorphisme de $\mu_m(K)$ sur $\mu_m(K')$ et, par conséquent, un isomorphisme d'anneaux φ_H de $R_K(H)$ sur $R_{K'}(H)$ Les diagrammes suivants sont commutatifs :

$$\begin{array}{ccc} R_K(G) & \xrightarrow{\mathrm{Res}_H^G} & R_K(H) \\ \downarrow{\scriptstyle\varphi_G} & & \downarrow{\scriptstyle\varphi_H} \\ R_{K'}(G) & \xrightarrow{\mathrm{Res}_H^G} & R_{K'}(H) \end{array} \qquad \begin{array}{ccc} R_K(H) & \xrightarrow{\mathrm{Ind}_H^G} & R_K(G) \\ \downarrow{\scriptstyle\varphi_H} & & \downarrow{\scriptstyle\varphi_G} \\ R_{K'}(H) & \xrightarrow{\mathrm{Ind}_H^G} & R_{K'}(G). \end{array}$$

La commutativité du premier diagramme est évidente et celle du deuxième s'en déduit à l'aide de la réciprocité de Frobenius et de la formule (47).

5) Supposons que G soit le produit $G' \times G''$ de deux groupes finis. On définit, comme dans l'exemple précédent des isomorphismes $\varphi_{G'}$ et $\varphi_{G''}$.

On a alors un diagramme commutatif

$$\begin{array}{ccc} \mathrm{R_K(G')} \otimes_{\mathbf{Z}} \mathrm{R_K(G'')} & \xrightarrow{\kappa} & \mathrm{R_K(G)} \\ \big\downarrow{\scriptstyle \varphi_{G'} \otimes \varphi_{G''}} & & \big\downarrow{\scriptstyle \varphi_G} \\ \mathrm{R_{K'}(G')} \otimes_{\mathbf{Z}} \mathrm{R_{K'}(G'')} & \xrightarrow{\kappa'} & \mathrm{R_{K'}(G)}, \end{array}$$

où les isomorphismes κ et κ' sont ceux définis en VIII, p. 396.

*13. Représentations linéaires complexes

Dans ce numéro, on suppose que K *est le corps* **C** *des nombres complexes.*

Soit (M, π) une représentation linéaire de G. On dit qu'une forme hermitienne Φ sur M est *invariante par* G si l'on a

$$\Phi(\pi(g)x, \pi(g)x') = \Phi(x, x') \tag{48}$$

pour tous $x, x' \in \mathrm{M}$ et tout $g \in \mathrm{G}$. Cela signifie aussi que pour tout $g \in \mathrm{G}$ l'automorphisme $\pi(g)$ de M est *unitaire* par rapport à Φ.

PROPOSITION 11. — *Soit* (M, π) *une représentation linéaire de* G, *de dimension finie.*

a) *Il existe sur* M *une forme hermitienne, positive, séparante et invariante par* G.

b) *Supposons la représentation* π *simple; si* Φ *et* Ψ *sont des formes hermitiennes non nulles sur* M, *invariantes par* G, *il existe un nombre réel a tel que* $\Psi = a\Phi$.

Sur l'espace vectoriel M, choisissons une forme hermitienne, positive et séparante, notée Φ_0. On définit une forme hermitienne Φ, positive, séparante et invariante par G en posant

$$\Phi(x, x') = \sum_{g \in \mathrm{G}} \Phi_0(\pi(g)\, x, \pi(g)x') \tag{49}$$

pour $x, x' \in \mathrm{M}$.

Soit Ψ une forme hermitienne sur M ; il existe un unique endomorphisme A de M tel que $\Psi(x, x') = \Phi(x, \mathrm{A}x')$ pour x, x' dans M. Si, de plus, Ψ est invariante par G, l'endomorphisme A commute aux automorphismes $\pi(g)$ pour $g \in \mathrm{G}$. Si la représentation π est simple, d'après le lemme de Schur (VIII, p. 43, th. 1), A est une homothétie et il existe donc un nombre complexe a tel que $\Psi = a\Phi$. Comme Φ et Ψ sont hermitiennes et Φ non nulle, a est un nombre réel, d'où la proposition.

On munit l'espace vectoriel $\mathbf{C}[G]$ des fonctions complexes sur G de la structure d'espace hilbertien dont le produit scalaire est donné par

$$\langle f|f'\rangle_G = |G|^{-1} \sum_{g\in G} \overline{f(g)}\, f'(g). \tag{50}$$

Pour toute fonction $f \in \mathbf{C}[G]$, on note f^* la fonction définie par

$$f^*(g) = \overline{f(g^{-1})} \tag{51}$$

pour $g \in G$; on a $(f^*)^* = f$. On a aussi

$$\langle f|f'\rangle_G = \langle f^*, f'\rangle_G \tag{52}$$

pour $f, f' \in \mathbf{C}[G]$, avec les notations de la formule (28) de VIII, p. 400. On a donc

$$\langle f|f'\rangle_G = |G|^{-2}\tau(f^*f'). \tag{53}$$

Soit (M, π) une représentation linéaire de G, de dimension finie. Munissons l'espace vectoriel M d'une structure d'espace hilbertien pour laquelle les endomorphismes $\pi(g)$ sont unitaires (prop. 11). Si l'on note A^* l'adjoint d'un endomorphisme A de M pour cette structure, on a $\mathrm{Tr}(A^*) = \overline{\mathrm{Tr}(A)}$. Pour tout $g \in G$, on a $\pi(g^{-1}) = \pi(g)^*$ d'où $\chi_\pi(g^{-1}) = \overline{\chi_\pi(g)}$; autrement dit, on a $\chi_\pi = \chi_\pi^*$. La relation d'orthogonalité des caractères (VIII, p. 400, prop. 4) prend alors la forme

$$\langle \chi_\lambda|\chi_\mu\rangle_G = \delta_{\lambda\mu} \tag{54}$$

pour $\lambda, \mu \in \widehat{G}$; elle exprime que *la famille des caractères* $(\chi_\lambda)_{\lambda\in\widehat{G}}$ *des représentations simples de* G *est une base orthonormale de l'espace hilbertien* $Z(\mathbf{C}[G])$ *des fonctions centrales.*

Soient π et π' des représentations linéaires de G, de dimension finie. On a la relation $\langle \chi_\pi|\chi_{\pi'}\rangle_G = \dim_{\mathbf{C}} \mathrm{Hom}_G(\pi, \pi')$ (VIII, p. 400, cor.). La représentation π est irréductible si et seulement si $\langle \chi_\pi|\chi_\pi\rangle_G = 1$.

Pour tout élément λ de $\widehat{G}$, munissons l'espace vectoriel V_λ d'une structure d'espace hilbertien pour laquelle les automorphismes $\pi_\lambda(g)$ soient unitaires, et notons $\langle v|v'\rangle_\lambda$ le produit scalaire de deux éléments v, v' de V_λ et u^* l'adjoint d'un endomorphisme u de V_λ. Soient $A = (A_\lambda)_{\lambda\in\widehat{G}}$ et $A' = (A'_\lambda)_{\lambda\in\widehat{G}}$ des éléments de $F(\widehat{G})$. Notons $A^* = (A^*_\lambda)_{\lambda\in\widehat{G}}$. On a $\overline{\mathscr{F}}(a^*) = (\overline{\mathscr{F}}(a))^*$ pour tout élément a de $\mathbf{C}[G]$. Posons

$$\langle A|A'\rangle_{\widehat{G}} = |G|^{-2}\widehat{\tau}(A^*A'). \tag{55}$$

D'après la formule (10) de VIII, p. 397, on a

$$\langle \mathrm{A}|\mathrm{A}'\rangle_{\widehat{\mathrm{G}}} = \frac{1}{|\mathrm{G}|^2} \sum_{\lambda\in\widehat{\mathrm{G}}} d_\lambda \ \mathrm{Tr}(\mathrm{A}_\lambda^* \mathrm{A}'_\lambda). \tag{56}$$

Comme $\hat{\tau} \circ \overline{\mathscr{F}} = \tau$ les formules (53) et (55) entraînent que l'application $\overline{\mathscr{F}}$ est un isomorphisme d'espaces hilbertiens de $\mathbf{C}[\mathrm{G}]$ sur $\mathrm{F}(\widehat{\mathrm{G}})$.

Les relations d'orthogonalité de Schur (VIII, p. 399) peuvent être reformulées à l'aide des produits scalaires hilbertiens. Ainsi, les relations (21) et (24) donnent les assertions suivantes. Pour $\lambda \in \widehat{\mathrm{G}}$ et pour x, x', y, y' dans V_λ, on a

$$|\mathrm{G}|^{-1} \sum_{g\in\mathrm{G}} \overline{\langle x|\pi_\lambda(g)\, x'\rangle_\lambda}\ \langle y|\pi_\lambda(g)\, y'\rangle_\lambda = d_\lambda^{-1}\ \overline{\langle x|y\rangle_\lambda}\ \langle x'|y'\rangle_\lambda. \tag{57}$$

Si λ et μ sont deux éléments distincts de $\widehat{\mathrm{G}}$, pour x, x' dans V_λ et y, y' dans V_μ, on a

$$\sum_{g\in\mathrm{G}} \overline{\langle x|\pi_\lambda(g)\, x'\rangle_\lambda}\ \langle y|\pi_\mu(g)\, y'\rangle_\mu = 0. \tag{58}$$

Pour tout $\lambda \in \widehat{\mathrm{G}}$, choisissons une base orthonormale $(e_{\lambda,i})_{1\leqslant i\leqslant d_\lambda}$ de V_λ. Pour tout $g \in \mathrm{G}$, notons $(\pi_{ij}^\lambda(g))$ la matrice de l'endomorphisme $\pi_\lambda(g)$ de V_λ par rapport à cette base ; on a

$$\pi_{ij}^\lambda(g) = \langle e_{\lambda,i}|\pi_\lambda(g)\, e_{\lambda,j}\rangle_\lambda. \tag{59}$$

Comme l'endomorphisme $\pi_\lambda(g)$ est unitaire, son inverse est égal à $\pi_\lambda(g)^*$, d'où

$$\overline{\pi_{ij}^\lambda(g)} = \pi_{ji}^\lambda(g^{-1}). \tag{60}$$

Il résulte alors des formules (22) de VIII, p. 399 et (25) p. 399, que *les fonctions* $(d_\lambda)^{1/2}\ \pi_{ij}^\lambda$, *pour* $\lambda \in \widehat{\mathrm{G}}$, $1 \leqslant i \leqslant d_\lambda$, $1 \leqslant j \leqslant d_\lambda$, *forment une base orthonormale de l'espace hilbertien* $\mathbf{C}[\mathrm{G}]$. $_*$

EXERCICES

1) Soient A un anneau commutatif, G un groupe et H un sous-groupe d'indice fini de G ; on suppose que l'élément $(G:H)1_A$ de A est inversible. Soient M un A[G]-module et N un sous-A[G]-module de M. Si N admet un sous-A[H]-module supplémentaire dans M, prouver qu'il admet un sous-A[G]-module supplémentaire dans M (adapter la démonstration du th. 1 de VIII, p. 391). En déduire qu'un A[G]-module qui est projectif en tant que A[H]-module est projectif.

2) Soient A un anneau commutatif et G un groupe.

a) On suppose que l'algèbre A[G] du groupe G est un anneau absolument plat (VIII, p. 166, exerc. 27). Prouver que l'anneau A est absolument plat. Soit H un sous-groupe de G admettant une partie génératrice finie ; démontrer que l'idéal à gauche I_H de A[G] (VIII, p. 21, exerc. 25) admet un supplémentaire dans A[G] et en déduire que H est fini (observer que dans le cas contraire l'annulateur de I_H serait réduit à (0)).

b) On conserve les hypothèse de *a*). Soit g un élément de G, d'ordre n fini ; prouver que $n\,1_A$ est inversible dans A (soit x un élément de A tel que $(1-e_g)x(1-e_g)=(1-e_g)$; construire un élément y de A tel que $1-(1-e_g)x = y(1+e_g+\cdots+e_{g^{n-1}})$). En déduire que l'ordre de tout sous-groupe fini de G est inversible dans A.

c) On suppose que A est un anneau absolument plat et que toute partie finie de G engendre un sous-groupe fini, dont le cardinal est inversible dans A. Démontrer que l'anneau A[G] est absolument plat (se ramener au cas où G est fini et utiliser l'exerc. 1).

3) Soient A un anneau commutatif et G un groupe.

a) On suppose que l'algèbre A[G] du groupe G est semi-simple. Prouver que A est semi-simple, que G est fini et que son ordre est inversible dans A (utiliser l'exerc. 2 et l'exerc. 25 de VIII, p. 21).

b) On suppose que l'algèbre A[G] est isomorphe au produit d'une famille finie de corps. Prouver que tout sous-groupe de G est distingué (utiliser *a*), et remarquer que tout idempotent de A[G] est central).

Dans les exercices 4 *à* 26 *qui suivent, on désigne par* G *un groupe fini et par* K *un corps algébriquement clos ; on suppose que l'ordre de* G *est inversible dans* K.

4) Soient (M,π) une représentation fidèle[2] de dimension finie de G et (N,ρ) une représentation irréductible ; on suppose que le caractère χ_π prend exactement s valeurs distinctes. Prouver qu'il existe un entier $n<s$ tel que le K[G]-module N soit isomorphe à un sous-module de $M^{\otimes n}$ (calculer $\langle \chi_\rho, \chi_\pi^n\rangle$, en observant que l'égalité $\chi_\pi(g)=\dim M$ équivaut à $g=1$).

5) Soit (M,π) une représentation de G.

(2) Cela signifie que l'homomorphisme $\pi : G \to \mathrm{Aut}_K(M)$ est *injectif.*

a) Soient H un sous-groupe de G, S un système de représentants dans G des classes à gauche (mod. H) et N un sous-espace vectoriel de M stable par H. Pour que la représentation de G dans M soit isomorphe à la représentation induite par celle de H dans N, il faut et il suffit qu'on ait $\mathrm{M} = \bigoplus_{s\in \mathrm{S}} s\mathrm{N}$.

b) On suppose que M est somme directe d'une famille $(\mathrm{M}_i)_{i\in \mathrm{I}}$ de sous-espaces et qu'il existe une action transitive de G sur I telle que $\pi(g)(\mathrm{M}_i) \subset \mathrm{M}_{gi}$ pour $g \in \mathrm{G}$, $i \in \mathrm{I}$. Soit $o \in \mathrm{I}$, et soit G_o son stabilisateur dans G ; prouver que π est isomorphe à la représentation induite par la représentation de G_o dans M_o. Si π est irréductible, la condition de transitivité de l'action de G sur I est automatiquement vérifiée.

6) Soit X un ensemble fini sur lequel G opère. On considère la représentation π de G dans K^{X} telle que $\pi(g)e_x = e_{gx}$ pour $g \in \mathrm{G}$, $x \in \mathrm{X}$ (« *représentation de permutation* » associée à X).

a) Pour $g \in \mathrm{G}$, prouver que $\chi_\pi(g)$ est égal au nombre de points de X fixés par g.

b) Démontrer que la multiplicité de la représentation unité dans π est égale au nombre d'orbites de G dans X.

c) On suppose désormais que l'action de G est transitive ; on fixe un point x de X, et on dénote par H son stabilisateur. Prouver que π est isomorphe à la représentation induite par la représentation unité de H, et que $\langle \chi_\pi, \chi_\pi \rangle$ est égal au nombre d'orbites de H dans X.

d) Soit V le sous-espace de K^{X} formé des vecteurs dont la somme des coordonnées est nulle ; il est stable par G, et l'on désigne par π_{X} la représentation de G dans V déduite de π. Prouver que pour que π_{X} soit irréductible, il faut et il suffit que l'action de G soit deux fois transitive (I, p. 131, exerc. 14).

7) Pour toute représentation V de G de dimension finie, on note $\varphi(\mathrm{V})$ la dimension du sous-espace de V fixé par G ; on étend φ par linéarité en une forme **Z**-linéaire sur $\mathrm{R}_{\mathrm{K}}(\mathrm{G})$. Soit $(\mathrm{V}_\lambda)_{\lambda\in\hat{\mathrm{G}}}$ la famille des représentations irréductibles de G et soit ω l'élément $\sum_{\lambda\in\hat{\mathrm{G}}} [\mathrm{V}_\lambda]\,[\mathrm{V}_\lambda^*]$ de $\mathrm{R}_{\mathrm{K}}(\mathrm{G})$. Démontrer la formule $\varphi(\omega^n) = \sum_{\mathrm{C}} d(\mathrm{C})^{n-1}$ pour tout entier $n \geqslant 0$ (appliquer la prop. 8 de VIII, p. 405 et la seconde relation d'orthogonalité des caractères).

8) Soient H, F des sous-groupes de G, et soit S une partie de G telle que G soit réunion disjointe des doubles classes FsH. Soit (N, σ) une représentation de H. Pour $s \in \mathrm{G}$, on pose $\mathrm{H}_s = \mathrm{F} \cap s\mathrm{H}s^{-1}$, et l'on note σ_s la représentation de H_s dans N définie par $\sigma_s(x) = \sigma(s^{-1}xs)$.

a) Démontrer que la représentation $\mathrm{Res}_{\mathrm{F}}^{\mathrm{G}}(\mathrm{Ind}_{\mathrm{H}}^{\mathrm{G}}(\sigma))$ est isomorphe à la somme directe des représentations $\mathrm{Ind}_{\mathrm{H}_s}^{\mathrm{F}}(\sigma_s)$ pour $s \in \mathrm{S}$ (notons (M, π) la représentation $\mathrm{Ind}_{\mathrm{H}}^{\mathrm{G}}(\sigma)$; l'espace M s'identifie à la somme directe des $\pi(x)\mathrm{N}$ pour $x \in \mathrm{G}/\mathrm{H}$. Pour $s \in \mathrm{S}$, soit $\mathrm{M}(s)$ le sous-espace de M engendré par les $\pi(x)\mathrm{N}$ avec $x \in \mathrm{F}s\mathrm{H}$; observer que $\mathrm{M}(s)$ est somme directe des sous-espaces $\pi(xs)\mathrm{N}$ pour $x \in \mathrm{F}/\mathrm{H}_s$ et déduire de l'exerc. 5 *b*) que $\mathrm{M}(s)$ est isomorphe comme K[F]-module à $\mathrm{Ind}_{\mathrm{H}_s}^{\mathrm{F}}(\sigma_s)$).

b) On prend F = H (de sorte que l'on a $H_s = H \cap sHs^{-1}$). Démontrer que pour que la représentation $\mathrm{Ind}_H^G(\sigma)$ soit irréductible, il faut et il suffit que σ soit irréductible et que pour tout $s \in G - H$, les supports (VIII, p. 62) des représentations σ_s et $\mathrm{Res}_{H_s}^H(\sigma)$ soient disjoints (« *critère de Mackey* » : appliquer *a*) et la réciprocité de Frobenius).

c) On suppose H distingué ; pour que $\mathrm{Ind}_H^G(\sigma)$ soit irréductible, il faut et il suffit que σ soit irréductible et ne soit isomorphe à aucune de ses conjuguées $\sigma \circ \mathrm{int}(g)$ pour $g \in G - H$.

9) Soient (M, π) une représentation irréductible de G et H un sous-groupe distingué de G.

a) Soit $M = \bigoplus_{i \in I} M_i$ la décomposition du K[H]-module M en somme directe de sous-modules isotypiques. Prouver que l'action de G sur M permute transitivement les sous-modules M_i. En déduire que (M, π) est isomorphe à la représentation induite par un sous-groupe de G contenant H (appliquer l'exerc. 5 *b*)).

b) Soit $\mathscr{S}$ le support du K[H]-module M ; il existe un entier e tel que M soit K[H]-isomorphe à $\sum_{\lambda \in \mathscr{S}} \lambda^e$.

10) Soient (M, π) une représentation irréductible de G et H un sous-groupe distingué de G.

a) On suppose que H est égal au centre de G ; prouver que le degré de π divise l'indice de H dans G (pour $m \geqslant 1$, soit H_m le sous-groupe de H^m formé des éléments $(h_1, \ldots, h_m)$ tels que $h_1 \ldots h_m = 1$; observer que la représentation $\pi^{\times m} : G^m \to \mathrm{End}_K(M^{\otimes m})$ définit une représentation irréductible de G^m/H_m, à laquelle on appliquera le cor. 2 de la prop. 10 (VIII, p. 410)).

b) On suppose que H est commutatif ; prouver que le degré de π divise (G : H) (en utilisant l'exerc. 9 *a*) et en raisonnant par récurrence sur le cardinal de G, se ramener au cas où la restriction de π à H est isotypique ; prouver que $\pi(H)$ est central dans $\pi(G)$, et appliquer *a*)).

11) Soient A et H des sous-groupes de G ; on suppose que A est commutatif et distingué, et que G est produit semi-direct de H par A. Le groupe H opère sur $\widehat{A} = \mathrm{Hom}(A, K^*)$; on choisit un système de représentants $(\alpha_i)_{i \in \widehat{A}/H}$ des orbites de H dans $\widehat{A}$. Pour $i \in \widehat{A}/H$, soit H_i le stabilisateur de α_i dans H, et soit $G_i = AH_i$. Pour toute représentation irréductible σ de H_i, on définit une représentation $\rho_{i,\sigma}$ de G_i en posant $\rho_{i,\sigma}(ah) = \alpha_i(a)\rho(h)$ pour $a \in A$ et $h \in H$. Prouver que les représentations $\mathrm{Ind}_{G_i}^G(\rho_{i,\sigma})$, pour $i \in \widehat{A}/H$ et $\sigma \in \widehat{H}_i$, sont irréductibles, deux à deux non isomorphes, et que l'on obtient ainsi toutes les représentations irréductibles de G (appliquer l'exerc. 9).

¶ 12) Soit H un sous-groupe de G ; on suppose que pour tout $g \in G - H$ on a l'égalité $H \cap gHg^{-1} = \{1\}$.

a) Soit u une fonction centrale sur H ; prouver que la fonction $\mathrm{Ind}_H^G(u)$ coïncide avec u sur $H - \{1\}$. Si v est une autre fonction centrale sur H telle que $v(1) = 0$, on a $\langle \mathrm{Ind}_H^G(u), \mathrm{Ind}_H^G(v) \rangle_G = \langle u, v \rangle_H$.

b) Soit $\lambda \in \widehat{\mathrm{H}}$; on note χ'_λ la fonction $\chi_\lambda - d_\lambda$ sur H, et θ_λ la fonction $d_\lambda + \mathrm{Ind}_{\mathrm{H}}^{\mathrm{G}}(\chi'_\lambda)$ sur G. Prouver que θ_λ est le caractère d'une représentation irréductible de G, de degré d_λ, dont la restriction à H est isomorphe à λ (calculer à l'aide de *a*) $\langle\theta_\lambda, \theta_\lambda\rangle$, $\langle\theta_\lambda, 1\rangle$ et $\langle\mathrm{Res}_{\mathrm{H}}^{\mathrm{G}}(\theta_\lambda), \chi_\lambda\rangle$).

c) On pose $\theta = \sum_\lambda d_\lambda \theta_\lambda$. Prouver qu'on a $\theta(h) = 0$ si $h \in \mathrm{H} - \{1\}$, et $\theta(g) = \theta(1) = \mathrm{Card(H)}$ si g n'appartient à aucun conjugué de H.

d) Soit L′ l'ensemble des éléments de G qui n'appartiennent à aucun conjugué de H, et $\mathrm{L} = \mathrm{L}' \cup \{1\}$. Prouver que L est un sous-groupe distingué de G (déduire de *c*) que L est le noyau d'une représentation de caractère θ).

e) Prouver que G est produit semi-direct de H par L (calculer l'ordre de L).

f) Soit $h \in \mathrm{H} - \{1\}$; prouver que l'automorphisme $\mathrm{int}(h)$ restreint à L n'a pas d'autre point fixe que 1. En déduire que l'ordre de H divise $\mathrm{Card(L)} - 1$.

g) Si le sous-groupe H est d'ordre pair, prouver que L est commutatif (appliquer l'exerc. 23 *d*) de I, p. 138).

13) Soit $\mathscr{H}$ un ensemble de sous-groupes de G.

a) Prouver que les conditions suivantes sont équivalentes :

(i) La réunion des conjugués des sous-groupes appartenant à $\mathscr{H}$ est égale à G ;

(ii) Tout caractère de G est combinaison linéaire à coefficients rationnels de caractères induits par des caractères de sous-groupes appartenant à $\mathscr{H}$.

(Déduire de la prop. 6 de VIII, p. 402 que la condition (ii) équivaut à l'injectivité de l'homomorphisme de restriction $\mathscr{Z}_{\mathrm{K}}(\mathrm{G}) \to \bigoplus_{\mathrm{H}\in\mathscr{H}} \mathscr{Z}_{\mathrm{K}}(\mathrm{H})$.)

b) Soit $\mathscr{C}$ l'ensemble des sous-groupes cycliques de G ; il satisfait évidemment à (i). Pour tout sous-groupe cyclique C de G, on note φ_{C} la fonction sur C qui vaut Card(C) sur les générateurs de C et 0 sur les autres éléments. Démontrer l'égalité $\mathrm{Card(G)} = \sum_{\mathrm{C}\in\mathscr{C}} \mathrm{Ind}_{\mathrm{C}}^{\mathrm{G}}(\varphi_{\mathrm{C}})$.

c) Soit $\mathrm{C} \in \mathscr{C}$; démontrer que la fonction φ_{C} appartient au sous-groupe $\mathrm{R_K(G)}$ de $\mathscr{Z}_{\mathrm{K}}(\mathrm{G})$ engendré par les caractères (raisonner par récurrence sur l'ordre de C, en utilisant *b*)).

d) Soit χ le caractère d'une représentation irréductible de G ; démontrer l'égalité $\chi = \mathrm{Card(G)}^{-1} \sum_{\mathrm{C}\in\mathscr{C}} \mathrm{Ind}_{\mathrm{C}}^{\mathrm{G}}(\varphi_{\mathrm{C}}\, \mathrm{Res}_{\mathrm{C}}^{\mathrm{G}}(\chi))$, qui donne une formule explicite pour la propriété (ii) de *a*).

14) On dit qu'une représentation de G est *monomiale* si elle est somme directe de représentations induites par des représentations de degré 1 de sous-groupes de G.

a) On suppose que les représentations des sous-groupes de G distincts de G sont monomiales et que G contient un sous-groupe distingué H commutatif non central ; prouver que toute représentation irréductible fidèle de G est monomiale (observer que la restriction à H d'une telle représentation n'est pas isotypique et appliquer l'exerc. 9 *a*)).

b) En déduire que toutes les représentations des groupes hyper-résolubles (I, p. 139, exerc. 26), et en particulier des groupes nilpotents, sont monomiales.

c) On prend pour G le groupe $\mathbf{SL}(2, \mathbf{F}_3)$. Son centre Z est d'ordre 2, et le groupe G/Z est isomorphe au groupe alterné $\mathfrak{A}_4$ (II, p. 208, exerc. 14 *g*)) ; en particulier, G est résoluble. Prouver que son groupe dérivé est d'indice 3 (*cf.* I, p. 130, exerc. 10) ; à l'aide de la formule (8) de VIII, p. 397 en déduire que G admet une représentation irréductible de degré 2 et que celle-ci n'est pas monomiale.

¶ 15) On suppose que toutes les représentations de G sont monomiales ; on se propose de prouver que G est résoluble. Raisonnant par récurrence sur l'ordre de G, on peut supposer que tout groupe quotient de G distinct de G est résoluble.

a) Si G contient deux sous-groupes distingués non triviaux minimaux distincts H_1 et H_2, il est résoluble (considérer l'homomorphisme canonique de G dans $G/H_1 \times G/H_2$).

On suppose désormais que G admet un unique sous-groupe distingué non trivial minimal H.

b) Démontrer que toute représentation de G non triviale sur H est fidèle.

c) Soit π une représentation fidèle de degré minimal ; il existe des sous-groupes G_i de G et des représentations σ_i de H_i, de degré 1, tels que π soit isomorphe à $\bigoplus \mathrm{Ind}_{H_i}^{G}(\sigma_i)$. Soit $\pi_0 = \bigoplus \mathrm{Ind}_{H_i}^{G}(\varepsilon_{H_i})$, où ε_{H_i} désigne la représentation unité. Prouver que le noyau de π_0 est commutatif et non trivial (observer que π_0 est irréductible) ; en déduire que G est résoluble.

16) On suppose que la caractéristique de K est nulle. On dit qu'un élément x de K est *entier sur* **Z** s'il appartient à un sous-anneau de K qui est un **Z**-module de type fini, ou de manière équivalente si le sous-anneau $\mathbf{Z}[x]$ de K est un **Z**-module de type fini *(*cf.* AC, V, p. 5)*.

a) Prouver que l'ensemble des éléments de K entiers sur **Z** est un sous-anneau de K (si x, y sont entiers sur **Z**, considérer le sous-anneau $\mathbf{Z}[x, y]$).

b) Pour qu'un élément x de K soit entier sur **Z**, il faut et il suffit qu'il soit racine d'un polynôme *unitaire* de $\mathbf{Z}[X]$ (si x est entier, démontrer en adaptant la démonstration du lemme 1 de VIII, p. 77, qu'il vérifie une équation de la forme $\det(xI - A) = 0$, avec $A \in \mathbf{M}_m(\mathbf{Z})$).

c) Si x est entier sur **Z**, il en est de même de ses conjugués $x_1, \ldots, x_m$ sur **Q** ; l'élément $x_1 \ldots x_m$ appartient à **Z** (utiliser le lemme de VIII, p. 406).

17) Soient C une classe de conjugaison de G, π une représentation irréductible de G, de degré d.

a) Prouver que l'élément $d^{-1}\,\mathrm{Card}(C)\,\chi(C)$ de K est entier sur **Z** (raisonner comme dans la démonstration de la prop. 9 de VIII, p. 405).

b) On suppose que d et Card(C) sont premiers entre eux ; prouver que l'élément $d^{-1}\chi(C)$ est entier sur **Z**.

$^*c$) On suppose en outre $K = \mathbf{C}$. Prouver que tous les conjugués de $d^{-1}\chi(C)$ sur $\mathbf{Q}$ sont de module $\leqslant 1$; déduire de l'exerc. 16 c) que $|\chi(C)|$ est nul ou égal à d. Conclure que si $\chi(C)$ n'est pas nul, $\pi(x)$ est une homothétie pour tout $x \in C$. En particulier si π est fidèle et C non réduite à un élément, on a $\chi(C) = 0._*$

18) On suppose le groupe G simple mais non cyclique.

a) Prouver qu'aucune classe de conjugaison distincte de $\{1\}$ n'a pour cardinal une puissance d'un nombre premier (soit C une classe de cardinal p^r, avec $r \geqslant 1$; déduire de l'exerc. 17 b) que $p^{-1}\chi_\lambda(1)\chi_\lambda(C)$ est entier sur $\mathbf{Z}$ lorsque λ est distincte de la représentation unité, et obtenir une contradiction à l'aide de la seconde relation d'orthogonalité des caractères).

b) Démontrer que l'ordre de G est divisible par au moins 3 nombres premiers distincts (appliquer a) à la classe de conjugaison d'un élément $x \neq 1$ central dans un sous-groupe de Sylow de G).

c) Démontrer qu'un groupe fini dont l'ordre est divisible par au plus deux nombres premiers distincts est résoluble (« *théorème de Burnside* » : raisonner par récurrence sur le cardinal du groupe à l'aide de b)).

*19) Soit π une représentation complexe irréductible de degré > 1 de G. Démontrer qu'il existe un élément x de G tel que $\chi_\pi(x) = 0$.

(Soit $\{\lambda_1, \ldots, \lambda_s\}$ l'orbite de π dans $\widehat{G}$ pour l'action du groupe $\mathrm{Gal}(\mathbf{C}/\mathbf{Q})$ et soient $\chi_1, \ldots, \chi_s$ les caractères correspondants. Soit $g \in G$; si $\chi(g) \neq 0$, démontrer comme dans l'exerc. 17 c) qu'on a $|\chi_1(g) \ldots \chi_s(g)| \geqslant 1$, d'où $\sum_i |\chi_i(g)|^2 \geqslant s$ (FVR, III, p. 3, prop. 2). Si ceci a lieu pour tout $g \in G$, déduire de la relation d'orthogonalité des caractères qu'on a égalité, d'où une contradiction en prenant $g = 1$.)$_*$

20) Soient G un groupe fini, H un sous-groupe de G, σ une représentation de dimension finie de H et ρ la représentation de G induite par σ. Soit C une classe de conjugaison de G ; l'ensemble $C \cap H$ est réunion d'une famille finie $(D_i)_{i \in I}$ de classes de conjugaison de H.

a) Démontrer la formule $\chi_\rho(C) = \frac{[G:H]}{\mathrm{Card}(C)} \sum_{i \in I} \mathrm{Card}(D_i)\, \chi_\sigma(D_i)$.

b) Si σ est la représentation triviale, on a $\chi_\rho(C) = [G : H]\, \mathrm{Card}(C)^{-1}\, \mathrm{Card}(C \cap H)$.

¶ 21) Soit $n \in \mathbf{N}$. On désigne par $\mathscr{D}_n$ le sous-ensemble de $\mathbf{N}^n$ formé des éléments $(p_1, \ldots, p_n)$ tels que $p_1 \geqslant \cdots \geqslant p_n$; on le munit de l'ordre lexicographique. Pour $\mathbf{p} \in \mathscr{D}_n$, on note $\mathbf{p}'$ l'élément de $\mathscr{D}_n$ défini par $p'_i = p_i + n - i$. Soit $\mathbf{X} = (X_1, \ldots, X_n)$ une suite d'indéterminées ; on pose $\Delta(\mathbf{X}) = \prod_{i<j}(X_i - X_j)$.

a) Soit $P \in \mathbf{Z}[\mathbf{X}]$ un polynôme antisymétrique, c'est-à-dire satisfaisant à la relation $P(X_{\sigma(1)}, \ldots, X_{\sigma(n)}) = \varepsilon(\sigma)P(X_1, \ldots, X_n)$ pour tout élément $\sigma \in \mathfrak{S}_n$. Démontrer qu'il existe un polynôme symétrique $Q \in \mathbf{Z}[\mathbf{X}]$ tel que $P = \Delta Q$.

b) Pour tout $\mathbf{p} \in \mathscr{D}_n$, on pose $S_\mathbf{p}(\mathbf{X}) = \Delta(\mathbf{X})^{-1}\ \det(X_j^{p'_i})_{1 \leqslant i,j \leqslant n}$. Démontrer que $S_\mathbf{p}$ est un polynôme symétrique homogène de degré $\sum p_i$, à coefficients entiers.

c) Si $\mathbf{q} = (q_i)_{1 \leqslant i \leqslant n}$ est un élément de $\mathscr{D}_n$ et P un élément de $\mathbf{Q}[\mathbf{X}]$, on note $[\mathrm{P}]_{\mathbf{q}}$ le coefficient de $\mathbf{x}^{\mathbf{q}}$ dans P. On pose $\mathrm{K}_{\mathbf{pq}} = [\mathrm{S}_{\mathbf{p}}]_{\mathbf{q}}$. Prouver qu'on a $\mathrm{K}_{\mathbf{pp}} = 1$ et $\mathrm{K}_{\mathbf{pq}} = 0$ pour $\mathbf{q} > \mathbf{p}$ (développer l'égalité $\det(\mathrm{X}_j^{p'_i}) = \mathrm{S}_{\mathbf{p}}(\mathbf{X})\, \Delta(\mathbf{X})$ suivant l'ordre lexicographique). En déduire que les polynômes $\mathrm{S}_{\mathbf{p}}$ pour $\mathbf{p} \in \mathscr{D}_n$ forment une base du sous-$\mathbf{Z}$-module de $\mathbf{Z}[\mathbf{X}]$ formé des polynômes symétriques.

d) Soit $\mathbf{Y} = (\mathrm{Y}_1, \ldots, \mathrm{Y}_n)$ une suite d'indéterminées. Prouver l'égalité entre séries formelles

$$\prod_{1 \leqslant i,j \leqslant n} (1 - \mathrm{X}_i \mathrm{Y}_j)^{-1} = \sum_{\mathbf{p} \in \mathscr{D}_n} \mathrm{S}_{\mathbf{p}}(\mathbf{X})\, \mathrm{S}_{\mathbf{p}}(\mathbf{Y})$$

(utiliser l'égalité $\det\big((1 - \mathrm{X}_i \mathrm{Y}_j)^{-1}\big)_{1 \leqslant i,j \leqslant n} = \Delta(\mathbf{X})\, \Delta(\mathbf{Y}) \prod_{1 \leqslant i,j \leqslant n} (1 - \mathrm{X}_i \mathrm{Y}_j)^{-1}$ (*cf.* III, p. 192, exerc. 5), en calculant le membre de gauche à l'aide du développement en série formelle de $(1 - \mathrm{T})^{-1}$).

e) Soit $\mathrm{P} \in \mathbf{Q}[\mathbf{X}]$ un polynôme symétrique. Pour tout $\mathbf{p} \in \mathscr{D}_n$, on pose $\omega_{\mathbf{p}}(\mathrm{P}) = [\mathrm{P}\Delta]_{\mathbf{p}'}$. Prouver l'égalité $\omega_{\mathbf{p}}(\mathrm{S}_{\mathbf{q}}) = \delta_{\mathbf{pq}}$. En déduire que pour tout $\mathbf{q} \in \mathscr{D}_n$ on a $[\mathrm{P}]_{\mathbf{q}} = \sum_{\mathbf{p} \in \mathscr{D}_n} \mathrm{K}_{\mathbf{pq}}\, \omega_{\mathbf{p}}(\mathrm{P})$.

f) Pour $\boldsymbol{\alpha} \in \mathbf{N}^n$, on pose $f^{\boldsymbol{\alpha}}(\mathbf{X}) = \prod_{j=1}^n (\sum_i \mathrm{X}_i^j)^{\alpha_j}$ et $c_{\boldsymbol{\alpha}} = \prod_{j=1}^n \frac{1}{j^{\alpha_j} \alpha_j!}$. Démontrer qu'on a $\sum_{\boldsymbol{\alpha} \in \mathbf{N}^n} c_{\boldsymbol{\alpha}}\, \omega_{\mathbf{p}}(f^{\boldsymbol{\alpha}})\, \omega_{\mathbf{q}}(f^{\boldsymbol{\alpha}}) = \delta_{\mathbf{pq}}$ pour $\mathbf{p}, \mathbf{q}$ dans $\mathscr{D}_n$ (remarquer qu'on a

$$\prod_{1 \leqslant i,j \leqslant n} (1 - \mathrm{X}_i \mathrm{Y}_j)^{-1} = \prod_{k=0}^{\infty} \exp\Big(\frac{1}{k}\Big(\sum_i \mathrm{X}_i^k\Big)\Big(\sum_j \mathrm{Y}_j^k\Big)\Big) = \sum_{\boldsymbol{\alpha} \in \mathbf{N}^n} c_{\boldsymbol{\alpha}} f^{\boldsymbol{\alpha}}(\mathbf{X}) f^{\boldsymbol{\alpha}}(\mathbf{Y})\ ).$$

¶ 22) Soit n un entier naturel. On désigne par $\mathscr{S}_n$ l'ensemble des suites finies décroissantes d'entiers strictement positifs, de somme n. Soit $\mathbf{p} = (p_i)_{1 \leqslant i \leqslant d}$ un élément de $\mathscr{S}_n$. Pour $1 \leqslant i \leqslant d$, On note P_i l'ensemble des entiers r tels que $p_1 + \cdots + p_{i-1} < r \leqslant p_1 + \cdots + p_i$ et, pour $1 \leqslant j \leqslant p_1$, P'_j l'ensemble des entiers de la forme $p_1 + \cdots + p_{i-1} + j$ avec $1 \leqslant i \leqslant d$ et $p_i \geqslant j$. Les sous-ensembles P_i d'une part, P'_j d'autre part forment une partition de l'intervalle $[1, n]$ de $\mathbf{N}$.

(On représente souvent cette situation par le dessin suivant, appelé *diagramme de Young* : dans l'exemple ci-dessous on a $n = 9$, $\mathbf{p} = (4, 2, 2, 1)$; l'ensemble P_i est formé des éléments de la i-ème ligne, et P'_j de ceux de la j-ème colonne.)

1	2	3	4
5	6		
7	8		
9			

Soit $\mathscr{P}$ (resp. $\mathscr{P}'$) le sous-groupe de $\mathfrak{S}_n$ formé des permutations σ telles que $\sigma(\mathrm{P}_i) \subset \mathrm{P}_i$ pour tout i (resp. $\sigma(\mathrm{P}'_j) \subset \mathrm{P}'_j$ pour tout j).

a) Prouver qu'on a $\mathscr{P} \cap \mathscr{P}' = \{1\}$.

b) Soit $\sigma \in \mathfrak{S}_n$. Si $\mathrm{Card}(\mathrm{P}_i \cap \sigma(\mathrm{P}'_j)) \leqslant 1$ quels que soient i et j, montrer que σ appartient à $\mathscr{P}\mathscr{P}'$. En déduire que si $\sigma \notin \mathscr{P}\mathscr{P}'$, le sous-groupe $\mathscr{P} \cap \sigma\mathscr{P}'\sigma^{-1}$ contient une transposition.

c) Dans l'algèbre de groupe $\mathbf{Z}[\mathfrak{S}_n]$, on pose

$$a_{\mathbf{p}} = \sum_{\sigma \in \mathscr{P}} e_\sigma \quad , \quad b_{\mathbf{p}} = \sum_{\tau \in \mathscr{P}'} \varepsilon(\tau) e_\tau \quad , \quad c_{\mathbf{p}} = a_{\mathbf{p}} b_{\mathbf{p}} \; .$$

Prouver que $c_{\mathbf{p}}$ satisfait à $e_\sigma \, c_{\mathbf{p}} \, e_{\sigma'} = \varepsilon(\sigma') c_{\mathbf{p}}$ quels que soient $\sigma \in \mathscr{P}$, $\sigma' \in \mathscr{P}'$ et que tout élément possédant cette propriété appartient à $\mathbf{Z}c_{\mathbf{p}}$ (écrire un tel élément sous la forme $\sum n_\sigma e_\sigma$, et déduire de *b*) que n_σ est nul pour $\sigma \notin \mathscr{P}\mathscr{Q}$). En déduire que pour tout élément x de $\mathbf{Z}[\mathfrak{S}_n]$, l'élément $c_{\mathbf{p}} x c_{\mathbf{p}}$ appartient à $\mathbf{Z}c_{\mathbf{p}}$.

d) On note A la $\mathbf{Q}$-algèbre $\mathbf{Q}[\mathfrak{S}_n]$. Prouver que l'idéal $\mathrm{V}_{\mathbf{p}} = \mathrm{A}c_{\mathbf{p}}$ de A est un A-module absolument simple (observer qu'on a $c_{\mathbf{p}}\mathrm{V}_{\mathbf{p}} \subset \mathbf{Q}c_{\mathbf{p}}$ d'après *c*) ; si $\mathfrak{a}$ est un idéal à gauche strictement contenu dans $\mathrm{V}_{\mathbf{p}}$, démontrer qu'on a $c_{\mathbf{p}}\mathfrak{a} = 0$, d'où $\mathfrak{a}^2 = 0$ et finalement $\mathfrak{a} = 0$).

e) Démontrer qu'on a $c_{\mathbf{p}}^2 = (n!/[\mathrm{V}_{\mathbf{p}} : \mathbf{Q}])\, c_{\mathbf{p}}$ (calculer la trace de l'endomorphisme $x \mapsto x c_{\mathbf{p}}$ de A).

¶ 23) On conserve les notations de l'exercice précédent. Soient $\mathbf{p} = (p_i)$ et $\mathbf{q} = (q_j)$ deux éléments de $\mathscr{S}_n$.

a) On suppose qu'on a $\mathbf{p} > \mathbf{q}$ pour l'ordre lexicographique. Prouver qu'on a $a_{\mathbf{p}} x b_{\mathbf{q}} = 0$ pour tout $x \in \mathrm{A}$ (se ramener au cas $x = 1$; si $(\mathrm{P}_i), (\mathrm{P}'_j)$ désigne les partitions associées à $\mathbf{p}$ et $(\mathrm{Q}_k), (\mathrm{Q}'_l)$ celles associées à $\mathbf{q}$, observer qu'on a $\mathrm{Card}(\mathrm{P}_s \cap \mathrm{Q}'_1) \geqslant 2$, et construire une transposition τ telle que $a_{\mathbf{p}}\tau = a_{\mathbf{p}}$ et $\tau b_{\mathbf{q}} = -b_{\mathbf{q}}$).

b) En déduire que si $\mathbf{p} \neq \mathbf{q}$, les A-modules $\mathrm{V}_{\mathbf{p}}$ et $\mathrm{V}_{\mathbf{q}}$ ne sont pas isomorphes (appliquer *a*), en utilisant l'antiautomorphisme de A qui applique e_σ sur $e_{\sigma^{-1}}$).

c) Démontrer que l'application qui associe à une suite $\mathbf{p}$ la représentation $(\mathrm{V}_{\mathbf{p}})_{(\mathrm{K})}$ définit une bijection de $\mathscr{S}_n$ sur l'ensemble $\mathscr{S}_{\mathrm{K}}(\mathfrak{S}_n)$ des classes de $\mathrm{K}[\mathfrak{S}_n]$-modules simples.

d) Pour $\mathbf{p} \in \mathscr{S}_n$, on note $\overline{\mathbf{p}}$ la suite définie par $\overline{p}_j = \mathrm{Card}(\mathrm{P}'_j)$ (exerc. 22). Prouver que l'application $\mathbf{p} \mapsto \overline{\mathbf{p}}$ est une involution de $\mathscr{S}_n$; le A-module $\mathrm{V}_{\overline{\mathbf{p}}}$ est isomorphe à $\mathrm{V}_{\mathbf{p}} \otimes_{\mathbf{Q}} \mathbf{Q}_\varepsilon$, où $\mathbf{Q}_\varepsilon$ désigne la représentation de dimension un sur $\mathbf{Q}$ associée à la signature.

e) Décrire les représentations correspondant aux suites $(1, \ldots, 1)$ et (n), ainsi qu'à la suite $(n-1, 1)$.

¶ 24) On conserve les notations des exerc. 21 à 23. Soit $\mathbf{p} = (p_i)_{1 \leqslant i \leqslant d} \in \mathscr{S}_n$; on notera encore $\mathbf{p}$ l'élément $(p_1, \ldots, p_d, 0, \ldots, 0)$ de $\mathscr{D}_n$. Si $\boldsymbol{\alpha} = (\alpha_1, \ldots, \alpha_n)$ est un élément de $\mathbf{N}^n$ tel que $\sum_i i\alpha_i = n$, on note $\mathrm{C}_{\boldsymbol{\alpha}}$ la classe de conjugaison de $\mathfrak{S}_n$ formée des éléments qui sont produit d'une famille de cycles de support disjoints comprenant α_2 cycles d'ordre 2, α_3 cycles d'ordre 3, etc.

a) Prouver que la représentation $\rho_{\mathbf{p}}$ de $\mathfrak{S}_n$ dans le A-module $\mathrm{A}a_{\mathbf{p}}$ est la représentation induite par la représentation triviale de $\mathscr{P}$. En déduire à l'aide de l'exerc. 20 la formule $\chi_{\rho_{\mathbf{p}}}(\mathrm{C}_{\alpha}) = [f^{\alpha}]_{\mathbf{p}}$.

b) Pour tout $\mathbf{q} \in \mathscr{S}_n$, on désigne par $\lambda_{\mathbf{q}}$ la représentation de $\mathfrak{S}_n$ dans le A-module $\mathrm{V}_{\mathbf{q}}$. Démontrer qu'il existe des entiers positifs $n_{\mathbf{pq}}$ tels qu'on ait $\chi_{\rho_{\mathbf{p}}} = \sum_{\mathbf{q}\in\mathscr{S}_n} n_{\mathbf{pq}}\chi_{\lambda_{\mathbf{q}}}$, avec $n_{\mathbf{pp}} > 0$.

c) Soit $\eta_{\mathbf{p}}$ la fonction centrale sur $\mathfrak{S}_n$ qui vaut $\omega_{\mathbf{p}}(f^{\alpha})$ sur les éléments de la classe C_{α}. Prouver que $\eta_{\mathbf{p}}$ est combinaison linéaire à coefficients entiers des caractères $\chi_{\lambda_{\mathbf{q}}}$, pour $\mathbf{q} \in \mathscr{S}_n$ (utiliser l'exerc. 21 *c*) et *e*)). En déduire que $\eta_{\mathbf{p}}$ est égal au signe près à l'un des caractères $\chi_{\lambda_{\mathbf{q}}}$ (calculer $\langle \eta_{\mathbf{p}}, \eta_{\mathbf{p}} \rangle$ à l'aide de l'exerc. 21 *f*)).

d) En déduire l'égalité $\chi_{\lambda_{\mathbf{p}}}(\mathrm{C}_{\alpha}) = [\Delta f^{\alpha}]_{\mathbf{p}'}$ (« *formule de Frobenius* »).

e) Démontrer que la multiplicité de la représentation irréductible $\lambda_{\mathbf{p}}$ dans la représentation $\rho_{\mathbf{q}}$ est égale à $\mathrm{K}_{\mathbf{pq}}$.

f) Prouver que le degré de $\lambda_{\mathbf{p}}$ est $\frac{n!}{\mathbf{p}'!}\Delta(\mathbf{p}')$ (développer le polynôme $\Delta(\mathbf{X})(\sum \mathrm{X}_i)^n$).

¶ 25) On considère la représentation $\pi_{\mathbf{n}}$ de $\mathfrak{S}_n$ associée à l'opération de $\mathfrak{S}_n$ sur l'ensemble $\mathbf{n} = [1, n]$ (exerc. 6). Soient k un entier positif, et χ_k le caractère de la représentation $\wedge^k \pi_{\mathbf{n}}$.

a) Soit $\sigma \in \mathfrak{S}_n$. Prouver la formule $\chi_k(\sigma) = \sum \varepsilon(\sigma|\mathrm{S})$, la somme étant prise sur l'ensemble des parties S à k éléments de $\mathbf{n}$ telles que $\sigma(\mathrm{S}) = \mathrm{S}$.

b) Démontrer que $\wedge^k \pi_{\mathbf{n}}$ est la représentation irréductible de $\mathfrak{S}_n$ associée à l'élément $(n-k, 1, \ldots, 1)$ de $\mathscr{S}_n$ (calculer le caractère de cette représentation par la formule de Frobenius, en remarquant que les seuls termes de la somme

$$\Delta(\mathbf{X})\, f^{\alpha}(\mathbf{X}) = \sum_{\sigma\in\mathfrak{S}_n} \varepsilon(\sigma)\mathrm{X}_1^{\sigma(n)-1} \ldots \mathrm{X}_n^{\sigma(1)-1}\, f^{\alpha}(\mathbf{X})$$

pour lesquels le coefficient de $\mathbf{X}^{\mathbf{p}'}$ est non nul correspondent à des permutations σ qui vérifient $\sigma(i) \leqslant i + 1$ pour tout i et $\sigma(i) = i$ pour $1 \leqslant i < n - k$.)

¶ 26) Soient q une puissance d'un nombre premier, et F un corps fini à q éléments ; on prend pour G le groupe $\mathbf{GL}(2, \mathrm{F})$.

a) Décrire les classes de conjugaison de G (on distinguera quatre types de classes, contenant respectivement 1, $q^2 - 1$, $q^2 + q$ et $q^2 - q$ éléments).

b) Le groupe G opère sur la droite projective P sur F ; on considère la représentation π_{P} de G (exerc. 6). Pour chaque homomorphisme de groupes $\lambda : \mathrm{F}^* \to \mathrm{K}^*$, on note δ_{λ} la représentation de degré 1 associée à l'homomorphisme $\lambda \circ \det$ de G dans K^*, et l'on pose $\pi_{\lambda} = \pi_{\mathrm{P}} \otimes \delta_{\lambda}$. Prouver que π_{λ} est irréductible et calculer son caractère.

c) Soit B le sous-groupe de G formé des matrices triangulaires supérieures. Pour λ, μ dans $\mathrm{Hom}(\mathrm{F}^*, \mathrm{K}^*)$, on note $\beta_{\lambda,\mu}$ la représentation de degré 1 de B définie par $\beta_{\lambda,\mu}((a_{ij})) = \lambda(a_{11})\mu(a_{22})$, et l'on pose $\pi_{\lambda,\mu} = \mathrm{Ind}_{\mathrm{B}}^{\mathrm{G}}(\beta_{\lambda,\mu})$. Prouver que $\pi_{\lambda,\mu}$ est irréductible pour $\lambda \neq \mu$, tandis que $\pi_{\lambda,\lambda}$ est isomorphe à $\pi_{\mathrm{P}} \oplus \delta_{\lambda}$ (on peut appliquer l'exerc. 8). Pour que $\pi_{\lambda,\mu}$

et $\pi_{\lambda',\mu'}$ soient isomorphes, il faut et il suffit que les sous-ensembles $\{\lambda, \mu\}$ et $\{\lambda', \mu'\}$ de $\mathrm{Hom}(\mathrm{F}^*, \mathrm{K}^*)$ soient égaux.

d) Soit F′ une extension de degré 2 de F ; le choix d'une base de F′ sur F permet d'identifier F'^* à un sous-groupe de $\mathrm{G} = \mathrm{Aut}_\mathrm{F}(\mathrm{F}')$. Soit $\varphi \in \mathrm{Hom}(\mathrm{F}'^*, \mathrm{K}^*)$; calculer $\mathrm{Ind}_{\mathrm{F}'^*}^{\mathrm{G}}(\varphi)$ et démontrer qu'il est égal à $\mathrm{Ind}_{\mathrm{F}'^*}^{\mathrm{G}}(\varphi^q)$. On note λ la restriction de φ à F^*, et on pose $\chi_\varphi = \chi_{\pi_\mathrm{P} \otimes \pi_{\lambda,1}} - \chi_{\pi_{\lambda,1}} - \mathrm{Ind}_{\mathrm{F}'^*}^{\mathrm{G}}(\varphi)$. Si $\varphi \neq \varphi^q$, démontrer qu'on a $\langle \chi_\varphi, \chi_\varphi \rangle = 1$ et $\chi_\varphi(1) = q - 1$, de sorte que χ_φ est le caractère d'une représentation irréductible π_φ de dimension $q-1$, et que l'on obtient ainsi $\frac{1}{2}q(q-1)$ représentations irréductibles non isomorphes.

e) Prouver que les représentations irréductibles π_λ pour $\lambda \in \mathrm{Hom}(\mathrm{F}^*, \mathrm{K}^*)$, $\pi_{\lambda,\mu}$ pour $\{\lambda, \mu\}$ sous-ensemble à deux éléments de $\mathrm{Hom}(\mathrm{F}^*, \mathrm{K}^*)$ et π_φ pour $\varphi \in \mathrm{Hom}(\mathrm{F}'^*, \mathrm{K}^*)$, $\varphi \neq \varphi^q$, sont deux à deux non isomorphes, et que toute représentation irréductible de G est isomorphe à l'une d'entre elles.

27) Soient F un corps algébriquement clos de caractéristique $p > 0$ et G un groupe fini.

a) Soit $x \in \mathrm{G}$; démontrer qu'il existe une unique décomposition $x = x_u x_s$, où l'ordre de x_u est une puissance de p, celui de x_s est étranger à p, et x_u et x_s commutent. Les éléments x_u et x_s sont des puissances de x.

b) Soit π une représentation linéaire de degré fini de G sur F. Démontrer qu'on a $\chi_\pi(x) = \chi_\pi(x_s)$ pour tout $x \in \mathrm{G}$.

c) On dit qu'un élément x de G est *p-régulier* si son ordre est étranger à p ; on note $\mathrm{G}^{\mathrm{reg}}$ l'ensemble des éléments p-réguliers de G, et $\mathscr{Z}_\mathrm{F}(\mathrm{G}^{\mathrm{reg}})$ l'espace des fonctions centrales de $\mathrm{G}^{\mathrm{reg}}$ dans F. On déduit de l'homomorphisme $\mathrm{R}_\mathrm{F}(\mathrm{G}) \to \mathscr{Z}_\mathrm{F}(\mathrm{G}^{\mathrm{reg}})$ qui applique la classe d'une représentation π sur la restriction de χ_π à $\mathrm{G}^{\mathrm{reg}}$ un homomorphisme d'anneaux $\psi : \mathrm{F} \otimes_\mathbf{Z} \mathrm{R}_\mathrm{F}(\mathrm{G}) \to \mathscr{Z}_\mathrm{F}(\mathrm{G}^{\mathrm{reg}})$; prouver que ψ est injectif (utiliser *b*) et le corollaire de VIII, p. 376).

d) Soient x un élément p-régulier de G, $\mathrm{Z}(x)$ son centralisateur, P un sous-p-groupe de Sylow de $\mathrm{Z}(x)$ et H_x le sous-groupe de G engendré par P et x. Prouver que H_x est produit direct de P et du sous-groupe de G engendré par x et que sa classe de conjugaison est bien déterminée par la classe de conjugaison de x.

e) Construire des représentations de degré un $\sigma_1, \ldots, \sigma_m$ de H_x et des éléments $a_1, \ldots, a_m$ de F tels que la fonction $\sum a_i \chi_{\sigma_i}$ prenne la valeur 1 en x et 0 en les autres puissances de x (construire d'abord des représentations du sous-groupe engendré par x). Soit $\rho_i = \mathrm{Ind}_{\mathrm{H}_x}^{\mathrm{G}} \pi_i$ pour $i = 1, \ldots, m$ et soit $f = \sum_i a_i \chi_{\rho_i}$; démontrer que $f(x)$ est égal à $(\mathrm{Z}(x) : \mathrm{H}_x)\, 1_\mathrm{F}$, qui est non nul dans F et que $f(y)$ est nul pour tout élément p-régulier de G qui n'est pas conjugué à x.

f) Déduire de *e*) que l'homomorphisme $\psi : \mathrm{F} \otimes_\mathbf{Z} \mathrm{R}_\mathrm{F}(\mathrm{G}) \to \mathscr{Z}_\mathrm{F}(\mathrm{G}^{\mathrm{reg}})$ est bijectif. En particulier, le nombre des classes d'isomorphisme de F[G]-modules simples est égal au nombre des classes de conjugaison d'éléments p-réguliers de G.

28) On conserve les hypothèses de l'exerc. 27 ; soit m le ppcm des ordres des éléments p-réguliers de G. Soit F_0 le sous-corps de F engendré par les racines m-èmes de l'unité ; c'est un corps fini.

a) Démontrer que le caractère de toute représentation de degré fini de G sur F prend ses valeurs dans F_0.

b) Prouver que l'anneau quotient de $F_0[G]$ par son radical est un produit d'algèbres de matrices sur F_0 (utiliser *a*) et le théorème de Wedderburn). En déduire que l'homomorphisme canonique $R_{F_0}(G) \to R_F(G)$ est bijectif.

29) On conserve les hypothèses et notations des exerc. 27 et 28. On choisit une racine primitive m-ème de l'unité ζ. Soit $\mathcal{O}_m$ l'anneau $\mathbf{Z}[X]/(\Phi_m)$ (VIII, p. 405) ; on note x la classe de X dans $\mathcal{O}_m$. Soit $\varphi : \mathcal{O}_m \to F$ l'homomorphisme qui applique x sur ζ. Il induit un isomorphisme du sous-groupe engendré par x dans $\mathcal{O}_m$ sur le groupe $\mu_m(F)$; on note τ l'isomorphisme réciproque.

a) Soit π une représentation linéaire de G sur F, de dimension finie d. Pour $g \in G$, soit $P_g(X) = \prod_{i=1}^{d}(X - \lambda_i)$ le polynôme caractéristique de $\pi(g)$; on note $\beta_\pi(g)$ l'élément $\sum_i \tau(\lambda_i)$ de $\mathcal{O}_m$. La fonction $\beta_\pi : G \to \mathcal{O}_m$ ainsi définie est appelée *caractère de Brauer* de π ; on a $\varphi \circ \beta_\pi = \chi_\pi$ et $\beta_\pi(x) = \beta_\pi(x_s)$ pour tout x, de sorte que β_π est déterminé par sa restriction à G^{reg}.

b) Soit $\widehat{G}$ l'ensemble des classes d'isomorphisme de F[G]-modules simples ; prouver que les fonctions $(\beta_\lambda)_{\lambda \in \widehat{G}}$ sont linéairement indépendantes sur $\mathbf{Z}$ (s'il existe une relation $\sum n_\lambda \beta_\lambda = 0$ non triviale, on peut supposer qu'un des n_λ est étranger à p et appliquer φ pour aboutir à une contradiction avec l'exerc. 27 *f*)).

c) Soit $\mathcal{B}$ l'ensemble des fonctions de G^{reg} dans $\mathcal{O}_m$; l'homomorphisme $R_F(G) \to \mathcal{B}$ qui applique la classe de π sur β_π est injective. En déduire que pour que deux F[G]-modules semi-simples soient isomorphes, il faut et il suffit que leurs caractères de Brauer soient égaux.

30) Soient F un corps algébriquement clos de caractéristique $p > 0$, $\mathbf{F}_p$ le sous-corps premier de F et $G = \mathbf{SL}_2(\mathbf{F}_p)$. On note V le F-espace vectoriel $F \otimes_{\mathbf{F}_p} \mathbf{F}_p^2$, muni de l'action de G déduite de l'action sur $\mathbf{F}_p^2$.

a) Prouver que le F[G]-module $\mathsf{S}^d(V)$ est simple pour $0 \leqslant d < p$ (soit W un sous-F[G]-module non nul de $\mathsf{S}^d(V)$, et soit (e, f) une base de V ; prouver que e^d appartient à W en utilisant la matrice $\left(\begin{smallmatrix}1 & 1\\ 0 & 1\end{smallmatrix}\right)$, puis que W est égal à $\mathsf{S}^d(V)$ en utilisant la matrice $\left(\begin{smallmatrix}1 & 0\\ 1 & 1\end{smallmatrix}\right)$).

b) Démontrer que le F[G]-module $\mathsf{S}^p(V)$ n'est pas simple (considérer l'image de V par l'application $v \mapsto v^p$).

c) Pour $p \geqslant 7$ démontrer que la dimension de $\mathsf{S}^{p-3}(V)$ ne divise pas l'ordre de G.

d) Démontrer que tout F[G]-module simple est isomorphe à l'un des modules $\mathsf{S}^d(V)$ pour $0 \leqslant d < p$ (utiliser l'exerc. 27 *f*)).

APPENDICE 1
ALGÈBRES SANS ÉLÉMENT UNITÉ

Dans cet appendice, la lettre k désigne un anneau commutatif; les k-algèbres sont supposées associatives mais non nécessairement unifères.

1. Idéaux réguliers

Soit A une k-algèbre. Rappelons (III, p. 1) qu'on appelle *idéal à gauche* de A un sous-k-module $\mathfrak{a}$ de A tel que les relations $a \in$ A, $x \in \mathfrak{a}$ entraînent $ax \in \mathfrak{a}$. On définit de façon similaire les notions d'idéal à droite et d'idéal bilatère. Si A est une k-algèbre et $\mathfrak{a}$ un idéal bilatère de A, la multiplication de A définit par passage aux quotients une structure de k-algèbre sur le k-module A/$\mathfrak{a}$ (*loc. cit.*).

On dit qu'un idéal à gauche de A est *maximal* si c'est un élément maximal de l'ensemble des idéaux à gauche de A *distincts de* A pour la relation d'inclusion.

DÉFINITION 1. — *Soient* A *une k-algèbre et $\mathfrak{a}$ un idéal à gauche de* A. *Un élément u de* A *tel que $au - a$ appartienne à $\mathfrak{a}$ pour tout $a \in$* A *s'appelle une* unité à droite modulo $\mathfrak{a}$. *On dit que l'idéal $\mathfrak{a}$ est* régulier *s'il existe une unité à droite modulo $\mathfrak{a}$.*

On dit de même qu'un idéal à droite $\mathfrak{b}$ de A est *régulier* si A possède une *unité à gauche* modulo $\mathfrak{b}$, c'est-à-dire un élément v tel que $va - a \in \mathfrak{b}$ pour tout $a \in$ A. Lorsqu'un idéal est bilatère on veillera à préciser s'il est régulier en tant qu'idéal à gauche ou en tant qu'idéal à droite.

Lorsque l'algèbre A est unifère, l'élément unité de A est une unité à droite modulo $\mathfrak{a}$ pour tout idéal à gauche $\mathfrak{a}$ de A ; dans ce cas, tout idéal à gauche (ou à droite) de A est régulier. Par contre, si A est une k-algèbre dont tout élément est nilpotent, A est le seul idéal (à gauche ou à droite) de A qui soit régulier.

Soient $\mathfrak{a}$ un idéal à gauche régulier de A et u une unité à droite modulo $\mathfrak{a}$. Si $\mathfrak{b}$ est un idéal à gauche de A contenant $\mathfrak{a}$, u est une unité à droite modulo $\mathfrak{b}$, donc $\mathfrak{b}$

est régulier. Ainsi les idéaux à gauche de A qui sont maximaux et réguliers sont les éléments maximaux de l'ensemble des idéaux à gauche réguliers de A distincts de A. De plus, pour qu'un idéal à gauche $\mathfrak{b}$ de A contenant $\mathfrak{a}$ soit distinct de A, il faut et il suffit que u n'appartienne pas à $\mathfrak{b}$. L'ensemble des idéaux à gauche $\mathfrak{b}$ de A contenant $\mathfrak{a}$ et distincts de A, ordonné par inclusion, est donc inductif. Le théorème 2 de E, III, p. 20, appliqué à cet ensemble entraîne le résultat suivant :

PROPOSITION 1. — *Tout idéal à gauche* (resp. *à droite*) *de* A, *qui est régulier et distinct de* A, *est contenu dans un idéal à gauche* (resp. *à droite*) *maximal régulier.*

PROPOSITION 2. — *Soient* A *une k-algèbre commutative. Pour qu'un idéal* $\mathfrak{a}$ *de* A *soit maximal régulier, il faut et il suffit que le pseudo-anneau* $A/\mathfrak{a}$ (I, p. 93) *soit un corps.*

Pour qu'un élément u de A soit une unité (à droite ou à gauche) modulo $\mathfrak{a}$, il faut et il suffit que l'image canonique de u dans $A/\mathfrak{a}$ soit un élément unité de l'algèbre $A/\mathfrak{a}$. Pour que l'idéal $\mathfrak{a}$ soit régulier il faut et il suffit donc que l'algèbre $A/\mathfrak{a}$ soit unifère. Supposons ces conditions satisfaites.

L'application $\mathfrak{b} \mapsto \mathfrak{b}/\mathfrak{a}$ est une bijection de l'ensemble des idéaux de l'algèbre A contenant $\mathfrak{a}$ sur l'ensemble des idéaux de l'algèbre $A/\mathfrak{a}$. Ceux-ci sont les idéaux de l'anneau $A/\mathfrak{a}$ puisque cette algèbre est unifère. Enfin, d'après le th. 1 de I, p. 109, l'anneau $A/\mathfrak{a}$ est un corps si et seulement s'il n'est pas nul et que ses seuls idéaux sont 0 et lui-même. La proposition résulte de là.

Exemples. — 1) Soit V un espace vectoriel de dimension infinie sur un corps commutatif K. Soit $\mathrm{End}^{\mathrm{f}}_{\mathrm{K}}(\mathrm{V})$ la sous-K-algèbre de $\mathrm{End}_{\mathrm{K}}(\mathrm{V})$ formée des endomorphismes de rang fini. Soit W un sous-espace vectoriel de V et soit $\mathfrak{a}_{\mathrm{W}}$ l'ensemble des éléments de $\mathrm{End}^{\mathrm{f}}_{\mathrm{K}}(\mathrm{V})$ dont le noyau contient W ; c'est un idéal à gauche de $\mathrm{End}^{\mathrm{f}}_{\mathrm{K}}(\mathrm{V})$. Un élément u de $\mathrm{End}^{\mathrm{f}}_{\mathrm{K}}(\mathrm{V})$ est une unité à droite modulo $\mathfrak{a}_{\mathrm{W}}$ si et seulement si l'on a $u(x) = x$ pour tout $x \in \mathrm{W}$. Pour qu'un tel élément u existe, c'est-à-dire pour que $\mathfrak{a}_{\mathrm{W}}$ soit régulier, il faut et il suffit que W soit de dimension finie. Pour que $\mathfrak{a}_{\mathrm{W}}$ soit maximal et régulier, il faut et il suffit que W soit de dimension 1.

*2) Soit T un espace localement compact et soit $\mathscr{C}_0(\mathrm{T})$ la **C**-algèbre commutative des applications continues de T dans **C**, tendant vers 0 à l'infini (TG, X, p. 40) ; elle est unifère si et seulement si T est compact. Soit F une partie fermée de T, et soit $\mathfrak{a}_{\mathrm{F}}$ l'ensemble des éléments de $\mathscr{C}_0(\mathrm{T})$ dont la restriction à F est la fonction nulle ; c'est un idéal de $\mathscr{C}_0(\mathrm{T})$. Un élément u de $\mathscr{C}_0(\mathrm{T})$ est une unité modulo $\mathfrak{a}_{\mathrm{F}}$ si et seulement si l'on a $u(t) = 1$ pour tout $t \in \mathrm{F}$. Pour qu'un tel élément u existe, c'est-à-dire pour que $\mathfrak{a}_{\mathrm{F}}$ soit régulier, il faut et il suffit que F soit compact. L'application $t \mapsto \mathfrak{a}_{\{t\}}$ est une bijection de T sur l'ensemble des idéaux maximaux réguliers de $\mathscr{C}_0(\mathrm{T})$ (TS, I, §3, n° 1 et 2). Supposons que T ne soit pas compact et notons $\mathfrak{a}$ la partie de $\mathscr{C}_0(\mathrm{T})$ formée des fonctions à support compact ; alors $\mathfrak{a}$ est un idéal de $\mathscr{C}_0(\mathrm{T})$ qui n'est contenu dans aucun idéal régulier de $\mathscr{C}_0(\mathrm{T})$.

3) Soit $\mathrm{L}^1(\mathbf{R})$ l'algèbre de convolution du groupe localement compact $\mathbf{R}$. Rappelons (INT, VIII, §4, n° 5) que $\mathrm{L}^1(\mathbf{R})$ est l'espace des classes de fonctions sur $\mathbf{R}$ intégrables pour la mesure de Lebesgue ; le produit des classes de deux fonctions f et g est la classe de la fonction $f * g$ définie pour presque tout $s \in \mathbf{R}$ par la formule

$$(f * g)(s) = \int_{-\infty}^{+\infty} f(t)g(s-t)\,dt.$$

L'algèbre $\mathrm{L}^1(\mathbf{R})$ n'est pas unifère. Pour tout a dans $\mathbf{R}$, notons $\mathfrak{m}_a$ l'ensemble des éléments f de $\mathrm{L}^1(\mathbf{R})$ satisfaisant à

$$\int_{-\infty}^{+\infty} f(t)e^{-iat}\,dt = 0\,.$$

D'après TS, II, §3, n° 1, th. 1, l'application $a \mapsto \mathfrak{m}_a$ est une bijection de $\mathbf{R}$ sur l'ensemble des idéaux maximaux réguliers de l'algèbre $\mathrm{L}^1(\mathbf{R})$.$_*$

2. Adjonction d'un élément unité

Soit A une k-algèbre. On a défini en III, p. 5, l'algèbre unifère $\widetilde{\mathrm{A}}$ déduite de A par adjonction d'un élément unité e. On identifie A à un idéal bilatère de $\widetilde{\mathrm{A}}$. Le k-module $\widetilde{\mathrm{A}}$ est somme directe des sous-modules ke et A.

PROPOSITION 3. — a) *Soit $\widetilde{\mathfrak{a}}$ un idéal à gauche de $\widetilde{\mathrm{A}}$ tel que $\widetilde{\mathrm{A}} = \widetilde{\mathfrak{a}} + \mathrm{A}$. On pose $\mathfrak{a} = \widetilde{\mathfrak{a}} \cap \mathrm{A}$. Il existe un élément u de A tel que $u - e$ appartienne à $\widetilde{\mathfrak{a}}$. Si u est un tel élément, c'est une unité à droite de A modulo $\mathfrak{a}$, et l'on a $\widetilde{\mathfrak{a}} = \mathfrak{a} + k(u-e)$; en particulier l'idéal $\mathfrak{a}$ est régulier.*

b) *Inversement, soient $\mathfrak{a}$ un idéal à gauche régulier de A et u une unité à droite de A modulo $\mathfrak{a}$. Posons $\widetilde{\mathfrak{a}} = \mathfrak{a} + k(u-e)$. Alors $\widetilde{\mathfrak{a}}$ est un idéal à gauche de $\widetilde{\mathrm{A}}$, tel que $\widetilde{\mathrm{A}} = \widetilde{\mathfrak{a}} + \mathrm{A}$, et l'on a $\mathfrak{a} = \widetilde{\mathfrak{a}} \cap \mathrm{A}$.*

c) *Si k est un corps, la condition $\widetilde{\mathrm{A}} = \widetilde{\mathfrak{a}} + \mathrm{A}$ équivaut à dire que $\widetilde{\mathfrak{a}}$ n'est pas contenu dans A.*

Sous les hypothèses de a), l'élément e de $\widetilde{\mathrm{A}}$ s'écrit sous la forme $(e-u)+u$, avec $u \in \mathrm{A}$ et $u - e \in \widetilde{\mathfrak{a}}$. Soit $x = \lambda e + a$ un élément de $\widetilde{\mathrm{A}}$, avec $\lambda \in k$ et $a \in \mathrm{A}$; si x appartient à $\widetilde{\mathfrak{a}}$, l'élément $y = a + \lambda u = x + \lambda(u-e)$ de A appartient à $\mathfrak{a}$, et l'on a $x = y - \lambda(u-e)$; cela prouve l'égalité $\widetilde{\mathfrak{a}} = \mathfrak{a} + k(u-e)$. De plus, pour tout a dans

A, l'élément $au - a = a(u - e)$ de A appartient à $\mathfrak{a}$, donc u est une unité à droite modulo $\mathfrak{a}$. Cela établit l'assertion a).

Plaçons-nous sous les hypothèses de b) ; comme $\widetilde{A}$ est somme directe de A et de $k(u-e)$, on a $\widetilde{\mathfrak{a}} + A = \widetilde{A}$ et $\widetilde{\mathfrak{a}} \cap A = \mathfrak{a}$. Tout élément de $\widetilde{\mathfrak{a}}$ est de la forme $x + \lambda(u-e)$ avec $x \in \mathfrak{a}$ et $\lambda \in k$; pour tout $a \in A$, on a

$$a(x + \lambda(u - e)) = ax + \lambda(au - a).$$

Comme u est une unité à droite de A modulo $\mathfrak{a}$, $ax + \lambda(au - a)$ appartient à $\mathfrak{a}$, de sorte que $\widetilde{\mathfrak{a}}$ est un idéal à gauche de A. Cela prouve b).

Enfin si k est un corps, A est un hyperplan dans $\widetilde{A}$, et $\widetilde{A}$ est somme de $\widetilde{\mathfrak{a}}$ et de A si et seulement si $\widetilde{\mathfrak{a}}$ n'est pas contenu dans A.

COROLLAIRE. — *Les idéaux à gauche réguliers de* A *sont les idéaux de la forme* $A \cap \widetilde{\mathfrak{a}}$, *où* $\widetilde{\mathfrak{a}}$ *est un idéal à gauche de* $\widetilde{A}$ *tel que* $\widetilde{A} = \widetilde{\mathfrak{a}} + A$.

PROPOSITION 4. — a) *Soit* $\mathfrak{a}$ *un idéal à gauche maximal régulier de* A. *Il existe un unique idéal à gauche* $\widetilde{\mathfrak{a}}$ *de* $\widetilde{A}$ *tel que* $\widetilde{A} = \widetilde{\mathfrak{a}} + A$ *et* $\mathfrak{a} = \widetilde{\mathfrak{a}} \cap A$. *Cet idéal est maximal et ne contient pas* A.

b) *L'application* $\widetilde{\mathfrak{a}} \mapsto \widetilde{\mathfrak{a}} \cap A$ *est une bijection de l'ensemble des idéaux à gauche maximaux de* $\widetilde{A}$ *ne contenant pas* A *sur l'ensemble des idéaux à gauche maximaux réguliers de* A.

Soit $\mathfrak{a}$ un idéal à gauche maximal régulier de A. D'après la prop. 3, a), les idéaux à gauche $\mathfrak{b}$ de $\widetilde{A}$ tels que $\mathfrak{b} + A = \widetilde{A}$ et $\mathfrak{b} \cap A = \mathfrak{a}$ sont les idéaux $\mathfrak{a} + k(u - e)$, où u est une unité à droite modulo $\mathfrak{a}$. Pour démontrer l'unicité de $\widetilde{\mathfrak{a}}$, il suffit donc de prouver que deux unités à droite u et u' de A modulo $\mathfrak{a}$ sont congrues modulo $\mathfrak{a}$. Raisonnons par l'absurde en supposant que $u - u'$ n'appartient pas à $\mathfrak{a}$. La formule $x(u - u') = (xu - x) - (xu' - x)$ montre qu'on a $A(u - u') \subset \mathfrak{a}$; il en résulte que $\mathfrak{a} + k(u - u')$ est un idéal à gauche de A, contenant $\mathfrak{a}$ et distinct de $\mathfrak{a}$. Puisque $\mathfrak{a}$ est maximal, on a donc $\mathfrak{a} + k(u - u') = A$, d'où $AA \subset \mathfrak{a}$. Pour tout $x \in A$, on a $x \equiv xu \pmod{\mathfrak{a}}$, d'où $x \in \mathfrak{a}$ par ce qui précède, ce qui contredit l'hypothèse $\mathfrak{a} \neq A$.

Il existe donc un unique idéal à gauche $\widetilde{\mathfrak{a}}$ de $\widetilde{A}$ tel que $\widetilde{A} = \widetilde{\mathfrak{a}} + A$ et $\mathfrak{a} = \widetilde{\mathfrak{a}} \cap A$. Soit $\mathfrak{b}$ un idéal à gauche de $\widetilde{A}$ contenant $\widetilde{\mathfrak{a}}$ et distinct de $\widetilde{A}$. Alors $\mathfrak{b} \cap A$ est un idéal à gauche de A, contenant $\mathfrak{a}$, et distinct de A. Il est donc égal à $\mathfrak{a}$ puisque $\mathfrak{a}$ est maximal, ce qui entraîne $\mathfrak{b} = \widetilde{\mathfrak{a}}$ par le lemme 2 de VIII, p. 3. Cela prouve que $\widetilde{\mathfrak{a}}$ est un idéal maximal de $\widetilde{A}$; pour un tel idéal, la condition $\widetilde{A} = \widetilde{\mathfrak{a}} + A$ signifie que $\widetilde{\mathfrak{a}}$ ne contient pas A.

Il reste à prouver que si $\widetilde{\mathfrak{a}}$ est un idéal à gauche maximal de $\widetilde{A}$, ne contenant pas A, alors l'idéal à gauche $\mathfrak{a} = A \cap \widetilde{\mathfrak{a}}$ de A est maximal. Soit $\mathfrak{b}$ un idéal à gauche de A, distinct de A et contenant $\mathfrak{a}$. Soit u une unité à droite modulo $\mathfrak{a}$ telle que $\widetilde{\mathfrak{a}} = \mathfrak{a} + k(u-e)$ (prop. 3 de VIII, p. 427). C'est aussi une unité à droite modulo $\mathfrak{b}$; notons $\widetilde{\mathfrak{b}}$ l'idéal $\mathfrak{b} + k(u-e)$ de $\widetilde{\mathrm{A}}$. D'après la prop. 3, b), on a $\mathfrak{b} = \mathrm{A} \cap \widetilde{\mathfrak{b}}$. L'idéal $\widetilde{\mathfrak{a}}$, égal à $\mathfrak{a} + k(u-e)$, est contenu dans $\widetilde{\mathfrak{b}}$, donc égal à $\widetilde{\mathfrak{b}}$ puisque $\widetilde{\mathfrak{b}}$ est distinct de $\widetilde{\mathrm{A}}$ et que $\widetilde{\mathfrak{a}}$ est maximal. Par suite on a $\mathfrak{a} = \mathfrak{b}$, et $\mathfrak{a}$ est maximal.

On laisse au lecteur le soin de traduire les prop. 3 et 4 pour les idéaux à droite.

3. Radical d'une algèbre

Soit A une k-algèbre. On appelle *pseudomodule à gauche* sur A un k-module M muni d'une structure de pseudomodule à gauche sur le pseudo-anneau A (II, p. 177), tel qu'on ait $a(\lambda x) = \lambda(ax) = (\lambda a)x$ pour $\lambda \in k$, $a \in \mathrm{A}$, $x \in \mathrm{M}$. On définit de même les pseudomodules à droite sur A.

Soit M un pseudomodule à gauche sur A ; on définit une structure dite canonique de $\widetilde{\mathrm{A}}$-module à gauche sur M en posant

$$(\lambda e + a)x = \lambda x + ax \qquad \text{pour } \lambda \in k,\ a \in \mathrm{A},\ x \in \mathrm{M}.$$

Inversement, tout $\widetilde{\mathrm{A}}$-module à gauche est muni canoniquement, par restriction de l'anneau des opérateurs à k et A, d'une structure de pseudomodule à gauche sur A. Ainsi les espèces de structure de pseudomodule à gauche sur A et de module sur $\widetilde{\mathrm{A}}$ sont équivalentes (E, IV, p. 9).

Soit M un pseudomodule à gauche sur A et soit N un sous-k-module de M. Pour que N soit un sous-$\widetilde{\mathrm{A}}$-module de M, il faut et il suffit qu'il soit stable par l'action de A ; on dit alors que N est un *sous-pseudomodule* de M.

Comme dans le cas des anneaux, on définit le pseudomodule à gauche A_s sur A, et le pseudomodule à droite A_d. Les idéaux à gauche (resp. à droite) de A sont les sous-pseudomodules de A_s (resp. A_d).

Soient $\mathfrak{a}$ un idéal à gauche régulier de A et u une unité à droite modulo $\mathfrak{a}$. Posons $\mathrm{M} = \mathrm{A}_s/\mathfrak{a}$ et notons z l'image de u dans M. On a $\mathrm{M} = \mathrm{A}z$ et $\mathfrak{a}$ est l'annulateur de z.

Réciproquement, soit M un pseudomodule à gauche sur A et soit z un élément de M tel que $\mathrm{M} = \mathrm{A}z$. Il existe alors un élément u de A tel que $z = uz$. Pour tout $a \in \mathrm{A}$, on a $(au - a)z = 0$, donc $au - a$ appartient à l'annulateur $\mathfrak{a}$ de z. Par suite, $\mathfrak{a}$ est un idéal à gauche régulier de A, l'élément u est une unité à droite modulo $\mathfrak{a}$ et l'application $a \mapsto az$ définit par passage au quotient un isomorphisme de $\mathrm{A}_s/\mathfrak{a}$ sur M.

DÉFINITION 2. — *On dit qu'un pseudomodule* M *sur* A *est* simple *si l'on a* $\mathrm{AM} \neq 0$ *et si* 0 *et* M *sont les seuls sous-pseudomodules de* M.

Cela revient à dire que le $\widetilde{\mathrm{A}}$-module M est simple et que son annulateur ne contient pas A. Lorsque A est un anneau et M un A-module, on a $\mathrm{AM} = \mathrm{M}$ et la définition 2 coïncide donc avec la définition 1 de VIII, p. 41.

PROPOSITION 5. — a) *Soit* $\mathfrak{m}$ *un idéal à gauche maximal régulier de* A. *Alors le pseudomodule* $\mathrm{A}_s/\mathfrak{m}$ *est simple et il existe un élément non nul de* $\mathrm{A}_s/\mathfrak{m}$ *dont l'annulateur est* $\mathfrak{m}$.

b) *Soit* M *un pseudomodule simple et soit* x *un élément non nul de* M. *On a* $\mathrm{M} = \mathrm{A}x$*, l'annulateur* $\mathfrak{m}$ *de* x *est un idéal à gauche maximal régulier de* A *et l'application* $a \mapsto ax$ *définit par passage au quotient un isomorphisme de* $\mathrm{A}_s/\mathfrak{m}$ *sur* M.

c) *Soit* M *un pseudomodule non réduit à* 0. *Pour que* M *soit simple, il faut et il suffit que l'on ait* $\mathrm{M} = \mathrm{A}x$ *pour tout élément non nul* x *de* M.

Soit $\mathfrak{m}$ un idéal à gauche maximal régulier de A. On a vu qu'il existe un élément non nul z de $\mathrm{A}_s/\mathfrak{m}$ dont l'annulateur est égal à $\mathfrak{m}$ et tel que $\mathrm{A}z = \mathrm{A}_s/\mathfrak{m}$; en particulier, on a $\mathrm{A}(\mathrm{A}_s/\mathfrak{m}) \neq 0$. De plus, tout sous-pseudomodule de $\mathrm{A}_s/\mathfrak{m}$ est de la forme $\mathfrak{n}/\mathfrak{m}$, où $\mathfrak{n}$ est un idéal à gauche de A contenant $\mathfrak{m}$. Comme $\mathfrak{m}$ est maximal, les seules possibilités sont $\mathfrak{n} = \mathfrak{m}$ et $\mathfrak{n} = \mathrm{A}$, de sorte que le pseudomodule $\mathrm{A}_s/\mathfrak{a}$ est simple. Cela prouve a).

Sous les hypothèses de b), l'ensemble des éléments y de M tels que $\mathrm{A}y = 0$ est un sous-pseudomodule de M, distinct de M, donc réduit à 0. Par suite, $\mathrm{A}x$ est un sous-pseudomodule non nul de M, ce qui entraîne $\mathrm{M} = \mathrm{A}x$. L'assertion b) résulte alors des remarques faites avant la définition 2.

Soit M un pseudomodule non nul. Supposons qu'on ait $\mathrm{A}x = \mathrm{M}$ pour tout élément non nul x de M. En particulier, on a $\mathrm{AM} \neq 0$. Soit N un sous-pseudomodule non nul de M et soit x un élément non nul de N ; on a $\mathrm{A}x = \mathrm{M}$, d'où $\mathrm{N} = \mathrm{M}$. Donc M est simple. Réciproquement, si M est simple, on a $\mathrm{M} = \mathrm{A}x$ pour tout $x \neq 0$ d'après b).

DÉFINITION 3. — *On appelle* radical *de la* k*-algèbre* A, *et on note* $\mathfrak{R}(\mathrm{A})$*, l'intersection des idéaux à gauche maximaux réguliers de* A.

Lorsque A est un anneau, tout idéal à gauche de A est régulier, donc la définition du radical coïncide avec la définition 2 de VIII, p. 150.

Exemples. — 1) Le radical de la k-algèbre $\mathrm{End}_k^{\mathrm{f}}(\mathrm{V})$ est réduit à 0 (VIII, p. 426, exemple 1). *Il en est de même pour les algèbres $\mathscr{C}_0(\mathrm{T})$ et $\mathrm{L}^1(\mathbf{R})$.*

2) Soit A un pseudo-anneau dans lequel tout élément est nilpotent. Le radical de A est égal à A, puisque A est le seul idéal à gauche régulier.

La proposition 5 entraîne aussitôt le résultat suivant :

PROPOSITION 6. — *Le radical de l'algèbre* A *est l'intersection des annulateurs des pseudomodules simples. C'est en particulier un idéal bilatère de* A.

PROPOSITION 7. — *Le radical de* A *est la trace sur* A *du radical de* $\widetilde{\mathrm{A}}$; *il est aussi égal au radical de l'algèbre opposée* A^{o} (*c'est-à-dire à l'intersection des idéaux à droite maximaux réguliers de* A). *Si l'anneau* k *est sans radical, le radical de* A *est égal à celui de* $\widetilde{\mathrm{A}}$.

L'égalité $\mathfrak{R}(\widetilde{\mathrm{A}}) \cap \mathrm{A} = \mathfrak{R}(\mathrm{A})$ résulte de la prop. 4 de VIII, p. 428, b). Comme $\widetilde{\mathrm{A}}$ et $\widetilde{\mathrm{A}}^{\mathrm{o}}$ ont le même radical (VIII, p. 152, cor. 1), on en déduit l'égalité $\mathfrak{R}(\mathrm{A}) = \mathfrak{R}(\mathrm{A}^{\mathrm{o}})$. Si k est sans radical, l'intersection des idéaux à gauche maximaux de $\widetilde{\mathrm{A}}$ contenant A est égale à A ; par suite, $\mathfrak{R}(\widetilde{\mathrm{A}})$ est contenu dans A, donc égal à $\mathfrak{R}(\mathrm{A})$.

Remarque. — Soient x et y des éléments de A ; on dit que x est *adverse à gauche de* y, ou que y est *adverse à droite de* x, si, dans $\widetilde{\mathrm{A}}$, $x - e$ est inverse à gauche de $y - e$, autrement dit si l'on a $x + y = xy$. D'après la prop. 7 et le théorème de Jacobson (VIII, p. 151, th. 1), le radical de A se compose des éléments x de A tels que $ux - e$ soit inversible à gauche dans $\widetilde{\mathrm{A}}$ pour tout u dans $\widetilde{\mathrm{A}}$. Comme on a $(a + \lambda e)x - e = ax + \lambda x - e$ (pour $a \in \mathrm{A}$, $\lambda \in k$), le radical de A est l'ensemble des éléments x de A tels que $ax + \lambda x$ ait un adverse à gauche dans A quels que soient $a \in \mathrm{A}$ et $\lambda \in k$.

4. Théorème de densité

Soit A une k-algèbre. Un pseudomodule à gauche M est dit *semi-simple* s'il est somme directe d'une famille de pseudomodules à gauche simples.

Lemme 1. — *Soit* M *un* A*-pseudomodule à gauche semi-simple. Soit* B *le bicommutant du* $\widetilde{\mathrm{A}}$*-module* M. *Alors tout sous-*A*-pseudomodule de* M *est un sous-*B*-module de* M.

Le $\widetilde{\mathrm{A}}$-module M est semi-simple. Soit N un sous-A-pseudomodule de M. Alors N est un sous-$\widetilde{\mathrm{A}}$-module de M. Par le cor. 2 de VIII, p. 52 il existe un projecteur p

du $\widetilde{A}$-module M d'image N. Comme on a la relation $pb = bp$ pour tout $b \in B$, on obtient que N est un sous-B-module de M.

Lemme 2. — Soit M *un* A*-pseudomodule à gauche semi-simple et soit* x *un élément de* M. *Il existe un élément* $a \in A$ *tel que* $ax = x$.

Soit N le A-pseudomodule à gauche $\widetilde{A}x/Ax$. Il vérifie $AN = \{0\}$. D'après le corollaire 3 de VIII, p. 52 appliqué aux $\widetilde{A}$-modules M et $\widetilde{A}x$, le A-pseudomodule N est semi-simple. Par définition, tout sous-pseudomodule simple S de N vérifie $AS \neq \{0\}$. Par conséquent, le pseudomodule N est nul et on obtient que $x \in Ax$.

THÉORÈME 1 (Théorème de densité de Jacobson). — *Soit* M *un* A*-pseudomodule à gauche semi-simple. Soit* b *un élément du bicommutant du* $\widetilde{A}$*-module* M. *Soit* $\{x_1, \ldots, x_n\}$ *une partie finie de* M. *Alors il existe un élément* $a \in A$ *tel que* $bx_i = ax_i$ *pour tout* $i \in [1, n]$.

Soit B le bicommutant du $\widetilde{A}$-module M. Le A-pseudomodule M^n est semi-simple. Soit $\boldsymbol{x} = (x_1, \ldots, x_n) \in M^n$. Il résulte du lemme 2 que $\boldsymbol{x} \in A\boldsymbol{x}$. Le bicommutant du $\widetilde{A}$-module M^n coïncide avec les homothéties du B-module M^n (VIII, p. 75, prop. 2). Par le lemme 1, le sous-A-pseudomodule $A\boldsymbol{x}$ de M^n est donc un sous-B-module de M^n. On en déduit l'inclusion $B\boldsymbol{x} \subset A\boldsymbol{x}$. Donc il existe $a \in A$ tel que $b\boldsymbol{x} = a\boldsymbol{x}$. Le résultat en découle.

EXERCICES

1) Soit A une k-algèbre.

a) Démontrer que le seul idéal régulier (à gauche ou à droite) contenant AA est A.

b) Pour qu'un idéal bilatère $\mathfrak{a}$ de A soit régulier en tant qu'idéal à gauche et en tant qu'idéal à droite, il faut et il suffit que la k-algèbre $A/\mathfrak{a}$ soit unifère.

2) Soient A une k-algèbre, $\mathfrak{a}$ et $\mathfrak{b}$ des idéaux (à gauche) réguliers de A.

a) Pour que l'idéal $\mathfrak{a} \cap \mathfrak{b}$ soit régulier, il faut et il suffit qu'il existe des unités à droite u modulo $\mathfrak{a}$ et v modulo $\mathfrak{b}$ telles que $u - v \in \mathfrak{a} + \mathfrak{b}$.

b) En déduire que $\mathfrak{a} \cap \mathfrak{b}$ est régulier si $\mathfrak{a}$ est bilatère et régulier à droite, ou si $\mathfrak{a}$ est maximal.

c) Soient K un corps commutatif, L la K-algèbre associative libre en deux indéterminées X et Y (III, p. 21), A la sous-K-algèbre de L formée des éléments de degré $\geqslant 1$. Prouver que les idéaux $A(1-X)$ et $A(1-Y)$ de A sont réguliers, mais que leur intersection est réduite à (0).

3) Soient A une k-algèbre, $\mathfrak{a}$ un idéal à gauche régulier de A, u et v des unités à droite modulo $\mathfrak{a}$.

a) Donner un exemple où $u - v$ n'appartient pas à $\mathfrak{a}$ (*cf.* III, p. 196, exerc. 1 du §9). En déduire un exemple où l'application $\widetilde{\mathfrak{a}} \mapsto \widetilde{\mathfrak{a}} \cap A$ (prop. 3 de VIII, p. 427) n'est pas injective.

b) On suppose que l'idéal $\mathfrak{a}$ est bilatère et que la k-algèbre $B = A/\mathfrak{a}$ ne contient pas d'idéal bilatère non nul $\mathfrak{b}$ tel que $B\mathfrak{b} = (0)$; prouver que $u - v$ appartient à $\mathfrak{a}$. Il en est ainsi en particulier lorsque A est commutative.

4) Soient A une k-algèbre, $\mathfrak{a}$ un idéal à gauche de A ; on considère $\mathfrak{a}$ comme une k-algèbre. Prouver qu'on a $\mathfrak{R}(A) \cap \mathfrak{a} \subset \mathfrak{R}(\mathfrak{a})$ (appliquer la prop. 7 de VIII, p. 431) et qu'il y a égalité si $\mathfrak{a}$ est bilatère (observer que tout pseudomodule simple sur A est simple sur $\mathfrak{a}$ ou annulé par $\mathfrak{a}$). Donner un exemple d'idéal à gauche $\mathfrak{a}$ tel que $\mathfrak{R}(A) \cap \mathfrak{a} \neq \mathfrak{R}(\mathfrak{a})$ (on pourra prendre pour A une algèbre de matrices).

¶ 5) On suppose que tout pseudomodule M sur A est somme directe de AM et du sous-pseudomodule de M formé des éléments annulés par A. Prouver que A est unifère (prenant $M = \widetilde{A}_s$, démontrer que A admet un élément unité à droite u ; prenant $M = A_s$, démontrer qu'on a $Ax \neq (0)$ pour tout élément non nul x de A ; conclure que u est aussi un élément unité à gauche).

6) On dit qu'une k-algèbre est *primitive* si elle admet un pseudomodule simple et fidèle (c'est-à-dire dont l'annulateur est réduit à (0)).

a) Montrer que si l'algèbre $\widetilde{A}$ est primitive il en est de même de A.

b) Si l'algèbre A est primitive et unifère, l'algèbre $\widetilde{A}$ n'est pas primitive.

c) On suppose que k est un corps et que l'algèbre A est primitive et non unifère ; prouver que $\widetilde{\mathrm{A}}$ est primitive (s'il existe un pseudomodule fidèle sur A qui n'est pas fidèle en tant que $\widetilde{\mathrm{A}}$-module, prouver que A admet un élément unité à droite u et en déduire une contradiction).

7) On dit que la k-algèbre A est *artinienne* si toute suite décroissante d'idéaux à gauche de A est stationnaire. Pour que l'anneau $\widetilde{\mathrm{A}}$ soit artinien, il faut et il suffit que l'algèbre A et l'anneau k soient artiniens. Si k est un corps, démontrer qu'une algèbre artinienne sans radical A est unifère (remarquer que l'algèbre $\widetilde{\mathrm{A}}$ est semi-simple).

8) On suppose que k est un corps et A une algèbre primitive sur k. Démontrer que si A admet un idéal à gauche non nul de dimension finie sur k, l'algèbre A est de dimension finie sur k et par suite un anneau simple (*cf.* exerc. 7).

9) On suppose que k est un corps et que A est une k-algèbre nilpotente, c'est-à-dire qu'il existe un entier n tel que $\mathrm{A}^n = \{0\}$. Prouver que A est de dimension finie sur k (raisonner par récurrence sur le plus petit entier n tel que $\mathrm{A}^n = \{0\}$).

10) On suppose que k est un corps, que A est une k-algèbre de dimension infinie sur k et que tout idéal à gauche de A distinct de A est de dimension finie sur k.

a) Prouver qu'on a $\mathrm{A}\mathfrak{a} = (0)$ pour tout idéal à gauche $\mathfrak{a} \neq \mathrm{A}$ (considérer l'homomorphisme $\gamma : \mathrm{A} \to \mathrm{End}_k(\mathfrak{a})$).

b) Soit $\mathfrak{r}$ la somme des idéaux à gauche maximaux de A. Prouver que $\mathfrak{r}$ est distinct de A (utiliser l'exerc. 9), que $\mathfrak{r}$ est un idéal bilatère et que $\mathrm{A}/\mathfrak{r}$ est un corps (*cf.* exerc. 7).

c) Soit u une unité (à gauche et à droite) modulo $\mathfrak{r}$; démontrer qu'on a $\mathfrak{r}u = \mathfrak{r}$ (observer qu'on a $\mathrm{A}u = \mathrm{A}$).

d) Prouver que $\mathfrak{r}\mathrm{A}$ est nul (considérer l'annulateur à droite de $\mathfrak{r}$ dans A, en raisonnant comme en *a*)), puis que $\mathfrak{r}$ est nul ; conclure que A est un corps.

¶ 11) On suppose que k est un corps, que A est une k-algèbre et que toute suite décroissante de sous-algèbres de A est stationnaire.

a) Prouver que l'algèbre A est artinienne et que son radical est de dimension finie sur k (appliquer l'exerc. 9).

b) Soit S un composant simple de $\mathrm{A}/\mathfrak{R}(\mathrm{A})$ (exerc. 7) ; il est isomorphe à une algèbre de matrices sur un corps D, de centre Z. Prouver que D est de dimension finie sur Z (si D contient un élément transcendant sur Z, construire une suite infinie strictement décroissante de sous-corps de D ; si D est algébrique et de dimension infinie sur Z, construire une suite infinie strictement croissante de sous-corps de D et considérer leurs commutants dans D).

c) Si Z est de dimension infinie sur k, prouver qu'on a S = D (considérer les sous-algèbres nilpotentes de B).

d) Prouver que Z est une extension algébrique de k. Soient p l'exposant caractéristique de k et L la plus grande extension séparable de k contenue dans Z ; démontrer que $L \cap Z^p$ est de degré fini sur L^p (considérer une p-base de $L \cap Z^p$ sur L^p).

e) Toute suite décroissante de sous-extensions de L est stationnaire. Démontrer par un exemple que cette condition n'entraîne pas que L soit de degré fini sur k (*cf.* V, p. 157, exerc. 3).

f) Inversement, soit B une k-algèbre satisfaisant aux conditions de *a*), telle que tout composant simple de $B/\mathfrak{R}(B)$ satisfasse aux conditions de *b*), *c*), *d*) et *e*). Prouver que toute suite décroissante de sous-algèbres de B est stationnaire.

(Se ramener au cas où B est un corps, de centre Z. Soit (D_n) une suite décroissante de sous-corps de B ; on peut supposer que le corps D engendré par D_n et Z est indépendant de n. Remarquer qu'on peut écrire $D = E \otimes_L Z$, où L est un sous-corps de Z de degré fini sur k et E un corps dont le centre contient L et est de degré fini sur L ; démontrer qu'alors D_n est le corps engendré par E et $D_n \cap Z$. On est ainsi ramené au cas où B est un corps commutatif, extension radicielle de k ; si (F_n) est une suite décroissante de sous-extensions de B, considérer les sous-corps $k(F_n^{p^\infty})$, avec $F_n^{p^\infty} = \bigcap_f F_n^{p^f}$.)

¶ 12) *a*) On suppose que k est un corps, que la k-algèbre A est artinienne et que toute suite croissante de sous-algèbres de A est stationnaire. Prouver que A est de degré fini sur k (raisonner comme dans l'exerc. 11 ; on notera que le corps $k(X)$ contient une suite infinie strictement croissante de sous-algèbres en utilisant VII, p. 6, prop. 6).

b) Démontrer que dans l'algèbre de polynômes $k[X]$, toute suite croissante de sous-algèbres est stationnaire (soient $f \in k[X]$ un polynôme non constant et A la sous-k-algèbre de $k[X]$ engendrée par 1 et f ; observer que A est un anneau principal et $k[X]$ un A-module de type fini).

13) On suppose que k est un corps et que A admet une base finie sur k formée d'éléments nilpotents. Prouver que A est nilpotente (exerc. 9 ; se ramener au cas où l'algèbre A est semi-simple (*cf.* exerc. 7), puis de la forme $\mathbf{M}_n(K)$ en étendant le corps de base).

14) Soient A et B des k-algèbres ; on appelle (A, B)-*pseudobimodule* un ensemble E muni d'une structure de pseudomodule à gauche sur A et d'une structure de pseudomodule à droite sur B telles que les structures de k-module sous-jacentes coïncident ; il revient au même de se donner sur E une structure de bimodule sur les algèbres $\widetilde{A}$ et $\widetilde{B}$. On appelle *multiplicateur* de E un couple (S, D) où $S : B \to E$ est un homomorphisme de B-pseudomodules à droite et $D : A \to E$ un homomorphisme de A-pseudomodules à gauche, satisfaisant à $aS(b) = D(a)b$ pour $a \in A$, $b \in B$. On note $\mathscr{M}(E)$ l'ensemble des multiplicateurs de E ; il admet une structure naturelle de k-module.

a) Pour tout $x \in E$ on note D_x (resp. S_x) l'application $a \mapsto ax$ (resp. $b \mapsto xb$). Montrer que le couple $m_x = (D_x, S_x)$ est un multiplicateur de E.

b) Pour tout $m = (\mathrm{S}, \mathrm{D}) \in \mathscr{M}(\mathrm{E})$, $a \in \mathrm{A}$ et $b \in \mathrm{B}$, on pose $am = m_{\mathrm{D}(a)}$, et $mb = m_{\mathrm{S}(b)}$. Démontrer que l'on définit ainsi sur le k-module $\mathscr{M}(\mathrm{E})$ une structure de (A, B)-pseudobimodule et que l'application $x \mapsto m_x$ est un homomorphisme de (A, B)-pseudobimodules.

15) Soit A une k-algèbre. On appelle *multiplicateur de* A tout multiplicateur du (A, A)-pseudobimodule A. On note $\mathscr{M}(\mathrm{A})$ la k-algèbre des multiplicateurs de A.

a) Démontrer que l'application $\mu : a \mapsto m_a$ est un homomorphisme de k-algèbres et qu'on a $am = m_a m$ et $ma = mm_a$ pour $a \in \mathrm{A}, m \in \mathscr{M}(\mathrm{A})$. L'image de l'homomorphisme μ est ainsi un idéal bilatère de l'anneau $\mathscr{M}(\mathrm{A})$.

b) Un idéal bilatère $\mathfrak{b}$ d'une k-algèbre A est dit *fidèle* si ses annulateurs à droite et à gauche sont nuls. Montrer que si A est fidèle dans A, l'homomorphisme μ est injectif et l'idéal $\mu(\mathrm{A})$ est fidèle dans $\mathscr{M}(\mathrm{A})$.

c) Soit B une k-algèbre unifère contenant A comme idéal bilatère. Pour $b \in \mathrm{B}$, soient σ_b et δ_b les applications de A dans A telles que pour $a \in \mathrm{A}$, $\sigma_b(a) = ba$ et $\delta_b(a) = ab$, et posons $\pi(b) = (\sigma_b, \delta_b)$. Montrer que $\pi(b) \in \mathscr{M}(\mathrm{A})$ pour tout $b \in \mathrm{B}$ et que l'application $\pi : \mathrm{B} \to \mathscr{M}(\mathrm{A})$ ainsi définie est un homomorphisme d'anneaux dont la restriction à A est l'application $a \mapsto m_a$. Montrer que π est injectif si l'idéal A est fidèle dans B.

APPENDICE 2
DÉTERMINANTS SUR UN CORPS NON COMMUTATIF

Dans cet appendice, la lettre D *désigne un corps et* D^*_{ab} *le quotient du groupe multiplicatif* D^* *de* D *par son sous-groupe dérivé* (I, p. 67). *Le groupe* D^*_{ab} *est commutatif et* D^*_{ab} *s'identific à* D^* *si le corps* D *est commutatif. On note* π *l'homomorphisme canonique de* D^* *sur* D^*_{ab}.

1. Une généralisation des formes multilinéaires alternées

Soit V un espace vectoriel *à droite* sur le corps D, de dimension finie $n \geqslant 0$. On note B(V) l'ensemble des bases de V et $\Omega(V)$ l'ensemble des applications ω de B(V) dans D^*_{ab} qui satisfont aux deux conditions suivantes :

a) *Si* $\lambda_1, \ldots, \lambda_n$ *sont des éléments de* D^*, *on a*

(1) $$\omega(v_1\lambda_1, \ldots, v_n\lambda_n) = \pi(\lambda_1 \ldots \lambda_n)\omega(v_1, \ldots, v_n)$$

pour toute base $(v_1, \ldots, v_n)$ *de* V.

b) *Si* i *et* j *sont deux entiers distincts de l'intervalle* $[1, n]$, *on a*

(2) $$\omega(v_1, \ldots, v_{i-1}, v_i + v_j, v_{i+1}, \ldots, v_n) = \omega(v_1, \ldots, v_n)$$

pour toute base $(v_1, \ldots, v_n)$ *de* V.

Soit ω un élément de $\Omega(V)$. Soient $(v_1, \ldots, v_n)$ une base de V et i un entier de l'intervalle $[1, n-1]$; d'après la propriété b), on a

$$\begin{aligned}\omega(v_1, \ldots, v_i, v_{i+1}, \ldots, v_n) &= \omega(v_1, \ldots, v_i + v_{i+1}, v_{i+1}, \ldots, v_n)\\ &= \omega(v_1, \ldots, v_i + v_{i+1}, v_{i+1} - (v_i + v_{i+1}), \ldots, v_n)\\ &= \omega(v_1, \ldots, v_i + v_{i+1}, \quad v_i, \ldots, v_n)\\ &= \omega(v_1, \ldots, (v_i + v_{i+1}) - v_i, -v_i, \ldots, v_n),\end{aligned}$$

d'où finalement

(3) $$\omega(v_1, \ldots, v_i, v_{i+1}, \ldots, v_n) = \pi(-1)\omega(v_1, \ldots, v_{i+1}, v_i, \ldots, v_n).$$

Comme le groupe symétrique $\mathfrak{S}_n$ est engendré par les transpositions de deux éléments consécutifs de l'intervalle $[1, n]$ (I, p. 61, prop. 9), la formule (3) se généralise en

(4) $$\omega(v_{\sigma(1)}, \ldots, v_{\sigma(n)}) = \pi(\varepsilon(\sigma))\omega(v_1, \ldots, v_n),$$

où σ appartient à $\mathfrak{S}_n$ et $\varepsilon(\sigma)$ désigne sa signature (I, p. 62).

La formule (2) se généralise comme suit. Tout d'abord, pour tout λ dans D^*, on a

$$\begin{aligned}\omega(v_1, \ldots, v_n) &= \pi(\lambda)\omega(v_1, \ldots, v_i\lambda^{-1}, \ldots, v_n) \\ &= \pi(\lambda)\omega(v_1, \ldots, v_i\lambda^{-1} + v_j, \ldots, v_n) \\ &= \omega(v_1, \ldots, (v_i\lambda^{-1} + v_j)\lambda, \ldots, v_n)\end{aligned}$$

c'est-à-dire

(5) $$\omega(v_1, \ldots, v_n) = \omega(v_1, \ldots, v_i + v_j\lambda, \ldots, v_n).$$

Par une récurrence immédiate, on en déduit

(6) $$\omega(v_1, \ldots, v_n) = \omega(v_1, \ldots, v_i + w, \ldots, v_n).$$

pour toute combinaison linéaire $w = \sum_{j \neq i} v_j\lambda_j$ des vecteurs v_j pour j distinct de i dans l'intervalle $[1, n]$.

2. Un théorème d'unicité

Dans ce numéro, pour tout entier strictement positif m, tout entier i de l'intervalle $[1, m]$ et toute suite $(v_1, \ldots, v_m)$ de V^m, on notera $(v_1, \ldots, \widehat{v_i}, \ldots, v_m)$ la suite $(v_1, \ldots, v_{i-1}, v_{i+1}, \ldots, v_m)$ de V^{m-1}.

PROPOSITION 1. — *Soient* W *un hyperplan de* V *et e un vecteur de* V — W. *Soit φ un élément de* Ω(W). *Il existe un élément ω de* Ω(V), *et un seul, tel que l'on ait*

(7) $$\omega(w_1, \ldots, w_{n-1}, e) = \varphi(w_1, \ldots, w_{n-1})$$

pour toute base de $(w_1, \ldots, w_{n-1})$ de W.

A) *Unicité de* ω : Soit ω un élément de $\Omega(V)$. Soit $(v_1, \ldots, v_n)$ une base de V, et soient $\mu_1, \ldots, \mu_n$ les coordonnées de e dans cette base. Désignons par I l'ensemble des entiers compris entre 1 et n tels que $\mu_i \neq 0$; il n'est pas vide. Soit i un élément de I ; la suite $(v_1, \ldots, \widehat{v_i}, \ldots, v_n, e)$ est une base de V et, comme $e - v_i\mu_i$ est combinaison linéaire de la suite $(v_1, \ldots, \widehat{v_i}, \ldots, v_n)$, la formule (6) entraîne

$$\omega(v_1, \ldots, \widehat{v_i}, \ldots, v_n, v_i\mu_i) = \omega(v_1, \ldots, \widehat{v_i}, \ldots, v_n, e). \tag{8}$$

Il résulte des formules (1) et (3) que le premier membre de cet égalité est égal à $\pi(-1)^{n-i}\pi(\mu_i)\omega(v_1, \ldots, v_n)$. Notons p le projecteur de V d'image W et de noyau eD. Les vecteurs $v_j - p(v_j)$ sont proportionnels à e, et une application répétée de la formule (6) montre que le second membre de la formule (8) est égal à $\omega(p(v_1), \ldots, \widehat{p(v_i)}, \ldots, p(v_n), e)$.

De tout ceci il résulte que si ω satisfait à la relation (7), on a

$$\omega(v_1, \ldots, v_n) = \pi(-1)^{n-i}\pi(\mu_i)^{-1}\varphi(p(v_1), \ldots, \widehat{p(v_i)}, \ldots, p(v_n)) \tag{9}$$

pour tout i dans I ce qui prouve l'unicité de ω.

B) *Construction de* ω : Soit $(v_1, \ldots, v_n)$ une base de V ; on définit $\mu_1, \ldots, \mu_n$ et I comme ci-dessus. Pour tout i dans I, l'hypothèse $\mu_i \neq 0$ entraîne que la suite $(v_1, \ldots, \widehat{v_i}, \ldots, v_n, e)$ engendre l'espace V, donc la suite $(p(v_1), \ldots, \widehat{p(v_i)}, \ldots, p(v_n))$ engendre l'espace $W = p(V)$. Autrement dit, cette dernière suite est une base de W, et l'on peut définir l'élément

$$t_i = \pi(-1)^{n-i}\pi(\mu_i)^{-1}\varphi(p(v_1), \ldots, \widehat{p(v_i)}, \ldots, p(v_n)) \tag{10}$$

de D^*_{ab}.

Soient i et j deux éléments de I tels que $i < j$; démontrons l'égalité $t_i = t_j$. Par définition, le vecteur $v_i\mu_i + v_j\mu_j - e$ est combinaison linéaire des vecteurs $p(v_k)$ pour k distinct de i et j ; par suite $p(v_i)\mu_i + p(v_j)\mu_j$ est combinaison linéaire des vecteurs $p(v_k)$ pour k distinct de i et j. D'après la formule (6), on a donc

$$\begin{aligned}\varphi(p(v_1), \ldots, \widehat{p(v_i)}, \ldots, \widehat{p(v_j)}, \ldots, p(v_n), p(v_i)\mu_i)\\ = \varphi(p(v_1), \ldots, \widehat{p(v_i)}, \ldots, \widehat{p(v_j)}, \ldots, p(v_n), -p(v_j)\mu_j).\end{aligned}$$

Par application des formules (1) et (3), on en déduit

$$\begin{aligned}\varphi(p(v_1), \ldots, \widehat{p(v_j)}, \ldots, p(v_n))\pi(\mu_i)\pi(-1)^{n-i-1}\\ = \varphi(p(v_1), \ldots, \widehat{p(v_i)}, \ldots, p(v_n))\pi(-\mu_j)\pi(-1)^{n-j},\end{aligned}$$

d'où $t_i = t_j$.

Ceci étant prouvé, on définit $\omega(v_1, \ldots, v_n)$ comme la valeur commune des t_i pour i parcourant I. On a ainsi construit une application ω de B(V) dans $\mathrm{D}^*_{\mathrm{ab}}$ qui satisfait à la relation (9). Soit $(w_1, \ldots, w_{n-1})$ une base de W ; si l'on pose $v_i = w_i$ pour $1 \leqslant i \leqslant n-1$ et $v_n = e$, on a $\mathrm{I} = \{n\}$ et $\mu_n = 1$; on a par ailleurs $p(v_i) = w_i$ pour $1 \leqslant i \leqslant n-1$ et la formule $\omega(w_1, \ldots, w_{n-1}, e) = \varphi(w_1, \ldots, w_{n-1})$ est un cas particulier de (9).

Il s'agit maintenant de prouver que ω appartient à $\Omega(\mathrm{V})$.

C) *Preuve de la formule* (1) : Soient $\lambda_1, \ldots, \lambda_n$ des éléments de D^* et $(v_1, \ldots, v_n)$ une base de V. On définit $\mu_1, \ldots, \mu_n$ et I comme ci-dessus ; choisissons i dans I. Comme on a $e = \sum_{j=1}^{n} (v_j\lambda_j)(\lambda_j^{-1}\mu_j)$, la formule (9) entraîne

$$\text{(11)} \quad \omega(v_1\lambda_1, \ldots, v_n\lambda_n) = \pi(-1)^{n-i}\pi(\lambda_i^{-1}\mu_i)^{-1}\varphi(p(v_1)\lambda_1, \ldots, \widehat{p(v_i)\lambda_i}, \ldots, p(v_n)\lambda_n).$$

Mais on a $\pi(\lambda_i^{-1}\mu_i)^{-1} = \pi(\mu_i)^{-1}\pi(\lambda_i)$ et

$$\varphi(p(v_1)\lambda_1, \ldots, \widehat{p(v_i)\lambda_i}, \ldots, p(v_n)\lambda_n) = \varphi(p(v_1), \ldots, \widehat{p(v_i)}, \ldots, p(v_n))\pi(\lambda_1 \ldots \widehat{\lambda_i} \ldots \lambda_n) ;$$

la comparaison des formules (9) et (11) établit la relation cherchée

$$\omega(v_1\lambda_1, \ldots, v_n\lambda_n) = \omega(v_1, \ldots, v_n)\pi(\lambda_1 \ldots \lambda_n).$$

D) *Preuve de la formule* (2) : Soient $(v_1, \ldots, v_n)$ une base de V et i, j deux entiers distincts dans l'intervalle $[1, n]$; définissons $\mu_1, \ldots, \mu_n$ comme précédemment. Considérons la base $(v'_1, \ldots, v'_n)$ de V définie par $v'_i = v_i + v_j$ et $v'_k = v_k$ pour $k \neq i$, et introduisons les coordonnées $\mu'_1, \ldots, \mu'_n$ de e par rapport à cette base ; elles satisfont à $\mu'_j = \mu_j - \mu_i$ et $\mu'_k = \mu_k$ pour $k \neq j$. On pose $t = \omega(v_1, \ldots, v_n)$ et $t' = \omega(v'_1, \ldots, v'_n)$. Il s'agit de prouver l'égalité de t et t'.

Remarquons d'abord que, par définition de ω, on a

$$\text{(12)} \quad t = \pi(-1)^{n-k}\pi(\mu_k)^{-1}\varphi(p(v_1), \ldots, \widehat{p(v_k)}, \ldots, p(v_n)),$$

$$\text{(13)} \quad t' = \pi(-1)^{n-k}\pi(\mu'_k)^{-1}\varphi(p(v'_1), \ldots, \widehat{p(v'_k)}, \ldots, p(v'_n)),$$

pour tout k tel que μ_k et μ'_k soient non nuls.

a) Si $\mu_i \neq 0$, les suites $(p(v_1), \ldots, \widehat{p(v_k)}, \ldots, p(v_n))$ et $(p(v'_1), \ldots, \widehat{p(v'_k)}, \ldots, p(v'_n))$ sont égales et l'on a $\mu_i = \mu'_i$, d'où $t = t'$.

b) S'il existe un indice k, distinct de i et de j, tel que $\mu_k \neq 0$, on a $p(v'_l) = p(v_l)$ pour $l \neq i$ et $p(v'_i) = p(v_i) + p(v_j)$; les éléments $p(v_i)$ et $p(v_j)$ appartiennent tous les deux à la suite $(p(v_1), \ldots, \widehat{p(v_k)}, \ldots, p(v_n))$. Comme φ appartient à $\Omega(\mathrm{W})$ la formule (2) de VIII, p. 437 s'applique et donne

$$\varphi(p(v_1),\ldots,\widehat{p(v_k)},\ldots,p(v_n)) = \varphi(p(v'_1),\ldots,\widehat{p(v'_k)},\ldots,p(v'_n)).$$

Mais on a aussi $\mu_k = \mu'_k$, d'où $t = t'$.

c) Il reste à examiner le cas où le seul indice k tel que $\mu_k \neq 0$ est j. On a alors $\mu'_j = \mu_j$, $e = v_j\mu_j$ et $p(v_j) = 0$. Faisons $k = j$ dans les formules (12) et (13). Comme les suites $(p(v_1),\ldots,\widehat{p(v_j)},\ldots,p(v_n))$ et $(p(v'_1),\ldots,\widehat{p(v'_j)},\ldots,p(v'_n))$ sont égales, on a $t = t'$.

COROLLAIRE 1. — *Soient* $(e_1,\ldots,e_n)$ *une base de* V *et* t *un élément de* $\mathrm{D}^*_{\mathrm{ab}}$. *Il existe un élément* ω *de* $\Omega(\mathrm{V})$, *et un seul, tel que* $\omega(e_1,\ldots,e_n) = t$.

Démontrons le corollaire par récurrence sur n. Si $n = 0$, V admet pour seule base la base vide, de sorte que l'assertion est vérifiée. Supposons donc $n \geqslant 1$; notons W le sous-espace de V engendré par $e_1,\ldots,e_{n-1}$. D'après la prop. 1, il existe une bijection Λ de $\Omega(\mathrm{V})$ sur $\Omega(\mathrm{W})$ satisfaisant à

$$(\Lambda(\omega))(w_1,\ldots,w_{n-1}) = \omega(w_1,\ldots,w_{n-1},e_n)$$

pour toute base $(w_1,\ldots,w_{n-1})$ de W et tout ω dans $\Omega(\mathrm{V})$. Par hypothèse de récurrence, il existe un unique élément φ de $\Omega(\mathrm{W})$ tel que $\varphi(e_1,\ldots,e_{n-1}) = t$. La relation $\omega(e_1,\ldots,e_n) = t$, pour ω dans $\Omega(\mathrm{V})$ équivaut à $\Lambda(\omega) = \varphi$, d'où le corollaire 1.

COROLLAIRE 2. — *Soient* ω *et* ω' *deux éléments de* $\Omega(\mathrm{V})$. *il existe un unique élément* t *de* $\mathrm{D}^*_{\mathrm{ab}}$ *tel que* $\omega' = t\omega$.

Remarque. — Supposons le corps D *commutatif*. Par définition, B(V) est une partie de V^n. Il est clair que la restriction à B(V) d'une forme n-linéaire alternée non nulle $f : \mathrm{V}^n \to \mathrm{D}$ appartient à $\Omega(\mathrm{V})$. Par ailleurs, si $(e_1,\ldots,e_n)$ est une base de V et t un élément non nul de D, il existe une unique forme n-linéaire alternée f telle que $f(e_1,\ldots,e_n) = t$ (III, p. 80 et p. 87). D'après le cor. 1, $\Omega(\mathrm{V})$ *se compose des restrictions à* B(V) *des formes* n*-linéaires alternées non nulles.*

3. Déterminant d'un automorphisme

Supposons d'abord le corps D commutatif. Compte tenu de la remarque ci-dessus, le déterminant d'un automorphisme u de V est l'unique élément $\det u$ de D^* tel que l'on ait

$$\omega(u(v_1),\ldots,u(v_n)) = (\det u)\omega(v_1,\ldots,v_n) \tag{14}$$

pour toute base $(v_1, \ldots, v_n)$ de V et tout élément ω de $\Omega(\mathrm{V})$.

Revenons au cas où D n'est plus supposé commutatif.

PROPOSITION 2. — a) *Soit u un automorphisme de* V. *Il existe un unique élément de* $\mathrm{D}^*_{\mathrm{ab}}$ *noté* $\det u$ *et appelé le* déterminant de u, *tel que l'on ait*

$$\omega(u(v_1), \ldots, u(v_n)) = (\det u)\omega(v_1, \ldots, v_n) \tag{15}$$

pour toute base $(v_1, \ldots, v_n)$ *de* V *et tout* ω *dans* $\Omega(\mathrm{V})$.

b) *L'application* $u \mapsto \det u$ *de* $\mathbf{GL}(\mathrm{V})$ *dans* $\mathrm{D}^*_{\mathrm{ab}}$ *est un homomorphisme de groupes.*

Soit ω_0 un élément de $\Omega(\mathrm{V})$. L'application $(v_1, \ldots, v_n) \mapsto \omega_0(u(v_1), \ldots, u(v_n))$ de B(V) dans $\mathrm{D}^*_{\mathrm{ab}}$ appartient à $\Omega(\mathrm{V})$; d'après le cor. 2 de VIII, p. 441, il existe un unique élément t de $\mathrm{D}^*_{\mathrm{ab}}$ tel que l'on ait

$$\omega_0(u(v_1), \ldots, u(v_n)) = t\omega_0(v_1, \ldots, v_n)$$

pour $(v_1, \ldots, v_n)$ dans B(V). Si ω est un autre élément de $\Omega(\mathrm{V})$, il existe un élément s de $\mathrm{D}^*_{\mathrm{ab}}$ tel que

$$\omega(v_1, \ldots, v_n) = s\omega_0(v_1, \ldots, v_n)$$

pour toute base $(v_1, \ldots, v_n)$ de V (*loc. cit.*). On en déduit aussitôt la relation

$$\omega(u(v_1), \ldots, u(v_n)) = t\omega(v_1, \ldots, v_n).$$

Ceci prouve a) ; l'assertion b) est une conséquence immédiate de a).

4. Déterminant d'une matrice carrée

Soit n un entier positif. Appliquons ce qui précède à l'espace vectoriel à droite D^n_d sur le corps D ; les éléments de D^n_d sont interprétés comme des matrices à n lignes et une colonne. Soit $(\varepsilon_1, \ldots, \varepsilon_n)$ la base canonique de D^n_d. D'après le cor. 2 de VIII, p. 441, il existe un unique élément ω_0 de $\Omega(\mathrm{D}^n_d)$ tel que $\omega_0(\varepsilon_1, \ldots, \varepsilon_n) = 1$. Si A est un élément de $\mathbf{GL}_n(\mathrm{D})$, ses colonnes $a_1, \ldots, a_n$ forment une base de D^n_d ; l'élément $\omega_0(a_1, \ldots, a_n)$ de $\mathrm{D}^*_{\mathrm{ab}}$ d'appelle le *déterminant* de A et se note $\det(A)$. Comme on a $a_i = A\varepsilon_i$ pour $1 \leqslant i \leqslant n$, le déterminant de A n'est autre que le déterminant de l'automorphisme $x \mapsto Ax$ de D^n_d. En particulier, si le corps D est commutatif, le déterminant de A coïncide avec celui qu'on a défini en III, p. 92.

Soit V un espace vectoriel à droite, de dimension finie n sur le corps D, et soit $(e_1, \ldots, e_n)$ une base de V. Si u est un automorphisme de V et A la matrice de u par rapport à la base $(e_1, \ldots, e_n)$, on a $\det(u) = \det(A)$.

On note (E_{ij}) la famille des unités matricielles de $\mathbf{M}_n(\mathrm{D})$ (II. p. 142). Pour tout élément λ de D et tout couple (i, j) d'entiers distincts dans $[1, n]$, on pose (II, p. 161)

$$B_{ij}(\lambda) = I_n + \lambda E_{ij};$$

c'est un élément de $\mathbf{GL}_n(\mathrm{D})$. Si $\lambda_1, \ldots, \lambda_n$ sont des éléments de D^*, la matrice diagonale $\mathrm{diag}(\lambda_1, \ldots, \lambda_n)$ appartient aussi à $\mathbf{GL}_n(\mathrm{D})$.

PROPOSITION 3. — *L'application* det *est l'unique homomorphisme de* $\mathbf{GL}_n(\mathrm{D})$ *dans* $\mathrm{D}^*_{\mathrm{ab}}$ *qui satisfait aux relations*

$$\det(B_{ij}(1)) = 1 \tag{16}$$

pour $i \neq j$ *et*

$$\det(\mathrm{diag}(\lambda_1, \ldots, \lambda_n)) = \pi(\lambda_1 \ldots \lambda_n), \tag{17}$$

pour $\lambda_1, \ldots, \lambda_n \in \mathrm{D}^*$

Soient A un élément de $\mathbf{GL}_n(\mathrm{D})$ et $a_1, \ldots, a_n$ ses colonnes. On a

$$\det(A) = \omega_0(a_1, \ldots, a_n)$$

Or les colonnes de la matrice $A\,\mathrm{diag}(\lambda_1, \ldots, \lambda_n)$ sont $a_1\lambda_1, \ldots, a_n\lambda_n$ et celles de la matrice $AB_{ij}(1)$ dont $a_1, \ldots, a_j + a_i, a_{j+1}, \ldots, a_n$. Comme ω_0 est l'unique élément de $\Omega(\mathrm{D}^n_d)$ tel que $\omega_0(\varepsilon_1, \ldots, \varepsilon_n) = 1$, on voit que le déterminant est l'unique application $\varphi : \mathbf{GL}_n(\mathrm{D}) \to \mathrm{D}^*_{\mathrm{ab}}$ qui satisfait aux relations

$$\varphi(A\,\mathrm{diag}(\lambda_1, \ldots, \lambda_n)) = \varphi(A)\pi(\lambda_1 \ldots \lambda_n) \tag{18}$$

$$\varphi(AB_{ij}(1)) = \varphi(A) \qquad \text{pour } i \neq j \tag{19}$$

$$\varphi(I_n) = 1. \tag{20}$$

Cela prouve tout d'abord que que l'application déterminant satisfait aux relations (16) et (17). Nous savons déjà que cette application est un homomorphisme de $\mathbf{GL}_n(\mathrm{D})$ dans $\mathrm{D}^*_{\mathrm{ab}}$. Inversement, si φ est un homomorphisme de $\mathbf{GL}_n(\mathrm{D})$ dans $\mathrm{D}^*_{\mathrm{ab}}$ tel que $\varphi(B_{ij}(1)) = 1$ pour $i \neq j$ et $\varphi(\mathrm{diag}(\lambda_1, \ldots, \lambda_n)) = \pi(\lambda_1 \ldots \lambda_n)$, alors φ satisfait aux relations (18) à (20) et est donc égal à det.

Exemples. — 1) Les colonnes de la matrice $B_{ij}(\lambda)$ sont $\varepsilon_1, \ldots, \varepsilon_j + \varepsilon_i\lambda, \varepsilon_{i+1}, \ldots, \varepsilon_n$. Compte tenu de la formule (5) de VIII, p. 438, on a

$$\det(B_{ij}(\lambda)) = 1. \tag{21}$$

2) Soit σ une permutation de l'intervalle $[1, n]$ de $\mathbf{N}$, de signature $\varepsilon(\sigma)$. Soit $M(\sigma)$ la matrice de la permutation σ (II, p. 151). Les colonnes de la matrice $M(\sigma)$ sont $\varepsilon_{\sigma(1)}, \ldots, \varepsilon_{\sigma(n)}$. Par application de la formule (4) de VIII, p. 438, on a donc

$$\det(M(\sigma)) = \pi(\varepsilon(\sigma)). \tag{22}$$

3) Supposons $n \geqslant 1$. Pour toute matrice diagonale inversible de la forme $\Delta = \operatorname{diag}(d_1, \ldots, d_n)$, on a $\Delta B_{ij}(\lambda)\Delta^{-1} = B_{ij}(d_i \lambda d_j^{-1})$. Soit A un élément de $\mathbf{GL}_n(\mathrm{D})$. D'après le cor. 1 de II, p. 162 et la formule précédente, il existe des matrices P et Δ dans $\mathbf{GL}_n(\mathrm{D})$ telles que $A = P\Delta$, que P soit produit de matrices de la forme $B_{ij}(\lambda)$ et que Δ soit une matrice diagonale de la forme $\operatorname{diag}(1, \ldots, 1, d)$. On a $\det(P) = 1$ d'après l'exemple 1, donc $\det(A) = \det(\Delta) = \pi(d)$ par la prop. 3.

4) Soit D' un corps et soit u un homomorphisme de D dans D'. Par passage aux quotients, u définit un homomorphisme de groupes u_{ab} de $\mathrm{D}^*_{\mathrm{ab}}$ dans $\mathrm{D}'^*_{\mathrm{ab}}$. Soit u_n l'homomorphisme de $\mathbf{GL}_n(\mathrm{D})$ dans $\mathbf{GL}_n(\mathrm{D}')$ qui transforme une matrice $A = (a_{ij})$ en la matrice $(u(a_{ij}))$. La formule

$$\det(u_n(A)) = u_{\mathrm{ab}}(\det(A)) \tag{23}$$

pour $A \in \mathbf{GL}_n(\mathrm{D})$, résulte aussitôt de l'exemple 3.

5) On a $\mathbf{GL}_1(\mathrm{D}) = \mathrm{D}^*$ et la prop. 3 montre que l'on a $\det(a) = \pi(a)$ pour a dans $\mathbf{GL}_1(\mathrm{D})$.

6) Supposons que l'on ait $n = 2$. Soit $A = \left(\begin{smallmatrix} a & b \\ c & d \end{smallmatrix}\right)$ un élément de $\mathbf{GL}_2(\mathrm{D})$. Les éléments a et c de D ne sont pas tous deux nuls. Nous allons expliciter le déterminant de A.

a) Si a n'est pas nul, on a

$$A = \begin{pmatrix} 1 & 0 \\ ca^{-1} & 1 \end{pmatrix} \begin{pmatrix} a & 0 \\ 0 & d - ca^{-1}b \end{pmatrix} \begin{pmatrix} 1 & a^{-1}b \\ 0 & 1 \end{pmatrix}. \tag{24}$$

D'où $ad - aca^{-1}b \neq 0$ et

$$\det(A) = \pi(ad - aca^{-1}b). \tag{25}$$

b) Si a est nul, on a $c \neq 0$ et

$$A = \begin{pmatrix} 0 & b \\ c & d \end{pmatrix} = \begin{pmatrix} 0 & 1 \\ 1 & 0 \end{pmatrix} \begin{pmatrix} c & d \\ 0 & b \end{pmatrix}, \tag{26}$$

d'où d'après a) et l'exemple 2, $cb \neq 0$ et

$$\det(A) = \pi(-cb). \tag{27}$$

7) Soit D° le corps opposé de D. L'application $A \mapsto {}^tA$ de $\mathbf{M}_n(D)$ dans $\mathbf{M}_n(D^{\circ})$ satisfait à ${}^t(AB) = {}^tB\,{}^tA$. Pour toute matrice A dans $\mathbf{GL}_n(D)$, la matrice transposée ${}^tA$ est donc inversible dans $\mathbf{M}_n(D^{\circ})$, mais *elle n'est pas nécessairement inversible dans* $\mathbf{M}_n(D)$. Il résulte de l'exemple 3 que si A appartient à $\mathbf{GL}_n(D)$, les éléments A de $\mathbf{GL}_n(D)$ et ${}^tA$ de $\mathbf{GL}_n(D^{\circ})$ ont même déterminant. Par contre, même si la matrice ${}^tA$ appartient à $\mathbf{GL}_n(D)$ son déterminant deans $\mathrm{GL}_n(D)$ n'est pas nécessairement égal à celui de A (*cf.* exemple 6).

Remarques. — 1) Soit V un espace vectoriel à droite sur le corps D, de dimension finie n. Considérons l'espace dual $V^* = \mathrm{Hom}_D(V, D)$ comme un espace vectoriel à droite sur le corps D° opposé de D. Soit u un automorphisme de V et soit ${}^tu$ l'automorphisme de V^* transposé de u. Si u est représenté par une matrice A de $\mathbf{M}_n(D)$ par rapport à une base $(e_1, \ldots, e_n)$ de V, l'automorphisme ${}^tu$ est représenté par la matrice ${}^tA$ de $\mathbf{M}_n(D^{\circ})$ par rapport à la base $(e_1^*, \ldots, e_n^*)$ de V^* duale de $(e_1, \ldots, e_n)$ (II, p. 145, prop. 3). D'après l'exemple 7, le déterminant de ${}^tu$ est égal à celui de u.

2) Les résultats des numéros 1 à 4 se généralisent au cas où D est un anneau local (VIII, p. 448, exerc. 2).

5. Le groupe unimodulaire

Soit n un entier positif. On note $\mathbf{SL}_n(D)$ le noyau de l'homomorphisme de groupes $\det : \mathbf{GL}_n(D) \to D^*_{\mathrm{ab}}$, et on l'appelle *le groupe unimodulaire* (*cf.* III, p. 104 pour le cas où le corps D est commutatif).

THÉORÈME 1. — *Supposons $n \geqslant 2$.*

a) *Le sous-groupe* $\mathbf{SL}_n(D)$ *de* $\mathbf{GL}_n(D)$ *est engendré par les matrices* $B_{ij}(\lambda)$ *où* i *et* j *sont des entiers distincts de l'intervalle* $[1, n]$ *et* λ *parcourt* D.

b) *Supposons* $n \geqslant 3$ *ou* $\mathrm{Card}(D) \geqslant 3$. *Le groupe dérivé de* $\mathbf{GL}_n(D)$ *est égal à* $\mathbf{SL}_n(D)$.

c) *Supposons* $n \geqslant 3$ *ou* $\mathrm{Card}(D) \geqslant 4$. *Le groupe dérivé de* $\mathbf{SL}_n(D)$ *est égal à* $\mathbf{SL}_n(D)$.

A) Notons T le sous-groupe de $\mathbf{GL}_n(D)$ engendré par les matrices $B_{ij}(\lambda)$. D'après l'exemple 1 de VIII, p. 443, on a $\det(B_{ij}(\lambda)) = 1$, d'où $T \subset \mathbf{SL}_n(D)$. Pour prouver que ces deux groupes sont égaux, il suffit alors, d'après l'exemple 3 de *loc. cit.*, de prouver que *toute matrice de la forme* $\mathrm{diag}(1, \ldots, 1, d)$ *avec* $\pi(d) = 1$ *appartient à* T. La matrice $\mathrm{diag}(1, \ldots, 1, d)$ appartient à l'image de l'homomorphisme $U \mapsto \begin{pmatrix} \mathrm{I}_{n-2} & 0 \\ 0 & U \end{pmatrix}$ de $\mathbf{GL}_2(\mathrm{D})$ dans $\mathbf{GL}_n(\mathrm{D})$; il suffit donc de considérer le cas $n = 2$. Comme le noyau de π est le groupe dérivé de D^*, on peut supposer $d = uvu^{-1}v^{-1}$ avec u, v dans D^*. Notre assertion résulte alors des égalités

$$\begin{pmatrix} 1 & 0 \\ 0 & d \end{pmatrix} = \begin{pmatrix} u^{-1} & 0 \\ 0 & u \end{pmatrix} \begin{pmatrix} v^{-1} & 0 \\ 0 & v \end{pmatrix} \begin{pmatrix} vu & 0 \\ 0 & u^{-1}v^{-1} \end{pmatrix} \tag{28}$$

et

$$\begin{pmatrix} s & 0 \\ 0 & s^{-1} \end{pmatrix} = \begin{pmatrix} 1 & s \\ 0 & 1 \end{pmatrix} \begin{pmatrix} 1 & 0 \\ 1 - s^{-1} & 1 \end{pmatrix} \begin{pmatrix} 1 & -1 \\ 0 & 1 \end{pmatrix} \begin{pmatrix} 1 & 0 \\ 1 - s & 1 \end{pmatrix} \tag{29}$$

pour $s \in \mathrm{D}^*$.

B) Par construction, $\mathbf{SL}_n(\mathrm{D})$ est le noyau d'un homomorphisme de $\mathbf{GL}_n(\mathrm{D})$ dans un groupe commutatif, donc il contient le groupe dérivé $(\mathbf{GL}_n(\mathrm{D}), \mathbf{GL}_n(\mathrm{D}))$ de $\mathbf{GL}_n(\mathrm{D})$. Vu ce qui précède, on a

$$\mathbf{SL}_n(\mathrm{D}) \supset (\mathbf{GL}_n(\mathrm{D}), \mathbf{GL}_n(\mathrm{D})) \supset (\mathbf{SL}_n(\mathrm{D}), \mathbf{SL}_n(\mathrm{D})).$$

Pour prouver c), il suffit de démontrer que les matrices $B_{ij}(\lambda)$ sont des commutateurs dans $\mathbf{SL}_n(\mathrm{D})$.

Supposons $n \geqslant 3$. Si i, j, k sont des entiers distincts dans l'intervalle $[1, n]$ et μ, ν des éléments de D, on a

$$B_{ij}(\mu\nu) = B_{ik}(\mu)^{-1} B_{kj}(\nu)^{-1} B_{ik}(\mu) B_{kj}(\nu). \tag{30}$$

En prenant $\mu = 1$ et $\nu = \lambda$, on voit que la matrice $B_{ij}(\lambda)$ est un commutateur d'éléments de $\mathbf{SL}_n(\mathrm{D})$.

Supposons maintenant $n = 2$. Soient u et v des éléments de D avec $u \neq 0$. On a les relations

$$\begin{pmatrix} 1 & v - uvu \\ 0 & 1 \end{pmatrix} = \begin{pmatrix} u & 0 \\ 0 & u^{-1} \end{pmatrix} \begin{pmatrix} 1 & -v \\ 0 & 1 \end{pmatrix} \begin{pmatrix} u^{-1} & 0 \\ 0 & u \end{pmatrix} \begin{pmatrix} 1 & v \\ 0 & 1 \end{pmatrix} \tag{31}$$

et

$$\begin{pmatrix} 1 & 0 \\ v - uvu & 1 \end{pmatrix} = \begin{pmatrix} u^{-1} & 0 \\ 0 & u \end{pmatrix} \begin{pmatrix} 1 & 0 \\ -v & 1 \end{pmatrix} \begin{pmatrix} u & 0 \\ 0 & u^{-1} \end{pmatrix} \begin{pmatrix} 1 & 0 \\ v & 1 \end{pmatrix} \tag{32}$$

On a $\det \begin{pmatrix} u & 0 \\ 0 & u^{-1} \end{pmatrix} = 1$; donc les matrices $B_{12}(v - uvu)$ et $B_{21}(v - uvu)$ sont des commutateurs d'éléments de $\mathbf{SL}_n(\mathrm{D})$.

Supposons que le corps D ait au moins 4 éléments. Soit λ un élément de D. Si λ est égal à 0, 1 ou -1, choisissons un élément u arbitraire dans $\mathrm{D} - \{0, 1, -1\}$; sinon posons $u = \lambda$. Dans les deux cas, u est un élément non nul de D, il commute à λ, et l'on a $u^2 \neq 1$. Posons $v = \lambda(1-u^2)^{-1}$. On a $uv = vu$ d'où $v - uvu = v(1-u^2) = \lambda$. Il résulte alors des relations (31) et (32) que les matrices $B_{12}(\lambda)$ et $B_{21}(\lambda)$ sont des commutateurs dans $\mathbf{SL}_n(\mathrm{D})$ d'où c).

C) Il reste à prouver que $\mathbf{SL}_2(\mathrm{D})$ est le groupe dérivé de $\mathbf{GL}_2(\mathrm{D})$ lorsque D a 3 éléments. D'après A), le groupe $\mathbf{SL}_2(\mathrm{D})$ est engendré par les matrices $B_{12}(1) = \left(\begin{smallmatrix}1&1\\0&1\end{smallmatrix}\right)$ et $B_{21}(1) = \left(\begin{smallmatrix}1&0\\1&1\end{smallmatrix}\right)$, et ces matrices sont des commutateurs d'éléments de $\mathbf{GL}_2(\mathrm{D})$ puisque l'on a $B_{21}(1) = {}^tB_{12}(1)$ et

$$(33) \qquad \begin{pmatrix}1&1\\0&1\end{pmatrix} = \begin{pmatrix}-1&0\\0&1\end{pmatrix}\begin{pmatrix}1&1\\0&1\end{pmatrix}\begin{pmatrix}-1&0\\0&1\end{pmatrix}^{-1}\begin{pmatrix}1&1\\0&1\end{pmatrix}^{-1}.$$

Remarque. — Si D est un corps à 2 éléments, alors $\mathbf{GL}_2(\mathrm{D})$ est égal à $\mathbf{SL}_2(\mathrm{D})$ et c'est un groupe d'ordre 6 dont le groupe dérivé est d'ordre 3. Si D est un corps à 3 éléments, le groupe $\mathbf{SL}_2(\mathrm{D})$ est d'ordre 24 et son groupe dérivé est d'ordre 8. Supposons $n \geqslant 2$; sauf dans les deux cas précédents, tout sous-groupe distingué de $\mathbf{SL}_n(\mathrm{D})$ distinct de $\mathbf{SL}_n(\mathrm{D})$ est contenu dans le centre $\mathrm{Z}(\mathbf{SL}_n(\mathrm{D}))$ de $\mathbf{SL}_n(\mathrm{D})$ (II. p. 207, exerc. 13 et p. 208 exerc. 14). Le groupe $\mathbf{SL}_n(\mathrm{D})/\mathrm{Z}\big(\mathbf{SL}_n(\mathrm{D})\big)$ est alors simple.

Soit V un espace vectoriel à droite sur le corps D, de dimension finie n. On note $\mathbf{SL}(\mathrm{V})$ et on appelle *groupe unimodulaire* de V, le noyau de l'homomorphisme $\det : \mathbf{GL}(\mathrm{V}) \to \mathrm{D}^*_{\mathrm{ab}}$. Le choix d'une base de V permet d'identifier ce groupe à $\mathbf{SL}_n(\mathrm{D})$.

On dit qu'un automorphisme u de V est une *transvection* s'il existe un vecteur v de V et une forme linéaire φ sur V tels que $\varphi(v) = 0$ et $u(x) = x + v\varphi(x)$ pour tout x de V. Lorsque $n \geqslant 2$, u est une transvection si et seulement s'il existe une base de V dans laquelle la matrice de u soit de la forme $B_{ij}(\lambda)$. Le th. 1 entraîne le corollaire suivant :

COROLLAIRE. — *Soit* V *un espace vectoriel à droite sur le corps* D, *de dimension finie* $n \geqslant 2$.

a) *Le sous-groupe* $\mathbf{SL}(\mathrm{V})$ *de* $\mathbf{GL}(\mathrm{V})$ *est engendré par les transvections.*

b) *Le sous-groupe* $\mathbf{SL}(\mathrm{V})$ *est le groupe dérivé de* $\mathbf{GL}(\mathrm{V})$ *sauf lorsque l'on a* $n = 2$ *et que* D *possède 2 éléments.*

c) *Le groupe* $\mathbf{SL}(\mathrm{V})$ *est égal à son groupe dérivé sauf lorsqu'on a* $n = 2$ *et que* D *possède 2 ou 3 éléments.*

EXERCICES

1) Donner un exemple d'une matrice inversible A sur un corps D dont la transposée n'est pas inversible, et d'une matrice inversible B sur D dont la transposée est inversible mais vérifie $\det {}^tB \neq \det B$ (on pourra considérer des matrices carrées d'ordre 2 sur un corps de quaternions).

2) Soit D un anneau local ; on note encore D^* le groupe des éléments inversibles de D, D^*_{ab} le quotient de D^* par son sous-groupe dérivé, et $\pi : D^* \to D^*_{ab}$ l'homomorphisme canonique. Soit V un D-module à droite libre, de dimension finie n. On note B(V) l'ensemble des bases de V et $\Omega(V)$ l'ensemble des applications $\omega : B(V) \to D^*_{ab}$ satisfaisant aux deux conditions suivantes :

(i) Pour $\lambda_1, \ldots, \lambda_n$ dans D^* et $(v_1, \ldots, v_n) \in B(V)$, on a $\omega(v_1\lambda_1, \ldots, v_n\lambda_n) = \omega(v_1, \ldots, v_n)\, \pi(\lambda_1 \ldots \lambda_n)$;

(ii) Pour $i \neq j$ et $\lambda \in D$, on a $\omega(v_1, \ldots, v_i + v_j\lambda, \ldots, v_n) = \omega(v_1, \ldots, v_n)$.

a) Soient e un élément de V et W un sous-module de V supplémentaire de eD. Soit $\varphi \in \Omega(W)$; prouver qu'il existe un unique élément ω de $\Omega(V)$ satisfaisant à

$$\omega(w_1, \ldots, w_{n-1}, e) = \varphi(w_1, \ldots, w_{n-1})$$

pour toute base $(w_1, \ldots, w_{n-1})$ de W (adapter la démonstration de la prop. 1).

b) En déduire qu'étant donnés deux éléments ω et ω' de $\Omega(V)$, il existe un unique élément t de D^*_{ab} tel qu'on ait $\omega' = t\omega$.

c) Soit u un automorphisme de V. Démontrer qu'il existe un unique élément de D^*_{ab}, noté $\det u$, tel qu'on ait $\omega(u(v_1), \ldots, u(v_n)) = (\det u)\, \omega(v_1, \ldots, v_n)$ pour toute base $(v_1, \ldots, v_n)$ de V et tout élément ω de $\Omega(V)$. L'application $u \mapsto \det u$ de $\mathbf{GL}(V)$ dans D^*_{ab} est un homomorphisme de groupes.

d) On prend $V = D^n_d$, de sorte que $\mathbf{GL}(V)$ s'identifie au groupe $\mathbf{GL}_n(D)$ des matrices carrées d'ordre n inversibles. Démontrer que l'application $\det : \mathbf{GL}_n(D) \to D^*_{ab}$ est l'unique homomorphisme de groupes prenant la valeur 1 sur toutes les matrices $B_{ij}(\lambda)$ ($i \neq j$, $\lambda \in D$) et satisfaisant à $\det(\mathrm{diag}(\lambda_1, \ldots, \lambda_n)) = \pi(\lambda_1 \ldots \lambda_n)$ pour $\lambda_1, \ldots, \lambda_n$ dans D^*.

e) Adapter à ce cadre les exemples 2 à 6 du n° 4.

¶ 3) Soit $A = A_0 \oplus A_1$ un anneau gradué de type $\mathbf{Z}/2\mathbf{Z}$; on suppose que A_0 est contenu dans le centre de A, et que tout élément de A_1 est de carré nul.

a) Soit A_1^2 le sous-$\mathbf{Z}$-module de A_0 engendré par les produits de deux éléments de A_1 ; montrer que A_1^2 est un nilidéal de A_0, et que $A_1^2 \oplus A_1$ est un nilidéal bilatère de A.

b) Soient p, q des entiers $\geqslant 0$. On note $A^{p|q}$ le A-module à droite gradué libre $A^p_d \oplus A_d(1)^q$ (II, p. 165, exemple 3) et $\mathbf{GL}(p|q, A)$ le groupe des automorphismes (gradués de degré 0) de $A^{p|q}$. Un tel automorphisme est représenté dans la base canonique de $A^{p|q}$ par une matrice $X = \left(\begin{smallmatrix} A & B \\ C & D \end{smallmatrix}\right)$, avec $A \in \mathbf{M}_p(A_0)$, $B \in \mathbf{M}_{p,q}(A_1)$, $C \in \mathbf{M}_{q,p}(A_1)$, $D \in \mathbf{M}_q(A_0)$. Prouver que les matrices A et D sont inversibles (utiliser *a*) et l'exerc. 16 de VIII, p. 163).

c) Pour X comme ci-dessus, on pose sdet $X = \det(A - BD^{-1}C)\det D^{-1}$. Prouver que sdet X est un élément inversible de A_0.

d) Démontrer que toute matrice $X \in \mathbf{GL}(p|q, A)$ peut s'écrire sous forme d'un produit

$$X = \begin{pmatrix} I & R \\ 0 & I \end{pmatrix} \begin{pmatrix} P & 0 \\ 0 & Q \end{pmatrix} \begin{pmatrix} I & 0 \\ S & I \end{pmatrix}.$$

(Prendre $R = BD^{-1}$, $P = A - BD^{-1}C$, $Q = D$, $S = D^{-1}C$.)

e) Démontrer que sdet est un homomorphisme de $\mathbf{GL}(p|q, A)$ dans le groupe des éléments inversibles de A_0 (se ramener à l'aide de *d*) à prouver l'égalité $\operatorname{sdet}(XY) = \operatorname{sdet} X \operatorname{sdet} Y$ lorsque X est de la forme $\left(\begin{smallmatrix} I & 0 \\ S & I \end{smallmatrix}\right)$, où S est une matrice élémentaire ; observer alors que pour toute matrice $R \in \mathbf{M}_{p,q}(A_1)$, le produit de deux éléments quelconques de la matrice RS (resp. SR) est nul, et en déduire l'égalité $\det(I - RS) = (\det(I - SR))^{-1}$).

f) Soit $X = \left(\begin{smallmatrix} A & B \\ C & D \end{smallmatrix}\right)$ un élément de $\mathbf{GL}(p|q, A)$; on pose ${}^{st}X = \left(\begin{smallmatrix} {}^tA & {}^tC \\ -{}^tB & {}^tD \end{smallmatrix}\right)$ et ${}^{\pi}X = \left(\begin{smallmatrix} D & C \\ B & A \end{smallmatrix}\right)$. Soit Y $\in \mathbf{GL}(p|q, A)$; on a ${}^{st}(XY) = {}^{st}Y\,{}^{st}X$ et ${}^{\pi}(XY) = {}^{\pi}X\,{}^{\pi}Y$. Démontrer les formules $\operatorname{sdet} X = \operatorname{sdet} {}^{st}X = (\operatorname{sdet} {}^{\pi}X)^{-1}$ (utiliser *d*) pour calculer $\operatorname{sdet} {}^{\pi}X$).

4) On conserve les hypothèses de l'exerc. 3. Soit $M = M_0 \oplus M_1$ un A-module à droite gradué libre de type fini ; il existe des entiers p, q, uniquement déterminés, tel que M soit isomorphe à $A^{p|q}$. On dit qu'une base de M est *adaptée* si ses p premiers vecteurs sont homogènes de degré 0 et les q derniers homogènes de degré 1.

a) Soient u un automorphisme du module gradué M, $M_{\mathscr{B}}(u)$ sa matrice dans une base adaptée $\mathscr{B}$; prouver que l'élément sdet $M_{\mathscr{B}}(u)$ ne dépend pas du choix de $\mathscr{B}$. On le note sdet u.

b) On note $u(1)$ l'endomorphisme u considéré comme automorphisme du module gradué M(1). Si $\mathscr{B}$ est une base adaptée de M, la base ${}^{\pi}\mathscr{B}$ obtenue en échangeant les p premiers vecteurs de $\mathscr{B}$ avec les q derniers est une base adaptée de M(1), et l'on a $M_{{}^{\pi}\mathscr{B}}(u(1)) = {}^{\pi}M_{\mathscr{B}}(u)$ (exerc. 3 *f*)). En déduire qu'on a $\operatorname{sdet}(u(1)) = (\operatorname{sdet} u)^{-1}$.

c) On définit sur tout A-module à gauche gradué N une structure canonique de A-module à droite gradué en posant $ax = (-1)^{ij}xa$ pour $a \in A_i$, $x \in N_j$; en particulier, on considérera le dual gradué M^{*gr} de M comme un A-module à droite gradué, également isomorphe à $A^{p|q}$. Soit u un automorphisme de M ; on note ${}^{st}u$ l'automorphisme de M^{*gr} caractérisé par la formule $\langle {}^{st}u(x^*), x\rangle = (-1)^{rs}\langle x^*, u(x)\rangle$ pour $x^* \in (M^{*gr})_r$, $x \in M_s$. Si $\mathscr{B}$ est une base adaptée de M, la base duale $\mathscr{B}^*$ est une base adaptée de M^{*gr}, et l'on a $M_{\mathscr{B}^*}({}^{st}u) = {}^{st}M_{\mathscr{B}}(u)$ (exerc. 3 *f*)). On a $\operatorname{sdet}({}^{st}u) = \operatorname{sdet}(u)$.

APPENDICE 3
LE THÉORÈME DES ZÉROS DE HILBERT

THÉORÈME 1. — *Soient* A *un anneau intègre,* K *son corps des fractions et* L *une* K-*algèbre commutative. Supposons que la* A-*algèbre* L *soit engendrée par un nombre fini d'éléments et que* L *soit un corps.*

a) *Le degré de* L *sur* K *est fini ;*

b) *Il existe un élément non nul a de* A *tel que* K *soit égal à* $A[a^{-1}]$.

Soit S une partie génératrice de la A-algèbre L. Raisonnons par récurrence sur le cardinal de S.

Supposons d'abord que les éléments de S soient tous algébriques sur K. Le degré de L sur K est alors fini (V, p. 17, th. 2). Soit $(e_i)_{i\in I}$ une base de L sur K. Il existe un élément non nul a de A tel que les coordonnées par rapport à cette base des éléments de S, de l'élément 1 et des éléments e_ie_j pour i, j dans I appartiennent à $A[a^{-1}]$. L'ensemble des combinaisons linéaires $\sum_{i\in I} a_ie_i$, avec $a_i \in A[a^{-1}]$ pour tout i, est alors un sous-anneau de L. Il contient A et S par construction, donc est égal à L. Il contient en particulier Ke_1, donc K est égal à $A[a^{-1}]$.

Supposons maintenant qu'un élément s de S soit transcendant sur K. Notons E le corps des fractions de l'anneau $A[s]$. La $A[s]$-algèbre L est engendrée par $S - \{s\}$. D'après l'hypothèse de récurrence, il existe un polynôme non nul $P \in A[X]$ tel que E soit égal à $A[s][P(s)^{-1}]$. Soit $\overline{K}$ une clôture algébrique de K (V, p. 22, th. 2). Comme le corps $\overline{K}$ est infini (V, p. 20, prop. 3), il existe un élément x de $\overline{K}$ tel que $P(x) \neq 0$. Soit $\varphi : E \to \overline{K}$ l'unique homomorphisme de la K-algèbre $E = A[s][P(s)^{-1}]$ dans la K-algèbre $\overline{K}$ qui applique s sur x. Mais cela est absurde puisque E est une extension transcendante de K et $\overline{K}$ une extension algébrique de K. Cela termine la démonstration du théorème.

COROLLAIRE 1. — *Soient* K *un corps commutatif,* A *une* K-*algèbre commutative engendrée par un nombre fini d'éléments et* $\mathfrak{m}$ *un idéal maximal de* A.

a) *Le degré de* $A/\mathfrak{m}$ *sur* K *est fini.*

b) *Soit* Ω *un extension algébriquement close de* K. *Il existe un homomorphisme de* K*-algèbres de* A *dans* Ω *dont le noyau est* $\mathfrak{m}$.

La K-algèbre $A/\mathfrak{m}$ est engendrée par un nombre fini d'éléments et $A/\mathfrak{m}$ est un corps. D'après le théorème 1, le degré de $A/\mathfrak{m}$ est fini d'où a). Toute extension de degré fini de K est isomorphe à une sous-extension de Ω (V, p. 20, th. 1), d'où b).

COROLLAIRE 2. — *Soient* K *un corps commutatif, n un entier naturel,* $(P_i)_{i\in I}$ *une famille d'éléments de* $K[X_1,\ldots,X_n]$ *et* Ω *une extension algébriquement close de* K. *Les conditions suivantes sont équivalentes* :

(i) *Les polynômes* P_i *n'ont pas de zéro commun dans* Ω^n ;

(ii) *Il existe une famille* $(Q_i)_{i\in I}$ *à support fini d'éléments de* $K[X_1,\ldots,X_n]$ *telle que* $\sum_{i\in I} P_iQ_i = 1$.

Notons A l'anneau $K[X_1,\ldots,X_n]$ et $\mathfrak{a}$ l'idéal engendré par les polynômes P_i. La condition (i) signifie qu'il n'existe aucun homomorphisme de K-algèbres de $A/\mathfrak{a}$ dans Ω. Si elle est satisfaite, l'anneau $A/\mathfrak{a}$ ne possède d'après le cor. 1 aucun idéal maximal, donc est nul et 1 appartient à $\mathfrak{a}$. Cela prouve que (i) implique (ii). L'implication (ii) $\Rightarrow$ (i) est claire.

APPENDICE 4

TRACE D'UN ENDOMORPHISME DE RANG FINI

1. Applications linéaires de rang fini

Soit A un anneau et soient E et F des A-modules. On note $\mathrm{Hom}_{\mathrm{A}}^{\mathrm{f}}(\mathrm{E},\mathrm{F})$ l'ensemble des applications linéaires de E dans F dont l'image est contenue dans un sous-module de type fini de F. C'est un sous-groupe de $\mathrm{Hom}_{\mathrm{A}}(\mathrm{E},\mathrm{F})$. Lorsque A est un corps, c'est l'ensemble des applications linéaires de rang fini de E dans F (II, p. 101, déf. 3). On pose $\mathrm{End}_{\mathrm{A}}^{\mathrm{f}}(\mathrm{E}) = \mathrm{Hom}_{\mathrm{A}}^{\mathrm{f}}(\mathrm{E},\mathrm{E})$.

Soient E, F, G des A-modules et soient $u : \mathrm{E} \to \mathrm{F}$ et $v : \mathrm{F} \to \mathrm{G}$ des applications A-linéaires. Si $u \in \mathrm{Hom}_{\mathrm{A}}^{\mathrm{f}}(\mathrm{E},\mathrm{F})$ ou $v \in \mathrm{Hom}_{\mathrm{A}}^{\mathrm{f}}(\mathrm{F},\mathrm{G})$, alors $v \circ u$ appartient à $\mathrm{Hom}_{\mathrm{A}}^{\mathrm{f}}(\mathrm{E},\mathrm{G})$.

Notons θ l'homomorphisme de groupes canonique de $\mathrm{E}^* \otimes_{\mathrm{A}} \mathrm{F}$ dans $\mathrm{Hom}_{\mathrm{A}}(\mathrm{E},\mathrm{F})$ (A, II, p. 77) ; il associe à un élément $x^* \otimes y$ de $\mathrm{E}^* \otimes_{\mathrm{A}} \mathrm{F}$ l'application $x \mapsto \langle x, x^* \rangle y$ de E dans F.

Lemme 1. — *Supposons que le* A*-module* F *soit projectif. L'homomorphisme de groupes* θ *est injectif et son image est* $\mathrm{Hom}_{\mathrm{A}}^{\mathrm{f}}(\mathrm{E},\mathrm{F})$.

D'après *loc. cit.*, cor., l'homomorphisme θ est injectif. Son image est contenue dans $\mathrm{Hom}_{\mathrm{A}}^{\mathrm{f}}(\mathrm{E},\mathrm{F})$. Soit $u \in \mathrm{Hom}_{\mathrm{A}}^{\mathrm{f}}(\mathrm{E},\mathrm{F})$; prouvons que u appartient à l'image de θ.

Supposons d'abord le A-module F libre. Soit $(f_i)_{i\in\mathrm{I}}$ une base de F et soit $(f_i^*)_{i\in\mathrm{I}}$ la base de F^* duale de $(f_i)_{i\in\mathrm{I}}$. Soit J une partie finie de I telle que l'image de u soit contenue dans le sous-module de F engendré par les f_j pour $j \in \mathrm{J}$; on a

$$(1) \qquad u(x) = \sum_{j\in\mathrm{J}} \langle u(x), f_j^* \rangle f_j = \sum_{j\in\mathrm{J}} \langle x, {}^t u(f_j^*) \rangle f_j$$

pour tout $x \in \mathrm{E}$, d'où

$$(2) \qquad u = \theta\Big(\sum_{j\in\mathrm{J}} {}^t u(f_j^*) \otimes f_j\Big).$$

Dans le cas général, il existe un A-module libre L et des homomorphismes $i : \mathrm{F} \to \mathrm{L}$ et $p : \mathrm{L} \to \mathrm{F}$ tels que $p \circ i = 1_{\mathrm{F}}$. L'homomorphisme $i \circ u$ appartient à $\mathrm{Hom}^{\mathrm{f}}_{\mathrm{A}}(\mathrm{E}, \mathrm{L})$. D'après ce qui précède, il existe un ensemble fini J et, pour tout $j \in \mathrm{J}$, des éléments x_j^* de E^* et y_j de L tels qu'on ait

$$i(u(x)) = \sum_{j \in \mathrm{J}} \langle x, x_j^* \rangle y_j$$

pour tout $x \in \mathrm{E}$. On a alors

$$u(x) = p(i(u(x))) = \sum_{j \in \mathrm{J}} \langle x, x_j^* \rangle p(y_j)$$

pour tout $x \in \mathrm{E}$, d'où $u = \theta\big(\sum_{j \in \mathrm{J}} x_j^* \otimes p(y_j)\big)$.

2. Trace d'un endomorphisme de rang fini

Dans ce numéro, A désigne un anneau *commutatif.* Soit E un A-module projectif. Alors $\mathrm{End}^{\mathrm{f}}_{\mathrm{A}}(\mathrm{E})$ est un sous-A-module de $\mathrm{End}_{\mathrm{A}}(\mathrm{E})$ et l'application canonique $\mathrm{E}^* \otimes_{\mathrm{A}} \mathrm{E} \to \mathrm{End}_{\mathrm{A}}(\mathrm{E})$ définit un isomorphisme θ_{E} de A-modules de $\mathrm{E}^* \otimes_{\mathrm{A}} \mathrm{E}$ sur $\mathrm{End}^{\mathrm{f}}_{\mathrm{A}}(\mathrm{E})$ (lemme 1). Considérons la forme linéaire canonique $\tau : \mathrm{E}^* \otimes_{\mathrm{A}} \mathrm{E} \to \mathrm{A}$ (A, II, p. 78), caractérisée par la formule $\tau(x^* \otimes x) = \langle x, x^* \rangle$. Par composition avec l'isomorphisme θ_{E}^{-1}, on en déduit une forme linéaire $\mathrm{Tr} : \mathrm{End}^{\mathrm{f}}_{\mathrm{A}}(\mathrm{E}) \to \mathrm{A}$, dite *forme trace.* Lorsque le A-module E est de type fini, on retrouve la définition de A, II, p. 78.

PROPOSITION 1. — *Soit* E *un* A*-module libre. Soit* $(e_i)_{i \in \mathrm{I}}$ *une base de* E *et soit* $(e_i^*)_{i \in \mathrm{I}}$ *sa base duale. Soit* $u \in \mathrm{End}^{\mathrm{f}}_{\mathrm{A}}(\mathrm{E})$*. La famille* $(\langle u(e_i), e_i^* \rangle)_{i \in \mathrm{I}}$ *est à support fini et sa somme est égale à* $\mathrm{Tr}(u)$*.*

Il suffit de traiter le cas où u est de la forme $\theta_{\mathrm{E}}(x^* \otimes x)$ avec $x \in \mathrm{E}$ et $x^* \in \mathrm{E}^*$. La famille $(\langle x, e_i^* \rangle)_{i \in \mathrm{I}}$ est alors à support fini et l'on a $x = \sum_{i \in \mathrm{I}} \langle x, e_i^* \rangle e_i$. Par suite, la famille $(\langle x, e_i^* \rangle \langle e_i, x^* \rangle)_{i \in \mathrm{I}}$ est aussi à support fini et l'on a $\langle x, x^* \rangle = \sum_{i \in \mathrm{I}} \langle x, e_i^* \rangle \langle e_i, x^* \rangle$. Or on a $\langle u(e_i), e_i^* \rangle = \langle x, e_i^* \rangle \langle e_i, x^* \rangle$ pour tout $i \in \mathrm{I}$. Cela démontre la proposition.

PROPOSITION 2. — *Soient* E, F *des* A*-modules projectifs. Soient* $u \in \mathrm{Hom}^{\mathrm{f}}_{\mathrm{A}}(\mathrm{E}, \mathrm{F})$ *et* $v \in \mathrm{Hom}_{\mathrm{A}}(\mathrm{F}, \mathrm{E})$*. On a la relation*

$$\mathrm{Tr}(v \circ u) = \mathrm{Tr}(u \circ v) \ . \tag{3}$$

Il suffit de démontrer la proposition lorsque u est de la forme $\theta(x^* \otimes y)$, avec $x^* \in \mathrm{E}^*$ et $y \in \mathrm{F}$; or on a dans ce cas

$$v \circ u = \theta_{\mathrm{E}}(x^* \otimes v(y)) \qquad \text{et} \qquad u \circ v = \theta_{\mathrm{F}}({}^t v(x^*) \otimes y),$$

d'où

$$\mathrm{Tr}(v \circ u) = \langle v(y), x^* \rangle = \langle y, {}^t v(x^*) \rangle = \mathrm{Tr}(u \circ v).$$

COROLLAIRE. — *Soit* E *un* A-*module projectif, soit* u *un élément de* $\mathrm{End}^f_{\mathrm{A}}(\mathrm{E})$ *et soit* F *un sous*-A-*module projectif de* E *contenant* $\mathrm{Im}\, u$; *notons* u_{F} *l'endomorphisme de* F *induit par* u. *On a*

$$\mathrm{Tr}(u) = \mathrm{Tr}(u_{\mathrm{F}}) \,. \tag{4}$$

Notons i l'injection canonique de F dans E, et $v : \mathrm{E} \to \mathrm{F}$ l'homomorphisme déduit de u. On a $u_{\mathrm{F}} = v \circ i$ et $u = i \circ v$, d'où le corollaire.

Soient E un A-module projectif et $u \in \mathrm{End}^{\mathrm{f}}_{\mathrm{A}}(\mathrm{E})$. Pour tout entier naturel p, le A-module $\bigwedge^p \mathrm{E}$ est projectif (III, p. 87, cor. 2), l'endomorphisme $\bigwedge^p u$ appartient à $\mathrm{End}^{\mathrm{f}}_{\mathrm{A}}(\bigwedge^p \mathrm{E})$ (III, p. 80, prop. 6) et il est nul dès que p est assez grand. L'ensemble $1_{\mathrm{E}} + \mathrm{End}^{\mathrm{f}}_{\mathrm{A}}(\mathrm{E})$ est stable par composition. On définit une application det de $1_{\mathrm{E}} + \mathrm{End}^{\mathrm{f}}_{\mathrm{A}}(\mathrm{E})$ dans A en posant

$$\det(1_{\mathrm{E}} + u) = \sum_{p \geqslant 0} \mathrm{Tr} \textstyle\bigwedge^p u,$$

pour tout $u \in \mathrm{End}^{\mathrm{f}}_{\mathrm{A}}(\mathrm{E})$.

Si E est libre de dimension finie, cette définition est cohérente avec celle de III, p. 90, en vertu du cor. de III, p. 97.

PROPOSITION 3. — *Soit* E *un* A-*module projectif.*

a) *Soit* $u \in \mathrm{End}^{\mathrm{f}}_{\mathrm{A}}(\mathrm{E})$. *Soit* F *un sous*-A-*module projectif de* E, *contenant* $\mathrm{Im}\, u$, *et soit* u_{F} *l'endomorphisme de* F *induit par* u. *On a*

$$\det(1_{\mathrm{E}} + u) = \det(1_{\mathrm{F}} + u_{\mathrm{F}}). \tag{5}$$

b) *Soient* u, v *deux éléments de* $\mathrm{End}^{\mathrm{f}}_{\mathrm{A}}(\mathrm{E})$. *On a*

$$\det\big((1_{\mathrm{E}} + u) \circ (1_{\mathrm{E}} + v)\big) = \det(1_{\mathrm{E}} + u) \det(1_{\mathrm{E}} + v). \tag{6}$$

Prouvons a). Pour tout entier $p \geqslant 0$, le A-module projectif $\bigwedge^p \mathrm{F}$ s'identifie à un sous-module de $\bigwedge^p \mathrm{E}$ (III, p. 88, cor.). L'image de $\bigwedge^p u$ est contenue dans $\bigwedge^p \mathrm{F}$, et l'endomorphisme de $\bigwedge^p \mathrm{F}$ induit par $\bigwedge^p u$ est égal à $\bigwedge^p u_{\mathrm{F}}$. On a donc $\mathrm{Tr}(\bigwedge^p u) = \mathrm{Tr}(\bigwedge^p u_{\mathrm{F}})$ en vertu du cor. de la prop. 2, d'où a).

Prouvons b). Soit G un A-module tel que le A-module $\mathrm{L} = \mathrm{E} \oplus \mathrm{G}$ soit libre. Notons u', v' les endomorphismes $u \oplus 0_{\mathrm{G}}$ et $v \oplus 0_{\mathrm{G}}$ de L. D'après a), on a les relations $\det(1_{\mathrm{L}} + u') = \det(1_{\mathrm{E}} + u)$, $\det(1_{\mathrm{L}} + v') = \det(1_{\mathrm{E}} + v)$ et

$$\det(1_{\mathrm{L}} + u' + v' + u' \circ v') = \det(1_{\mathrm{E}} + u + v + u \circ v);$$

il suffit donc de prouver l'assertion b) lorsque le A-module E est libre. Il existe alors un sous-module libre de type fini F de E qui contient l'image de u et celle de v. Posons $w = u+v+u\circ v$. L'image de w est contenue dans F et l'on a $w_{\rm F} = u_{\rm F}+v_{\rm F}+u_{\rm F}\circ v_{\rm F}$. On a donc, d'après (5), on a $\det(1_{\rm E}+u) = \det(1_{\rm F}+u_{\rm F})$, $\det(1_{\rm E}+v) = \det(1_{\rm F}+v_{\rm F})$ et

$$\det\big((1_{\rm E}+u)\circ(1_{\rm E}+v)\big) = \det(1_{\rm E}+w) = \det(1_{\rm F}+w_{\rm F}) = \det((1_{\rm F}+u_{\rm F})\circ(1_{\rm F}+v_{\rm F})).$$

Comme F est un A-module libre de type fini, on a

$$\det((1_{\rm F}+u_{\rm F})\circ(1_{\rm F}+v_{\rm F})) = \det(1_{\rm F}+u_{\rm F})\det(1_{\rm F}+v_{\rm F}) = \det(1_{\rm E}+u)\det(1_{\rm E}+v).$$

EXERCICES

1) Soient K un corps commutatif, E un espace vectoriel sur K. On note $\mathrm{End}_{\mathrm{K}}^{\mathrm{pf}}(\mathrm{E})$ le sous-ensemble de $\mathrm{End}_{\mathrm{K}}(\mathrm{E})$ formé des endomorphismes dont une puissance appartient à $\mathrm{End}_{\mathrm{K}}^{\mathrm{f}}(\mathrm{E})$. Si $u \in \mathrm{End}_{\mathrm{K}}^{\mathrm{pf}}(\mathrm{E})$, on pose $\mathrm{I}_u = \bigcap_{n\geqslant 0} \mathrm{Im}\, u^n$ et $\mathrm{Tr}\, u = \mathrm{Tr}(u|\mathrm{I}_u)$; cette notion coïncide avec celle définie dans l'Appendice 4 dans le cas d'un endomorphisme de rang fini.

a) Soit $u \in \mathrm{End}_{\mathrm{K}}^{\mathrm{pf}}(\mathrm{E})$; soit V un sous-espace de E stable par u et soient u_{V} et $u_{\mathrm{E/V}}$ les endomorphismes de V et E/V induits par u. Prouver l'égalité $\mathrm{Tr}\, u = \mathrm{Tr}\, u_{\mathrm{V}} + \mathrm{Tr}\, u_{\mathrm{E/V}}$.

b) Soit U un sous-espace de $\mathrm{End}_{\mathrm{K}}(\mathrm{E})$; on suppose qu'il existe un entier n tel que tout produit de n éléments de U soit de rang fini. Prouver que l'application $\mathrm{Tr} : \mathrm{U} \to \mathrm{K}$ est linéaire.

c) Soient F un espace vectoriel sur K, $u : \mathrm{E} \to \mathrm{F}$ et $v : \mathrm{F} \to \mathrm{E}$ des homomorphismes tel que $u \circ v \in \mathrm{End}_{\mathrm{K}}^{\mathrm{pf}}(\mathrm{F})$; on a $v \circ u \in \mathrm{End}_{\mathrm{K}}^{\mathrm{pf}}(\mathrm{E})$ et $\mathrm{Tr}\, v \circ u = \mathrm{Tr}\, u \circ v$.

¶ 2) On conserve les notations de l'exercice précédent. Si V, W sont des sous-espaces de E, on note $\mathrm{V} \prec \mathrm{W}$ la relation « W est de codimension finie dans V + W ».

a) Soit V un sous-espace de E ; on note $\mathfrak{A}$ (resp. $\mathfrak{a}$, resp. $\mathfrak{b}$) l'ensemble des endomorphismes u de V tels que $u(\mathrm{V}) \prec \mathrm{V}$ (resp. $u(\mathrm{E}) \prec \mathrm{V}$, resp. $u(\mathrm{V}) \prec (0)$). Prouver que $\mathfrak{A}$ est une sous-K-algèbre de $\mathrm{End}_{\mathrm{K}}(\mathrm{E})$, que $\mathfrak{a}$ et $\mathfrak{b}$ sont des idéaux bilatères de $\mathfrak{A}$, de somme $\mathfrak{A}$, et que l'on a $\mathfrak{a} \cap \mathfrak{b} \subset \mathrm{End}_{\mathrm{K}}^{\mathrm{pf}}(\mathrm{E})$.

b) Soient u, u' des éléments permutables de $\mathfrak{A}$; on peut écrire $u = a + b$, $u' = a' + b'$, avec a, a' dans $\mathfrak{a}$ et b, b' dans $\mathfrak{b}$. Prouver que l'élément $[a, a'] = aa' - a'a$ de $\mathfrak{A}$ appartient à $\mathfrak{a} \cap \mathfrak{b}$ et que sa trace ne dépend pas des décompositions de u et u' choisies ; on la note $\langle u, u' \rangle$.

c) Soit A une sous-algèbre commutative de $\mathfrak{A}$. Prouver qu'il existe une unique application K-linéaire $\mathrm{Res} : \Omega_{\mathrm{K}}(\mathrm{A}) \to \mathrm{K}$ telle que $\mathrm{Res}(u\, dv) = \langle u, v \rangle$ quels que soient u, v dans A (utiliser l'identité $[u, vw] + [v, wu] + [w, uv] = 0$).

d) Soient $u, v \in \mathrm{A}$; on suppose $v(\mathrm{V}) \subset \mathrm{V}$. Soit π un projecteur de E d'image V ; prouver l'égalité $\mathrm{Res}(u\, dv) = \mathrm{Tr}[\pi u, v]$. En déduire que si $u(\mathrm{V}) \subset \mathrm{V}$, on a $\mathrm{Res}\, u\, dv = 0$ (observer que l'endomorphisme $[\pi u, v]$ est de carré nul).

e) Soient $u \in \mathrm{A}$, $n \in \mathbf{N}$. Prouver qu'on a $\mathrm{Res}\, u^n du = 0$. Si u est inversible dans A, on a $\mathrm{Res}\, u^{-n} du = 0$ pour $n \geqslant 2$; si de plus $u(\mathrm{V}) \subset \mathrm{V}$, on a $\mathrm{Res}\, u^{-1} du = \dim_{\mathrm{K}} \mathrm{V}/u(\mathrm{V})$.

f) On prend $\mathrm{E} = \mathrm{K}((\mathrm{X}))$ (IV, p. 37), $\mathrm{V} = \mathrm{K}[[\mathrm{X}]]$, et $\mathrm{A} = \mathrm{E}$ opérant sur lui-même par homothéties ; démontrer que les hypothèses de *c*) sont satisfaites. Soit $f(\mathrm{X}) = \sum_n a_n \mathrm{X}^n d\mathrm{X}$ un élément de $\mathrm{K}((\mathrm{X}))$; prouver que $\mathrm{Res}\, f(\mathrm{X})\, d\mathrm{X}$ est égal à a_{-1}. En déduire que si g est un élément de $\mathrm{K}[[\mathrm{X}]]$ tel que $g(0) = 0$ et $g'(0) \neq 0$, le coefficient de X^{-1} est le même dans le développement en série de $f(\mathrm{X})$ et de $f(g(\mathrm{X}))\, g'(\mathrm{X})$.

NOTE HISTORIQUE

Nous avons vu (notes historiques des chap. I et II–III) que les premières algèbres non commutatives font leur apparition en 1843–44, dans les travaux de Hamilton [**25**] et de Grassmann [**23**] et [**24**]. Hamilton, en introduisant les quaternions, a déjà une conception fort claire des algèbres quelconques de rang fini sur le corps des nombres réels ([**25**], préface, p. 26–31)(1). En développant sa théorie, il a un peu plus tard l'idée de considérer ce qu'il appelle des « biquaternions », c'est-à-dire l'algèbre sur le corps des nombres complexes ayant même table de multiplication que le corps des quaternions ; et il observe à cette occasion que cette extension a pour effet de provoquer l'apparition de diviseurs de zéro ([**25**], p. 650). Le point de vue de Grassmann est quelque peu différent et pendant longtemps son « algèbre extérieure » restera assez à l'écart de la théorie générale des algèbres(2) ; mais sous son langage qui manque encore de précision, on ne peut manquer de reconnaître la première idée d'une algèbre (de dimension finie ou non, sur le corps des nombres réels) définie par un système de générateurs et de relations [**24**].

De nouveaux exemples d'algèbres s'introduisent dans les années 1850–1860, de façon plus ou moins explicite : si Cayley, développant la théorie des matrices [**8**], ne

(1) Le concept d'isomorphie de deux algèbres n'est pas mentionné par Hamilton ; mais dès cette époque, les mathématiciens de l'école anglaise, notamment de Morgan et Cayley, savent bien qu'un changement de base ne change pas substantiellement l'algèbre étudiée (voir par exemple le travail [**6**] de Cayley sur les algèbres de rang 2).

(2) Peut-être faut-il en voir la raison dans le fait qu'en dehors de la multiplication « extérieure », Grassmann introduit aussi entre les multivecteurs ce qu'il appelle les multiplications « régressive » et « intérieure » (qui lui tiennent lieu de tout ce qui touche à la dualité). Il est en tout cas assez remarquable que, vers 1900 encore, dans l'article Study-Cartan de l'encyclopédie [**5**], l'algèbre extérieure ne soit pas rangée parmi les algèbres associatives, mais reçoive un traitement séparé et qu'il ne soit pas signalé que l'un des types d'algèbres de rang 4 (le type VIII de la p. 180 de [**5**]) n'est autre que l'algèbre extérieure sur un espace de dimension 2.

considère pas encore les matrices carrées comme formant une algèbre (point de vue qui ne sera clairement exprimé que par les Peirce vers 1870 [**40**]), du moins note-t-il déjà, à cette occasion, l'existence d'un système de matrices d'ordre 2 vérifiant la table de multiplication des quaternions, remarque que l'on peut considérer comme le premier exemple de représentation linéaire d'une algèbre(3). D'autre part, dans le mémoire où il définit la notion abstraite de groupe fini, il donne aussi en passant la définition de l'algèbre d'un tel groupe, sans d'ailleurs rien tirer de la définition ([**7**], p. 129).

Il n'y a aucun autre progrès à signaler avant 1870 ; mais à ce moment commencent les recherches sur la structure générale des algèbres de dimension finie (sur les corps des nombres réels ou complexes). C'est B. Peirce qui fait les premiers pas dans cette voie ; il introduit les notions d'élément nilpotent, d'élément idempotent, démontre qu'une algèbre (avec ou sans élément unité) dont un élément au moins n'est pas nilpotent possède un idempotent non nul, écrit la célèbre décomposition

$$x = exe + (xe - exe) + (ex - exe) + (x - xe - ex + exe)$$

(e idempotent, x élément quelconque) et a l'idée (encore un peu imprécise) d'une décomposition d'un idempotent en somme d'idempotents « primitifs » deux à deux orthogonaux [**40**]. En outre, selon Clifford ([**11**], p. 274)(4), c'est à B. Peirce qu'il faut attribuer la notion de produit tensoriel de deux algèbres, que Clifford lui-même applique implicitement à une généralisation des « biquaternions » de Hamilton [**9**] et explicitement à l'étude des algèbres qui portent son nom, quelques années plus tard ([**10**] et [**11**]). Ces nouvelles notions sont utilisées par B. Peirce pour la classification des algèbres de petite dimension (sur le corps des nombres complexes), problème auquel s'attaquent aussi, aux environs de 1880, d'autres mathématiciens de l'école anglo-américaine, Cayley et Sylvester en tête. On s'aperçoit ainsi rapidement de la

(3) À vrai dire, Cayley ne démontre pas cette existence, n'écrit pas explicitement les matrices en question et ne paraît pas avoir remarqué à ce moment-là que certaines sont nécessairement imaginaires (dans tout le mémoire [**8**], il n'est jamais précisé si les « quantities » qui interviennent dans les matrices sont réelles ou complexes ; il intervient toutefois incidemment un nombre complexe à la p. 494). On penserait qu'il n'y a plus qu'un pas à faire pour identifier les « biquaternions » de Hamilton aux matrices complexes d'ordre 2 ; en fait, ce résultat ne sera explicitement énoncé par les Peirce qu'en 1870 ([**38**], p. 132). L'idée générale de représentation régulière d'une algèbre est introduite par C. S. Peirce vers 1879 [**40**] ; elle avait été pressentie par Laguerre dès 1867 ([**30**], p. 235).

(4) B. Peirce rencontra Clifford à Londres en 1871 et l'un et l'autre font plusieurs fois allusion à leurs conversations, dont l'une eut sans doute lieu à une séance de la London Mathematical Society, où Peirce avait présenté ses résultats (*Proc. Lond. Math. Soc.* (*1*) **3** (1869–1871), p. 220).

grande variété des structures possibles et c'est sans doute ce fait qui, dans la période suivante, va orienter les recherches vers l'obtention de classes d'algèbres à propriétés plus particulières.

Sur le continent, où l'évolution des idées est assez différente, de telles recherches apparaissent dès avant 1880. En 1878, Frobenius prouve que les quaternions forment le seul exemple de corps non commutatif (de dimension finie) sur le corps des nombres réels ([**18**], p. 59–63), résultat publié indépendamment deux ans plus tard par C. S. Peirce [**39**]. Dès 1861, Weierstrass, précisant une remarque de Gauss, avait, dans ses cours, caractérisé les algèbres commutatives sans élément nilpotent[5] sur **R** ou **C** comme somme directe de corps isomorphes à **R** ou **C** ; Dedekind était de son côté arrivé aux mêmes conclusions vers 1870, en liaison avec sa conception « hypercomplexe » de la théorie des corps commutatifs ; leurs démonstrations sont publiées en 1884–85 ([**54**] et [**12**]). C'est en 1884 aussi que H. Poincaré, dans une note fort elliptique [**41**] attire l'attention sur la possibilité de considérer les équations $z_i = \varphi_i(x_1, \ldots, x_n, y_1, \ldots, y_n)$ qui expriment la loi multiplicative $(\sum_i x_i e_i)(\sum_i y_i e_i) = \sum_i z_i e_i$ dans une algèbre comme définissant (localement, bien entendu) un groupe de Lie. Cette remarque semble avoir fait grande impression sur Lie et ses disciples (E. Study, G. Scheffers, F. Schur et un peu plus tard T. Molien et É. Cartan) occupés précisément à cette époque à développer la théorie des groupes « continus » et notamment les problèmes de classification (voir, en particulier, [**43**], p. 387) ; pendant la période 1885–1905, elle conduit les mathématiciens de cette école à appliquer à l'étude de la structure des algèbres des méthodes de même nature que celles utilisées par eux dans l'étude des groupes et algèbres de Lie. Ces méthodes reposent avant tout sur la considération du polynôme caractéristique d'un élément de l'algèbre relativement à sa représentation régulière (polynôme déjà rencontré dans les travaux de Weierstrass et Dedekind cités plus haut) et sur la décomposition de ce polynôme en facteurs irréductibles ; décomposition où, comme Frobenius le découvrira un peu plus tard, se reflète la décomposition de la représentation régulière en composantes irréductibles.

Au cours des recherches de l'école de Lie sur les algèbres se dégagent peu à peu les notions « intrinsèques » de la théorie. La notion de radical apparaît dans un cas particulier (celui où le quotient par le radical est composé direct de corps)

---

(5) En fait, Weierstrass impose à ses algèbres une condition plus stricte, à savoir que l'équation

$$a_0 + a_1 x + \cdots + a_n x^n = 0$$

(où les a_i et l'inconnue x sont dans l'algèbre) ne peut avoir une infinité de racines que si les a_i sont tous multiples d'un même diviseur de 0.

chez G. Scheffers en 1891 [**43**], plus clairement chez T. Molien [**31**] et É. Cartan [**4**], qui étudient le cas général (le mot même de radical est de Frobenius [**22**]). Study et Scheffers [**43**] mettent en relief le concept d'algèbre composée directe de plusieurs autres (déjà entrevu par Peirce ([**38**], p. 221). Enfin s'introduisent avec Molien [**31**] les algèbres quotients d'une algèbre, notion essentiellement équivalente à celle d'idéal bilatère (définie pour la première fois par É. Cartan [**4**]) ou d'homomorphisme (nom dû aussi à Frobenius) ; l'analogie avec les groupes est très nette ici et un peu plus tard, en 1904, Epsteen et Wedderburn considéreront des suites de composition d'idéaux bilatères et leur étendront le théorème de Jordan-Hölder. Les résultats les plus importants de cette période sont ceux de T. Molien [**31**] : guidé par la notion de groupe simple, il définit les algèbres simples (sur **C**) et démontre que ce sont des algèbres de matrices, puis prouve que la structure d'une algèbre quelconque de rang fini sur **C** se ramène essentiellement au cas, déjà étudié par Scheffers, où le quotient par le radical est une somme directe de corps. Ces résultats sont peu après retrouvés et établis de façon plus rigoureuse et plus claire par É. Cartan [**4**], qui introduit à cette occasion la notion d'algèbre semi-simple et met en évidence des invariants numériques, les « entiers de É. Cartan » (VIII, p. 176, exercice 8), attachés à une algèbre quelconque sur le corps **C**, amenant ainsi la théorie de ces algèbres à un point au-delà duquel on n'a plus guère progressé depuis(6) ; enfin il étend les résultats de Molien et les siens propres aux algèbres sur **R**.

Aux environs de 1900 se développe le mouvement d'idées qui mène à l'abandon de toute restriction sur le corps des scalaires dans tout ce qui touche à l'algèbre linéaire ; il faut en particulier signaler l'impulsion vigoureuse donnée à l'étude des corps finis par l'école américaine, autour de E. H. Moore et L. E. Dickson ; le résultat de ces recherches est le théorème de Wedderburn [**50**] prouvant que tout corps fini est commutatif. En 1907, Wedderburn reprend les résultats de Cartan et les étend à un corps de base quelconque [**51**] ; ce faisant, il abandonne complètement les méthodes de ses devanciers (qui deviennent inapplicables dès que le corps n'est plus algébriquement clos ou ordonné maximal) et revient, en la perfectionnant, à la technique des idempotents de B. Peirce, qui lui permet de mettre sous forme définitive le théorème sur la structure des algèbres semi-simples, dont l'étude est ramenée à celle des corps non commutatifs. En outre, le problème de l'extension des scalaires se pose naturellement dans la perspective où il se place et il prouve que toute algèbre

(6) Les difficultés essentielles proviennent de l'étude du radical, pour la structure duquel on n'a jusqu'ici trouvé aucun principe satisfaisant de classification.

semi-simple reste semi-simple après une extension séparable du corps de base(7) et devient composée directe d'algèbres centrales simples de matrices si cette extension est prise assez grande ([**51**], p. 102)(8). Un peu plus tard, Dickson, pour $n = 3$ [**17**] et Wedderburn lui-même pour n quelconque [**52**] donnent les premiers exemples de corps non commutatifs de rang n^2 sur leur centre(9), inaugurant ainsi dans un cas particulier la théorie des « produits croisés » et des « systèmes de facteurs » que devaient développer plus tard R. Brauer [**2**] et E. Noether ([**33**], [**34**] et [**35**]). Enfin en 1921, Wedderburn démontre un cas particulier du théorème de commutation [**53**].

Entre temps, de 1896 à 1910, s'était développée, entre les mains de Frobenius, Burnside et I. Schur, une théorie voisine de celle des algèbres, la théorie de la représentation linéaire des groupes (limitée au début aux représentations de groupes finis). Elle tire son origine de remarques de Dedekind : celui-ci (avant même la publication de son travail sur les algèbres) avait, vers 1880, rencontré au cours de ses recherches sur les bases normales d'extensions galoisiennes, le « Gruppendeterminant » $\det(x_{st^{-1}})$, où $(x_s)_{s\in G}$ est une suite d'indéterminées dont l'ensemble d'indices est un groupe fini G (en d'autres termes, la norme de l'élément générique de l'algèbre du groupe G relativement à sa représentation régulière) ; et il avait observé que lorsque G est abélien, ce polynôme se décompose en facteurs linéaires (ce qui généralisait une identité démontrée longtemps auparavant pour les déterminants « circulants », qui correspondent aux groupes cycliques G). Au cours de sa très intéressante correspondance avec Frobenius [**13**], Dedekind, en 1896, attire son attention sur cette

(7) Au moment où écrivait Wedderburn, la notion d'extension séparable n'avait pas encore été définie; mais il utilise implicitement l'hypothèse que, si un polynôme irréductible f sur le corps de base a une racine x dans une extension de ce corps, on a nécessairement $f'(x) \neq 0$ ([**51**], p. 103). C'est seulement en 1929 que E. Noether signala les phénomènes liés à l'inséparabilité de l'extension du corps des scalaires [**34**].

Mentionnons ici un autre résultat lié aux questions de séparabilité (et maintenant rattaché à l'algèbre homologique), la décomposition d'une algèbre en somme directe (mais non composée directe !) de son radical et d'une sous-algèbre semi-simple. Ce résultat (qui avait été démontré par Molien lorsque le corps des scalaires est **C** et par É. Cartan pour les algèbres sur **R**) est énoncé sous sa forme générale par Wedderburn, qui ne le démontre en fait que lorsque le quotient de l'algèbre par son radical est simple ([**51**] p. 105-109) en utilisant d'ailleurs la même hypothèse que ci-dessus sur les polynômes irréductibles.

(8) Les recherches arithmétiques sur les représentations linéaires des groupes, qui commencent à la même époque, amènent aussi à considérer la notion équivalente de corps neutralisant d'une représentation [**47**].

(9) Notons que dans les « *Grundlagen der Geometrie* », Hilbert avait donné un exemple de corps non commutatif de rang infini sur son centre.

propriété, son lien avec la théorie des caractères des groupes abéliens et quelques résultats analogues sur des groupes non commutatifs particuliers, qu'il avait obtenus en 1886. Quelques mois plus tard, Frobenius résolvait complètement le problème de la décomposition du « Gruppendeterminant » en facteurs irréductibles [**19**], grâce à sa brillante généralisation de la notion de caractère [**20**], dont nous ne parlerons pas ici. Mais il faut noter que dans le développement ultérieur de cette théorie[10], Frobenius reste toujours conscient de sa parenté avec la théorie des algèbres (sur laquelle Dedekind n'avait cessé d'ailleurs d'insister dans ses lettres) et, après avoir introduit pour les groupes les notions de représentation irréductible et de représentation complètement réductible [**21**] et démontré que la représentation régulière contient toutes les représentations irréductibles, c'est par des méthodes analogues qu'il proposait en 1903 de reprendre la théorie de Molien-Cartan [**22**]. Chez Burnside [**3**] et I. Schur [**45**], l'aspect « hypercomplexe » de la théorie n'intervient pas explicitement ; mais c'est chez eux que se font jour les propriétés fondamentales des représentations irréductibles, lemme de Schur et théorème de Burnside. Enfin il faut noter que c'est dans cette théorie qu'apparaissent pour la première fois deux cas particuliers du théorème de commutation : dans la thèse de I. Schur [**44**] qui relie (précisément par la commutation dans l'anneau des endomorphismes d'un espace tensoriel) les représentations du groupe linéaire et celles du groupe symétrique et dans son travail de 1905 [**46**], où il montre que les matrices permutables à toutes les matrices d'une représentation irréductible sur le corps **C** sont des multiples scalaires de I (résultat qui découle aussi du théorème de Burnside).

Il restait à dégager clairement le substratum commum à ces théories : ce fut l'œuvre de l'école allemande autour de E. Noether et E. Artin, dans la période 1925–1933 qui voit la création de l'algèbre moderne. Déjà, en 1903, dans un mémoire sur l'intégration algébrique des équations différentielles linéaires [**42**], H. Poincaré avait défini, dans une algèbre, les idéaux à gauche et à droite et la notion d'idéal minimal ; il avait aussi remarqué que dans une algèbre semi-simple, tout idéal à gauche est somme directe des ses intersections avec les composants simples et que dans l'algèbre des matrices d'ordre n, les idéaux minimaux sont de dimension n ; mais son travail passa inaperçu des algébristes[11]. En 1907, Wedderburn définit à nouveau les idéaux

[10] Une partie des résultats de Frobenius avait été obtenue indépendamment par T. Molien en 1897 [**32**].

[11] Notons aussi que, dans ce mémoire, Poincaré observe que l'ensemble des opérateurs dans l'algèbre d'un groupe qui annulent un vecteur d'un espace de représentation linéaire du groupe, forme un idéal à gauche ; il signale que cette remarque pourrait être appliquée à la théorie des représentations linéaires ([**42**], p. 149), mais ne développa jamais cette idée.

à gauche et à droite d'une algèbre et en démontre quelques propriétés (notamment que le radical est le plus grand idéal à gauche nilpotent ([**51**], p. 113–114)). Mais il faut attendre 1927 pour que ces notions soient utilisées de façon essentielle dans la théorie des algèbres(12). Mettant sous forme générale des procédés de démonstrations apparus antérieurement çà et là(13), W. Krull en 1925 [**28**] et E. Noether en 1926 [**33**] introduisent et utilisent systématiquement les conditions maximale et minimale ; le premier s'en sert pour étendre aux groupes abéliens à opérateurs (qu'il définit à cette occasion) le théorème de Remak sur la décomposition d'un groupe fini en produit direct de groupes indécomposables (cf. VIII, p. 34, th. 2), tandis que la seconde fait intervenir ces conditions dans la caractérisation des anneaux de Dedekind. En 1927, E. Artin [**1**], appliquant la même idée aux anneaux non commutatifs, montre comment, par une étude systématique des idéaux minimaux, on peut étendre les théorèmes de Wedderburn à tous les anneaux dont les idéaux à gauche satisfont à la fois aux conditions maximale et minimale(14).

D'autre part, Krull en 1926 [**29**] fait le lien entre la notion de groupe abélien à opérateurs et celle de représentation linéaire des groupes ; point de vue généralisé aux algèbres et développé en détail par E. Noether dans un travail fondamental de 1929 [**34**] qui, par l'importance des idées introduites et la lucidité de l'exposé, mérite de figurer à côté du mémoire de Steinitz sur les corps commutatifs comme un des piliers de l'algèbre moderne(15).

---

(12) Il est intéressant de remarquer que, dans l'intervalle, la notion d'idéal à gauche ou à droite apparaît, non dans l'étude des algèbres, mais dans un travail de E. Noether et W. Schmeidler [**37**] consacré aux anneaux d'opérateurs différentiels.

(13) La condition maximale (sous forme de « condition de chaîne ascendante ») remonte à Dedekind, qui l'introduit explicitement ([**15**], p. 90) dans l'étude des idéaux d'un corps de nombres algébriques ; un des premiers exemples de raisonnement de « chaîne ascendante » est sans doute celui qu'on trouve dans le mémoire de Wedderburn de 1907 ([**51**], p. 90) à propos d'idéaux bilatères.

(14) En 1929, E. Noether montrait que pour les anneaux sans radical ces théorèmes s'appliquent en supposant seulement vérifiée la condition minimale ([**34**], p. 663) ; C. Hopkins prouva en 1939 que cette condition à elle seule entraîne que le radical est nilpotent [**27**].

(15) C'est là qu'on trouve entre autres pour la première fois sous leur forme générale les notions d'homomorphisme de groupes à opérateurs, d'anneau opposé, de bimodule, ainsi que les fameux « théorèmes d'isomorphie » (qui figurent déjà pour les groupes commutatifs dans [**33**]). Des cas particuliers ou corollaires de ces derniers étaient bien entendu intervenus longtemps auparavant, par exemple (pour le second théorème d'isomorphie) chez Hölder à propos des groupes finis [**26**], chez Dedekind à propos des groupes abéliens ([**14**], p. 76–77), chez Wedderburn à propos d'idéaux bilatères ([**51**], p. 82–83) ; quant au premier théorème d'isomorphie, il est par exemple énoncé explicitement par Séguier en 1904 ([**48**], p. 65).

Enfin, dans une série de travaux qui débutent en 1927 ([**36**], [**2**] et [**35**]), E. Noether et R. Brauer, auxquels se joignent à partir de 1929 A. Albert et H. Hasse, reprennent l'étude des corps gauches au point où l'avaient laissée Wedderburn et Dickson. Si la partie la plus importante de leurs résultats consiste en une étude approfondie du groupe de Brauer, en particulier sur les corps de nombres algébriques, c'est au cours de ces travaux que se précisent les théorèmes de commutation, ainsi que la notion de corps neutralisant d'une algèbre simple et ses relations avec les sous-corps commutatifs maximaux ; enfin, en 1927, Skolem caractérise les automorphismes des anneaux simples [**49**], théorème retrouvé quelques années plus tard par E. Noether [**35**] et R. Brauer [**2**].

Ainsi, en 1934, la théorie élémentaire des anneaux simples et semi-simples est à peu près arrivée à son aspect définitif (pour un exposé d'ensemble de l'état de la théorie à cette époque, voir [**16**]).

BIBLIOGRAPHIE

[1] E. ARTIN – « Zur Theorie der hypercomplexen Zahlen », *Abh. math. Sem. Univ. Hamburg* **5** (1928), p. 251–260 ; Collected papers, Reading (Addison Wesley), 1965, p. 307–316.

[2] R. BRAUER – « Über Systeme hypercomplexer Zahlen », *Math. Zeitschr.* **30** (1929), p. 79–107 ; Collected papers, vol. I, Cambridge, Massachusetts (The MIT Press), 1980, p. 40–68.

[3] W. BURNSIDE – « On the condition of reducibility of any group of linear substitutions », *Proc. Lond. Math. Soc.* **3** (1905), p. 430–434.

[4] É. CARTAN – « Les groupes bilinéaires et les systèmes de nombres complexes », *Ann. Fac. Sc. Toulouse* **12** (1898), p. 1–99 ; Œuvres complètes, partie II, vol. I, Paris (Gauthier-Villars), 1952, p. 7–105.

[5] ——— « Nombres complexes », *Encycl. Sci. Math.*, éd. française **15** (1908) ; Œuvres complètes, partie II, vol. I, Paris (Gauthier-Villars), 1952, p. 107–246.

[6] A. CAYLEY – « On algebraical couples », *Phil. Mag.* (*3*) **27** (1845), p. 38–40 ; Collected mathematical papers, t. I, Cambridge, 1889, p. 128–131.

[7] ——— « On the theory of groups, as depending on the equation $\theta^n = 1$ », *Phil. Mag.* (*4*) **7** (1854), p. 40–47 ; Collected mathematical papers, t. II, Cambridge, 1889, p. 123–130.

[8] ——— « A memoir on the theory of matrices », *Phil. Trans. R. Soc. Lond.* **148** (1858), p. 17–37 ; Collected mathematical papers, t. II, Cambridge, 1889, p. 475–496.

[9] W. K. CLIFFORD – « Preliminary sketch of biquaternions », *Proc. Lond. Math. Soc.* **4** (1873), p. 381–395 ; Mathematical papers, London (Macmillan), 1882, p. 181–200.

[10] ——— « On the classification of geometric algebras », (1877), Mathematical papers, London (Macmillan), 1882, p. 397–401.

[11] ——— « Applications of Grassmann's extensive algebra », *Amer. Journ. of Math.* **1** (1878), p. 350–358 ; Mathematical papers, London (Macmillan), 1882, p. 266–276.

[12] R. DEDEKIND – « Zur Theorie der aus n Haupteinheiten gebildeten komplexen Grössen », *Gött. Nachr.* (1885), p. 141–159 ; Gesammelte mathematische Werke, t. II, Braunschweig (Vieweg), 1931–32, p. 1–19.

[13] ——— « Aus Briefen an Frobenius », (1886), Gesammelte mathematische Werke, t. II, Braunschweig (Vieweg), 1931–32, p. 414–442.

[14] ——— « Über eine Erweiterung des Symbols $(\mathfrak{a}, \mathfrak{b})$ in der Theorie der Moduln », *Gött. Nachr.* (1895), p. 183–188 ; Gesammelte mathematische Werke, t. II, Braunschweig (Vieweg), 1931–32, p. 59–86.

[15] ——— « Über Gruppen, deren sämtliche Teiler Normalteiler sind », *Math. Ann.* **48** (1897), p. 548–561 ; Gesammelte mathematische Werke, t. II, Braunschweig (Vieweg), 1931–32, p. 87–102.

[16] M. DEURING – *Algebren*, Erg. der Math., vol. 4, Berlin (Springer), 1935.

[17] L. E. DICKSON – « Linear associative algebras and abelian equations », *Trans. Amer. Math. Soc.* **15** (1914), p. 31–46 ; Mathematical papers, vol. II, New York (Chelsea), 1975, p. 367–382.

[18] G. FROBENIUS – « Über lineare Substitutionen und bilineare Formen », *J. de Crelle* **84** (1878), p. 1–63 ; Gesammelte Abhandlungen, Band I, Berlin (Springer), 1968, p. 343–405.

[19] ——— « Über die Primfactoren der Gruppendeterminante », *Berliner Sitzunsber.* (1896), p. 1343–1382 ; Gesammelte Abhandlungen, Band III, Berlin (Springer), 1968, p. 38–77.

[20] ——— « Über Gruppencharaktere », *Berliner Sitzungsber.* (1896), p. 985–1021 ; Gesammelte Abhandlungen, Band III, Berlin (Springer), 1968, p. 1–37.

[21] ——— « Über die Darstellung der endlichen Gruppen durch lineare Substitutionen », *Berliner Sitzungsber.* (1897), p. 944–1015 ; Gesammelte Abhandlungen, Band III, Berlin (Springer), 1968, p. 82–103.

[22] ——— « Theorie der hypercomplexen Grössen », *Berliner Sitzungsber.* (1903), p. 504–537 et 634–645 ; Gesammelte Abhandlungen, Band III, Berlin (Springer), 1968, p. 284–329.

[23] H. GRASSMANN – « Sur les différents genres de multiplication », *J. Crelle* **49** (1855), p. 123–141 ; Gesammelte math. und phys. Werke, t. II, Leipzig (Teubner), 1904, p. 199–217.

[24] ——— « Die Ausdehnungslehre von 1862 », (1862), Gesammelte math. und phys. Werke, t. I, Leipzig (Teubner), 1896, p. 1–383.

[25] W. R. HAMILTON – *Lectures on quaternions*, Dublin (Hodges and Smith), 1853.

[26] O. HÖLDER – « Zurückführung einer beliebigen algebraischen Gleichung auf eine Kette von Gleichungen », *Math. Ann.* **34** (1889), p. 26–56.

[27] C. HOPKINS – « Rings with minimal conditions for left ideals », *Ann. of Math.* **40** (1939), p. 712–730.

[28] W. KRULL – « Über verallgemeinerte endliche Abelsche Gruppen », *Math. Zeitschr.* **23** (1925), p. 161–196 ; Gesammelte Abhandlungen, vol. 1, Berlin (de Gruyter), 1999, p. 263–298.

[29] ——— « Theorie und Anwendung der verallgemeinerten Abelschen Gruppen », *Sitzungsber. Heildelberger Akad.* (1926), p. 1–32 ; Gesammelte Abhandlungen, vol. 1, Berlin (de Gruyter), 1999, p. 299–328.

[30] E. LAGUERRE – « Sur le calcul des systèmes linéaires », *J. de l'école polytechnique* **42** (1867), p. 215–264 ; Œuvres, t. I, Paris (Gauthier-Villars).

[31] T. MOLIEN – « Ueber Systeme höherer complexer Zahlen », *Math. Ann.* **41** (1893), p. 83–156.

[32] ——— « Ueber die Invarianten der linearen Substitutionsgruppen », *Berliner Sitzungsber.* (1897), p. 1152–1156.

[33] E. NOETHER – « Abstrakter Aufbau der Idealtheorie in algebraischen Zahl- und Funktionenkörpern », *Math. Ann.* **96** (1927), p. 26–61 ; Gesammelte Abhandlungen, Berlin (Springer), 1983, p. 493–528.

[34] ——— « Hyperkomplexe Grössen und Darstellungstheorie », *Math. Zeitschr.* **30** (1929), p. 641–692 ; Gesammelte Abhandlungen, Berlin (Springer), 1983, p. 563–614.

[35] ——— « Nichtkommutative Algebren », *Math. Zeitschr.* **37** (1933), p. 514–541 ; Gesammelte Abhandlungen, Berlin (Springer), 1983, p. 642–669.

[36] E. NOETHER et R. BRAUER – « Über minimale Zerfällungskörper irreduzibler Darstellungen », *Berliner Sitzungsber.* (1927), p. 221–228 ; Emmy Noether Gesammelte Abhandlungen, Berlin (Springer), 1983, p. 552–559.

[37] E. NOETHER et W. SCHMEIDLER – « Moduln in nichtkommutativen Bereichen », *Math. Zeitschr.* **8** (1920), p. 1–35 ; Emmy Noether Gesammelte Abhandlungen, Berlin (Springer), 1983, p. 318–352.

[38] B. PEIRCE – « Linear associative algebra », *Amer. Journ. of Math.* **4** (1881), p. 97–221.

[39] C. S. PEIRCE – « On the algebras in which division is unambiguous », *Amer. Journ. of Math.* **4** (1881), p. 225–229.

[40] ——— « On the relative forms of the algebras », *Amer. Journ. of Math.* **4** (1881), p. 221–225.

[41] H. POINCARÉ – « Sur les nombres complexes », *C. R. Acad. Sci.* **99** (1884), p. 740–742 ; Œuvres, t. V, Paris (Gauthier-Villars), 1916–1954, p. 77–79.

[42] ——— « Sur l'intégration algébrique des équations linéaires et les périodes des intégrales abéliennes », *Journ. de Math.* (*5*) **9** (1903), p. 139–212 ; Œuvres, t. III, Paris (Gauthier-Villars), 1916–1954, p. 106–166.

[43] G. SCHEFFERS – « Zurückführung complexer Zahlensysteme auf typische Formen », *Math. Ann.* **39** (1891), p. 293–390.

[44] I. SCHUR – « Über eine Klasse von Matrizen, die sich einer gegebenen Matrix zuordnen lassen », Diss., Berlin, 1901 ; Gesammelte Abhandlungen, Band I, Berlin (Springer), 1973, p. 1–72.

[45] ——— « Über die Darstellung der endlichen Gruppen durch gebrochene lineare Substitutionen », *J. de Crelle* **127** (1904), p. 20–50 ; Gesammelte Abhandlungen, Band I, Berlin (Springer), 1973, p. 86–116.

[46] ——— « Neue Begründung der Theorie der Gruppencharaktere », *Berliner Sitzungsber.* (1905), p. 406–432 ; Gesammelte Abhandlungen, Band I, Berlin (Springer), 1973, p. 143–169.

[47] ——— « Arithmetische Untersuchungen über endliche Gruppen linearer Substitutionen », *Berliner Sitzungsber.* (1906), p. 164–184 ; Gesammelte Abhandlungen, Band I, Berlin (Springer), 1973, p. 177–197.

[48] J.-A. DE SÉGUIER – *Éléments de la théorie des groupes abstraits*, Paris (Gauthier-Villars), 1904.

[49] T. SKOLEM – *Zur Theorie des assoziativen Zahlensysteme*, Oslo Vid. Akad. Skr. I, 1927.

[50] J. M. WEDDERBURN – « A theorem on finite algebras », *Trans. Amer. Math. Soc.* **6** (1905), p. 349–352.

[51] ——— « On hypercomplex numbers », *Proc. Lond. Math. Soc.* (*2*) **6** (1908), p. 77–118.

[52] ——— « A type of primitive algebra », *Trans. Amer. Math. Soc.* **15** (1914), p. 162–166.

[53] ——— « On division algebras », *Trans. Amer. Math. Soc.* **22** (1921), p. 129–135.

[54] K. Weierstrass – « Zur Theorie der aus n Haupteinheiten gebildeten complexen Grössen », *Gött. Nachr.* (1884), p. 395–414 ; Mathematische Werke, t. II, Berlin (Mayer und Müller), 1895, p. 311–332.

INDEX DES NOTATIONS

INDEX TERMINOLOGIQUE

TABLE DES MATIÈRES